高等学校通用教材

工程图学与计算机绘图

（第二版）

王 颖　杨德星　顾东明　王嫦娟　袁义坤　编著

北京航空航天大学出版社

内 容 简 介

本书是在2002年第一版的基础上，按照最新国家标准修订而成的。

本书打破了传统制图教材的模式，将画法几何、机械制图和计算机绘图有机地融合在一起，注重学生手工绘制草图、仪器绘图和计算机绘图能力的综合培养。全书共9章内容，包括画法几何、制图基础、机械图和计算机绘图基础四部分。主要内容有：制图基本知识、正投影的基本理论、形体的构造及投影、三维图示方法、机件的常用表达方法、螺纹紧固件等标准件和常用件的绘制、零件图及装配图的绘制与阅读、计算机绘图及标注的基本方法等。

本书可作为高等学校工科机械类、近机类各专业画法几何、机械制图及机械基础系列课程的教材，也可供各专业师生和工程技术人员参考。

图书在版编目(CIP)数据

工程图学与计算机绘图/王颖，杨德星，顾东明编著. --2版. -- 北京：北京航空航天大学出版社，2010.8

ISBN 978-7-5124-0191-4

Ⅰ. ①工… Ⅱ. ①王…②杨…③顾… Ⅲ. ①工程制图—高等学校—教材②计算机制图—高等学校—教材
Ⅳ. ①TB23②TP391.72

中国版本图书馆CIP数据核字(2010)第161968号

工程图学与计算机绘图

王 颖 杨德星 顾东明 王嫦娟 袁义坤 编著

责任编辑 金友泉

*

北京航空航天大学出版社出版发行

北京市海淀区学院路37号(邮编100191) http://www.buaapress.com.cn

发行部电话：(010)82317024 传真：(010)82328026

读者信箱：bhpress@263.net 邮购电话：(010)82316936

涿州市新华印刷有限公司印装 各地书店经销

*

开本：787 mm×1 092 mm 1/16 印张：20.75 字数：531千字

2010年8月第2版 2011年8月第2次印刷 印数：4 001～8 000册

ISBN 978-7-5124-0191-4 定价：31.00元

第2版前言

本书是在2002年第一版的基础上，按照最新国家标准修订而成的。本书第一版获2008年山东省高等学校优秀教材奖。

机械制图是高等工科院校的一门技术基础课。随着科学技术的发展，学科之间的综合交叉增强以及计算机的广泛应用对本课程提出了新的要求。本教材是将机械制图的基本内容与计算机绘图有机地融合在一起，较好地处理了经典内容与现代技术、继承与创新、理论教学与技能训练的关系。教材内容具有一定的新颖性。本书的主要特点是：

1. 恰当、合理地处理计算机绘图内容是本书最显著的特点。引入AutoCAD 2008绘图软件，将计算机绘图内容贯穿于全书，前面学习必要的基本理论和基本操作，后续相关章节以实用为主。

2. 增加了组合体构形设计以及计算机三维实体造型的内容，在培养学生空间想象能力、几何形体和机件表达能力以及创造思维能力、创新意识、创新能力等方面发挥了更大的作用。

3. 精选传统内容，适当地减少了画法几何的内容。

4. 注重手工绘制草图、仪器绘图和计算机绘图三种绘图能力的综合培养，并将三种绘图方法贯穿于整个教材，有利于培养学生综合的图形处理能力和动手能力。

5. 零件图和装配图两章，按认识规律对内容体系作了调整。根据标准件、常用件的结构特点，将其作为特殊零件，穿插在零件图和装配图中介绍其画法、标记及连接图画法。

6. 书中给出了工程制图通用术语的中、英文对照。

7. 全书采用最新国家标准，并介绍了简化表示法。

与本书配套使用的《工程图学与计算机绘图习题集》随教材同时出版，可配套使用。

本书由山东科技大学王颖、杨德星、顾东明、王嫦娟、袁义坤修改完成。本书第一版编者宋巨烈、陈波老师因工作调动未能参加本版的修订，对修订工作提出了许多建议，在此表示衷心的感谢。本书由山东科技大学教授王农老师主审，并提出了许多宝贵意见，在此表示真挚的感谢。

由于编者水平有限，书中缺点、错误在所难免，敬请各位读者及同仁提出批评、建议。

编　者

2010年5月

目 录

绪 论

第一章 工程图学的基本知识与基本技能

1.1 国家标准的基本规定 …… 5
1.2 尺规绘图工具及仪器的使用方法 …… 16
1.3 几何作图 …… 18
1.4 平面图形的分析及画法 …… 21
1.5 绘图技能 …… 22

第二章 计算机绘图基础

2.1 AutoCAD 2008 绘图基础 …… 25
2.2 常用绘图命令 …… 31
2.3 辅助绘图工具 …… 35
2.4 常用编辑命令 …… 37
2.5 设置文字样式及书写文字 …… 45
2.6 设置图层、颜色、线型和线宽 …… 48

第三章 形体几何要素的投影

3.1 投影面体系的建立 …… 53
3.2 点的投影 …… 54
3.3 直线的投影 …… 56
3.4 平面的投影 …… 64
3.5 几何要素之间的相对位置 …… 70
3.6 换面法 …… 81

第四章 基本形体的三视图及尺寸标注

4.1 三视图的形成及投影规律 …… 91
4.2 平面形体及表面取点 …… 92
4.3 曲面形体及表面取点 …… 94
4.4 平面与形体表面相交 …… 98
4.5 两回转体表面相交 …… 108
4.6 形体的尺寸标注 …… 116

第五章 组合体的构造及三视图

5.1 组合体的构成及表面界线的有效性分析 …… 118

5.2 组合体三视图的绘制 …… 120
5.3 计算机绘制三视图的基本方法 …… 124
5.4 组合体的尺寸标注 …… 127
5.5 计算机标注尺寸的方法 …… 133
5.6 读组合体视图 …… 138
5.7 组合体的构形设计 …… 143

第六章 真实感图形的画法

6.1 轴测投影的基本知识 …… 148
6.2 正等轴测图及画法 …… 150
6.3 斜二轴测图及画法 …… 155
6.4 计算机绘制轴测图 …… 157
6.5 三维造型 …… 159

第七章 机件常用的表达方法

7.1 视图 …… 163
7.2 剖视图 …… 166
7.3 断面图 …… 184
7.4 局部放大图及简化画法 …… 186
7.5 表达方法综合应用举例 …… 189
7.6 第三角画法简介 …… 192

第八章 零件图

8.1 零件图的作用和内容 …… 194
8.2 零件的构形分析与设计 …… 195
8.3 特殊零件的结构、画法及标记 …… 201
8.4 零件的视图选择及尺寸标注 …… 217
8.5 零件的技术要求 …… 230
8.6 读零件图 …… 249
8.7 零件测绘 …… 251
8.8 计算机绘制零件图 …… 254

第九章 装配图

9.1 装配图的作用和内容 …… 256
9.2 装配图的表达方法 …… 256
9.3 常见装配结构的画法 …… 261
9.4 常见装配件图库的建立 …… 271
9.5 部件测绘 …… 272
9.6 装配图的绘制 …… 274

9.7 装配图的尺寸标注和技术要求 …… 278
9.8 装配图的零(部)件序号及明细栏 …… 279
9.9 装配结构的合理性简介 …… 280
9.10 读装配图和拆画零件图 …… 283

附　录

附录一 螺纹 …… 292
附录二 螺纹紧固件 …… 295
附录三 键、销 …… 303
附录四 公差与配合 …… 306
附录五 滚动轴承 …… 317

参考文献

绪　论

1. 本课程的研究对象

工程图学(Engineering Graphics)以图样作为研究对象。在工程技术中，把表达机器及其零件的机械图和表达房屋建筑的土建图等称为工程图样(Engineering Drawings)。这些图样能准确而详细地表示工程对象的形状、大小和技术要求。在机械设计制造及建筑施工时都离不开图样，设计者通过图样表达设计思想，制造者依据图样加工制作、检验、调试，使用者借助图样了解结构性能等。因此，图样是产品设计、生产、使用全过程信息的集合。同时，在国内和国际间进行工程技术交流以及在传递技术信息时，工程图样也是不可缺少的工具，是工程界的共同语言。

当今信息时代对工程制图又赋予了新的任务，课程又有了新的概念。随着计算机科学和技术的发展，计算机绘图技术推进了工程设计方法(从人工设计到计算机辅助设计)和工程绘图工具(从尺规到计算机)的发展，改变着工程师和科学家的思维方式和工作程序。

本课程主要研究绘制和阅读机械工程图样的基本原理和基本方法，是所有工科学生必须学习的实践性较强的一门技术基础课。课程内容包括制图基础知识、投影理论、机件的表达方法、机械图(零件图和装配图)和计算机绘图等。

2. 本课程的主要任务

本课程是通过研究三维形体与二维图形之间的映射规律来进行画图、看图实践，并训练工程图学的思维方式，培养学生的工程图学素质，即运用工程图学的思维方式，构造、描述形体形状和表达、识别形体形状。因此，学习本课程的主要任务是：

(1) 学习正投影法的基本原理及其应用；

(2) 培养空间想像能力和空间构思能力；

(3) 培养徒手绘制草图、仪器绘图、计算机绘图的三种绘图能力；

(4) 培养绘制和阅读机械工程图样的基本能力；

(5) 培养自学能力、创新能力和审美能力；

(6) 培养认真负责的工作态度和严谨细致的工作作风。

3. 投影的基本概念

(1) 投影(Projection)的形成：工程图样是用投影方法得到的。在图1中，用光线照射物体，在预设的平面上绘制出被投射物体的方法称为投影法(Projection Method)。光源 S 称为投射中心，光线 SA 称为投射线，预设的平面 P 称为投影面，投影面上所绘的图形△abc 称为空间几何图形△ABC 的投影。

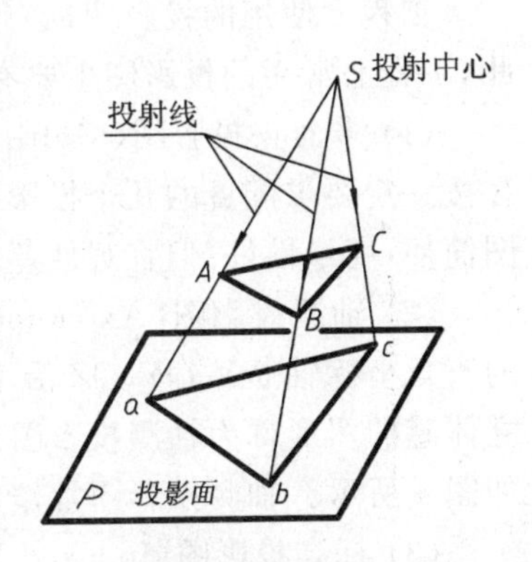

图1　中心投影法

工程上常用的投影方法有两大类：中心投影法和平行投影法。

(2) 中心投影法(Central Projection Method)：投射线汇交于一点的投影方法称为中心投影法，如图1所示。

(3) 平行投影法(Parallel Projection Method):投射线相互平行的投影方法称为平行投影法,如图 2 所示。

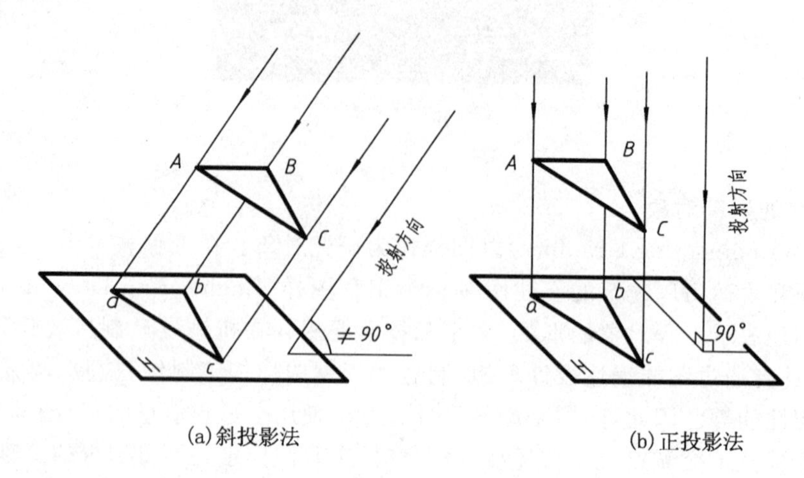

(a)斜投影法 (b)正投影法

图 2 平行投影法

根据投射方向与投影面是否垂直,平行投影法又分为两类:

斜投影法(Oblique Projection Method)——投射线倾斜于投影面,如图 2(a)所示。

正投影法(Orthogonal Projection Method)——投射线垂直于投影面,如图 2(b)所示。

用正投影法得到的图形称为正投影图;用斜投影法得到的图形称为斜投影图。大多数工程图样都是采用正投影法绘制的。

(4) 正投影的基本性质:由于物体上的直线或平面与投影面的相对位置不同,所得到的正投影有下列不同的性质:

● **实形性** 当物体上的直线或平面平行于投影面时,其投影反映直线的实长或平面的实形。

● **积聚性** 当物体上的直线或平面垂直于投影面时,直线的投影积聚为一点,平面的投影积聚为直线。

● **类似性** 当物体上的直线或平面与投影面倾斜时,直线的投影长度缩短,平面的投影成为一个与原形类似的图形。

4. 工程上常用的投影图

工程上使用的投影图,必须能确切地、惟一地反映出物体的形状和空间的几何关系。因此,工程上常用的投影图主要有正投影图、轴测投影图、标高投影图和透视投影图。

(1) 多面正投影图(Multiplanar Orthogonal Projection Drawing):用正投影法将物体投影在按一定要求配置的几个投影面上,由两个以上正投影组合的图称为多面投影图。这种图作图简便,度量性好;但直观性差,多用于机械行业,如图 3 所示。

(2) 轴测投影图(Axonometric Projection Drawing):用平行投影法将物体及确定该物体的直角坐标轴 OX、OY、OZ 沿不平行于任何坐标轴的方向投射在单一投影面上,所得的具有立体感的图形称为轴测投影图。轴测投影图直观性较好,容易看懂;但度量性较差,作图较繁,如图 4 所示。轴测投影图常作为辅助工程图。

(3) 标高投影图(Indexed Projection Drawing):用正投影法把物体投影在水平投影面上,为在投影图上确定物体高度,图中画出一系列标有数字的等高线。所标尺寸为等高线对投影

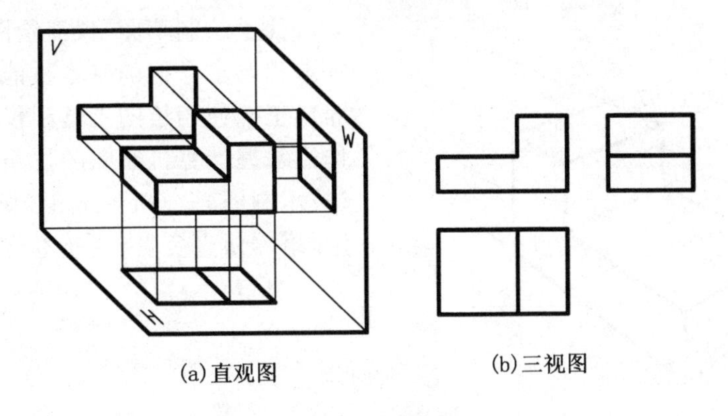

(a)直观图　(b)三视图

图3　正投影图

面的距离，也称标高。这样的投影图称为标高投影图，如图5所示。标高投影图常用于土建、水利、地质图样及不规则的曲面设计中。

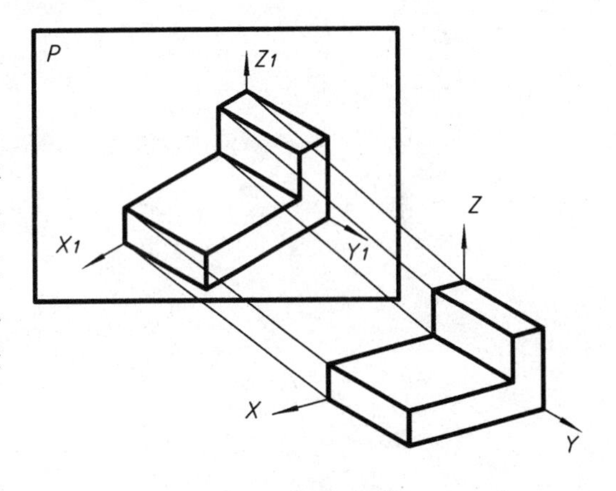

图4　轴测投影图

（4）透视投影图（Perspective Projection Drawing）：用中心投影法将物体投射到单一投影面上所得到的具有立体感的图形称为透视投影图。透视图与人的视觉相符，形象逼真，直观性强；但作图较繁，度量性差，如图6所示。透视投影图常用于广告及建筑效果图中。

5. 本课程的学习方法

本课程是一门实践性较强的课程，要树立理论联系实际的学风。只有通过一系列绘图和读图的实践，正确运用正投影的规律，不断地由物画图、由图想物，分析和想像平面图样与空间形体之间的对应关系，才能不断提高空间想像能力和空间构思能力。

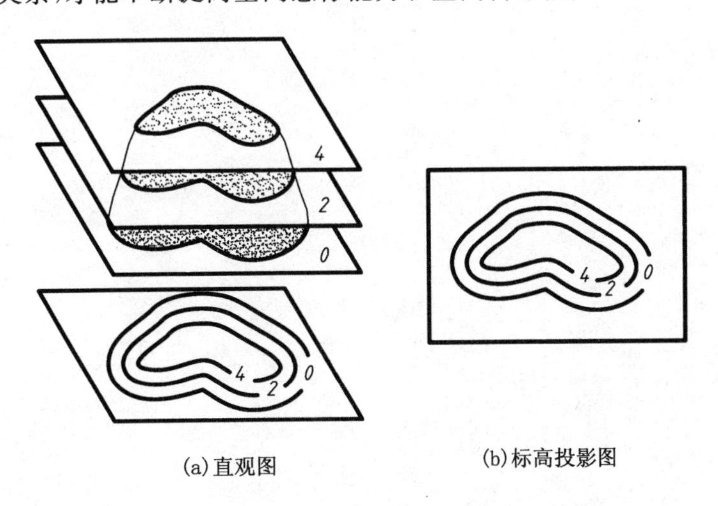

(a)直观图　(b)标高投影图

图5　标高投影图

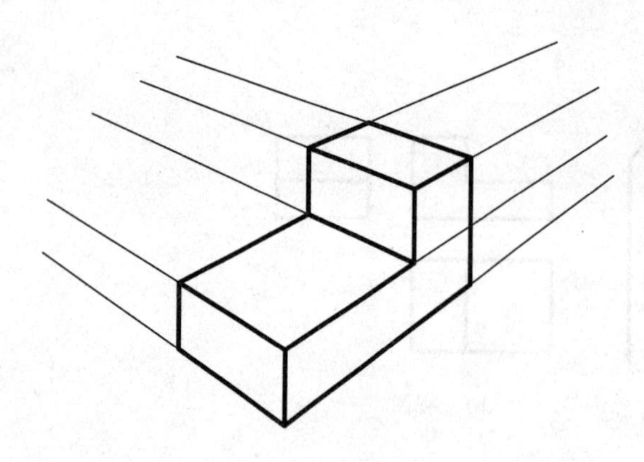

图6 透视投影图

徒手绘制草图、仪器绘图和计算机绘图是本课程要求掌握的基本技能。手工作图时，应养成正确使用绘图工具和仪器的习惯；上机操作应掌握计算机绘图的技能和技巧，严格遵守《技术制图》及《机械制图》国家标准的有关规定，培养认真负责、一丝不苟的工作作风。

第一章 工程图学的基本知识与基本技能

图样是高度浓缩的工程信息的载体，是生产过程的技术资料。要学会看懂和绘制工程图样，就必须掌握工程制图中有关图样的基本知识和基本技能。

1.1 国家标准的基本规定

图样是工程界交流技术思想的共同语言，为了科学地进行生产和管理，必须对图样的内容、画法和格式做出统一的规定。我国于 1959 年首次发布了《机械制图》(《Mechanical Drawings》)国家标准，对图样作了统一的技术规定。为适应国内生产技术的发展和国际技术交流的要求，我国先后于 1970 年，1974 年，1984 年重新修订了《机械制图》国家标准。进入 20 世纪 90 年代之后，为了与国际接轨，我国先后发布了《技术制图》(《Technical Drawings》)部分国家标准。学习和掌握制图国家标准是每位工程技术人员在绘制图样时必须严格遵守和认真执行的。

本节摘要介绍标准中有关图幅、比例、字体、图线、尺寸标注和机械工程 CAD 制图的基本规定，其余部分将在以后有关章节中分别叙述。

1.1.1 图纸幅面及格式(根据 GB/T 14689—2008)

1. 图纸幅面尺寸(Sheet Size)

绘制样图时，应采用表 1.1 中规定的图纸幅面尺寸。

表 1.1 图纸幅面尺寸 单位：mm

<table>
<tr><th>幅面代号</th><th>A0</th><th>A1</th><th>A2</th><th>A3</th><th>A4</th></tr>
<tr><td>$B \times L$</td><td>841×1 189</td><td>594×841</td><td>420×594</td><td>297×420</td><td>210×297</td></tr>
<tr><td>a</td><td colspan="5">25</td></tr>
<tr><td>c</td><td colspan="3">10</td><td colspan="2">5</td></tr>
<tr><td>e</td><td colspan="2">20</td><td colspan="3">10</td></tr>
</table>

2. 图框格式(Sheet Lagout)

在图纸上必须用粗实线画出图框，其格式分为不留装订边(图 1.1)和留有装订边(图 1.2)两种。

3. 标题栏(Title Block)

每张图纸的右下角均应有标题栏，标题栏的格式和尺寸按 GB 10609.1—2008 的规定。制图作业中建议采用图 1.3 所示的格式。

一般情况下，看图方向与标题栏中的文字方向一致。当两者不一致时，可采用方向符号，如图 1.4(a)所示，即方向符号的尖角对着读图者为看图方向。方向符号是用细实线画出的等边三角形，如图 1.4(b)所示。

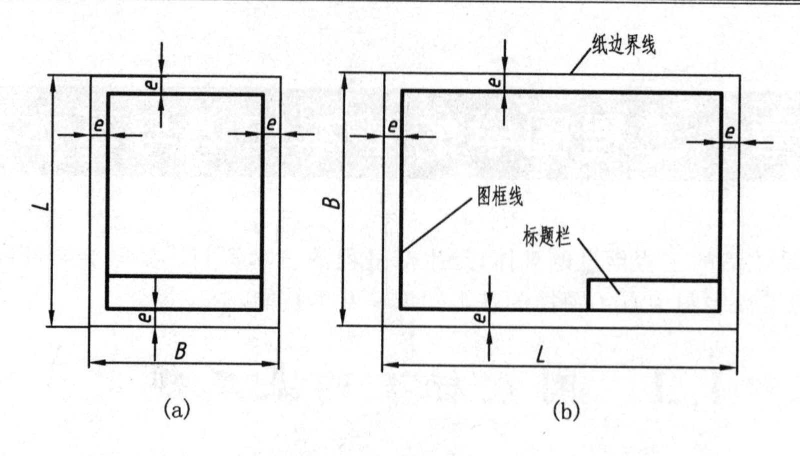

图 1.1 图框格式(一)

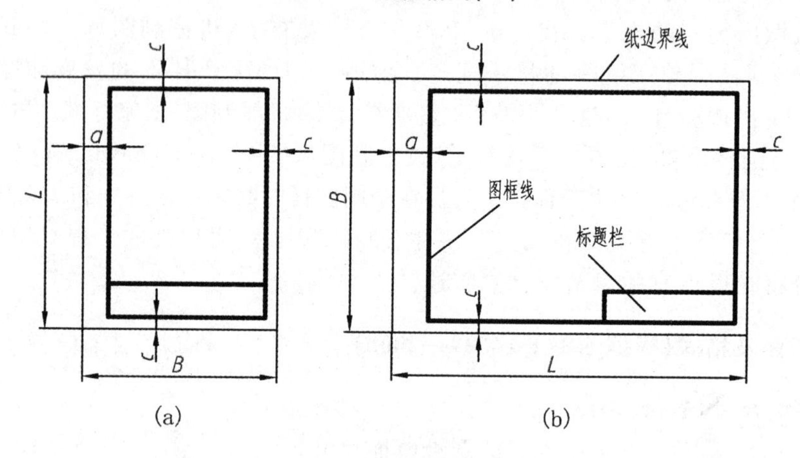

图 1.2 图框格式(二)

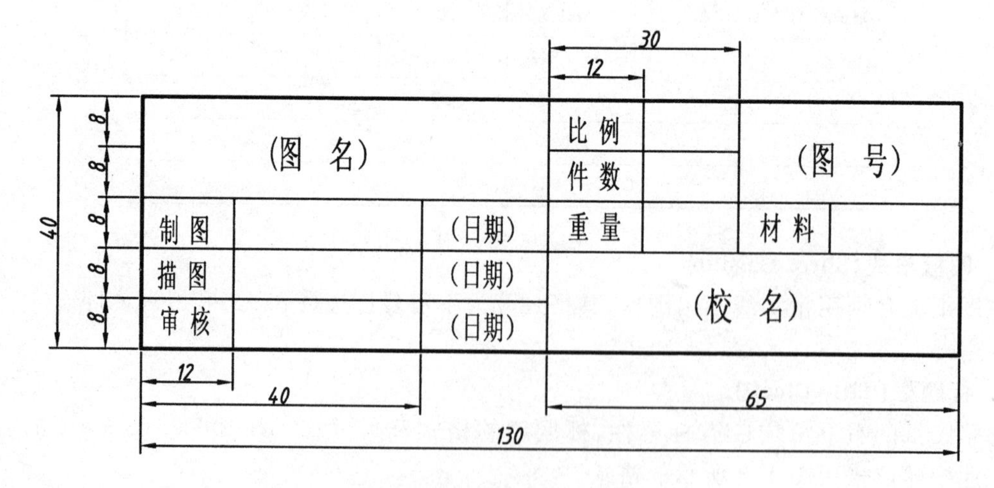

图 1.3 标题栏的格式和尺寸

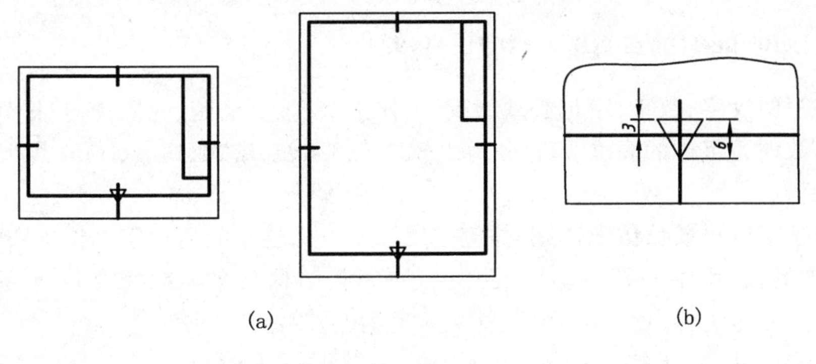

(a)　(b)

图 1.4　方向符号

1.1.2　比例(Scale)(摘自 GB/T 14690—1993)

图中图形与其实物相应要素的线性尺寸之比称为比例。绘制图样时，应尽可能按机件实际大小采用 1∶1 的比例画出，以便从图样上看出机件的真实大小。由于机件的大小及结构复杂程度不同，对于大而简单的机件可采用缩小的比例；对于小而复杂的机件则可采用放大的比例。比例绘制图样时，应由表 1.2 规定的系列中选取适当的比例，必要时也可选用表 1.3 所给出的比例。

表 1.2　比例系列(Ⅰ)

种　类	比　例				
原值比例	1∶1				
放大比例	5∶1	2∶1	5×10^n∶1	2×10^n∶1	1×10^n∶1
缩小比例	1∶2	1∶5	1∶2×10^n	1∶5×10^n	1∶1×10^n

注：n 为正整数。

表 1.3　比例系列(Ⅱ)

种　类	比　例					
放大比例	4∶1		2.5∶1	4×10ⁿ∶1		2.5×10^n∶1
缩小比例	1∶1.5	1∶2.5	1∶3	1∶4	1∶6	1∶1.5×10^n
	1∶2.5×10^n		1∶3×10^n	1∶4×10^n		1∶6×10^n

注：n 为正整数。

绘制图样时，对于选用的比例应在标题栏比例一栏中注明。标注尺寸时，不论选用放大比例或缩小比例，都必须标注机件的实际尺寸。

物体的各视图应尽量选取同一比例，否则，可在视图名称的下方或右侧标注，如：$\frac{I}{2:1}$、$\frac{A}{1:100}$、$\frac{B-B}{1:200}$、平面图 1∶100。

1.1.3 字体(Lettering)(摘自 GB/T 14691—1993)

图样中书写的汉字、数字、字母必须做到:字体工整、笔画清楚、间隔均匀、排列整齐。

字体的号数即为字体的高度 h,它分为 1.8、2.5、3.5、5、7、10、14、20 mm 共八种。

1. 汉　字

图样上的汉字应写成长仿宋体字,并应采用国家正式公布的简化字。长仿宋体的特点是:字形长方、笔画挺直、粗细一致、起落分明、撇挑锋利、结构均匀。汉字高度 h 不应小于 3.5 mm,其字宽度 b 一般为 $\sqrt{2}h/2(\approx 0.7h)$,如图 1.5 所示。

字体工整 笔画清楚 间隔均匀 排列整齐

横平竖直注意起落结构均匀填满方格

技术制图机械电子汽车航空土木建筑矿山纺织服装

图 1.5 长仿宋体汉字示例

2. 数字和字母

数字和字母可写成斜体或直体。斜体字字头向右倾斜,与水平线约成 75°,当与汉字混合书写时,可采用直体,如图 1.6 和图 1.7 所示。

0 1 2 3 4 5 6 7 8 9

0 1 2 3 4 5 6 7 8 9

Ⅰ Ⅱ Ⅲ Ⅳ Ⅴ Ⅵ Ⅶ Ⅷ Ⅸ Ⅹ

Ⅰ Ⅱ Ⅲ Ⅳ Ⅴ Ⅵ Ⅶ Ⅷ Ⅸ Ⅹ

图 1.6 数字示例

3. 字体应用示例

用作指数、分数、注脚、尺寸偏差的字母和数字,一般采用比基本尺寸数字小一号的字体,如图 1.8 所示。

ABCDEFGHIJKLMNOPQ
RSTUVWXYZ

abcdefghijklmnopq
rstuvwxyz

图 1.7　拉丁字母示例

10^3　S^{-1}　D_1　T_d　$\phi 20^{+0.010}_{-0.023}$　$7^{\circ}{}^{+1^{\circ}}_{-2^{\circ}}$

10Js5(±0.003)　M24-6h　$\frac{A\frown}{5:1}$

图 1.8　字体应用示例

1.1.4　图线(Lines)(摘自 GB/T 17450—1998、GB/T 4457.4—2002)

绘制图样时，应采用国家标准所规定的图线，如表 1.4 所示。图线宽度 d 尺寸系列为 0.13、0.18、0.25、0.35、0.5、0.7、1、1.4、2 mm，使用时按图形的大小和复杂程度选定。图线的宽度分粗线、中粗线和细线三种。粗线、中粗线、细线宽度比率为 4∶2∶1。在同一图样中，同类图线的宽度应一致。一般粗线或中粗线宜在 0.5～2 mm 之间选取，应尽量保证在图样中不出现宽度小于 0.18 mm 的图线。

建筑图样上，可以采用三种线宽，其比例关系是 4∶2∶1；机械图样上，采用中粗线和细线两种线宽，其比例关系是 2∶1。机械图样上常用的线型为：粗实线、细实线、(细)波浪线、(细)双折线、(细)虚线、粗点画线和细点画线。

绘图时，各线素的长度宜符合表 1.5 的规定，显然，使用 CAD 系统绘制图样易于满足这些规定。手工绘图时，建议采用表 1.6 的图线规格。图线画法见表 1.7。

表 1.4 常用图线(摘自 GB/T 17450—1998 GB/T 4457.4—2002)

NO.	线型		名称	一般应用	实例
01	实线		粗实线	可见轮廓线	
			细实线	1. 尺寸线及尺寸界线 2. 剖面线 3. 分界线及范围线 4. 引出线 5. 过渡线	1 8 3 2 $\phi 10_{-0.004}^{0}$ $\phi 10_{+0.002}^{+0.004}$
			波浪线	1. 断裂处边界线 2. 视图和剖视图分界线	1 2
			双折线	断裂处边界线	
02			细虚线	不可见轮廓线	
10	点画线		细点画线	1. 轴线 2. 对称中心线 3. 分度圆和分度线	3 2 1
			粗点画线	限制范围表示线	磨
12			双点画线	1. 相邻辅助零件轮廓线 2. 可动零件极限位置轮廓线	1

表 1.5　图线的构成

线　素	线型号	长　度
点	04～07,10～15	≤0.5d
短间隔	02,04～15	3d
短　画	08,09	6d
画	02,03,10～15	12d
长　画	04～06,08,09	24d
间　隔	03	18d

表 1.6　图线规格

虚　线	≈1　4～6
细点画线	≈3　15～20
双点画线	≈5　15～20

表 1.7　图线画法

正　确	不 正 确	说　　明
		虚线、点画线、双点画线的长度和间隔应各自大致相等
		绘制圆的对称中心线时，圆心应为线的交点。首末两端应是线段而不是点，其长度应超过轮廓线的 2～5 mm；在较小的图形上绘制点画线或双点画线时，应用细实线代替
		点画线、虚线和其他图线相交或虚线与虚线相交时，应线段相交，不应在空隙处相交
		当虚线是粗实线的延长线时，粗实线应画到分界点，而虚线应留有空隙
		当虚线圆弧和虚线直线相切时，虚线圆弧的线段应画到切点，虚线直线应留有空隙

1.1.5　尺寸标注 (Dimension)(摘自 GB 4458.4—2003)

图形只能表达机件的形状，而机件的大小则由标注的尺寸确定。标注尺寸是一项极为重要的工作，必须认真细致、一丝不苟。如果尺寸有遗漏或错误，都会给生产带来困难和损失。

1. 基本规则

(1) 机件的真实大小应以图样上所注的尺寸数值为依据，与图形的大小及绘图的准确无关。

(2) 图样中尺寸以毫米(mm)为单位时，不需标注计量单位的代号或名称，如果采用其他单位，则必须注明相应的计量单位的代号或名称。

(3) 图样中所标注的尺寸，为该图样所示机件的最后完工尺寸，否则应另加说明。

(4) 机件的每一尺寸，一般只标注一次，并应标注在反映结构最清晰的图形上。

2. 尺寸组成

如图1.9所示，一个完整的尺寸一般应包括尺寸界线、尺寸线、尺寸线终端及尺寸数字组成。

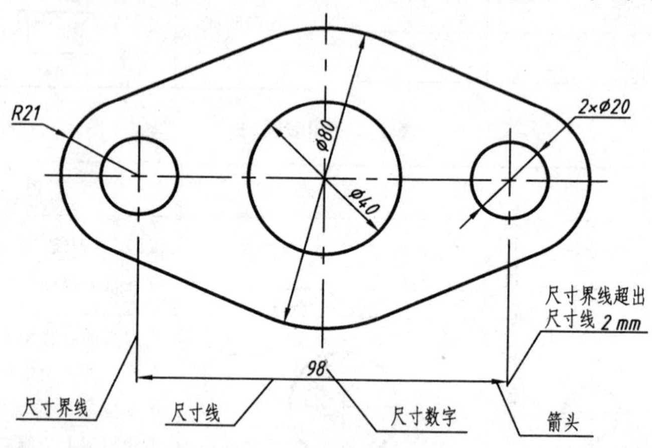

图1.9 尺寸的组成及标注示例

(1) 尺寸界线(Extension Line)：尺寸界线用细实线绘制，并应从图形的轮廓线、轴线或对称中心线引出。也可直接用轮廓线、轴线或对称中心线作尺寸界线。尺寸界线一般与尺寸线垂直，必要时允许倾斜。尺寸界线应超出尺寸线的终端2 mm左右。

(2) 尺寸线(Dimension Line)：尺寸线用细实线绘制，必须单独画出，不能与其他图线重合或画在其延长线上。标注线性尺寸时，尺寸线必须与所标注的线段平行，当有几条相互平行的尺寸线时，各尺寸线的间距要均匀，间隔为5～10 mm，应大尺寸在外，小尺寸在里，尽量避免尺寸线之间及尺寸线与尺寸界线之间相交。在圆或圆弧上标注直径或半径时，尺寸线一般应通过圆心或使延长线通过圆心。

(3) 尺寸线终端形式：尺寸线终端有两种形式：箭头和斜线，如图1.10所示。

箭头(Arrowhead)：箭头适用于各种类型的图样。箭头的尖端与尺寸界线接触，不得超出也不得离开，如图1.10(a)所示，图中d为粗实线的宽度。

斜线(Oblique Line)：斜线终端用细实线绘制，方向和画法如图1.10(b)所示，图中h为字体高度。当采用该尺寸线终端形式时，尺寸线与尺寸界线必须相互垂直。

同一张图样中只能采用一种尺寸线终端形式。采用箭头时，在地位不够的情况下，允许用圆点或斜线代替箭头。

(4) 尺寸数字(Dimension Numeral)：线型尺寸数字一般注在尺寸线的上方或中断处，在同一张图样中尽可能采用一种数字注写方法，其字号大小应一致，地位不够可引出标注。

尺寸数字的方向，应以看图方向为准。水平方向尺寸数字的字头朝上，垂直方向的尺寸数字的字头朝左，倾斜方向的字头应保持朝上的趋势。

在图样上,不论尺寸线方向如何,也允许尺寸数字一律水平书写,如图 1.11 所示。

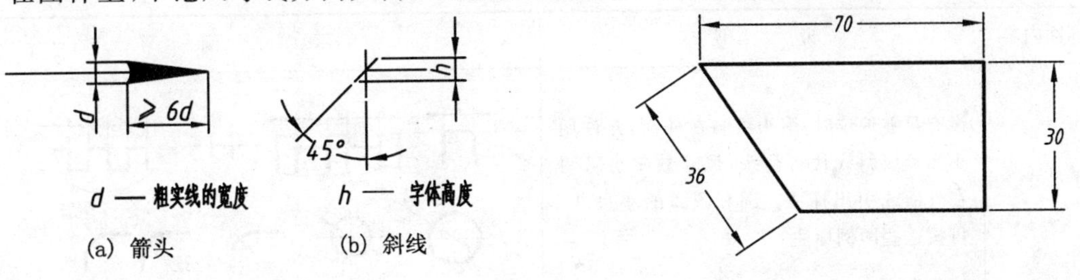

(a) 箭头　(b) 斜线

图 1.10　尺寸线终端形式

图 1.11　尺寸数字示例

尺寸数字不得被任何图线通过,当无法避免时,应该将该图线断开。

3. 尺寸注法示例

表 1.8 中列出了国家标准规定的一些尺寸注法。

表 1.8　尺寸的标注形式

标注内容	说　明	示　例
线性尺寸的数字方向	尺寸数字应按左图所示方向书写并尽可能避免在图示 30°范围内标注尺寸,若无法避免时可按右图的形式标注	
角　度	尺寸数字一律应水平书写,尺寸界线应沿径向引出,尺寸线应画成圆弧,圆心是角的顶点。一般注在尺寸线的中断处,必要时允许写在外面或引出标注	
圆	标注圆的直径尺寸时,应在尺寸数字前加注符号“ϕ”,尺寸线一般按这两个图例绘制	
圆　弧	标注半径尺寸时,在尺寸数字前加注“R”,半径尺寸一般按这两个图例所示的方法标注	
大圆弧	在图纸范围内无法标出圆心位置时,可按左图标注;不需标出圆心位置时,可按右图标注	

续表 1.8

标注内容	说明	示例
小尺寸	没有足够地位时，箭头可画在外面，允许用小圆点或斜线代替箭头；尺寸数字也可写在外面或引出标注。圆和圆弧的小尺寸，可按这些图例标注	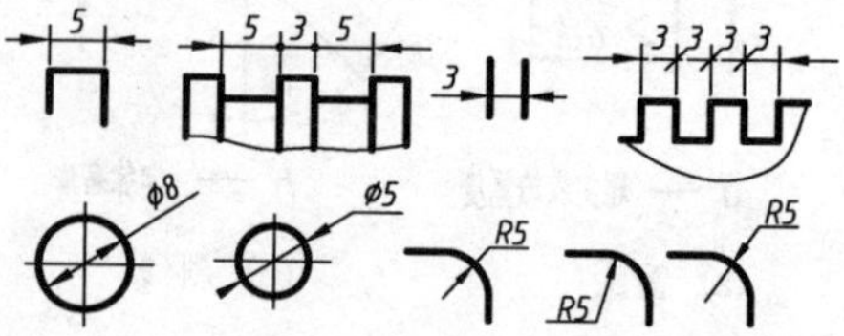 5　5 3 5　3　3 3 3 3　φ8　φ5　R5　R5　R5
球　面	应在 ϕ 或 R 前加注"S"。在不致引起误解时，则可省略，如右图中的右端面球面	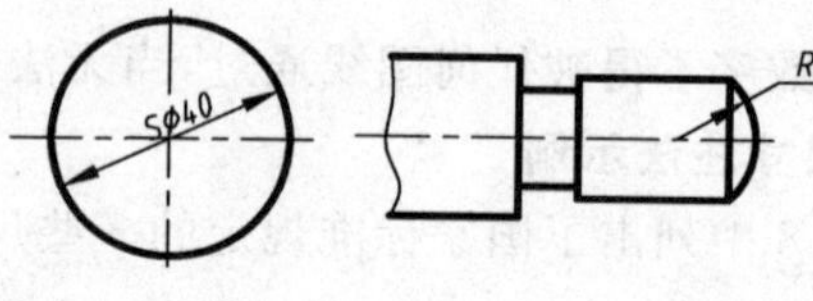 Sφ40　R20
弧长和弦长	标注弦长时，尺寸线应平行于该弦，尺寸界线应平行于该弦的垂直平分线；标注弧长尺寸时，尺寸线用圆弧，尺寸数字前方应加注符号"⌒"	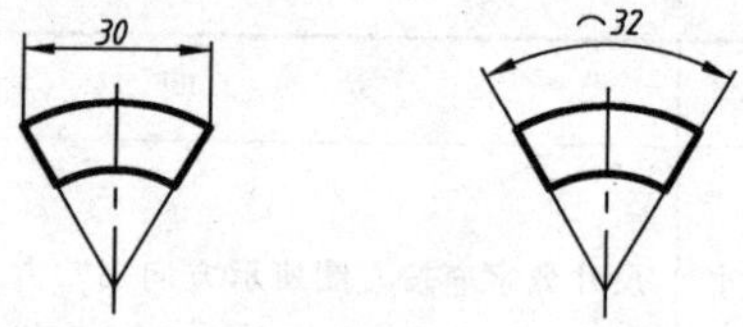 30　⌒32
对称机件只画出一半或大于一半	尺寸线应略超过对称中心线或断裂处的边界线，仅在尺寸界线一端画出箭头。图中在对称中心线两端画出的两条与其垂直的平行细实线是对称符号	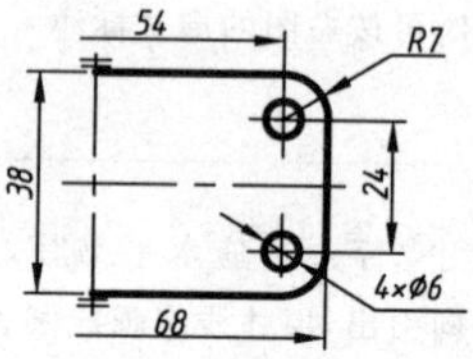 54　R7　38　24　4×φ6　68
光滑过渡线处	在光滑过渡处，必须用细实线将轮廓线延长，并从它们的交点引出尺寸界线。尺寸界线如垂直于尺寸线，则图线很不清晰，所以允许倾斜	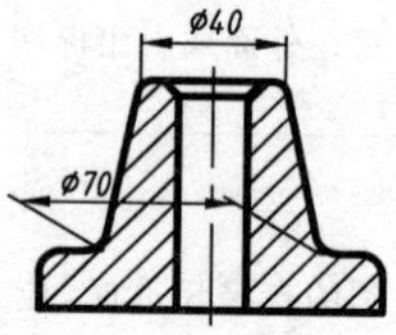 φ40　φ70
正方形结构	断面为正方形时，可在边长尺寸数字前加注符号"□"，或用 14×14 代替"□14"。图中相交的两细实线是平面符号	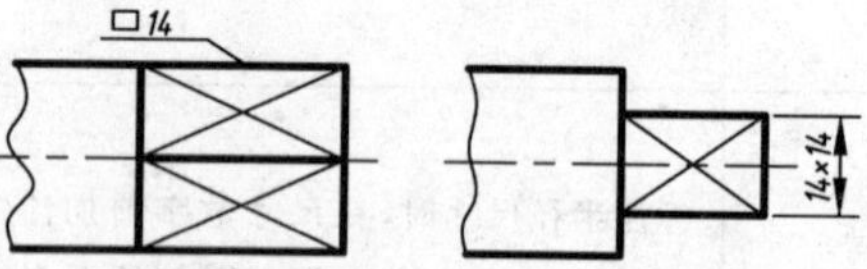 □14　14×14
均布的孔	均匀分布的孔，可按左图所示标注。当孔的定位和分布情况在图中已明确时，允许省略其定位尺寸和缩写词 *EQS*(均布)	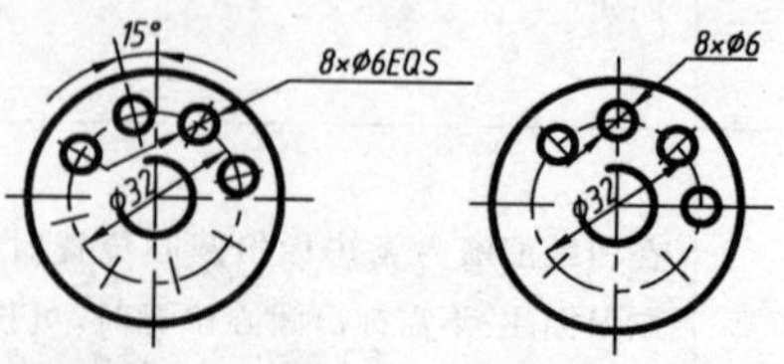 15°　8×φ6EQS　φ32　8×φ6　φ32

图 1.12 用正误对比的方法，指出了初学标注的一些常见错误。

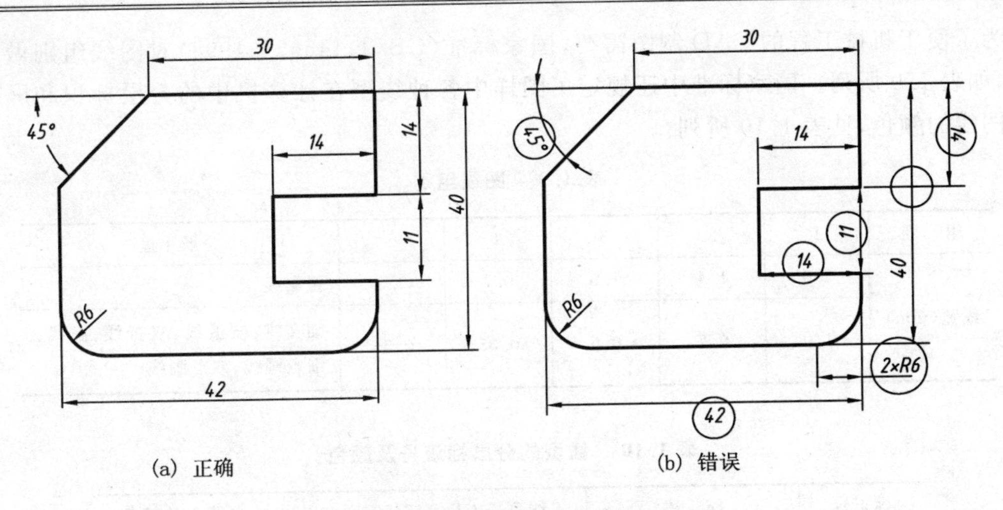

图 1.12　尺寸标注的正误对比

1.1.6　机械工程 CAD 制图规则(摘自 GB/T 14665—1998)

利用计算机绘制图样时,除了考虑图样的特性外,尚需要考虑计算机的显示设备,如绘图仪、打印机的特性,功能的情况以及制定某些制图规则。如:在机械工程制图中用 CAD 绘制的机械工程图样,首先应考虑到表达准确,看图方便。在完整、清晰、准确地表达机件各部分形状的前提下,力求制图简便。

为了便于机械制图与计算机信息交换时的需要,我国制订了机械工程 CAD 制图规则标准。本标准适用于在计算机及其外围设备中进行显示、绘制、打印机械图样及有关技术文件,其基本结构如图 1.13 所示。

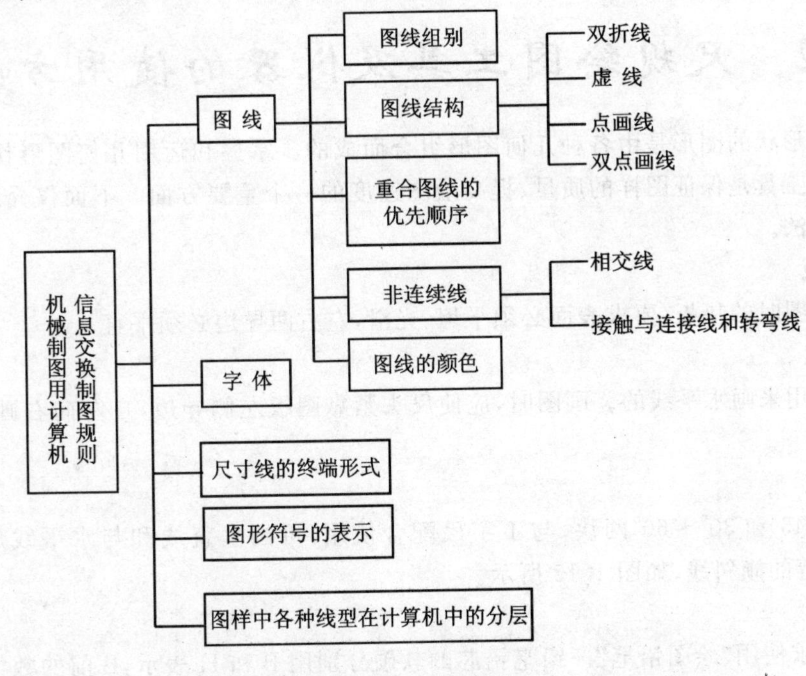

图 1.13　基本结构

为了便于机械工程的CAD制图需要，国家标准(GB/T 14665—1998)对图线组别做出了规定，如表1.9所列。国家标准中还规定了图样中各种线型在计算机中的分层标识和屏幕上显示图线的颜色，见表1.10所列。

表1.9 图线组别

组 别	1	2	3	4	5	一般用途
线宽(mm)	2.0	1.4	1.0	0.7	0.5	粗实线
	1.0	0.7	0.5	0.35	0.25	细实线、波浪线、双折线、虚线、细点画线、双点画线

表1.10 线型的分层标识号及颜色

标识号	描 述	线型按GB/T17450—1998	屏幕上的颜色
01	粗实线	A	绿 色
02	细实线 细波浪线 细双折线	B C D	白 色
04	细虚线	F	黄 色
05	细点画线 剖切面的剖切线	G	红 色
06	粗点线	J	棕 色
07	细双点线	K	粉 红

1.2 尺规绘图工具及仪器的使用方法

表示物体形状的图形是由各种几何图形组合而成的。掌握和运用几何图形作图的方法，正确使用绘图工具是保证图样的质量、提高绘图速度的一个重要方面。下面仅介绍几种常用工具及使用方法。

1. 图 板

图板是画图时的垫板，要求表面必须平坦、光滑，左右两导边必须平直。

2. 丁字尺

丁字尺是用来画水平线的。画图时，应使尺头紧靠图板左侧导边，自左向右画水平线，如图1.14所示。

3. 三角板

三角板分45°和30°～60°两块，与丁字尺配合使用，可画垂直线和与水平线成15°、30°、45°、60°和75°等的倾斜线，如图1.15所示。

4. 铅 笔

绘图时要求使用“绘图铅笔”。铅笔铅芯的软硬分别用B和H表示，B前的数值越大表示铅芯越软(黑)，H前的数字越大表示铅芯越硬。根据使用要求不同，应准备以下几种硬度不

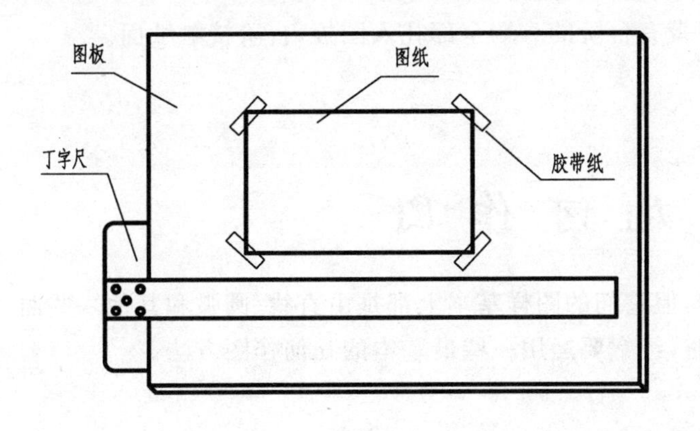

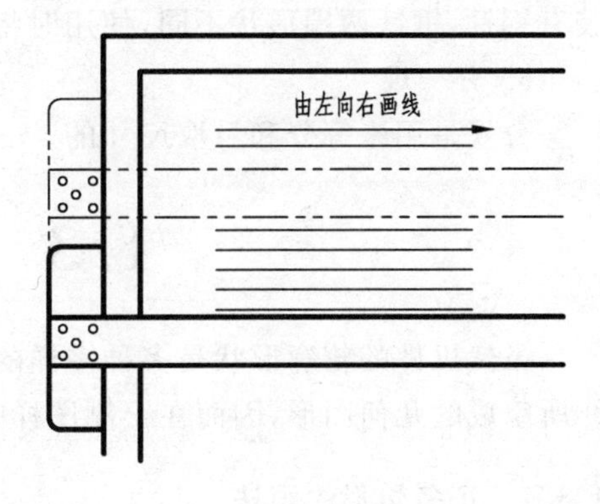

图 1.14　图板与丁字尺的用法

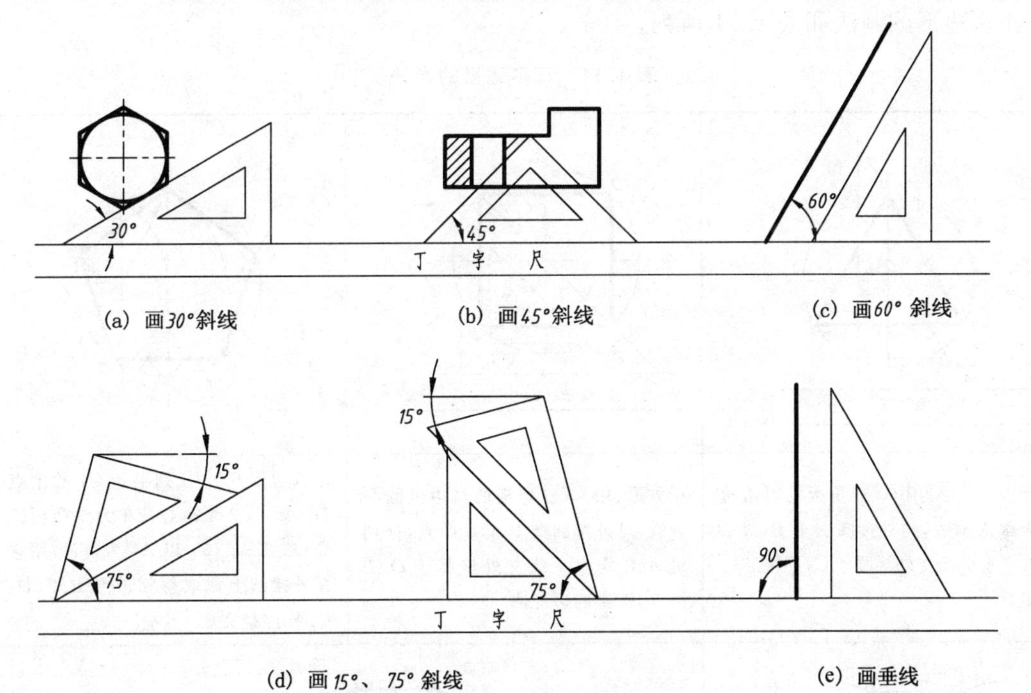

图 1.15　三角板的用法

同的铅笔：

H 或 2H——画底稿用。

HB 或 H——画虚线、细实线、细点画线及写字。

HB 或 B——加深粗实线。

画粗实线的铅笔，铅芯磨削成宽度为 d（粗线宽）的四棱柱形，其余铅芯磨削成锥形，如图 1.16 所示。

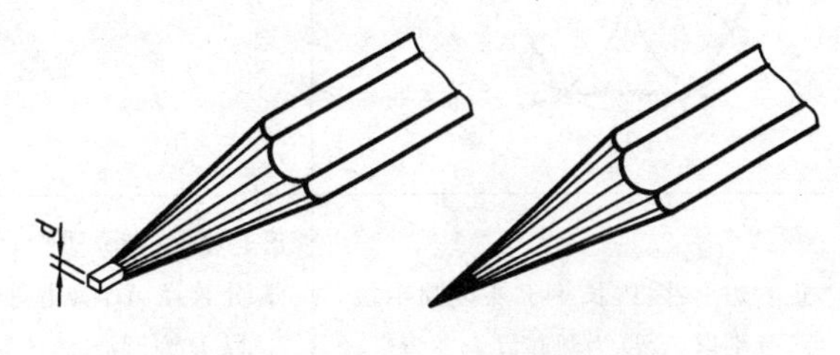

图 1.16　铅笔的削法

5. 圆　规

圆规用来画圆和圆弧。它的固定腿上

装有钢针，钢针两端形状不同，使用时将带有台阶的一端全部扎入图板，台阶接触纸面。

6. 分　规

分规是用来等分和量取尺寸的。

1.3 几 何 作 图

虽然机件的轮廓形状是多种多样的，但它们的图样基本上都是由直线、圆弧和其他一些曲线所组成的几何图形，因而在绘制图样时，经常要运用一些最基本的几何作图方法。

1.3.1 正多边形的画法

正多边形的画法如表 1.11 所列。

表 1.11　正多边形的画法

<table>
<tr>
<td>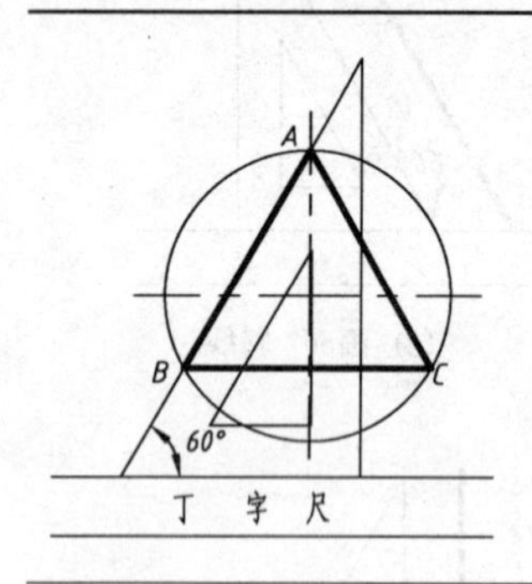</td>
<td>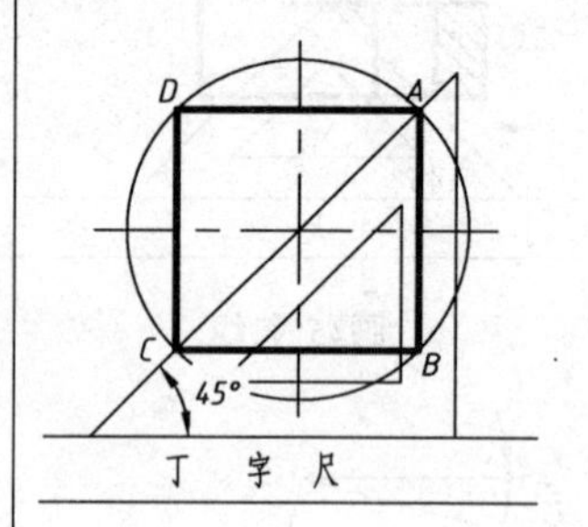</td>
<td>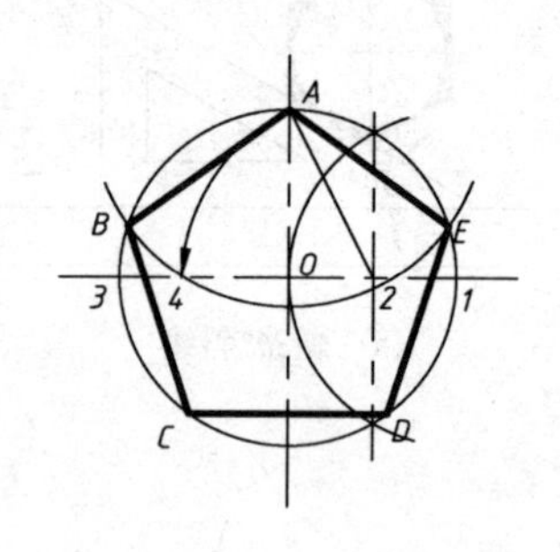</td>
</tr>
<tr>
<td>等边三角形：用 60°三角板的斜边过顶点 A 画线，与外接圆交于 B，过 B 点画水平线交外接圆于 C，连接三边即成</td>
<td>正方形：用 45°三角板的斜边过圆心画线，与外接圆交于 A、C 两点，分别过 A、C 作水平线交外接圆于 D、B 两点，连接四边即成</td>
<td>正五边形：(1) 找到半径 $O1$ 的中点 2；(2) 以 2 为圆心、$2A$ 为半径画弧交 $O3$ 于 4；(3) 以 $A4$ 为边长，用它在外接圆上截取得到顶点 B、C、D、E、A，连接完成</td>
</tr>
<tr>
<td>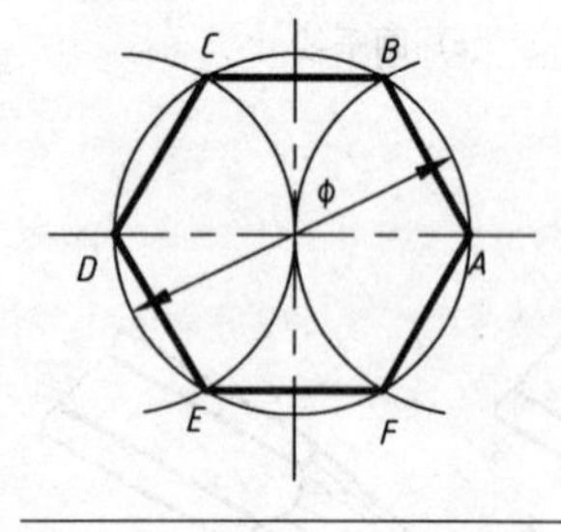</td>
<td colspan="2">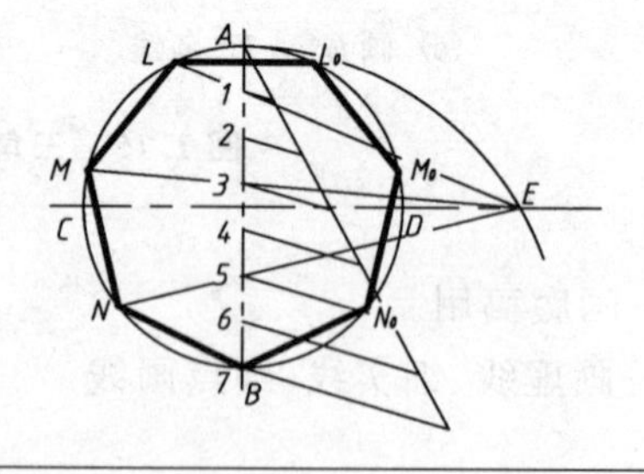</td>
</tr>
<tr>
<td>正六边形：因边长等于外接圆半径，可分别以 A、D 为圆心以 $\phi/2$ 为半径画弧交于 B、C、E、F 四点，与 A、D 共为六顶点，连边完成</td>
<td colspan="2">正七边形(正 n 边形)
1. 分直径 AB 为七等分(n 等分)；
2. 以 B 为圆心、AB 为半径画弧交直径 CD 的延长线于 E 点；
3. 过 E 点分别与直径 AB 上的奇数分点(或偶数分点)相连并延长，与外接圆交于 L、M、N，作出对称点 L_O、M_O、N_O；
4. 依次连接 L、M、N、B、L_O、M_O、N_O，完成正七边形(正 n 边形)</td>
</tr>
</table>

1.3.2　斜度和锥度

1. 斜度(Slope)

斜度是指一直线(或一平面)对另一直线(或平面)的倾斜程度。其大小用其夹角的正切来表示,并把比值转为 1∶n 的形式。斜度的表示、符号、作图方法及标注见表 1.12 所列。

2. 锥度(Taper)

锥度是指正圆锥体的底圆直径与其高度之比。若为圆台则为两底圆直径之差与台高之比。同样将比值转为 1∶n 的形式,见表 1.12 所列。

表 1.12　斜度、锥度的表示符号、作图与标注

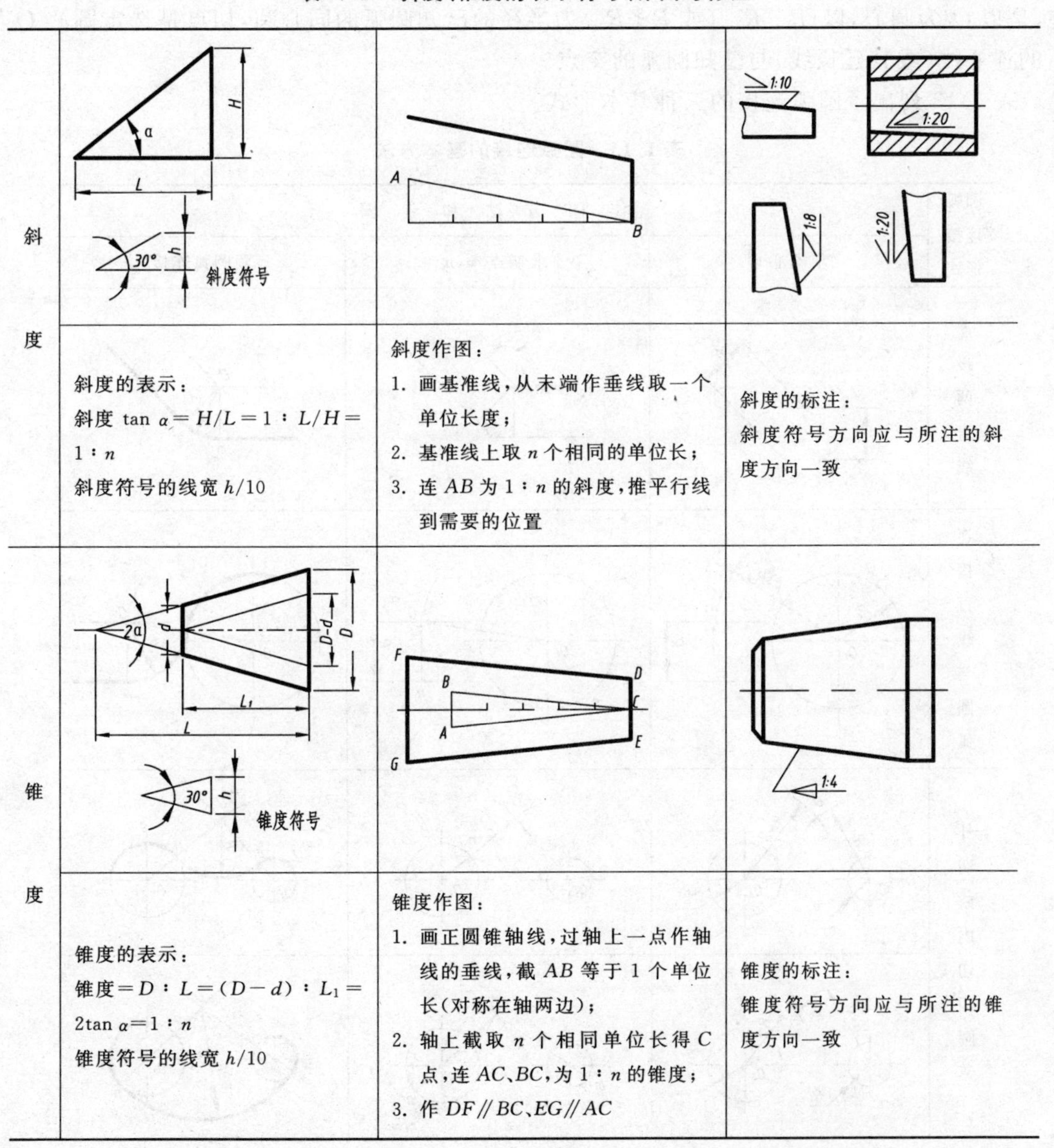

斜度	斜度的表示: 斜度 $\tan\alpha=H/L=1:L/H=1:n$ 斜度符号的线宽 $h/10$	斜度作图: 1. 画基准线,从末端作垂线取一个单位长度; 2. 基准线上取 n 个相同的单位长; 3. 连 AB 为 1∶n 的斜度,推平行线到需要的位置	斜度的标注: 斜度符号方向应与所注的斜度方向一致
锥度	锥度的表示: 锥度 $=D:L=(D-d):L_1=2\tan\alpha=1:n$ 锥度符号的线宽 $h/10$	锥度作图: 1. 画正圆锥轴线,过轴上一点作轴线的垂线,截 AB 等于 1 个单位长(对称在轴两边); 2. 轴上截取 n 个相同单位长得 C 点,连 AC、BC,为 1∶n 的锥度; 3. 作 $DF/\!/BC$、$EG/\!/AC$	锥度的标注: 锥度符号方向应与所注的锥度方向一致

1.3.3 圆弧连接

在绘制机件的图形时，常遇到用已知半径的圆弧光滑地连接两条已知线段(直线或圆弧)的情况，其作图方法称为圆弧连接。因此，在连接处是相切的。为保证相切，作图的关键是准确地作出连接圆弧的圆心和切点。

圆弧连接的作图原理见表1.13所列，步骤如下：

(1) 与已知直线相切的半径为 R 的圆弧，其圆心轨迹是与已知直线平行且距离为 R 的直线。切点是由圆心向已知直线作垂线的垂足。

(2) 与已知圆心为 O_1，半径为 R_1 的圆弧内切或外切时，半径为 R 的连接圆弧的圆心的轨迹，是以 O_1 为圆心，以 $|R-R_1|$(或 $R+R_1$)为半径的已知圆弧的同心圆，切点是选定圆心 O 与 O_1 的连心线(或其延长线)与已知圆弧的交点。

表1.13列出了圆弧连接的三种基本形式。

表1.13 圆弧连接的基本方法

圆弧连接形式	作图方法和步骤		
	求圆心 O	求切点 m,n	画圆弧连接
连接两直线	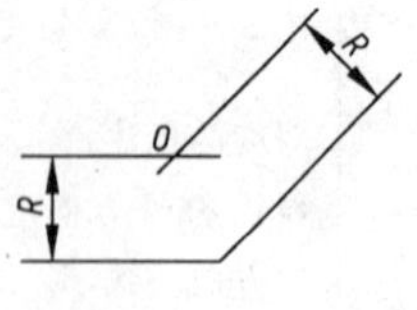 O, R	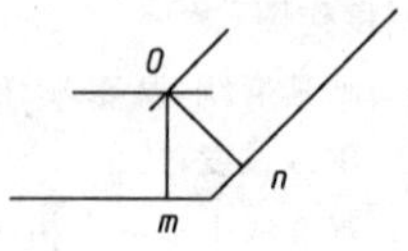 O, m, n	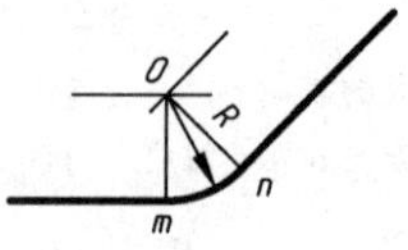 O, R, m, n
连接直线与圆弧	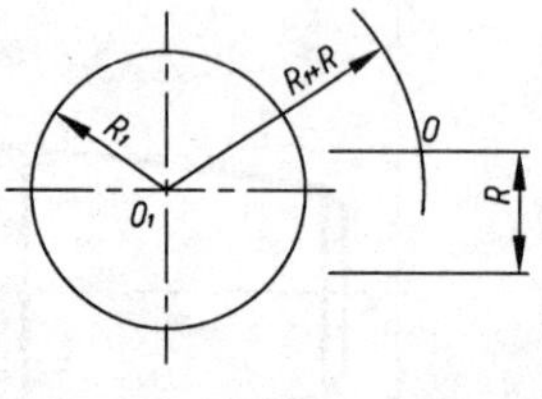 O_1, R_1, R_1+R, O, R	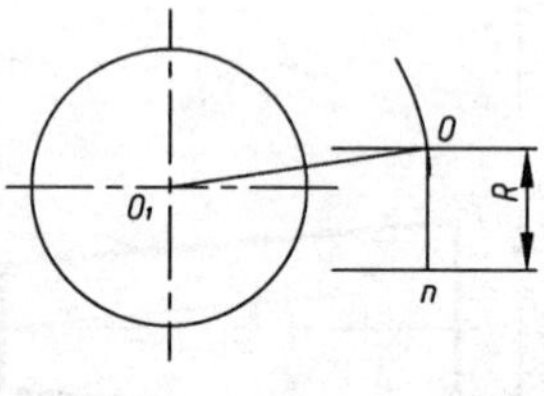 O_1, O, R, n	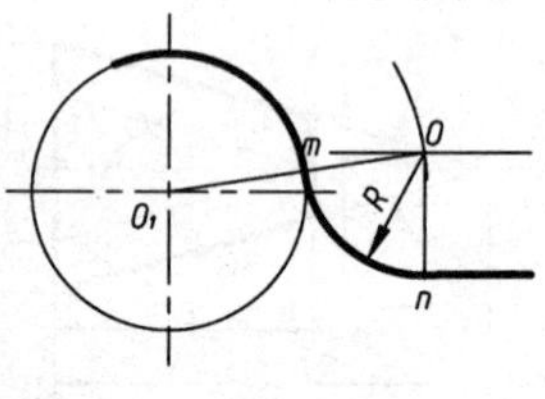 O_1, m, O, R, n
外切或内切两圆弧	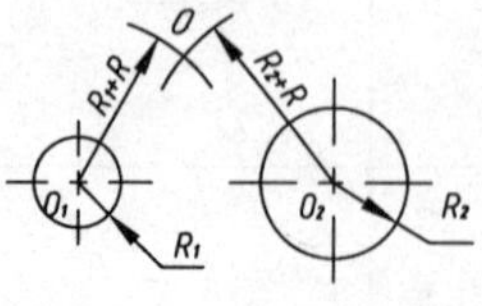 O_1, O_2, R_1, R_2, R_1+R, R_2+R, O	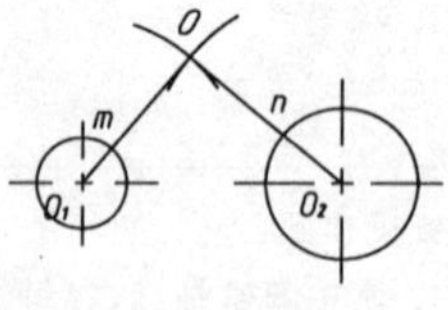 O, m, n, O_1, O_2	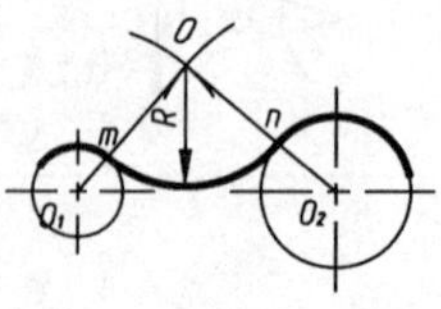 O, R, m, n, O_1, O_2
	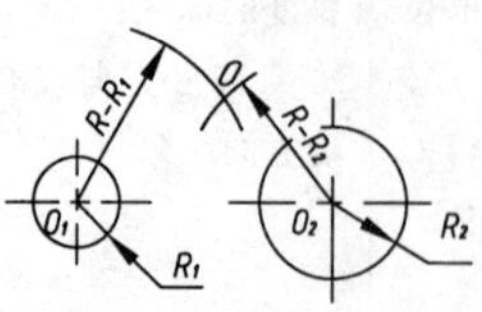 O_1, O_2, R_1, R_2, $R-R_1$, $R-R_2$, O	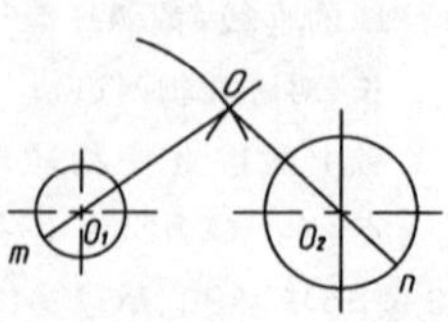 O, m, n, O_1, O_2	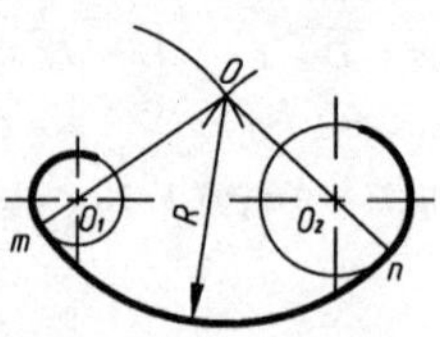 O, R, m, n, O_1, O_2

1.4　平面图形的分析及画法

一般来说,平面图形都是由若干线段(直线或曲线)连接而成,要正确绘制一个平面图形,首先必须对平面图形进行尺寸分析和线段分析,弄清哪些线段尺寸不全,需通过作图才能画出。

1.4.1　平面图形的尺寸分析

尺寸按其在平面图形中所起的作用,可以分为定形尺寸和定位尺寸两类。要想确定平面图形中线段的相对位置,必须引入基准的概念。

(1) 基准(Datum):基准是标注尺寸的起点。对于二维图形,需要两个方向的基准,即水平方向和铅垂方向。一般平面图形中常选用的基准线有:① 对称图形的对称线;② 较大圆的对称中心线;③ 较长的直线。图 1.17 的手柄是以水平的对称线和较长的铅垂线作基准线的。

(2) 定形尺寸(Size Dimension):定形尺寸是确定平面图形的各线段形状大小的尺寸,如直线长度、角度的大小以及圆弧的直径或半径等。如图 1.17 所示中尺寸 $\phi20$、15、$\phi5$、$R15$、$R12$、$R50$ 和 $R10$ 等均是定形尺寸。

(3) 定位尺寸(Location Dimension):定位尺寸是确定平面图形的线段或线框间相对位置的尺寸。如图 1.17 所示中尺寸 8、75 和 $\phi30$ 均为定位尺寸。

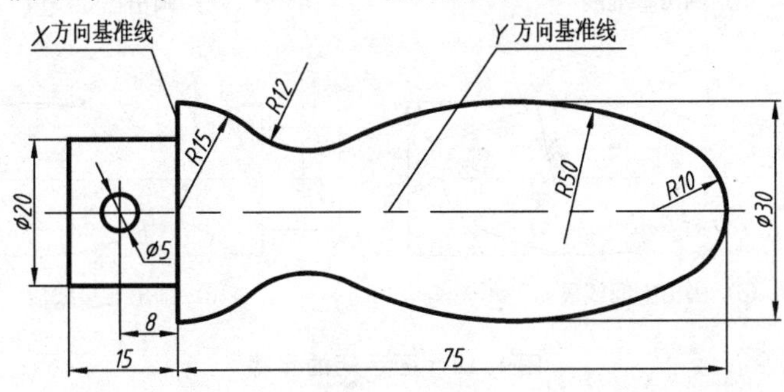

图 1.17　手　柄

1.4.2　平面图形的线段分析

线段在图形中根据所给的定形尺寸和定位尺寸是否齐全,可以分为三类:

(1) 已知线段(Given Segment):定形尺寸和定位尺寸标注齐全的,作图时根据所给尺寸可直接画出的线段为已知线段。

(2) 中间线段(Intermediate Segment):只有一个定位尺寸,需依靠作图来确定另一方向的定位尺寸,且只有这样才能画出的线段称为中间线段。

(3) 连接线段(Connecting Segment):只有定形尺寸而无定位尺寸需依靠作图来确定定位尺寸的线段称为连接线段。

1.4.3　平面图形的画图步骤

通过以上对平面图形的尺寸分析和线段分析,可归纳出平面图形画图步骤是:

画出图形基准线后，先画已知线段，再画中间线段，最后画连接线段。画中间线段和连接线段所缺的条件由相切条件补足。因此在画平面图形之前需先对图形尺寸进行分析，以确定画图的正确步骤。在作图过程中应该准确求出中间弧和连接弧的圆心和切点。同一个图形的尺寸注法不同，画该图的步骤也会随之改变。

下面以图 1.17 所示手柄为例，分析各条线段的性质，并确定正确画图的步骤：

(1) 画基准线，如图 1.18(a)所示。

(2) 画已知线段，如图 1.18(b)所示。

(3) 画中间线段：尺寸为 $R50$ 的线段需借助尺寸 $\phi30$，并与 $R10$ 相内切才能画出，如图 1.18(c)所示。

(4) 画连接线段：$R12$ 的圆弧，应借助于与 $R15$、$R50$ 相外切的几何条件画出，如图 1.18(d)所示。

(5) 最后经整理和检查无误后，按规定线型加深，并标注尺寸，如图 1.17 所示。

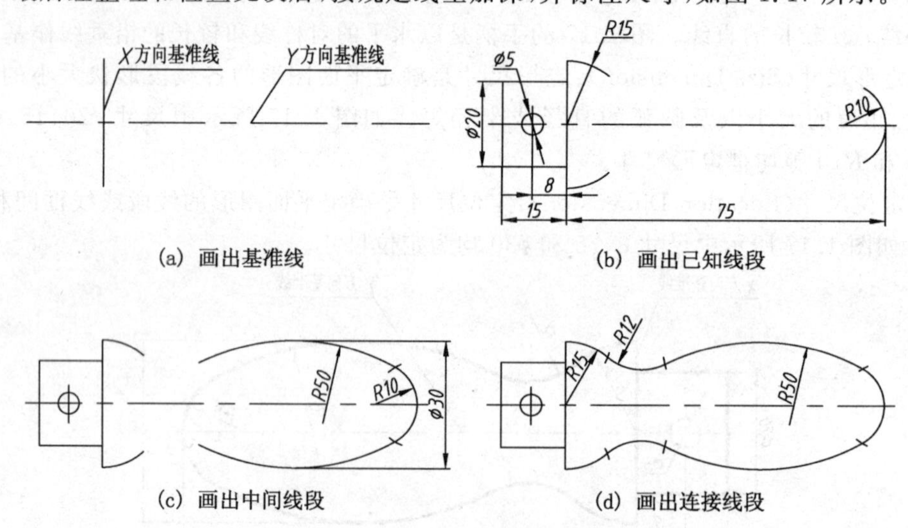

(a) 画出基准线 (b) 画出已知线段

(c) 画出中间线段 (d) 画出连接线段

图 1.18 画手柄的步骤

1.5 绘图技能

绘制图样时，为使图绘得又快又好，除了必须熟悉制图标准，掌握几何作图的方法和正确使用绘图工具外，还需具有一定的绘图技能。绘图技能包括尺规绘图(也叫仪器绘图)和徒手绘图。

1.5.1 尺规绘图的方法和步骤

1. 充分做好各项准备工作

(1) 准备好必需的制图工具和仪器。

(2) 确定图形采用的比例和图纸幅面大小。

(3) 分析所画图形上尺寸的作用和线段的性质，确定画线的先后顺序。

2. 固定图纸

(1) 将图纸固定在图板左下方,并使图纸的底边与图板的下边的距离大于丁字尺的宽度。

(2) 用细线画图框和标题栏。

3. 确定图形在图纸上的位置

图形在图纸上的位置要匀称,美观且留有注尺寸的地方。

4. 用细实线画图形底稿

画底稿一般用较硬的铅笔(如 H 或 2H)来画。底稿要轻画,但各种图线要分明,视图位置安排合适,尺寸大小要准确。先画基准线,再画主要轮廓,然后画细部。底稿完成后,要检查有无遗漏结构,并擦去多余的线。

5. 铅笔加深

加深图线时要用力均匀、线型一致、线型正确、粗细分明、连接光滑和图面整洁。

(1) 加深粗实线:粗实线一般用 HB 或 B 铅笔加深。圆规用的铅芯应比画直线用的铅笔软一号。加深粗实线时,要先曲后直、先上后下、先左后右,尽量减少尺子在图样上的摩擦次数,以保证图面的质量。

(2) 加深细线:按粗实线的加深顺序用 H 铅笔顺次加深所有细线——细虚线、细点画线、细实线等。

6. 画箭头、注尺寸等

经以上步骤,图形基本成形,再画上箭头、标注尺寸,最后填写好标题栏后就完成了图样的绘制工作。

1.5.2 徒手绘草图的方法

1. 草图(Sketch)的概念

草图是不借助仪器,仅用铅笔以徒手及目测的方法绘制的图样。绘制草图迅速、简便,有很大的实用价值,常用于创意设计、零部件测绘和计算机绘图等。

草图不要求按照国家标准规定的比例绘制,但要求正确目测实物形状及大小,基本上把握住形体各部分间的比例关系。判断形体间比例要从整体到局部,再由局部返回整体,相互比较。如一个物体的长、宽、高之比为 4∶3∶2,画此物体时,就要大致保持物体自身的这种比例。

草图不是潦草之图,除比例一项外,其余必须遵守国家标准规定,要求做到图线清晰,粗细分明,字体工整等。

为便于控制尺寸大小,经常在网格纸上画徒手草图,网格纸不要求固定在图板上,为了作图方便可任意转动和移动。

2. 草图的绘制方法

(1) 画直线:水平直线应自左向右,铅垂线应自上而下画出,眼视终点,小指压住纸面,手腕随线移动。画水平线和铅垂线时,要充分利用坐标纸的方格线;画 45°斜线时,应利用方格的对角线方向,如图 1.19 所示。

(2) 画圆:画不太大的圆,应先画出两条互相垂直的中心线,再在中心线上距圆心等于半径处截取四点,过四点画圆即可,如图 1.20(a)所示。如画的圆较大,可以再增画两条对角线,在对角线上找出四段半径的端点,然后通过这 8 个点画圆,如图 1.20(b)所示。

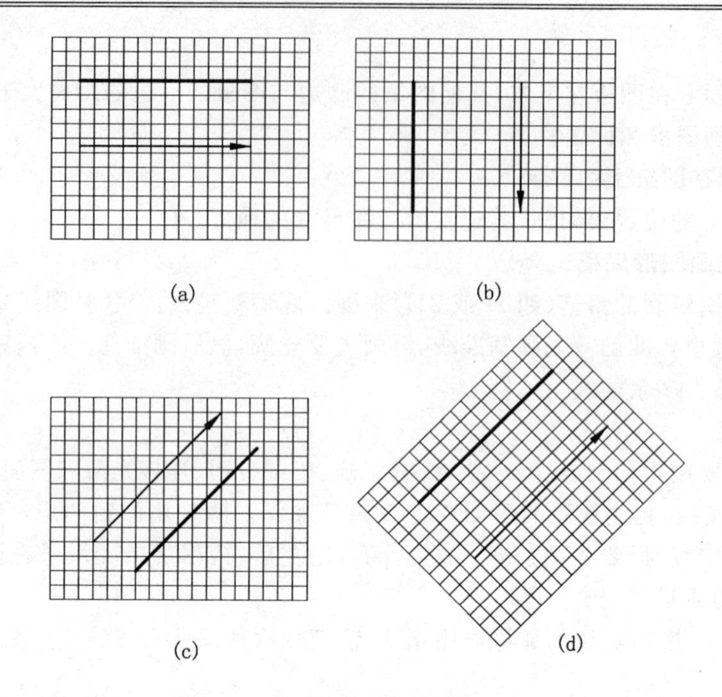

图 1.19 草图画线

(3) 画圆角、圆弧连接:对于圆角、圆弧连接,应尽量利用与正方形、长方形相切的特点,如图 1.20(c)所示。

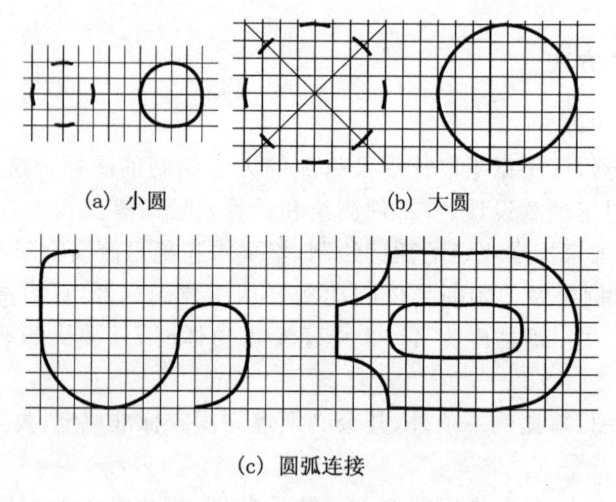

图 1.20 草图画圆及圆弧

第二章 计算机绘图基础

计算机绘图是指应用绘图软件及计算机硬件(主机、图形输入及输出设备),实现图形显示、辅助绘图与设计的一项技术。图形输入设备常见的有鼠标、扫描仪、数字化仪及图形输入板。图形输出设备常见的有显示器、打印机及绘图机。

随着计算机硬件的发展,计算机绘图软件得到了突飞猛进的发展。国内外成功地研制了很多绘图软件,其中 AutoCAD 是一个通用的交互式绘图系统,该软件不断更新,功能日趋完善,在机械、电子、建筑等领域得到了广泛的应用。本章主要介绍 AutoCAD 2008 的界面及使用基础。

2.1 AutoCAD 2008 绘图基础

2.1.1 界面简介

界面是用户与计算机进行交互对话的接口。对 AutoCAD 2008 的操作主要是通过用户界面来进行的。因此,了解用户界面各部分的名称、功能以及操作方法是十分重要的。典型的 AutoCAD 2008 界面及各主要组成部分的名称如图 2.1 所示。

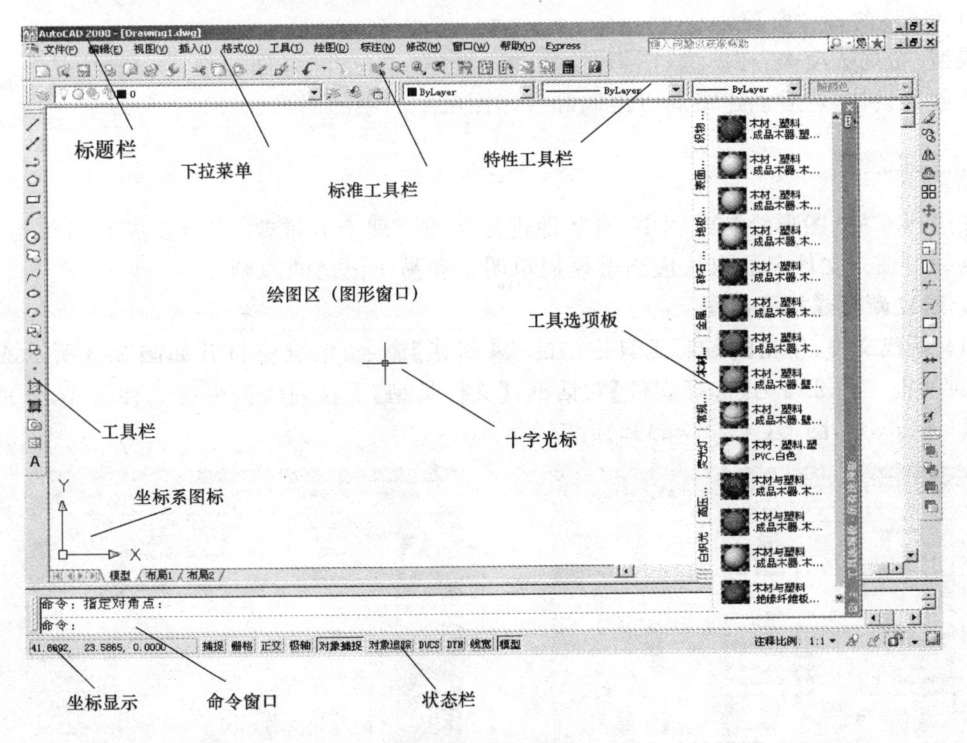

图 2.1 典型界面

标题栏:标题栏在多数的 Windows 的应用程序中都有,它在应用程序窗口的最上部,显示当前正在运行的程序名称及所打开的文件名,若当前尚未为图形文件命名,就临时采用默认的名字,例如 Drawing1. dwg。右上角为最小化、最大化/还原和关闭按钮。

下拉菜单:AutoCAD 的标准菜单包括【文件】、【编辑】、【视图】等多个下拉菜单。这些菜单包含了通常情况下控制 AutoCAD 运行的功能和命令。

工具栏:工具栏是图形化的界面,每一个工具栏有一个标题和若干个图标。通常将工具栏放在屏幕的边缘,可以用鼠标将其拖至作图区的任一位置,这时的位置是"浮动"的,浮动位置的工具栏上会显示该工具栏的名称。单击工具栏内的图标,即可调用一个命令或完成某个操作。

AutoCAD 提供了 30 个工具栏,在 AutoCAD 工作界面中,将鼠标移至任何一列工具栏上,单击鼠标右键,出现工具栏选项,即可选取【绘图】、【修改】等工具栏。

图形窗口:图形窗口也叫绘图区域,它是用户显示和绘制图形的区域。

命令窗口:命令窗口是一个可固定的窗口,可以在里面输入命令,AutoCAD 将显示提示和操作信息。可以调整命令窗口的高度,也可以将命令窗口变为浮动的。

状态栏:在左下角显示当前光标坐标值。状态栏还包含一些按钮,使用这些按钮可以打开常用的绘图辅助工具。这些工具包括【捕捉】、【栅格】、【正交】等,如图 2.2 所示。

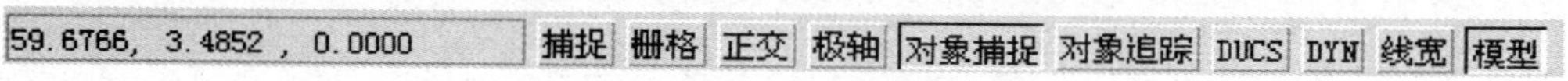

59.6766, 3.4852 , 0.0000 捕捉 栅格 正交 极轴 对象捕捉 对象追踪 DUCS DYN 线宽 模型

图 2.2 状态栏

十字光标:在绘图区域标识拾取点和绘图点。可以通过下拉菜单【工具】/【选项】/【显示】选项卡来控制十字光标的大小。

选项板:选项板的位置是浮动的,内容比工具栏更为丰富,通过选项板可以非常方便地调用 AutoCAD 的各种资源。

模型/布局选项卡:在模型(图形)空间和图纸(布局)空间来回切换。一般情况下,先在模型空间创建设计,然后创建布局以绘制和打印图纸空间中的图形。

2.1.2 文档管理

在进行 CAD 图形绘制过程中,有效地进行文档管理十分重要,应当养成有组织地管理文档的良好习惯。文件名的取法应当遵循简单明了和易于记忆的原则。

1. 建立新图或打开旧图

(1) 新建文件:单击【标准】工具栏中的□【新建】命令,系统将打开如图 2.3 所示的【选择样板】对话框。图 2.4 为【选择文件】对话框,【文件类型】下拉列表框中有 3 种格式,分别是:图形样板(*.dwt),图形(*. dwg)和标准(*. dws)。

图 2.3 【选择样板】对话框

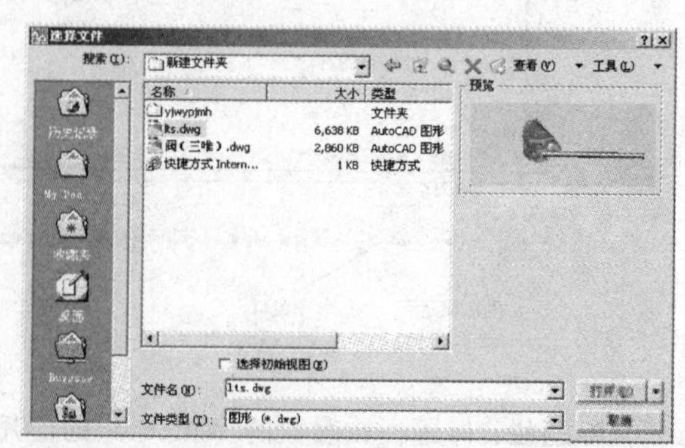

图 2.4 【选择文件】对话框

注意：常用的图形样板文件有：acad. dwt、acadiso. dwt、acad3D. dwt 和 acadiso3D. dwt。

(2) 打开文件：单击【标准】工具栏中的【打开】按钮，系统将打开如图 2.4 所示的【选择文件】对话框，选择文件路径及文件名，单击 打开(O) 即可。

2. 存储图形

绘制图形后，需要保存到磁盘中，AutoCAD 提供了【保存】和【另存为】命令。

(1) 快速存盘：通过下拉菜单【文件】/【保存】命令或单击【标准】工具栏中的按钮，AutoCAD 把当前编辑的已命名的图形直接以原文件名存入磁盘，不再提示输入文件名。

(2)另存为：通过下拉菜单【文件】/【另存为】命令或单击【标准】工具栏中的按钮，AutoCAD 将弹出【图形另存为】对话框，给未命名的文件命名或更换当前图形的文件名或路径。

3. 退出 AutoCAD 系统

当绘制完图形并将文件存盘后，在下拉菜单【文件】中选择【退出】选项或单击标题栏的按钮，就可退出系统。

如果图形修改过且未保存，那么在退出 AutoCAD 系统时，会弹出报警对话框，提示在退出 AutoCAD 系统之前存储文件，以防止丢失图形数据。

2.1.3　命令输入方式

AutoCAD 有以下几种命令的输入方式：

1. 使用图标按钮

图标按钮是 AutoCAD 命令的触发器，单击工具栏上的相应图标按钮，可完成各种操作。

2. 使用下拉菜单

下拉菜单包含了通常情况下控制 AutoCAD 运行的一系列命令。用鼠标选中下拉菜单的某个条目时，即可启动命令和控制操作。

当下拉式菜单的条目后有“…”时，表示将出现对话框；有“▶”时，表示还有子菜单。

3. 使用键盘

键盘是 AutoCAD 输入命令和命令选项的重要工具，是输入文字及在“命令:”提示符下输入命令、参数或在对话框中指定新文件名的唯一方法。

4. 快捷菜单

AutoCAD2008 提供了方便的快捷菜单。在任何时刻按下回车键或单击鼠标右键后，AutoCAD根据当前系统的状态及光标位置显示相应的快捷菜单。通过下拉菜单【工具】/【选项】/【用户系统配置】选项卡来设置是否使用快捷菜单。

为了便于操作，AutoCAD2008 定义的常用功能键如表 2.1 所列。

表 2.1　常用功能键一览表

功能键	命令说明	功能键	命令说明
F1	获取帮助	F2	图形窗口和文本窗口的切换
F3	对象捕捉模式控制	F5	等轴测平面切换
F6	状态栏上坐标显示方式的控制	F7	栅格显示模式控制
F8	正交模式控制	F9	栅格捕捉模式控制
F10	极轴模式控制	F11	对象追踪式控制
F12	动态输入的控制	ESC	放弃正在执行的某命令
ENTER	回车键，重复上一个命令		

5. 使用鼠标

鼠标操作是 AutoCAD 中最基本的操作方法。鼠标左键除了单击工具栏图标之外，还可以实现绘图中的定位、选取对象和拖曳对象等操作。右键相当于 ENTER 键，用于结束当前使用的命令。通过右键设置可弹出快捷菜单。按住 SHIFT 键并右击，将显示【对象捕捉】快捷菜单。双击鼠标滚轮将执行“范围缩放”；上下滚动滚轮将执行“实时缩放”；按着滚轮拖动鼠标将执行“实时平移”。

2.1.4 坐标点的输入方式

在 AutoCAD 中，图形一般都由几个很少的基本对象所构成：如直线、圆弧、圆和文字等。所有这些对象都要求输入坐标点以指定它们的位置、大小和方向。因此，用户需要了解 AutoCAD 的坐标系和输入坐标点的方法。

1. 坐标系

AutoCAD 采用两种坐标系：世界坐标系（WCS）与用户坐标系（UCS）。AutoCAD 的默认坐标系称为世界坐标系，WCS 的 X 轴为水平方向；Y 轴为垂直方向；Z 轴垂直于 XY 平面。用户也可以通过【UCS】命令定义自己的坐标系，即用户坐标系（UCS）。

另外，AutoCAD 有两种视图显示方式：模型空间和图纸（布局）空间。模型空间是针对图形实体的空间，我们通常使用的都是这种显示方式进行单一视图显示；图纸（布局）空间是针对图纸布局而言，是模拟图纸的平面空间，在图纸（布局）空间可以创建图形的多视图显示。

在默认情况下，当前 UCS 与 WCS 重合，这时坐标系有一个“□”，如图 2.5(a)所示。图 2.5(b)为图纸空间下的坐标系图标。

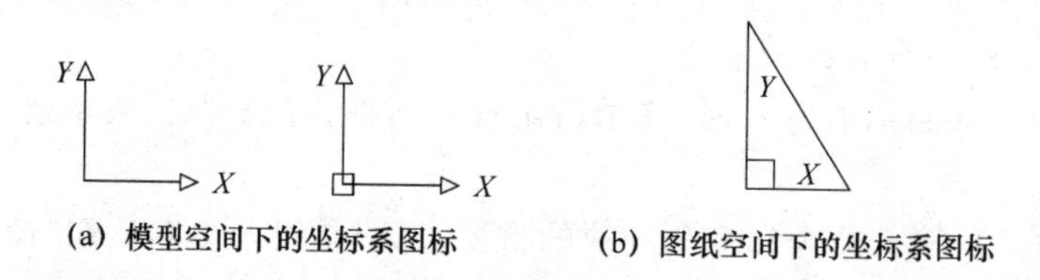

(a) 模型空间下的坐标系图标　　(b) 图纸空间下的坐标系图标

图 2.5 坐标系图标

2. 坐标值的输入

坐标值的输入可以分为绝对坐标和相对坐标两种形式。可以使用任何一种定点设备或键盘输入坐标值，坐标值分为直角坐标或极坐标。

(1) 绝对直角坐标和极坐标：绝对坐标是指某一点的位置相对于原点(0,0)的坐标值。

绝对直角坐标的输入方式为：X,Y；

绝对极坐标的输入方式为：$D<\alpha$。其中：D 表示该点到坐标原点的距离，α 表示该点与坐标原点的连线与 X 轴的正向夹角。

(2) 相对直角坐标和极坐标：相对坐标是指一个点相对于上一个输入点的坐标值。输入点的相对坐标与输入绝对坐标类似，不同在于所有相对坐标的前面都添加一个@号。如@45，50 和@60<30。

3. 动态输入

使用动态输入功能可以在工具栏提示中输入坐标值，而不必在命令行中进行输入。可以通过状态栏的【DYN】按钮或快捷键 F12 启用【动态输入】方式。

动态输入有指针输入和标注输入两种方式，如图 2.6 所示。

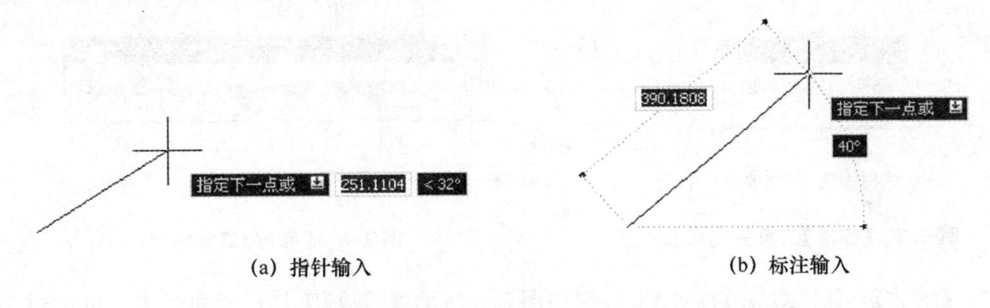

(a) 指针输入　　(b) 标注输入

图 2.6 动态输入方式

注意：动态输入的默认状态是相对坐标输入，如果要改变设置可以通过下拉菜单【工具】/【草图设置】/【动态输入】选项卡进行。

2.1.5 二维绘图设置

绘图前应对图形进行各项设置，包括图形单位和图形界限、捕捉和栅格、图层、线型及字体标准等。用户还可以根据个人习惯或某些特定项目的需要来调整 AutoCAD 环境。通过设置绘图环境使绘图单位、绘图区域等符合国家的有关规定。

1. 设置绘图单位

在 AutoCAD 中绘图的度量单位可以任意定义，例如，在一张图纸中，一个单位可能等于 1mm。而在另一张图中，一个单位可能等于 1 in。通常工程制图中使用的绘图单位为毫米。可利用下拉菜单【格式】的【单位】命令打开的【图形单位】对话框来设定或改变长度的形式与精度和角度的形式与精度等。

2. 设置图幅

图幅是利用 LIMITS 命令或通过下拉菜单【格式】的【图形界限】命令来进行设置或修改。该命令有以下选项：

开(ON)：打开图限检查以防拾取点超出图限。

关(OFF)：关闭图限检查(默认设置)，可以在图限之外拾取点。

指定左下角点：设置图限左下角的坐标(默认设定为 0,0)。

指定右上角点：设置图限右上角的坐标(默认设定为 420.0,297.0)。

2.1.6 显示控制

为了便于绘图操作，AutoCAD 还提供了一些控制图形显示的命令，一般这些命令可以改变图形在屏幕上的显示方式，按所期望的位置、比例和范围进行显示，以便于观察，但不能使图形产生实质性的改变。

1. 缩放图形

缩放并不改变图形的绝对大小，它只是在图形区域内改变视图的大小。AutoCAD 提供了多种缩放视图的方法，下面介绍常用的几种。

(1) 实时缩放：选择【标准】工具栏中的【实时缩放】命令，如图 2.7 所示。此时光标变为 ，可以通过向上或向下移动光标来放大或缩小图形，鼠标向上移动将放大图形，向下移动将缩小图形。

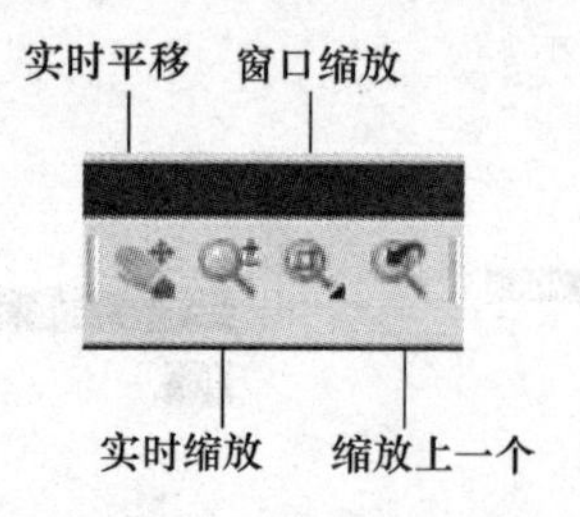

图 2.7　【标准】工具栏的缩放

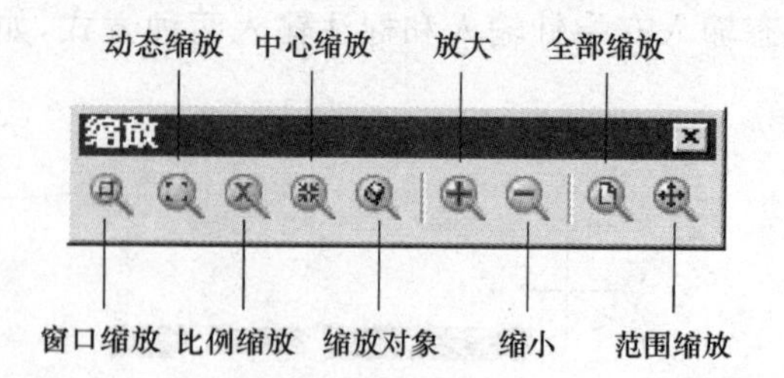

图 2.8　【缩放】工具栏

(2)【缩放】工具栏缩放:【缩放】工具栏如图 2.8 所示，【缩放】工具栏的命令也可以通过 ZOOM 命令和图 2.7 所示【标准】工具栏的【窗口缩放】来完成。下面介绍几种常用的缩放工具：

① 窗口缩放　【窗口缩放】命令就是把处于定义矩形窗口的图形局部进行缩放。通过确定矩形的两个角点，可以拉出一个矩形窗口，窗口区域的图形将放大到整个窗口范围。在选择角点时，将图形要放大的部分全部包围在矩形框内。矩形框的范围越小，图形显示的越大。

② 动态缩放　【动态缩放】与【窗口缩放】有相同之处，它们放大的都是矩形选择框内的图形，但动态缩放比窗口缩放灵活，可以随时改变选择框的大小和位置。

③ 范围缩放　用【窗口缩放】将图样放大是为了便于局部操作，但全图布局就容易被忽略，要观察全图的布局，可采用【范围缩放】让图样布满屏幕，无论当前屏幕显示的是图样的哪一部分，或者图样在屏幕上多么小，都可以让所有的图布置到屏幕内，并且使所有的对象进行最大显示。

2. 实时平移

选择【标准】工具栏中的【实时平移】命令，鼠标变成形状，通过鼠标拖拽使落在屏幕外的部分图形，平移命到屏幕里。

3. 鸟瞰视图

【鸟瞰视图】是在另一个独立的窗口中显示整个图形视图以快速移动到目标区域。通过下拉菜单【视图】的【鸟瞰视图】命令，打开图 2.9 所示的【鸟瞰视图】窗口。【鸟瞰视图】窗口是一个图形浏览工具。

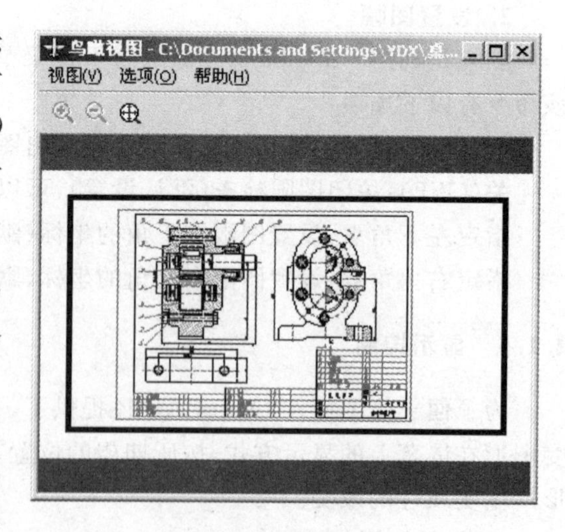

图 2.9　【鸟瞰视图】窗口

4. 重　画

重画是刷新屏幕或当前视区，擦去残留的光标点。通过选择下拉菜单【视图】的【重画】命令，执行图形重画。

5. 重新生成

重新生成全部图形并在屏幕上显示出来。通过选择下拉菜单【视图】的【重生成】命令，执行图形重生成。

2.2　常用绘图命令

多数 AutoCAD 图形都是由几种基本的图形元素(如圆、圆弧、直线、矩形、多边形与椭圆等)构成的。下面主要介绍这些基本图形元素的画法,部分绘图命令如图 2.10 所示。

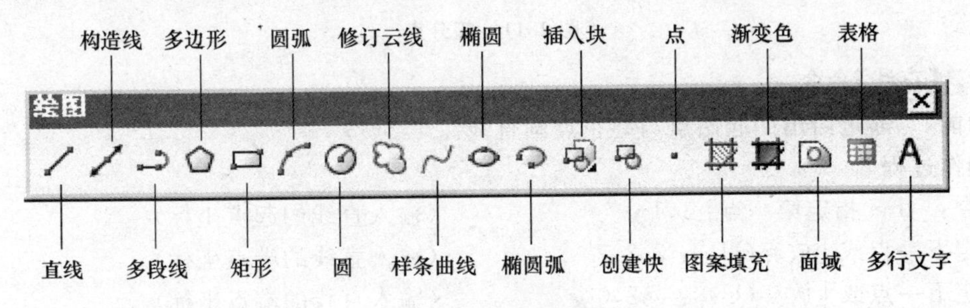

图 2.10　【绘图】工具栏

1. 绘制点与等分点

(1) ·【点】命令:

[功能]　在指定位置绘制点。

[操作过程]

命令:_point

当前点模式:PDMODE=0 PDSIZE=0.0000

指定点:　　(输入点的位置)

[说明]

点的显示类型和大小通过下拉菜单【格式】的【点样式】命令,打开【点样式】对话框来选定。

(2) DIVIDE 定数等分:

[功能]　沿实体的长度方向将其划分成一个确定数目的等长线段来绘制点或块。

[操作过程]

命令:divide↙　　(下拉菜单【绘图】/【点】/【定数等分】)

选择要定数等分的对象:　　(选择等分实体)

输入线段数目或[块(B)]:　　(输入被划分的数目)

如图 2.11(a)、(b)所示。

(3) MEASURE 定距等分:

[功能]　沿实体的长度方向将其划分成一个确定距离的等长线段来绘制点或块。

[操作过程]

命令:measure↙　　(下拉菜单【绘图】/【点】/【定距等分】)

选择要定距等分的对象:　　(选择等分实体)

指定线段长度或[块(B)]:　　(输入被划分的距离)

AutoCAD 将从光标拾取端按定长值等分线段,另一端不一定等于定长值。

如图 2.11(c)、(d)所示。

[说明]

AutoCAD 可以对直线、圆、圆弧、多义线和样条线进行等分。

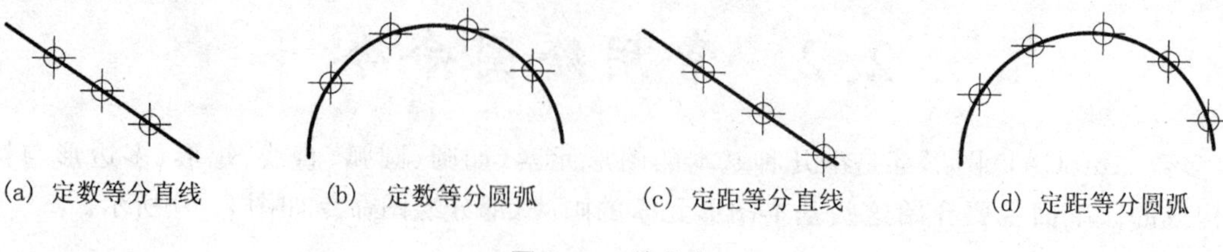

图 2.11 等分点

2. 【直线】命令

[功能] 通过给出的起始点与终止点画直线。

[操作过程]

命令：_line 指定第一点：1,1 ↙ （输入直线的起点坐标）

指定下一点或 [放弃(U)]：2,2 ↙ （输入直线的端点坐标）

指定下一点或 [放弃(U)]：@2,0 ↙ （输入直线的端点坐标）

指定下一点或 [闭合(C)/放弃(U)]：c ↙ （图形闭合）

如图 2. 12 所示。

[说明]

(1) 坐标输入可采用绝对坐标也可采用相对坐标。

(2) 在"指定下一点或 [闭合(C)/放弃(U)]"提示下除输入坐标外，还可以输入：U——取消刚绘制的直线；C——图形封闭。

3. 【圆】命令

[功能] 画在指定位置画整圆。

[操作过程]

命令：_circle

指定圆的圆心或 [三点(3P)/两点(2P)/相切、相切、半径(T)]：10,10 ↙ （输入圆心位置）

指定圆的半径或 [直径(D)]：4 ↙ （输入半径值）

如图 2.13 所示。

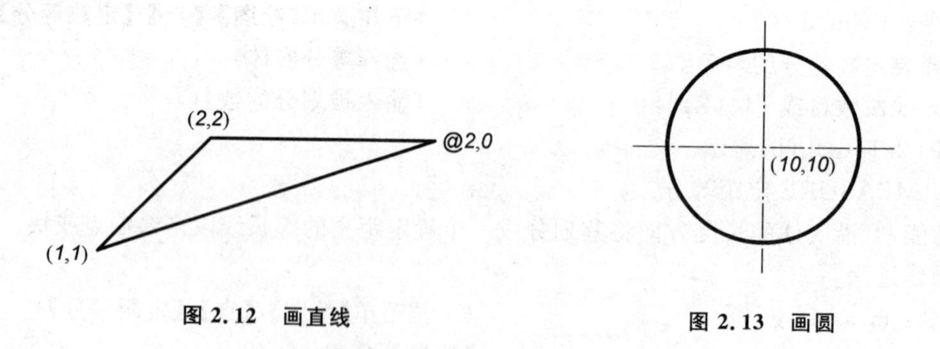

图 2.12 画直线　　图 2.13 画圆

[说明]

(1) 半径或直径的大小可直接输入数值或在屏幕上点取圆上一点。

(2) 【圆】命令有以下几个选项：

两点(2P)：用直径的两端点画圆；三点(3P)：过三点画圆；相切、相切、半径(T)：与两对象相切，且给出圆的半径画圆。

4. 【圆弧】命令

［功能］　过三点画圆弧。

［操作过程］

命令：_arc 指定圆弧的起点或［圆心(C)］：　　　　（输入第一点）

指定圆弧的第二个点或［圆心(C)/端点(E)］：　　　　（输入第二点）

指定圆弧的端点：　　　　（输入第三点）

如图 2.14 所示。

［说明］

(1) 默认按逆时针画圆弧。

(2) 如果用回车键回答第一提问，则以上次所画线或圆弧的终点及方向作为本次所画圆弧的起点及起始方向。

5. 【正多边形】命令

［功能］　画 3—1024 条边的正多边形。

［操作过程］

命令：_polygon 输入边的数目 ＜4＞：7↙　　　　（输入正多边形的边数）

指定正多边形的中心点或［边(E)］：　　　　（输入圆心或多边形的边长）

输入选项［内接于圆(I)/外切于圆(C)］＜I＞：↙　　　　（选择画正多边形的方式）

指定圆的半径：　　　　（输入半径）

如图 2.15 所示。

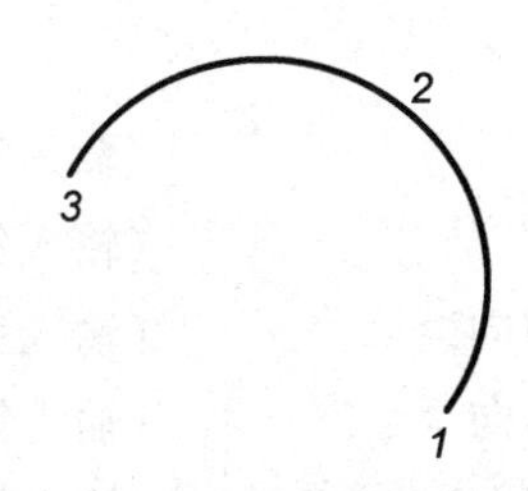

图 2.14　画圆弧

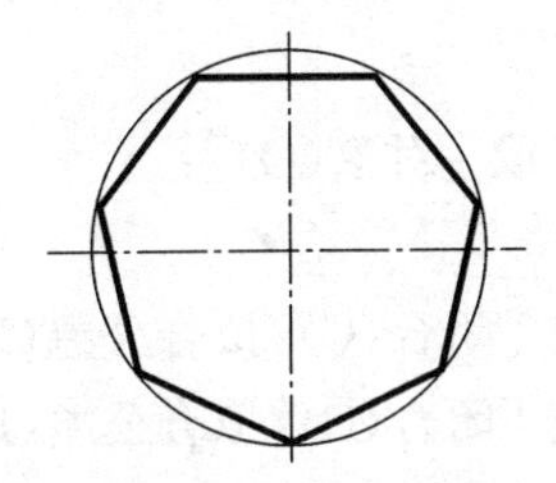

图 2.15　画多边形

［说明］

正多边形有 3 种画法：(1)设定外接圆半径(I)；(2)设定内切圆半径(C)；(3)设定正多边形边长(Edge)。

6. 【矩形】命令

［功能］　用于画矩形。

［操作过程］

命令：_rectang

指定第一个角点或［倒角(C)/标高(E)/圆角(F)/厚度(T)/宽度(W)］：　（输入第一点）

指定另一个角点或［面积(A)/尺寸(D)/旋转(R)］：　　　　（输入另一点）

［说明］

【矩形】命令画的矩形，可以指定矩形的倒角、圆角、多段线宽度等。

7. 【椭圆】命令

［功能］ 画椭圆。

［操作过程］

命令：_ellipse

指定椭圆的轴端点或［圆弧(A)/中心点(C)］：c↙ （指定椭圆中心）

指定椭圆的中心点： （拾取 1 点） （输入椭圆中心的位置）

指定轴的端点： （拾取 2 点） （输入椭圆一轴的任一端点）

指定另一条半轴长度或［旋转(R)］：(拾取 3 点)（输入椭圆另一轴的半长）

如图 2.16 所示。

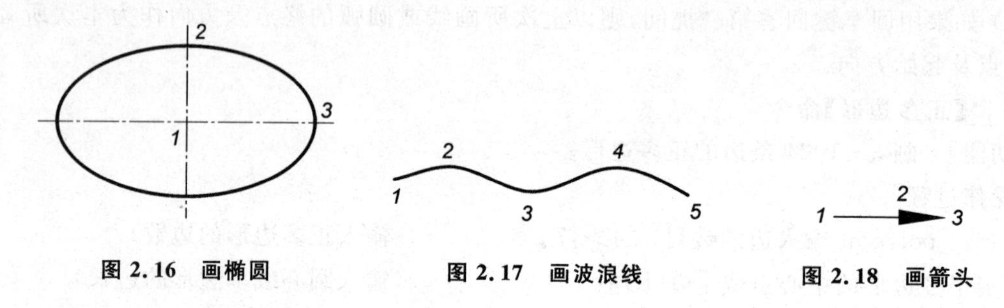

图 2.16 画椭圆　　图 2.17 画波浪线　　图 2.18 画箭头

8. 【样条曲线】命令

［功能］ 画样条曲线(可利用该命令绘制波浪线)。

［操作过程］

命令：_spline

指定第一个点或［对象(O)］： （输入第一点）

指定下一点： （输入第二点）

指定下一点或［闭合(C)/拟合公差(F)］<起点切向>： （输入第三点）

指定下一点或［闭合(C)/拟合公差(F)］<起点切向>： （输入第四点）

指定下一点或［闭合(C)/拟合公差(F)］<起点切向>： （输入第五点）

指定下一点或［闭合(C)/拟合公差(F)］<起点切向>：↙ （回车结束）

指定起点切向： （确定起点的切线方向）

指定端点切向： （确定终点的切线方向）

如图 2.17 所示。

9．【多段线】命令

［功能］ 画多段线(可以用来画箭头等)。

［操作过程］

命令：_pline

指定起点： （输入第一点）

当前线宽为 0.0000

指定下一个点或［圆弧(A)/半宽(H)/长度(L)/放弃(U)/宽度(W)］： （输入第二点）

指定下一点或［圆弧(A)/闭合(C)/半宽(H)/长度(L)/放弃(U)/宽度(W)］：w↙（设置

多段线宽度）

指定起点宽度 ＜0.0000＞：2↙ （设置起点宽度）

指定端点宽度 ＜2.0000＞：0↙ （设置端点宽度）

指定下一点或［圆弧(A)/闭合(C)/半宽(H)/长度(L)/放弃(U)/宽度(W)］：（输入第三点）

指定下一点或［圆弧(A)/闭合(C)/半宽(H)/长度(L)/放弃(U)/宽度(W)］：↙（回车结束）

如图 2.18 所示。

2.3 辅助绘图工具

在计算机绘图过程中为保证找到某一特征点（如圆心、切点、中点、交点等）或绘制水平、竖直线，需要精确地确定图形上的点。AutoCAD 中常用的精确绘图有下列辅助方法。

1.【栅格】和【捕捉】命令

在 AutoCAD 中，【栅格】和【捕捉】功能可以用来精确定位，提高绘图效率。

【栅格】是一些标定位置的小点，起坐标纸的作用；【捕捉】用于设定光标移动的间距。打开【栅格】和【捕捉】功能的方法是：在状态栏中单击 栅格 和 捕捉 按钮，或按 F7 和 F9 键。

利用下拉菜单【工具】/【草图设置】命令，打开【草图设置】对话框，在【捕捉和栅格】选项卡中设置栅格和捕捉间距。

2.【正交】命令

AutoCAD 提供的【正交】也可以用来精确定位点，它将限制绘制对象的方向为水平或垂直。在正交模式下可以方便地绘出与当前 X 轴或 Y 轴平行的线段。打开【正交模式】功能的方法是：在状态栏中单击按钮 正交 ，或按 F8 键。

3. 目标捕捉功能

使用目标捕捉功能可以迅速指定对象的精确位置，而不必输入坐标值。该功能可将点定位到现有对象的特征点上，如端点或交点等。目标捕捉包括对象捕捉和自动捕捉模式。

(1)【对象捕捉】模式：绘图过程中，当要求指定点时，单击图 2.19 所示【对象捕捉】工具栏中相应的特征点按钮，再把光标移到要捕捉的特征点附近，即可捕捉到对象特征点。

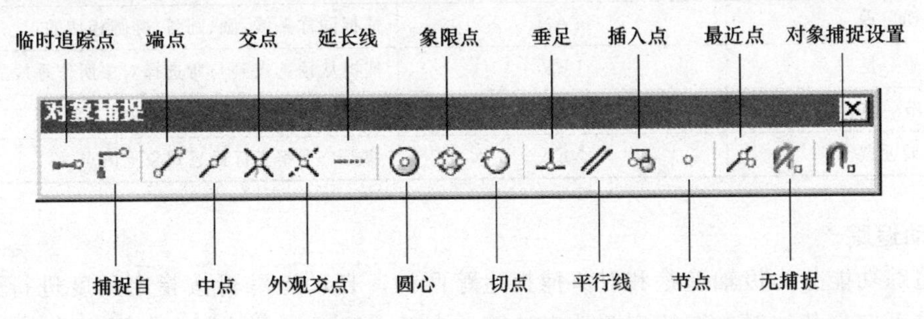

图 2.19 【对象捕捉】工具栏

(2)自动捕捉功能：使用该功能，可以根据需要事先设置多种对象捕捉模式，绘图时 AutoCAD 能自动捕捉到已设捕捉模式的特征点。

自动捕捉功能的设置方法是：选择下拉菜单【工具】/【草图设置】命令，打开【草图设置】对话框，如图 2.19 所示，在【对象捕捉】选项卡中选取或取消捕捉模式。打开自动捕捉功能的方法是：在状态栏中单击对象捕捉按钮，或按 F3 键，如图 2.20 所示。

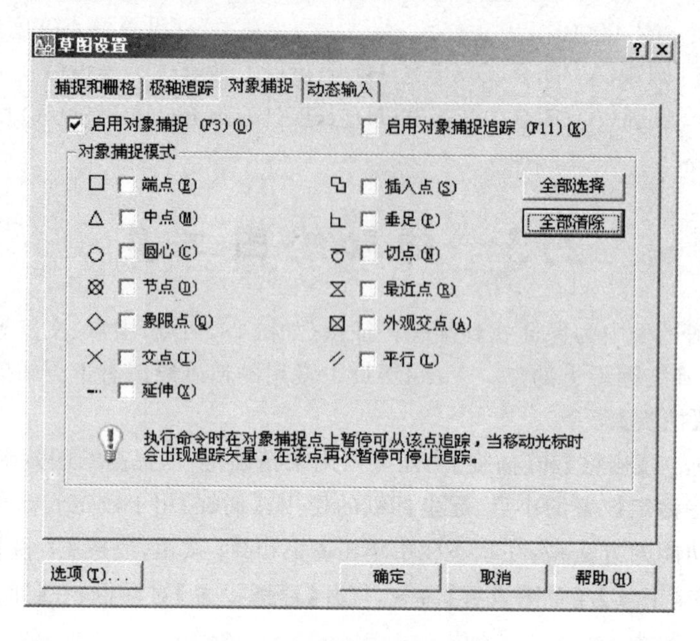

图 2.20 【对象捕捉】选项卡

目标捕捉的常用功能键如表 2.2 所列。

表 2.2 常用目标捕捉功能

命　令	命令缩写	说　　明
端　点	END	捕捉一个离拾取点最近的端点
中　点	MID	捕捉对象的中点
交　点	INT	捕捉对象的实际或延伸交点
圆　心	CEN	捕捉圆、圆弧、椭圆、椭圆弧的中心点
象限点	QUA	捕捉圆、圆弧、椭圆、椭圆弧上的象限点
切　点	TAN	捕捉同样条线、圆、圆弧、椭圆相切的点
垂　足	PER	捕捉从预选点到与所选择对象所作垂线的垂足点
节　点	NOD	捕捉由 POINT 命令定义的点对象
最近点	NEA	捕捉与十字光标最近对象上的点

4. 自动追踪

自动追踪功能分为极轴追踪和对象捕捉追踪两种。自动追踪可按指定角度进行追踪；对象捕捉追踪可按与其他对象有特定关系来追踪。自动追踪功能是绘制工程图样非常有用的辅助绘图工具。

(1) 极轴追踪：是按事先给定的角度增量绘制对象。当使用该功能时，AutoCAD 将显示一些临时的对齐路径以帮助用户以精确的位置和角度绘制图形。

极轴角的设置方法是：右击状态栏的极轴按钮，在弹出的快捷菜单中选择【设置】，打开【草图设置】对话框。选择【极轴追踪】选项卡，在【增量角】下拉列表框中选择极轴追踪的增量角，以设置极轴追踪对齐路径的极轴角增量，如图 2.21 所示。在该选项卡中也可选中【附加角】复选框，以增加追踪角度。单击【新建】按钮可设置任意附加角，系统在进行追踪时，同时追踪增量角和附加角。

打开极轴追踪的方法是：在状态栏中单击极轴按钮，或按 F10 键。

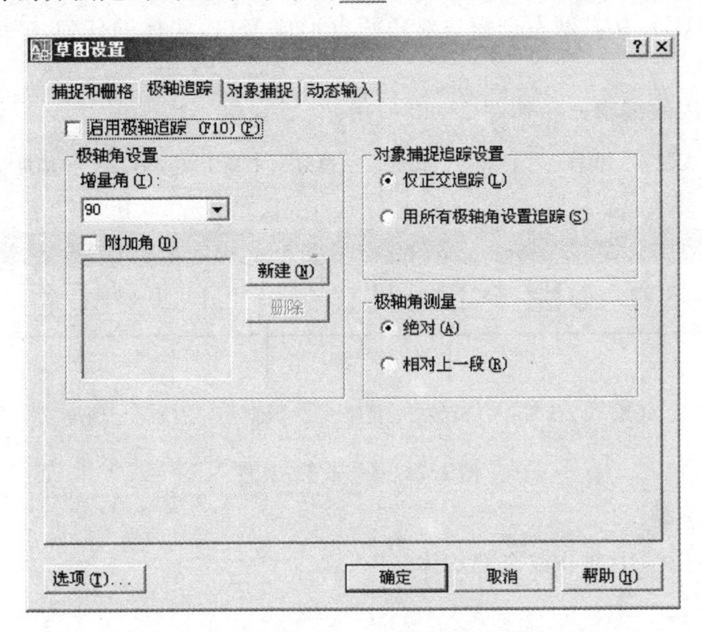

图 2.21 【极轴追踪】选项卡

[说明]

① 不能同时打开正交模式和极轴追踪。

② 如果极轴追踪和捕捉模式同时打开，光标将以设定的捕捉增量沿对齐路径进行捕捉。

③ “增量角”是相对的，按指定的极轴角或极轴角的倍数追踪；而“附加角”是绝对的。

(2) 对象捕捉追踪：是按与其他对象的某种特殊关系来追踪。

使用对象捕捉追踪功能时，要将待捕捉的特征基点设为自动捕捉功能。打开对象捕捉追踪的方法是：打开状态栏上的对象捕捉和对象追踪按钮（或 F11 键）。执行命令时在基点上暂停，该点出现基点提示，即可从该点追踪。

[说明]

如果选择了图 2.21 所示的选项卡【对象捕捉追踪设置】选项区的【仅正交追踪】选项，那么在使用对象捕捉追踪时，AutoCAD 将只显示通过临时捕捉点的水平或垂直的对齐路径。如果选择了【所有极轴角设置追踪】选项，那么在使用对象捕捉追踪时，AutoCAD 允许使用任意极轴角上的对齐路径。

2.4 常用编辑命令

AutoCAD 的强大功能在于图形的编辑，即对已存在的图形进行复制、移动和剪切等。实体编辑的操作过程为先输入图形编辑命令，然后选择对象。选择目标时可以任选一种方法，选中的目标高亮(虚线)显示。

常用的选择目标方法有以下几种：

(1) 点选：逐个选取所需目标对象。

(2) 窗口(W)：从左到右选窗口对角两点形成窗口，只有完全落在窗口内的实体才能被选中。

(3) 交叉窗口(C)：从右到左选窗口对角两点形成窗口，实体的任何一部分在窗口内均被选中。

AutoCAD 常用的编辑命令如图 2.22 所示。

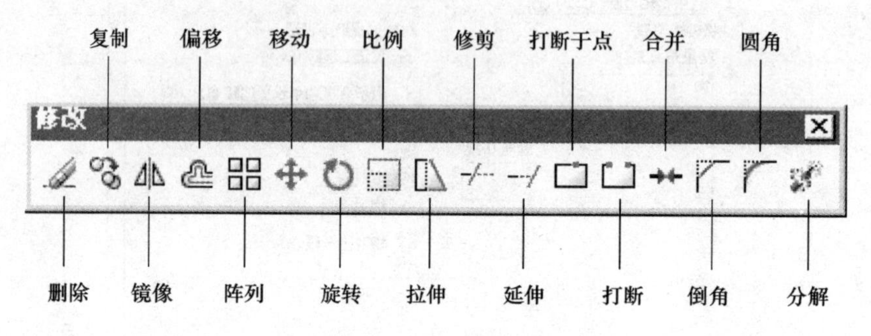

图 2.22 【修改】工具栏

1. 【删除】命令

［功能］ 删除图形中部分或全部实体。

［操作过程］

命令：_erase

选择对象： (选择欲删除的对象)

选择对象：↙ (回车结束对象选择)

如图 2.23 所示。

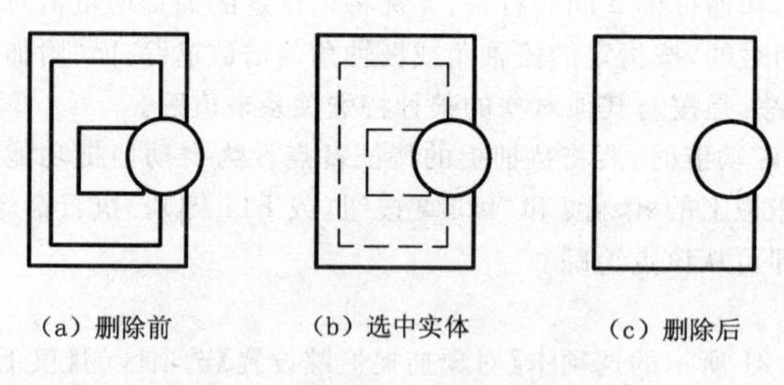

图 2.23 删除

2. 【复制】命令

［功能］ 将指定的对象复制到指定位置。

［操作过程］

命令：_copy

选择对象： (选择欲复制的对象)

选择对象：↙ (回车结束对象选择)

当前设置：复制模式 ＝ 多个

指定基点或［位移(D)/模式(O)］<位移>： (选择基点 P_1)
指定第二个点或 <使用第一个点作为位移>： (选择第二点 P_2)
指定第二个点或［退出(E)/放弃(U)］<退出>：↙ (回车结束)
如图 2.24 所示。

3. 【镜像】命令

［功能］ 将图形镜像复制。
［操作过程］
命令：_mirror
选择对象： (选择源对象)
选择对象：↙ (回车结束对象选择)
指定镜像线的第一点： (选择镜像线 1 点)
指定镜像线的第二点： (选择镜像线 2 点)
要删除源对象吗？［是(Y)/否(N)］<N>：↙ (不删除源对象)
如图 2.25 所示。

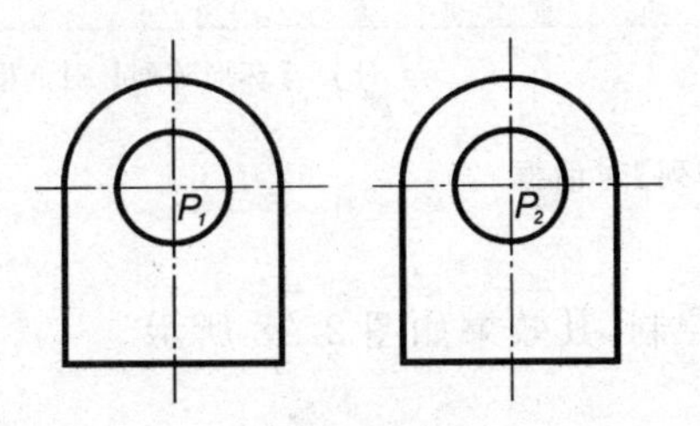

图 2.24 复制

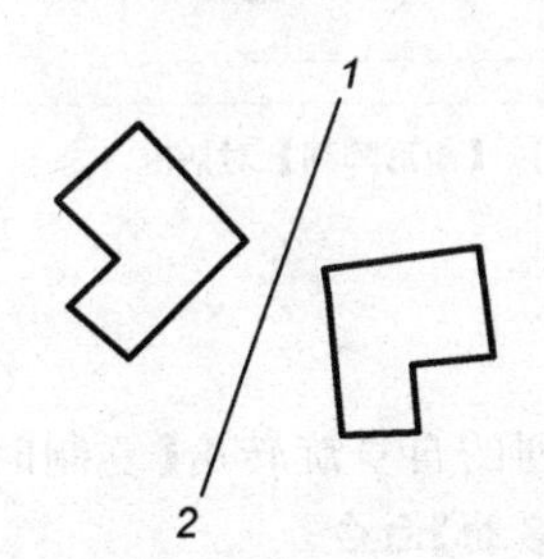

图 2.25 镜像

［说明］
如果源对象为文本时注意系统变量 MIRRTEXT 的取值：MIRRTEXT ＝0 时，保持文字方向；MIRRTEXT ＝1 时，镜像显示文字。

4. 【偏移】命令

［功能］ 对指定实体(如直线、圆弧、圆等)作等距或同心复制。
［操作过程］
命令：_offset
当前设置：删除源＝否 图层＝源 OFFSETGAPTYPE＝0
指定偏移距离或［通过(T)/删除(E)/图层(L)］<0.0000>：20 ↙ (指定偏移距离)
选择要偏移的对象，或［退出(E)/放弃(U)］<退出>： (选择要偏移的实体)
指定要偏移的那一侧上的点，或［退出(E)/多个(M)/放弃(U)］<退出>：(指定向哪一边偏移)
选择要偏移的对象，或［退出(E)/放弃(U)］<退出>：↙ (回车结束)
偏移如图 2.26 所示。
［说明］
选项 T——指定经过某一点偏移；
选项 M——指一个对象多次偏移。

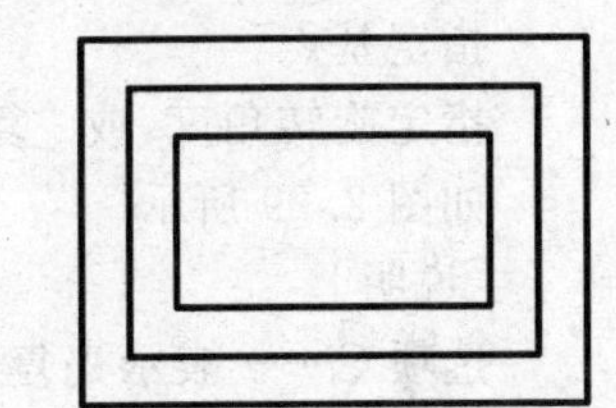
图 2.26 偏移

5. 【阵列】命令

［功能］ 将选中的实体对象按矩形或环形的方式进行复制。

［操作过程］

单击【阵列】命令，系统弹出图 2.27 所示的【阵列】对话框，选择阵列方式与设置。

阵列方式选择矩形阵列或环形阵列。选择矩形阵列方式时，应设置阵列行数、列数、行间距、列间距和阵列角度等，如图 2.27(a)所示。选择环形阵列方式时，应设置阵列中心点（一般在屏幕上选择）、阵列个数、填充角度等，如图 2.27(b)所示。

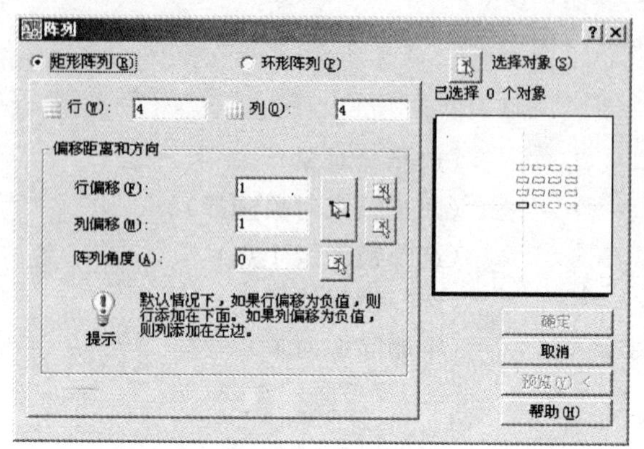

(a) 【矩形阵列】对话框

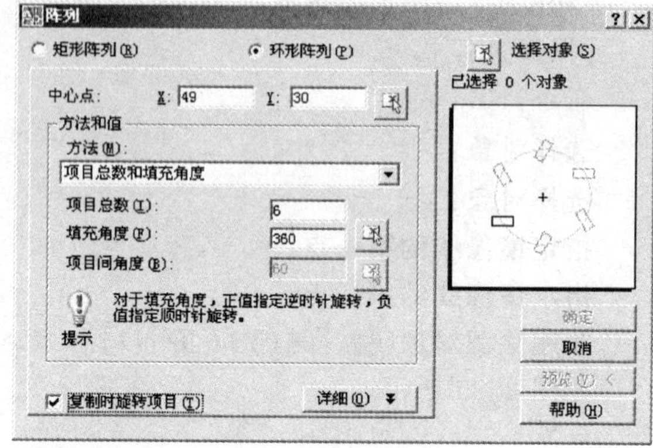

(b) 【环形阵列】对话框

图 2.27 【阵列】对话框

［说明］

环形阵列的自身旋转由【复制时旋转项目】控制，其效果如图 2.28 所示。

6. 【移动】命令

［功能］ 将选中的实体从当前位置移动到另一新位置。

［操作过程］

命令：_move

选择对象： （选择要移动的实体对象）

选择对象：↙ （回车结束对象选择）

指定基点或［位移(D)］＜位移＞： （选择基准点）

指定第二个点或＜使用第一个点作为位移＞： （选择第二点）

7. 【旋转】命令

［功能］ 将选中的实体绕指定点旋转一个角度。

［操作过程］

命令：_rotate

UCS 当前的正角方向：ANGDIR＝逆时针 ANGBASE＝0

选择对象： （选择要旋转的实体对象）

选择对象：↙ （回车结束对象选择）

指定基点： （选择基准点 1）

指定旋转角度，或［复制(C)/参照(R)］＜0＞：30↙ （输入旋转角）

如图 2.29 所示。

［说明］

选项 C——表示先复制再旋转对象；

选项 R——当旋转角度不确定时可以通过参照角方式旋转。

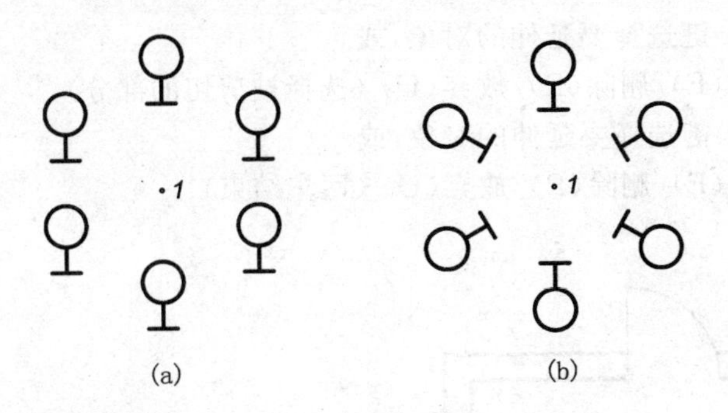

图 2.28　阵　列

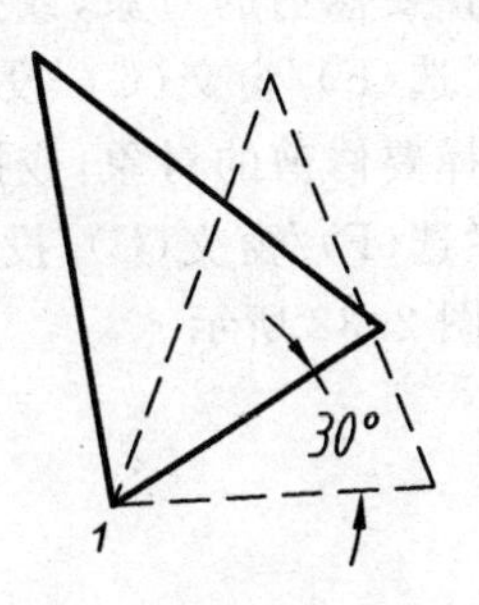

图 2.29　旋　转

8. 【缩放】命令

［功能］　将选中的实体对象按一定的比例缩放。

［操作过程］

命令：_scale

选择对象：　　　　　　　　　　　　　　（选择要缩放的实体对象）

选择对象：↙　　　　　　　　　　　　　（回车结束对象选择）

指定基点：　　　　　　　　　　　　　　（选择基准点 1）

指定比例因子或［复制(C)/参照(R)］＜1.0000＞：0.7↙　（输入缩放比例因子）

如图 2.30 所示。

［说明］

选项 C——表示先复制再缩放对象；

选项 R——当缩放比例因子不确定时可以通过参照方式缩放。

9. 【拉伸】命令

［功能］　将图形某一部分拉伸、移动和变形，其余部分保持不便。

［操作过程］

命令：_stretch

以交叉窗口或交叉多边形选择要拉伸的对象...

选择对象：　　　　　　　　　　　　　　（用窗交方式选择拉伸对象）

选择对象：↙　　　　　　　　　　　　　（回车结束对象选择）

指定基点或［位移(D)］＜位移＞：　　　（选择基准点）

指定第二个点或 ＜使用第一个点作为位移＞：　（选择目标点）

如图 2.31 所示。

10. 【修剪】命令

［功能］　以某些实体作为边界，将另外某些不需要的部分剪掉。

［操作过程］

命令：_trim

当前设置：投影＝UCS，边＝延伸

选择剪切边...

选择对象或 ＜全部选择＞：　　　　　　（选择修剪边界对象）

选择对象：↙　　　　　　　　　　　　　（回车结束对象选择）

选择要修剪的对象，或按住 Shift 键选择要延伸的对象，或
[栏选(F)/窗交(C)/投影(P)/边(E)/删除(R)/放弃(U)]：(选择被剪切的部分)
选择要修剪的对象，或按住 Shift 键选择要延伸的对象，或
[栏选(F)/窗交(C)/投影(P)/边(E)/删除(R)/放弃(U)]：(回车结束)
如图 2.32 所示。

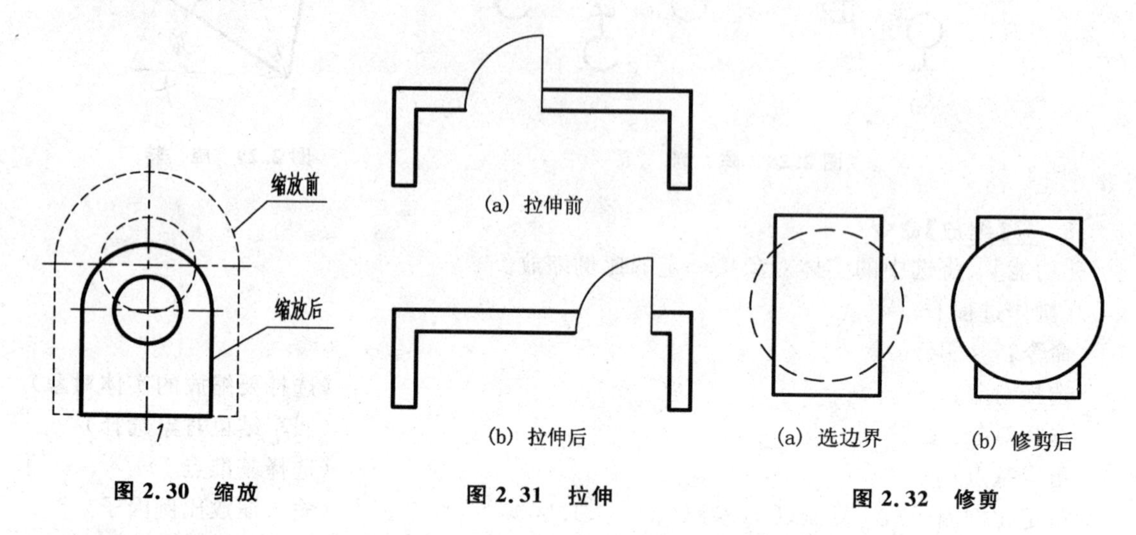

图 2.30　缩放　　图 2.31　拉伸　　图 2.32　修剪

[说明]

(1) 单击【修剪】命令，按 ENTER 回车键(或单击鼠标右键)，相当于全部图形对象均被选为修剪边，再单击被修剪边，可以快速修剪。

(2) 选项 E——如果剪切边界和被修剪边不相交时，先选剪切边界对象，当要求选择被修剪边时，在命令窗口输入 E(选择“边(E)”选项)，按回车键，再在命令窗口输入 E(选择“延伸(E)”选项)，最后选择图形对象的被修剪边即可完成不相交修剪。

11. 【延伸】命令

[功能]　以某些实体作为边界，将另外的实体延伸到边界。

[操作过程]

命令：_extend
当前设置：投影＝UCS，边＝延伸
选择边界的边...
选择对象或 ＜全部选择＞：　　(选择延伸边界对象)
选择对象：↙　　(回车结束选择对象)
选择要延伸的对象，或按住 Shift 键选择要修剪的对象，或
[栏选(F)/窗交(C)/投影(P)/边(E)/放弃(U)]：　　(选择被延伸的对象)
选择要延伸的对象，或按住 Shift 键选择要修剪的对象，或
[栏选(F)/窗交(C)/投影(P)/边(E)/放弃(U)]：↙　　(回车结束)
如图 2.33 所示。

[说明]

(1) 单击【延伸】命令，按 ENTER 回车键(或单击鼠标右键)，相当于全部图形对象均被选为延伸边界，再点选被延伸对象，可以快速延伸。

（2）选项 E——如果延伸边界和被延伸对象不相交时，先选延伸边界对象，当要求选择被延伸对象时，在命令窗口输入 E（选择“边（E）”选项），按回车键，再在命令窗口输入 E（选择“延伸（E）”选项），最后选择延伸对象即可完成不相交延伸。

12. 【打断】和【打断于点】命令

［功能］【打断】命令是将部分对象删除；【打断于点】命令是将线段在一点处断开成两个对象。

［操作过程］

命令：_break 选择对象：　（选择第一点 P_1；【打断于点】为选择实体）

指定第二个打断点 或［第一点(F)］：（输入第二断点 P_2；【打断于点】自动跳过该步选择断点）

如图 2.34 所示。

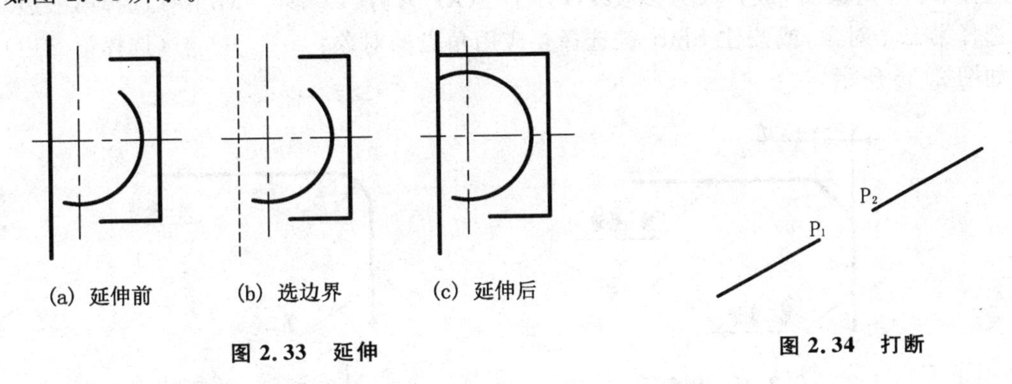

图 2.33　延伸　　图 2.34　打断

［说明］

（1）断点可以选择在对象之外，将选择对象上与该点最接近的点。

（2）整圆以逆时针顺序选择 P_1、P_2 两点。

13. 【倒角】命令

［功能］对两直线或多义线倒斜角。

［操作过程］

命令：_chamfer

（“修剪”模式）当前倒角距离 1 ＝ 0.0000，距离 2 ＝ 0.0000

选择第一条直线或［放弃(U)/多段线(P)/距离(D)/角度(A)/修剪(T)/方式(E)/多个(M)］：d↙　（设置倒角距离值）

指定第一个倒角距离 ＜0.0000＞：2↙　（设置第一边倒角距离值）

指定第二个倒角距离 ＜2.0000＞：↙　（设置第二边倒角距离值）

选择第一条直线或［放弃(U)/多段线(P)/距离(D)/角度(A)/修剪(T)/方式(E)/多个(M)］：　（选择第一边）

选择第二条直线，或按住 Shift 键选择要应用角点的直线：　（选择第二边）

如图 2.35 所示。

［说明］

（1）设定倒角距离时，两条线的距离可以不同。

（2）选项 P——对整条多义线倒角。

（3）当使用默认倒角距离时，执行命令后可直接选择第一条边。

14. 【圆角】命令

［功能］ 对两实体或多义线倒圆角。

［操作过程］

命令：_fillet

当前设置：模式＝修剪，半径＝0.0000

选择第一个对象或［放弃(U)/多段线(P)/半径(R)/修剪(T)/多个(M)］：r↙　(设置圆角半径)

指定圆角半径 ＜0.0000＞：3↙　(半径值)50

选择第一个对象或［放弃(U)/多段线(P)/半径(R)/修剪(T)/多个(M)］：(选择第一边)

选择第二个对象，或按住 Shift 键选择要应用角点的对象：　(选择第二边)

如图 2.36 所示。

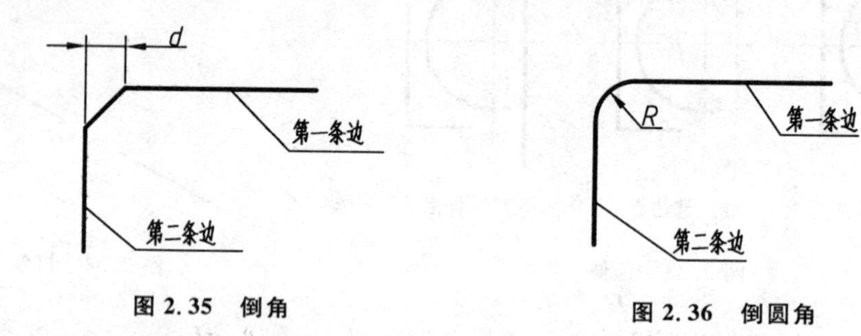

图 2.35　倒角　　图 2.36　倒圆角

［说明］

(1) 选项 P——对整条多义线倒圆角。

(2) 当使用默认圆角半径时，执行命令后可直接选择第一条边。

15. 【合并】命令

［功能］ 对多个实体对象进行合并。

［操作过程］

命令：_join

选择源对象：　(选择作为源对象的实体对象)

选择要合并到源的直线：　(选择要被合并的对象)

选择要合并到源的直线：↙　(回车结束选择)

已将 1 条直线合并到源

如图 2.37 所示。

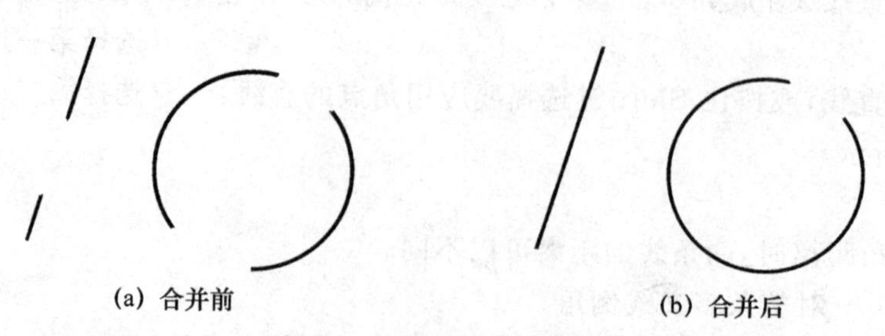

(a) 合并前　(b) 合并后

图 2.37　合　并

[说明]

(1) 源对象为直线时，它们之间可以有距离，但必须共线。

(2) 源对象为多段线或样条曲线时，对象之间不能有间隙。

(3) 源对象为圆或椭圆弧时，它们之间可以有距离，但必须位于同一圆或椭圆上。"闭合(L)"选项可将源圆或椭圆弧转换成圆或椭圆。注意合并两条或多条圆或椭圆弧时，将从源对象开始按逆时针方向合并。

16. 【分解】命令

[功能]　将块、尺寸分解为单个实体，将多义线分解为失去宽度的单个实体。

17. 编辑对象特性

AutoCAD中的每个图形对象均具有相应的特性，如图层、线型和颜色等。在建立图形对象后，AutoCAD提供了两种方法编辑修改对象特性，它们是：【特性】工具栏和【特性】选项板。下面主要介绍【特性】选项板，如图2.38所示。

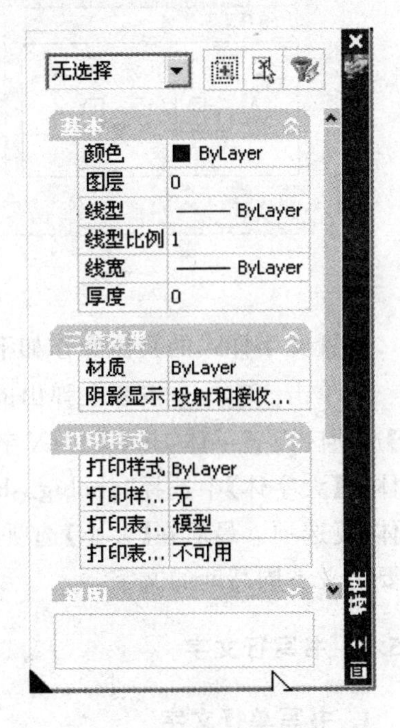

图 2.38　【特性】选项板

【特性】选项板有两种显示状态：浮动选项板和固定选项板，双击浮动选项板的标题栏可使选项板固定。在浮动选项板标题栏上右击，可选择"自动隐藏"选项板。此时当光标移至浮动窗口时，该窗口将展开，移开时则会隐藏。

在【特性】选项板将对象特性分为【基本】、【几何图形】、【打印样式】、【三维效果】、【视图】和【其他】等几类。在每一类下分别列出相应的特性。每类特性在显示时均有两种状态，即打开状态和折叠状态。在打开状态下，可以查看和修改该类中的某一特性，单击该类右上角的或可将特性折叠或打开。

18. 利用关键点自动编辑

当选取某个实体后，该实体上的关键点将显示出来。如再次击取某一关键点，则该关键点将由蓝色小方框变为红色小方框，从而可对该实体进行复制、平移、拉伸、旋转和缩放等操作。

2.5　设置文字样式及书写文字

图样中经常要进行注释说明，因此必须在图样上加注一些文字。

2.5.1　定义文字样式

在书写文本前，应先设置文字样式。文字样式的设置是用下拉菜单【格式】/【文字样式】命令打开的图2.39所示的【文字样式】对话框中进行的。

图样中可以定义多个文字样式。当希望用已定义的文字样式书写文字时，只要在【文字样式】对话框的【样式】列表中，将该文字样式确定为当前样式即可使用。

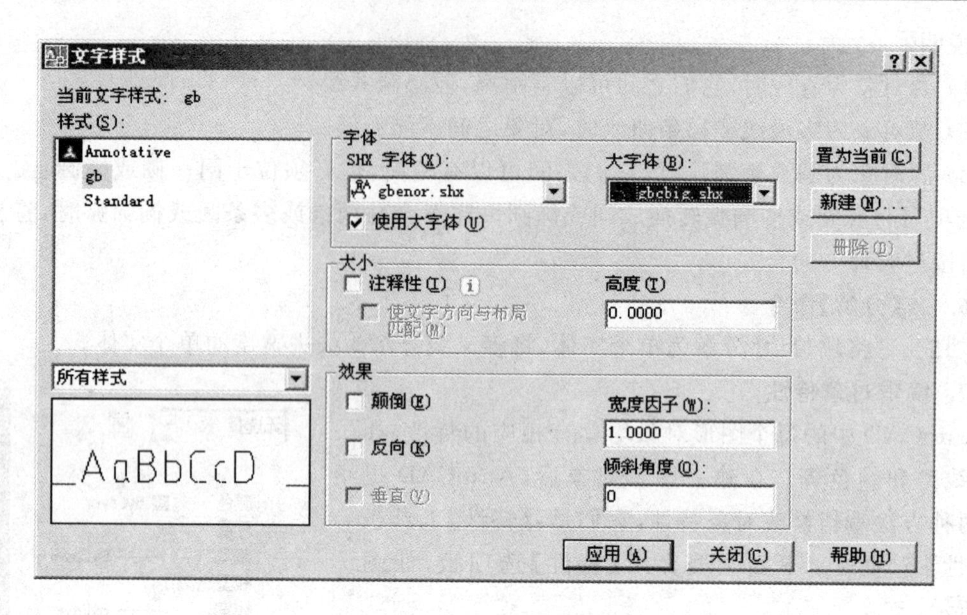

图 2.39 【文字样式】对话框

设置文字样式的具体操作如下：

先单击新建(N)...按钮在弹出的【新建文字样式】对话框中给文字样式命名；然后利用【字体】选项区设置字体，其中【SHX 字体】中选择“gbenor.shx”(西文直体)或“gbeitc.shx”(西文斜体)，【大字体】中选择“gbcbig.shx”(中文)。但是要注意，若设置“大字体”必须选择【选择大字体】复选项。最后在【大小】选项区定义文字高度，一般设置为“0”，以便在书写文字时，根据需要定义不同高度的文字。

2.5.2 书写行文字

1. 书写单行文字

［功能］ 在图中多处放置单行文字。

［操作过程］

命令：dtext↙　　(由命令行输入)

当前文字样式：“gb” 文字高度：5 注释性：否

指定文字的起点或［对正(J)/样式(S)］：　　(点取文字的开始点)

指定高度 ＜5＞：10↙　　(输入要改变的文字高度)

指定文字的旋转角度 ＜0＞：　　(输入文字的旋转角度)

［说明］

(1) 从 AutoCAD 2000 以后 DTEXT 与 TEXT 命令的操作过程相同。

(2) 在执行 DTEXT(TEXT)命令时，所有菜单功能都停用。因此，若想执行某些命令，则必须结束文字书写命令。

(3) 文字控制符　在实际设计绘图中，往往需要标注一些特殊的字符。例如 ϕ、±、(°)等符号。这些特殊字符不能从键盘上直接输入，AutoCAD 提供了相应的控制符，以实现这些标注要求。常用的控制符如表 2.3 所列。

表 2.3　AutoCAD 常用特殊字符

控制符	功　能	控制符	功　能
%%D	标注度(°)符号	%%O	打开或关闭文字上画线
%%P	标注正负公差(±)符号	%%U	打开或关闭文字下画线
%%C	标注直径(ϕ)符号	%%%	标注%

2. 多行文字

在 AutoCAD 中，对于输入的多行文字，可以执行类似 Word 的多项操作，如居中、左对齐、右对齐和编号等，另外用户还可以设置不同的字体、尺寸等，并能在这些文字中间插一些特殊符号。

[功能]　将文字段落创建为多行文字对象。

[操作] 利用【绘图】或【文字】工具栏的 A【多行文字】命令。

命令：_mtext

当前文字样式："gb" 文字高度：20 注释性：否

指定第一角点：　(指定第一角点)

指定对角点或[高度(H)/对正(J)/行距(L)/旋转(R)/样式(S)/宽度(W)/栏(C)]：

(指定对角点)

系统将弹出图 2.40 所示【文字格式】工具栏和图 2.41 所示的文字编辑器。

图 2.40　【文字格式】工具栏

[说明]

(1) 指定矩形区域后，便确定了中文段落的宽度，其高度可以扩大。

(2) 指定宽度为 0，中文文字换行功能将关闭。

(3) 进行文字堆叠时，文本中必须含有一个"/"、"∧"、"#"符号，其中"/"用于中对齐的分数形式，"^"用于左对齐的极限偏差形式，"#"用于斜排的分数形式。方法是选中需堆叠的文字，然后单击【文字格式】工具栏的【堆叠】命令，则符号左边文字作为分子，右边文字作为分母，如图 2.42 所示。

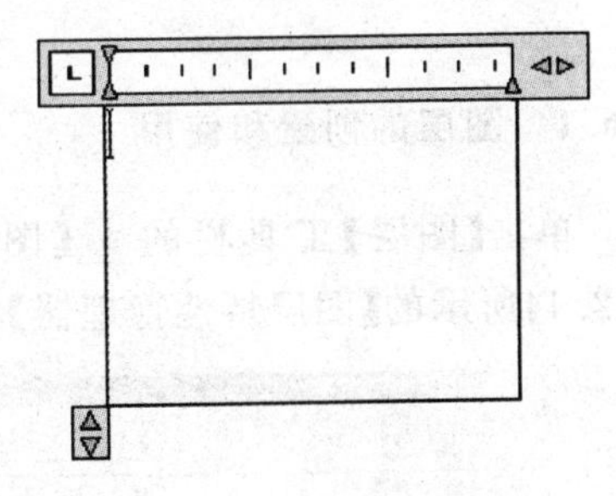

图 2.41　文字编辑器

$\frac{A123}{B234}$

(a) 分数形式

$\begin{array}{l}A123\\B234\end{array}$

(b) 极限偏差形式

$^{A123}/_{B234}$

(c) 斜排分数形式

图 2.42　堆叠形式

2.5.3 编辑文字

1. 编辑文字

对于文字，不仅在首次输入时可以进行编辑，当输入完毕后，仍然可以重新编辑。

常用的编辑方法有【编辑】命令编辑文字【特性】选项板编辑文字。

2. 控制文字的显示模式

为提高图形缩放、重画、刷新速度和节约时间，AutoCAD 提供了文字控制显示命令 QTEXT，快速显示文字，文字以文字边框来代替文字。

注意：执行文字控制显示必须通过 REGEN 命令重新生成图形来观察。

2.6 设置图层、颜色、线型和线宽

AutoCAD 的图层是透明的电子图纸，一层挨一层的放置，如图 2.43 所示。可以根据需要增加和删除图层，每个图层均可以拥有任意的 AutoCAD 颜色、线型和线宽，在该图层上创建的对象采用这些颜色、线型和线宽。

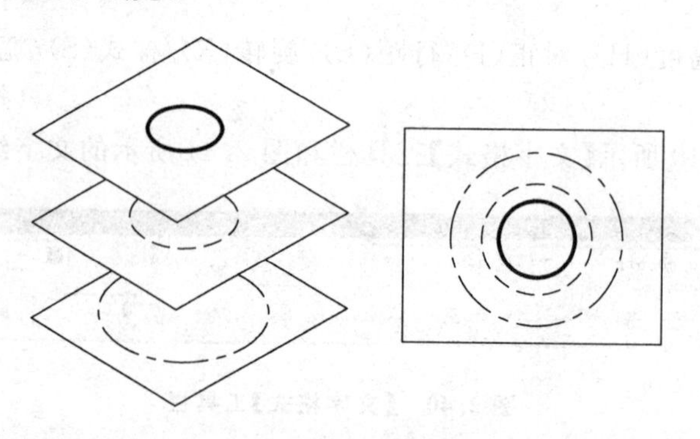

图 2.43 想像的图层

2.6.1 图层的创建和使用

单击【图层】工具栏的【图层特性管理器】命令来创建图层，AutoCAD 系统将弹出图 2.44所示的【图层特性管理器】对话框。

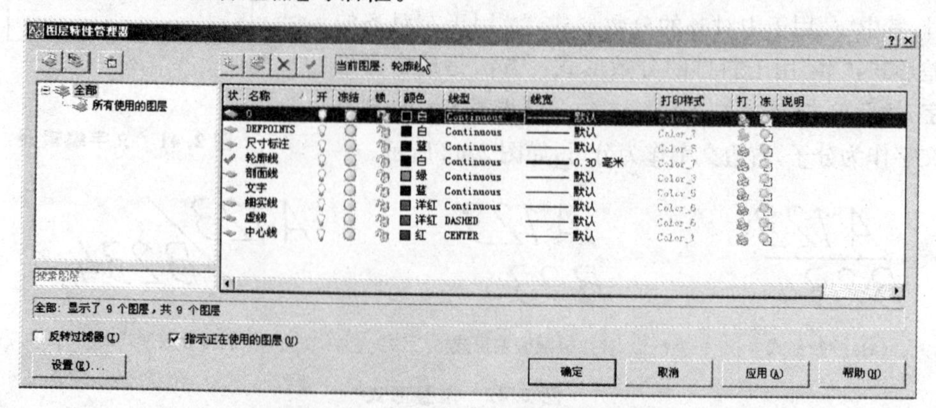

图 2.44 【图层特性管理器】对话框

单击对话框中【新建图层】按钮，出现新图层名为“图层 1”的图层。单击对话框中✕【删除】按钮，可以删除选择的图层。但下列情况下图层不能删除：0 图层、当前图层、包含对象的图层以及自动出现的“Defpoints”图层。

图层的控制状态，包括图层的开/关、冻结/解冻、加锁/解锁，其意义如下：

开/关：关闭某层，该层上的内容不可见，不输出。但如果该层设置为当前层，仍可在其上画图。如果用选择集的“全部”选项选择，可以选择关闭层上的对象。

冻结/解冻：冻结层不可见，不输出，当前层不能冻结。冻结层可以加快系统重新生成图形的速度。如果用选择集的“全部”选项选择，不可以选择冻结层上的对象。

加锁/解锁：锁定层可见，不能编辑但能输出。

2.6.2　设置颜色

每个图层应具有相应的颜色，即该层上的实体颜色。在【图层特性管理器】对话框中，单击图中各图层的颜色块，弹出图 2.45 所示的【选择颜色】对话框，在该对话框的【索引颜色】选项卡中有 255 种颜色可供选择。当图层不多时尽量选择前七种基本颜色。

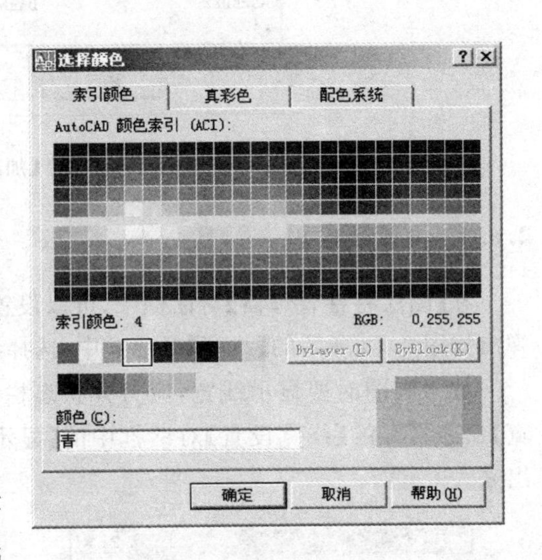

图 2.45　【选择颜色】对话框

2.6.3　设置线型

每个图层应具有相应的线型，即该层上的实体线型。在【图层特性管理器】对话框中，单击【线型】下的“Continuous”线型，弹出图 2.46 所示的【选择线型】对话框，从中选择所需的线型。如果没有所需线型，单击 加载(L)... 按钮，弹出如图 2.47 所示【加载或重载线型】对话框，选择要装入的线型，此时该线型添加到了【选择线型】对话框中。

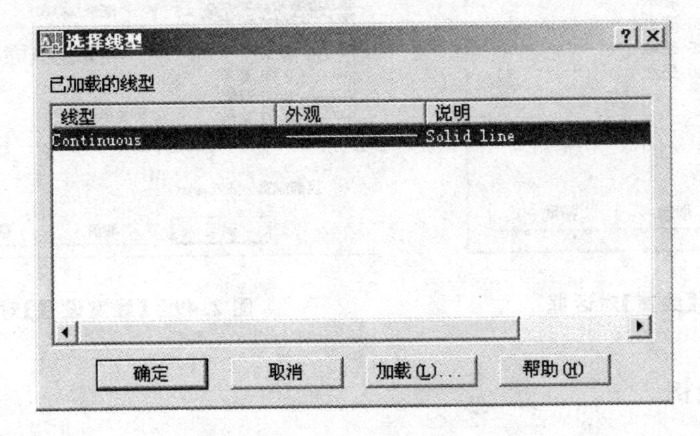

图 2.46　【选择线型】对话框

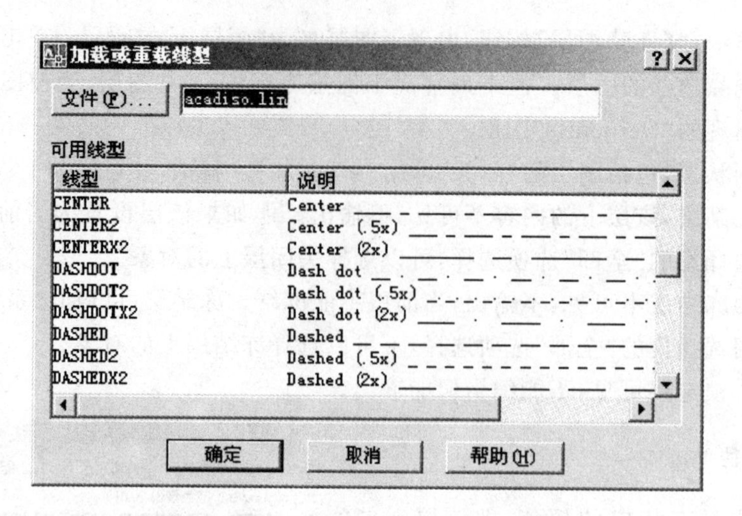

图 2.47 【加载或重载线型】对话框

2.6.4 设置线宽

在【图层特性管理器】对话框中，可以设置图层对象的线宽。单击【线宽】下的“——默认”，在弹出如图 2.48 所示的【线宽】对话框中，选择线宽。其中默认值，在打印时宽度为 0.25 mm。

如果画图时要显示线宽，应打开状态栏中的线宽按钮，或者选择通过下拉菜单【格式】/【线宽】命令打开的【线宽设置】对话框中的【显示线宽】复选框，如图 2.49 所示，线的宽度才能显示出来。

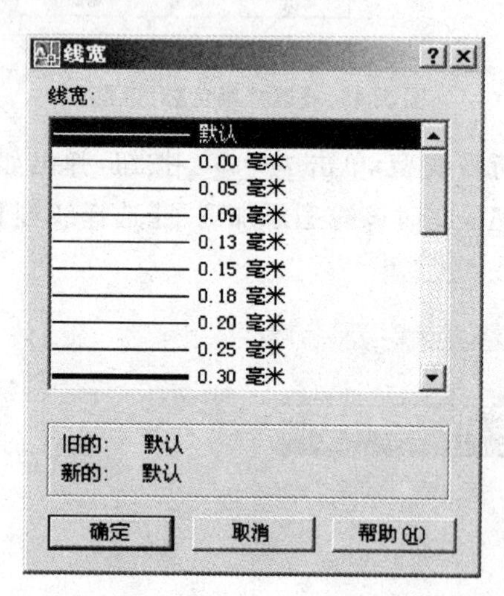

图 2.48 【线宽】对话框

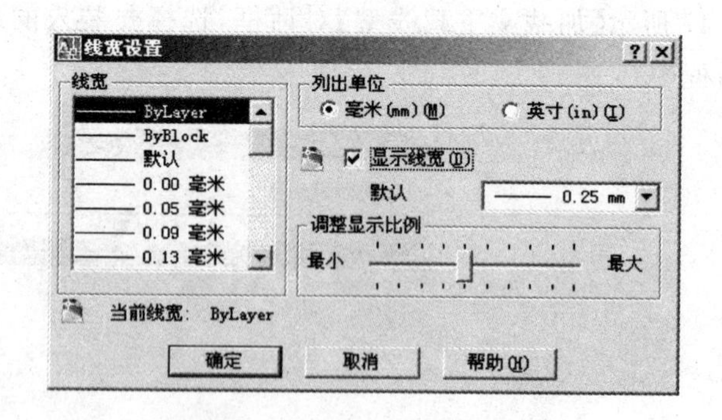

图 2.49 【线宽设置】对话框

2.6.5 设置线型比例

选择下拉菜单【格式】/【线型】命令打开的【线型管理器】对话框，可设置图形中的线型比例，从而改变非连续线型的外观。

设置线型比例的方法是改变【全局比例因子】或【当前对象缩放比例】的值来进行修改，如

图 2.50 所示。其中【全局比例因子】用于设置图形中所有线型的比例，【当前对象缩放比例】用于设置当前选中线型的比例。

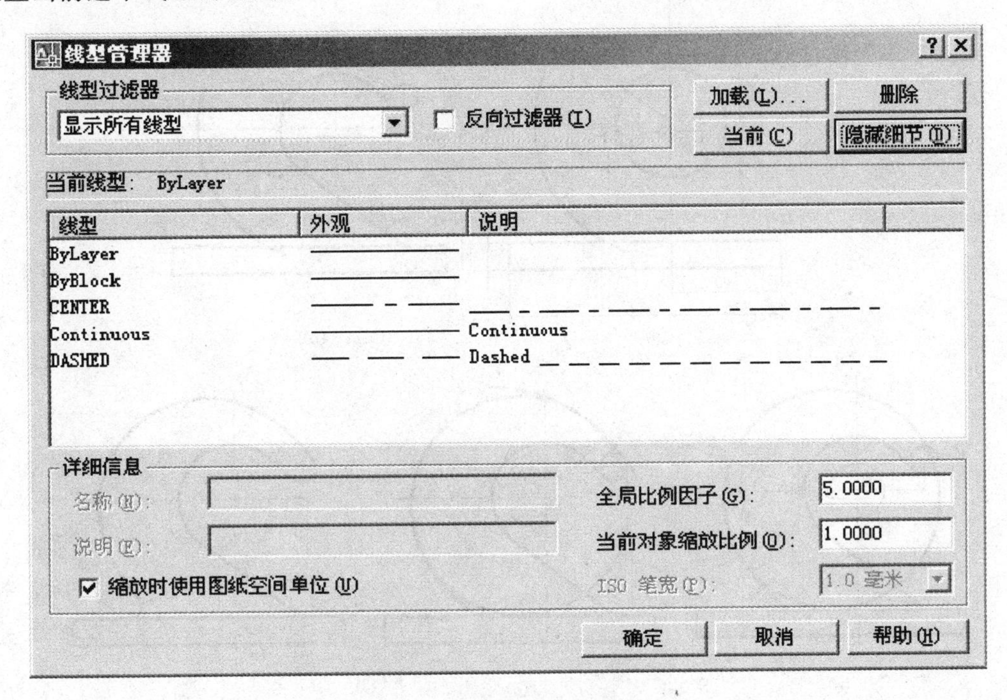

图 2.50　【线型管理器】对话框

例 2.1　利用计算机在 A4 图纸上绘制图 2.51 所示的拖钩。

作图步骤：

(1) 设置绘图幅面：先利用 LIMITS 命令设置图纸右下角为(0,0)，左上角为(297,210)，然后执行 ZOOM—All。

(2) 设置图层及线型：通过图层对话框设置以下图层及线型：

粗实线层　Solid (黑色实线)；

中心线层　Center(红色点画线)；

细实线层　XSolid(绿色实线)；

文字层　Text (兰色实线)。

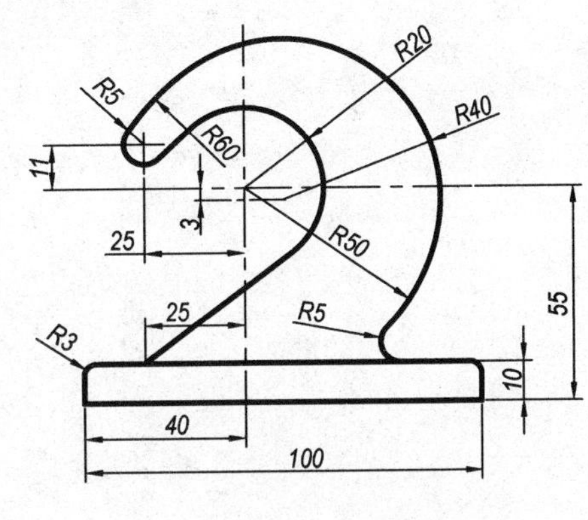

图 2.51　拖钩

(3) 画　图

① 画定位线、中心线及已知线段，如图 2.52(a)所示。

② 画公切线，如图 2.52(b)所示。

③ 画中间线段 R40，如图 2.52(c)所示。

由于 $R40$ 与 $R50$ 相内切，所以 $R40$ 的圆心轨迹为以 O($R50$ 的圆心)为圆心、半径 10 的圆。$R10$ 与直线的交点 $O1$，即为 $R40$ 的圆心。

④ 画连接线段 $R60$、$R5$ 和 $R3$，如图 2.52(d)所示。

用 FILLET 命令画半径 $R60$，$R5$ 和 $R3$ 的圆弧并整理图形。

（4）填写标题栏。

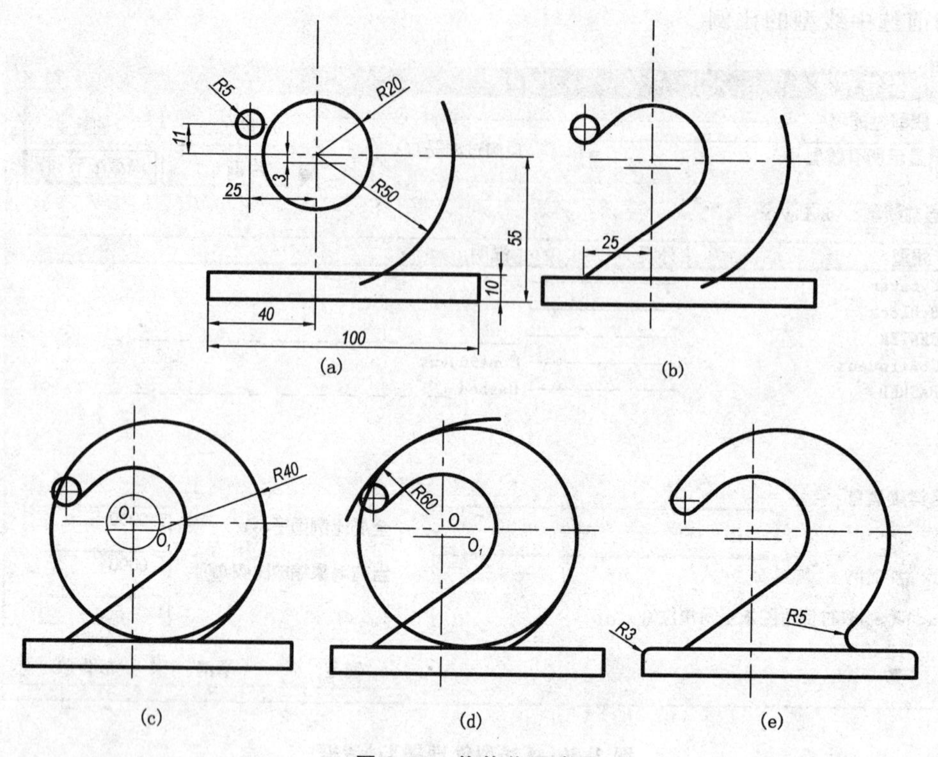

图 2.52 拖钩作图步骤

第三章　形体几何要素的投影

点、直线和平面是构成空间物体的最基本的几何元素。要图示与图解几何问题，准确地画出物体的投影，就必须首先掌握它们的投影规律和投影特性。

3.1　投影面体系的建立

用一个投影面只能画出物体一个方向的投影图。如图 3.1 中的两个物体，它们的对应部分的长和高分别相等，图上所示的投影图完全相同，但实际上两物体的形状并不一样。为了表示物体的大小和形状，必须从几个方向来观察，即从几个方向来画出物体的投影图。

用三个互相垂直的平面组成三个投影面，将物体置于其中，并分别向三个投影面投影，便可准确地反映出物体的大小和形状，如图 3.2 所示。三个投影面构成的体系称为三投影面体系。

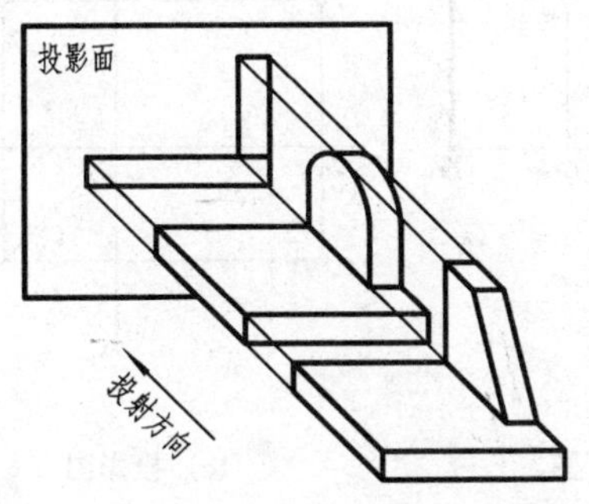

图 3.1　两物体在同一投影面上的投影

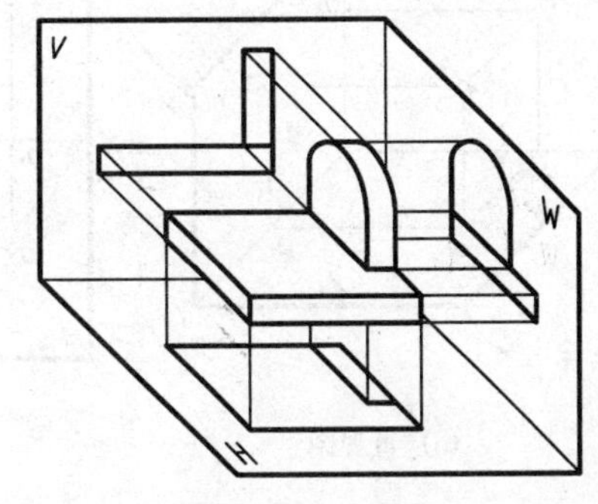

图 3.2　物体在三投影面体系中的投影

三个投影面分别称为：

正立投影面(Vertical Projection Plane)，简称正面或 V 面；

水平投影面(Horizontal Projection Plane)，简称水平面或 H 面；

侧立投影面(Side Vertical Projection Plane)，简称侧面或 W 面。

三个投影面之间的交线称为投影轴，用 OX、OY、OZ 表示。各投影面上的投影名称约定为：物体在正面上的投影称为正面投影；在水平面上的投影称为水平投影；在侧面上的投影称为侧面投影。

下面主要讨论点、直线和平面在三投影面体系中的投影及投影特性。

3.2 点的投影

3.2.1 点在三投影面体系中的投影

图 3.3(a)所示为在投影体系中的空间点 A。由点 A 分别向三个投影面作垂线，其垂足即为点 A 在三个投影面上的投影。

规定：空间点用大写字母表示。点的水平投影用小写字母表示，点的正面投影用小写字母加一撇表示，点的侧面投影用小写字母加两撇表示。

为了便于画图和看图，需要把三个投影面展开在一个平面上。展开时正面(V 面)不动，将水平面(H 面)绕 OX 轴向下旋转 90°，侧面(W 面)绕 OZ 轴向右旋转 90°，使三个投影面处在同一平面上，见图 3.3(b)。投影面旋转后，OY 轴一分为二，规定在 H 面上的为 OY_H，在 W 面上的为 OY_W。在实际画图时，不必画出投影面的边框线，如图 3.3(c)所示。有时也采用 V 面和 H 面构成的两投影面体系来图示、图解空间几何问题或表达物体的形状。

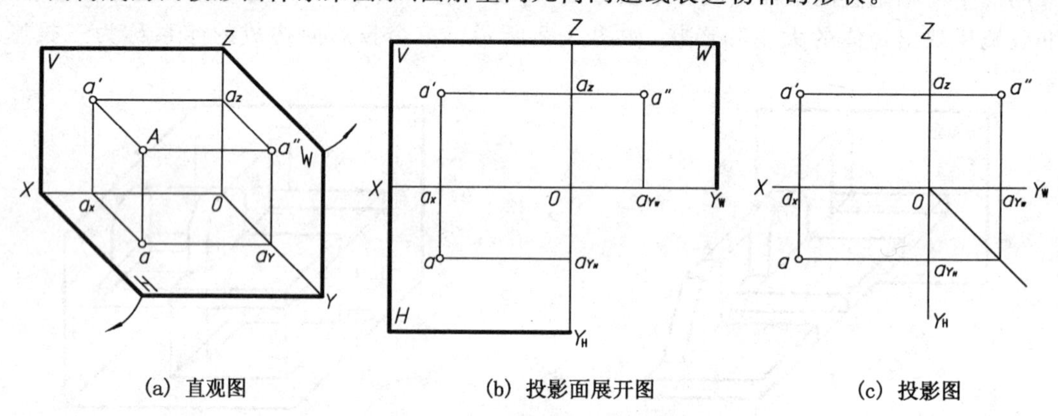

(a) 直观图　　(b) 投影面展开图　　(c) 投影图

图 3.3　点在三投影面体系中的投影

从 3.3 图中可以得出点在三投影面体系中的投影特性：

(1) 点 A 的正面投影和水平投影的连线垂直于 OX 轴，即 $a'a \perp OX$ 轴，且 $a'a$ 到原点 O 的距离 Oa_x 反映点 A 的 X 坐标，也表示空间点 A 到 W 面的距离。

(2) 点 A 的正面投影和侧面投影的连线垂直于 OZ 轴，即 $a'a'' \perp OZ$，且 $a'a''$ 到原点 O 的距离 Oa_z 反映点 A 的 Z 坐标，也表示空间点 A 到 H 面的距离。

(3) 点 A 的水平投影 a 到 OX 轴的距离等于点 A 的侧面投影 a'' 到 OZ 轴的距离，即 $aa_x = a''a_z$，反映点 A 的 Y 坐标，也表示空间点 A 到 V 面的距离。

例 3.1　已知空间点 $A(15,15,20)$，试作出点的三面投影。

作图过程如下(见图 3.4)：

- 作投影轴：作两正交直线，其交点为原点。然后在 X 轴上量取坐标值 15 mm，并过该点作 OX 轴的垂线；
- 在垂线上，从 X 轴向下量取 15 mm 得 a，从 X 轴向上量取 20 mm 得 a'。
- 按点的投影特性作出 a''，即完成点 A 的三面投影。

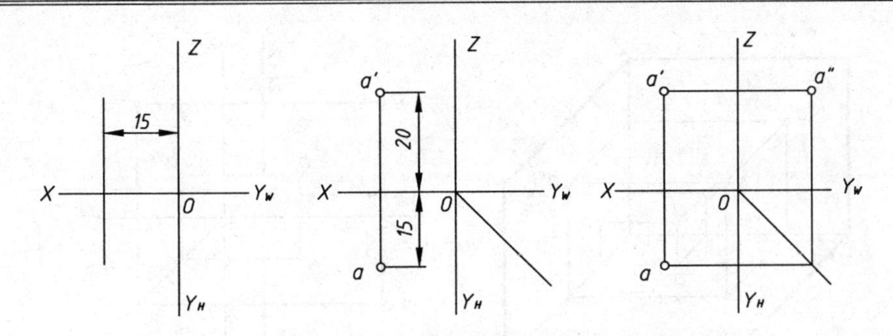

图 3.4 由点的坐标作三面投影

3.2.2 投影面和投影轴上的点

图 3.5 是 V 面上的点 A，H 面上的点 B，OX 轴上的点 C 的直观图和投影图。从图中可以看出投影面和投影轴上的点的坐标和投影，具有下述特性：

(1) 投影面上的点有一个坐标为零：在该投影面上的投影与该点重合，在另外两投影面上的投影分别在相应的投影轴上。值的注意的是：H 面上的点 B 的 W 面投影 b'' 在 OY 轴上，由于 Y 轴分成 Y_H 和 Y_W，故 b'' 属于 Y_W 轴。

(2) 投影轴上的点有两个坐标为零：在包含这条轴的两个投影面上的投影都与该点重合，在另一投影面上的投影与原点重合。

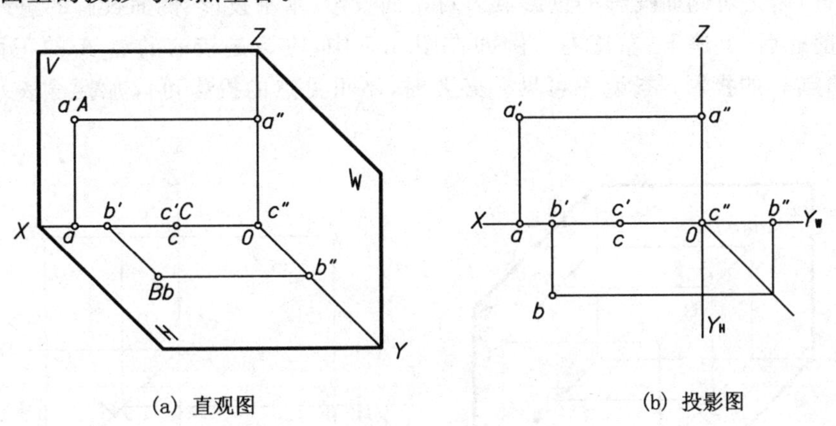

(a) 直观图 (b) 投影图

图 3.5 投影面和投影轴上的点

3.2.3 两点的相对位置及重影点

1. 两点的相对位置

如图 3.6 所示，空间两点在同一投影体系中的相对位置分左右、前后和上下三个方向，可以用两点在三个方向的坐标差来确定两点的相对位置；反之若已知两点的相对位置，以及其中一个点的投影，也能作出另一点的投影。

图 3.6 中，点 A 的 X 坐标大于点 B 的 X 坐标，说明点 A 在点 B 之左 Δx；点 A 的 Y 坐标大于点 B 的 Y 坐标，说明 A 在 B 之前 Δy；点 A 的 Z 坐标大于点 B 的 Z 坐标，说明 A 在 B 之上 Δz，即点 A 在点 B 的左前上方。

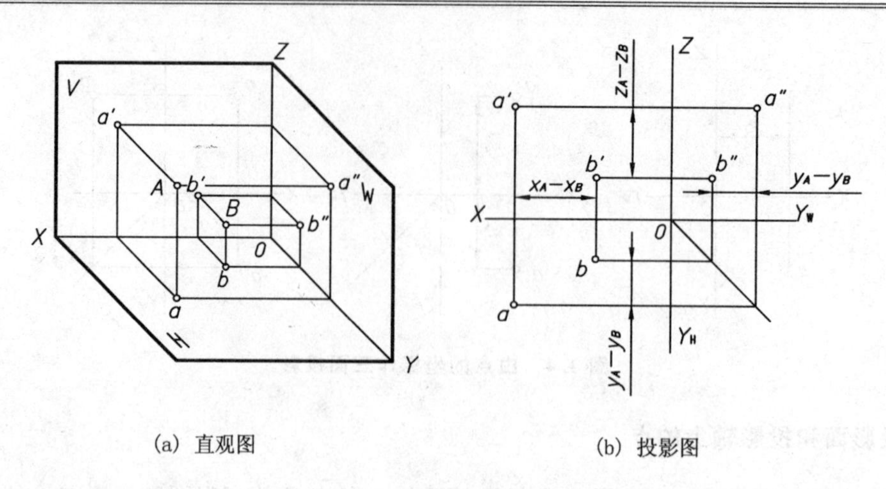

(a) 直观图　　(b) 投影图

图 3.6　两点的相对位置

2. 重影点

位于同一条投射线的各点必具有两个相同的坐标，它们在与该投射线相垂直的投影面上的投影必然重合，称这些点为对该投影面的重影点。由图 3.7 可知，点 C 在点 A 正后方 Y_A-Y_C 处，两点在 X 方向和 Z 方向的坐标值相等，其正面投影重合，故 A、C 是对正面投影的重影点。同理，若一点在另一点的正下方或正上方，是对水平投影的重影点；若一点在另一点的正左方或正右方，则是对侧面投影的重影点。对正面投影、水平投影、侧面投影的重影点可见性，分别应该是前遮后、上遮下、左遮右。例如在图 3.7 中，应该是较前的点 A 的正面投影 a' 可见，而较后的点 C 的投影 c' 被遮不可见。必要时，不可见点的投影可以加括号表示，如图 3.7 中的(c')。

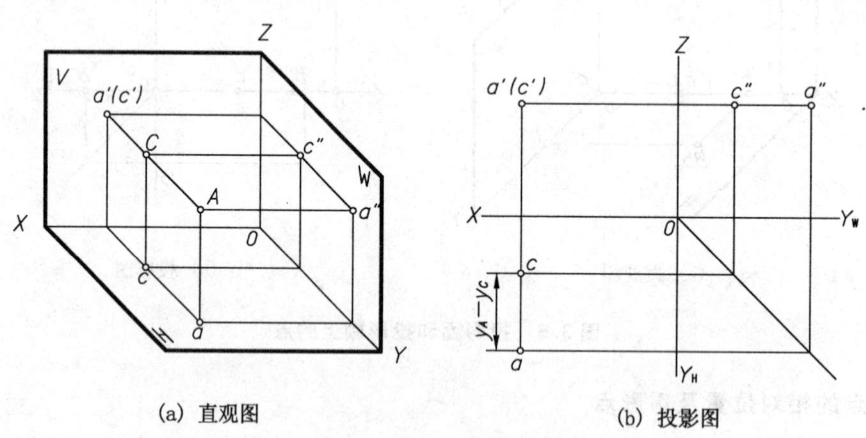

(a) 直观图　　(b) 投影图

图 3.7　重影点

3.3　直线的投影

直线的投影一般仍为直线，特殊情况下积聚为一点。直线的两投影能惟一地确定直线在该投影体系中的位置。直线由两点确定，它的投影就是两已知点的连线，如图 3.8 所示。

3.3.1　各种位置直线及投影特性

直线在三投影面体系中的位置可分为三种：一般位置直线、投影面平行线和投影面垂直线。投影面平行线和投影面垂直线统称为特殊位置直线。

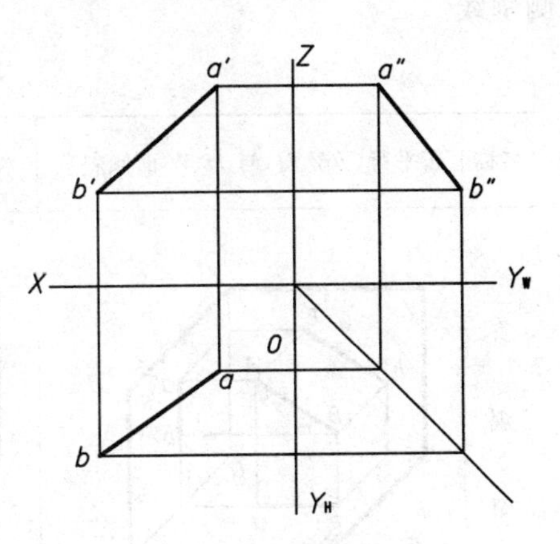

图 3.8　直线的投影

直线与 H 面、V 面、W 面的倾角分别用 α、β、γ 表示。当直线平行于投影面时，倾角为 0°；垂直于投影面时，倾角为 90°；倾斜于投影面时，则倾角大于 0°，小于 90°。

1. 一般位置直线 (General Position Line)

一般位置直线与三个投影面都倾斜，因此它的三个投影都小于直线段本身的实长，三个投影都倾斜于投影轴，且投影不反映直线与投影面的夹角，如图 3.9 所示。

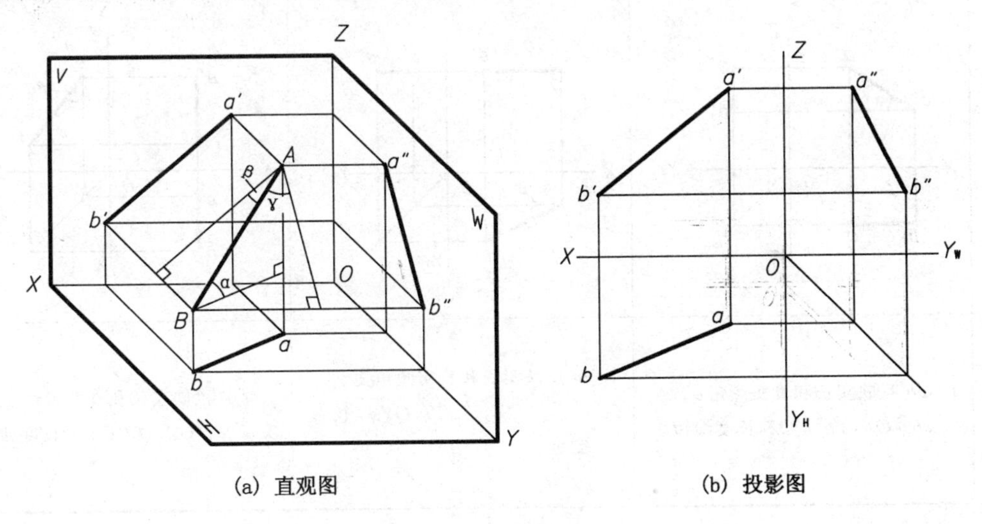

(a) 直观图　　(b) 投影图

图 3.9　一般位置直线

2. 投影面平行线(Line Parallel To Projection Plane)

平行于一个投影面与另两个投影面倾斜的直线称为投影面平行线。

平行于 H 面的直线称为水平线；平行于 V 面的直线称为正平线；平行于 W 面的直线称为侧平线。

各种投影面平行线的投影图及投影特性，见表 3.1。

从表 3.1 可概括出投影面平行线的投影特性：

(1) 在直线所平行的投影面上的投影反映实长；它与投影轴的夹角分别反映直线对另两投影面的真实倾角。

(2) 在另外两个投影面上的投影，平行于相应的投影轴，长度缩短。

3. 投影面垂直线 (Line Perpendicular To Projection Plane)

垂直于一个投影面，与另两个投影面平行的直线称为投影面垂直线。

垂直于 H 面的直线称为铅垂线；垂直于 V 面的直线称为正垂线；垂直于 W 面的直线称为

侧垂线。

表 3.1 投影面平行线

名称	正平行（//V 面，与 H、W 面倾斜）	水平线（// H 面，与 V、W 面倾斜）	侧平线（// W 面，与 H、V 面倾斜）
直观图	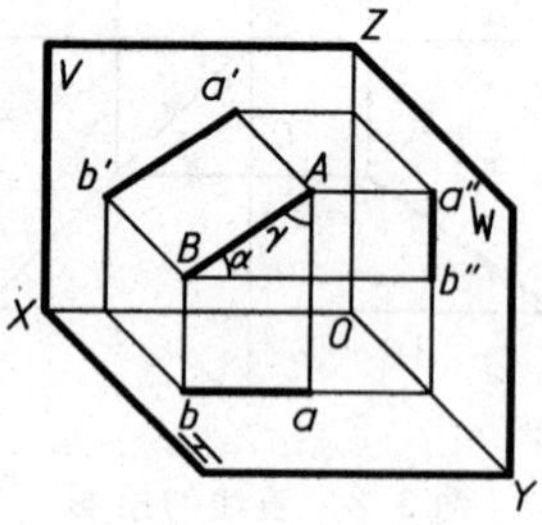	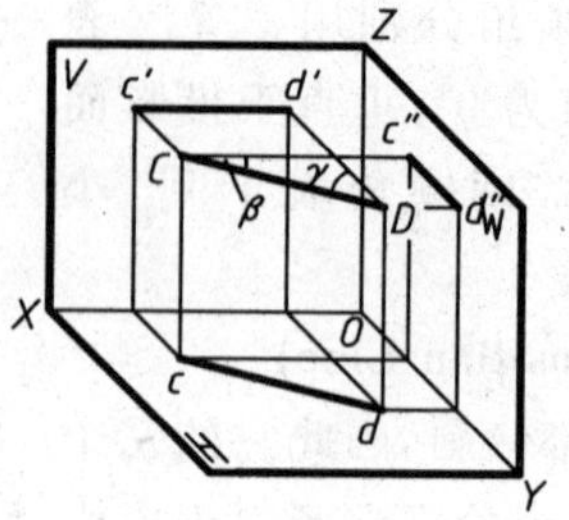	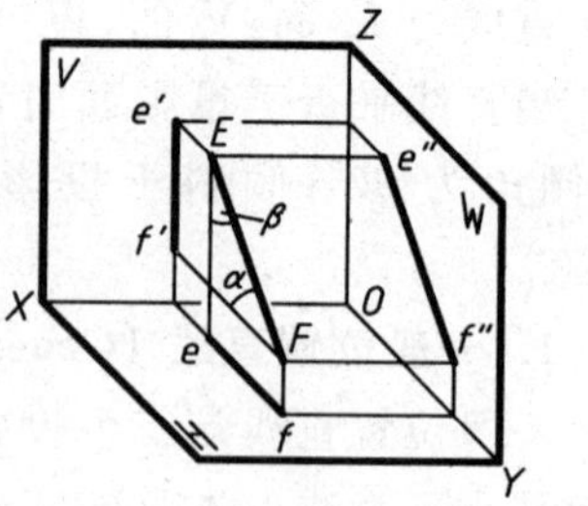
投影图	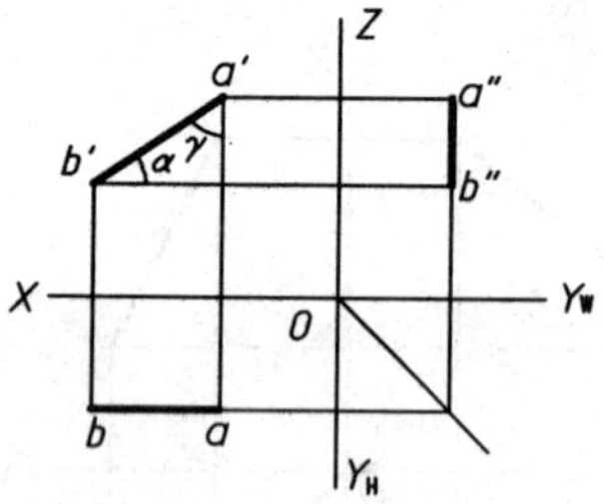	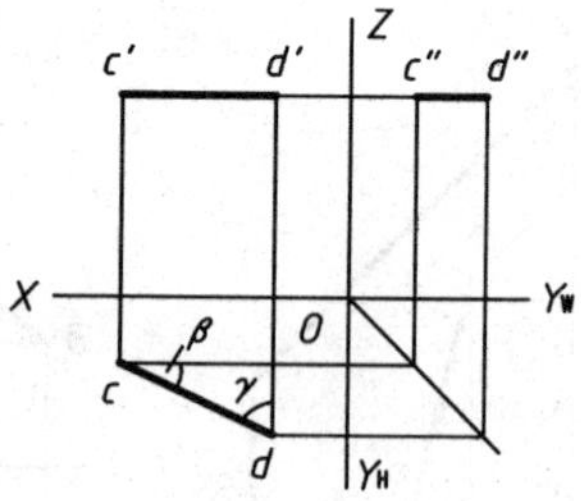	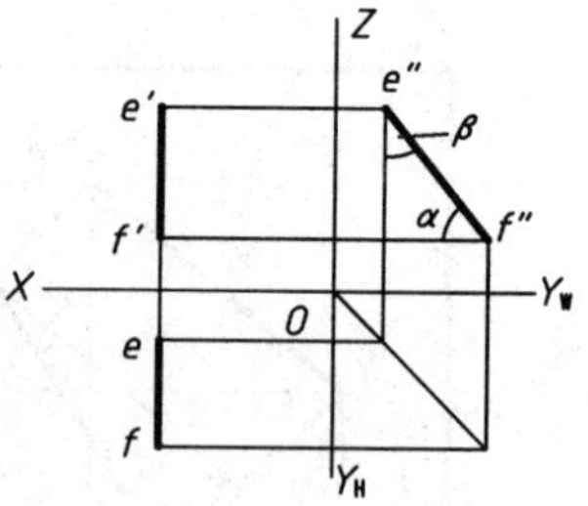
投影特性	1. $a'b'$反映实长和真实倾角α、γ 2. $ab // OX$，$a''b'' // OZ$，长度缩短	1. cd 反映实长和真实倾角β、γ 2. $c'd' // OX$，$c''d'' // OY_W$，长度缩短	1. $e''f''$反映实长和真实倾角α、β 2. $e'f' // OZ$，$ef // OY_H$，长度缩短

各种投影面垂直线的投影图及投影特性，见表 3.2。

表 3.2 投影面垂直线

名称	正垂线（⊥V 面，// H 面、W 面）	铅垂线（⊥H 面，// V 面、W 面）	侧垂线（⊥W 面，// H 面、V 面）
直观图	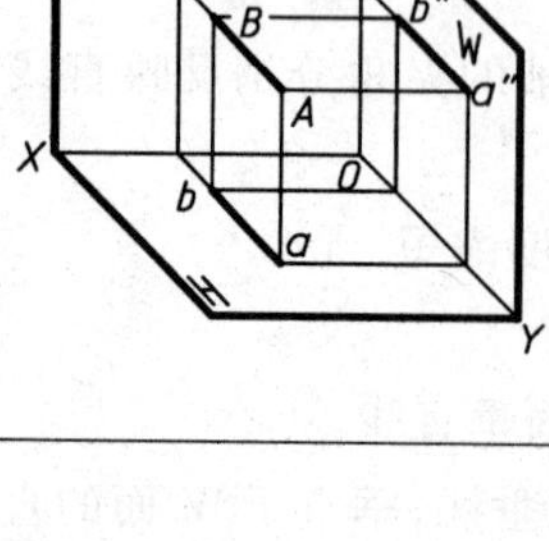	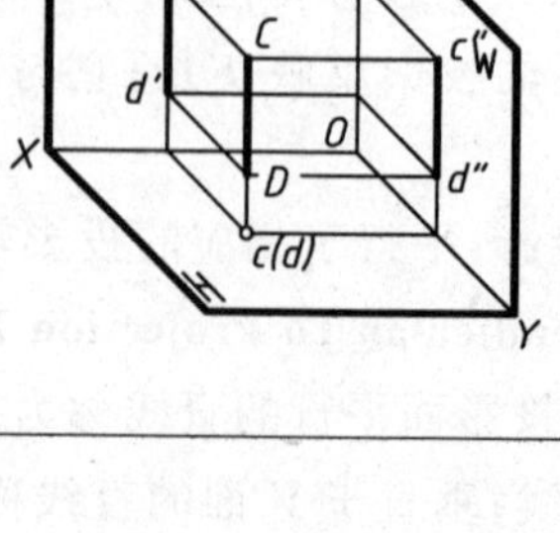	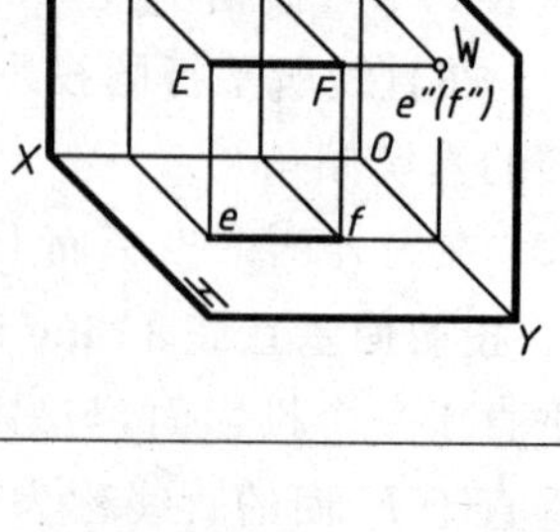

续表 3.2

名称	正垂线(⊥V 面,∥H 面、W 面)	铅垂线(⊥H 面,∥V 面、W 面)	侧垂线(⊥W 面,∥H 面、V 面)
投影图			
投影特性	1. $a'(b')$积聚成一点 2. ab∥OY_H,$a''b''$∥OY_W 都反映实长	1. $c(d)$积聚成一点 2. $c'd'$∥OZ,$c''d''$∥OZ 都反映实长	1. $e''(f'')$积聚成一点 2. ef∥OX,$e'f'$∥OX 都反映实长

从表 3.2 可概括出投影面垂直线的投影特性:

(1) 在直线所垂直的投影面上的投影,积聚成一点;

(2) 在另外两投影面上的投影,平行于相应的投影轴,反映实长。

3.3.2　一般位置直线段的实长及其与投影面的倾角

由前面可知,在特殊位置直线的投影中,能得到该直线段的实长以及与投影面的夹角的实际大小,而在一般位置直线的投影中,则不能。但是,如果有了直线段的两个投影,这一直线段的空间位置及长度就完全确定了。我们可以根据这两个投影通过图解法求出直线段的实长及其与投影面的夹角。

图 3.10 所示的一般位置直线 AB,它的水平投影为 ab,对水平投影面的倾角为 α。在垂直于 H 面的平面 $ABba$ 内,将 ab 平移至 AB_1,则$\triangle AB_1B$ 便构成一直角三角形。在该直角三角形中看出:一直角边 $AB_1=ab$,即直线 AB 的水平投影长度;另一直角边 $B_1B=Z_B-Z_A=\Delta Z$,即为 A 和 B 两端点的 Z 坐标差;斜边 AB 即为实长;$\angle BAB_1=\alpha$,即直线段 AB 对水平投影面的倾角,其作图方法如图 3.11 所示。这种利用直角三角形的关系来图解关于一般位置直线的实长及倾角问题的方法称为直角三角形法。

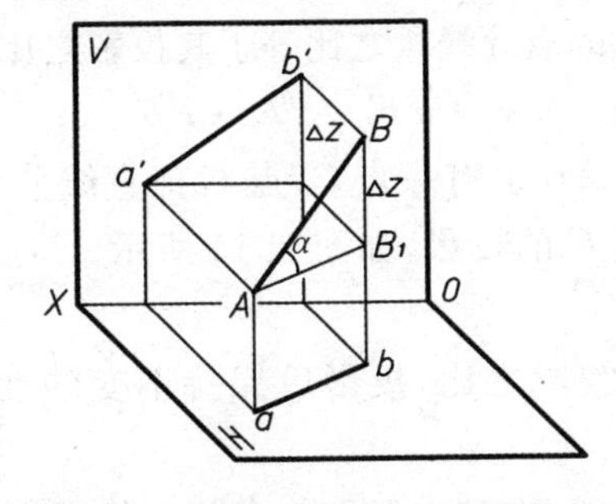

图 3.10　投影、倾角与实长的关系

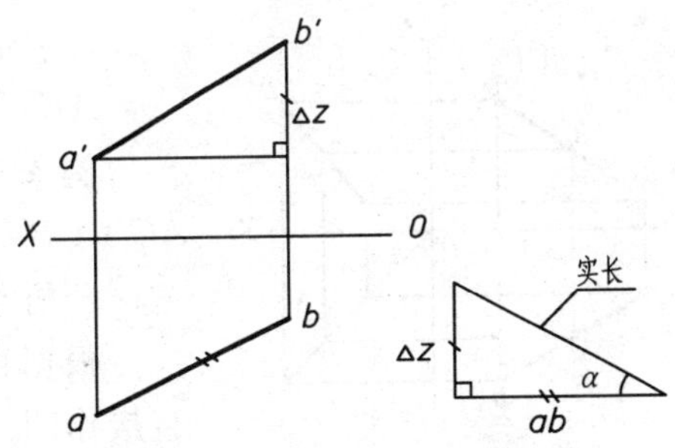

图 3.11　求线段实长及倾角 α

同理，通过直线 AB 的其他投影，也可求出其实长以及与投影面的倾角 β 或 γ。图 3.12 为求直线段实长及与投影面的倾角 β 的作图方法。

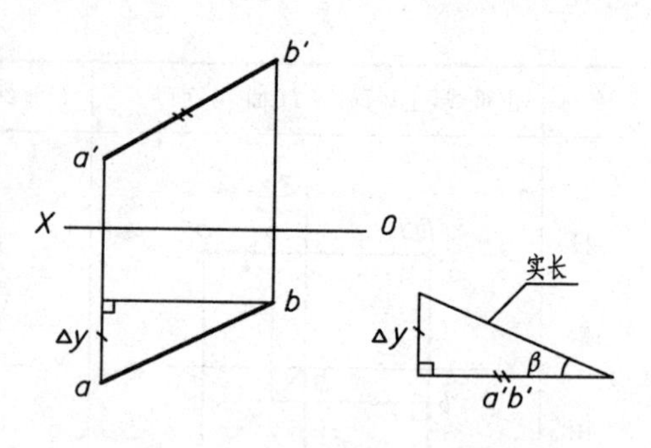

图 3.12 求线段实长及 β 角

例 3.2 已知如图 3.13(a)所示 AB 的正面投影 $a'b'$ 和 A 点的水平投影 a，且 B 点比 A 点靠前，若已知(1)实长为 25 mm；(2) $\beta=30°$；(3) $\alpha=30°$，试完成直线段 AB 的水平投影。

分析与作图：

解(1)：直线 AB 的投影 $a'b'$ 和实长(25 mm)可确定一个直角三角形，另一直角边即为 Δy，如图 3.13(b)所示。

解(2)：直线 AB 的投影 $a'b'$ 和 β(30°)可确定一直角三角形，另一直角边即为 Δy，如图 3.13(c)所示。

解(3)：已知 $a'b'$ 即为已知一直角边 Δz，Δz 和 α(30°)可确定一直角三角形，另一直角边即为 ab，如图 3.13(d)所示。

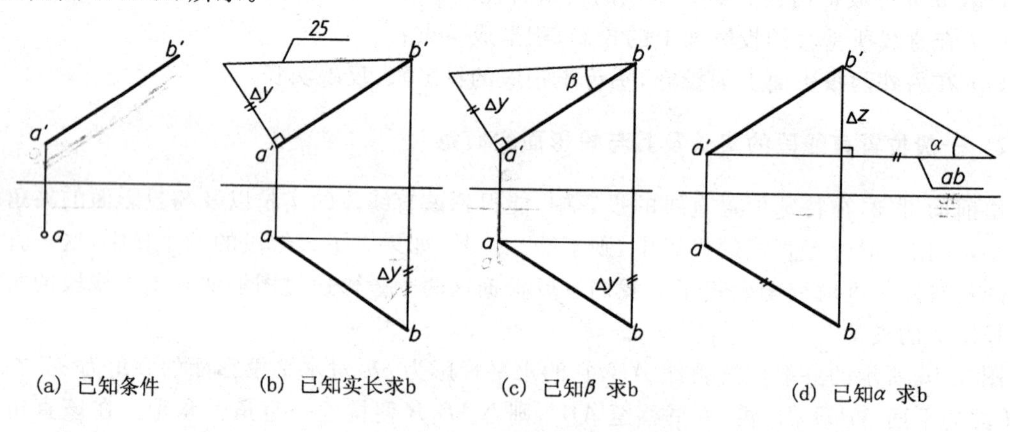

图 3.13 直角三角形法应用

3.3.3 直线上点的投影特性

(1) 从属性：直线上点的投影必在直线的同面投影上，如图 3.14 中的 K 点。

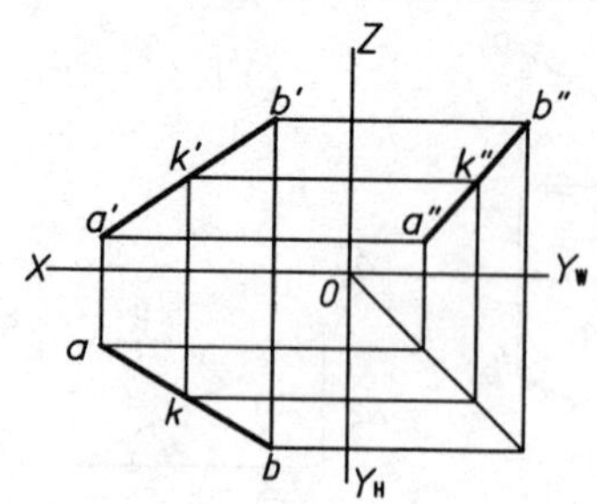

图 3.14 直线上的点

(2) 定比性：直线上的点分线段之比等于其投影之比，即：$AK:KB=ak:kb=a'k':k'b'=a''k'':k''b''$。

例 3.3 已知直线 AB 上有一点 C，点 C 把直线分为两段 $AC:CB=3:2$，试作点 C 的投影，如图 3.15 所示。

分析与作图：

根据直线上的点分线段之比，投影后保持不变的性质，可直接作图。

- 由点 a 作任意直线，在其上量取 5 个单位长度得 B_0，在 aB_0 上取 C_0，使 $aC_0:C_0B_0=3:2$。

● 连 B_0 和 b，过 C_0 作 bB_0 的平行线交 ab 于 c。

● 由 c 作投影连线与 $a'b'$ 交于 c'。

例 3.4　已知直线 AB 和点 K 的正面投影和水平投影，试判断点 K 是否在直线上，如图 3.16所示。

分析与作图：

因为 AB 是侧平线，所以不能直接断定点 K 的位置，需通过作图确定。

解法(1)：作出直线 AB 和点 K 的侧面投影，从而判断点 K 是否属于直线 AB。从图 3.16(a) 的侧面投影可以看出，k'' 不在 $a''b''$ 上，因此点 K 不在直线 AB 上。

解法(2)：用点分割线段成定比的方法，在水平投影上作辅助线，在辅助线上截取 $a'k'$ 和 $k'b'$，由作图可知，K 点不在直线 AB 上，如图 3.16(b) 所示。

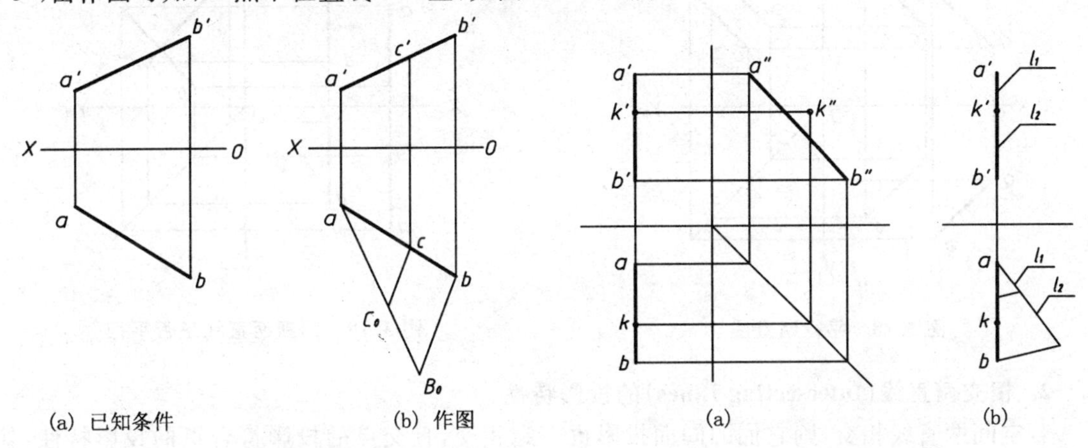

(a) 已知条件　(b) 作图

图 3.15　应用定比分线段

(a)　(b)

图 3.16　点在直线上的判断

3.3.4　两直线的相对位置及投影特性

如图 3.17 所示，空间两直线的相对位置有三种：平行、相交和交叉。平行和相交两直线都属于共面直线，交叉两直线属于异面直线。在相交和交叉两种直线中，又有垂直相交和异面垂直的特殊情况。

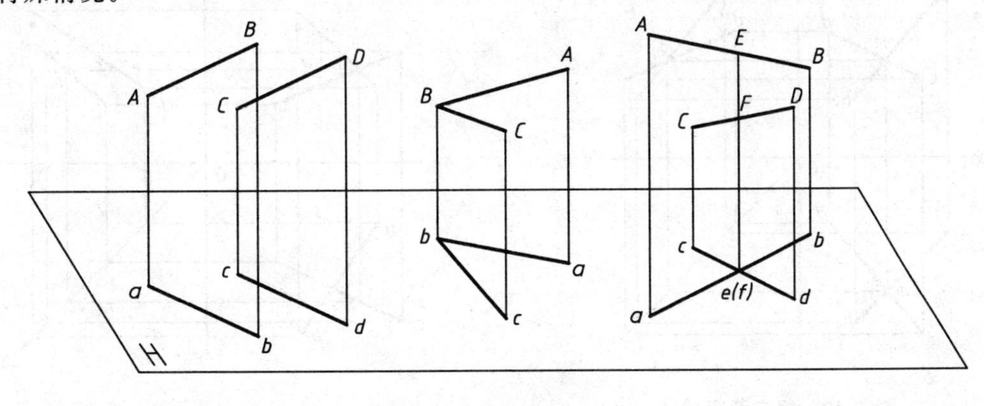

(a) 平行两直线　(b) 相交两直线　(c) 交叉两直线

图 3.17　两直线的相对位置

1. 平行两直线(Parallel Lines)的投影特性

若空间两直线平行,则它们的同面投影均互相平行,如图 3.18 所示。

反过来,若两直线的同面投影互相平行,则此两直线在空间一定互相平行。

判断两条一般位置直线是否平行,只要检查任意两个投影面上的投影的平行性就能判定,如图 3.18 所示。若判断两条投影面的平行线是否平行,通常不能根据直线在非平行的投影面上的投影平行就判定两直线平行,如图 3.19 所示。侧平线 AB、CD 在 V、H 面上的投影虽然平行,但通过侧面投影可以看出 AB、CD 两直线的空间位置并不平行。

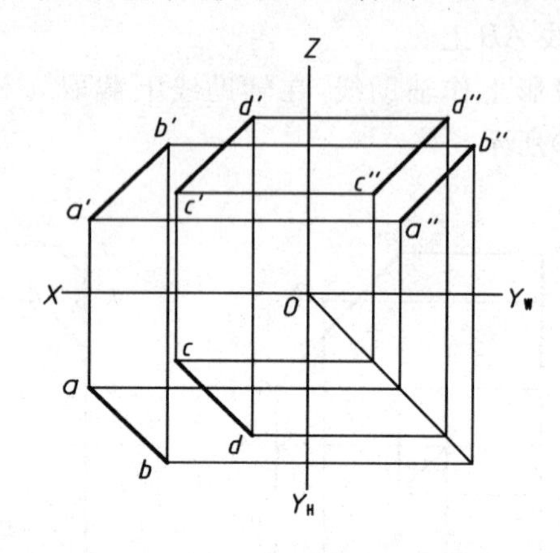

图 3.18 平行两直线

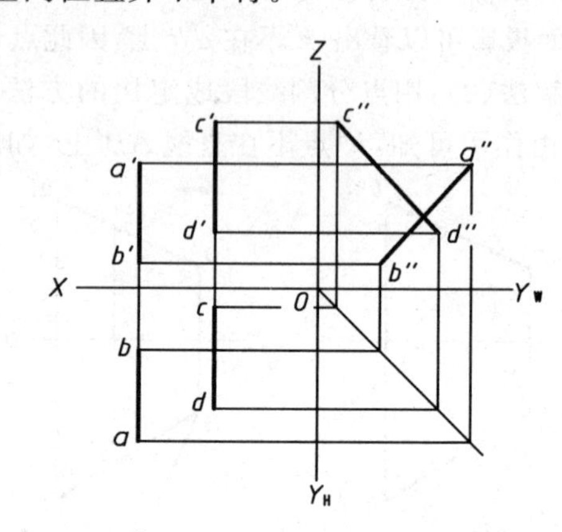

图 3.19 判断两直线是否平行

2. 相交两直线(Intersecting Lines)的投影特性

若空间两直线相交,则它们的同面投影也一定相交,且交点的投影符合点的投影特性,如图 3.20 所示。

3. 交叉两直线(Skew Lines)的投影特性

空间两条既不平行也不相交的直线,称为交叉两直线。其投影既不满足平行两直线的投影特性,也不满足相交两直线的投影特性,如图 3.21 所示。

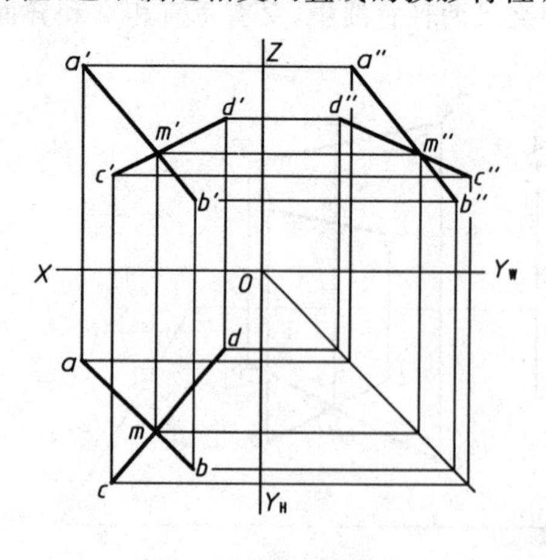

图 3.20 相交两直线

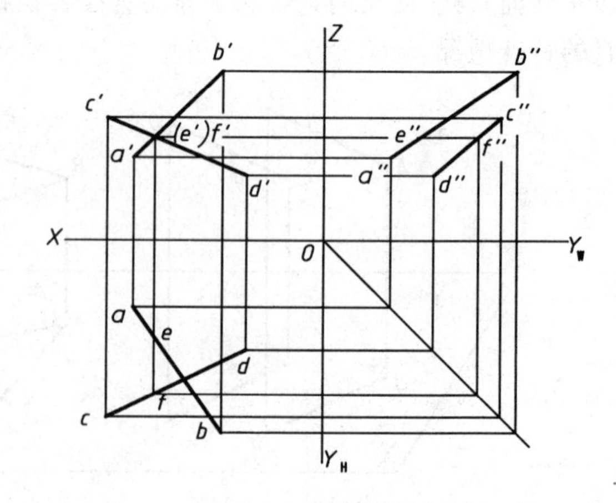

图 3.21 交叉两直线

交叉两直线同面投影的交点是一对重影点,重影点的可见性,可根据重影点的另外两个投影按照前遮后、上遮下、左遮右的原则来判断。如图 3.21 所示直线 AB、CD 的正面投影 $a'b'$

与 $c'd'$ 相交，设 E 点在 AB 上，F 点在 CD 上，E、F 两点的正面投影重合，从它们的水平投影(或侧面投影)可知，F 点在前为可见，E 点在后为不可见。用同样的方法可以判别水平投影重影点的可见性。

4. 垂直两直线(Perpendicular Lines)的投影特性

两直线垂直包括相交垂直和交叉垂直，是相交两直线和交叉两直线的特殊情况。

当互相垂直的两直线都平行于某一投影面时，两直线在该投影面上的投影反映直角；当互相垂直的两直线都不平行于某一投影面时，两直线在该投影面上的投影不反映直角；当互相垂直的两直线之一平行于某一投影面时，两直线在该投影面上的投影仍反映直角。这一投影特性又称为直角投影定理。

图 3.22 是对该定理的证明。设直线 $AB\perp BC$，且 $AB\parallel H$ 面，BC 倾斜于 H 面。由于 $AB\perp BC$，$AB\perp Bb$，所以 $AB\perp$ 平面 $BCcb$，又 $AB\parallel ab$，故 $ab\perp$ 平面 $BCcb$，因而 $ab\perp bc$。

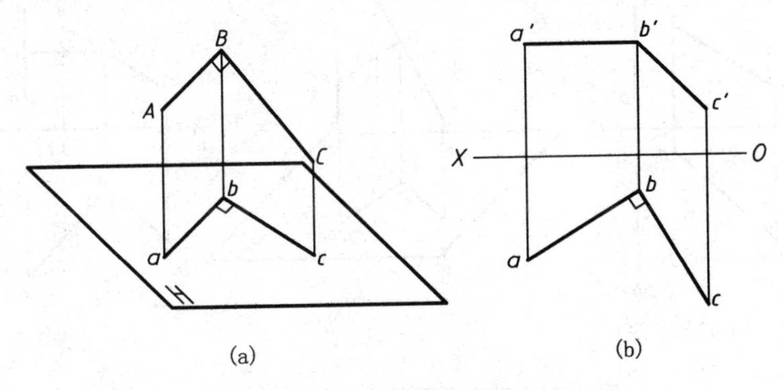

图 3.22 直角投影定理

例 3.5 如图 3.23(a)所示，过 C 点作正平线 AB 的垂线 CD。

分析与作图：

由于 AB 是正平线，故可以用直角投影定理求之。作图过程如图 3.23(b)所示。

- 过 c' 作 $c'd'\perp a'b'$。
- 由 d' 求出 d。
- 连 cd，则直线 $CD\perp AB$，$c'd'$，cd 即为所求。

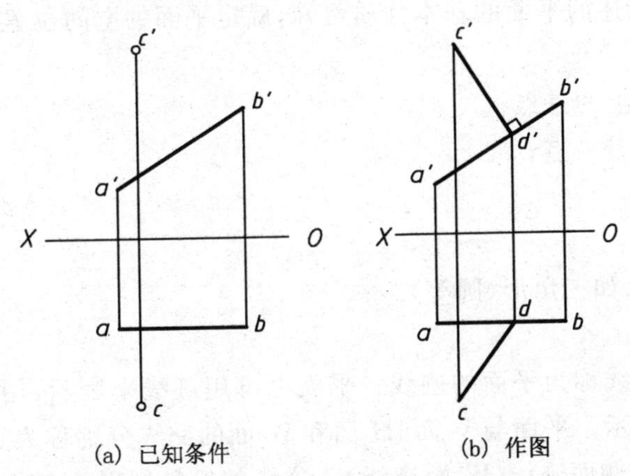

(a) 已知条件 (b) 作图

图 3.23 过点 C 作直线垂直于正平线 AB

例 3.6 如图 3.24(a)所示,求作两交叉直线 AB、CD 的公垂线以及两者之间的距离。

分析与作图:

从图 3.24(b)中可以看出:AB、CD 的公垂线 EF 是与 AB、CD 都垂直相交的直线,设垂足分别为 E 和 F,则 EF 的实长就是交叉两直线 AB、CD 之间的距离。

因为 AB 为铅垂线,其水平投影积聚为一点,所以点 E 的水平投影一定与该点重合。又因为 $EF \perp AB$,所以 EF 为水平线,而 CD 是一般位置直线,根据直角投影定理,$ef \perp cd$,同时 ef 反映 AB、CD 两直线间的真实距离。作图过程如 3.24(c)所示。

- 在水平投影上作 $ef \perp cd$,且与 cd 交于 f。
- 由 f 引投影连线,在 $c'd'$ 上作出 f',再由 f' 作 $e'f' /\!/ OX$ 与 $a'b'$ 交于 e'。$e'f'$、ef 即为所求。因此 ef 为 AB、CD 两直线间的真实距离。

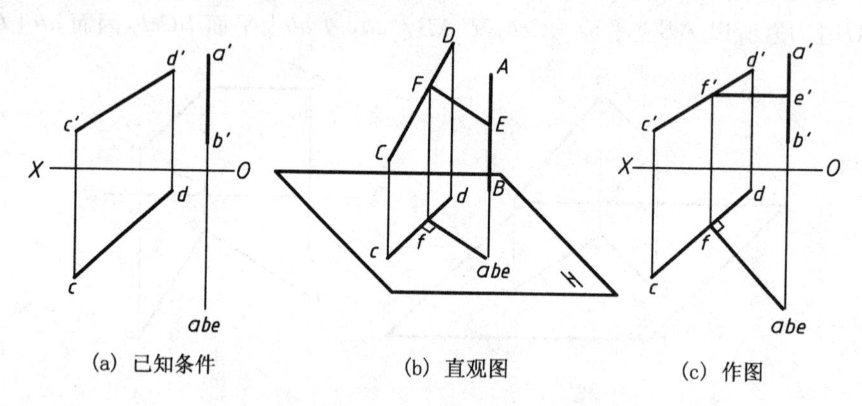

(a) 已知条件　(b) 直观图　(c) 作图

图 3.24 求交叉两直线的公垂线和距离

3.4 平面的投影

3.4.1 平面的表示法

1. 用几何元素表示

根据初等几何学所述的平面的基本性质可知,确定平面的空间位置有以下几种表示法(如图 3.25 所示):

(a) 不在同一直线上的三点;

(b) 一直线和直线外一点;

(c) 两相交直线;

(d) 两平行直线;

(e) 任意平面图形(如三角形、圆等)。

2. 用迹线表示

平面与投影面的交线称为平面的迹线。平面也可用迹线来表示,用迹线表示的平面称为迹线平面,如图 3.26 所示。平面与 V 面、H 面和 W 面的交线分别称为正面迹线(V 面迹线)、水平迹线(H 面迹线)和侧面迹线(W 面迹线)。迹线的符号用平面名称的大写字母附加投影面名称的注脚表示,如图 3.26 中的 P_V、P_H、P_W。迹线是投影面上的直线,在该投影面上的投

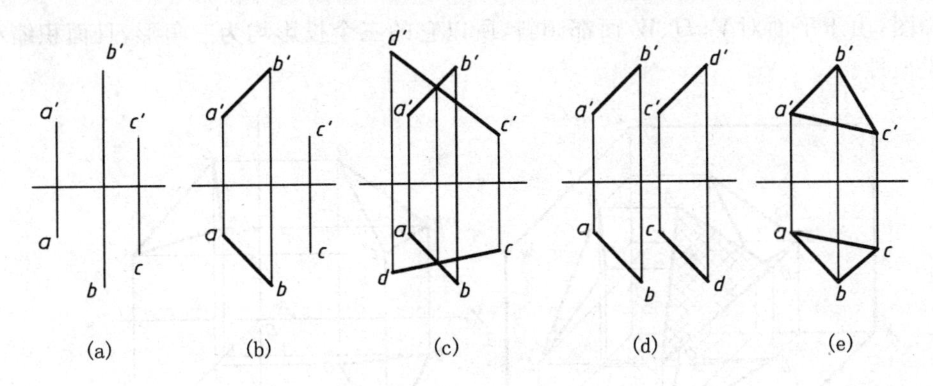

图 3.25　几何元素表示平面

影与本身重合，用粗实线表示，并标注上述符号。它在另外两投影面上的投影，分别在相应的投影轴上，不需作任何表示和标注。

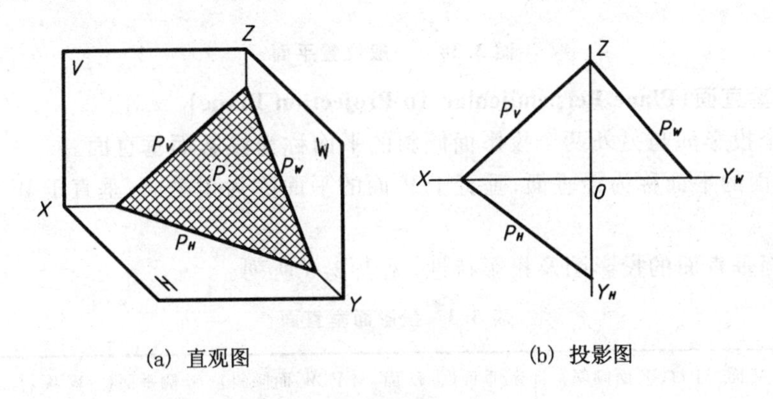

(a) 直观图　　(b) 投影图

图 3.26　迹线表示平面

对于特殊位置平面，不画无积聚性的迹线，用两段短的粗实线表示有积聚性的迹线的位置，中间以细实线相连，并标上相应的符号，如图 3.27 所示。

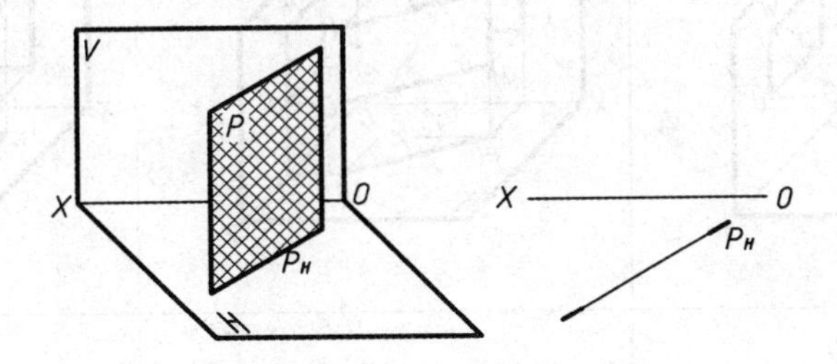

图 3.27　特殊位置平面的迹线表示法

3.4.2　各种位置平面及投影特性

平面在三投影面体系中的位置可分为三种：一般位置平面、投影面垂直面和投影面平行面。投影面垂直面和投影面平行面统称为特殊位置平面。

平面与 H 面、V 面、W 面的两面角，分别用 α、β、γ 表示。

1. 一般位置平面(General Position Plane)

一般位置平面是指对三个投影面都倾斜的平面。图 3.28 是一般位置平面△ABC 的直观图和投影图，由于平面对 V、H、W 面都倾斜，所以它的三个投影均为三角形，且面积缩小，即投影具有类似性。

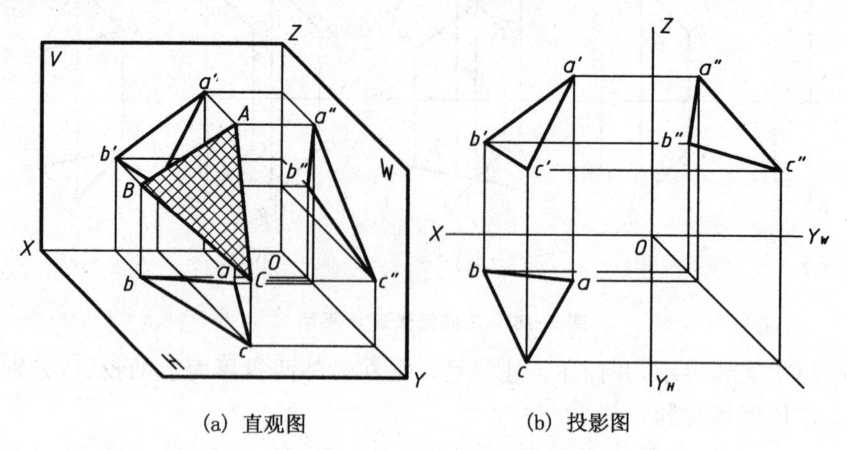

(a) 直观图　　(b) 投影图

图 3.28　一般位置平面

2. 投影面垂直面(Plane Perpendicular To Projection Plane)

垂直于一个投影面与另外两个投影面倾斜的平面称为投影面垂直面。

垂直于 H 面的平面称为铅垂面；垂直于 V 面的平面称为正垂面；垂直于 W 面的平面称为侧垂面。

各种投影面垂直面的投影图及投影特性，见表 3.3 所列。

表 3.3　投影面垂直面

名称	正垂面(⊥V 面，与 H、W 面倾斜)	铅垂面(⊥H 面，与 V、W 面倾斜)	侧垂面(⊥W 面，与 H、V 面倾斜)
直观图			
投影图			

续表 3.3

名称	正垂面(⊥V 面,与 H、W 面倾斜)	铅垂面(⊥H 面,与 V、W 面倾斜)	侧垂面(⊥W 面,与 H、V 面倾斜)
迹线表示法	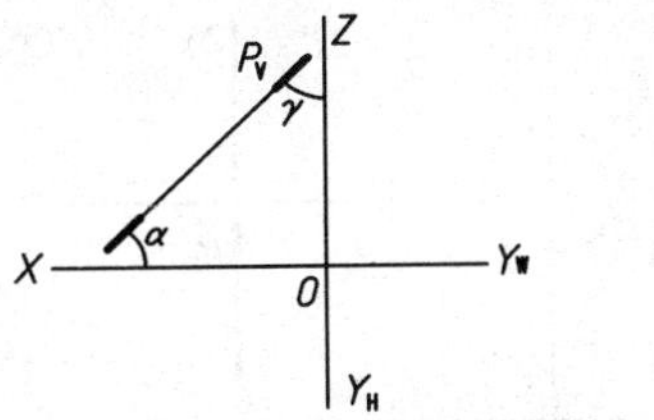	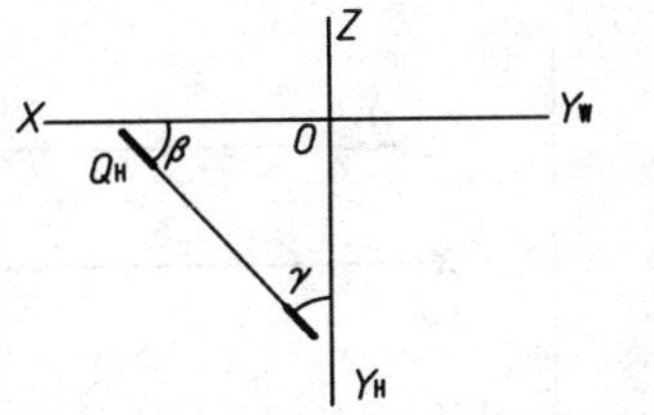	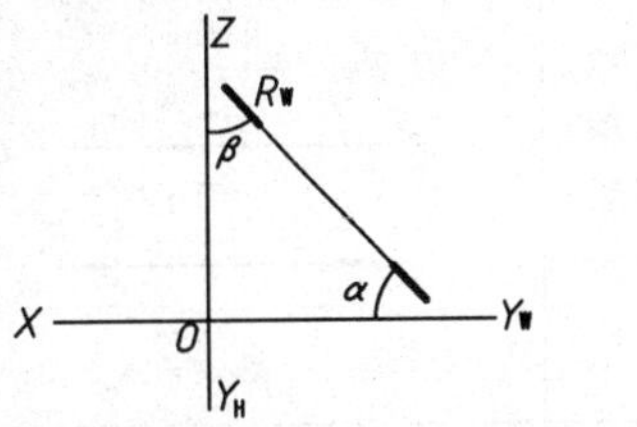
投影特性	1. 正面投影积聚成直线,并反映真实倾角 α、γ 2. 水平投影、侧面投影仍为平面图形、面积缩小	1. 水平投影积聚成直线,并反映真实倾角 β、γ 2. 正面投影、侧面投影仍为平面图形,面积缩小	1. 侧面投影积聚成直线,并反映真实倾角 β、α 2. 正面投影、水平投影仍为平面图形,面积缩小

从表 3.3 可概括出投影面垂直面的投影特性:

(1) 平面在所垂直的投影面上的投影积聚成直线,该直线与投影轴的夹角,分别反映平面对另两投影面的真实倾角。

(2) 在另外两个投影面上的投影具有类似性。

3. 投影面平行面(Plane Parallel To Projection Plane)

平行于一个投影面与另外两个投影面垂直的平面称为投影面平行面。

平行于 H 面的平面称为水平面;平行于 V 面的平面称为正平面;平行于 W 面的平面称为侧平面。

各种投影面平行面的投影图及投影特性,见表 3.4 所列。

表 3.4　投影面平行面

名称	正平面(//V 面)	水平面(//H 面)	侧平面(//W 面)
直观图	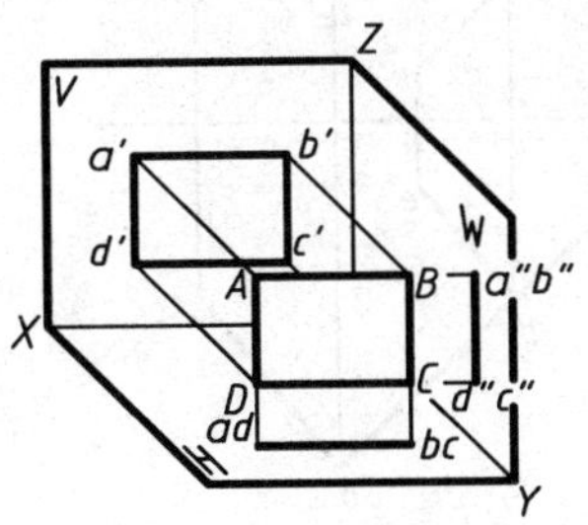	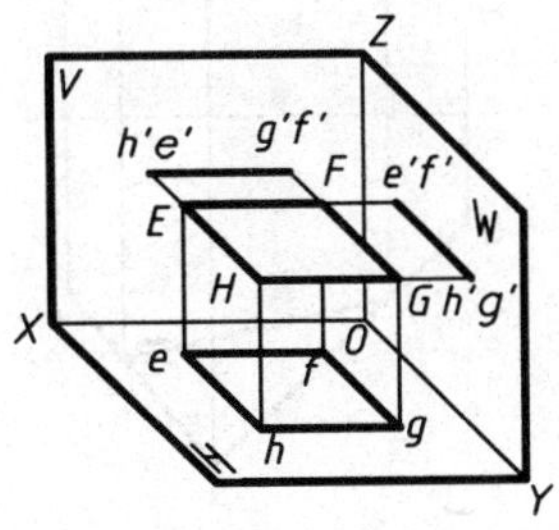	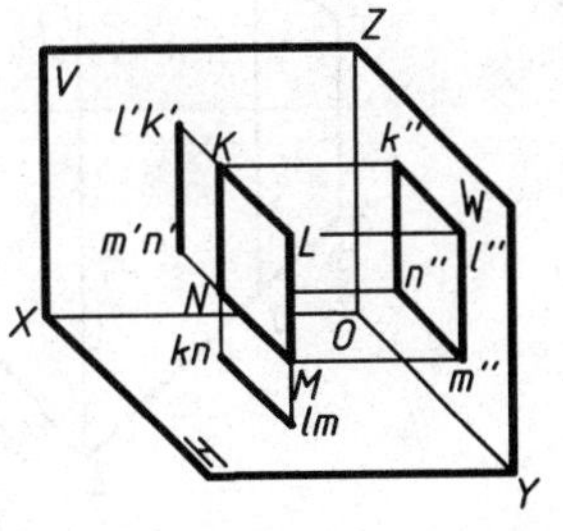
投影图	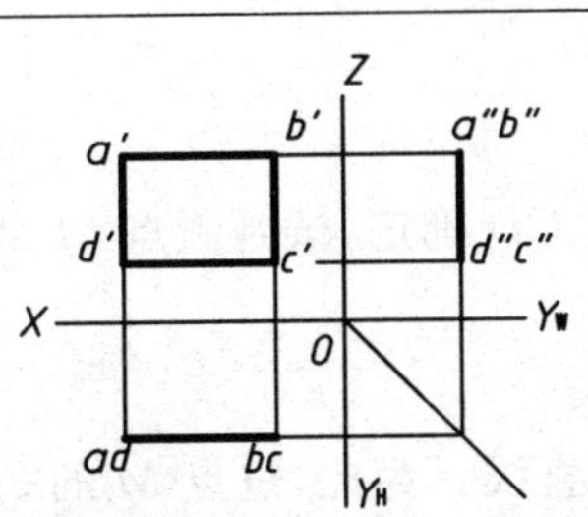	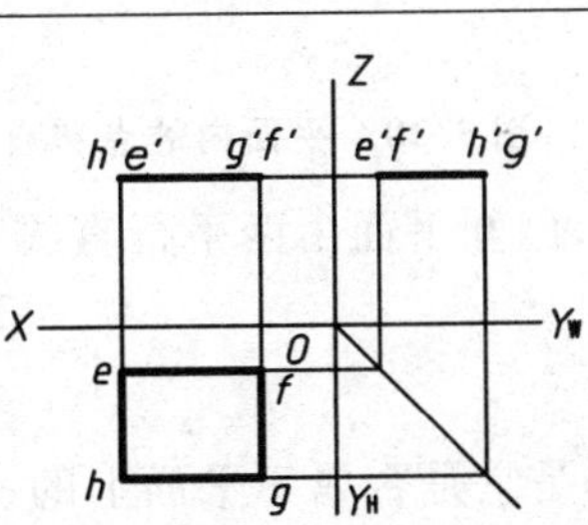	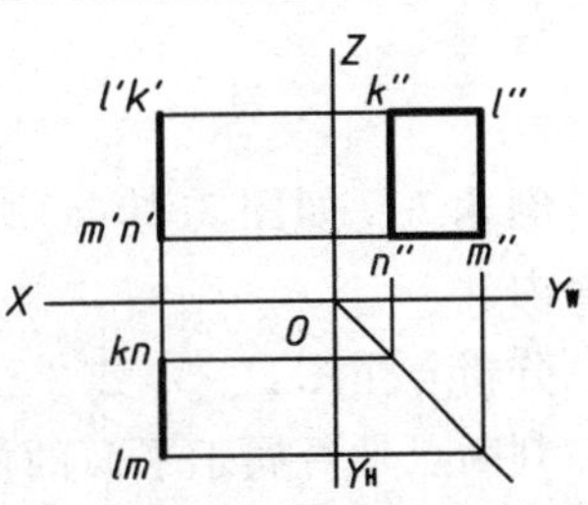

续表 3.4

名称	正平面（//V 面）	水平面（//H 面）	侧垂面（//W 面）
迹线表示法	X　O　P_H	Q_V　X　O	R_V　X　O　R_H
投影特性	1. 正面投影反映实形 2. 水平投影 // OX，侧面投影//OZ，分别积聚成直线	1. 水平投影反映实形 2. 正面投影 // OX，侧面投影 //OY_W，分别积聚成直线	1. 侧面投影反映实形 2. 正面投影 // OZ，水平投影 //OY_H，分别积聚成直线

从表 3.4 中可概括出投影面平行面的投影特性：

(1) 在平面所平行的投影面上的投影反映实形。

(2) 在另外两个投影面上的投影分别积聚成直线，且平行于相应的投影轴。

3.4.3　平面内的点和直线

1. 平面内的点

点在平面内的几何条件是：点在该平面内的一条直线上，如图 3.29(a)所示。

2. 平面内的直线

直线在平面内的几何条件是：直线通过平面内两点，或直线通过平面内一点且平行于平面内的一直线，如图 3.29(b)、(c)所示。

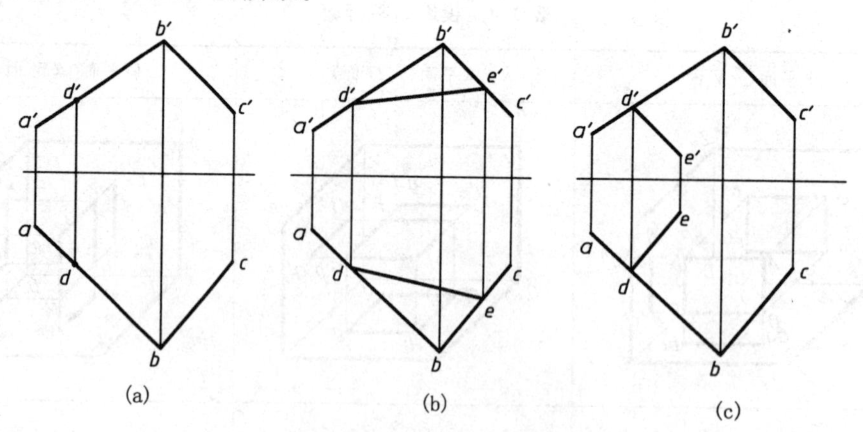

图 3.29　平面内的点和直线

例 3.7　如图 3.30(a)所示，已知平面由两平行直线 AB、CD 确定，试判断点 M 是否在该平面内。

分析与作图：

判断点是否属于平面的依据是它是否属于平面上的一条直线。为此，过点 M 的一个投影 m' 作属于平面 $ABCD$ 的辅助直线（st，$s't'$），再检验点 M 的另一投影 m 是否在 st 直线上。由作图可知，点 M 不在该平面内，如图 3.30(b)所示。

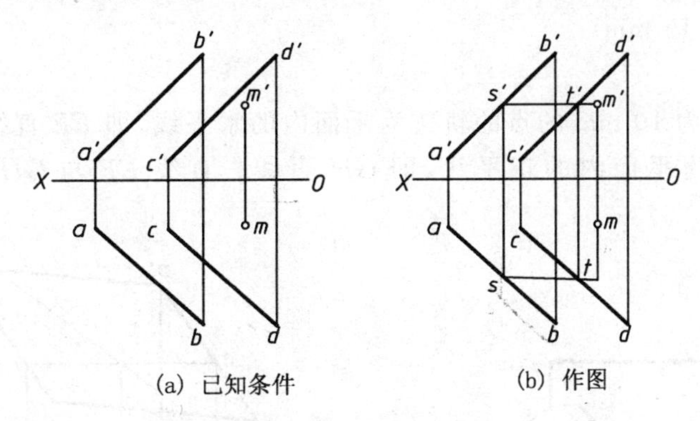

(a) 已知条件　　(b) 作图

图 3.30　判断点是否属于平面

3. 特殊位置平面内的点和直线

因为特殊位置的平面在它所垂直的投影面上的投影，积聚成直线，所以特殊位置平面上的点、直线和平面图形，在该平面所垂直的投影面上的投影，都位于这个平面的有积聚性的同面投影或迹线上。

例 3.8　如图 3.31(a)所示，已知点 A、B 和直线 CD 的两面投影。试过点 A 作正平面；过点 B 作正垂面，使 $\alpha=45°$；过直线 CD 作铅垂面。

分析与作图：

包含点或直线作特殊位置平面，该平面必有一投影与点或直线的某一投影重合。因此，过点 A 所作的正平面，其水平投影一定与 a 重合，正面投影可包含 a' 作任一平面图形；同理，可作包含点 B 的正垂面和包含 CD 直线的铅垂面，如图 3.31(b)所示。图 3.31(c)为所求平面的迹线表示法。

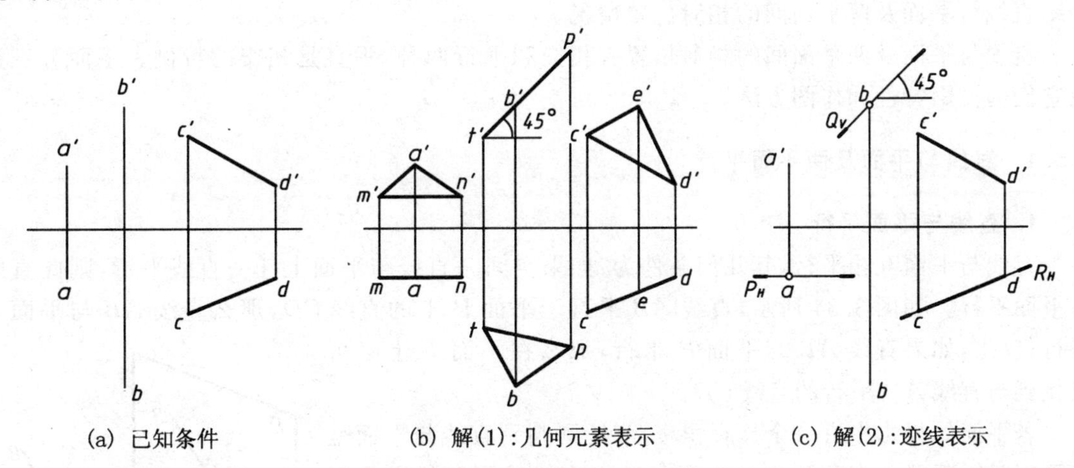

(a) 已知条件　　(b) 解(1)：几何元素表示　　(c) 解(2)：迹线表示

图 3.31　过点或直线作特殊位置平面

4. 平面内投影面的平行线

平面内投影面的平行线，即位于平面内且平行于某一投影面的直线，如图 3.32 所示。

平面内投影面的平行线有三种：平面内的水平线、平面内的正平线和平面内的侧平线。它们具有投影面平行线的性质。

例 3.9 如图 3.33 所示，已知平面 $ABCD$ 的两面投影，在其上取一点 K，使点 K 在 H 面之上 10 mm，V 面前 15 mm。

分析与作图：

平面内距 H 面为 10 mm 的点的轨迹为平面内的水平线，即 EF 直线；平面内距 V 面为 15 mm的点的轨迹为平面内的正平线，即 GH 直线。直线 EF 与 GH 的交点，即为所求点 K。

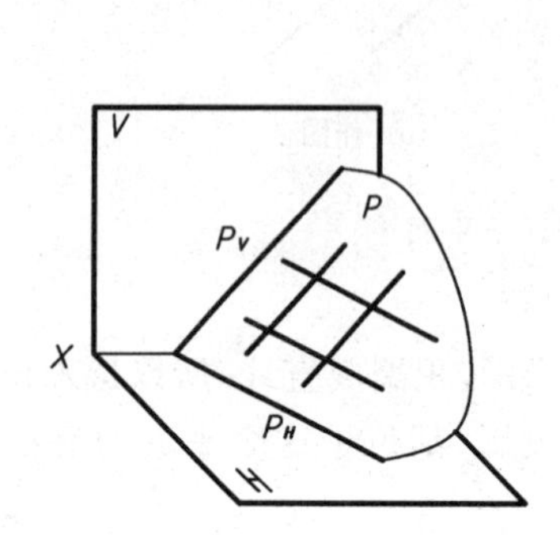

图 3.32 平面内投影面的平行线

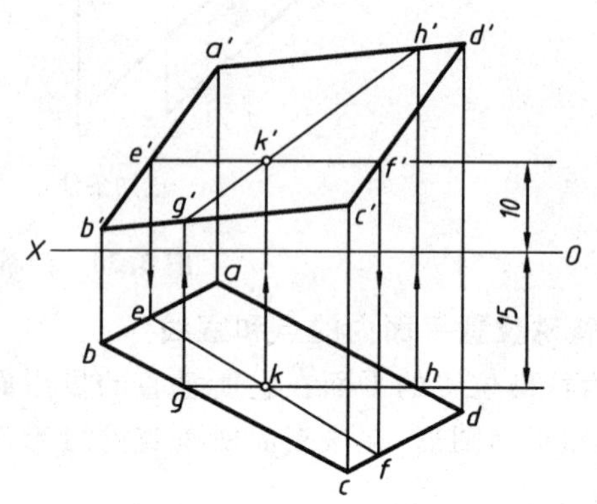

图 3.33 在平面上求一定点 K

3.5 几何要素之间的相对位置

形体几何要素之间的相对位置包括两点之间的相对位置、两直线之间的相对位置、直线与平面之间的相对位置以及两平面之间的相对位置。前两种相对位置在前面已叙述，本节主要介绍直线与平面及两平面间的相对位置情况。

直线与平面及两平面间的相对位置有相交和平行两种，垂直是相交的特例。下面分别讨论它们的投影特性和作图方法。

3.5.1 直线与平面及两平面平行

1. 直线与平面平行

直线与平面互相平行，其几何条件为：如果空间一直线与平面上任一直线平行，则此直线与平面平行。如图 3.34 所示，直线 AB 平行于平面 P 上的直线 CD，那么直线 AB 与平面 P 平行；反之，如果直线 AB 与平面 P 平行，那么在平面 P 上必可以找到与直线 AB 平行的直线 CD。

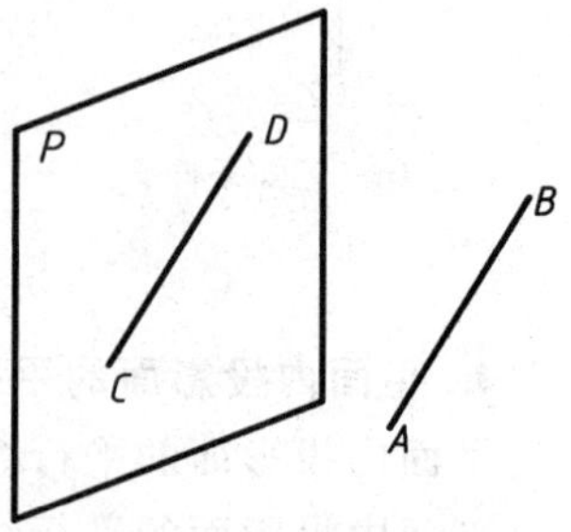

若平面的投影中有一个具有积聚性时，则判别直线与平面是否平行只需看平面有积聚性的投影与已知直线的同面投影是否平行。若直线、平面的同面投影都具有积聚性，则直线和平面一定平行。如图 3.35 所示，平面 $CEDF$ 垂直于 H 面，故在 H 面上有积聚性，由于 $cdef$ 平行于直线 AB 的同面投影 ab，所以直线 AB 平行于平面 $CDEF$。由于直线 MN 和平面 $CDEF$ 的 H 面的投影都具有积聚性，故直线 MN 也平行于平面 $CDEF$。

图 3.34 直线与平面平行的几何条件

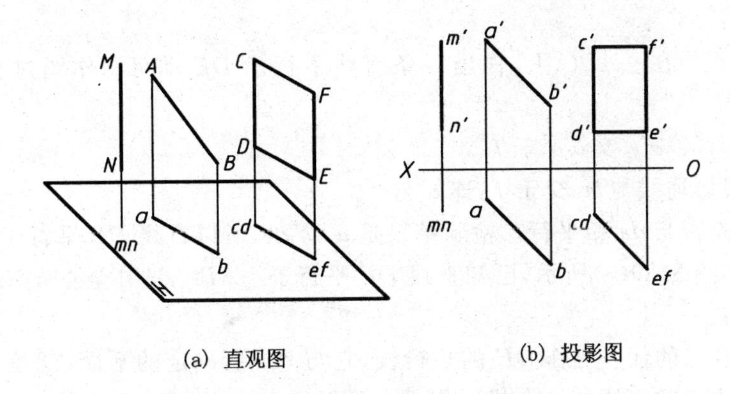

(a) 直观图　　(b) 投影图

图 3.35　直线与投影面垂直面平行

例 3.10　过点 C 作平面平行于直线 AB，如图 3.36(a)所示。

分析与作图：

在图 3.36(b)中，欲使直线 AB 与平面平行，须保证 AB 平行于平面内一直线，所以过点 C 作 $CD/\!/AB$（即作 $cd/\!/ab, c'd'/\!/a'b'$），再过点 C 作任一直线 CE，则相交两直线 CD、CE 决定的平面即为所求。显然，由于 CE 是任意作出，所以此题可以作无数个平面平行于已知直线。

又若过点 C 作一铅垂面平行已知直线，那么只能作一个平面，即过点 C 的水平投影 c 作平面 P 平行于 ab，如图 3.37 所示。

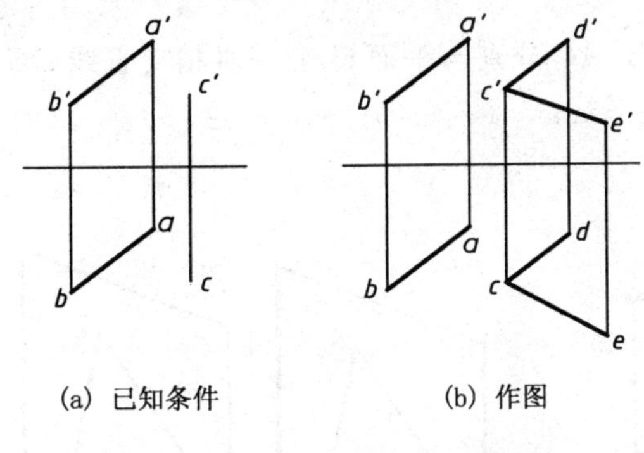

(a) 已知条件　　(b) 作图

图 3.36　过点作平面平行于直线

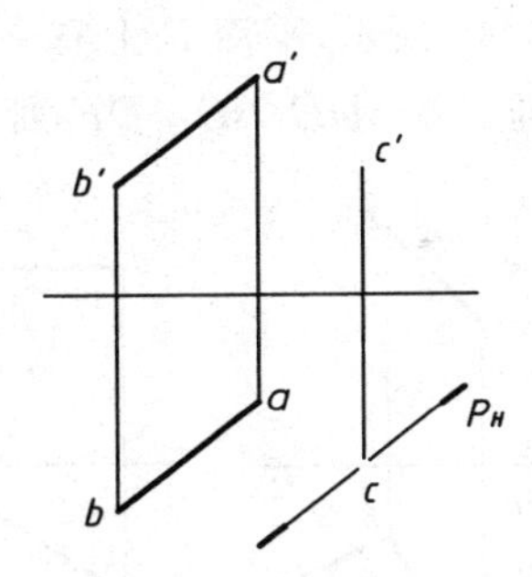

图 3.37　过点作铅垂面平行于直线

例 3.11　如图 3.38(a)所示，判断直线 DE 是否平行于△ABC。

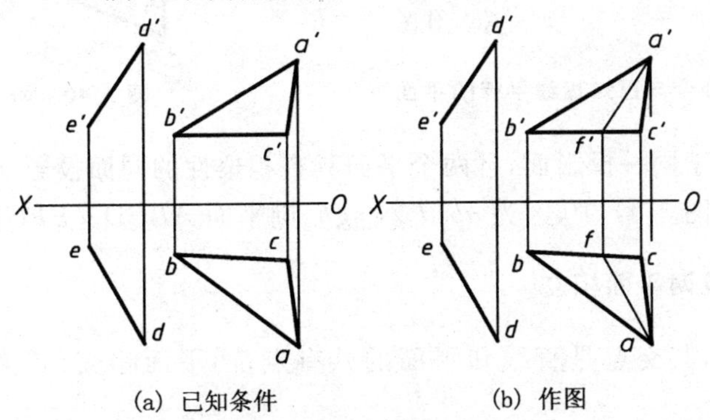

(a) 已知条件　　(b) 作图

图 3.38　判断直线是否平行于平面

分析与作图：

只要检验是否能在△ABC上，作出一条直线平行于DE即可。作图过程如图 3.38(b)所示。

- 过a'作$a'f' /\!/ d'e'$交$b'c'$于f'。
- 由f'引投影连线与bc交于f，连a与f。
- 检验af是否与de相平行。检验结果是$af /\!/ de$，所以直线DE平行于△ABC。

例 3.12 如图 3.39(a)所示，已知直线DE平行于△ABC，试补全△ABC的正面投影。

分析与作图：

通过直线AB上的任一点作DE的平行线，它与AB所确定的平面，就是△ABC平面，于是就可按已知平面上的直线的一个投影作另一投影的方法，完成△ABC的正面投影。

作图过程如下：

- 如图 3.39(b)所示，过a和a'分别作de和$d'e'$的平行线，其水平投影与bc交于f，由f作投影连线得f'。
- 连b'与f'并延长交于c'。
- 连a'与c'就补全了△ABC的正面投影△$a'b'c'$。

2. 两平面平行

两平面互相平行，其几何条件是：如果平面内两条相交直线分别与另一平面内的两条相交直线平行，那么该两平面互相平行。

如图 3.40 所示，平面P上有一对相交直线AB、AC分别与平面Q上一对相交直线DE、DF平行，即$AB /\!/ DE$，$AC /\!/ DF$，那么平面P与Q平行。

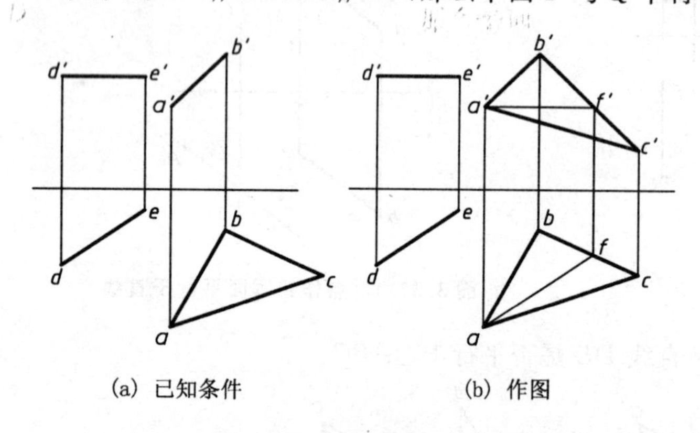

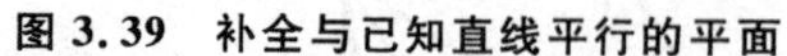

图 3.39 补全与已知直线平行的平面

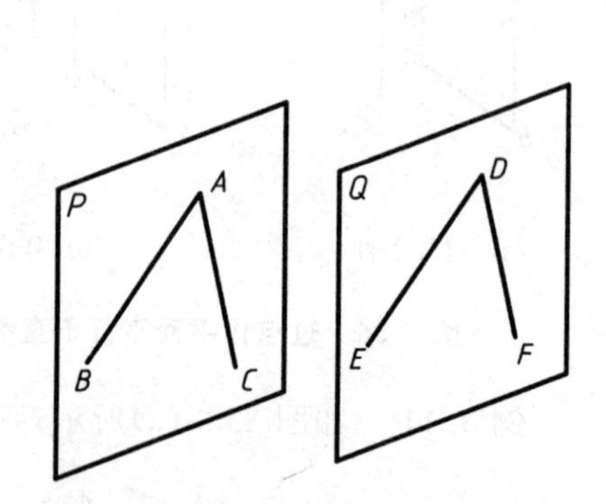

图 3.40 两平面平行的几何条件

若两平面都垂直于同一投影面，且两个平面具有积聚性的同面投影互相平行，则该两平面在空间互相平行。如图 3.41 中，因为$abcd /\!/ efgh$，则平面$ABCD /\!/ EFGH$。

3.5.2 直线与平面及两平面相交

直线与平面相交，其交点是直线和平面的共有点；两平面相交，其交线是两平面的共有直线。

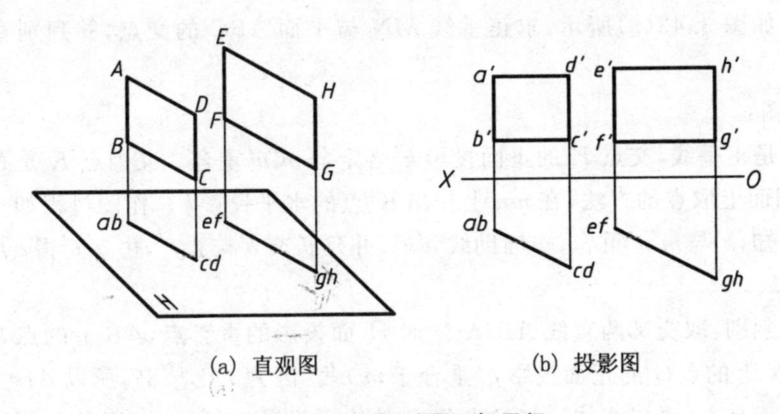

(a) 直观图　　(b) 投影图

图 3.41　两铅垂面互相平行

1. 特殊位置平面(或直线)与一般位置直线(或平面)相交

当直线或平面与某一投影面垂直时,可利用其投影的积聚性直接确定交点的一个投影。

例 3.13　如图 3.42 所示,求直线 AB 与铅垂面 $CDFE$ 的交点,并判断直线 AB 的可见性。

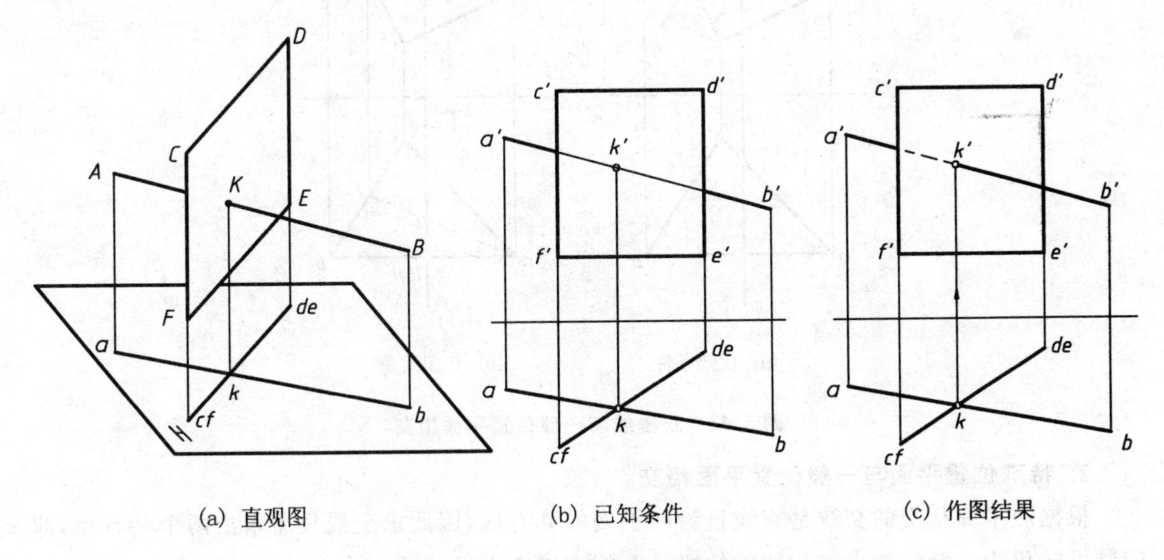

(a) 直观图　　(b) 已知条件　　(c) 作图结果

图 3.42　一般位置直线与投影面垂直面相交

分析与作图:

如图 3.42(a)所示,直线 AB 与铅垂面 $CDEF$ 相交于点 K,交点 K 是两者的共有点。根据平面投影的积聚性及直线上点的投影特性,可作得交点的水平投影 k 必在平面的水平投影 $cdef$ 和直线的水平投影 ab 的交点上,再由 k 在直线上求出交点 k 的正面投影 k'。

● 在图 3.42(b)的水平投影上,求出 $cdef$ 与 ab 的交点 k。

● 作出 $a'b'$ 上 K 的正面投影 k',则 $K(k,k')$为所求交点。

● 可见性判别:由于平面的水平投影具有积聚性,直线的水平投影不需判断其可见性。在正面投影中,假设平面不透明,由前向后投影,凡位于平面之前的线段为可见(即 $k'b'$ 可见),画成实线,位于平面之后的线段为不可见(即 $k'a'$ 不可见),但超出平面范围的直线仍可见,不可见线段画成细虚线。交点是可见与不可见的分界点。作图结果如图 3.42(c)所示。

例 3.14 如图 3.43(a)所示，求正垂线 MN 与平面 ABC 的交点，并判别直线 MN 的可见性。

分析与作图：

由于 MN 是正垂线，交点 K 的正面投影 k' 必定与 $m'n'$ 重合。又因点 K 是 MN 与△ABC 的共有点，利用面上取点的方法，在 mn 上作出 K 点的水平投影 k。作图过程如 3.48(b)所示。

● 由题可知，k' 与 $m'n'$ 重合，作辅助线 $a'k'$，并延长交 $b'c'$ 于 f'，由 $a'f'$ 得 af，af 与 mn 的交点即为所求 k。

● 可见性判别：取交叉两直线 AB、MN 对 H 面投影的重影点，AB 上的点 L 的正面投影 l' 在 $a'b'$ 上，MN 上的点 G 的正面投影 g' 重合于 $m'n'$。因为 l' 比 g' 高，所以 AB 上的点 L 的水平投影 l 可见，于是 kn 画成实线。MN 上的 G 的水平投影 g 不可见，于是 km 不可见，画成细虚线，超出平面范围的直线仍为可见，应画成实线。

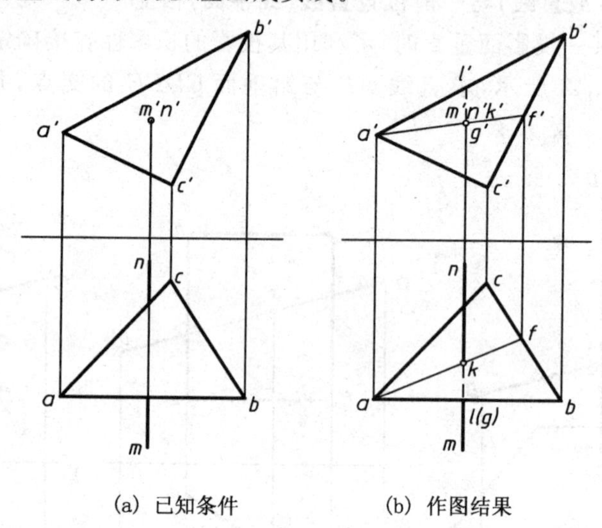

(a) 已知条件　　(b) 作图结果

图 3.43 正垂线与一般位置平面相交

2. 特殊位置平面与一般位置平面相交

根据两平面相交的交线是直线且为两平面的共有线，因此求交线只需求出两个共有点，即问题可转化为一般位置直线与特殊位置平面相交求交点的问题。

例 3.15 如图 3.44(a)、(b)所示，求铅垂面 $STUV$ 与△ABC 的交线，并判别可见性。

分析与作图：

△ABC 与铅垂面 $STUV$ 相交，可看成是直线 AB 和 CB 分别与铅垂面相交，利用例 3.12 的作图方法，可方便地求出交点 K 和 L，连接 K、L 即为所求交线。作图过程如图 3.44(c)所示。

● 作出△ABC 的 AB 边与平面 $STUV$ 的交点 K 的两面投影 k 和 k'。

● 同理作出△ABC 的 BC 边与平面 $STUV$ 的交点 L 的两面投影 l 和 l'。

● 连 k' 与 l'，而 kl 就积聚在 $STUV$ 上，所以 $k'l'$、kl 即为所求交线 KL 的两面投影。

● 由△ABC 和平面 $STUV$ 的水平投影，可看出△ABC 在交线 KL 的右下部分位于平面 $STUV$ 之前，因而在正面投影中的 $b'k'l'$ 部分为可见，画成实线。而 $a'k'l'c'$ 重合于 $STUV$ 的部分不可见，画成细虚线。

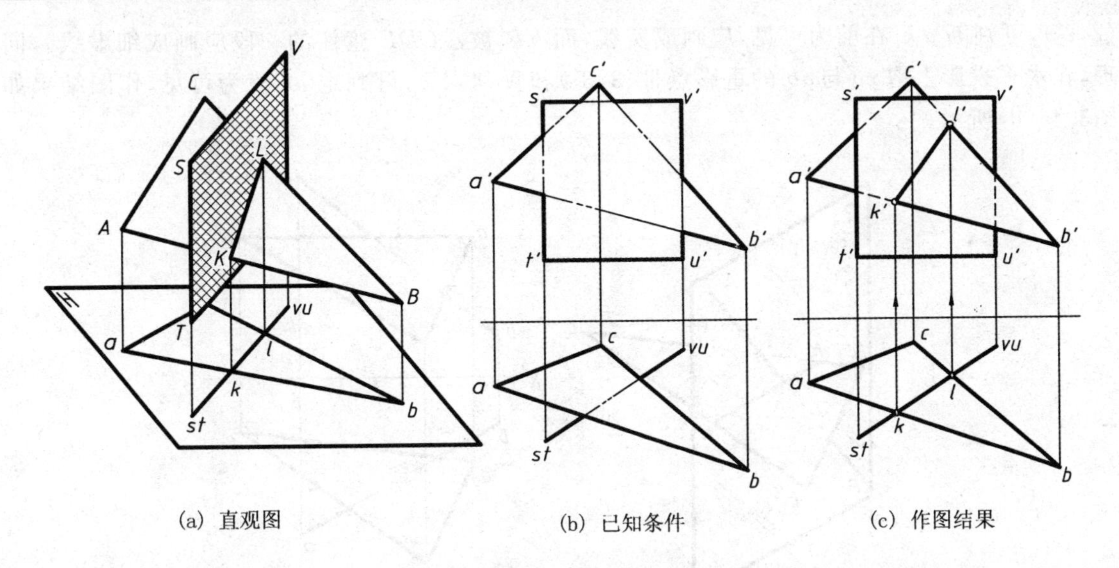

(a) 直观图　(b) 已知条件　(c) 作图结果

图 3.44　特殊位置平面与一般位置平面相交

当两平面均垂直于同一投影面时，其交线也一定与两平面所垂直的投影面垂直，利用有积聚性的投影，可方便地求出，如图 3.45 所示。

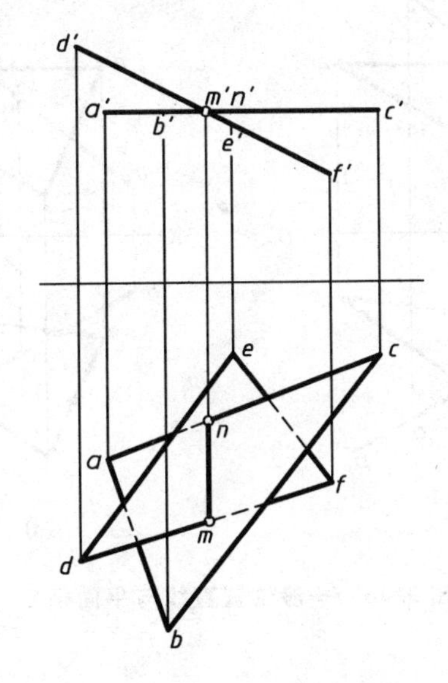

图 3.45　两垂直于同一投影面的平面相交

3. 一般位置直线与平面相交

由于一般位置直线和平面的投影都没有积聚性，所以不能在投影图上直接定出交点来，需经过一定的作图过程才能求得。其作图过程应分为三步，如图 3.46(c)所示。

- 包含已知直线 AB 作垂直于投影面的辅助平面 R；
- 求辅助平面 R 与已知$\triangle CDE$ 的交线 MN；
- 求交线 MN 与已知直线的交点 K 即为所求。

利用重影点来判断直线的可见性。在正面投影上取 $a'b'$ 与 $d'e'$ 的重影点 Ⅰ(1,1′)和Ⅱ

(2,2′),可判断 $a'k'$ 在前为可见,应画成实线,而 $b'k'$ 被△CDE 遮住的一段应画成细虚线。同理,在水平投影上取 ce 与 ab 的重影点Ⅲ(3,3′)和Ⅳ(4,4′),可判定 ak 段为可见,作图结果如图3.46(d)所示。

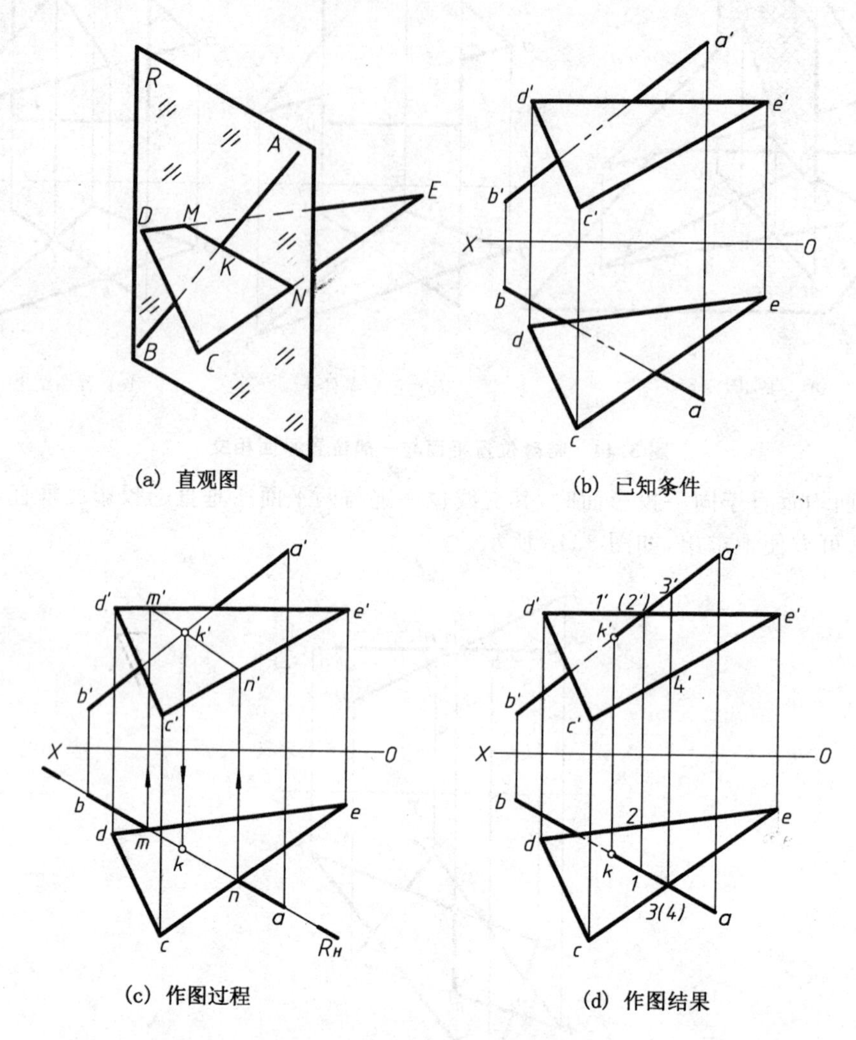

(a) 直观图 (b) 已知条件

(c) 作图过程 (d) 作图结果

图 3.46 一般位置直线与平面相交

4. 两个一般位置平面相交

求两个一般位置平面的交线,可将一平面视为由两相交直线构成,只要分别求出两直线与平面的交点,然后将两交点的同面投影相连,即为两平面的共有直线。求交点需用前述的直线与平面求交点的三个作图步骤才能作出。

图 3.47 所示为△ABC 和△DEF 相交,可分别求出边 DE 及 DF 与△ABC 的两个交点 K (k,k')及 $L(l,l')$。KL 便是两三角形的交线。作图过程中,包含直线 DE 和 DF 所作的辅助平面分别为 S 和 R。

可见性判别:两平面的交线是两平面在投影图上可见与不可见的分界线,根据平面的连续性,只要判断出平面的一部分的可见性,其余部分就自然明确了。尽管每个投影上都有 4 对重影点,实际只要分别选择一对重影点判别即可,如图中所示,判别方法与图 3.46 相同。

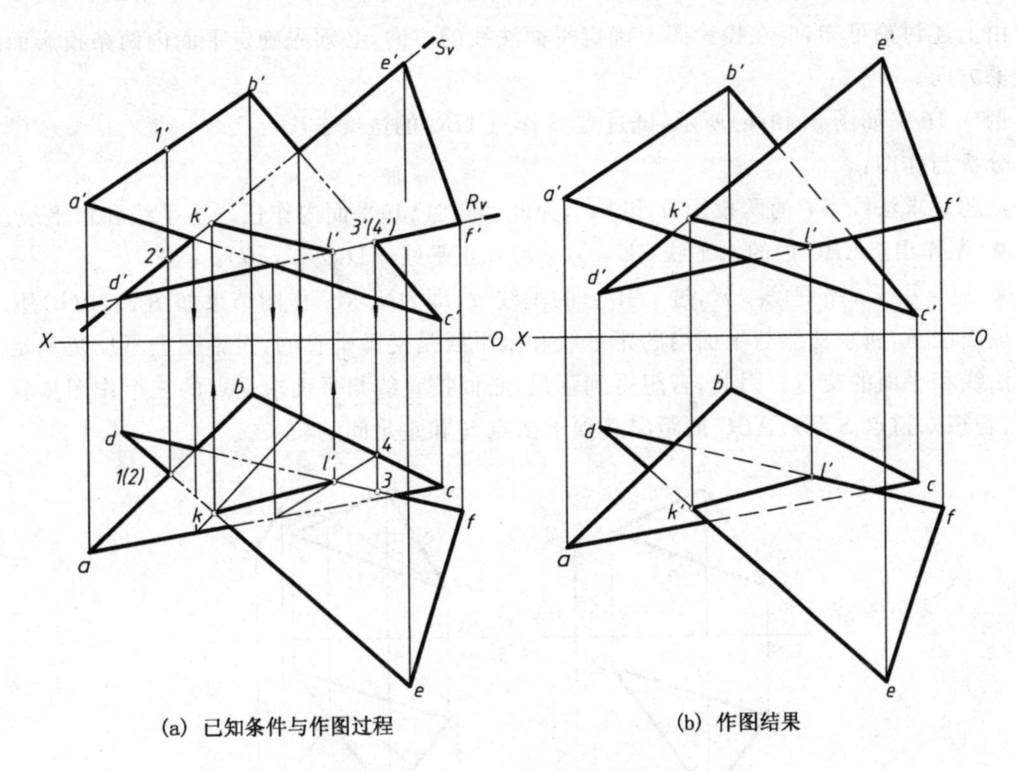

(a) 已知条件与作图过程　　(b) 作图结果

图 3.47　两个一般位置平面的交线

3.5.3　直线与平面及两平面垂直

1. 直线与平面垂直

直线与平面垂直的几何条件为:直线垂直于平面上任意两条相交直线(含交叉垂直)。该直线也叫平面的法线。反之,若一直线垂直于一平面,则此直线垂直于平面内的所有直线。

根据直角投影定理,可得出直线与平面垂直的投影特性:直线的正面投影,垂直于这个平面上的正平线的正面投影;直线的水平投影,垂直于这个平面上的水平线的水平投影,如图3.48所示。

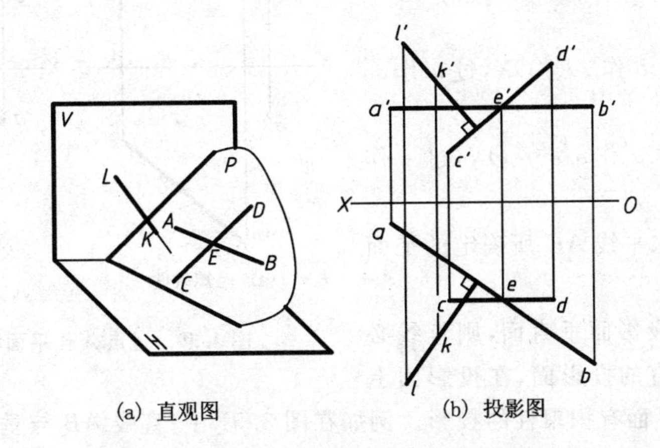

(a) 直观图　　(b) 投影图

图 3.48　直线与平面垂直

由上述讨论可知，要在投影图上确定平面法线的方向，必须先确定平面内两条投影面的平行线的方向。

例 3.16 如图 3.49(a)所示，试过点 S 作△ABC 的法线 ST。

分析与作图：

该题是求法线 ST 的两投影 st 和 $s't'$，为此，需在已知平面内作任一正平线和水平线。

- 先作出△ABC 内的水平线 $CE(c'e',ce)$ 和正平线 $AD(a'd',ad)$。
- 过 s' 引 $a'd'$ 的垂线 $s't'$，过 s 引 ce 的垂线 st，即为所求。作图结果如图 3.49(b)所示。

应当注意，所求法线与平面内的正平线和水平线是交叉垂直的，投影图上不反映垂足。垂足是法线和平面的交点。因此，若想得到垂足，必面按直线与平面求交点的三个作图步骤才能求得，若想知道点 S 到△ABC 的距离必须求出点 S 和垂足间的实长。

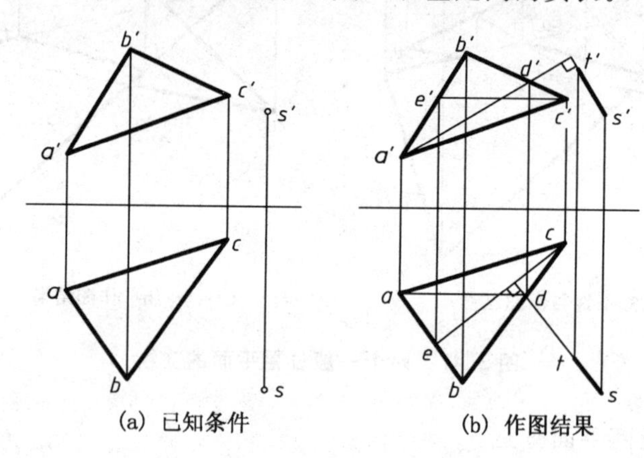

图 3.49 过点作平面的垂线

例 3.17 如图 3.50(a)所示，过点 A 作平面垂直于直线 BC。

分析与作图：

根据前述定理，只要过 A 点分别作正平线和水平线与 BC 相垂直，则相交两直线所确定的平面即为所求。作图过程如图 3.50(b)所示。

- 作正平线：过 a 作 $ad\,/\!/\,OX$，过 a' 作 $a'd' \perp b'c'$。
- 作水平线：过 a' 作 $a'e'\,/\!/\,OX$，过 a 作 $ae \perp bc$。

正平线 AD 和水平线 AE 所确定的平面 DAE 即为所求。

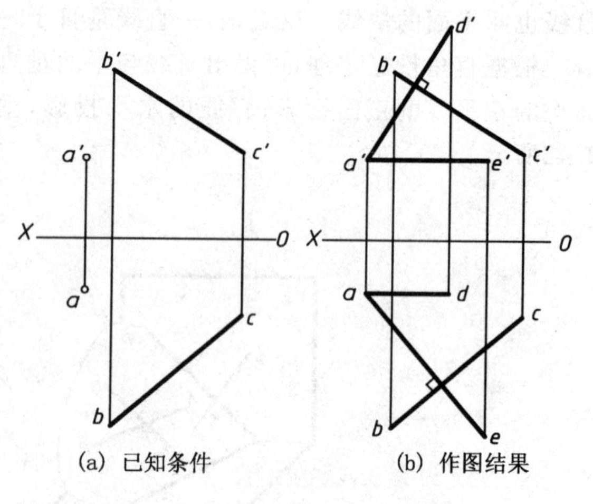

图 3.50 过点 A 作平面垂直于 BC

若直线垂直于投影面垂直面，则直线必平行于该平面所垂直的投影面，在投影面上直线的投影垂直于平面有积聚性的投影。例如在图 3.51 中，直线 AB 与垂直于 H 面的平面 $CDEF$ 相互垂直，则 AB 必为水平线。

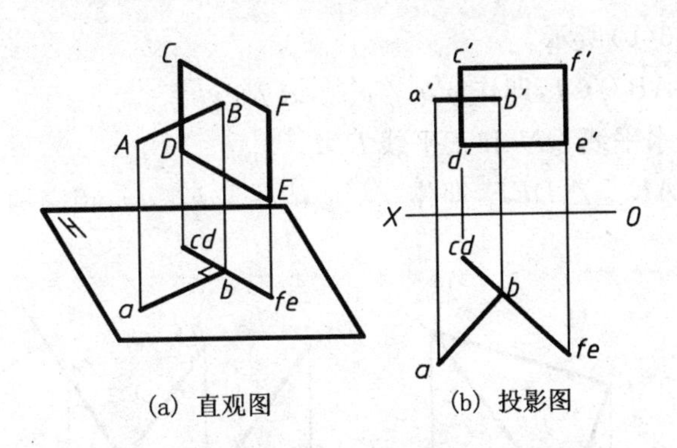

(a) 直观图　(b) 投影图

图 3.51　直线与垂直于投影面的平面相垂直

例 3.18　已知菱形 $ABCD$ 的正面投影和一对角线 AC 的水平投影(见图 3.52(a)),试完成该菱形的投影。

分析与作图:

此题的目的在于求 BD 的水平投影。已知菱形的对角线互相平分且垂直相交,BD 位于 AC 的中垂面上,因此,只要作出 AC 的中垂面,并在其上求 BD 的水平投影,问题便得解。作图过程如图 3.52(b)所示。

- 由菱形对角线的正面投影的交点 e' 作投影连线得 e(ac 中点);
- 过 E 点作 AC 的垂面ⅠEⅡ,在垂面上取 bd,并依次连接 $abcd$ 即为所求。

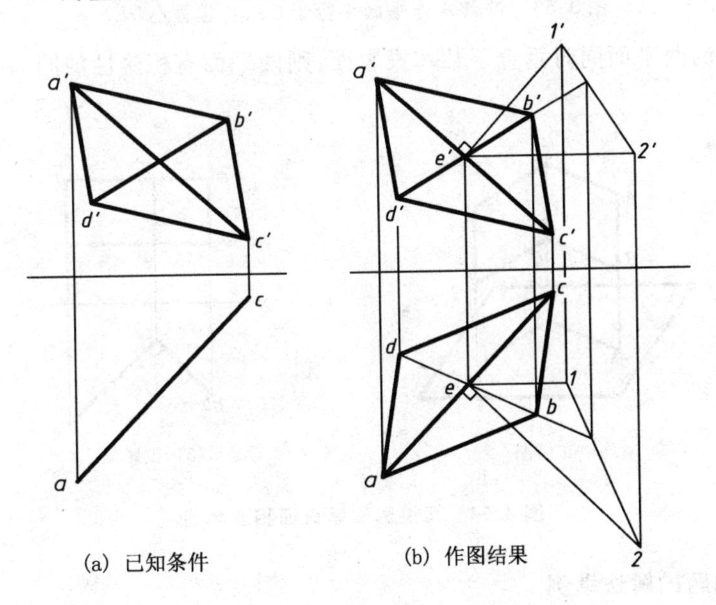

(a) 已知条件　(b) 作图结果

图 3.52　完成菱形的水平投影

2. 两平面互相垂直

两平面互相垂直的几何条件是平面上有一条直线垂直于另一平面。由此可知,直线垂直于平面是两平面垂直的必要条件。

例 3.19　如图 3.53(a)所示,过点 A 作平行于直线 CJ 且垂直△DEF 的平面。

分析与作图:

只要过点 A 分别作平行于 CJ 和垂直于△DEF 的直线,则相交两直线确定的平面即为所求。作图过程如图 3.53(b)所示。

- 过点 A 作直线 $AB//CJ$，即作 $a'b'//c'j'$，$ab//cj$；
- 在△DEF 中作水平线 DN 和正平线 DM；
- 过点 A 作直线 $AK\perp$△DEF，即作 $a'k'\perp d'm'$，$ak\perp dn$，相交两直线 AB、AK 所确定的平面即为所求。

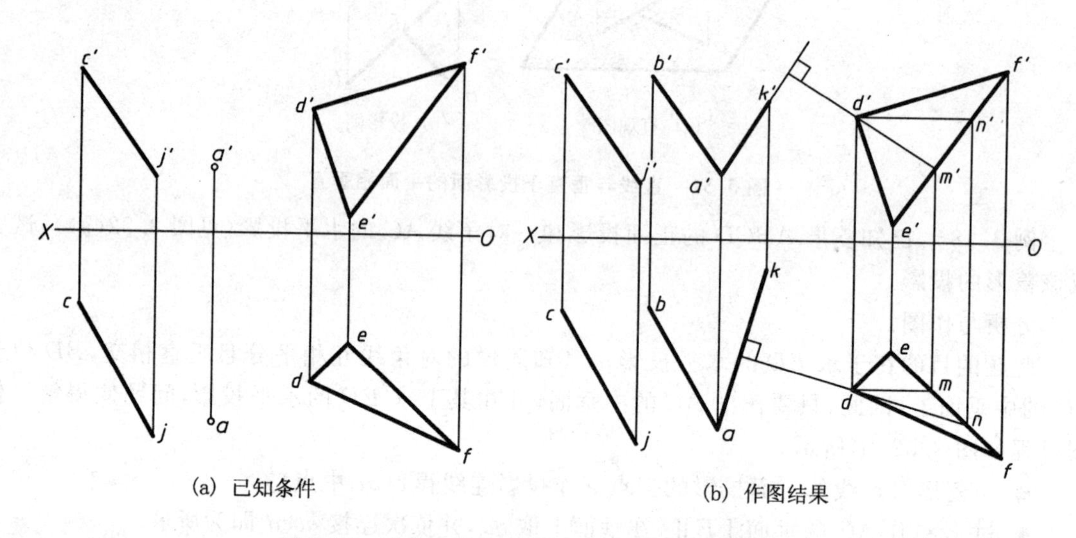

(a) 已知条件 (b) 作图结果

图 3.53 过点 A 作平面平行于 CJ，且垂直△DEF

若相互垂直的两平面同时垂直于某一投影面，则两平面有积聚性的同面投影必互相垂直，如图 3.54 所示。

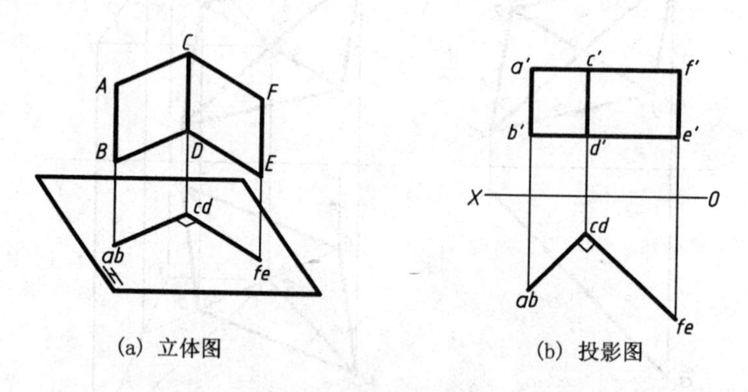

(a) 立体图 (b) 投影图

图 3.54 两投影面垂直面相互垂直

3.5.4 综合性问题的解法举例

前面分别研究了处理直线和平面平行或相交问题的原理和方法。现再举例说明综合性问题解题的思路和方法。

例 3.20 过点 K 作直线与△CDE 所给的平面平行，并与直线 AB 相交，如图 3.55(a)所示。

分析与作图：

欲过定点 K 作一直线平行于已知平面△CDE，有无穷多解。这些直线的轨迹为一过点 K

且平行于$\triangle CDE$的平面Q,如图3.55(b)所示,该平面上只有惟一一点属于直线AB,即直线AB与平面Q的交点S。因此,KS即为所求。作图过程如下:

- 如图3.55(c)所示,过点K作平面FKG平行于已知平面$\triangle CDE$,直线$KF(k'f',kf)$和$KG(k'g',kg)$对应平行于$CE(c'e',ce)$和$CD(c'd',cd)$。相交的两直线KF和KG确定一平面。
- 作出直线AB与KF和KG所确定平面的交点。因该平面处于一般位置,故利用过直线AB的辅助正垂面P求得交点$S(s',s)$。
- 连接点$K(k',k)$和$S(s',s)$,直线KS即为所求。

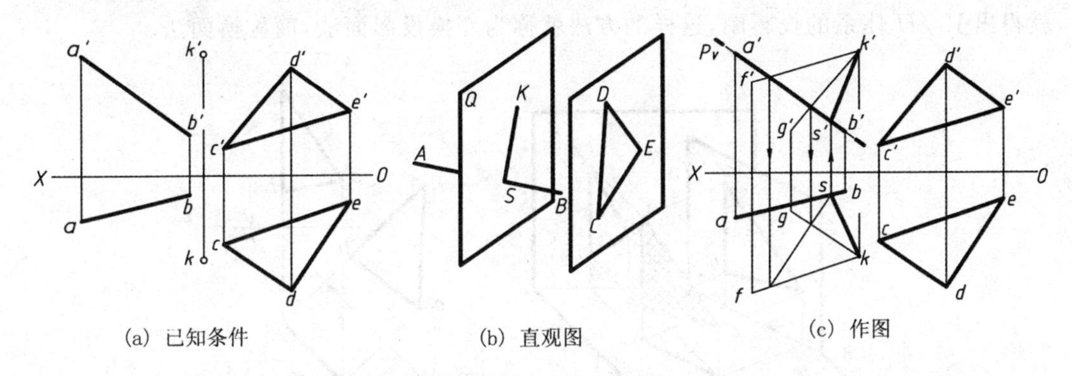

图3.55　作直线平行已知平面并与已知直线相交

讨论:

本题还可用另一种方案求解。欲过定点K作一直线与已知直线AB相交,有无穷多解。这些直线的轨迹为点K和直线AB所确定的平面R(图3.56)。现所求的直线还应与$\triangle CDE$平行,则此直线一定属于平面R且平行于$\triangle CDE$的直线,也必平行于平面R与$\triangle CDE$所给定平面的交线MN。因此求解步骤为:使点K和直线AB确定一平面;求出该平面与$\triangle CDE$所给定平面的交线MN;过点K引直线KS平行于所作的交线MN,直线KS即为所求。显然,其答案与前面解法求出的一致。读者可以试作其投影图。

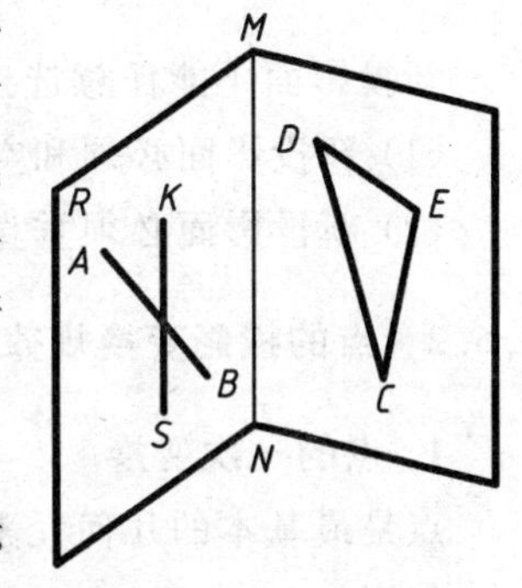

图3.56　示意图

解综合性问题时,往往要有若干不同的解题方案,作图繁简亦有所差别。但其解题思路常有一致之处,往往先考虑满足求解的某一要求,列出其所有答案(常引用轨迹的概念),再一一引进其他要求。在上述答案中找出能同时满足这些要求的解答。这样将综合性问题分解而一一处理,是求解各种复杂问题常用的一种方法。

3.6　换　面　法

当空间的直线和平面对投影面处于平行或垂直的特殊位置时,其投影能够直接反映实形或具有积聚性,这样使得图示清楚、图解方便简捷。当直线和平面处于一般位置时,它们的投影就不具备这些特性。如果把一般位置的直线和平面变换成特殊位置,在解决与空间几何元素有关的问题时，往往容易获得快速而准确的解决。换面法就是研究如何改变几何元素与投影面之间的相对位置，达到简化解题目的的方法之一。

3.6.1 换面法(Auxiliary Plane Method)的基本概念

图 3.57 表示一铅垂面△ABC，该三角形在 V 面和 H 面的投影体系中的两个投影都不反映实形，为求△ABC 的实形，取一个平行于三角形且垂直于 H 面的 V_1 面来代替 V 面，则新的 V_1 面和不变的 H 面构成一个新的两投影面体系 V_1/H。三角形在 V_1/H 体系中 V_1 面上的投影△$a_1'b_1'c_1'$ 就反映三角形的实形。再以 V_1 面和 H 面的交线 X_1 为轴，使 V_1 面旋转至和 H 面重合，就得出 V_1/H 体系的投影图，这样的方法就称为变换投影面法，简称换面法。

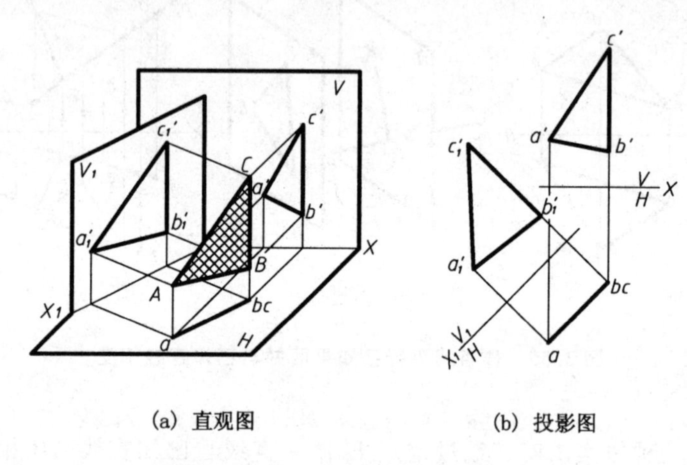

(a) 直观图　　(b) 投影图

图 3.57 V/H 体系变为 V_1/H 体系

新投影面不能任意选择，必须符合以下两个基本条件：

(1) 新投影面必须和空间几何元素处于有利于解题的位置。

(2) 新投影面必须垂直于一个不变的投影面。

3.6.2 点的投影变换规律

1. 点的一次变换

点是最基本的几何元素，因此，在变换投影面时，首先要了解点的投影变换规律。

如图 3.58 所示，点 A 在 V/H 体系中的正面投影为 a'，水平投影为 a。现保留 H 面不变，取一铅垂面 $V_1(V_1 \perp H)$ 来代替正立面 V。使之形成新的两投影面体系 V_1/H。V_1 面与 H 面的交线是新的投影轴 X_1，过 A 点向 V_1 投影面引垂线，垂线与 V_1 面的交点 a_1'，即为 A 点在 V_1 面上的新投影，这样就得到了在 V_1/H 体系中 A 点的两个投影 a_1' 和 a。

因为新旧两投影体系具有同一个水平面 H，因此说点 A 到 H 面的距离(即 Z 坐标)在新旧体系中都是相同的，即 $a'a_x = Aa = a_1'a_{x1}$。当 V_1 面绕 X_1 轴旋转到与 H 面重合时，根据点的投影规律可知，A 点的两投影 a 和 a_1' 连线 aa_1' 应垂直于 X_1 轴。

根据以上分析，可以得出点的投影变换规律：

(1) 点的新投影和不变投影的连线垂直于新投影轴。

(2) 点的新投影到新投影轴的距离等于被变换的旧投影到旧投影轴的距离。

图 3.58(b)表示了将 V/H 体系中的投影(a,a')变换成 V_1/H 体系中的投影(a,a_1')的作图过程。首先按要求条件画出新投影轴 X_1,新投影轴确定了新投影面在投影体系中的位置。然后过点 a 作 $aa_1' \perp X_1$,在垂线上截取 $a_1'a_{x1} = a'a_x$,则 a_1' 即为所求的新投影。

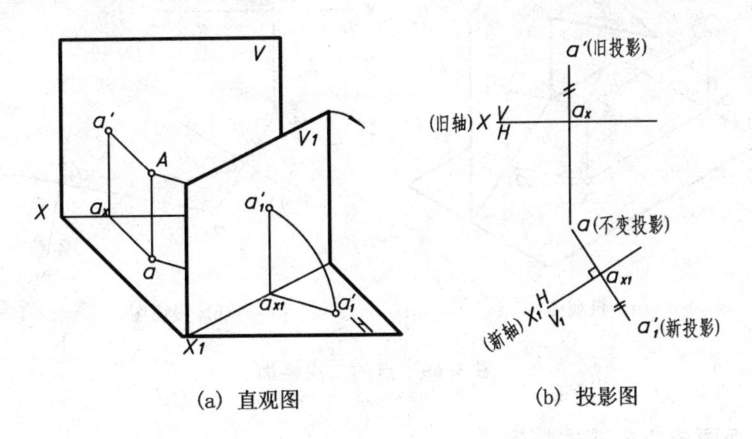

(a) 直观图　　(b) 投影图

图 3.58　点的一次变换(变换 V 面)

图 3.59 表示更换水平面的作图过程。取正垂面 H_1 来代替 H 面,H_1 面和 V 面构成新投影体系 V/H_1。新旧两体系具有同一个 V 面。因此 $a_1a_{x1} = Aa' = aa_x$。图 3.59(b)表示在投影图上由 a、a' 求作 a_1 的过程。首先作出新投影轴 X_1,然后过 a' 作 $a'a_{x1} \perp X_1$,在垂线上截取 $a_1a_{x1} = aa_x$,则 a_1 即为所求的新投影。

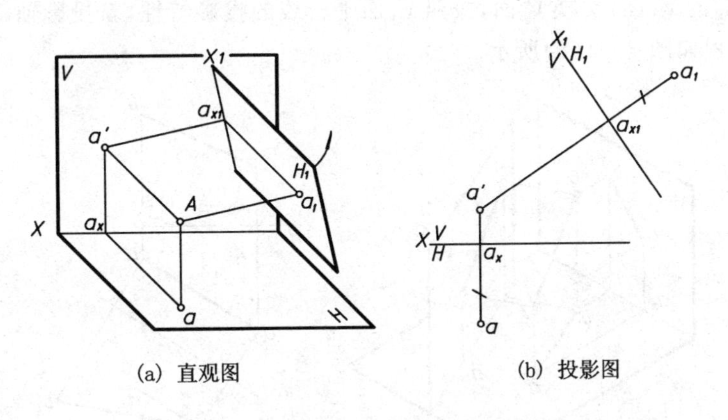

(a) 直观图　　(b) 投影图

图 3.59　点的一次变换(变换 H 面)

2. 点的两次变换

在运用换面法解决实际问题时,更换一次投影面有时不能解决问题,需更换两次或更换多次。图 3.60 表示了在更换两次投影面时,所求点的新投影的作图方法,其原理和更换一次投影面相同。

但必须指出:在更换投影面时,新投影面的选择必须符合前面所述的两个条件;而且不能一次更换两个投影面,必须一个更换完以后,在新的两面体系中,交替地再更换另一个。如图 3.60 所示,先由 V_1 面代替 V 面,构成新体系 V_1/H 后再以 V_1/H 体系为基础,取 H_2 面代替 H 面,又构成新体系 V_1/H_2。

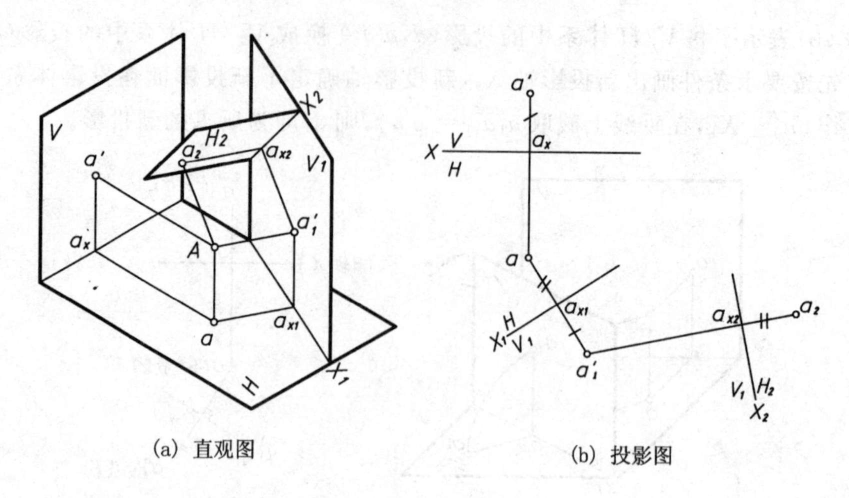

(a) 直观图　　(b) 投影图

图 3.60　点的二次换面

3.6.3　直线在换面法中的基本情况

1. 通过一次换面可将一般位置直线变换成投影面平行线

欲将一般位置直线变换为投影面平行线，应设立一个与直线平行且与 V/H 体系中的某一投影面垂直的新投影面，因此新投影轴应平行于直线原有的投影。

如图 3.61(a)所示，为了使 AB 在 V_1/H 体系中成为 V_1 面的平行线可设立一个与 AB 平行且垂直于 H 面的 V_1 面，更换 V 面，按照 V_1 面平行线的投影特性，新投影轴 X_1 应平行于原有投影 ab，作图过程如图 3.61(b)所示。

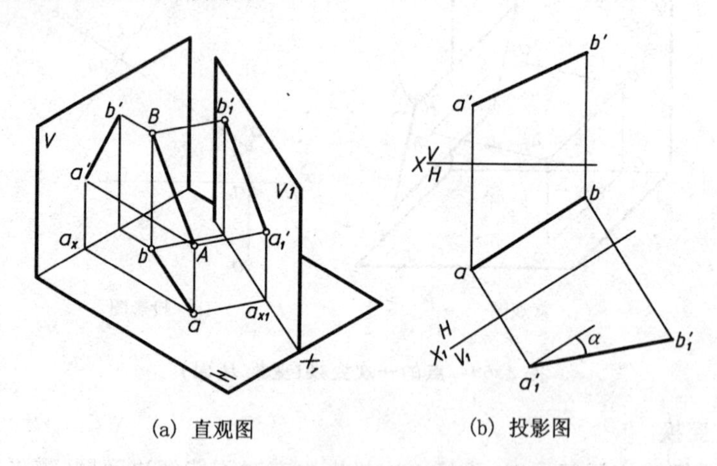

(a) 直观图　　(b) 投影图

图 3.61　将一般位置直线变换成投影面平行线

- 在适当位置作 $X_1 /\!/ ab$；
- 按照点的投影变换规律，作出 A、B 两点的新投影 a_1'、b_1'，连线 $a_1'b_1'$ 即为所求。

此时，直线 AB 为 V_1/H 体系中的 V_1 面平行线，$a_1'b_1'$ 反映实长，$a_1'b_1'$ 与 X_1 轴的夹角就是直线 AB 对 H 面的倾角 α。

同理，也可通过一次换面将直线 AB 变换成 H_1 面的平行线。这时 a_1b_1 反映实长，a_1b_1 与 X_1 轴的夹角反映直线 AB 对 V 面的倾角 β。

2. 通过一次换面可将投影面平行线变换成投影面垂直线

欲将投影面平行线变换成投影面垂直线，应设立一个与已知直线垂直，且与 V/H 体系中的某一投影面垂直的新投影面，因此新投影轴 X_1 应垂直于直线，该直线反映实长的投影。

如图 3.62(a)所示在 V/H 体系中，有正平线 AB，因为与 AB 垂直的平面也必然垂直于 V 面，故可用 H_1 面来更换 H 面，使 AB 成为 V/H_1 中的 H_1 面垂直线。在 V/H_1 中，按照 H_1 面垂直线的投影特性，新投影轴 X_1 应垂直于 $a'b'$。作图过程如图 3.62(b)所示。

- 作 $X_1 \perp a'b'$；
- 按照点的变换规律，求得点 A、B 互相重合的投影 a_1 和 b_1，a_1b_1 即为 AB 积聚成一点的 H_1 面投影，AB 就成为 V/H_1 体系中的 H_1 面垂直线。

同理，通过一次换面，也可将水平线变换成 V_1 面垂直线，AB 在 V_1 面上的投影便积聚成一点。

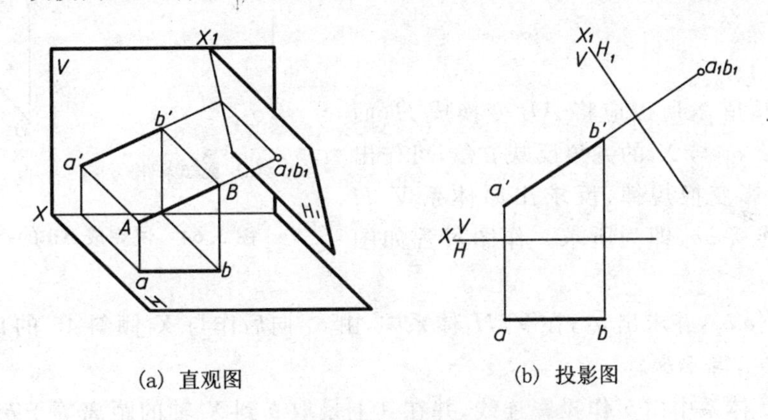

(a) 直观图　　(b) 投影图

图 3.62　将投影面平行线变换为投影面垂直线

3. 通过两次换面可将一般位置直线变换成投影面垂直线

欲把一般位置直线变换为投影面的垂直线，显然，一次换面是不能完成的。因为若选新投影面垂直于已知直线，则新投影面也一定是一般位置平面，它和原体系中的两投影面均不垂直，因此，不能构成新的投影面体系。若想达到上述目的，应先将一般位置直线变换成投影面平行线，再将投影面平行线变换成投影面垂直线，如图 3.63(a)所示。作图过程如图 3.63(b)所示。

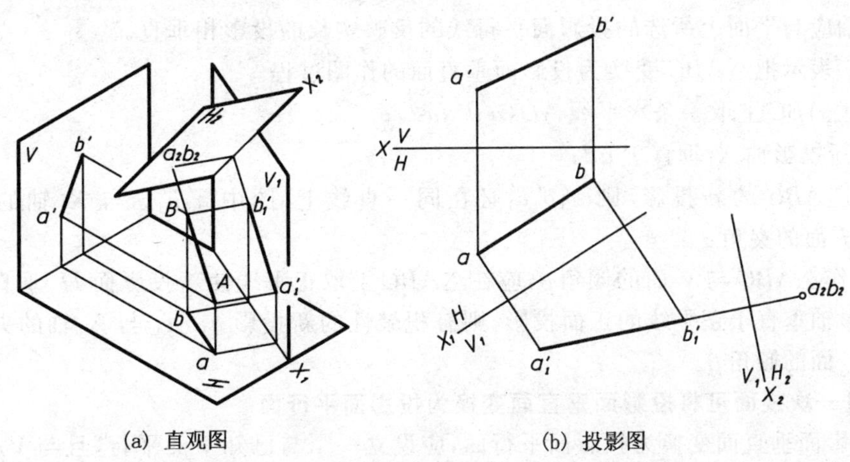

(a) 直观图　　(b) 投影图

图 3.63　将一般位置直线变换成投影面垂直线

● 作 $X_1 /\!/ ab$，将 V/H 体系中的 $a'b'$ 变换为 V_1/H 体系中的 $a_1'b_1'$；

● 在 V_1/H 体系中作 $X_2 \perp a_1'b_1'$，将 V_1/H 体系中的 ab 变换为 V_1/H_2 体系中的 a_2b_2。

同理，通过两次变换也可将一般位置直线变换成 V_2 面垂直线，即先将一般位置直线变换成 H_1 面平行线，再将 H_1 面平行线变换成 V_2 面垂直线。

例 3.21 如图 3.64(a)所示，已知直线 AB 的正面投影 $a'b'$ 和点 A 的水平投影 a，并知点 B 在点 A 的后方，AB 对 V 面的倾角 $\beta=45°$，求 AB 的水平投影 ab。

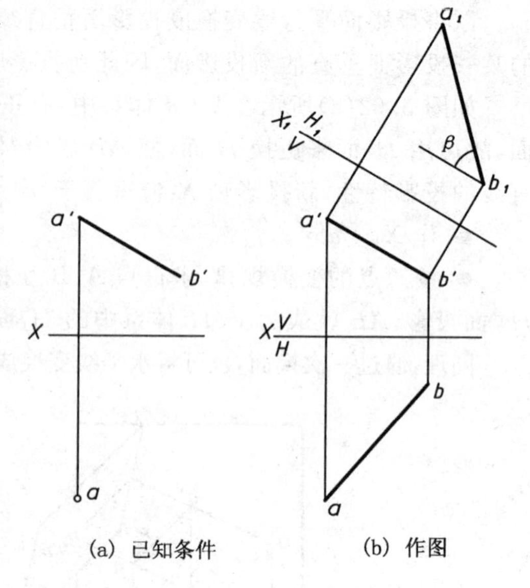

(a) 已知条件 (b) 作图

图 3.64 试完成 AB 的水平投影

分析与作图：

因为已知倾角 β，所以应将 AB 变换成 H_1 面平行线。由于 a_1b_1 与 X_1 的夹角反映 β 角，可作出 a_1b_1，按点的投影变换规律，反求出原体系 V/H 中的投影 b。连接 ab，即为所求。作图过程如图 3.64(b)所示。

● 作 $X_1 /\!/ a'b'$，并求出 a_1，在 V/H_1 体系中，由 a_1 向后作与 X_1 倾斜 45°的直线，与过 b' 的投影连线交于 b_1，得 a_1b_1。

● 在 V/H 体系中由 b' 作投影连线，并在其上量取 b 到 X 轴的距离等于 b_1 到 X_1 轴的距离得 b，连 ab 即为所求。

3.6.4 平面在换面法中的基本情况

1. 通过一次换面可将一般位置平面变换成投影面垂直面

欲将一般位置平面变换为投影的垂直面，只需使该平面内的任一直线垂直于新投影面即可。但考虑若在平面上取一般位置直线，则需两次换面，若取投影面平行线，则一次换面便可达到目的。因此，我们在平面上取一条投影面的平行线，设立一个与它垂直的平面为新投影面，新投影轴应与平面上所选的投影面平行线的反映实长的投影相垂直。

图 3.65 表示把△ABC 变换为投影面垂直面的作图过程。

(1) 在△ABC 上取一条水平线 $AD(a'd',ad)$；

(2) 作新投影轴 X_1 垂直于 ad；

(3) 求△ABC 的新投影，则 $a_1'b_1'c_1'$ 必在同一直线上，图中 $a_1'b_1'c_1'$ 与 X_1 轴的夹角即为△ABC 与 H 面的夹角 α。

若要求作△ABC 与 V 面的倾角 β，应在△ABC 上取正平线使新投影面 H_1 垂直于这条正平线，新投影轴垂直于正平线的正面投影，则有积聚性的新投影 $a_1b_1c_1$ 与 X_1 轴的夹角即反映△ABC 与 V 面的倾角 β。

2. 通过一次换面可将投影面垂直面变换为投影面平行面

欲将投影面垂直面变换为投影面平行面，应设立一个与已知平面平行，且与 V/H 投影体系中某一投影面相垂直的新投影面。新投影轴应平行于平面有积聚性的正面投影。

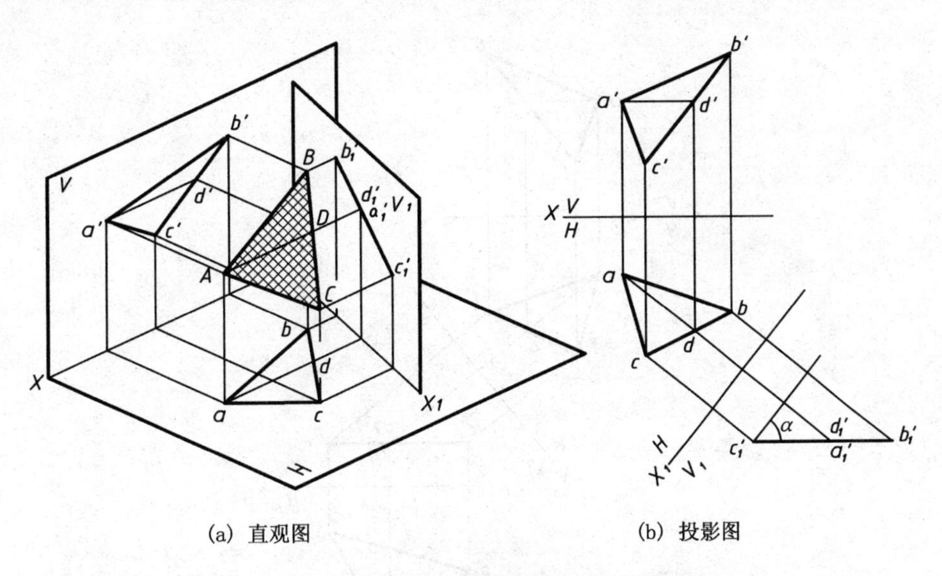

(a) 直观图　　　　(b) 投影图

图 3.65　将一般位置平面变换为投影面垂直面

图 3.66 表示把正垂面△ABC 变换为投影面的平行面的作图过程。

(1) 作 $X_1 /\!/ a'b'c'$；

(2) 在新投影面上求出△ABC 的新投影 $a_1b_1c_1$，连成△$a_1b_1c_1$ 即为△ABC 的实形。

若要求作铅垂面的实形，应使新投影面 V_1 平行于该平面，新投影轴平行于平面有积聚性的水平投影。此时，平面在 V_1 面上的投影反映实形。

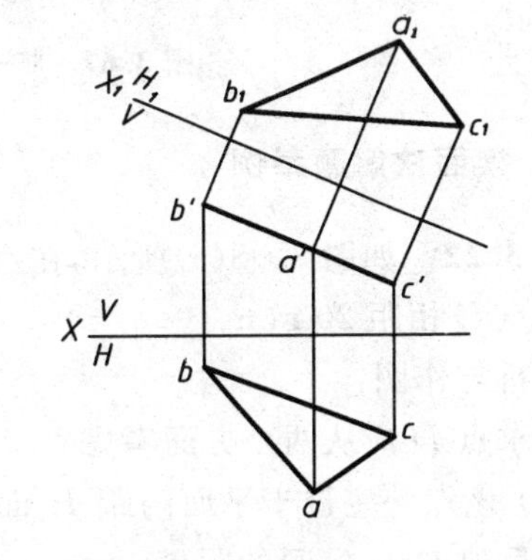

图 3.66　将投影面垂直面变换为投影面平行面

3. 通过两次换面可将一般位置平面变换为投影面

欲把一般位置平面变换为投影面平行面，显然一次换面是不能完成的。因为若选新投影面平行于一般位置平面，则新投影面也是一般位置平面，它与原体系中的两投影面均不垂直，不能构成新的投影体系。若想达到上述目的，应先将一般位置平面变换成投影面垂直面，再将投影面垂直面变换成投影面平行面。

如图 3.67 所示，在 V/H 中有处于一般位置的△ABC，要求作△ABC 的实形。可先将 V/H 中的一般位置△ABC 变成 V_1/H 中的 V_1 面垂直面，再将 V_1 面垂直面变成 V_1/H_2 中的 H_2 面的平行面，△$a_2b_2c_2$ 即为△ABC 的真形，作图过程如图 3.67 所示。

(1) 先在 V/H 中作△ABC 上的水平线 AD 的两面投影 $a'd'$ 和 ad；

(2) 作 $X_1 \perp ad$，按投影变换的基本作图法作出点 A、B、C 的 V_1 面投影 a_1'、b_1'、c_1'；

(3) 作 $X_2 /\!/ a_1'b_1'c_1'$ 按投影变换的基本作图法在 H_2 面上作出△$a_2b_2c_2$ 即为△ABC 的实形。

当然也可在△ABC 上取正平线，在第一次换面时，设立与正平线正面投影垂直的 H_1 面，将△ABC 变换成 V/H_1 中 H_1 面的垂直面；在第二次换面时，再设立与△ABC 相平行的 V_2 面，将△ABC 变换成 V_2/H_1 中 V_2 面平行面。作出它的 V_2 面投影 $a'_2b'_2c'_2$ 即为△ABC 的实形。

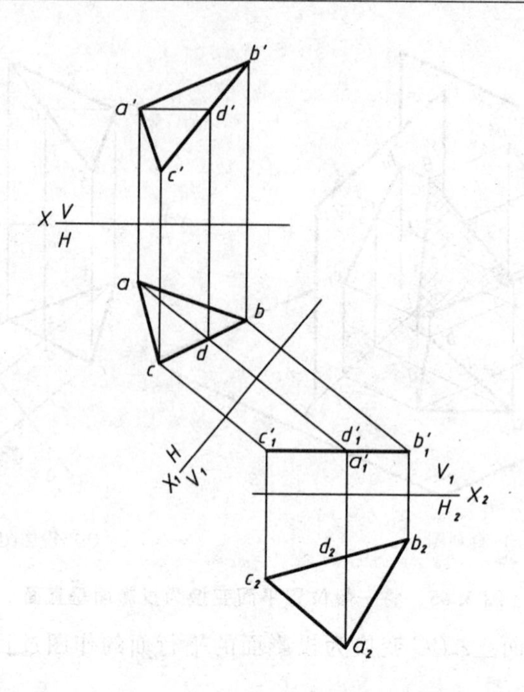

图 3.67 将一般位置平面变换为投影面平行面

3.6.5 换面法解题举例

例 3.22 如图 3.68(a)所示，在△ABC平面内求一点D，使该点在H面之上 10 mm 处，且与顶点C相距 20 mm。

分析与作图：

所求点D应从两个方面考虑：

(1) 该点一定位于平面内距H面为 10 mm 的一条水平线上；(2) 只有在△ABC的实形上才能反映D与C间的距离。

因此，D点只有在△ABC实形内的一条直线(原体系的水平线)上才能得到其投影，然后将该投影返回到原体系中，作图过程如图 3.68(b)所示。

- 在△ABC内作位于H面之上 10 mm 的水平线$EF(e'f',ef)$；
- 作$X_1 \perp ef$，将△ABC变为投影面垂直面，EF直线随同一起变换成$e'_1f'_1$；
- 作$X_2 /\!/ a'_1b'_1c'_1$，将△ABC变换为投影面平行面，EF直线随同一起变换成e_2f_2；
- 在H_2面投影中，以c_2为圆心，以 20 mm 为半径作弧，交e_2f_2于d_2；
- 将d_2返回到原体系(V/H)中的EF线上，即$e'f'$和ef上，即得所求d'和d。

例 3.23 求△ABC和△ABD之间的夹角(图 3.69)。

分析与作图：

当两三角形平面同时垂直某一投影面时，则它们在该投影面上的投影直接反映两面角的真实大小(图 3.69(a))。为使两三角形平面同时垂直某一投影面，只要使它们的交线垂直该投影面即可。根据给出的条件，交线AB为一般位置直线，若变为投影面垂直线则需更换两次投影面，即先变为投影面平行线，再变为投影面垂直线。作图过程如图 3.69(b)所示。

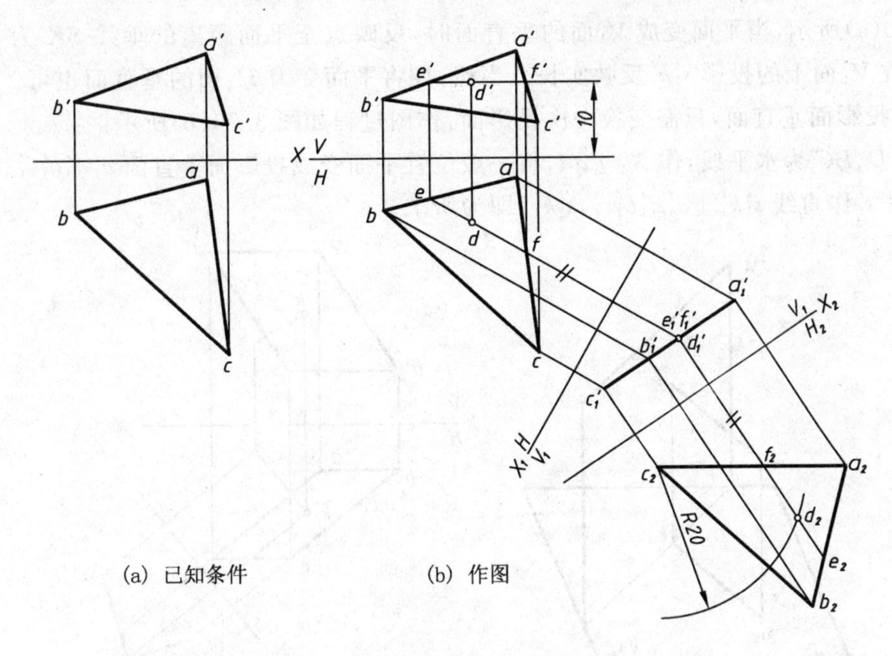

(a) 已知条件　　(b) 作图

图 3.68 按已知条件作△ABC 内的点 D

- 作 $X_1 /\!/ ab$，使交线 AB 在 V_1/H 体系中变为投影面平行线。
- 作 $X_2 \perp a_1'b_1'$，使交线 AB 在 V_1/H_2 体系中变为投影面垂直线。这时两三角形的投影积聚为一对相交线 $a_2(b_2)c_2$ 和 $a_2(b_2)d_2$，则 $\angle c_2a_2d_2$ 即为两面角 θ。

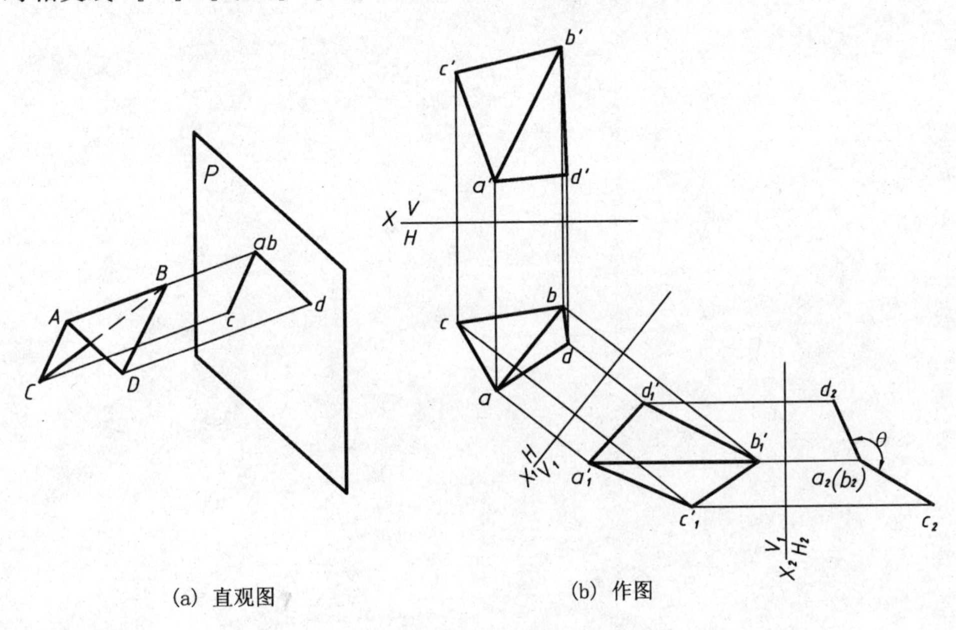

(a) 直观图　　(b) 作图

图 3.69 求两三角形间的夹角

例 3.24 平行四边形 $ABCD$ 给定一平面，试求点 S 至该平面的距离，如图 3.70 所示。

分析与作图：

当平面变成投影面垂直面时，则直线 SK 变成平面所垂直的投影面的平行线，问题得解。

如图 3.70(a)所示，当平面变成 V_1 面的垂直面时，反映点至平面距离的垂线 SK 为 V_1 面的平行线，它在 V_1 面上的投影 $s_1'k_1'$ 反映实长。当然，如将平面变为 H_1 面的垂直面也可。一般位置平面变成投影面垂直面，只需变换一次投影面，作图过程如图 3.70(b)所示：

- AD、BC 为水平线，作 $X_1 \perp ad$，将一般位置平面变成投影面垂直面 $a_1'd_1'b_1'c_1'$。
- 过 s_1' 作直线 $s_1'k_1' \perp a_1'd_1'b_1'c_1'$，$s_1'k_1'$，即为所求。

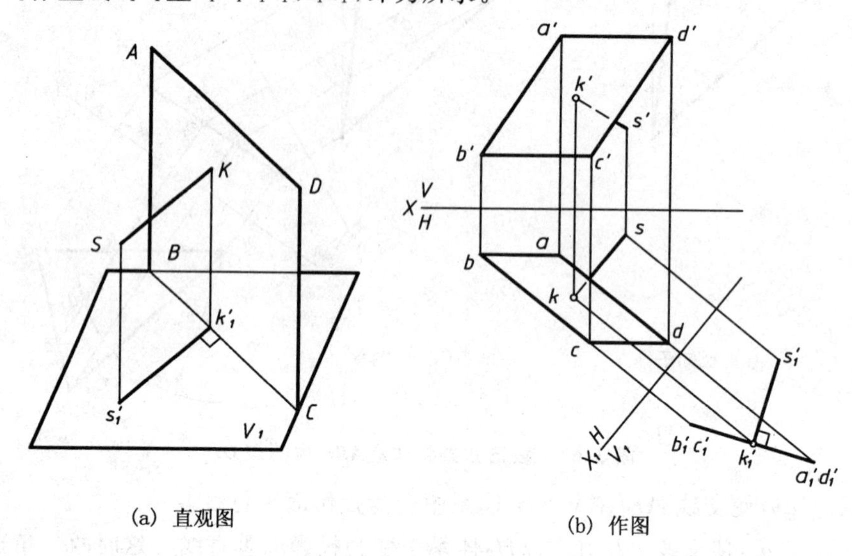

(a) 直观图　　(b) 作图

图 3.70　求点到平面的距离

第四章 基本形体的三视图及尺寸标注

本章在上一章形体几何要素投影的基础上，介绍一些基本形体的三视图画法、形体表面取点，以及形体被截切后的交线（截交线）和两形体表面的交线（相贯线）的画法，并介绍这些形体的尺寸标注。

4.1 三视图的形成及投影规律

如图 4.1 所示，将形体置于三面投影体系中，分别向 V、H、W 面进行投影，然后画出形体的正面投影、水平投影和侧面投影图。在区分可见性后，把不可见的轮廓线画成虚线，可见的轮廓线画成粗实线。

本书从这节开始，在投影图中均不画投影轴。只要按照点的投影规律，即正面投影和水平投影在一竖直的连线上；正面投影和侧面投影在一水平的连线上；以及任意两点的水平投影和侧面投影保持前后方向的 Y 坐标差不变和前后对应的原则来绘图，投影轴就不必画出。在实际应用中通常也不画投影轴。

根据国标的规定，用投影法绘制物体的图样时，其投影又称为视图（View）。三面投影称为三视图（Three Views）。正面投影为主视图（Front View），水平投影为俯视图（Top View），侧面投影为左视图（Left View）。图 4.1(a)为直观图，三视图的配置如图 4.1(b)所示。

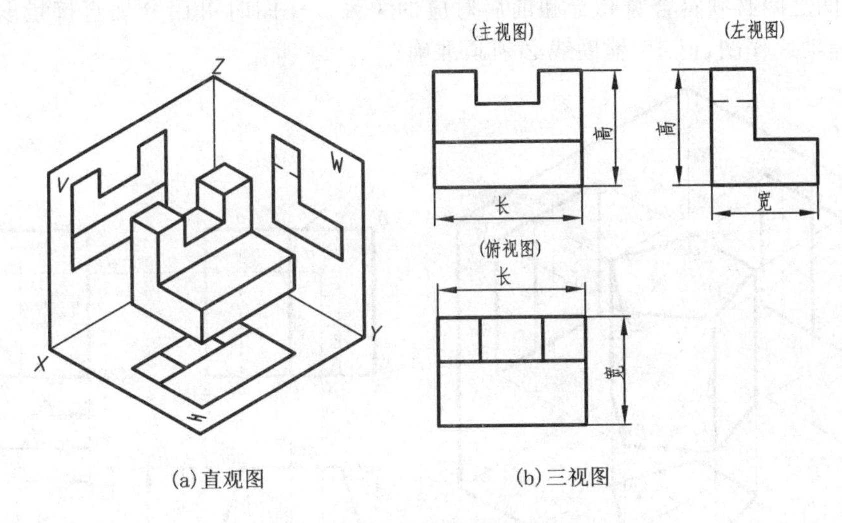

(a)直观图　　　　(b)三视图

图 4.1 三视图的形成及配置

如图把投影轴 OX、OY、OZ 方向作为形体的长、宽、高三个方向，则主视图反映形体的长和高，俯视图反映形体的长和宽，左视图反映形体的宽和高。由此可得三视图的投影规律：

主、俯视图长对正；主、左视图高平齐；俯、左视图宽相等，前后对应。

三视图的投影规律，不仅适用于整个形体的投影，而且对于形体的每一局部形状的投影也符合这一投影规律。在应用三视图投影规律画图和看图时必须注意形体的前后位置在视图中的反映。俯视图和左视图中，远离主视图的一边都反映形体的前面。靠近主视图的一边都反映形体的后面。因此在根据“宽相等、前后对应”作图时，要注意量取尺寸的方向。

4.2 平面形体及表面取点

形体表面全部由平面围成的形体称为平面形体。最基本、最常见的为棱柱和棱锥两类。

绘制平面形体的投影，就是画出围成平面形体所有平面的投影或画出组成平面形体的棱线和顶点的投影。可见的棱线画成粗实线，不可见的棱线画成细虚线，当粗实线与细虚线重合时，应画成粗实线。

平面形体表面上取点和取线的作图问题，就是平面上取点和取线作图的应用。对于形体表面的点和线的投影，还应考虑它们的可见性。判别可见性的依据是：如果点或线所在的平面的某投影是可见的，则它们的该投影可见，否则为不可见。

4.2.1 棱柱(Prism)

1. 棱柱的三视图

图 4.2 所示为一正五棱柱的直观图和三视图。把五棱柱置于三面投影体系中，使顶面和底面处于水平位置，它们的边分别是四条水平线和一条侧垂线，棱面是四个铅垂面和一个正平面，五条棱线都是铅垂线，俯视图为正五边形，反映上、下底面的实形，这五条边也是五个棱面具有积聚性的投影，每个顶点是五条棱线有积聚性的投影，展开后的三视图如图 4.2(b)所示。作图时先画出俯视图正五边形，再按照三视图的投影规律画出主、左两视图。这里必须注意俯视图和左视图之间必须符合宽相等和前后对应的关系。作图时可用分规直接量取宽相等，亦可利用 45°辅助线作图，但 45°辅助线必须画准确。

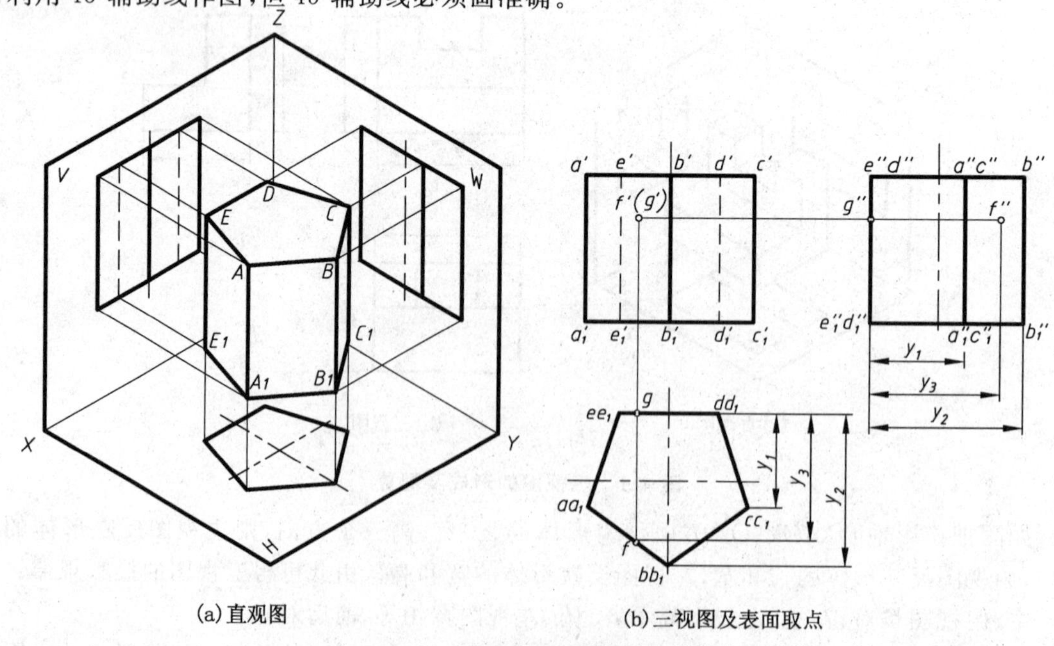

(a) 直观图 (b) 三视图及表面取点

图 4.2 棱柱的三视图及表面取点

2. 棱柱表面取点取线

如图 4.2(b)所示，已知五棱柱表面上的点 F 和 G 的正面投影 $f'(g')$，可确定其水平投影和侧面投影。

首先判断已知点(或线)位于哪个平面上，该平面的投影有无积聚性，然后通过平面上取点(或线)的方法，完成投影作图，并判别可见性。由已知条件可知 f'可见，F 点是属于平面 AA_1B_1B 上的点，该平面的正面投影和侧面投影可见，水平投影具有积聚性，因此，F 点的水平投影积聚到 aa_1bb_1 线上，侧面投影可见。根据平面上取点的方法，得 f 和 f''。由已知条件知(g')不可见，G 点是属于平面 DD_1E_1E 上的点，该平面的水平投影和侧面投影均具有积聚性，根据平面上取点的方法，得 g 和 g''。

4.2.2　棱锥(Pyramid)

1. 棱锥的三视图

图 4.3 所示是一个三棱锥的三视图。从图中可见，底面是水平面；三个棱面都是一般位置平面。绘制三视图时，应先画底平面的三面投影，再画出棱锥顶点的三面投影，最后画出各棱线的三面投影。

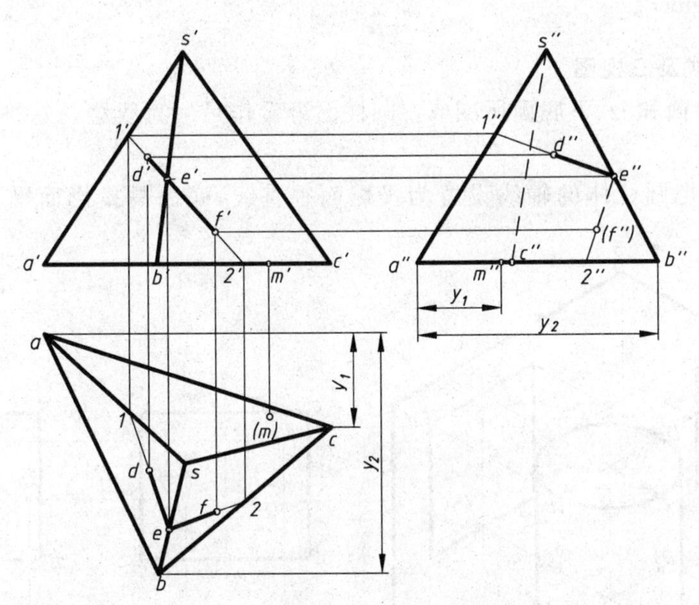

图 4.3　三棱锥的三视图及表面取点

2. 棱锥表面取点取线

如图 4.3 所示，已知三棱锥表面上 M 点的水平投影(m)及线段 DE 和 EF 的正面投影 de、ef，可确定点和线段的其他投影。由图可知，(m)不可见，于是判断出 M 是属于底面 ABC 上的点。底面 ABC 的正面投影和侧面投影都具有积聚性，于是求出 m'和 m''。由于 $d'e'$和 $e'f'$可见，得出折线 DE 和 EF 分别属于棱面△SAB 和△SBC，且转折点 E 在棱线 SB 上。△SAB 的水平投影和侧面投影均可见，而△SBC 的水平投影可见，侧面投影不可见，按平面上取直线的方法，利用辅助线(延长 ED、EF 分别交棱线 SA 和 BC 于Ⅰ、Ⅱ两点)可求出 d、e、f 和 d''、e''、(f'')。

4.3 曲面形体及表面取点

形体表面是由曲面或曲面与平面围成的形体称为曲面形体。常见的曲面形体一般为回转体,包括圆柱、圆锥、圆球和圆环。

回转体的曲面可看作是母线绕一轴作回转运动而形成的。曲面上任一位置的母线称为素线。母线上任意一点随母线运动的轨迹为圆,该圆称为纬圆,纬圆平面垂直于回转轴线。将回转曲面向某投影面进行投影时,曲面上可见部分与不可见部分的分界线称为回转曲面对该投影面的转向轮廓线。

在画曲面形体的三视图时,除了画出表面之间的交线、曲面形体的尖点的投影外,还要画出曲面投影的转向轮廓线。因为转向轮廓线是对某一投影面而言,所以它们的其他投影不应画出。

曲面形体表面取点,应本着“点在线上,线在面上”的原则。此时的“线”可能是直线,也可能是纬圆。曲面形体表面取线除了曲面上可能存在的直线以及平行于投影面的圆可以直接作出外,通常是作出线上的许多点连成的。

4.3.1 圆柱(Cylinder)

1. 圆柱的形成及三视图

圆柱是由圆柱面和上、下底面所围成。圆柱面可看作是一直线绕与它平行的轴线旋转一周而成。

为方便作图,把圆柱体的轴线设置为投影面垂直线,底面是投影面平行面。如图4.4所

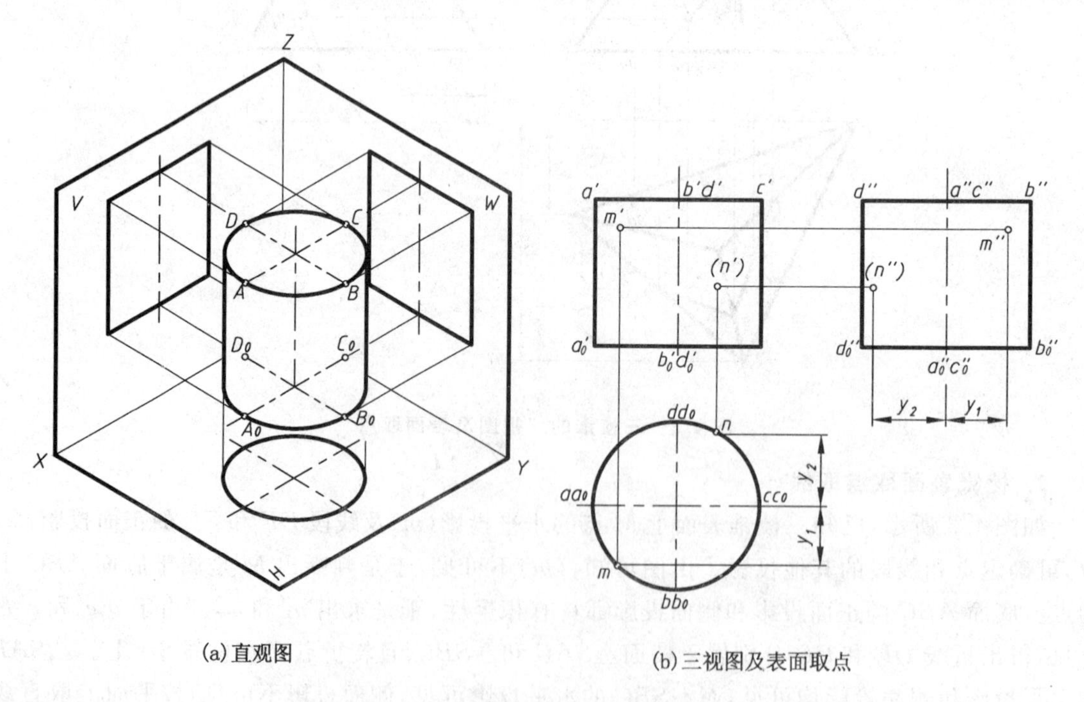

(a) 直观图 (b) 三视图及表面取点

图 4.4 圆柱的三视图及表面取点

示，俯视图是一个圆，整个圆柱面的水平投影积聚在该圆周上，此面也是上、下底面的真实投影。主视图和左视图是大小相同的矩形。$a'a_0'$、$c'c_0'$是圆柱面的正面投影的转向轮廓线，在俯视图中为圆周上最左、最右两点，在左视图中与轴线重合，它也是可见的前半柱面和不可见的后半柱面的分界线。$b''b_0''$、$d''d_0''$是圆柱面的侧面投影的转向轮廓线，在俯视图中为圆周最前、最后两点，在主视图中与轴线重合，它也是可见的左半柱面和不可见的右半柱面的分界线。

画圆柱的三视图时，首先画出圆柱的轴线和圆的中心线，再画出投影为圆的视图，然后画其他两个视图。

2. 圆柱表面取点

如图 4.4(b)所示，已知圆柱面上点 M 的正面投影 m' 和点 N 的侧面投影 (n'')，可确定该两点的其他投影。因为圆柱面的水平投影具有积聚性，可以利用积聚性求出两点的水平投影 m 和 n，已知点的两投影便可求得第三投影 m'' 和 n'。可见性判别：由于已知的 m 在圆柱的左前柱面，故 m'' 可见，而 (n'') 在圆柱的右后柱面，故 n' 不可见，即 (n')。

4.3.2　圆锥(Cone)

1. 圆锥的形成及三视图

圆锥由圆锥面和底面围成，圆锥面可看作由直线绕与它相交的轴线旋转一周而成。因此，圆锥面的素线都是通过锥顶的直线。

为方便作图，把圆锥的轴线设置为投影面垂直线，底面是投影面平行面，如图 4.5 所示。俯视图是圆，它既是圆锥底面的投影，又是圆锥面的投影。主视图和左视图是等腰三角形，其底边是圆锥底面的积聚性投影，两腰分别为圆锥面上转向轮廓线的投影。转向轮廓线与三视图的对应关系同圆柱，读者可自行分析。

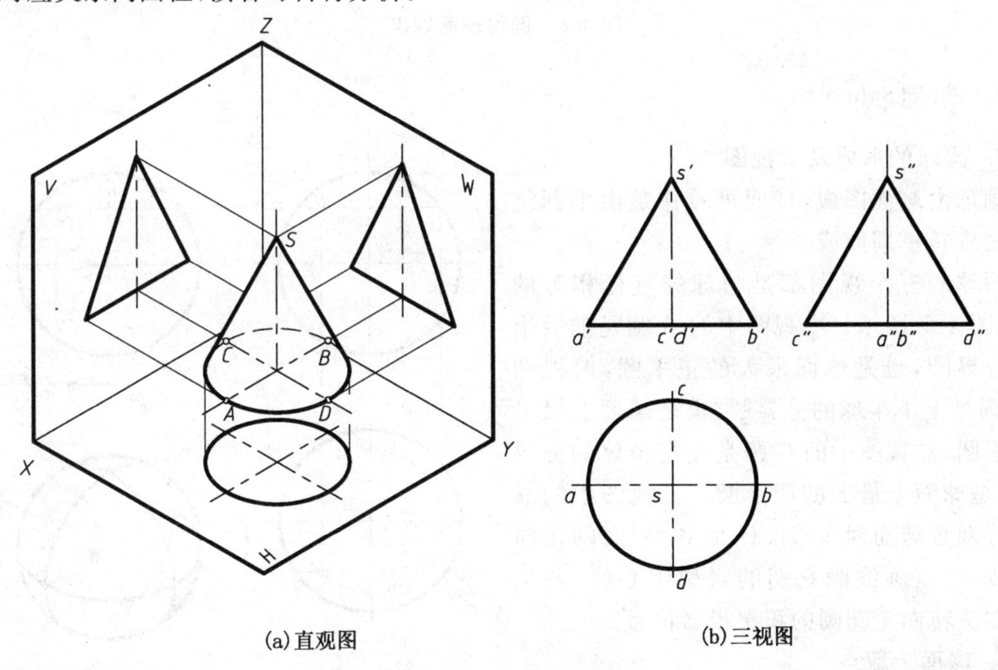

(a)直观图　(b)三视图

图 4.5　圆锥的三视图

2. 圆锥表面取点

由于圆锥面的三个投影都没有积聚性，求表面上的点时，需采用辅助线法。为了作图简便，在曲面上作的辅助线应尽可能是直线或平行于投影面的圆。作图可采用如下两种方法：

(1) 辅助素线法：如图 4.6(a)所示，过锥顶 S 和 M 点作一辅助素线 ST，即在图 4.6(b)中连接 $s'm'$ 并延长，与底圆的正面投影相交于 t'，求得 st 和 $s''t''$，再由 m' 根据点的投影特性作出 m 和 m''。

(2) 辅助纬圆法：如图 4.6(a)所示，过点 M 在锥面上作一纬圆，即在图 4.6(c)中过 m' 作一水平线(纬圆的正面投影)，与两条转向轮廓线相交于 k'、l' 两点，以 $k'l'$ 为直径作出纬圆的水平投影，并求出纬圆上的 m，再由 m' 和 m 求 m''。

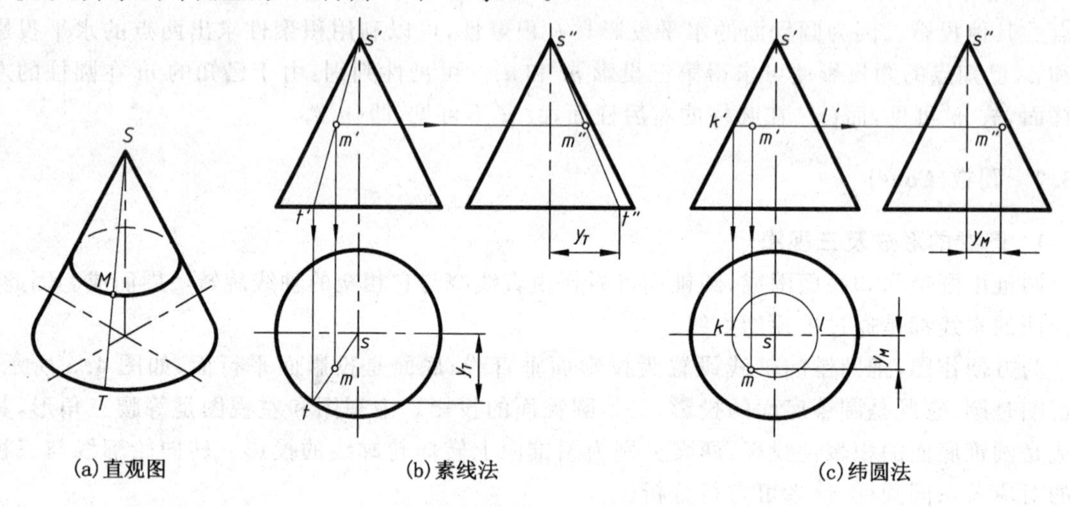

图 4.6　圆锥表面取点

4.3.3　圆球(Sphere)

1. 圆球的形成及三视图

圆球由球面围成，球面可看作是由半圆绕其直径旋转一周而成。

圆球的三个视图都是与球的直径相等的圆，如图 4.7 所示。主视图中的 A 圆是前后半球的分界圆，也是球面最大的正平圆，俯视图中 B 圆是上下半球的分界圆，也是球面上最大的水平圆，左视图中的 C 圆是左右半球的分界圆，也是球面上最大的侧平圆。三视图中的三个圆分别是球面对 V 面、H 面和 W 面的转向轮廓线，用点画线画它们的对称中心线，各中心线亦是转向轮廓圆的积聚投影位置。

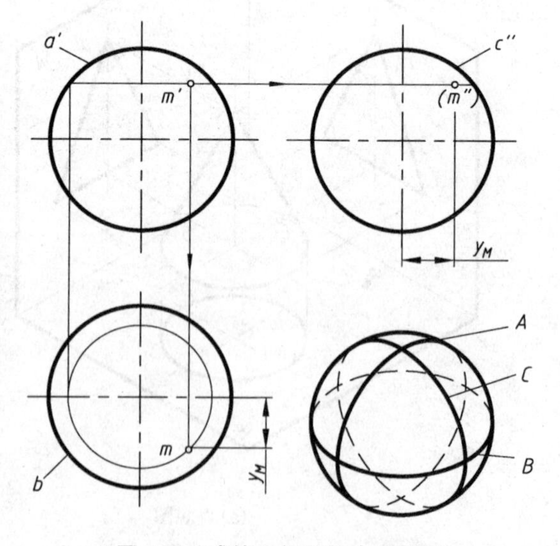

图 4.7　球的三视图及表面取点

2. 球面上取点

球面的三个视图都没有积聚性。为作图

方便，球面上取点常选用平行于投影面的圆作为辅助纬圆。

如图 4.7 所示，已知属于球面的点 M 的正面投影 m'，求其他两面投影。

根据给出的 m' 的位置和可见性，可判定 M 点在上半球的右、前部，因此 M 点的水平投影可见，侧面投影不可见。作图采用辅助纬圆法，即过 m' 作一水平纬圆，因点属于辅助纬圆，故点的投影必属于辅助纬圆的同面投影。由此纬圆可求出 m，再由 m' 和 m 求出 m''。该问题也可采用过 m' 作正平纬圆或侧平纬圆来解决，这里不再赘述。

4.3.4　圆环(Torus)

1. 圆环的形成及视图

圆环由环面围成。圆环面可看作是以圆为母线，绕与其共面但不通过圆心的轴线旋转一周而形成。圆母线离轴线较远的半圆旋转形成的曲面是外环面；离轴线较近的半圆旋转形成的曲面是内环面。

如图 4.8 所示，主视图中的左、右两个圆，是平行于正平面的两个素线圆的投影；上、下两条公切线，是圆母线上最高点Ⅰ和最低点Ⅱ旋转形成的两个水平圆的正面投影。它们都是环面的正面投影的转向轮廓线。圆母线的圆心以及圆母线上最左点Ⅲ和最右点Ⅳ旋转形成的三个水平圆的正面投影，都重合在用点画线表示的环的上下对称线上。

俯视图中的最大和最小两个圆，是圆母线上最左点Ⅲ和最右点Ⅳ旋转形成的两个水平圆的水平投影，是环面的水平投影的转向轮廓线；点画线圆是母线圆的圆心旋转形成的水平圆的水平投影。

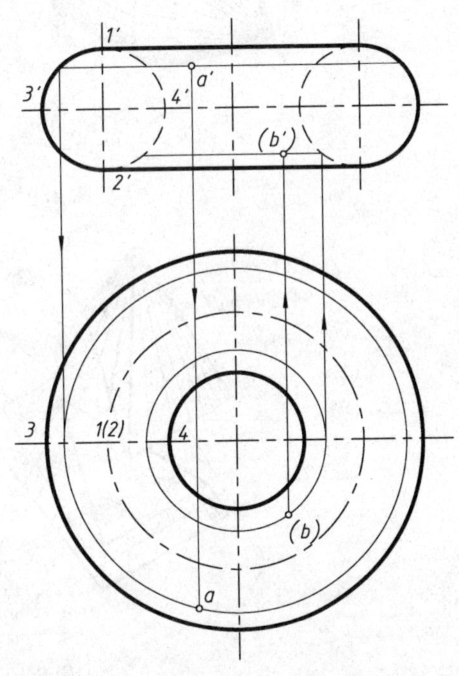

图 4.8　圆环及环面上的点

2. 圆环表面取点

因圆环是回转面，环面上取点的作图，应采用辅助纬圆法。

如图 4.8 所示，已知环面上一点 A 的正面投影 a' 和 B 点的水平投影 (b)，求该两点的其他投影。

根据 A、B 两点的位置和可见性，可以断定 A 点在上半环面的前半部的外环面上，因此点 A 的水平投影可见；B 点在前半环面的下半部的内环面上，因此点 B 的正面投影不可见。采用辅助纬圆作图，即过 a' 作一水平纬圆，其正面投影是垂直于轴线的一条直线，水平投影为一实形圆，因点属于此圆，故点 A 的投影一定在纬圆的同面投影上；同理，过 (b) 作一水平纬圆，在纬圆的正面投影上求出 (b')。

4.4 平面与形体表面相交

在一些零件表面上，常常见到平面与形体表面相交的情况，这样，在零件表面上就会产生各种交线，如图 4.9 所示。当平面截切形体时，形体表面所产生的交线称为截交线(Cross－Section Curve)。截切形体的平面称为截平面，形体上截交线所围成的平面图形称为截断面，被截切后的形体称为截割体，如图 4.10 所示。

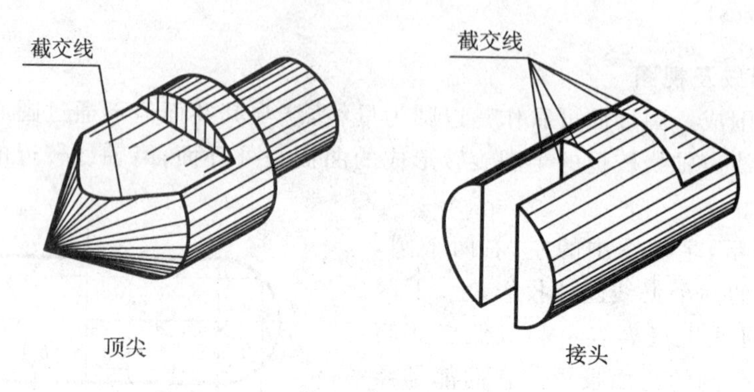

图 4.9 形体表面的截交线

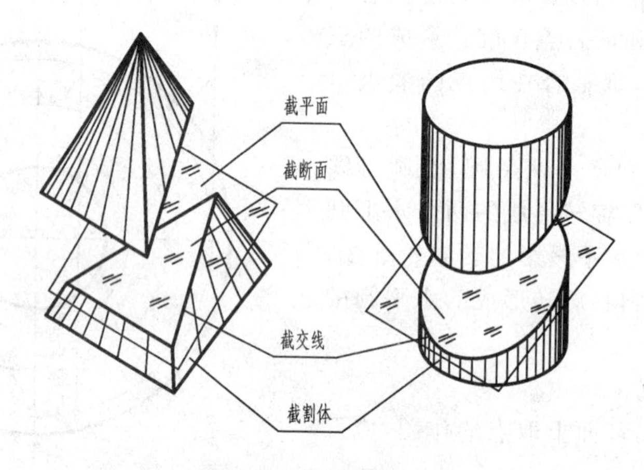

图 4.10 平面切割立体

从图中可以看出，截交线既在截平面上，又在形体表面上，它具有如下基本性质：

(1) 截交线上的每一点都是截平面和形体表面的共有点，这些共有点的连线就是截交线。

(2) 因截交线是属于截平面上的线，所以截交线一般是封闭的平面图形。

根据上述性质，截交线的基本画法可归结为求平面与形体表面共有点的作图问题。

4.4.1 平面与平面形体表面相交

平面形体被截平面切割后所得的截交线，是由直线段组成的平面多边形，多边形的各边是形体表面与截平面的交线，而多边形的顶点是形体的棱线与截平面的交点，如图 4.11(a)所示。因此，作平面形体的截交线，就是求出截平面与平面形体上各被截棱线的交点，然后依次连接即得截交线。

例 4.1 求四棱锥被正垂面 P 切割后的截交线投影，如图 4.11 所示。

分析：由图(a)可见，因截平面 P 与四棱锥的四个棱面都相交，所以截交线为四边形。四边形的四个顶点，即四棱锥的四条棱线与截平面 P 的交点。由于截平面 P 是正垂面，故截交线的 V 面投影积聚为直线，可直接确定，由 V 面投影可求出 H 面和 W 面投影。

作图步骤如图 4.11(b)所示：

● 直接求出 P 面与四棱锥四条棱线交点的 V 面投影 $1'$、$2'$、$3'$、$4'$；

● 根据直线上点的投影性质，在四棱锥各条棱线的 H、W 面投影上，求出交点的相应投影 1、2、3、4 和 $1''$、$2''$、$3''$、$4''$；

● 将各点的同面投影顺序连接，即得截交线的各投影。在图中由于去掉了被截平面切去的部分，这样，截交线的三个投影均可见。在侧面投影中，由于 $1''$以上的棱线被截掉，故Ⅲ点所在的棱线不可见，画虚线。

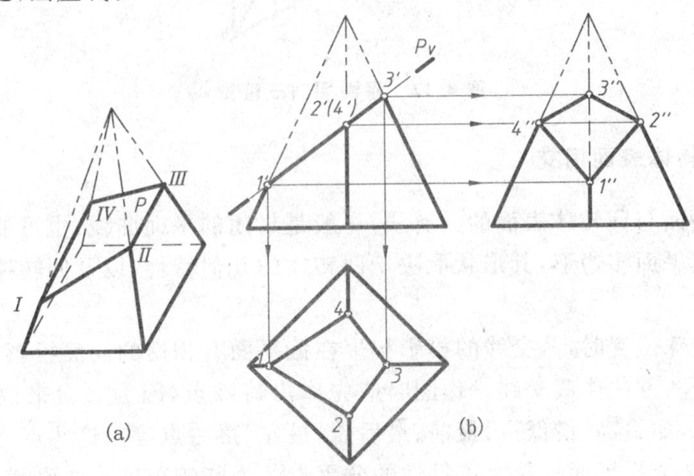

图 4.11 平面切割四棱锥

例 4.2 试求 P、Q 两平面与三棱锥 $SABC$ 相交截交线的投影，如图 4.12 所示。

分析：由图(a)可见，正垂面 P 与三棱锥两棱面 SAB 和 SAC 的交线分别为ⅠⅡ和ⅠⅢ。水平面 Q 与三棱锥两棱面 SAB 和 SAC 的交线分别为水平线Ⅱ Ⅳ和Ⅲ Ⅳ，它们分别与三棱锥底面的边 AB 和 AC 平行，所以它们的方向为已知。P、Q 两平面相交于直线ⅡⅢ。

作图步骤如图 3.12(b)所示：

● 先求出 P、Q 两平面与 SA 棱线交点的各投影 1、$1'$、$1''$，4、$4'$、$4''$，以及 P、Q 两平面交线的 V 面投影 $2'(3')$；

● Q 面与三棱锥两棱面 SAB、SAC 的交线为水平线，画出其水平投影 $42 /\!/ ab$、$43 /\!/ ac$，并由 V 面投影 $2'(3')$点引垂线，求出Ⅱ、Ⅲ两点的水平投影 2 和 3；

● 由 2、$2'$求出 $2''$，由 3、$3'$求出 $3''$；

● 顺序连接各点的同面投影，即得截交线的投影；

● 判别可见性：P、Q 两平面交线的 H 面投影被上部锥面遮住，因此 23 为不可见，画成细虚线；其他交线均可见，画成粗实线。

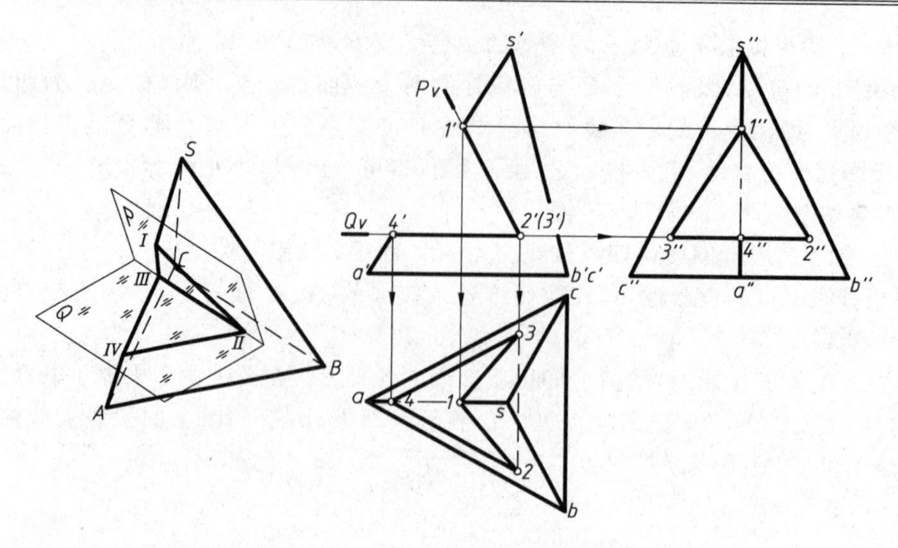

图 4.12　平面切割三棱锥

4.4.2　平面与回转体表面相交

截交线是截平面与回转体表面的共有线，一般是封闭的平面曲线，也可能是由曲线和直线围成的平面图形或平面多边形，其形状取决于回转体的几何特性，以及回转体与截平面的相对位置。

当截平面为特殊位置时，截交线的投影积聚在截平面有积聚的同面投影上，可用曲面形体表面取点和取线作图方法作截交线。作图时应先作出特殊点，因为一般来说特殊点能确定截交线的形状和范围，如最高、最低点，最前、最后点，最左、最右点等。这些点一般都在转向轮廓线上，有时又是向某个投影面投影时可见性的分界点。为能较准确地作出截交线的投影，还应在特殊点之间作出一定数量的一般点，最后连成截交线的投影并标明可见性。

1. 平面与圆柱相交

平面截切圆柱时，根据截平面与圆柱轴线所处的不同的相对位置，截交线有三种不同的形状（见表 4.1）：当截平面平行于圆柱轴线时，它与圆柱面相交为两素线，与上、下底相交为两直线，故截交线是矩形；当截平面垂直于圆柱轴线时，截交线是直径与圆柱直径相同的圆；当截平面倾斜于圆柱轴线时，截交线是椭圆，它的短轴垂直于圆柱的轴线，其长度等于圆柱直径，长轴倾斜于圆柱轴线，其长度将随截平面对圆柱轴线的倾斜程度而变化。

例 4.3　求作圆柱与正垂面 P 的截交线，如图 4.13 所示。

分析：正垂面 P 倾斜于圆柱轴线，截交线是一个椭圆，其正面投影和 P 平面的正面投影重合且是一段直线。由于圆柱面的水平投影具有积聚性，所以截交线的水平投影一定在这个圆周上且是一个圆，截交线的侧面投影是一个椭圆，需求一系列共有点作出。因此，本题只需求出截交线的侧面投影即可。

表 4.1　平面与圆柱相交

	截平面与轴线平行	截平面与轴线垂直	截平面与轴线倾斜
立体图			
投影图			
	截交线为直线	截交线为圆	截交线为椭圆

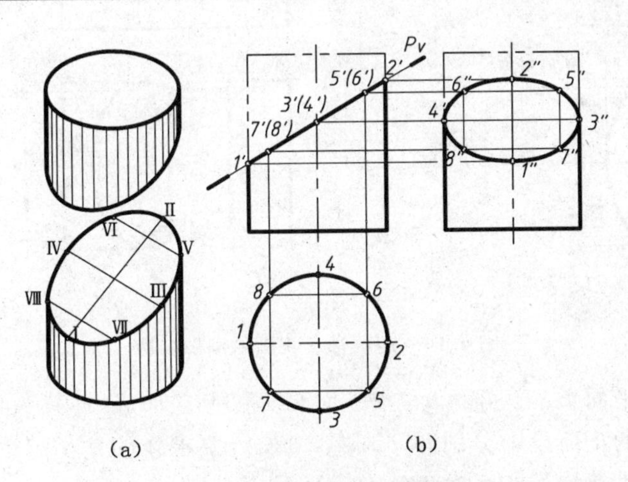

图 4.13　平面与圆柱相交

作图步骤如图 4.13(b)所示：

● 作特殊点：由分析可知，截交线的最低、最高点分别是Ⅰ点和Ⅱ点；最前、最后点分别是Ⅲ点和Ⅳ点。选主视图上的 1′、2′、3′、(4′)为特殊点，由此可作出它们的侧面投影 1″、2″、3″、4″。1″2″、3″4″分别是截交线椭圆长轴和短轴的侧面投影。

● 作一般点：为准确作出椭圆的侧面投影，在主视图上取 5′、(6′)、7′、(8′)点为一般点，其水平投影 5、6、7、8 在柱面具有积聚性的水平投影上，由此，可求出侧面投影 5″、6″、7″、8″。一般点多少可根据特殊点的疏密情况而定。

● 连接成线：依次光滑连接 1″、7″、3″、5″、2″、6″、4″、8″、1″即得截交线的侧面投影。最后将不到位的轮廓线延长到 3″和 4″。

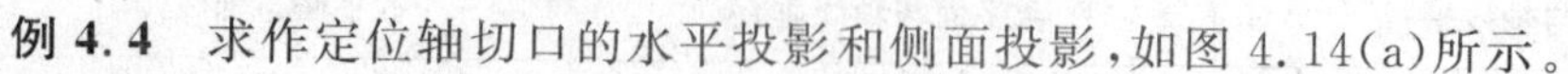

例 4.4 求作定位轴切口的水平投影和侧面投影，如图 4.14(a)所示。

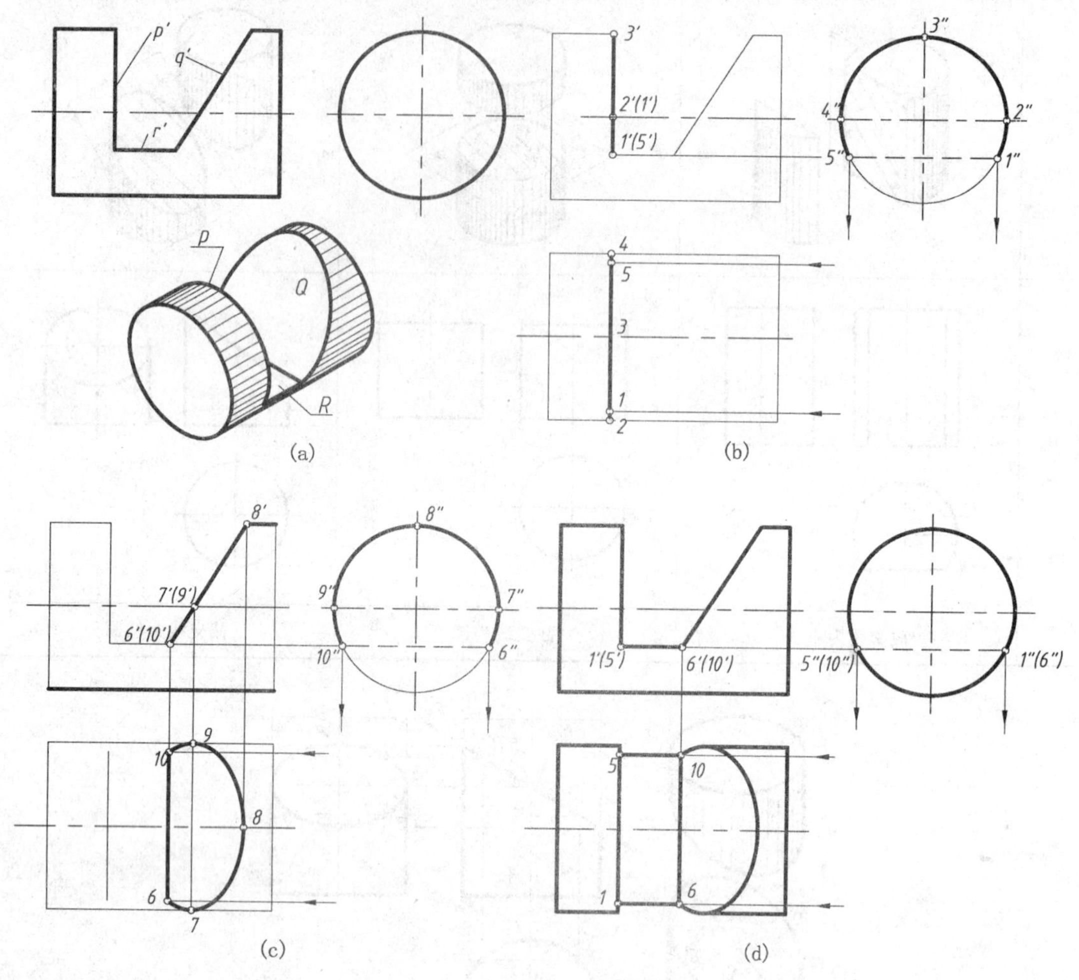

图 4.14 定位轴三视图的画图步骤

分析：切口由侧平面 P、正垂面 Q 和水平面 R 截切圆柱而成，各截平面的正面投影都具有积聚性，各条截交线的正面投影分别和 p'、q'、r' 重合，要求作的是切口的水平投影和侧面投影。平面 R 与 P、Q 两平面的交线为两条正垂线，如图 4.14(a)所示。

作图步骤：

● 截平面 P 的作图：如图 4.14(b)所示，截平面 P 垂直于圆柱轴线，它和圆柱面的交线是一段圆弧，平面 P 和平面 R 的交线是一段正垂线ⅠⅤ。由于 P 平面为侧平面，所以截交线的正面投影和水平投影均积聚为直线，侧面投影与圆柱的侧面投影重合。

● 截平面 Q 的作图：如图 4.14(c)所示，截平面 Q 倾斜于圆柱轴线且为正垂面，它与圆柱面的截交线是一部分椭圆，平面 Q 和平面 R 的交线是正垂线段ⅥⅩ。按照例 4.3 的作图方法，可求出该部分椭圆的水平投影。根据投影分析，其侧面投影与圆柱面的侧面投影重合，水平投影可见。

● 截平面 R 的作图：平面 R 平行于圆柱轴线，它和圆柱面的截交线是两段素线ⅠⅥ和ⅤⅩ，平面 R 和平面 P、Q 的交线是两条正垂线，它们组成了一水平矩形，其水平投影和侧面投影如图 4.14(d)所示。根据投影分析，矩形的水平投影可见，侧面投影积聚为直线且不可见，应画成虚线。

擦去水平投影上被切去的两段轮廓线，即完成切口的投影。

2. 平面与圆锥相交

当截平面与圆锥处于不同的相对位置时，圆锥面上可以产生形状不同的截交线，见表4.2。

表 4.2　平面与圆锥相交

	截平面垂直于轴线	截平面倾斜于轴线 $\theta>\alpha$	截平面倾斜于轴线 $\theta=\alpha$	截平面平行或倾斜于轴线 $\theta=0°$或$\theta<\alpha$	截平面过锥顶
立体图	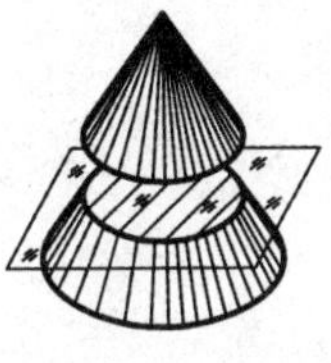	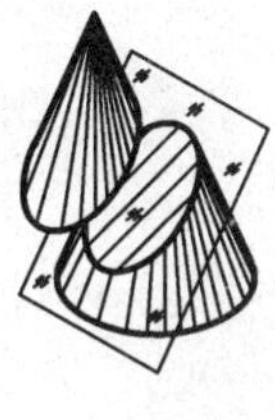	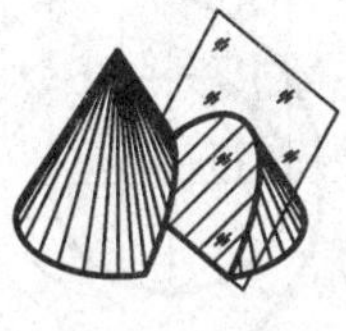	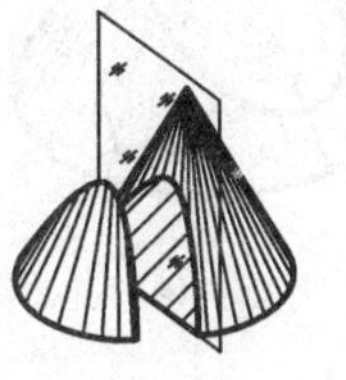	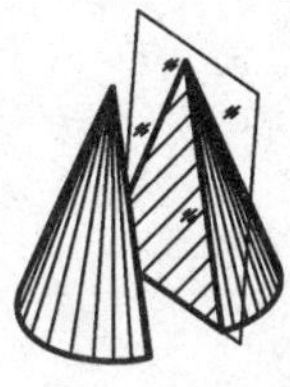
投影图	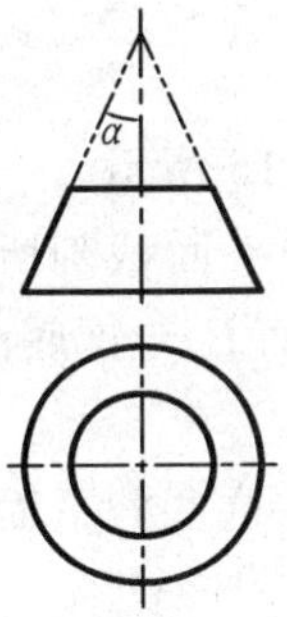	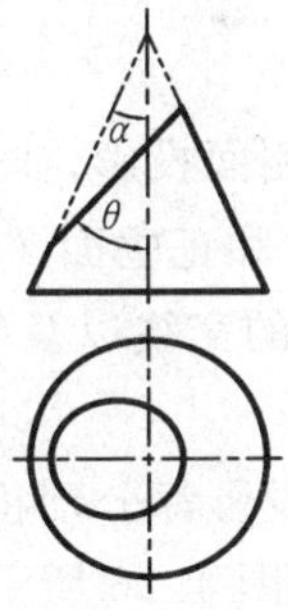	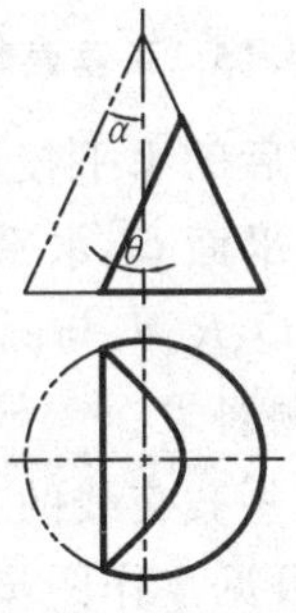	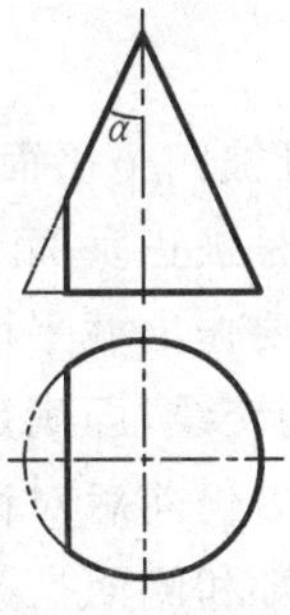	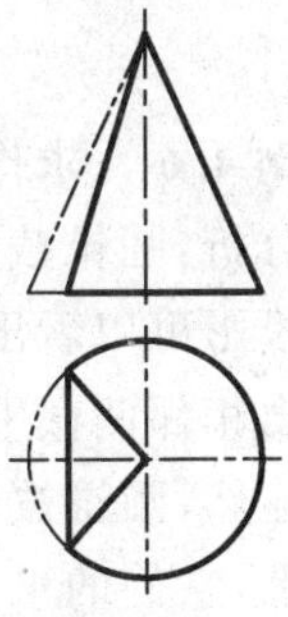
	截交线为圆	截交线为椭圆	截交线为抛物线	截交线为双曲线	截交线为两素线

例 4.5　求正垂面和圆锥的截交线，如图 4.15 所示。

分析：根据截平面与圆锥的相对位置关系，可知截交线为椭圆。由于截平面为正垂面，所以截交线的正面投影与平面 P 的正面投影重合，为一直线；椭圆的长轴 AB 与之重合，其短轴 CD 是一正垂线，位于该直线的中点处。截交线的 H 面投影和 W 面投影均为椭圆。

作图步骤：

● 作特殊点：求转向线上的点 A、B、E、F。先在主视图上确定其投影 a'、b'、e'、f'，然后求出它们的 H、W 面投影 a、b、e、f 和 a''、b''、e''、f''。其中 A、B 点是最左、最右点，又是空间椭圆长轴的端点，如图 4.15(b)所示。

● 求椭圆短轴 CD 的投影：其 V 面投影 c'、d'重合于$a'b'$的中点。为求出 C、D 的水平投影，过 $c'(d')$作纬圆，画出纬圆的水平投影，则 c、d 位于该纬圆上。由 c、d、c'、d'，可求出 c''、d''。点 C、D 也是截交线的最前、最后点。

● 作一般点：为了较准确地作出截交线的水平和侧面投影，在已作出的截交线上的点的稀疏处作一般点Ⅰ、Ⅱ。在主视图上取(1′)、2′，过(1′)、2′作纬圆求出水平投影1、2，从而可得侧面投影1″、2″。

● 连接各点：将作出的 a、2、c、e、b、f、d、1、a 依次连接起来即为截交线椭圆的水平投影，将 a''、2″、c''、e''、b''、f''、d''、1″、a''依次连接起来即为截交线椭圆的侧面投影。

在左视图上，椭圆与圆锥的侧面转向线切于 e''、f''点。圆锥的转向线在 E、F 上端被切去不再画出。

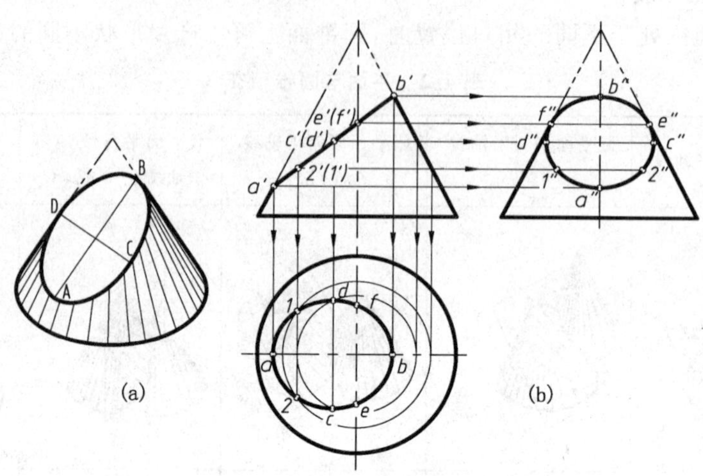

图 4.15　正垂面截圆锥

例 4.6　求作圆锥被四个平面截切后的水平投影和侧面投影，如图 4.16 所示。

分析：圆锥截割体是被正垂面 P、侧平面 Q、水平面 R 和正垂面 T 四个平面截割所得。从正面投影可以看出，只要作出截平面 P、Q、R、T 与圆锥面的交线以及截平面 P 与锥底的交线，再作出相邻两截平面的交线，即满足解题要求。

显然，圆锥被切割后仍前后对称；这些截交线的正面投影都分别积聚在这些截平面的正面迹线上，它们的水平投影和侧面投影都可见。作图步骤如图 4.16 所示。

● 作正垂面 P 与圆锥的截交线：截平面 P 是过锥顶的正垂面，它与锥底的交线为正垂线ⅠⅡ，与锥面的交线为ⅠⅢ和ⅡⅣ，与截平面 Q 的交线为正垂线Ⅲ Ⅳ，四段均为直线。由正面投影可作出四段直线的侧面投影1″2″、1″3″、2″4″、3″4″和水平投影12、13、24、34。

● 作侧平面 Q 与圆锥的截交线：截平面 Q 与圆锥轴线垂直，它与锥面交得的侧平纬圆两段圆弧$\overset{\frown}{\mathrm{III\,V}}$、$\overset{\frown}{\mathrm{IV\,VI}}$的正面投影3′5′、4′6′互相重合且积聚为直线，与截平面 R 的交线为正垂线ⅤⅥ。在侧面投影上，以 s''为圆心，过3″、4″作两段纬圆圆弧$\overset{\frown}{3''5''}$、$\overset{\frown}{4''6''}$，与最前、最后素线的侧面投影交得5″、6″；连5″6″，得 Q 与 R 的交线的侧面投影。由正面和侧面投影，即得$\overset{\frown}{\mathrm{III\,V}}$、$\overset{\frown}{\mathrm{IV\,VI}}$的水平投影35，46。

● 作水平面 R 与圆锥的截交线：截平面 R 过锥顶且通过圆锥轴线，其截交线为锥面上最前、最后素线上的部分直线ⅤⅦ、ⅥⅧ。侧面投影5″7″、6″8″与5″6″重合；水平投影57、68与圆锥水平投影的转向轮廓线重合。

● 作正平面 T 与圆锥的截交线：截平面 T 与圆锥母线平行，其截交线为部分抛物线。截平面 T、R 的交线是正垂线ⅦⅧ，其侧面投影7″8″与5″6″重合，水平投影78为直线。从正面投影可以看出，抛物线的特殊点为Ⅸ（最左点）和Ⅶ、Ⅷ（最右点），在其间选择一般点Ⅹ、Ⅺ。根据圆锥表面取点的作图方法，由正面投影 7、8、9、10、11 点，可求出侧面投影 7″、8″、9″、10″、11″点和水平投影 7′、8′、9′、10′、11′点，最后用曲线光滑连接相应的点。

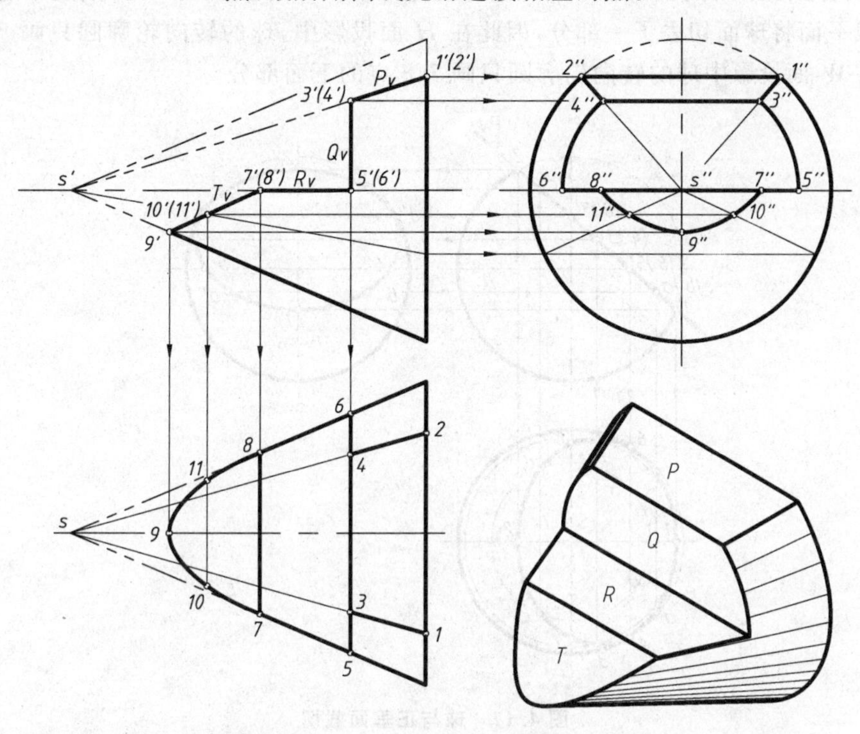

图 4.16　圆锥截割体的画法

3. 平面与圆球相交

平面与圆球相交，截交线是圆。根据截平面对投影面的相对位置不同，这些圆的投影可以是直线段、圆或椭圆。当截平面平行于投影面时，截交线在该投影面上的投影反映实形圆；当截平面倾斜于投影面时，截交线的投影为椭圆。

例 4.7　求圆球与正垂面 P 的截交线，如图 4.17 所示。

分析：正垂面 P 与圆球的截交线为倾斜于水平面和侧面的圆，其 V 面投影积聚为直线，且与平面 P 的 V 面投影重合，H 面投影和 W 面投影均为椭圆。

作图步骤：

● 求特殊点：截交线圆的 V 投影积聚为直线 1′2′，由点 1′和 2′可直接求出其水平投影和侧面投影 1、2 和 1″、2″，它们是截交线圆水平投影和侧面投影椭圆短轴的端点。在主视图上，取 1′2′的中点，就是截交线圆上处于正垂线位置的直径Ⅲ Ⅳ的投影 3′(4′)，通过 3′(4′)作水平纬圆，在纬圆的水平投影上求出 3、4，并由此求出 3″、4″即为截交线圆水平投影和侧面投影椭圆长轴的端点。点Ⅰ、Ⅱ是截交线的最左、最右点，也是最低、最高点；点Ⅲ、Ⅳ是截交线的最前、最后点。另外，P 平面与球面水平投影的转向轮廓线相交于 5′(6′)点，可直接求出其 H 面投影 5、6，并由此求出其 W 面投影 5″、6″。P 平面与球面侧面投影的转向轮廓线相交于 7′(8′)点，可直接求出其 W 投影 7″、8″，并据此求出其 H 面投影 7、8 两点。5、6 两点是 H 面投影上水平大圆与椭圆的切点。7″、8″两点是 W 面投影上侧面大圆与椭圆的切点。

● 求一般点：在截交线的 V 面投影 $1'2'$ 上，选择适当位置定出 $a'(b')$ 和 $c'(d')$ 点，然后按球面上求点的方法，求出 a、b、c、d 和 a''、b''、c''、d''。

● 连接各点：按顺序光滑连接各点的 H 面投影和 W 面投影，即可得到所求截交线的投影。由于截平面将球面切去了一部分，因此在 H 面投影中，球的转向轮廓圆只画 5、6 点的右边部分。在 W 面投影中球的转向轮廓圆只画 7、8 点的下面部分。

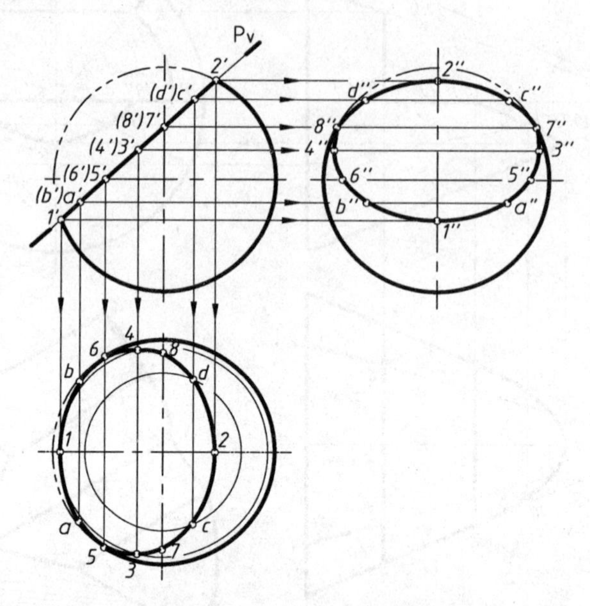

图 4.17　球与正垂面截切

例 4.8　求作半圆头螺钉头部一字槽的水平投影和侧面投影，如图 4.18(a)所示。

分析：一字槽由两个侧平面 P 和一个水平面 Q 组成。P 面与半球的截交线是平行于侧面的两段圆弧；Q 面与半球的截交线为前后两段水平圆弧。

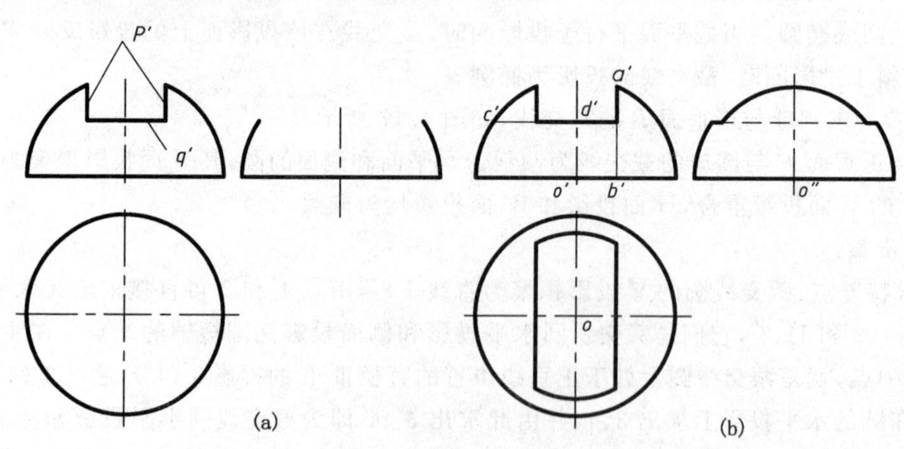

图 4.18　平面与半球相交

作图步骤：

● 作一字槽两侧平面 P 与半球的截交线，其侧面投影反映截交线圆弧实形，半径为 $a'b'$；其水平投影积聚为直线。

● 作一字槽底面 Q 与半球的截交线：因为 Q 面是水平面，故水平投影反映两段圆弧的实形，半径为 $c'd'$；其侧面投影积聚为直线，不可见部分为虚线。侧面投影中，Q 面以上的转向轮廓线被切掉，故不画。

4. 平面与组合回转体相交

由两个或两个以上回转体组合而成的形体称为组合回转体。

当平面与组合回转体相交时，其截交线是由截平面与各个回转体的截交线组合而成的平面图形。各回转体之间的交线称为分界线，分界线与截平面的交点称分界点。

为了准确绘制组合回转体的截交线，首先必须对该形体进行分析，弄清它由哪些回转体组成，并找出它们的分界线，然后按形体逐个作出它们的截交线，相邻两组截交线在分界线上的点即为分界点，应重合。

例 4.9　求作顶尖头部的截交线，如图 4.19 所示。

分析：顶尖是轴线垂直于侧面的圆锥和圆柱组成的同轴回转体，圆锥与圆柱的公共底圆是它们的分界线。顶尖被平行于轴线的平面 P（水平面）和垂直于轴线的平面 Q（侧平面）截切，P 平面与圆锥的截交线为双曲线，与圆柱的截交线为两条直线；Q 平面与圆柱的交线为一圆弧。平面 P、Q 相交于直线段，如图 4.19(a)所示。

作图步骤：

● 求作 P 平面与顶尖的截交线：如图 4.19(b)所示，由于其正面投影和侧面投影都有积聚性，只需求出水平投影。首先找出圆锥与圆柱的分界线，从正面投影可知分界点即为 $1'$、$2'$，侧面投影为 $1''$、$2''$，不难得出 1、2。分界点左边为双曲线（特殊点为 1、2、3，一般点为 4、5），右边为直线，可直接画出。注意，分界线的水平投影 1、2 两点间为虚线。

● Q 平面的正面投影和水平投影都积聚为直线，侧面投影为积聚到圆柱表面上为一段圆弧，可直接作出。

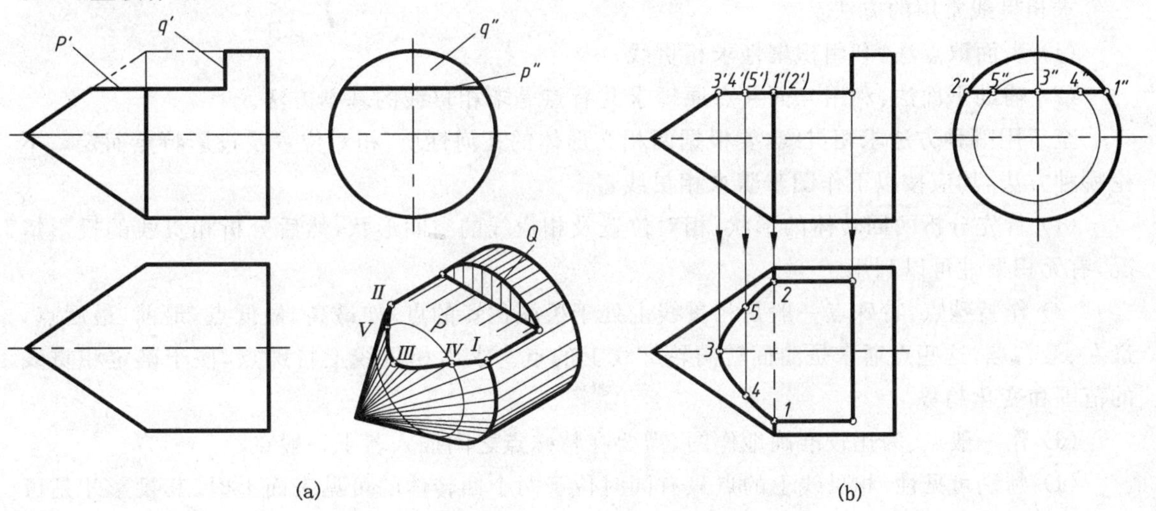

图 4.19　顶尖头部的截交线

4.5 两回转体表面相交

两相交的形体称为相贯体，其表面交线称为相贯线(Intersection Line)。在一些零件上，常常见到两回转体表面相交的交线(相贯线)，有时也常常见到由于在回转体上穿孔而形成的孔口交线、两孔的孔壁交线，这些交线在图样上都应画出。

两回转体表面相交，其相贯线具有下列性质：

(1) 相贯线上每一点都是相交两曲面的共有点，这些共有点的连线就是两曲面的相贯线。

(2) 两曲面的相贯线一般是封闭的空间曲线，特殊情况下是平面曲线或直线段，如图 4.20 所示。

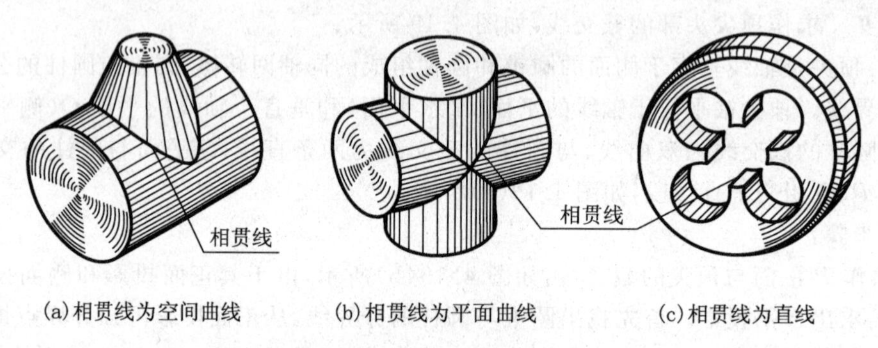

(a)相贯线为空间曲线　(b)相贯线为平面曲线　(c)相贯线为直线

图 4.20 相贯线的形式

根据上述性质可知，求相贯线，就是求两回转体表面的共有点，将这些点光滑地连接起来，即得相贯线。

求相贯线常用的方法：

(1) 表面取点法：利用积聚性求相贯线；

(2) 辅助平面法：利用三面共点原理求共有点是求相贯线的基本方法。

至于用哪种方法求相贯线，要根据两相交形体的几何性质、相对位置及投影特点而定。不论哪种方法，均应按以下作图步骤求相贯线：

(1) 首先分析两回转体的形状、相对位置及相贯线的空间形状，然后分析相贯线的投影情况，有无积聚性可以利用。

(2) 作特殊点：特殊点一般是相贯线上处于极端位置的点，如最高、最低点，最前、最后点，最左、最右点，这些点通常是曲面转向轮廓线上的点。求出相贯线上特殊点，便于确定相贯线的范围和变化趋势。

(3) 作一般点：为比较准确地作图，需要在特殊点之间插入若干一般点。

(4) 判别可见性：相贯线上的点只有同时位于两个回转体的可见表面上时，其投影才是可见的。

(5) 光滑连接：只有相邻两素线上的点才能相连，连接要光滑，同时注意轮廓线要到位。

4.5.1 表面取点法

两回转体相交，如果其中有一个是轴线垂直于投影面的圆柱，则相贯线在该投影面上的投影就积聚在圆柱面的有积聚性的投影上。于是，求圆柱和另一回转体的相贯线投影，可看作是已知另一回转体表面上的线的一个投影而求其他投影的问题。这样，就可以在相贯线上取一些点，按已知曲面形体表面上的点的一个投影求其他投影的方法，即表面取点法。由此可作出相贯线的投影。

例 4.10　求作轴线垂直相交两圆柱的相贯线，如图 4.21 所示。

分析：由图 4.21(a)可知，小圆柱与大圆柱的轴线正交。因此相贯线是前、后、左、右对称的一条封闭的空间曲线。

根据两圆柱轴线的位置，大圆柱面的侧面投影及小圆柱面的水平投影具有积聚性，因此相贯线的水平投影和小圆柱的水平投影重合是一个圆；相贯线的侧面投影和大圆柱的侧面投影重合是一段圆弧。因此该题求的只是相贯线的正面投影。

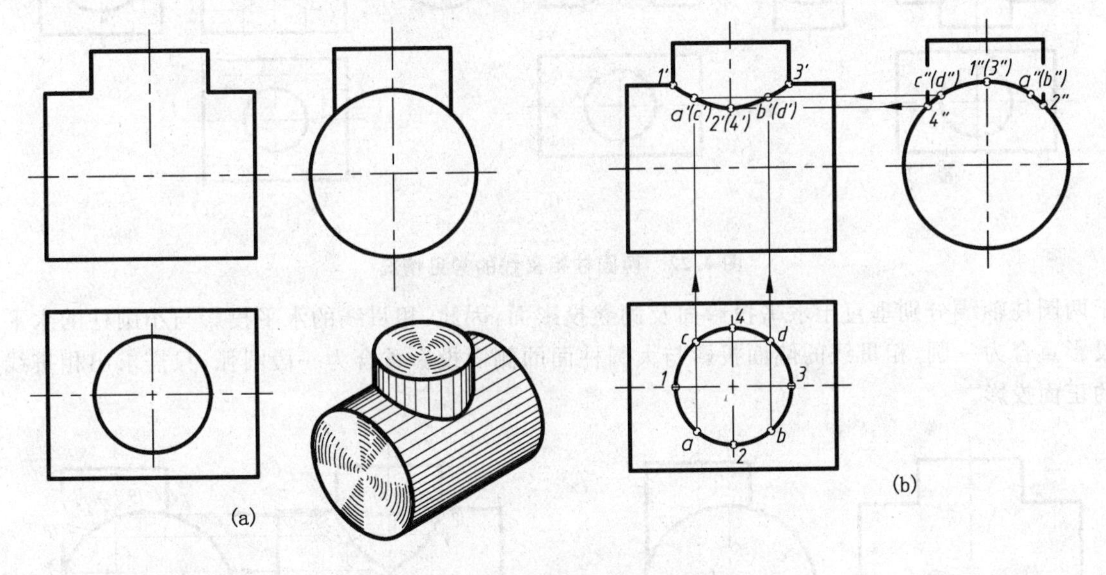

图 4.21　正交两圆柱相贯线的求法

作图步骤如图 4.21(b)所示：

● 作特殊点：由于已知相贯线的水平投影和侧面投影，故可直接求出相贯线上的特殊点。由左视图和俯视图可以看出，相贯线的最高点为Ⅰ、Ⅲ两点，而Ⅰ、Ⅲ还是最左、最右点；最低点为Ⅱ、Ⅳ两点，而Ⅱ、Ⅳ同时又是最前、最后点。由此可直接求出水平投影 1、3、2、4 和侧面投影 $1''$、($3''$)、$2''$、$4''$；继而求出正面投影 $1'$、$3'$、$2'$、$4'$。

● 作一般点：由于相贯线水平投影为已知，所以可直接取 a、b、c、d 四点，求出它们的侧面投影 $a''(b'')$、$c''(d'')$，再由水平、侧面投影求出正面投影 $a'(c')$、$b'(d')$。

● 判别可见性，光滑连接各点：相贯线前后对称，后半部与前半部重合为可见，只画前半部相贯线投影即可，依次光滑连接 $1'$、a'、$2'$、b'、$3'$各点，即为所求。

两垂直相交的圆柱，在零件上是最常见的。它们的相贯线一般有如图 4.22 所示的三种形式。虽然外表看似不同，但它们的相贯线形状和作图方法是完全相同的。

例 4.11　求作轴线交叉垂直两圆柱的相贯线，如图 4.23 所示。

分析：由于相贯体的结构不对称，所以相贯线的形状为前后不对称的封闭的空间曲线。由

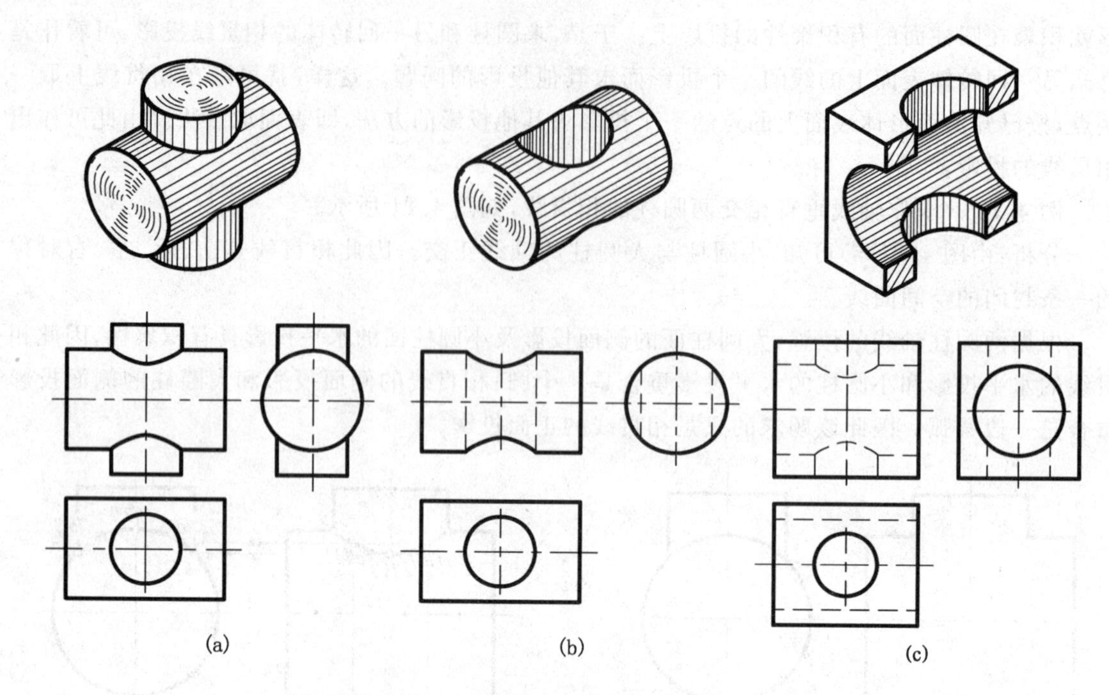

图 4.22 两圆柱相贯线的常见情况

于两圆柱轴线分别垂直于水平投影面及侧立投影面，因此，相贯线的水平投影与小圆柱的水平投影重合为一圆，相贯线的侧面投影与大圆柱面的侧面投影重合为一段圆弧，只需求出相贯线的正面投影。

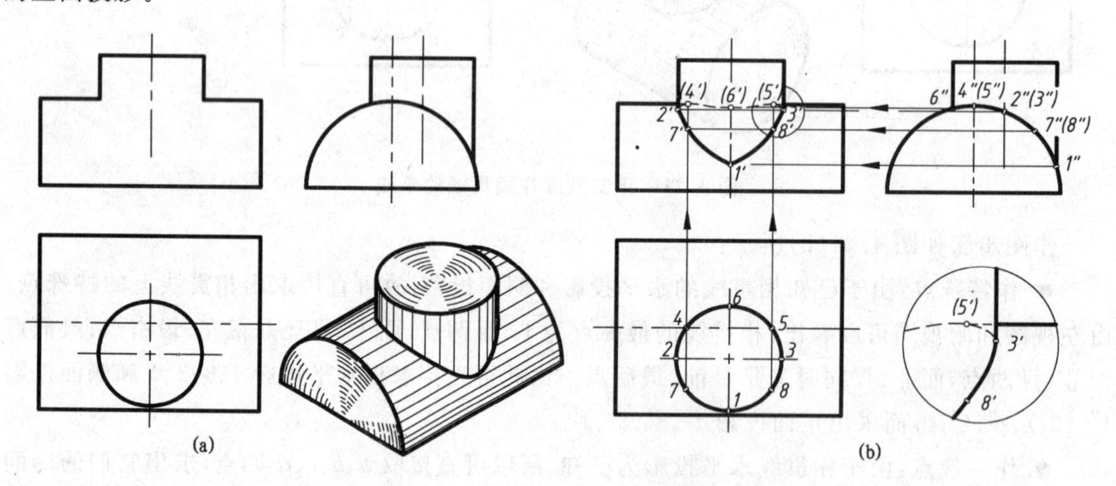

图 4.23 轴线交叉垂直的两圆柱的相贯线

作图步骤：

● 求特殊点：正面投影最前点 1′和最后点(6′)、最左点 2′和最右点 3′可根据侧面投影 1″、6″、2″、(3″)求出。正面投影的最高点(4′)和(5′)可根据水平投影 4、5 和侧面投影 4″、(5″)求出。

● 求一般点：在相贯线的水平和侧面投影上定出 7、8 和 7″、(8″)，再按点的投影规律求出正面投影 7′、8′。

● 判别可见性，光滑连接：根据可见性的判断原则，2′和 3′是可见与不可见的分界点。将

2′、7′、1′、8′、3′连成实线，3′、(5′)、(6′)、(4′)、2′连成虚线即为相贯线的投影。

● 画全轮廓线：大圆柱正面投影的转向轮廓线画至(4′)、(5′)，小圆柱的转向轮廓线画至2′、3′。小圆柱轮廓线可见，大圆柱轮廓线不可见。

4.5.2　辅助平面法

辅助平面法就是用辅助平面同时截切相交的两回转体，在两回转体表面得到两组截交线，这两组截交线的交点即相贯线上的点。这些点既在两形体表面上，又在辅助平面内。因此，辅助平面法就是利用三面共点的原理，用若干个辅助平面求出相贯线上一系列共有点。

为了作图简便，选择辅助平面的原则是：

(1) 选择特殊位置平面作为辅助平面，且位于两曲面形体相交的区域内，否则得不到共有点。

(2) 所选择的辅助平面与两回转体表面交线的投影最简单，如直线和圆。

用辅助平面法求相贯线的作图步骤：

(1) 选择恰当的辅助面。

(2) 分别求作辅助平面与两回转体表面的交线。

(3) 求出交线的交点，即为相贯线上的点。

例 4.12　求作圆柱与圆锥正交的相贯线，如图 4.24 所示。

分析：从图 4.24(a)可以看出，圆柱与圆锥轴线正交，其相贯线为封闭的空间曲线，前后、左右对称。由于圆柱的轴线垂直于侧立投影面，因此，相贯线的侧面投影与圆柱面的侧面投影重合为一段圆弧，所以需求出相贯线的正面投影和水平投影。

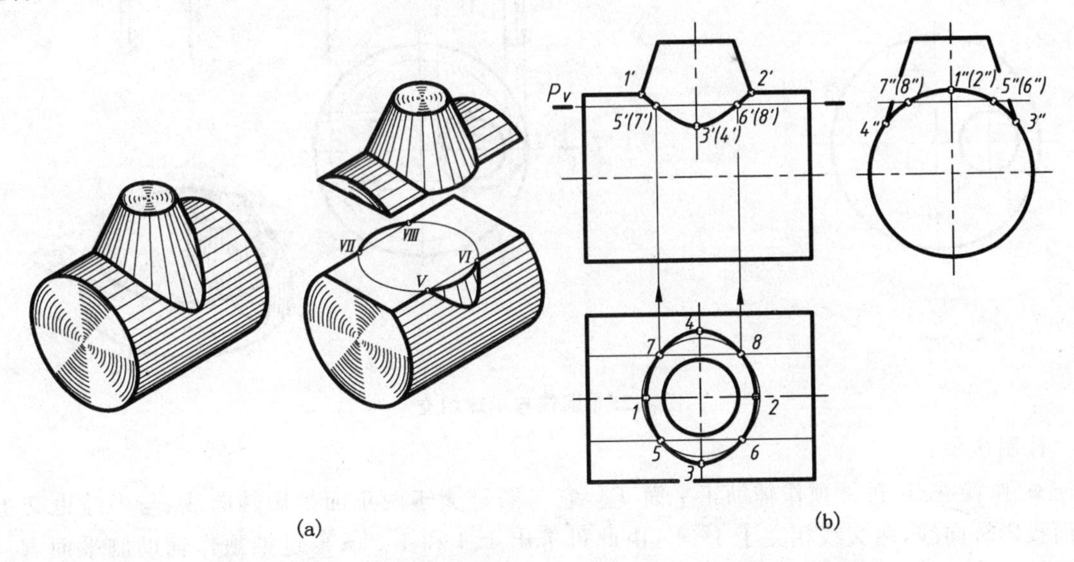

图 4.24　圆柱与圆锥正交的相贯线

根据已知条件，应选择水平面作为辅助平面。

作图步骤如图 4.24(b)所示：

● 作特殊点：先在圆柱具有积聚性的侧面投影上定出相贯线的最前、最后点(也是最低点)3″、4″和最高点1″、(2″)。由于这些点都在转向线上,因此可方便地求出它们的正面投影3′、(4′)、1′、2′和水平投影3、4、1、2。显然1′、2′也是最左、最右点。

● 作一般点:在适当位置选用水平面P作为辅助平面,圆锥截交线的水平投影为圆,圆柱截交线的水平投影为两条平行线,其交点5、6、7、8即相贯线上的点,再根据水平投影和侧面投影求出正面投影5′、6′、7′、8′各点。

● 判别可见性,光滑连接各点:主视图中相贯线前后对称,只画出可见的前半部分投影;俯视图中相贯线同时位于两曲面的可见部位,故投影可见。用曲线依次光滑连接相邻的各点,也可以用表面取点法解此题。

例4.13 求圆锥与半球的相贯线,如图4.25(a)所示。

分析:圆锥台轴线垂直于H面且位于球体左边的对称中心线上,相贯线为前后对称、左右不对称的封闭空间曲线。由于圆锥面和球面的三面投影均无积聚性,故相贯线的三投影均需求出。求作它们的相贯线需用辅助平面法。

为了使辅助平面与圆台和球的交线都成为直线或平行于投影面的圆,对圆台而言,辅助平面应选通过锥顶或垂直于圆台的轴线;对球而言,辅助平面可选用投影面的平行面。为此,辅助平面除了可选过圆锥顶的正平面和侧平面外,还可选用水平面,如图4.25(b)所示。

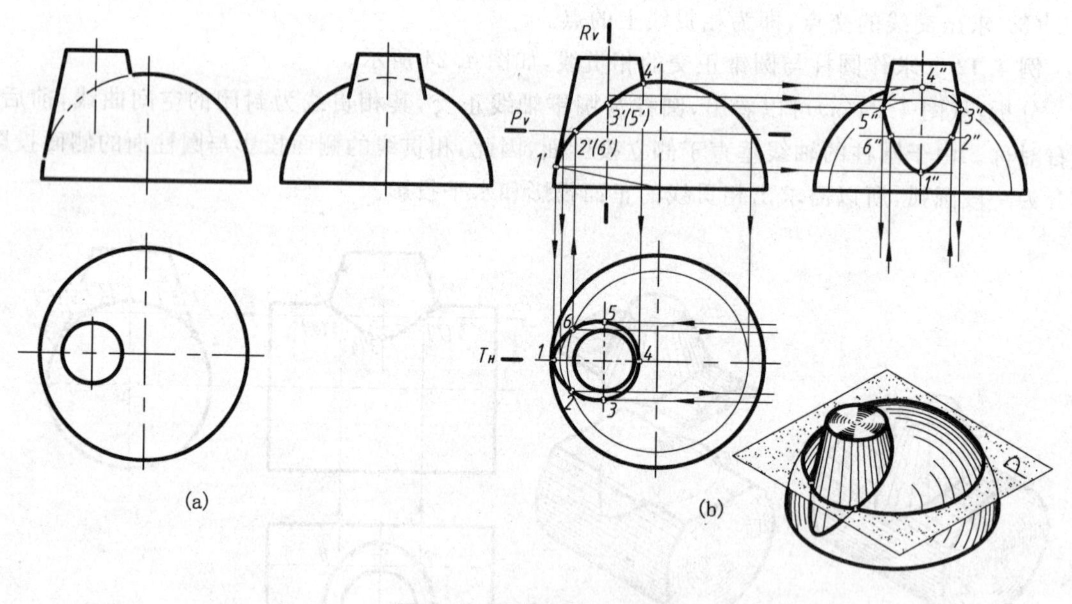

图4.25 圆锥与半球相交

作图步骤:

● 作特殊点:过锥顶作辅助正平面T_H,它与圆锥交于两正面投影转向线,与半球也交于正面投影转向线,两交线相交于1′、4′,由此可求出1、4和1″、4″;再过锥顶作辅助侧平面R_V,它与圆锥交于两侧面投影转向线,与半球交于一侧平半圆,两交线相交于3″、5″,由此求出3′、(5′)和3、5。

● 作一般点:在特殊点之间适当位置作一辅助水平面P_V,它与圆锥交于一水平圆,与半球也交于一水平圆,两者交于2、6,由2、6可求出2′、(6′)和2″、6″。

● 判别可见性、光滑连接各点:因相贯体前后对称,故主视图上相贯线前后重合为可见;

俯视图上由于相贯线位于两回转体的公共可见部分，因此也可见；在左视图中，两回转体的公共可见部分为左半圆锥面，因此，应以 3″、5″为界，将 3″、2″、1″、6″、5″连成实线，3″、4″、5″连成虚线。

辅助平面法为常用的方法，用表面取点法能求作的问题都能用此法求作。采用辅助平面法的关键为选取合适的截平面。如在例 4.13 中，若不是采用辅助水平面，而是采用辅助正平面或侧平面，它们与圆锥面的交线为双曲线，这样会使作图烦琐而复杂。

4.5.3　相贯线的特殊情况

两回转体相交，其相贯线一般为空间曲线，但在特殊情况下，也可能是平面曲线或是直线。

当两个回转体具有公共轴线时，相贯线为垂直于轴线的圆，如图 4.26 所示。该圆的正面投影为一直线段，水平投影为圆的实形。

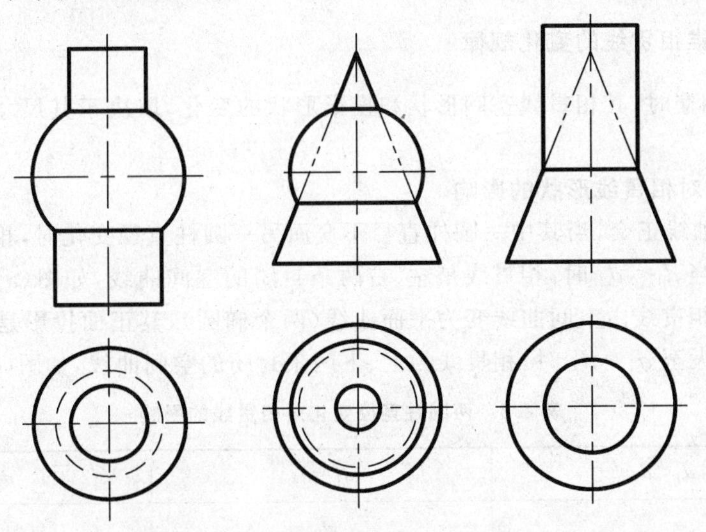

图 4.26　回转体同轴相交的相贯线

当两圆柱轴线平行或圆锥共锥顶相交时，相贯线为直线，如图 4.27 所示。

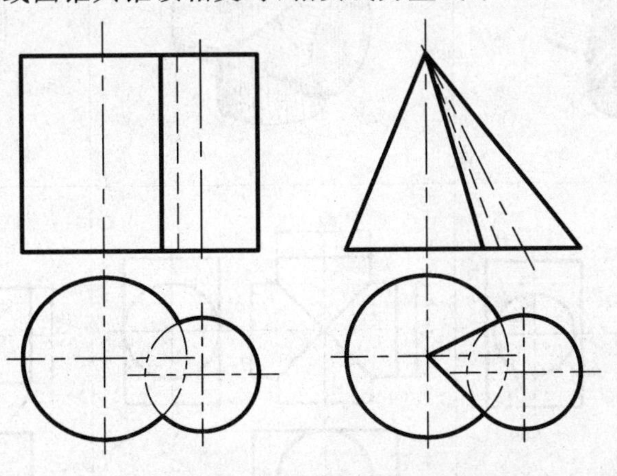

图 4.27　圆柱轴线平行，圆锥共顶的相贯线

当圆柱与圆柱、圆柱与圆锥、圆锥与圆锥轴线相交且平行于同一投影面时，若它们能公切于一圆球，则相贯线是垂直于这个投影面的椭圆，如图 4.28 所示。椭圆在该投影面上的投影为一段直线。

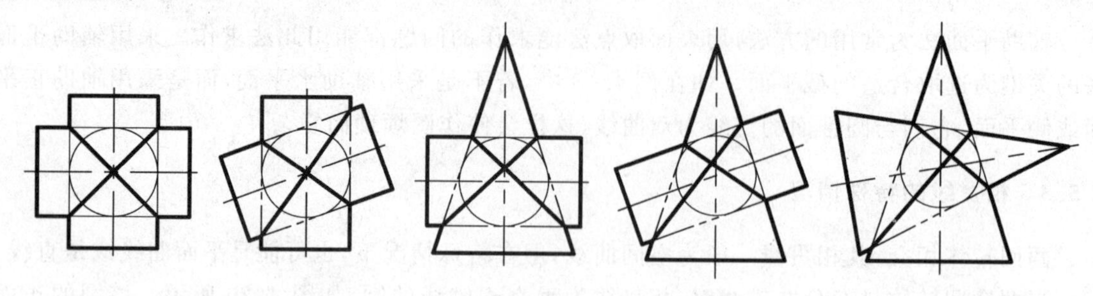

图 4.28 切于同一个球面的圆柱、圆锥的相贯线

4.5.4 圆柱、圆锥相贯线的变化规律

圆柱、圆锥相交时，其相贯线空间形状和投影形状的变化，取决于其尺寸大小的变化和相对位置的变化。

1. 直径变化对相贯线形状的影响

(1) 两圆柱轴线正交，当其中一圆柱直径不变而另一圆柱直径变化时，相贯线的变化见表 4.3。由表可见，当 $d_1<d_2$ 时，相贯线是左、右两条封闭的空间曲线，如图(a)所示；当 d_1 增大到与 d_2 相等时，相贯线由空间曲线变为平面曲线（两个椭圆），其正面投影是直线，如图(b)所示；当 d_1 继续增大至 $d_1>d_2$ 时，相贯线为上、下两条封闭的空间曲线，如图(c)所示。

表 4.3 两圆柱直径变化对相贯线的影响

	$d_1<d_2$	$d_1=d_2$	$d_1>d_2$
立体图			
投影图	d_2 d_1 (a)	d_2 d_1 (b)	d_2 d_1 (c)

作图时，还应注意相贯线投影的特点，如表中两圆柱相交，当相贯线为空间曲线时，每条相贯线的正面投影总是向大圆柱的轴线方向弯曲。

(2) 圆柱与圆锥轴线正交，当圆锥的大小和它们的轴线的相对位置不变，而圆柱的直径变化时，相贯线的变化情况见表 4.4。由表可知，当圆柱穿过圆锥时，相贯线为左右两条封闭的空间曲线，如图(a)所示；当圆锥穿过圆柱时，相贯线为上下两条封闭的空间曲线，如图(b)所示；当圆柱与圆锥公切于球面时，相贯线为平面曲线(两个椭圆)，如图(c)所示。

表 4.4　圆柱直径变化对相贯线的影响

	圆柱穿过圆锥	圆锥穿过圆柱	圆柱与圆锥公切于一球
立体图		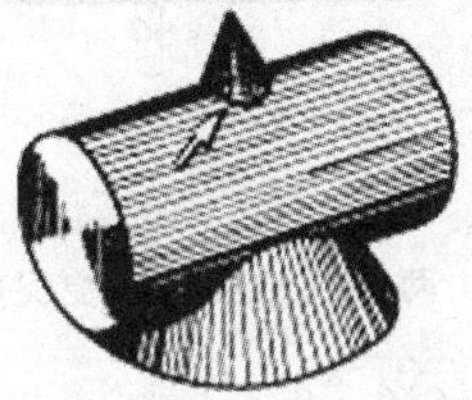	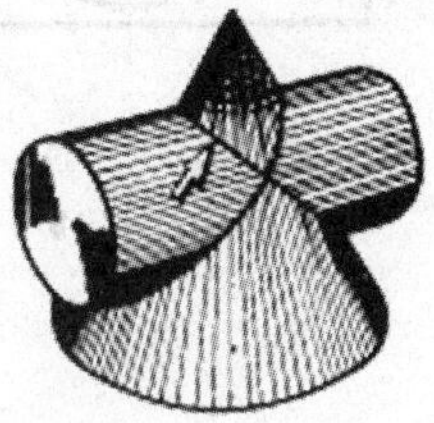
投影图	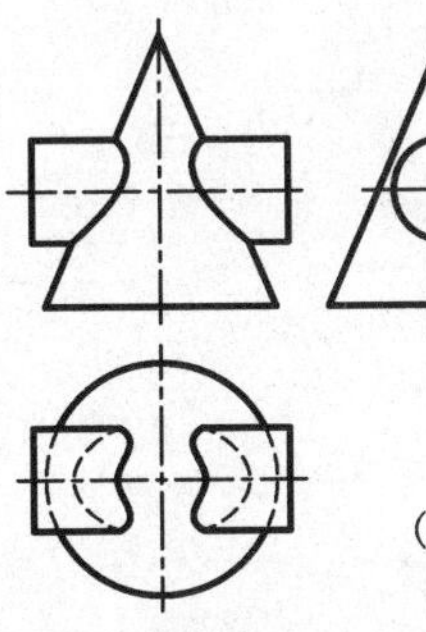 (a)	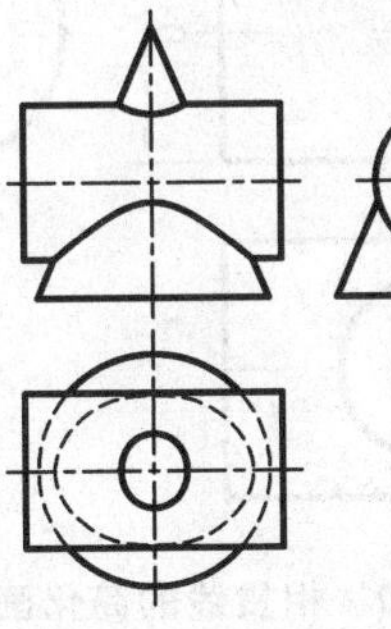 (b)	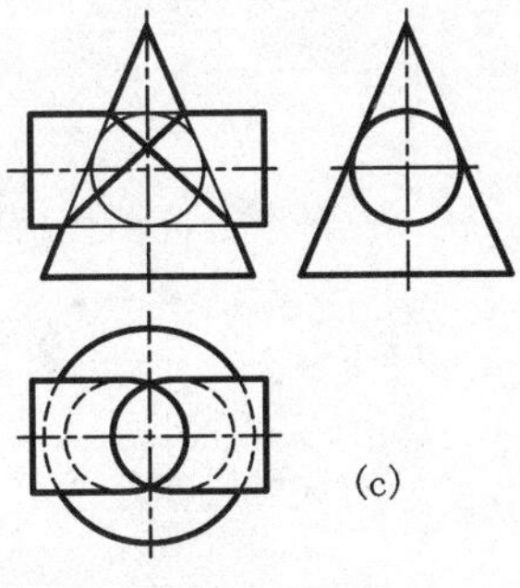 (c)

2. 相对位置变化对相贯线的影响

两相交圆柱直径不变，改变其轴线的相对位置，则相贯线的形状也随之变化。

图 4.29 给出了两相交圆柱，其轴线交叉垂直，两圆柱轴线的距离不同时，相贯线的变化情况。图(a)为直立圆柱贯穿水平圆柱，相贯线为上、下两条封闭的空间曲线。图(c)为直立圆柱与水平圆柱互贯的情况，相贯线为一条封闭的空间曲线。图(b)为上述两种情况的临界位置，相贯线由两条变为一条封闭的空间曲线，并相交于切点 A。

4.5.5　相贯线的近似画法

当两圆柱正交且直径相差较大时，其相贯线可以采用圆弧代替非圆曲线的近似画法。如图 4.30 所示，相贯线可用大圆柱的 $D/2$ 为半径作圆弧代替相贯线。

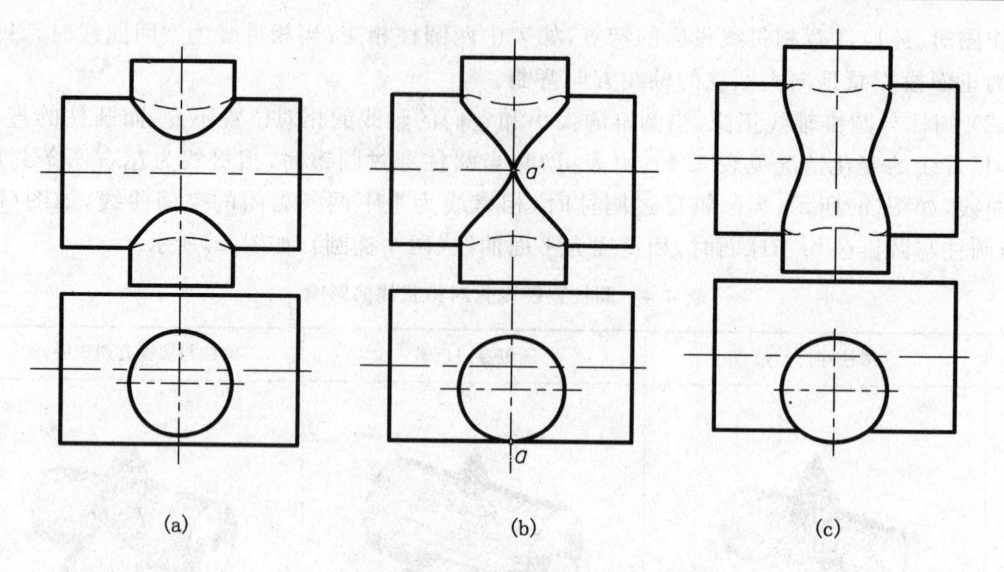

图 4.29　两圆柱轴线垂直交叉相贯线的变化

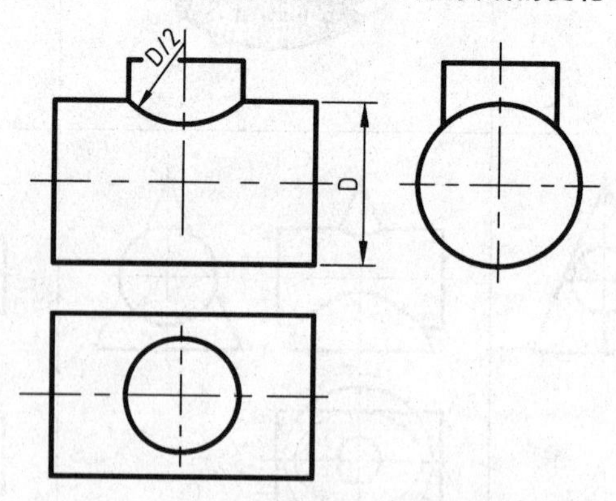

图 4.30　相贯线的简化画法

4.6　形体的尺寸标注

形体的视图，只能反映其结构形状，其大小需要用尺寸来表示。

图 4.31 列出了基本形体的尺寸注法。图(b)六棱柱的俯视图中正六边形的对边尺寸和对角尺寸只需标注一个，如都注上应将其中一个加括号作为参考尺寸；当完整地标注了圆柱、圆锥、圆球和圆环的尺寸之后，不画俯视图也能确定它的形状和大小，如图(d)、(e)、(f)、(g)。

图 4.32 列出了截割体和相贯体的尺寸注法。在标注截割体的尺寸时，应该注出截平面的定位尺寸，不能标注截交线的定形尺寸；在标注相贯体的尺寸时，应该注出相关的基本形体的定形尺寸和确定形体间相对位置的定位尺寸，而不能注出相贯线的定形尺寸。图中标“□”的尺寸为定位尺寸，画“×”号的都是不应标注的。

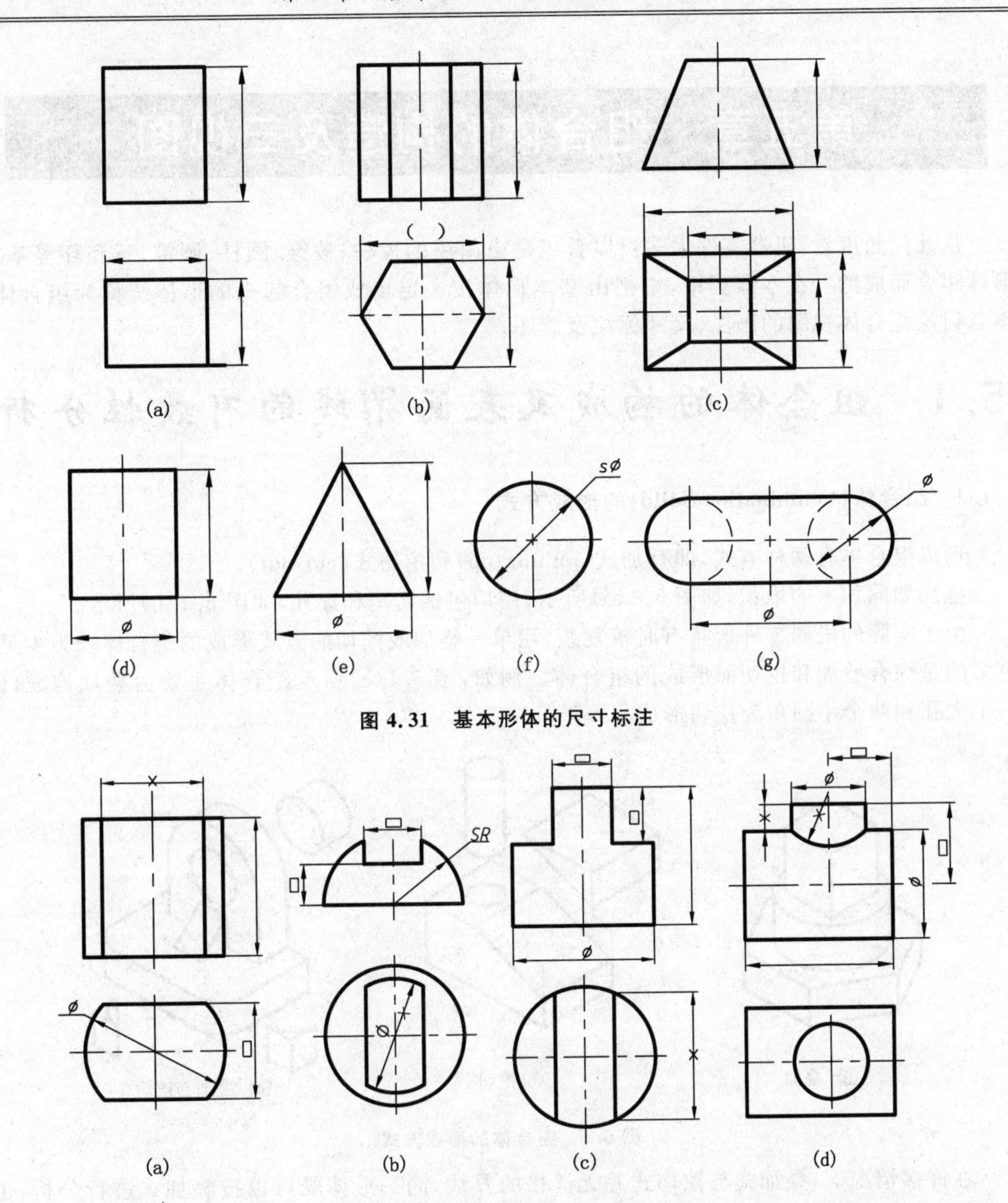

图 4.31　基本形体的尺寸标注

图 4.32　截割体和相贯体的尺寸标注

第五章　组合体的构造及三视图

从几何角度看，机器零件大多可以看成是由简单的棱柱、棱锥、圆柱、圆锥、球和环等基本形体组合而成的。在本课程中，常把由基本形体按一定形式组合起来的形体统称为组合体。本章讨论组合体视图的画法、尺寸标注及读图。

5.1　组合体的构成及表面界线的有效性分析

5.1.1　组合体(Combination Solid)的形成方式

形成组合体有两种方式，即叠加式(joining-up)和挖切式(cut-out)。

叠加如同积木的堆积，如图 5.1(a)所示；挖切包括切割和穿孔，如图 5.1(b)所示。

由于实际的机器零件形状有时较复杂，用单一叠加或挖切的方式形成的组合体较为少见，更多的是综合叠加和挖切而形成的组合体。例如，图 5.1(c)所示组合体主要由叠加构成，但一个大孔和两个小圆角为挖切形成。

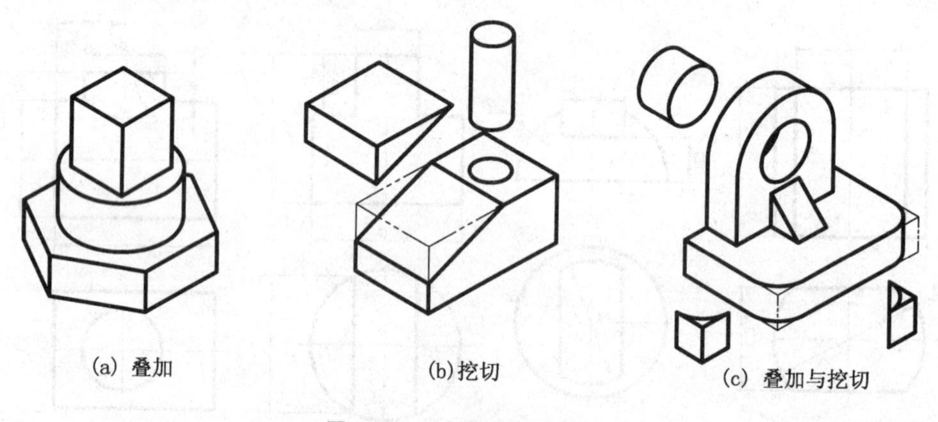

图 5.1　组合体的形成方式

在许多情况下，叠加式与挖切式并无严格的界线，同一形体既可以按叠加式进行分析，也可按挖切式去理解。如图 5.2(a)所示组合体，可按叠加式的图 5.2(b)理解，也可按挖切式的图 5.2(c)理解，一般应根据具体情况以便于作图和易于分析理解为准。

5.1.2　组合体相邻表面界线分析

由基本形体形成组合体时，不同形体上原来有些表面由于互相结合成为组合的内部而不复存在，有些则连成一个平面，有些表面被挖切掉，有些表面产生相交或相切等各种情况。因此在画组合体的视图时，必须注意其组合形式和各组成部分表面间的连接关系，在绘图时才能不多画线或漏画线。在读图时，也必须注意这些关系，才能清楚整体结构形状。常见的有下列几种表面之间的结合关系。

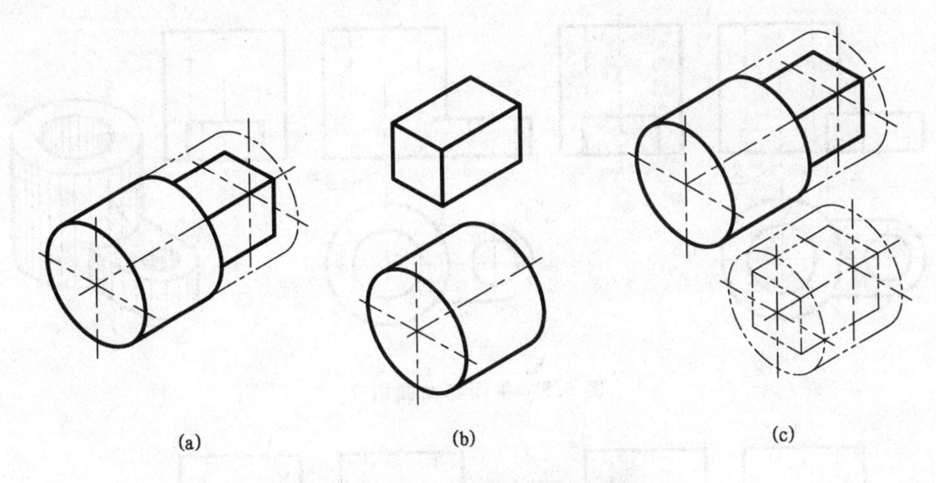

图 5.2 叠加式也可按挖切式理解

(1) 当组合体上两基本形体叠加且表面平齐时,中间不应有线隔开。这因为两个形体的表面是平齐的,构成了一个完整的平面,这样就不存在分界线,如图 5.3(a)所示。图 5.3(b)所示多画了图线,是错误的。

(2) 如果两基本形体叠加且表面相交,则表面交线是它们的分界线,图上必须画出,如图 5.4(a)、5.5 所示。

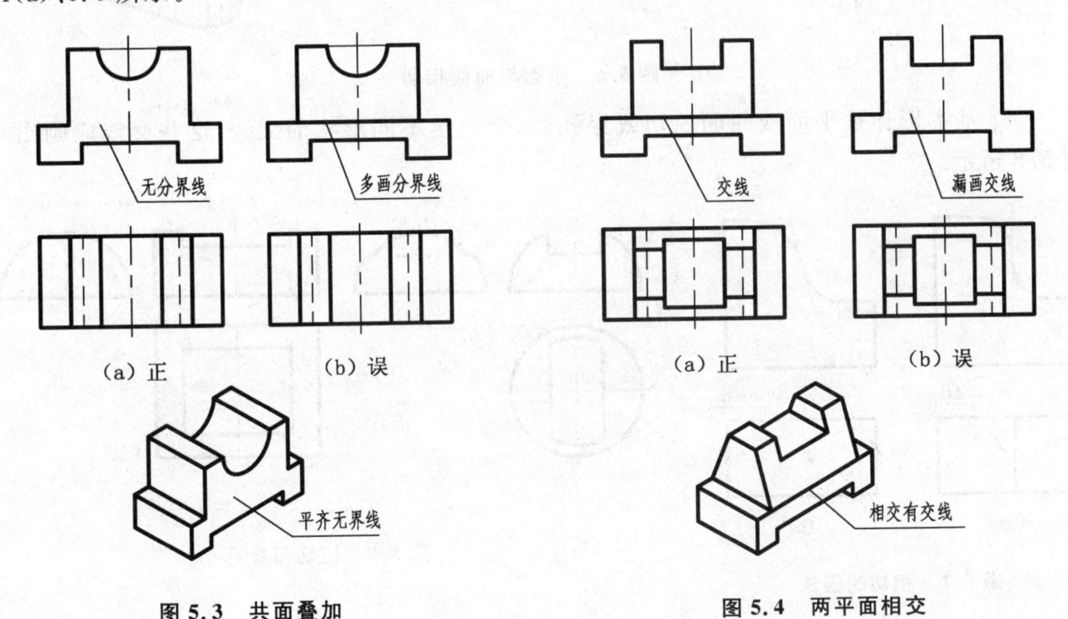

图 5.3 共面叠加

图 5.4 两平面相交

(3) 如果两基本形体叠加且表面相切,在相切处两表面是光滑过渡的,故该处不应画出分界线,如图 5.6 所示。

注意:只有在平面与曲面或两个曲面之间才会出现相切的情况。画图时,当与曲面相切的平面或两曲面的公切面垂直于投影面时,在该投影面上的投影画出相切处的投影轮廓线,否则不应画出公切面的投影,如图 5.7 所示。

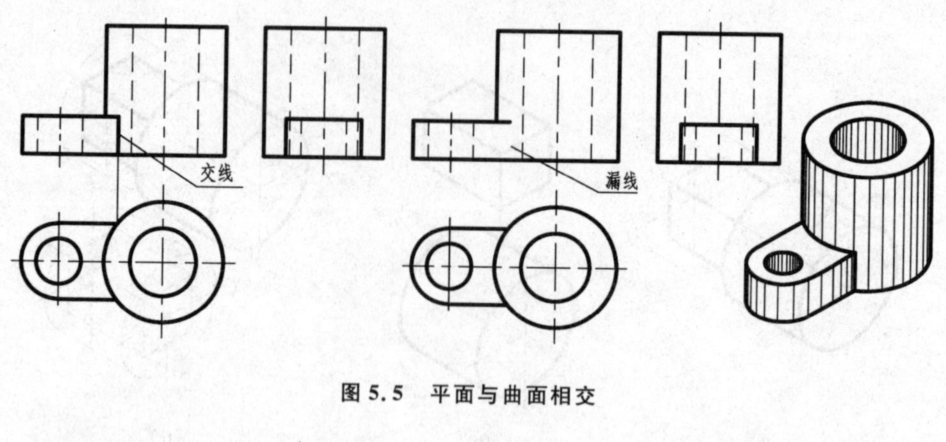

图 5.5 平面与曲面相交

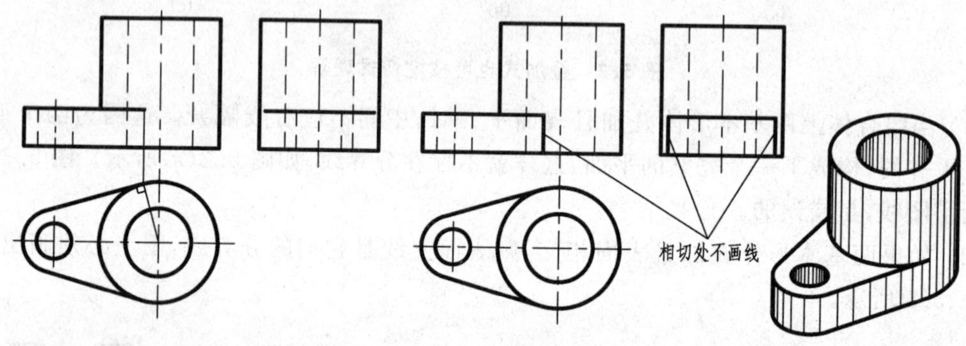

图 5.6 平面与曲面相切

(4) 基本形体被平面或曲面挖切或穿孔后,会产生不同形状的交线,这些交线应画出,如图 5.8 所示。

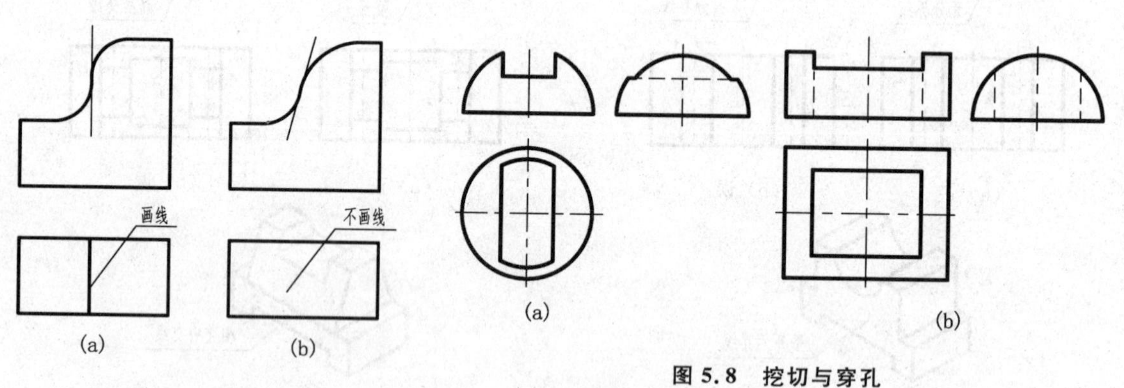

图 5.7 相切的画法

图 5.8 挖切与穿孔

5.2 组合体三视图的绘制

5.2.1 组合体构形分析方法

1. 形体分析法

机器零件的形状是多种多样的,但从形体的角度来分析,都可以看成是由简单形体组合而成的。把复杂的形体分解成若干个简单形体,弄清楚各部分的形状、相对位置、组合形式以及表面连接关系,这种分析方法称为形体分析法。利用形体分析的方法,可以把复杂的形体转换为简单的形体,便于我们深入分析和理解复杂形体的本质。形体分析为画图、读图以及标注尺寸都带来很大方便,因而它是一种很重要的分析方法。

如图 5.9(a)所示的支座,可分解成由图 5.9(b)所示的简单形体所组成。这些简单形体是直立圆柱,水平圆柱,左、右上耳板和左、右下耳板。各简单形体之间都是叠加组合。直立圆柱与水平圆柱是垂直的相交关系,所以两圆柱内、外表面都有相贯线。上下耳板是叠加组合:上耳板与直立圆柱外表面有三条截交线;下耳板的侧面与直立圆柱外表面是相切关系。支座的三视图如图 5.9(c)所示,在主视图和左视图上,相切表面的相切处不画切线,而相交表面的相交处应画出交线。

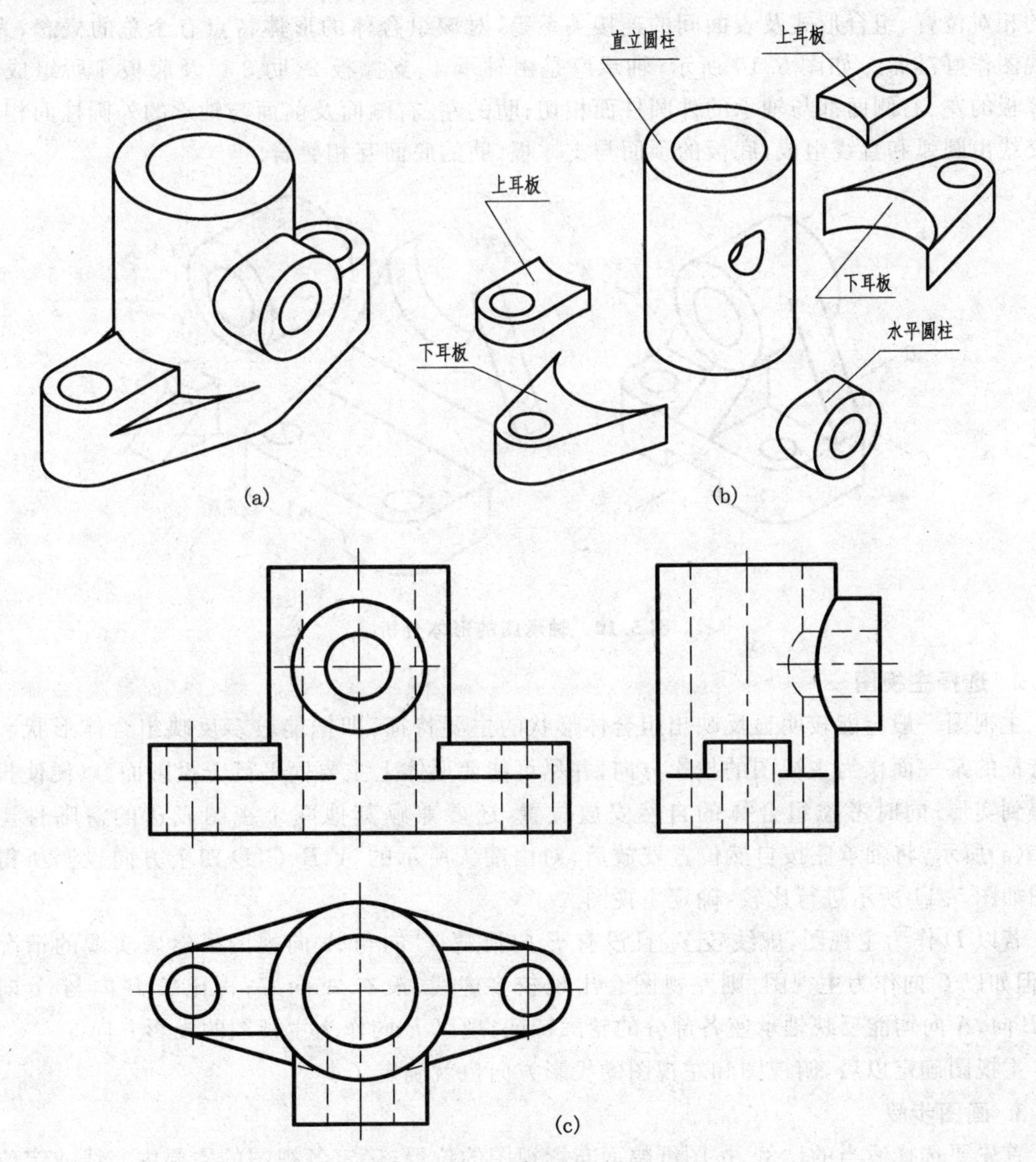

图 5.9　支座的形体分析

2. 线面分析法

在绘制或阅读组合体的视图时，对比较复杂的组合体(例如多次切割形成的组合体)，通常在运用形体分析法的基础上，对不易表达或读懂的局部结构(如一些倾斜面或较复杂的表面交线)，则常采用线面分析法。所谓线面分析法，就是运用点、线、面的投影特性，分析形体的表面形状，形体的表面交线，形体面与面的相对位置等，以此来帮助表达或读懂这些局部的形状。

5.2.2 画组合体三视图的方法和步骤

画组合体的三视图，应按一定的方法和步骤进行，以图 5.10(a)所示的轴承座为例说明如下。

1. 形体分析

画三视图以前，应对组合体进行形体分析，并了解该组合体是由哪些基本体所组成的、它们的相对位置、组合形式及表面间的连接关系等，对该组合体的形体特点有个总的概念，为画三视图作好准备。如图 5.10 所示，轴承座是由轴承 1、支撑板 2、肋 3 以及底板 4 所组成的。支撑板的左、右侧面都与轴承的外圆柱面相切；肋的左、右侧面及前面与轴承的外圆柱面相交，其交线由圆弧和直线组成；底板的顶面与支撑板、肋的底面互相叠合。

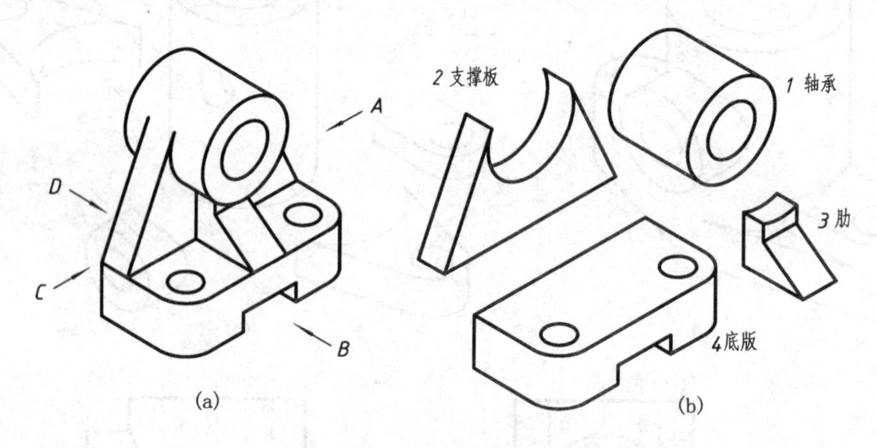

图 5.10 轴承座的形体分析

2. 选择主视图

主视图一般应能较明显反映出组合体形状的主要特征，即把能较多反映组合体形状和位置特征的某一面作为主视图的投影方向，并尽可能使形体上主要面平行于投影面，以便使投影能得到实形；同时考虑组合体的自然安放位置，还要兼顾其他两个视图表达的清晰性。如 5.10(a)所示，将轴承座按自然位置安放后，对由箭头所示的 A、B、C、D 四个方向投影所得的视图如图 5.11 所示进行比较，确定主视图。

若以 D 作为主视图，虚线较多，且没有 B 向清楚；C 向与 A 向视图虽然虚实线的情况相同，但如以 C 向作为主视图，则左视图会出现较多虚线，没有 A 向好；再比较 B 向与 A 向视图，B 向、A 向均能反映轴承座各部分的轮廓特征，现以 B 向作为主视图的投影方向。

主视图确定以后，俯视图和左视图的投影方向也就确定了。

3. 画图步骤

首先要选择适当的比例，按图纸幅面布置视图的位置，确定各视图的主要中心线或定位线的位置；然后按形体分析法所分解的基本体以及它们之间的相对位置，逐个画出它们的视图。

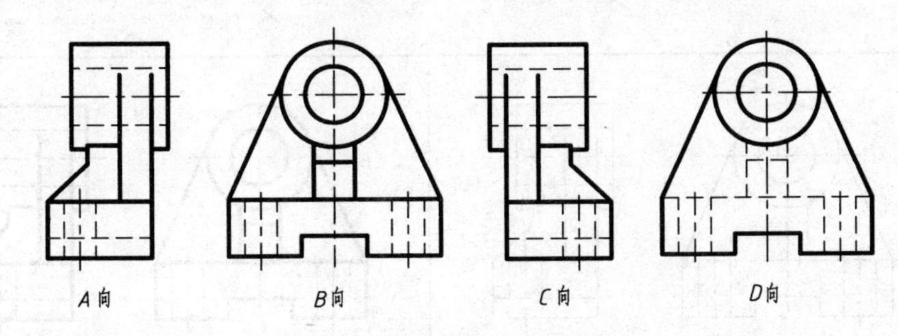

图 5.11　分析主视图的投影方向

必须注意，在逐个画基本体时，应同时画出三个视图，这样既能保证各基本体之间的相对位置和投影关系，又能提高绘图速度。底稿完成后，要仔细检查、修改错误，擦去多余图线，再按规定线型加深。

轴承座具体画图步骤如表 5.1 所列。

表 5.1　轴承座的画图步骤

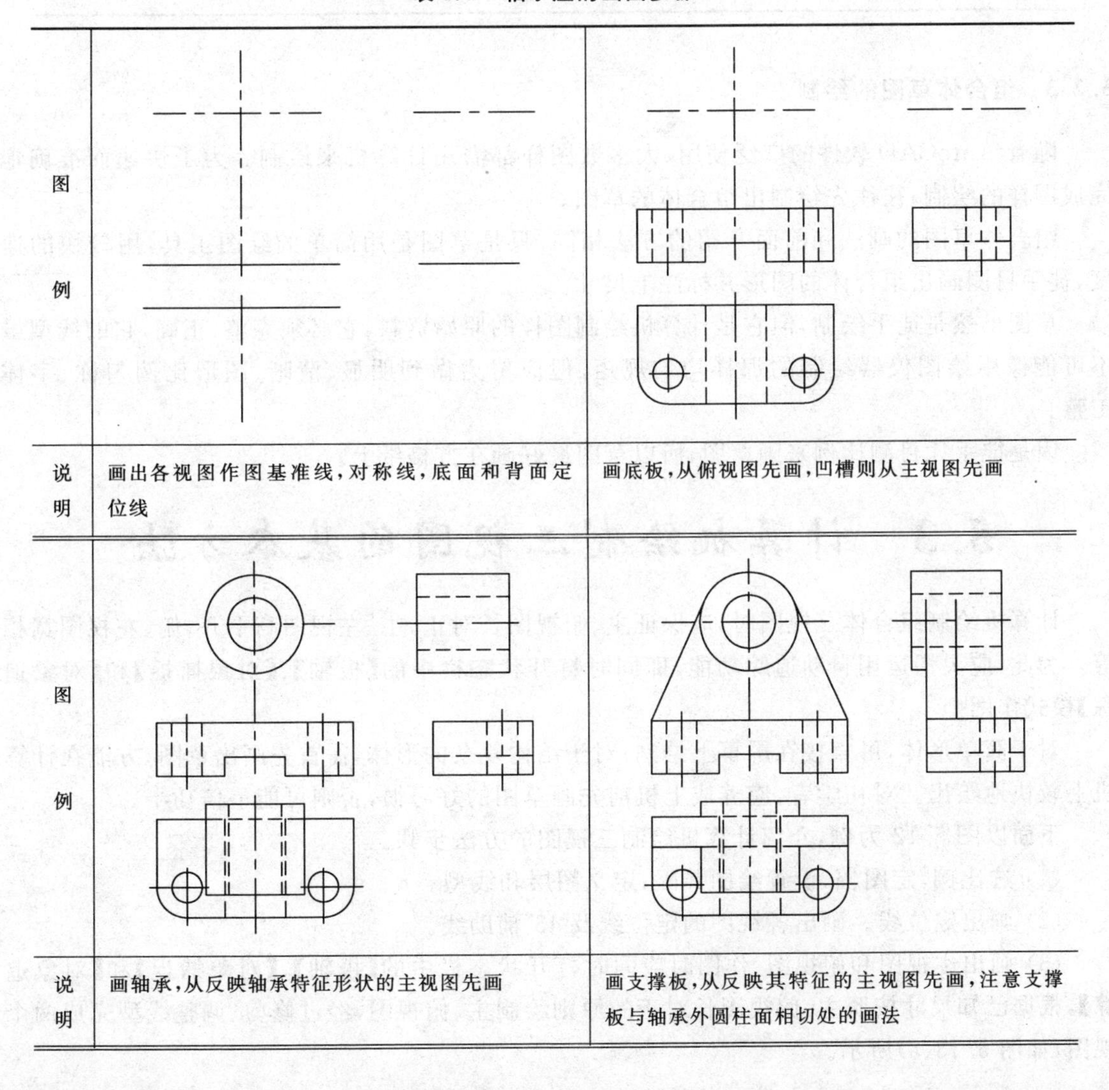

图例		
说明	画出各视图作图基准线，对称线，底面和背面定位线	画底板，从俯视图先画，凹槽则从主视图先画
图例		
说明	画轴承，从反映轴承特征形状的主视图先画	画支撑板，从反映其特征的主视图先画，注意支撑板与轴承外圆柱面相切处的画法

续表 5.1

图例	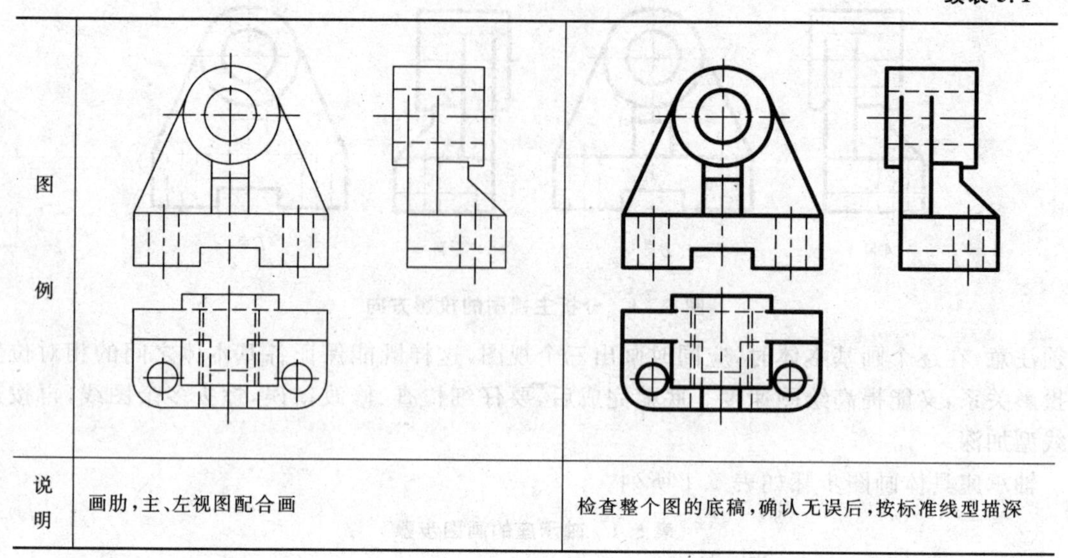	
说明	画肋，主、左视图配合画	检查整个图的底稿，确认无误后，按标准线型描深

5.2.3 组合体草图的绘制

随着 AutoCAD 软件的广泛使用，大多数图样都需用计算机来绘制。为了快速而准确地完成图样的绘制，往往先绘制出组合体的草图。

组合体草图的画法和前面介绍的方法相同，只是草图是用简单的绘图工具，用较快的速度，徒手目测画出组合体的图形并标注上尺寸。

草图虽然是徒手绘制，但它是计算机绘制图样的原始资料，它必须完整、正确，它的线型虽不可能像用绘图仪器绘制的那样均匀规矩，但应努力做到明显、清晰、图形比例匀称、字体工整。

因是徒手凭目测比例来画草图，所以草图最好画在方格纸上。

5.3 计算机绘制三视图的基本方法

计算机绘制组合体三视图时，应保证主、俯视图长对正，主、左视图高平齐，俯、左视图宽相等。为此，应灵活运用自动追踪功能，即同时打开状态栏中的【极轴】、【对象捕捉】和【对象追踪】模式作图。

对于简单形体，可直接在屏幕上绘制；对于结构复杂的形体，需首先画出草图，方能在计算机上较快地绘出。对初学者，应养成上机前先画草图的好习惯，否则可能事倍功半。

下面以图 5.12 为例，介绍计算机绘制三视图的方法步骤。

(1) 选比例，定图幅，设置绘图界限；定义图层和线型。

(2) 画出定位线。画出各视图的定位线及 45°辅助线。

(3) 画出主视图和俯视图：作图时应同时打开状态栏中的【极轴】、【对象捕捉】和【对象追踪】，根据已知尺寸按照主、俯视图长对正的原则绘制主、俯视图，经过修剪、调整线型完成两个视图，如图 5.13(a)所示。

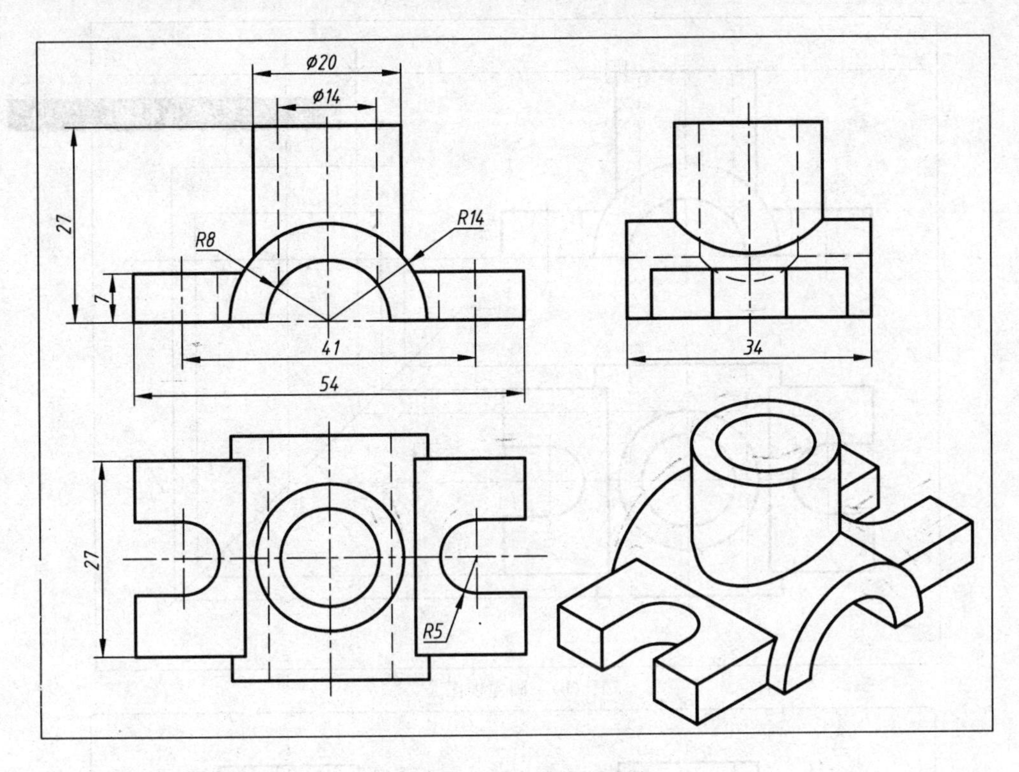

图 5.12 组合体的三视图

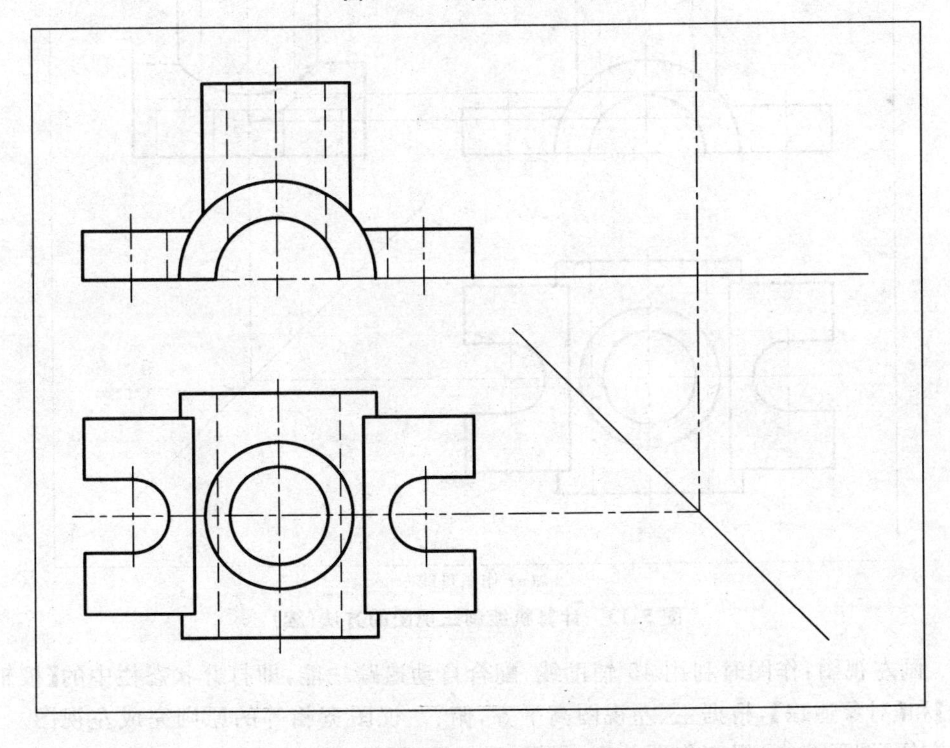

(a) 画出主、俯视图

图 5.13 计算机绘制三视图的方法

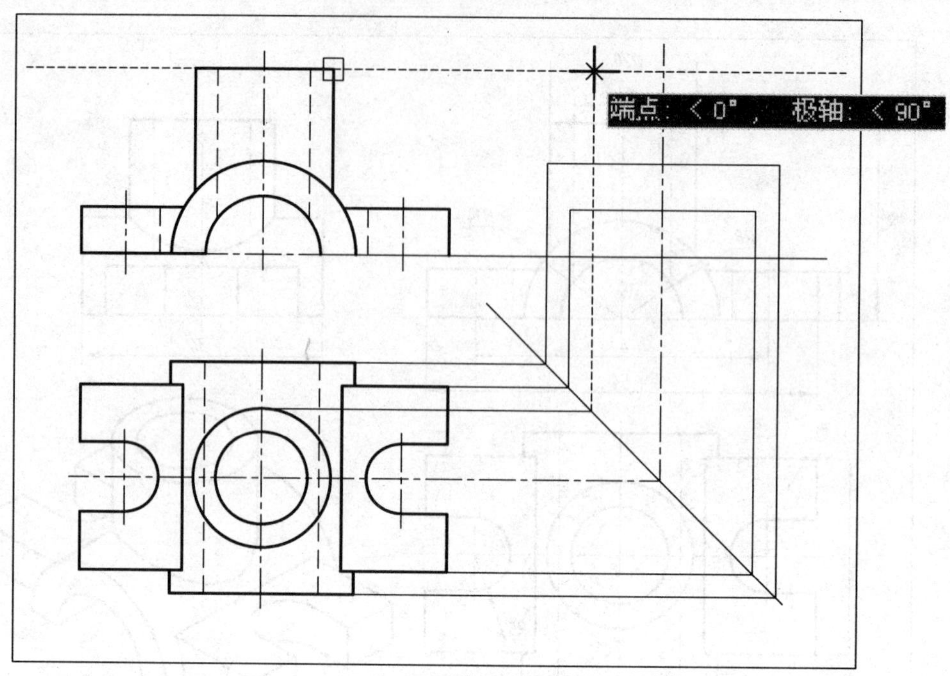

(b)　画左视图

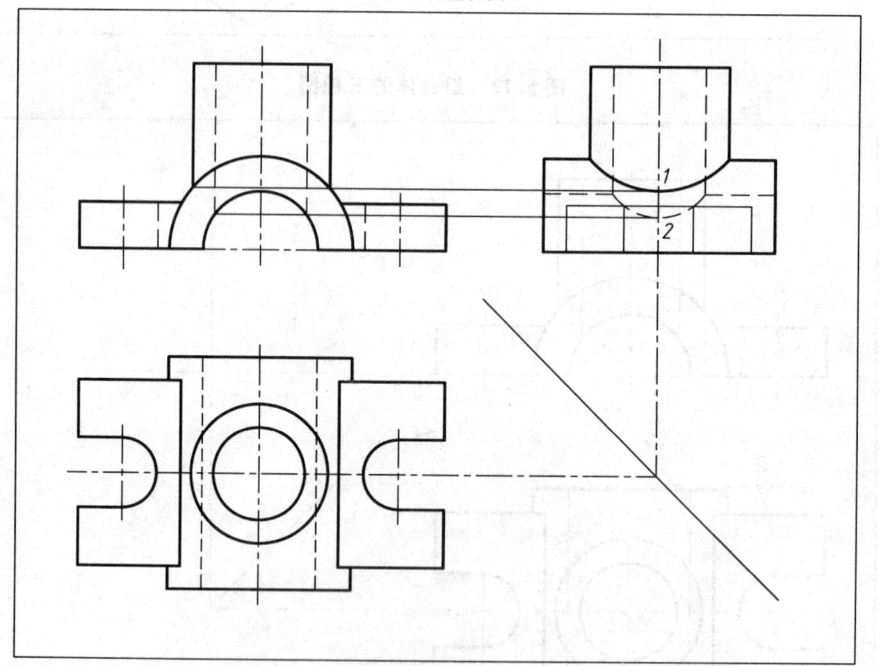

(c) 作图贯线

图 5.13　计算机绘制三视图的方法(续)

(4) 画左视图:作图时利用 45°辅助线,配合自动追踪功能,即打开状态栏中的【极轴】、【对象捕捉】和【对象追踪】,根据主、左视图高平齐,俯、左视图宽相等的原则完成左视图。这样可使作图方便,图形清晰,提高作图效率,如图 5.13(b)所示。

(5) 作相贯线:准确作出相贯线上的最低点 1 点和 2 点的位置,用经过三点画圆弧的方法,完成两条相贯线。经过修剪、调整线型完成左视图的绘制,如图 5.13(c)所示。

5.4 组合体的尺寸标注

三视图只能表达组合体的形状，而各形体的真实大小及其相对位置，则要靠尺寸来确定。因此，标注尺寸是表示形体的重要手段，认真掌握好组合体标注尺寸的方法，可为今后在零件图上标注尺寸建立良好的基础。

本节在前面介绍尺寸标注标准和平面图形、基本形体尺寸标注的基础上，介绍组合体尺寸标注的基本要求和基本方法。

5.4.1 尺寸标注的基本要求

(1) 正确：注写尺寸要正确无误，尺寸注法应遵守国家标准的有关规定；

(2) 完整：尺寸必须齐全，要能完全确定出组合体各部分形状的大小和位置，做到既不遗漏尺寸，也不重复标注尺寸；

(3) 清晰：尺寸布局要整齐、清楚，便于看图；

(4) 合理：所注尺寸要符合设计、制造和检验等要求(见第八章)。

5.4.2 尺寸基准的确定

标注尺寸的起点，或者说确定尺寸位置的点、线、面称为尺寸基准。

组合体有长、宽、高三个方向的尺寸，每一方向都要有基准，以便标注各形体间的相对位置。关于基准的确定，一般可选组合体的对称面、较大的平面及回转体的轴线等作为尺寸基准。如图 5.14(a)所示，则选择底面作为高度方向的尺寸基准，形体的前后对称面作为宽度方向的尺寸基准，底板的右端面作为长度方向的尺寸基准。

5.4.3 尺寸的种类

(1) 定形尺寸：定形尺寸是指用来确定组合体上各基本形体形状大小的尺寸。在标注定形尺寸时，应首先按形体分析法，将组合体分解成若干个简单形体，然后逐个注出各简单形体的定形尺寸，如图 5.14(b)所示。

(2) 定位尺寸：定位尺寸是指确定组合体各基本形体之间(包括孔、槽等)相对位置的尺寸，即每一基本形体在三个方向上相对于基准的距离。如图 5.14(c)所示的 3、22、11、17 等。

两个形体间应该有三个方向的定位尺寸，如图 5.15(a)所示。有时由于在视图中已经确定了某个方向的相对位置，也可省略其定位尺寸，如图 5.15(b)所示。由于孔板与底板左右对称，仅需标注宽度和高度方向的定位尺寸，省略长度方向的定位尺寸。图 5.15(c)的孔板与底板左右对称，背面靠齐，仅需确定孔的高度方向定位尺寸。

(3) 总体尺寸(Overall Dimension)：总体尺寸是用来确定组合体的总长、总宽和总高的尺寸。如图 5.14(c)中的 27、21 和 26 分别为总长、总宽和总高尺寸。当标注了总体尺寸后，为了避免产生多余尺寸，有时就要对已标注的定形尺寸和定位尺寸作适当的调整。如图5.14(c)中主视图上的 26 为总高尺寸，省略了孔板高 20 的尺寸。

当组合体的端部不是平面而是回转面时，该方向一般不直接标注总体尺寸，而是由确定回转面轴线的定位尺寸和回转面的定形尺寸(半径或直径)来间接确定，如图 5.16 中的总高尺寸未直接注出。

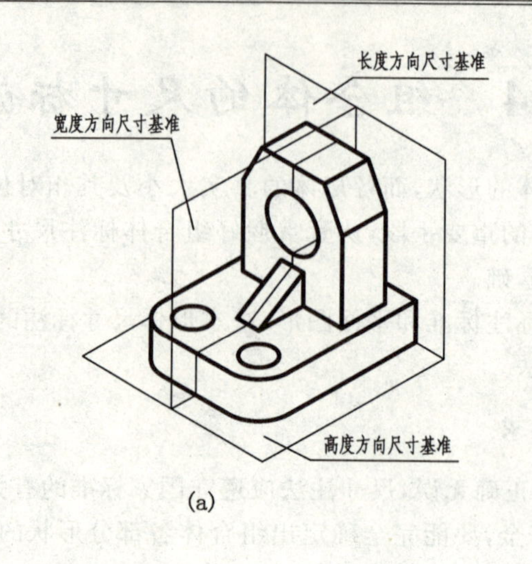

(a)

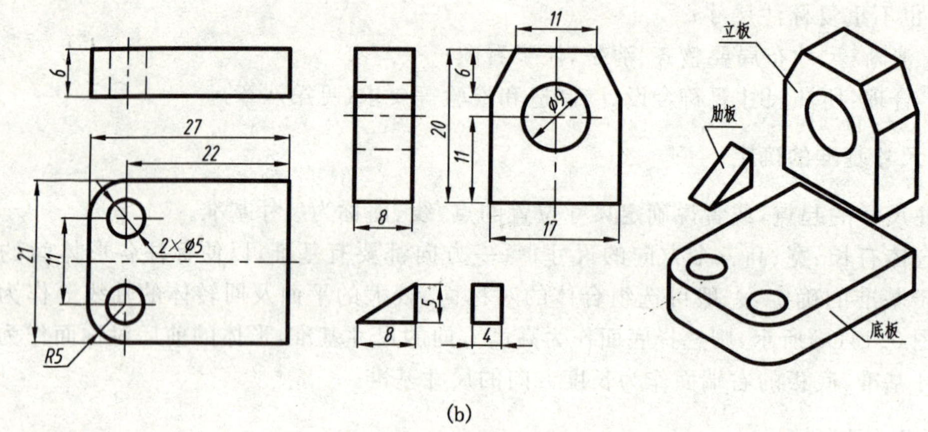

(b)

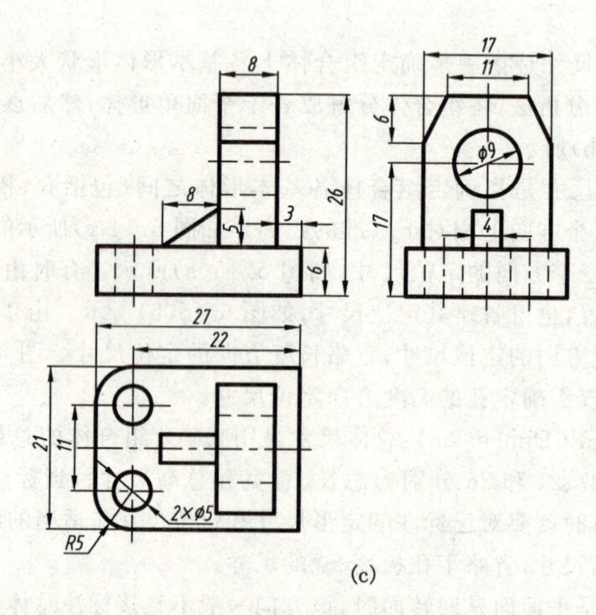

(c)

图 5.14　组合体尺寸分析

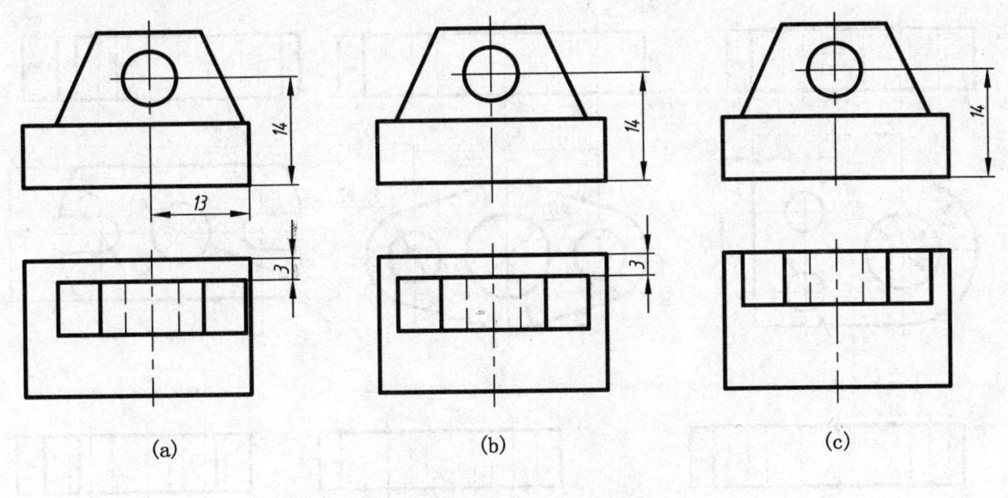

图 5.15　组合体定位尺寸

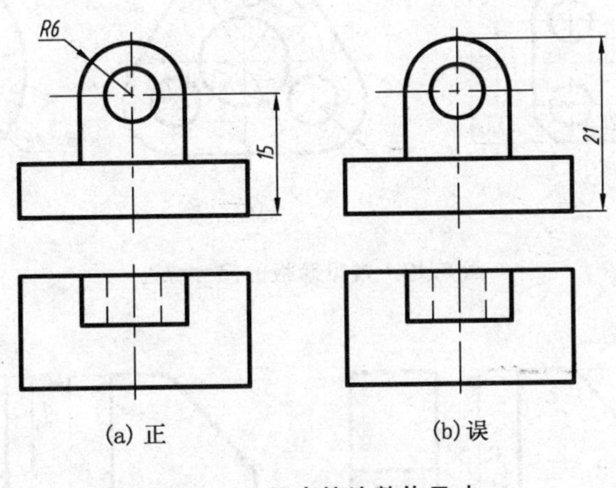

图 5.16　不直接注整体尺寸

5.4.4　常见板状结构的尺寸标注

对于图 5.17 所示板状结构，除了标注定形尺寸外，确定孔、槽中心距的定位尺寸是必不可少的。由于板的基本形状和孔、槽的分布形式不同，其中心距定位尺寸的标注形式也不一样。如在类似长方形的板上按长、宽方向分布的孔、槽，其中心距定位尺寸按长、宽方向进行标注，如图(d)所示；在类似圆形板上按圆周分布的孔槽，其中心距往往用定位圆直径的方法标注，如图(e)、(f)所示。必须特别指出的是，图(d)中所示板的四个圆角(*R*5)，无论与小孔是否同心，整个形体的长度尺寸和宽度尺寸、圆角半径，以及确定四个小孔位置的尺寸都要注出，当圆角与小孔同心时，应注意上述尺寸间不要发生矛盾。

5.4.5　尺寸布置的要求

(1) 定形尺寸尽量标注在反映形体特征明显的视图上，如图 5.18 所示。

(2) 同一形体的定形尺寸和定位尺寸应尽量标在同一视图上，如图 5.19 所示。

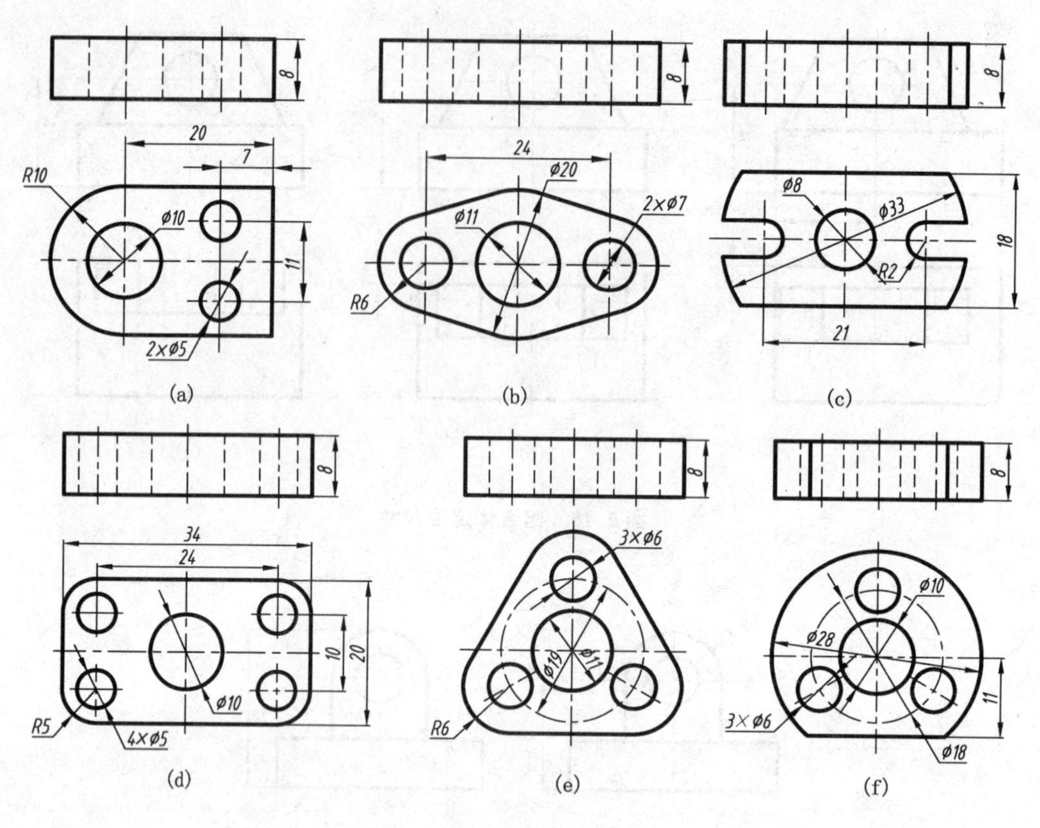

图 5.17 常见薄板的尺寸标注

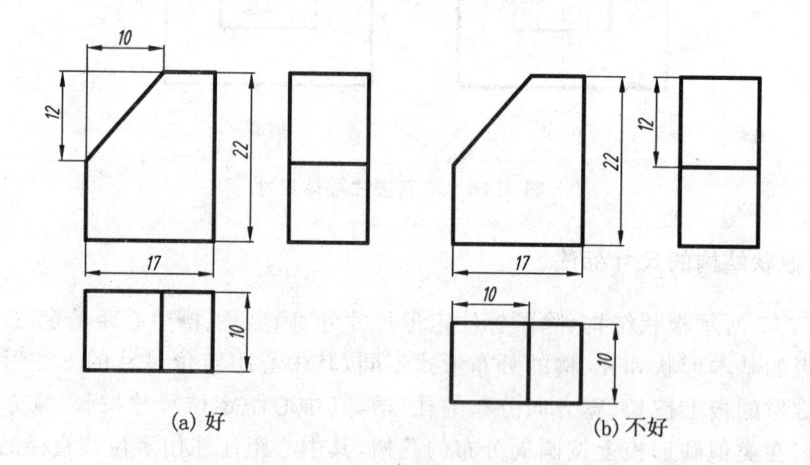

图 5.18 尺寸标注对比(一)

(3) 尺寸应尽量注在视图外部，以免尺寸线、尺寸界线与视图的轮廓线相交。与两图有关的尺寸最好注在两视图之间。

(4) 对于回转体，整圆直径尺寸尽量标在非圆视图上，圆弧尺寸必须标在反映圆弧实形的视图上，如图 5.20 所示。

(5) 尺寸排列要整齐，串列尺寸尽量标在一条线上，并列尺寸里小外大，如图 5.21 所示。

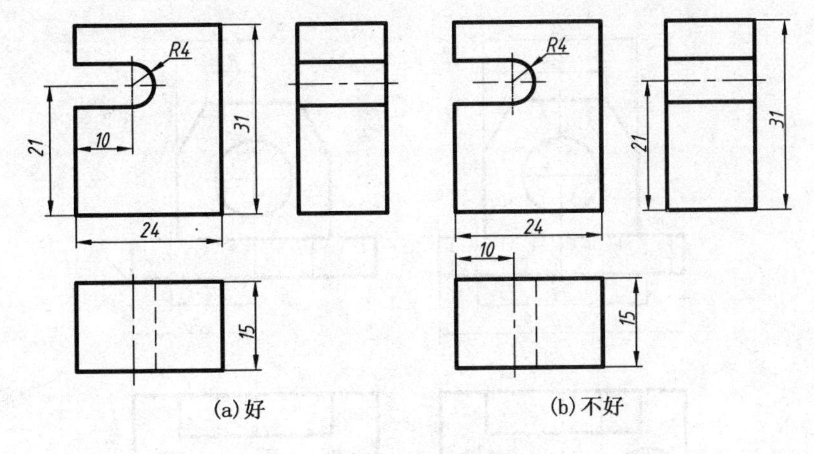

(a) 好　　(b) 不好

图 5.19　尺寸标注对比(二)

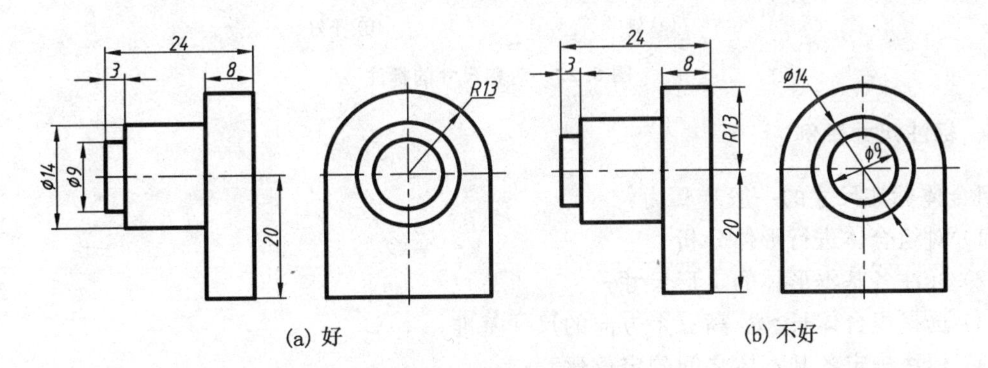

(a) 好　　(b) 不好

图 5.20　圆及圆弧的标注

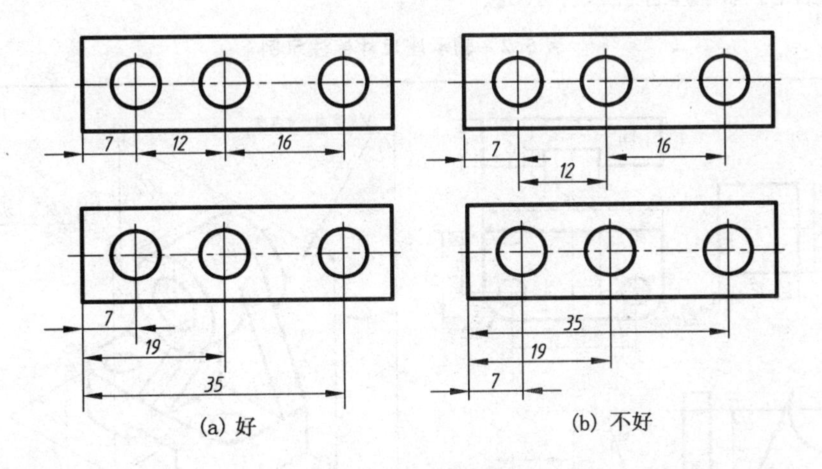

(a) 好　　(b) 不好

图 5.21　尺寸的排列

(6) 对称的定位尺寸应以尺寸基准对称面为对称直接注出，不应在尺寸基准两边分别注出，如图 5.22 所示。

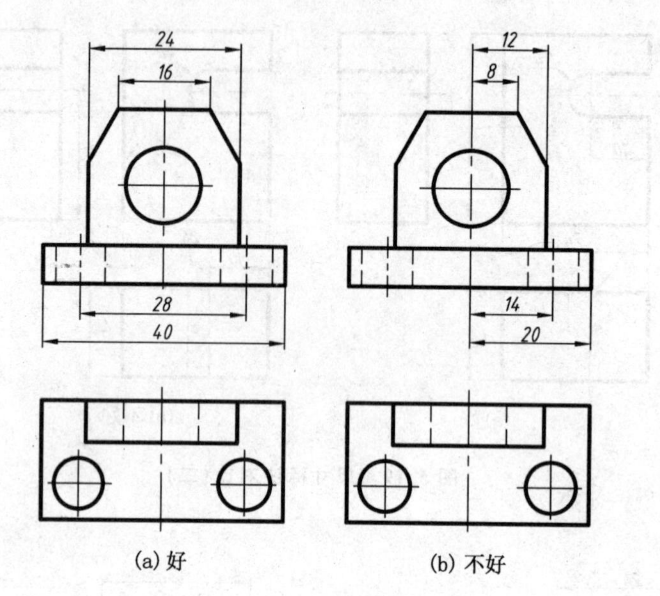

(a) 好　　(b) 不好

图 5.22　对称尺寸的标注

5.4.6　标注尺寸举例

组合体标注尺寸的一般步骤为：

(1) 对组合体进行形体分析；

(2) 标注各基本形体的定形尺寸；

(3) 选择组合体长、宽、高三个方向的尺寸基准；

(4) 标注确定各基本体之间的定位尺寸；

(5) 标注总体尺寸。

表 5.2 给出了轴承座标注尺寸示例。

表 5.2　轴承座尺寸标注示例

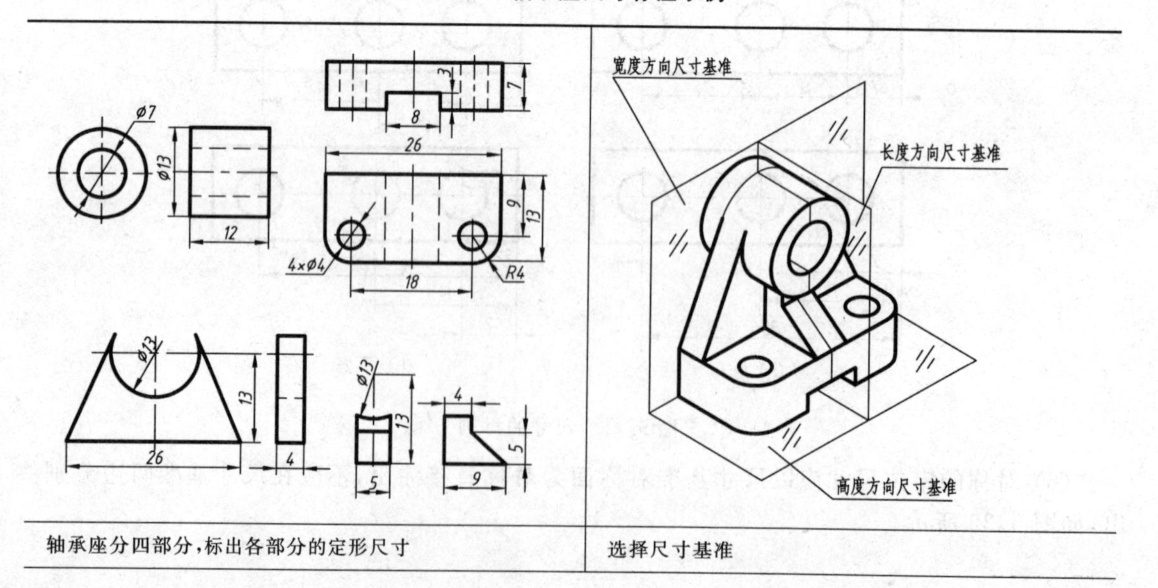

轴承座分四部分，标出各部分的定形尺寸	选择尺寸基准

续表 5.2

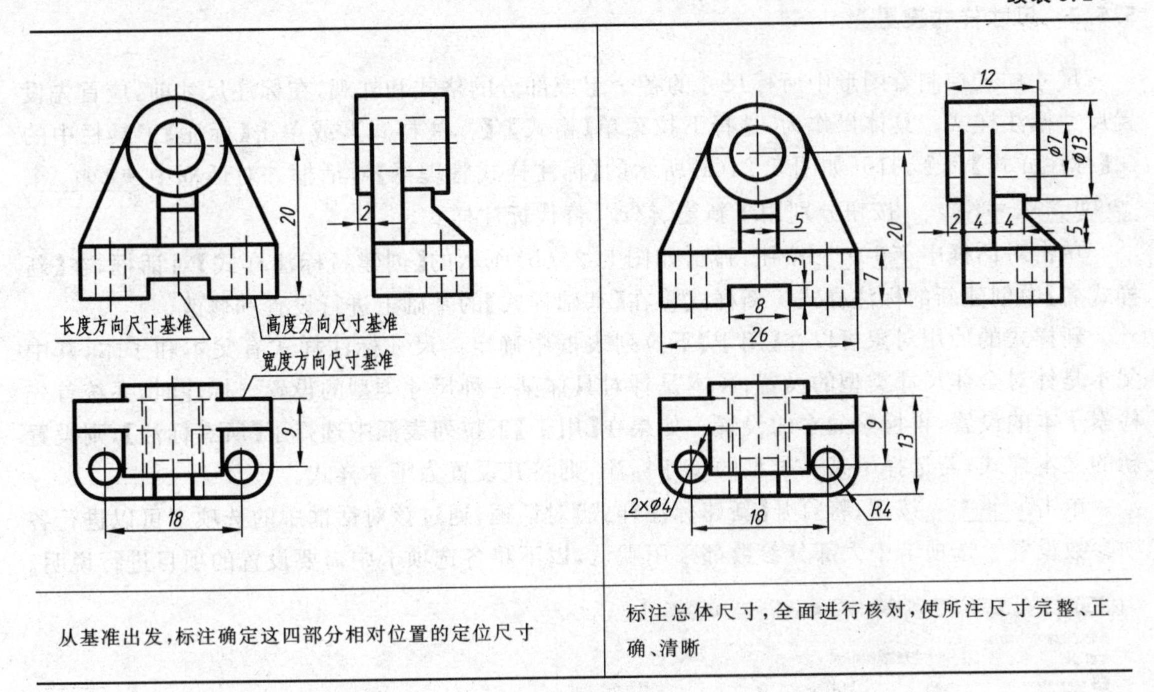

从基准出发，标注确定这四部分相对位置的定位尺寸	标注总体尺寸，全面进行核对，使所注尺寸完整、正确、清晰

5.5　计算机标注尺寸的方法

AutoCAD 提供了一套完整的尺寸标注命令，通过这些命令，用户可方便地标注图形上的各种尺寸。当用户进行尺寸标注时，AutoCAD 会自动测量实体的大小，并在尺寸线上标出正确的尺寸数字。

5.5.1　尺寸标注工具栏

AutoCAD 提供了 10 余种标注命令，用于对图形对象进行尺寸标注，分别位于【标注】下拉菜单或【标注】工具栏中，图 5.23 为常用的尺寸标注工具栏。使用这些标注命令可以进行角度、直径、半径、线性、对齐、连续及基线等标注。

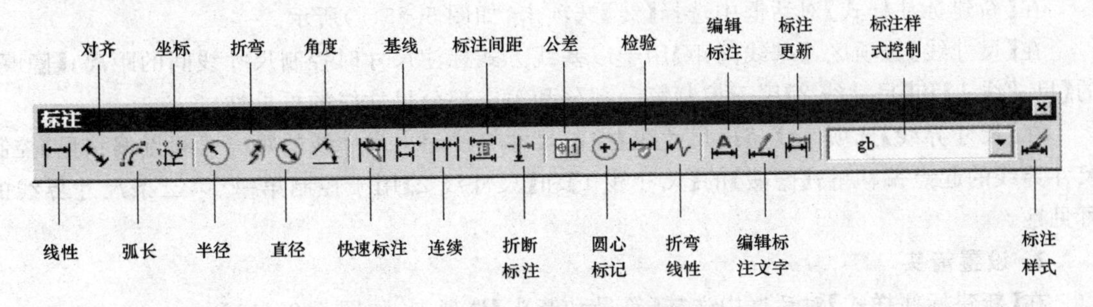

图 5.23　【标注】工具栏

5.5.2 尺寸样式设置

尺寸样式控制着图形中所标尺寸的各个组成部分的格式和外观，在标注尺寸前，应首先设置尺寸标注样式。具体操作为：选择下拉菜单【格式】/【标注样式】，或单击【标注】工具栏中的【标注样式】命令，打开如图 5.24(a)所示的【标注样式管理器】对话框。对话框中 新建(N)... 、修改(M)... 、替代(O)... 按钮分别用于新建、修改、替代标注样式。

单击对话框中 新建(N)... 按钮，弹出如图 5.24(b)所示的【创建新标注样式】对话框，在【新样式名】中创建新的标注样式。新样式将在【基础样式】的基础上进行设置和修改。

新样式的使用对象可以在【用于】下拉列表框中确定。尺寸标注样式有父本和子本，其中父本是针对全体尺寸类型的设置；子本是针对具体某一种尺寸类型的设置。标注时，系统首先检索子本的设置，再检索父本的设置。如果在【用于】下拉列表框中选择了【所有标注】，则设置新的父本样式；若选择了某一类型的尺寸标注，则将其设置为子本样式。

单击 继续 按钮，将打开【新建标注样式】对话框，通过该对话框中的选项卡可以进行各项参数设置。选项卡中大部分参数都采用默认，以下将各选项卡中需要设置的项目进行说明。

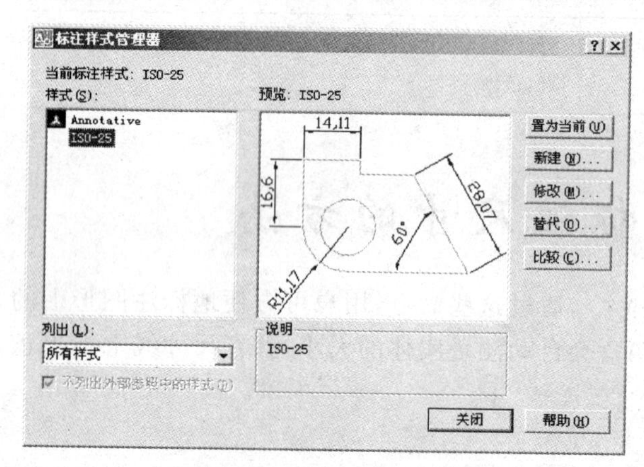

(a) 【标注样式管理器】对话框

(b) 【创建新标注样式】对话框

图 5.24 创建标注样式

1. 设置尺寸线和尺寸界线

在【新建标注样式】对话框中选择【线】选项卡，如图 5.25(a)所示。

在【尺寸线】选项区，【基线间距】用于以基线方式标注尺寸时控制尺寸线间的距离；【隐藏】的【尺寸线 1】和【尺寸线 2】用于控制第一部分和第二部分尺寸线的可见性。

在【尺寸界线】选项区，【超出尺寸线】控制尺寸界线超出尺寸线的距离；【起点偏移量】控制尺寸界线的起点偏移量；【隐藏】的【尺寸线 1】和【尺寸线 2】用于控制第一、第二条尺寸界线的可见性。

2. 设置箭头

在【新建标注样式】对话框中选择【符号和箭头】选项卡，如图 5.25(b)所示。

【箭头】选项区，用于控制箭头的形式及大小。选择“实心闭合”箭头，大小视图形而定。

【圆心标记】选项区，用于控制是否对圆作中心标记。选择“无”。

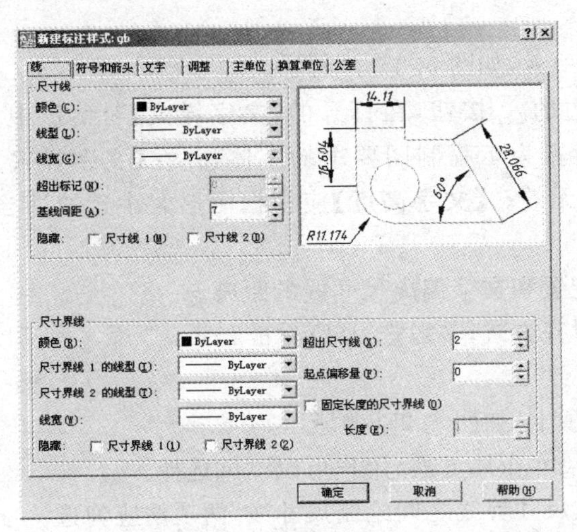

(a) 【线】选项卡

(b) 【符号和箭头】选项卡

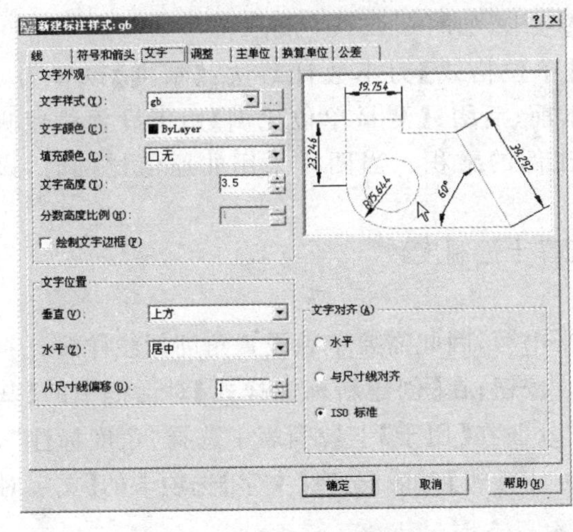

(c) 【文字】选项卡

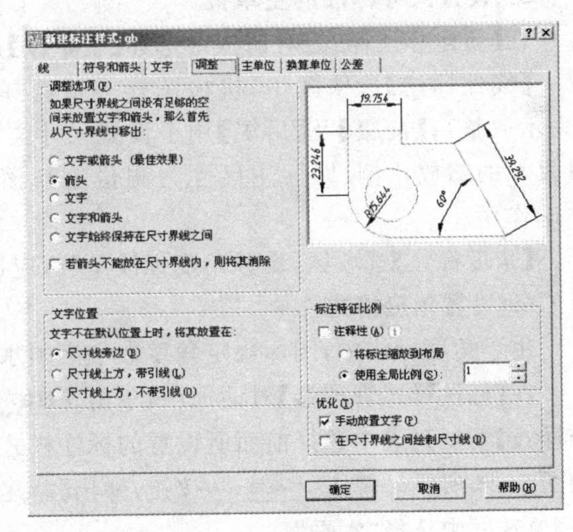

(d) 【调整】选项卡

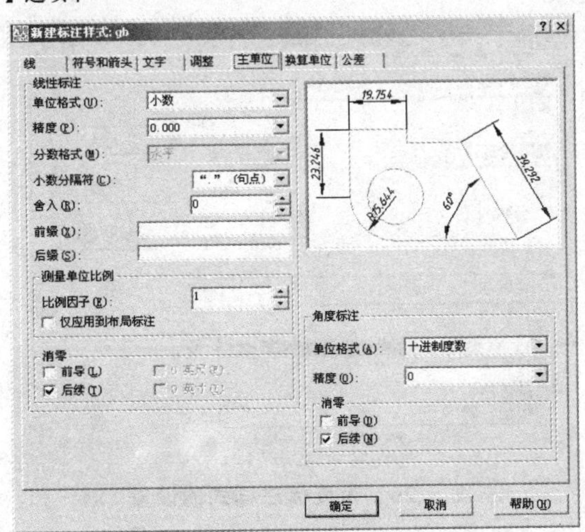

(e) 【主单位】选项卡

图 5.25 【新建标注样式】对话框

3. 设置标注文字

在【新建标注样式】对话框中选择【文字】选项卡，如图 5.25(c)所示。

单击【文字外观】选项区的【文字样式】右边的...按钮，在打开的【文字样式】对话框中，通过“新建”按钮设置“样式名”，并将【字体】设置为工程制图要求的字体，并在【文字样式】下拉列表中选取使用，否则上述设置的样式将无效。【文字高度】应根据图形大小选取适当的数值。

【文字位置】选项区，用于设置标注文字的位置和文字偏离尺寸线的距离。

【文字对齐】单选框，用于设置标注文字的对齐方式，一般选“ISO 标准”。

4. 调整尺寸标注要素

在【新建标注样式】对话框中选择【调整】选项卡，如图 5.25(d)所示。

【调整选项】单选框的每一种选择对应一种尺寸布局方式，用户可以测试选择。

【优化】复选框的“手动放置文字”和“始终在尺寸界线之间绘制尺寸线”两项均应勾选。

5. 设置尺寸标注的主单位

在【新建标注样式】对话框中选择【主单位】选项卡，如图 5.25(e)所示。

【线性标注】选项区中，机械图样一般选择【单位格式】为小数计数法；【精度】设置为 0(表示取整)；【前缀】及【后缀】用于设置尺寸文本前、后缀；【测量单位比例】用于设置线性测量尺寸的缩放比例，即标注尺寸为测量值与该比例的乘积。当图样采用非原值比例时，该项起作用。

【角度标注】选项区，设置角度标注单位，应选择十进制度数。

6. 设置角度格式

由于角度标注中，国标规定角度数字必须水平书写，因此需要单独设置角度标注样式。

在【标注样式管理器】对话框中，单击 新建(N)... 按钮；在【创建新标注样式】对话框中的【基础样式】下拉列表中选择前面所设置的标注样式“gb”；在【用于】下拉列表中选择“角度标注”，如图 5.26 所示。单击 继续 按钮，弹出【新建标注样式】对话框，在【文字】选项卡的【文字对齐】单选框中选择“水平”。

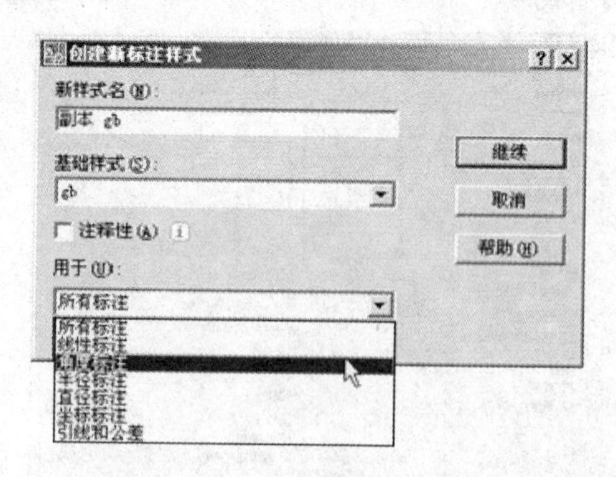

图 5.26 角度标注样式的设置

7. 设置多重引线格式

倒角是工程制图中的常见结构，一般采用多重引线标注，在标注前，应首先设置多重引线样式。具体操作为:单击【多重引线】工具栏(见图 5.27)的【多重引线样式】命令,系统将弹出【多重引线样式管理器】对话框,如图 5.28(a)所示。单击 新建(N)... 按钮,创建新的多重引线样式,如图 5.28(b)所示。单击 继续 按钮,弹出【新建多重引线样式】对话框,在该对话框的选项卡中修改设置。

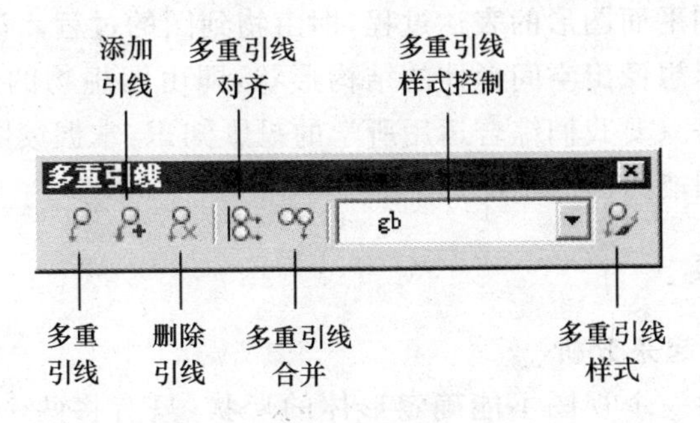

图 5.27 【多重引线】工具栏

倒角尺寸的标注可以通过下拉菜单【标注】或【多重引线】工具栏的【多重引线】命令进行标注。

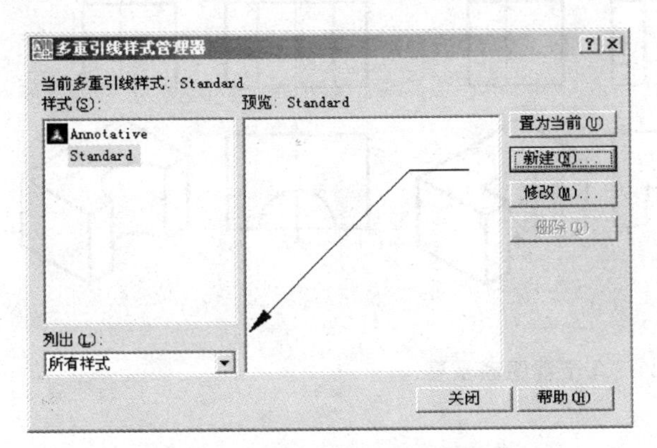

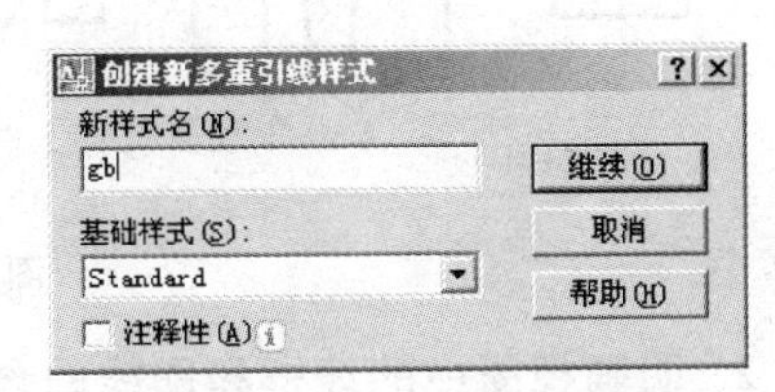

(a) 【多重引线样式管理器】对话框　　(b) 【创建新多重引线样式】对话框

图 5.28 创建多重引线样式

5.5.3 标注尺寸应注意的问题

(1) 在使用【基线】命令和【连续】命令标注之前必须先标注一个线性或角度尺寸为基准尺寸,且标注基准尺寸捕捉的两点必须按照规定的顺序进行,否则将会发生标注错误。

(2)【标注样式管理器】对话框中【修改】和【替代】的区别:使用【修改】将更改设置原系统的变量,而【替代】只是对特定的尺寸对象作修改,并且修改后不影响原系统的变量设置。例如要改变某一个或几个尺寸的尺寸线、尺寸界线及数字颜色、设置某一尺寸的标注形式、临时添加前后缀等,都应使用【替代】。当使用完【替代】标注尺寸后,在【标注样式管理器】对话框中要随时删除【样式替代】,以免影响后续尺寸的标注效果。

5.6 读组合体视图

读图和画图是学习本课程的两个主要环节，画图是将空间形体按正投影方法表达在图纸上，是一种从空间形体到平面图形的表达过程，即由物到图的过程。读图正好是这一过程的逆过程，它是根据平面图形想像出空间形体的结构形状，即由图想物的过程。对于初学者来说，读图是比较困难的，但是只要我们综合运用所学的投影知识，掌握读图要领和方法，多读图，多想像，就能不断提高读图能力。

5.6.1 读图的基本要领

1. 将几个视图联系起来分析

在一般情况下，仅由一个视图不能确定形体的形状，只有将两个以上的视图联系起来分析，才能准确识别各形体的形状和形体间的相对位置。如图5.29所示的三组视图中，主视图都相同，其中(b)和(c)图的左视图也相同，但联系俯视图分析，则可确定三个不同形状的形体。

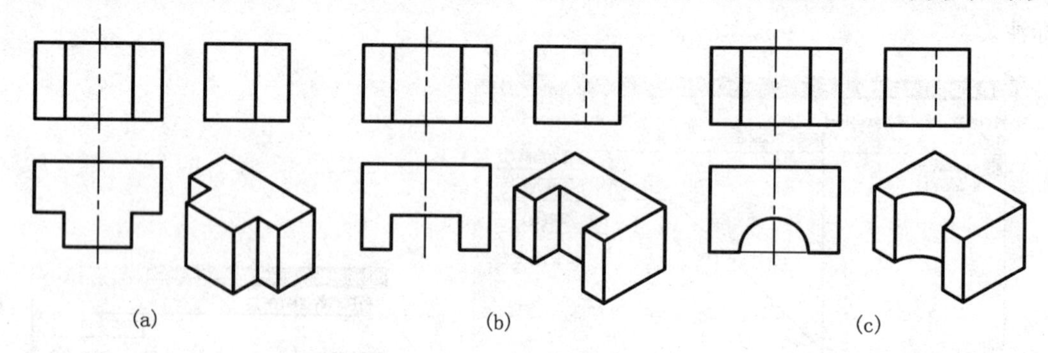

图5.29 几个视图联系看

2. 明确视图中的线框和图线的含义

线框是指图上由图线围成的封闭图形，明确线框的含义，对读图是十分重要的。

(1) 一个封闭的线框，表示形体的一个表面(平面或曲面)。如图5.30(a)所示主视图中的封闭线框表示形体的前表面(平面)的投影。当然该线框也表示该形体的后表面(平面)的投影，不过，从线框分析的角度来讲，一般指一个表面而言。

(2) 相邻的两个封闭线框，表示形体上位置不同的两个面，如图5.30(a)所示的俯视图中的相邻两个线框，表示一高一低两个平面的投影；如图5.30(b)所示的主视图的两个相邻线框，表示的两个平面为一前一后。

(3) 在一个大封闭线框内所包含的各个小线框，表示在大平面体(或曲面体)上凸出或凹下的各个小平面体(或曲面体)。如图5.30(c)所示，俯视图中的大线框表示带有圆角的四棱柱，其中的两个小圆线框表示在四棱柱上有两个小圆孔，中间两个同心圆表示在四棱柱上凸起一个空心的圆柱。

视图中的每条图线，可能表示三种意义之一，如图5.30所示：

(1) 表示平面或曲面的积聚性投影，如图(a)所示的1、图(c)所示的2。

(2) 表示表面交线的投影，如图(c)所示的3表示肋和圆柱面的交线。

(3) 表示曲面的转向轮廓线，如图(c)所示的 4 表示圆柱面的转向轮廓线。

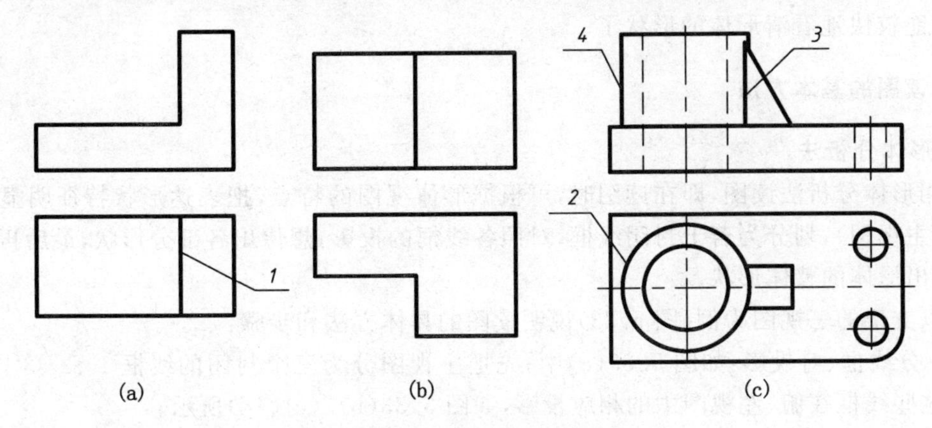

图 5.30 明确线框和图线的含义

3. 抓特征视图进行分析

抓特征视图就是要抓住形体的“形状特征”视图和“位置特征”视图。

“形状特征”视图是最能反映形体形状特征的视图。如图 5.31 所示为底板的三视图和立体图，从主视图、左视图除了能看出板厚外，其他形状反映不出来，而俯视图却能清楚地反映出孔和槽的形状。所以俯视图就是“形状特征”视图。

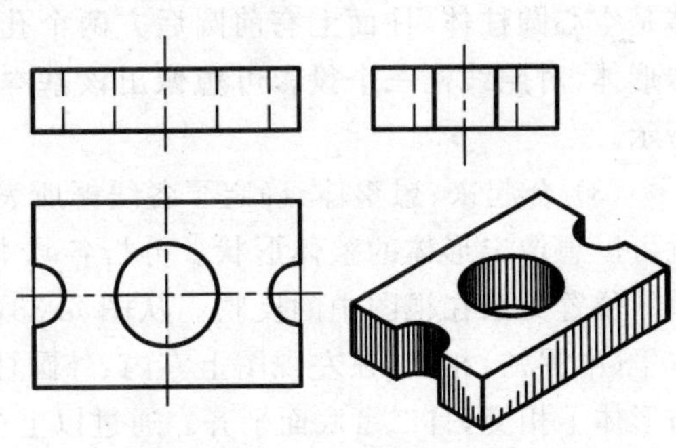

图 5.31 形状特征视图

“位置特征”视图是最能反映形体相互位置关系的视图。如图 5.32(a)所示为支板的主、俯视图，在这个图中，形体的 1、2 两块基本形体哪个是凸出的，哪个是凹进去的，是不能确定的，它即可表示图 5.32(b)的形体，也可表示图 5.32(c)的形体。如果像图 5.32(d)那样给出主、左两个视图，则形状和位置都表达得十分清楚。所以左视图就是“位置特征”视图。

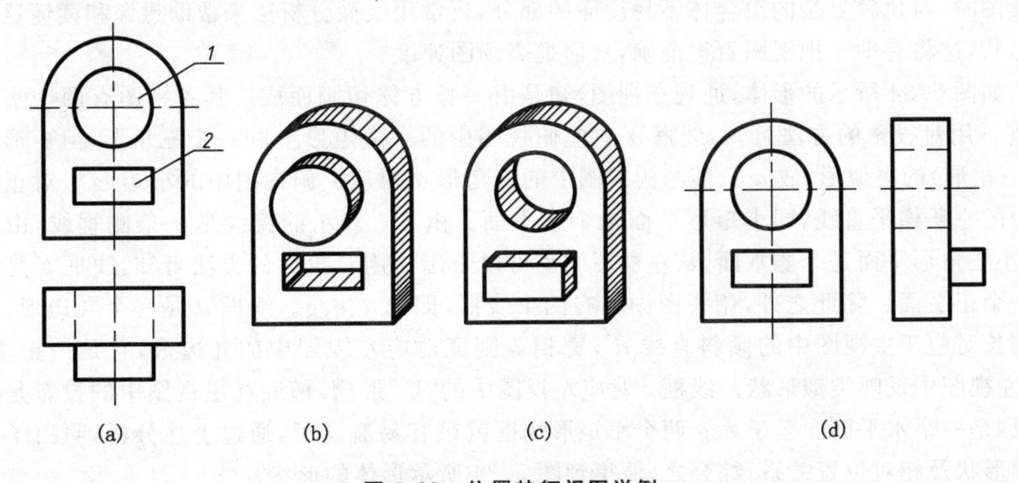

图 5.32 位置特征视图举例

可见，特征视图是关键的视图，读图时应找出形状特征视图和位置特征视图，再配合其他视图，就能较快地看清形体的形状了。

5.6.2 读图的基本方法

1. 形体分析法

利用形体分析法读图，即在读图时，可根据形体视图的特点，把表达形状特征明显的视图(一般为主视图)，划分为若干封闭线框，对照各线框的投影，想像出各部分形状，最后再综合起来，想像出形体的整体形状。

现以支架的三视图为例(图 5.33)说明读图的具体方法和步骤：

(1) 分线框、对投影：如图 5.33(a)中，先把主视图分为三个封闭的线框 $1'$、$2'$、$3'$，然后分别找出这些线框在俯、左视图中的相应投影，如图 5.33(b)、(c)、(d)所示。

(2) 按投影、定形体：分线框后，可根据各种基本形体的投影特点，确定各线框所表示的是什么形状的形体。对照线框 $1'$的三个投影可想像出该基本形体为半圆柱，如图 5.33(b)所示；线框 $2'$的三面投影中，正面投影及侧面投影是矩形，水平投影是两同心圆，可想像出该基本形体是空心圆柱体，柱面上有前圆后方两个孔，如图 5.33(c)所示；线框 $3'$是左右对称的两个基本形体，对照线框三个投影可想像出该基本形体为长方体，中间有马蹄形缺口，如图 5.33(d)所示。

(3) 合起来、想整体：确定了各线框所表示的基本形体后，再分析各基本形体的相对位置，就可以想像出形体的整体形状。分析各基本形体的相对位置时，应该注意形体上下，左右和前后的位置关系在视图中的反映。从图 5.33(a)所示的支架的三视图可知，形体Ⅱ(圆柱)与形体Ⅰ(半圆柱)相交，在左视图上有内、外圆柱相交的相贯线；两个左右对称、结构相同的形体Ⅲ与形体Ⅰ相交，且二者底面平齐。通过以上分析，就可想像出支架的总体形状了，如图 5.33(e)所示。

2. 线面分析法

所谓线面分析法，就是将视图上一些图线及封闭线框，通过分析它们的投影，搞清它们所表示的是组合体上哪条线、哪个面，以及在组合体上的位置，从而想像出组合体的形状。所以，在读图时，对比较复杂的组合体不易读懂的部分，还常用线面分析法来帮助想像和读懂这些局部形状，这将有助于把视图看得准确，从而提高读图速度。

如图 5.34 所示的形体，通观三视图，知是由一长方体切割而成。其主视图有两个实线框 a'、b'。用对投影的方法可知，线框 a'对应俯视图中的一个矩形 f 和一个三角形，但矩形不是 a'(三角形)的类似形，故 a'只能与俯视图中的三角形 a 对应。俯视图中的小矩形 f 对正主视图中的一条横平直线，即小矩形平面是个水平面。由 l、l'表示的直线是一条侧垂线，由此可知，小三角形平面是个侧垂面，从左视图中也可以看出。用对投影的方法可知，线框 b'是前面的一个正平面。除此之外，俯视图中还有四个线框，即 c、d、e、g。线框 d 是一个九边形，长对正则长对应于主视图中的倾斜直线 d'，宽相等则宽对应左视图中的九边形，它是一正垂面，俯、左视图中反映类似形状。线框 c 对应左视图中的“U”形槽，槽底在主视图中的投影是虚直线段，是一个水平面。至于 e、g 两个小矩形线框就很容易看懂了，通过上述分析，明白了各部分的形状及相对位置关系，综合之，便得到图 5.34 所示形体的形状。

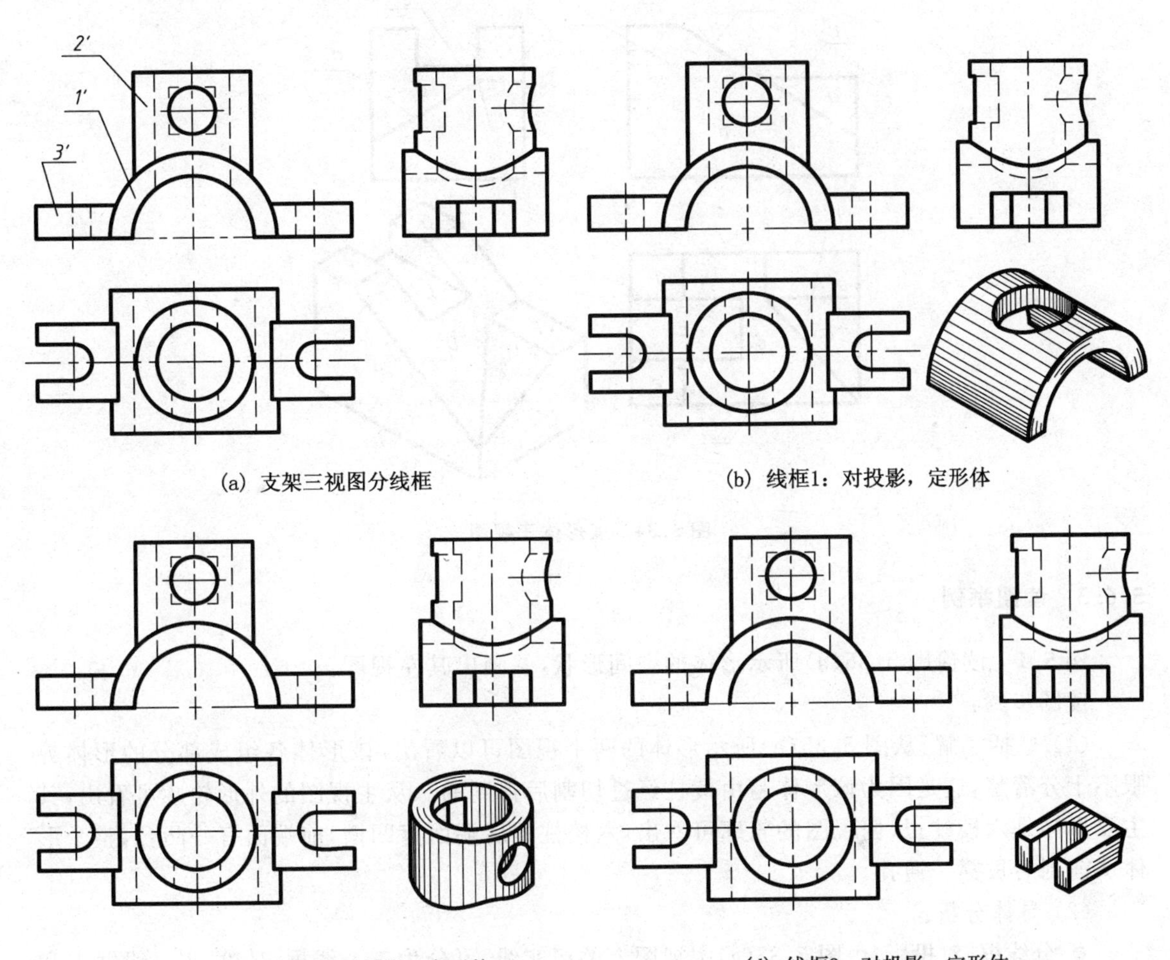

(a) 支架三视图分线框　　(b) 线框1：对投影，定形体

(c) 线框2：对投影，定形体　　(d) 线框3：对投影，定形体

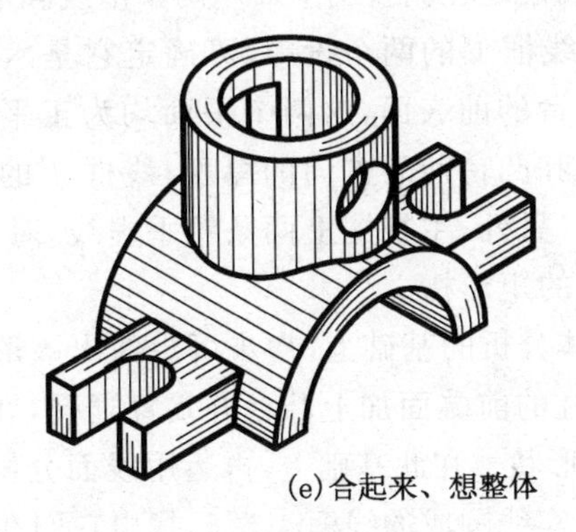

(e)合起来、想整体

图 5.33　支架的看图方法

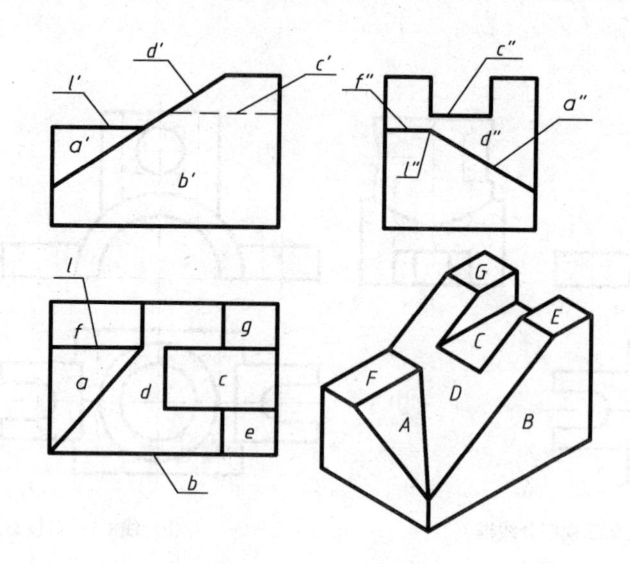

图 5.34 读形体三视图

5.6.3 读图举例

例 5.1 读懂图 5.35(a)所示形体的空间形状,并画出其左视图。

读图步骤:

(1) 概括了解:从图 5.35(a)所示形体的两个视图可以看出,该形体各组成部分的形体界限不十分清楚,这是因为该形体是由棱柱经过切割后得到的。从主视图的外形轮廓可看出,其主要形体是六棱柱;从俯视图的轮廓可看出,六棱柱的后端面有凹槽,前端面有一凸台,整个形体从前到后贯穿一通孔。

(2) 具体分析:

● 分线框、对投影:由图 5.35(a)主视图上的粗实线,可分为三个线框:1′、2′、3′。线框 1′和 2′在俯视图上对应两条直线;线框 3′在俯视图上对应两条虚线和水平实线围成的矩形线框。

● 按投影、定形体:根据线框 1′的两个投影,可确定它是六棱柱的前端面;线框 2′的两个投影,表示六棱柱前端面上凸台的前表面,这两个平面均为正平面,主视图上的线框反映其实形,俯视图上反映出了六棱柱和凸台前后方向的厚度;线框 3′的两个投影,表明它是从凸台前表面到六棱柱后端面的通孔。另外,主视图上两条铅垂虚线,对应俯视图上六棱柱后端面的凹槽,说明凹槽是从上到下贯通的矩形槽。

● 合起来、想整体:在具体分析的基础上,初步可想像出该形体的基本形体是六棱柱,按各组成形体的相对位置,在六棱柱的前端面加上凸台并贯穿通孔,在六棱柱的后端面去掉凹槽,即得到如图 5.35(b)所示的整体形状。在此基础上,再运用线面分析法,检查所得的整体形状是否正确。例如从俯视图上三个由实线围成的线框 4、5、6,找出它们在主视图上对应的投影为三条直线段;由此可知,线框 4、6 为正垂面,线框 5 为水平面,它们均垂直于 V 面。也就是说六棱柱的三个侧表面与凸台的三个侧面分别为同一个表面;这是由于六棱柱和凸台的这些表面是共面结合的关系,所以它们之间不应有分界线。这样就更证实了我们前面分析的正确性。

经过形体分析和线面分析,把图读懂,彻底想清形体的形状后,才能着手画其左视图,其作图步骤如图 5.35(c)、(d)所示。

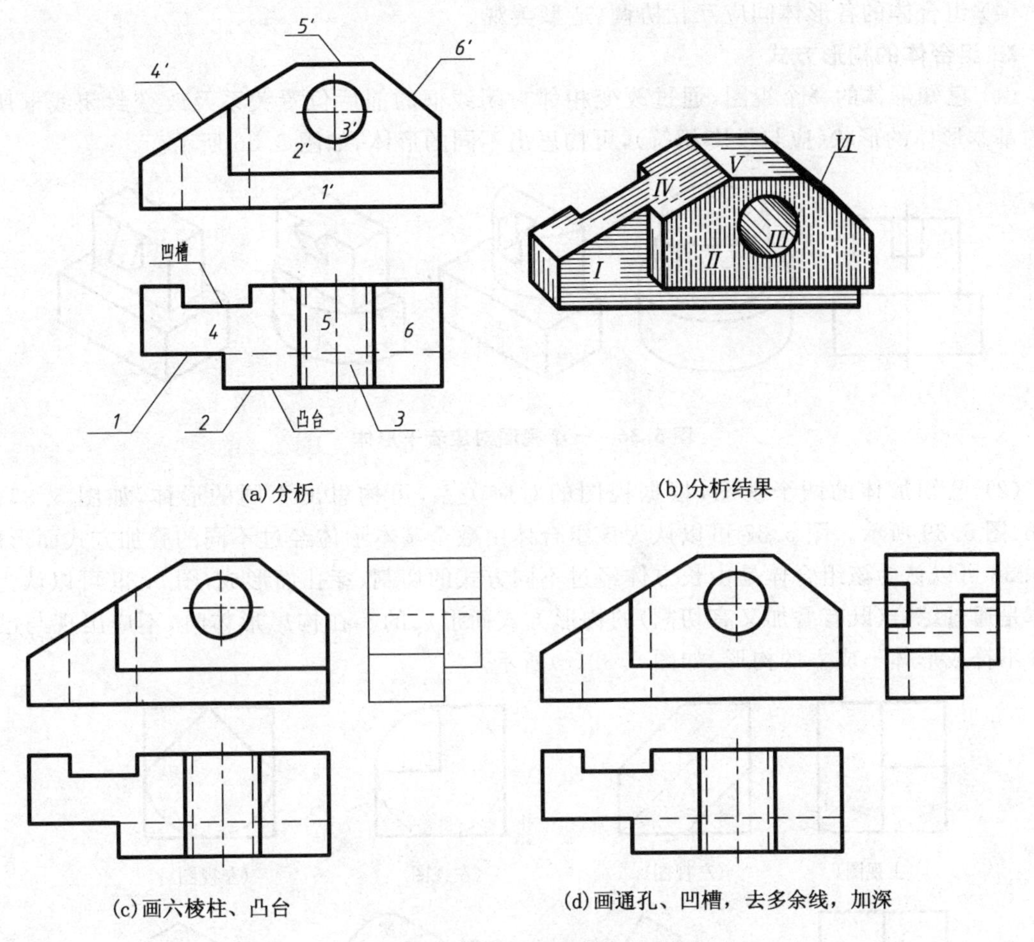

(a)分析　(b)分析结果

(c)画六棱柱、凸台　(d)画通孔、凹槽，去多余线，加深

图 5.35　由主、俯视图补画左视图

5.7　组合体的构形设计

任何一个产品其设计过程可为三个过程，即概念设计、技术设计和施工设计。概念设计是以功能分析作为其核心，即对用户的需求通过功能分析寻求最佳的构形概念；技术设计是将概念设计过渡到技术上可制造的三维模型。构形设计又是技术设计中的重要组成部分；施工设计主要是使该三维模型成为真正能使用的零件、部件成产品。

组合体的构形设计是零件构型设计的基础，在此，着重讨论组合体的构形设计。

5.7.1　组合体的构形原则及方式

1. 组合体的构形原则

进行组合体构形设计时，必须考虑以下几点：

(1) 组合体的形状、大小必须满足人们对它的要求，发挥预期的作用；

(2) 组成组合体的各基本形体应尽可能简单，一般采用常见回转体（如圆柱、圆锥、圆球、圆环）和平面立体，尽量不用不规则的曲面，这样有利于画图、标注尺寸及制造；

(3) 所设计的组合体在满足功能要求的前提下，结构应简单紧凑；

(4) 组合体的各形体间应互相协调、造型美观。

2. 组合体的构形方式

(1) 已知形体的一个视图,通过改变相邻封闭线框的前后位置关系及改变封闭线框所表示的基本形体的形状(应与投影相符),可构思出不同的形体,如图 5.36 所示。

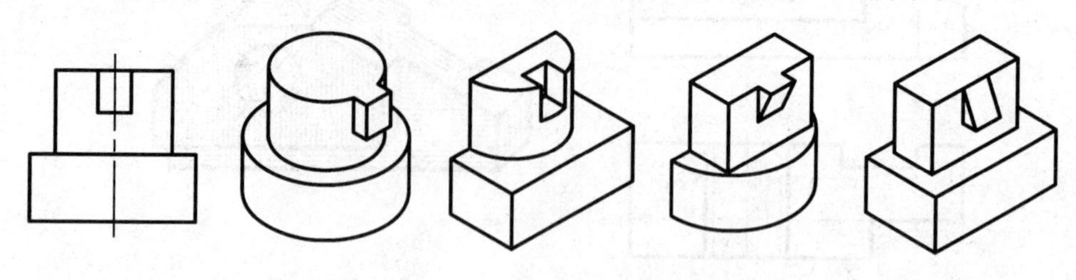

图 5.36 一个视图对应若干形体

(2) 已知形体的两个视图,根据视图的对应关系,可构思出不同的形体,如图 5.37、图 5.38、图 5.39 所示。图 5.37 可以认为该组合体由数个基本形体经过不同的叠加方式而形成;图 5.38 可以认为该组合体是由长方体经过不同方式的切割、穿孔而形成;图 5.39 可以认为组合体是通过综合(既有叠加又有切割)的构形方式而形成的。在构思形体时,不应出现与已知条件不符或形体不成立的构形,如图 5.39(c)所示。

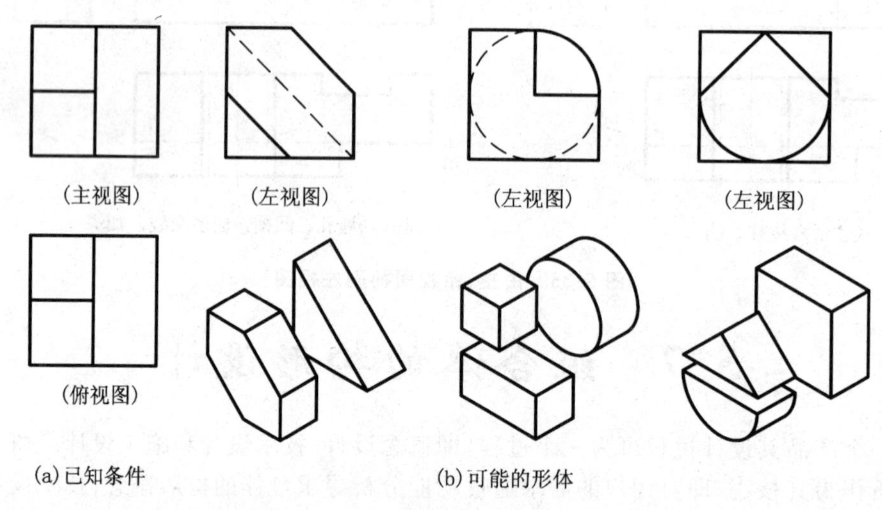

图 5.37 两个视图对应若干形体——叠加构形

(3) 互补形体构形。根据已知的形体,构想出与之吻合的长方体或圆柱等基本形体的另一形体,如图 5.40 所示。

另外,构形设计应力求新颖。构成一个组合体所用的基本形体类型、组合方式和相对位置应尽可能多样和变化,并力求构想出打破常规、与众不同的新颖方案。如要按给定的俯视图(图 5.41(a))设计出组合体,可这样考虑:所给视图有四个线框,表示从上向下可看到四个表面,它们可以是平面(水平面或倾斜面),也可以是曲面,其位置可高可低;整体外框可表示底面(是平面或曲面),这样就可以构造出多种方案。图 5.41(b)方案是由平面体构成的,显得单调;图 5.41(c)和(d)是由圆柱面切割而成的,且高低错纵,形式活泼,构思新颖。

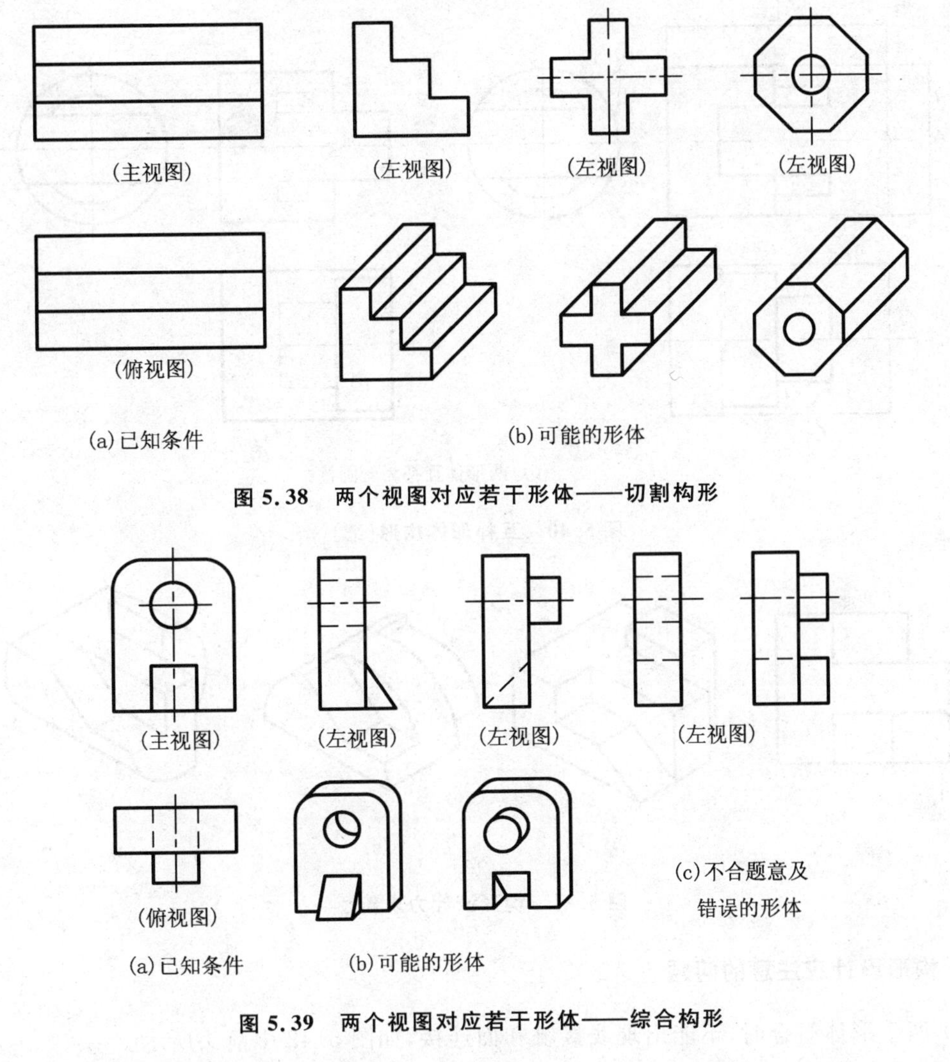

图 5.38　两个视图对应若干形体——切割构形

图 5.39　两个视图对应若干形体——综合构形

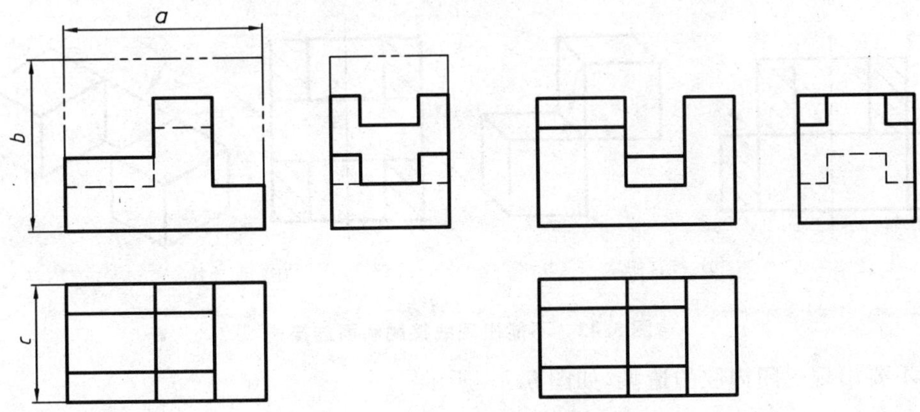

(a) 两形体互补为一长方体

图 5.40　互补形体构形

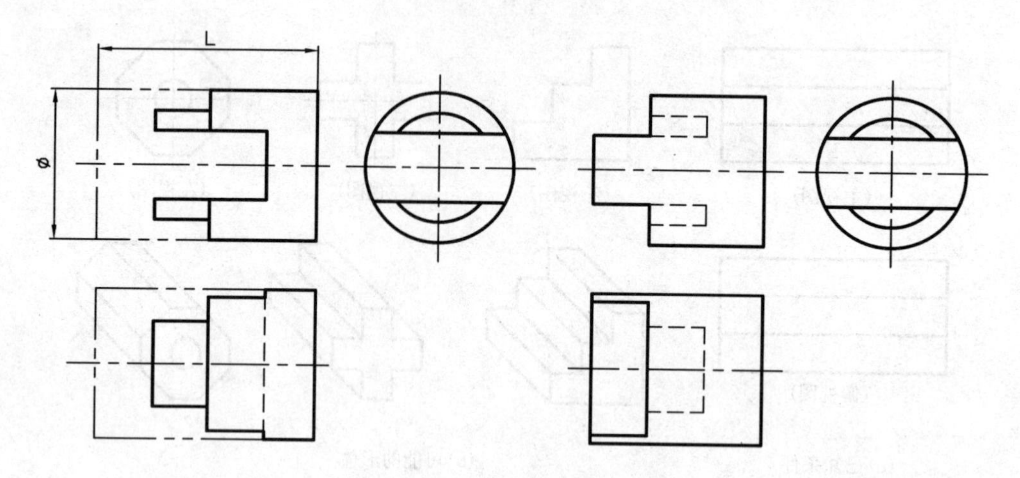

(b) 两形体互补为一圆柱

图 5.40　互补形体构形(续)

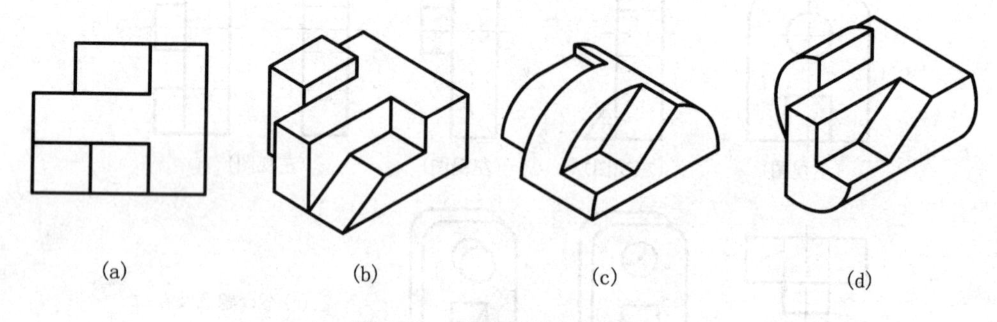

(a)　(b)　(c)　(d)

图 5.41　构形设计力求新颖

5.7.2　构形设计应注意的问题

(1) 两个形体组合时,不能出现线接触和面连接,如图 5.42 中箭头所示。

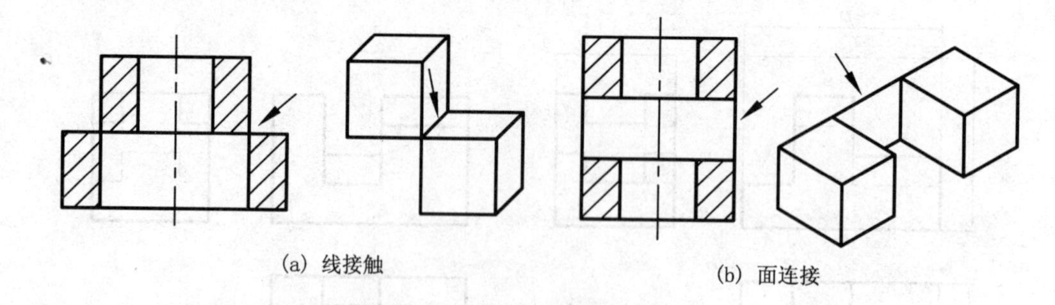

(a) 线接触　(b) 面连接

图 5.42　不能出现线接触和面连接

(2) 不要出现封闭内腔的造型,如图 5.43 所示。

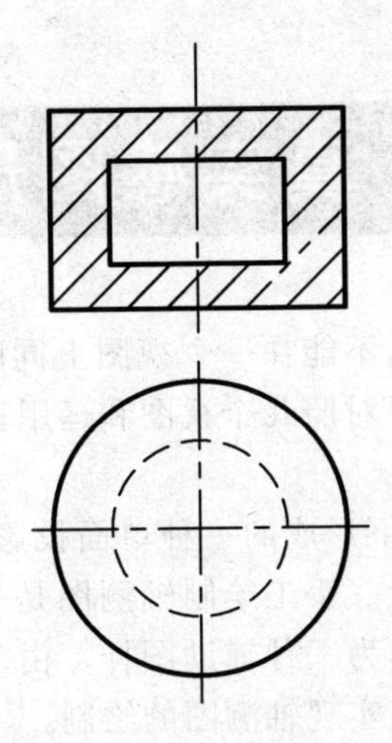

图 5.43　不要出现封闭内腔

第六章　真实感图形的画法

在多投影面体系中形成的视图，不能在一个视图上同时反映物体的长、宽、高三个方向的尺度和形状，缺乏立体感，这时，需要对照几个视图和运用正投影原理进行阅读，才能想像出物体的形状。

轴测投影图是物体在平行投影下形成的一种单面投影图，它能同时反映出物体长、宽、高三个方向的尺度，具有较好的直观性。手工绘制轴测图是一项较繁的工作，而且物体越复杂，作图难度就越大，因此多年来它只作为一种辅助图样。由于计算机绘图软件提供了绘制轴测图的工具，因此在计算机上可方便地实现轴测图的绘制。

随着计算机图形技术的发展和设计理论的进步，具有真实感的三维形体的构成将是今后的发展方向。其主要原因在于生成三维形体比二维绘图更方便，包含的信息量更多，经过三维实体造型所绘制的立体图可以完整地表达物体的几何信息和拓扑信息，更容易与计算机辅助制造系统(CAM)连接起来。

本章主要介绍轴测投影的基本知识、计算机绘制轴测图的作图方法以及三维造型的初步认识。

6.1　轴测投影的基本知识

6.1.1　轴测投影的形成

用多面正投影图能够完整、准确地表达物体的形状和大小，且作图简便，但缺乏立体感。如将物体连同它上面的直角坐标系，用平行投影法，沿不平行于任何坐标面的方向投射到某一选定的单一投影面上，就会得到一个能同时反映物体长、宽、高三个坐标方向的具有立体感的投影图，这种投影图称为轴测投影图(Axonometric Projection Drawing)，简称为轴测图(Axonometric Drawing)。图 6.1 和 6.2 分别表示了轴测图的形成，图中的投影面 P 称为轴测投影面；空间的三条坐标轴 OX、OY、OZ 的轴测投影 O_1X_1、O_1Y_1、O_1Z_1 称为轴测投影轴，简称为轴测轴(Axonometric Axes)。

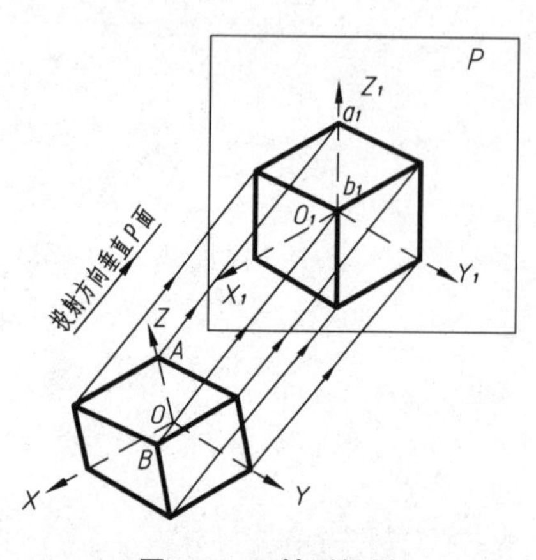

图 6.1　正轴测投影

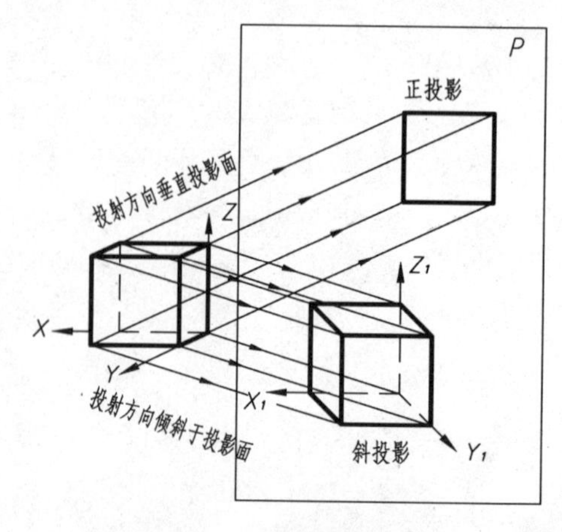

图 6.2　斜轴测投影

6.1.2 轴向伸缩系数和轴间角

由于形体上三个坐标轴对轴测投影面的倾斜角度不同，所以在轴测图上各坐标轴长度的变化程度也不一样。轴测轴上的单位长度与相应空间坐标轴上的单位长度之比，称为轴向伸缩系数(Coefficient of Axial Deformation)。设 u 为 OX、OY、OZ 轴上的单位长度，i、j、k 为 u 在相应轴测轴上的投影，则 $\frac{i}{u}=p_1$，$\frac{j}{u}=q_1$，$\frac{k}{u}=r_1$，p_1、q_1、r_1 分别称为 X_1、Y_1、Z_1 轴的轴向伸缩系数。根据轴向伸缩系数就可以分别求出轴测投影图上各轴向线段的长度。

轴测轴之间的夹角 $\angle X_1O_1Y_1$、$\angle X_1O_1Z_1$、$\angle Z_1O_1Y_1$ 称为轴间角(Axes Angle)。

6.1.3 轴测图的投影特性

由于轴测图是利用平行投影法得到的，所以它具有平行投影的以下投影特性：

(1) 平行性：空间相互平行的直线，它们的轴测投影仍相互平行。物体上平行于坐标轴的线段，在轴测投影图上仍平行于相应的轴测轴。

(2) 定比性：物体上平行于坐标轴的线段的轴测投影与原线段实长之比，等于相应的轴向伸缩系数。

这两条投影特性是作轴测图的重要理论依据。

6.1.4 轴测图的分类

轴测图可分为正轴测图和斜轴测图两类。

(1) 正轴测图：将物体倾斜设置，使轴测投影面与物体上任何坐标面都不平行，然后对轴测投影面进行正投影(如图 6.1 所示)，从而在投影面上得到富有立体感的图形。这种由正投影方法得到的投影图称为正轴测图。

(2) 斜轴测图：将物体上某一坐标面平行于轴测投影面，然后对轴测投影面进行斜投影。这种由斜投影方法得到的投影图称为斜轴测图，如图 6.2 所示。

根据三个轴向伸缩系数是否相等，正轴测图和斜轴测图又各分为三种：

正轴测图：

- 当三个轴向伸缩系数都相等时，称为正等测图，简称为正等测；
- 当其中只有两个轴向伸缩系数相等时，称为正二测图，简称为正二测；
- 当三个轴向伸缩系数各不相等时，称为正三测图，简称为正三测。

同样，斜轴测图也相应地分为三种：斜等测图(斜等测)、斜二测图(斜二测)和斜三测图(斜三测)。

工程上用得较多的是正等测(Isometric)和斜二测(Oblique Dimetric)，以下重点介绍这两种轴测图的画法。

6.2 正等轴测图及画法

6.2.1 轴间角和轴向伸缩系数

当物体上的三条坐标轴与轴测投影面倾斜相同的角度(均为 35°16′)时,其轴向伸缩系数相等,即 $p_1=q_1=r_1$ 的轴测投影图称为正等测图。正等测的轴间角均为 120°,轴向伸缩系数 $p_1=q_1=r_1\approx0.82$。为了表达清晰和画图方便,一般将 Z_1 轴画成铅垂位置,如图 6.3 所示。

为了作图简便,常采用简化轴向伸缩系数,即 $p_1=q_1=r_1=1$。也就是物体上凡平行于坐标轴的直线,在轴测图上都按视图的实际尺寸画。采用这种方法画出的轴测图,比用实际轴向伸缩系数画出的放大 1.22 倍(即$\frac{1}{0.82}\approx1.22$),但不影响图形效果,如图 6.4 所示。

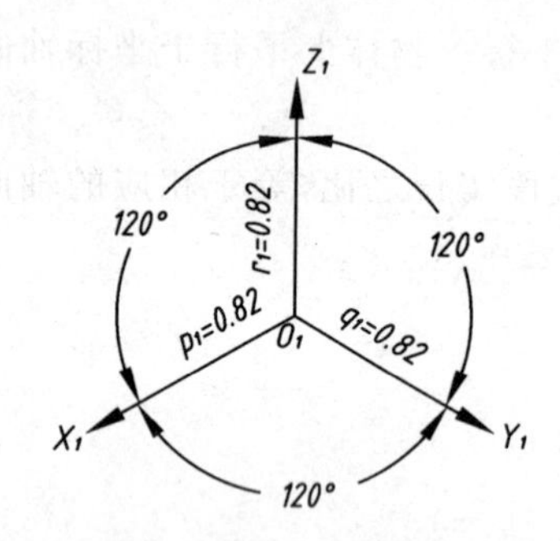

图 6.3 正等测的轴向伸缩系数和轴间角

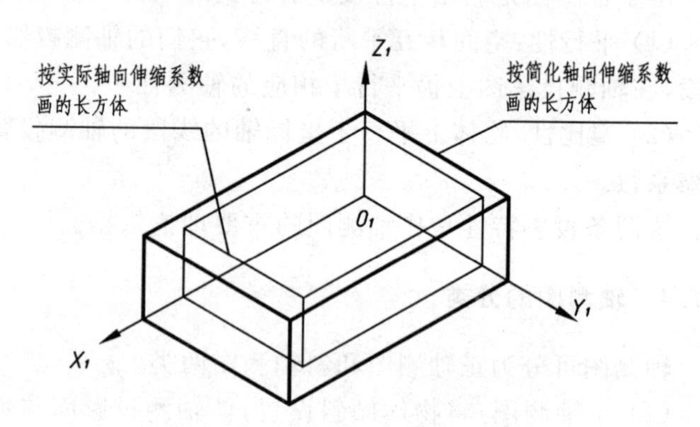

图 6.4 简化与实际轴向伸缩系数的对比

6.2.2 平面立体正等测图的画法

绘制轴测图的基本方法是坐标法,即按 X、Y、Z 的坐标值进行作图。具体作图时,还可根据物体的形状特征采用切割或组合的方法。

例 6.1 作出图 6.5(a)所示的正六棱柱的正等测图。

(1) 在视图上确定坐标轴:如图 6.5(a)所示,因为正六棱柱顶面和底面都是处于水平位置的正六边形,取顶面六边形的中心为坐标原点 O,通过顶面中心 O 的轴线为坐标轴 X、Y,高度方向的坐标轴取 Z。

(2) 画出轴测轴 $O_1-X_1Y_1Z_1$,如图 6.5(b)所示,在 X_1 轴上沿原点 O_1 的两侧分别量取 $a/2$ 得到 1_1 和 4_1 两点。在 Y_1 轴上的 O_1 点两侧分别量取 $b/2$ 得到 7_1 和 8_1 两点。

(3) 过 7_1 和 8_1 作 X_1 轴的平行线,并量取 23 和 56 的长度得到 $2_1 3_1$ 和 $5_1 6_1$,求得顶面正六边形的六个顶点,连接各点完成六棱柱顶面的轴测图,如图 6.5(c)所示。

(4) 沿 1_1、2_1、3_1 及 6_1 各点垂直向下量取 H,得到六棱柱底面可见的各端点(轴测图上一般虚线省略不画),如图 6.5(d)所示。

(5) 用直线连接各点并加深轮廓线,即得正六棱柱的正等测图,如图 6.5(e)所示。

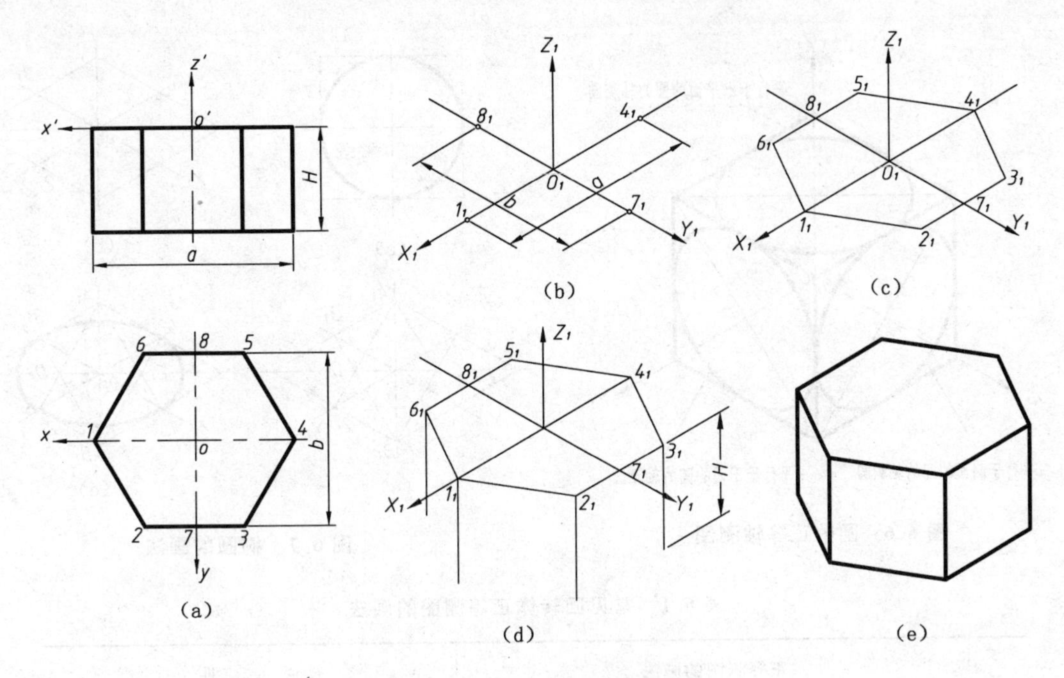

图 6.5　正六棱柱的正等轴测图

6.2.3　曲面立体正等测图的画法

曲面立体最常见的是回转体，它们的轴测图主要涉及圆的轴测图画法。对非回转体曲面，一般可用坐标法逐点量取、光滑连接而成。

1. 平行于投影面的圆的正等测图

在许多物体上都有圆和圆弧结构，这些圆或圆弧多数又平行于某一基本投影面，而与轴测投影面不平行。所以这些圆或圆弧的正等测图都是椭圆，这时，可用四段圆弧连成的近似椭圆画出。

图 6.6 为平行于三个投影面的圆的正等测图，从图中看出，平行于坐标面 XOY（水平面）的圆的正等测图的椭圆长轴垂直于 Z_1 轴，短轴平行于 Z_1 轴；平行于坐标面 YOZ（侧面）的圆的正等测图的椭圆长轴垂直于 X_1 轴，短轴平行于 X_1 轴；平行于坐标面 XOZ（正面）的圆的正等测图的椭圆长轴垂直于 Y_1 轴，短轴平行于 Y_1 轴。

图 6.7 为水平圆的正等测的作图过程：

（1）作圆的外切正方形，如图 6.7(a)所示；

（2）作轴测轴和切点 1_1、2_1、3_1、4_1，通过这些点作外切正方形的轴测菱形，并作对角线，如图 6.7(b)所示；

（3）连接 1_1A_1、2_1A_1、3_1B_1、4_1B_1，交菱形对角线于 C_1，D_1，如图 6.7(c)所示；

（4）分别以 A_1、B_1 为圆心，以 A_11_1 为半径，作 $\overset{\frown}{1_12_1}$、$\overset{\frown}{3_14_1}$，再分别以 C_1、D_1 为圆心，以 C_11_1 为半径，作 $\overset{\frown}{1_14_1}$、$\overset{\frown}{2_13_1}$，连成近似椭圆，如图 6.7(d)所示。

2. 常见回转体的正等测图

画法如表 6.1 所列。

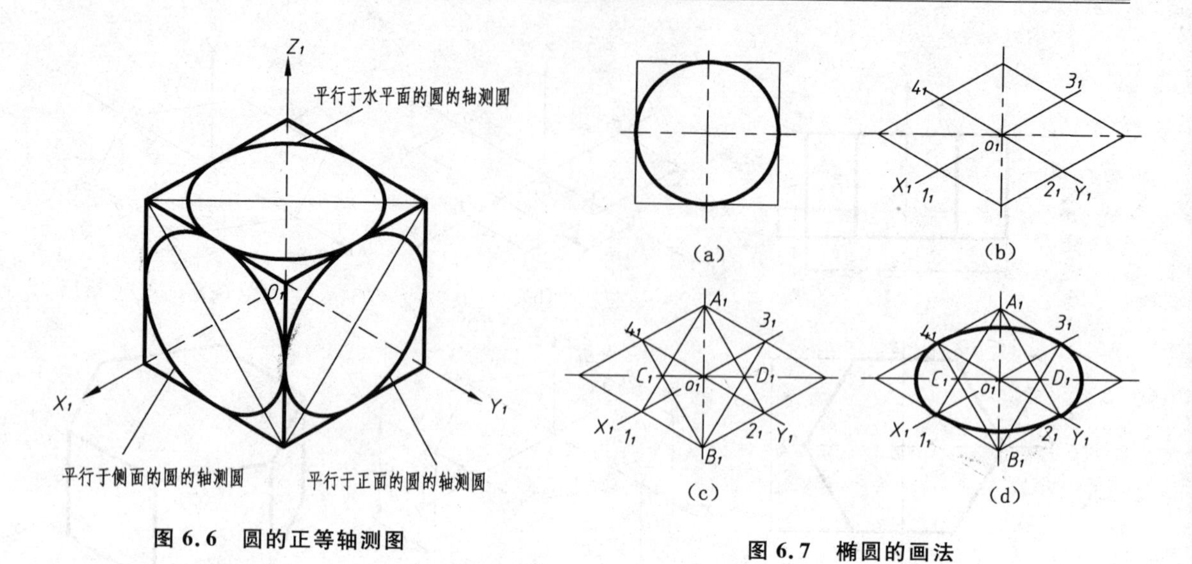

图 6.6　圆的正等轴测图

图 6.7　椭圆的画法

表 6.1　常见回转体正等测图的画法

	正等测图的画法	说　　明
圆柱	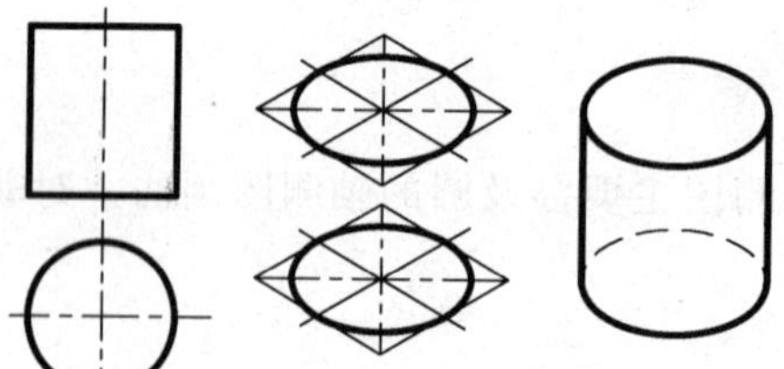	根据圆柱的直径和高，先画出上下底的椭圆，然后作椭圆公切线（长轴端点连线），即为转向线
圆锥	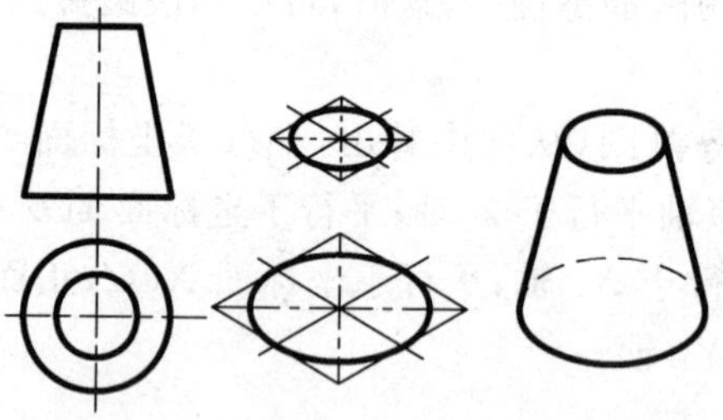	其画法步骤与圆柱类似，但转向线不是长轴端点连线，而是两椭圆公切线
圆球	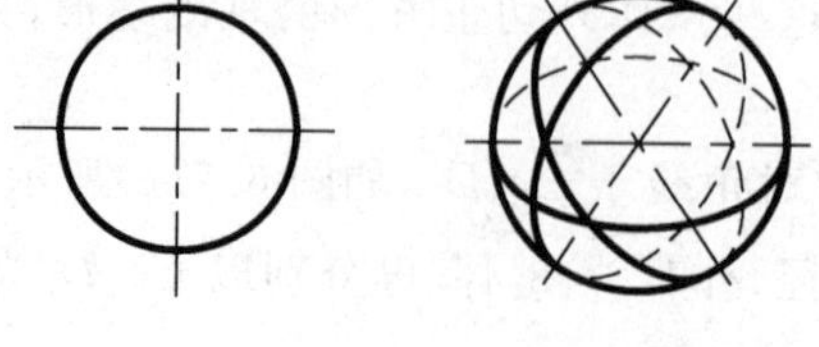	球的正等测为与球直径相等的圆。如采用简化系数，则圆的直径应为 1.22 d。为使圆球有立体感，可画出过球心的三个方向的椭圆

6.2.4　截割体、相贯体正等测图的画法

绘制截割体及相贯体的正等测图，需要作出截交线和相贯线的轴测图，常采用的方法有坐标定位法和辅助平面法。

坐标定位法是先在截交线或相贯线上取一系列的点，根据三个坐标值作出这些点的轴测投影，然后光滑连接各点而成。

辅助平面法是根据求相贯线的正投影图时采用的辅助平面法的原理来绘制相贯线轴测图。

如图 6.8 所示为正交两圆柱体，采用辅助平面 P 截两圆柱，根据 Y 值在轴测图上得两组截交线，相应截交线相交即得交点 I。以同样的方法求得一系列的点后，光滑连接各点即得相贯线的轴测图。

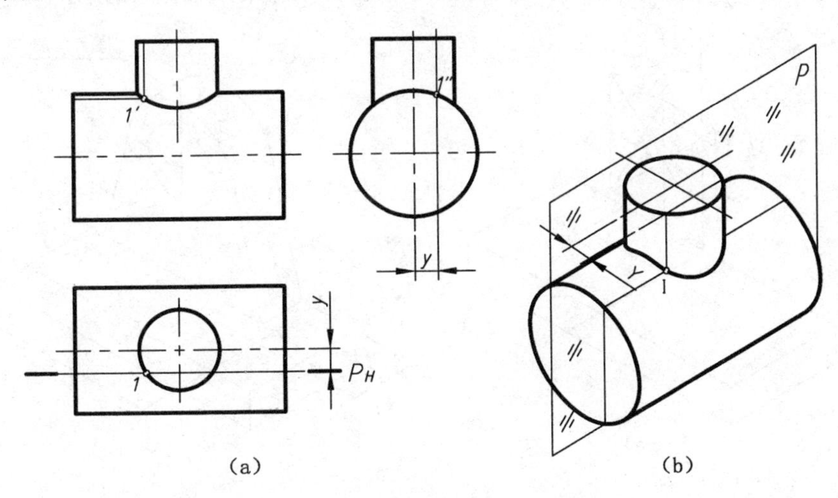

图 6.8　相贯体正等测图的画法

6.2.5　画组合体正等测图举例

绘制组合体的轴测图时，应按以下步骤作图：

(1) 对形体进行分析，在视图上确定坐标轴，并将组合体分解成几个基本体；

(2) 作轴测轴，画出各基本体的主要轮廓；

(3) 画各基本体的细节；

(4) 擦去多余线，描深全图。

应该注意：在确定坐标轴和具体作图时，要考虑作图简便，这样，有利于按坐标关系定位和度量，并尽可能减少作图线。

例 6.2　作如图 6.9 所示支架的正等测图。

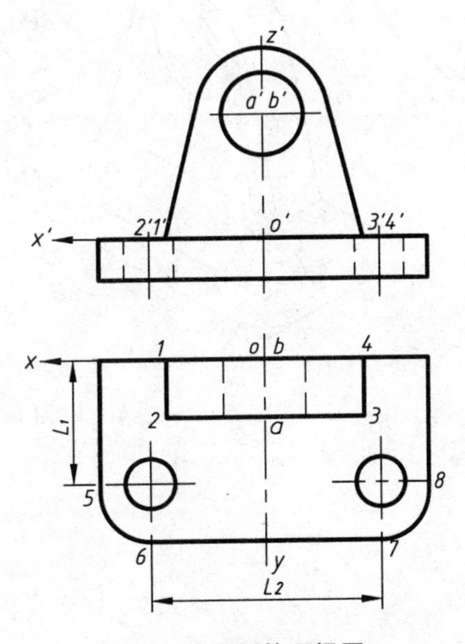

图 6.9　支架的两视图

(1) 形体分析，确定坐标轴：如图 6.9 所示，支架由上、下两块板组成且结构左右对称。上面一块立板，其顶部是圆柱面，两侧面与圆柱面相切，中间

有一圆柱孔。下面是一块带圆角的长方形底板，底板上有两个圆柱孔。

根据以上分析，取底板后顶边的中点为原点，确定如图中所示的坐标轴。

(2) 作图过程如下(图 6.10)：

● 作出轴测轴；画出底板的轮廓，并确定立板后孔口的圆心 B_1，由 B_1 定出前孔口的圆心 A_1，画出立板圆柱面顶部圆弧的正等测图。作出两板的交线 $1_1—2_1—3_1—4_1—1_1$，如图(a)所示。

● 由 1_1、2_1、3_1 点作椭圆弧的切线，再作出立板上的圆柱孔，完成立板的正等测图。L_1 和 L_2 确定底板顶面上两个圆柱孔的圆心，作出这两个孔的正等测图，如图(b)所示。

● 过 5_1、6_1、7_1、8_1 点分别作各点所在底板直线的垂线，交得 C_1、D_1；分别以 C_1、D_1 为圆心，以 5_1C_1 和 7_1D_1 为半径，作弧 $\overset{\frown}{5_16_1}$ 和 $\overset{\frown}{7_18_1}$ 得顶面圆角的正等测。同理，作出底面圆角的正等测。最后，作底板右边圆角两圆弧的公切线，如图(c)所示。作图结果如图(d)所示。

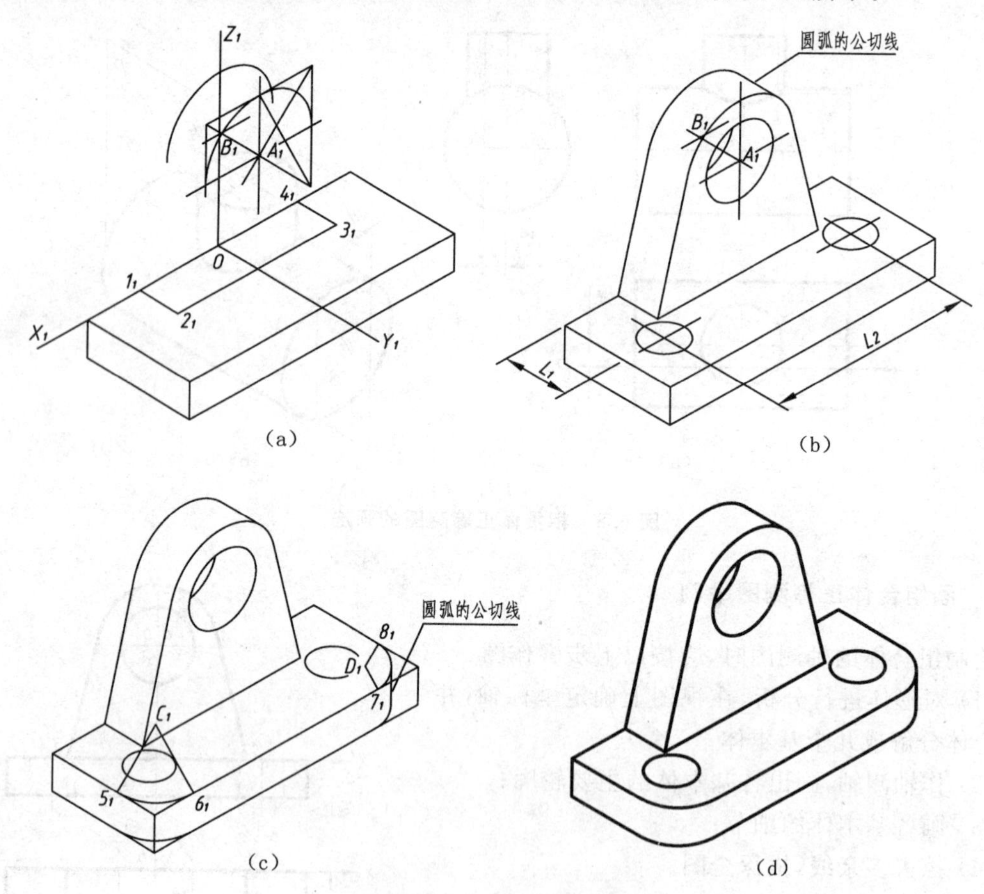

图 6.10　支架正等测的画法

6.3　斜二轴测图及画法

6.3.1　轴间角和轴向伸缩系数

当物体上的两个坐标轴 OX 和 OZ 与轴测投影面平行，而投影方向与轴测投影面倾斜时，所得到的轴测图是斜二测图。物体上平行于坐标面 XOZ 的直线、曲线和平面图形，在斜二测中都反映实长和实形。斜二测的轴间角 $\angle X_1O_1Z_1=90°$，$\angle X_1O_1Y_1=\angle Y_1O_1Z_1=135°$，轴向伸缩系数 $p_1=r_1=1$，$q_1=0.5$，如图 6.11 所示。

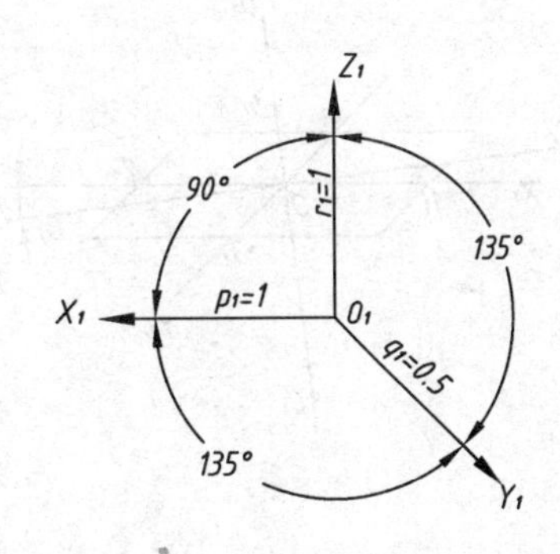

图 6.11　斜二测的轴向伸缩系数和轴间角

6.3.2　平行于坐标面的圆的斜二测

图 6.12 画出了立方体表面上三个内切圆的斜二测：平行于坐标面 $X_1O_1Z_1$ 的圆的斜二测，仍是大小相同的圆；平行于坐标面 $X_1O_1Y_1$ 和 $Y_1O_1Z_1$ 的圆的斜二测是椭圆。这种斜二测椭圆也可用四段圆弧连成近似椭圆画出，现以水平圆为例，介绍椭圆的两种作图方法。

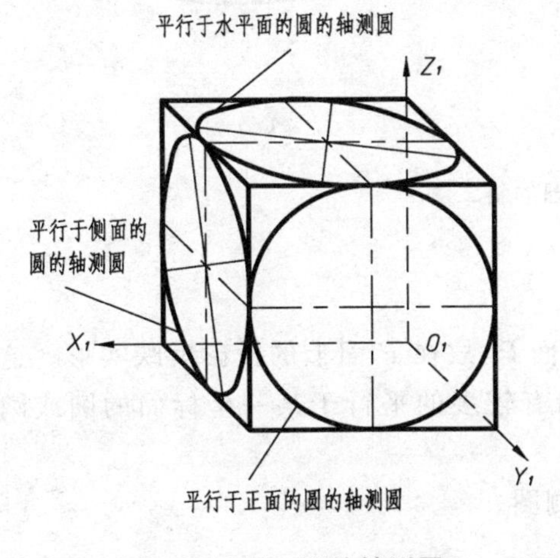

图 6.12　斜二测的轴测圆

1. 用四段圆弧近似画椭圆(作图步骤见图 6.13)

(1) 由 O_1 作轴测轴 O_1X_1、O_1Y_1 以及圆的外切正方形的斜二测，四边中点为 1_1，2_1，3_1，4_1。再作 A_1B_1 与 X_1 轴成 $7°10'$，即为长轴方向；作 $C_1D_1\perp A_1B_1$，即为短轴方向，如图 6.13(a)所示。

(2) 在 O_1C_1、O_1D_1 上分别取 $O_15_1=O_16_1=d$ (圆的直径)，分别连点 $5_1\ 2_1$，$6_1\ 1_1$，同长轴交于 7_1、8_1，得 5_1、6_1、7_1、8_1 即为四段圆弧的圆心，如图 6.13(b)所示。

(3) 以点 5_1、6_1 为圆心，5_12_1、6_11_1 为半径，画 $\overset{\frown}{9_12_1}$、$\overset{\frown}{10_11_1}$，与 5_17_1、6_18_1 交于 9_1、10_1；以 7_1、8_1 为圆心，7_11_1、8_12_1 为半径，作 $\overset{\frown}{1_19_1}$、$\overset{\frown}{2_110_1}$。由此连成近似椭圆，如图 6.13(c)所示。

2. 用平行弦法近似画椭圆(作图步骤见图 6.14)

(1) 对视图上圆的直径 cd 进行六等分，并过其等分点作平行于 ab 的弦，如图 6.14(a)所示。

(2) 画圆中心线的轴测图，并量取 $O_1A_1=O_1B_1=d/2$，$O_1C_1=O_1D_1=d/4$，得 A_1、B_1、C_1、D_1 四点，如图 6.14(b)所示。

(3) 将 C_1D_1 六等分，过各等分点作直线平行于 A_1B_1，并量取相应弦的实长。将 A_1、B_1、C_1、D_1 及中间点依次光滑连成椭圆，如图 6.14(c)所示。

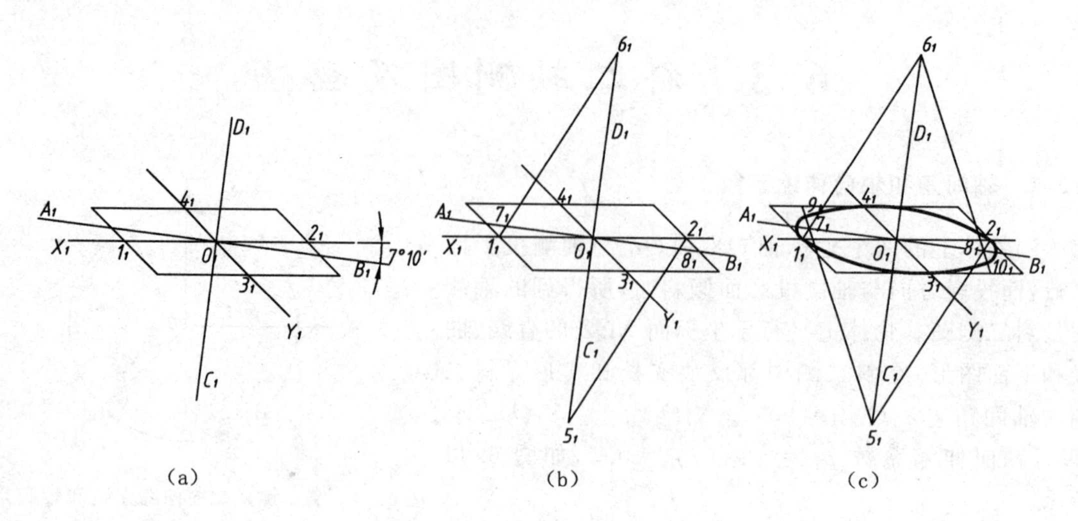

(a) (b) (c)

图 6.13 圆的斜二测图画法

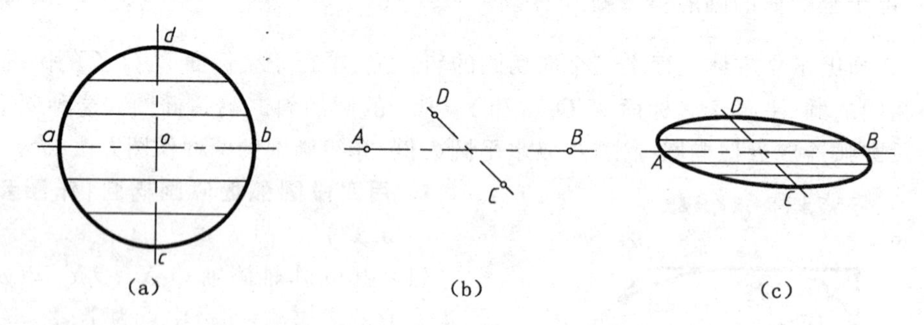

(a) (b) (c)

图 6.14 平行弦法画圆的斜二测

6.3.3 斜二测图画法举例

斜二侧图中，由于坐标面 XOZ 平行于轴测投影面 P，故在 P 面上的投影反映实形。这对于表达在一个方向上具有复杂形状或只有一个方向有较多的平行于某一坐标面的圆或圆弧时，作图极为方便。

例 6.3 作如图 6.15(a)所示的连接盘的斜二测图。

作图步骤如下：

(1) 分析形体：作轴测轴，将形体上各平面分层定位并画出各平面的对称线、中心线，再画主要平面的形状，如图 6.15(b)所示。

(2) 画各层主要部分形状。

(3) 画各细节部分及孔洞后的可见部分的形状，如图 6.15(c)所示。

(4) 擦去作图线，加深可见部分的形状，如图 6.15(d)所示。

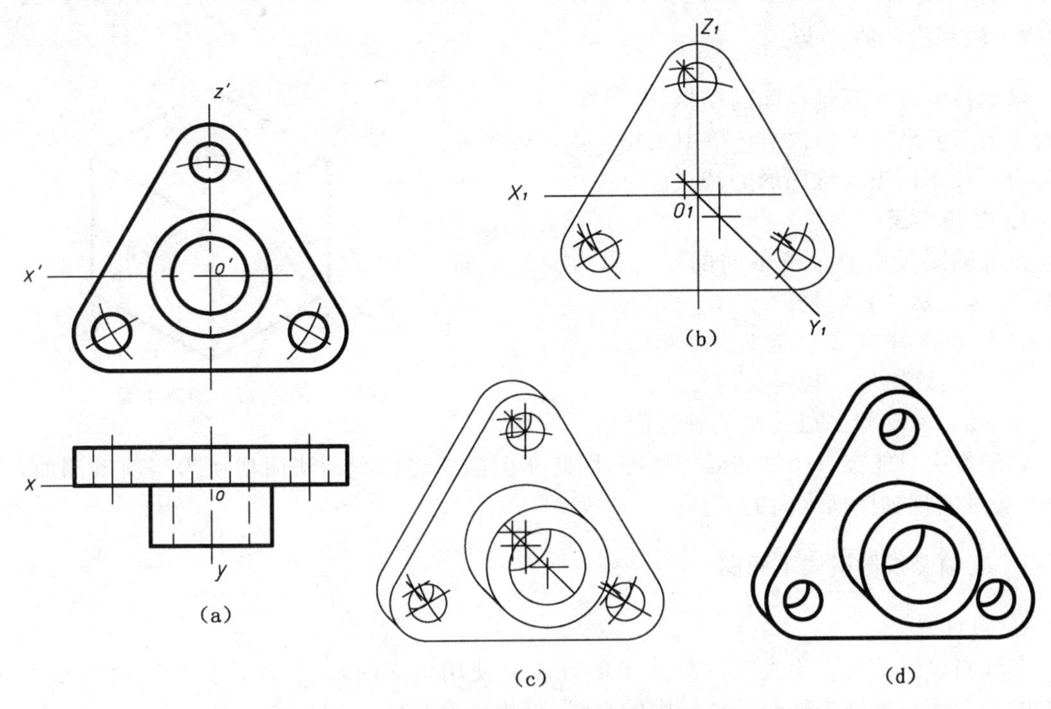

图 6.15 连接盘斜二测的画法

6.4 计算机绘制轴测图

AutoCAD 系统提供了绘制轴测图(正等测)的工具,使用该工具可方便地绘出物体的轴测图。但所绘轴测图只提供立体效果,不是真正的三维图形,它只是用二维图形来模拟三维对象,这种轴测图无法生成视图,因此又称伪三维图。由于 CAD 绘制的轴测投影图比较简单,并且具有较好的三维真实感,因此被广泛应用于机械和建筑等专业设计中。本节主要介绍利用 AutoCAD 的轴测模式绘制正等轴测图。

6.4.1 激活轴测投影模式

轴测投影模式被激活时,【栅格】和【捕捉】被调整到轴测投影图的 X、Y、Z 轴方向。

具体操作过程为:通过下拉菜单【工具】/【草图设置】命令,显示【草图设置】对话框,如图 6.16 所示。在【捕捉和栅格】选项卡中的【捕捉类型】选项区,选择【栅格捕捉】和其下的【等轴测捕捉】选项,关闭对话框。

注意:打开等轴测模式后,【栅格】和【捕捉】的间距由 Y 间距值控制,X 间距值不起作用。

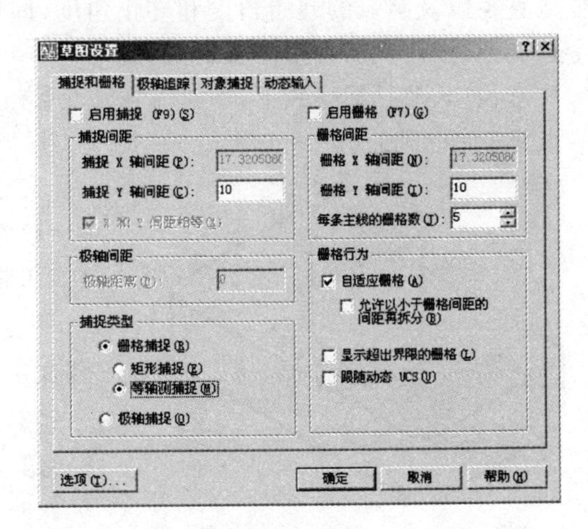

图 6.16 【草图设置】对话框

6.4.2 轴测投影的特点

轴测投影是对三维空间的模拟，但仍在未改变的 XY 坐标系的二维环境中工作。因此轴测投影又有一些不同于二维图形的特点。

1. 轴测平面

正等轴测投影的轴测轴间的平面称为轴测平面如图 6.17 所示。它们是：

右平面：X 轴与 Z 轴定义的轴测面。

左平面：Y 轴与 Z 轴定义的轴测面。

顶平面：X 轴与 Y 轴定义的轴测面。

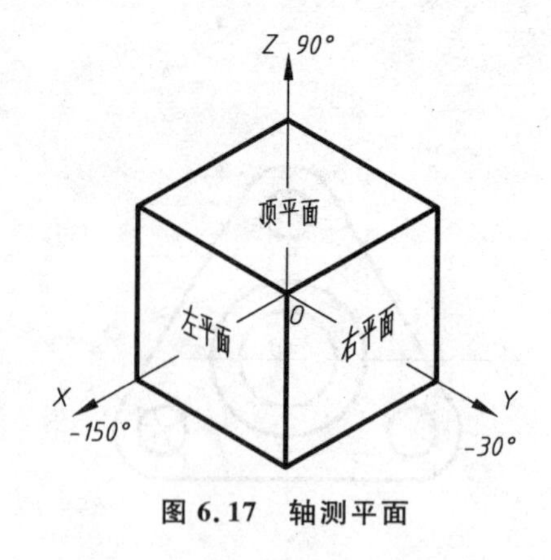

图 6.17 轴测平面

由于每次只能在一个轴测面上作图，因此作图前应将作图轴测面切换为当前轴测面。使用 F5 键可实现轴测面之间的切换。

6.4.3 在轴测投影模式下画图

1. 画直线

在轴测投影模式下绘直线的最简单的方法是使用正交模式、目标捕捉功能及相对坐标。如果画平行于三条轴测轴的任意长度的直线，可用正交模式。如果画不平行于三轴中任何一轴的直线，则必须使用目标捕捉功能。

2. 画圆和圆弧

标准模式下的圆在轴测投影模式下变为椭圆。椭圆的轴在轴测面内。

在轴测投影模式下，单击【绘图】工具栏的【椭圆】命令时，命令行的提示为"指定椭圆轴的端点或[圆弧(A)/中心点(C)/等轴测圆(I)]:"，此时只有选择"I"选项以后，系统才提示输入椭圆的圆心位置、半径或直径。随后，椭圆就自动出现在当前轴测面内。

圆弧在轴测投影中以椭圆弧的形式出现。若画椭圆弧，单击【绘图】工具栏的【椭圆弧】命令，也可以选择【椭圆】命令的"圆弧(A)"选项，选择其中的"I"选项，系统将提示输入圆心、半径或直径以及圆弧的起始角度和终止角度，即可沿着逆时针方向绘制轴测圆弧。也可以画一个整椭圆，然后裁剪掉不需要的部分。

注意：在轴测投影模式下，不能随便使用【镜象】、【偏移】、【圆角】等命令，否则图形将会出现错误。

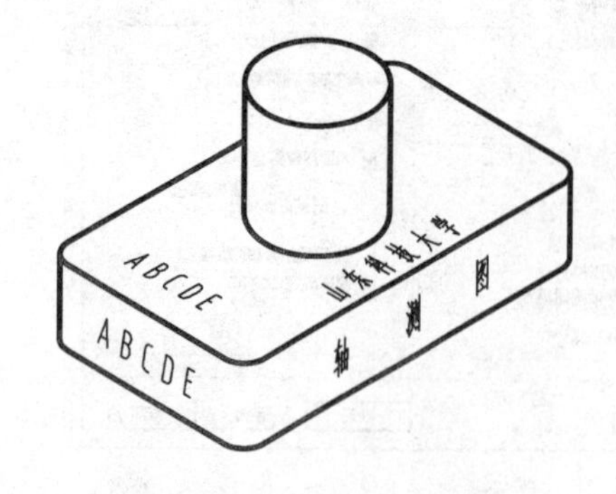

图 6.18 在轴测图上标文本

3. 添加文本

要在轴测面中添加如图 6.18 所示的文本，应按以下步骤进行添加标注。

(1) 选择下拉菜单【格式】/【文字样式】命令，打开【文字样式】对话框。

(2) 在【效果】选项区的【倾斜角度】文本框设置倾斜角，关闭对话框。

(3) 书写文字，在命令行提示"指定旋转角度"时，输入旋转角度。

在各轴测面上书写文字时，倾斜角和旋转角应设置为：

(1) 要使文本在右平面中看起来是直立的，应采用30°的倾斜角和30°的旋转角；

(2) 要使文本在左平面中看起来是直立的，应采用－30°的倾斜角和－30°的旋转角；

(3) 要使文本在顶平面看起来平行于Y轴，应采用30°的倾斜角和－30°的旋转角；要使文本在顶平面看起来平行于X轴，应采用－30°的倾斜角和30°的旋转角。

6.5　三维造型

在工程设计和绘图过程中，三维图形应用越来越广泛。AutoCAD可以利用三种方式创建三维图形，即线框模型方式、曲面模型方式和实体模型方式。线框模型为一轮廓模型，它由三维的直线和曲线组成，没有面合体的特征。曲面模型用面描述三维对象，它不仅定义了三维对象的边界，而且还定义了表面，即具有面的特征。实体模型不仅具有线和面的特征，而且还具有体的特征，各实体对象间可以进行各种布尔运算操作，从而创建复杂的三维实体图形。本节简单介绍三维实体造型的方法。

AutoCAD三维实体建模除基本体外，主要包括拉伸、拖动、旋转、扫掠、放样等复杂形体建模，具体命令如图6.19所示。

图6.19　【建模】工具槽

1. 拉　伸

单击【建模】工具栏的【拉伸】命令或选择下拉菜单【绘图】/【建模】/【拉伸】命令，可以从一些二维图形对象通过拉伸生成三维形体图形。如果拉伸对象不是多义线，可以单击【修改Ⅱ】工具栏的【编辑多义线】命令将其转换为一个简单的多义线实体，或者将这些拉伸对象形成一个面域。选择拉伸对象后系统提示用户输入拉伸高度以及拉伸锥度角。拉伸体的生成过程如下：

(1) 利用绘图命令绘制图6.20(a)所示的平面图形。

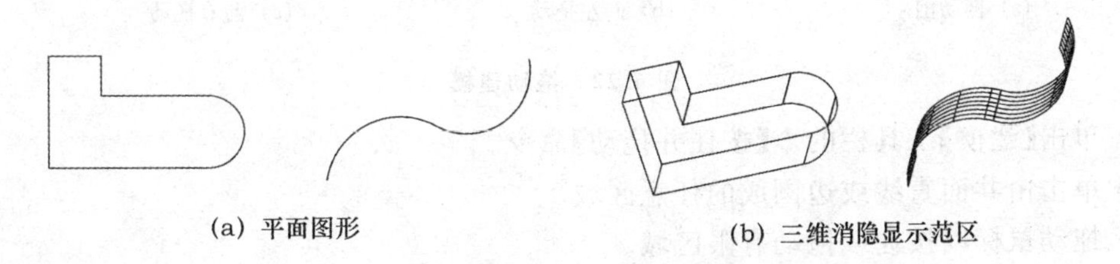

(a) 平面图形　　(b) 三维消隐显示范区

图6.20　拉伸建模

(2) 利用视点命令 VPOINT 改变观察方向：VPOINT 命令提供了多种方式来设置模型的观察点，以得到模型各个方面的平行投影图。具体操作如下：

命令：vpoint ↙

当前视图方向：VIEWDIR＝0.0000,0.0000,1.0000

指定视点或[旋转(R)]<显示坐标球和三轴架>：1,1,1 ↙(输入一个三维点来确定新视点位置)

正在重生成模型。

[说明]：为了更好地从各个角度观察三维实体，系统还提供了罗盘和坐标方式来改变视点的位置。当提示要求输入新视点时，如果用"回车"响应，则在屏幕的右上角出现一个如图 6.21 所示的罗盘和三维坐标架。当十字光标在盘内移动时，三维坐标架也同时绕正轴相应转动。

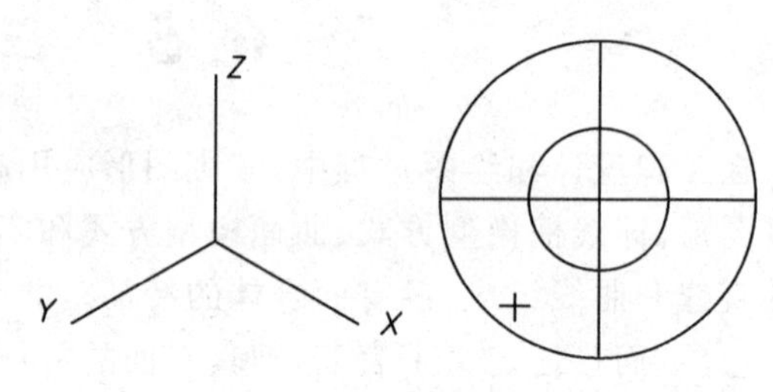

图 6.21　坐标架与罗盘

(3) 拉伸实体

命令：_extrude

当前线框密度：ISOLINES＝4

选择要拉伸的对象：找到 1 个

选择要拉伸的对象：　　(选择平面图形)

选择要拉伸的对象：　　(按回车键结束选择)

指定拉伸的高度或[方向(D)/路径(P)/倾斜角(T)]<10.0000(输入拉伸高度)

(4) 利用视觉样式改变显示方式：利用【视觉样式】工具栏或选择下拉菜单【视图】/【视觉样式】命令，改变模型的视觉显示方式，如图 6.20(b)所示的三维隐藏视觉方式。

2. 拖　动

在 AutoCAD 中可以将三维图形对象通过对指定区域的拖动，使三维形体发生拉伸变形。图形建模的拖动如图 6.22 所示。拖动的方法是：

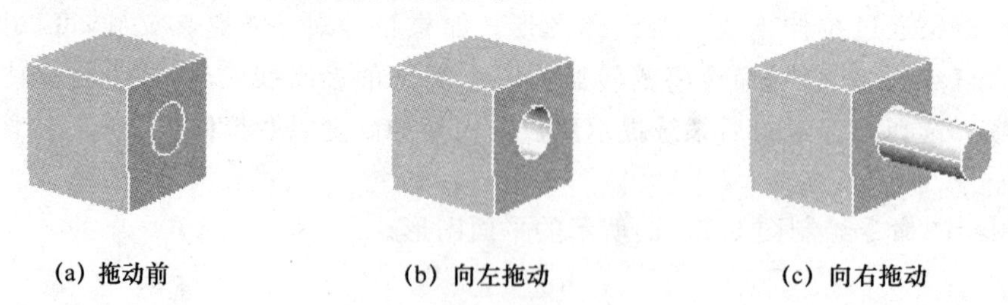

(a) 拖动前　(b) 向左拖动　(c) 向右拖动

图 6.22　拖动建模

(1) 单击【建模】工具栏的【按住并拖动】命令。

(2) 单击由共面直线或边围成的任意区域。

(3) 拖动鼠标以按住或拖动有限区域。

(4) 单击或输入值以指定高度。

3. 旋 转

单击【建模】工具栏的【旋转】命令或选择下拉菜单【绘图】/【建模】/【旋转】命令，可以将一些二维图形对象通过指定的轴线旋转成三维实体，如图 6.23 所示。

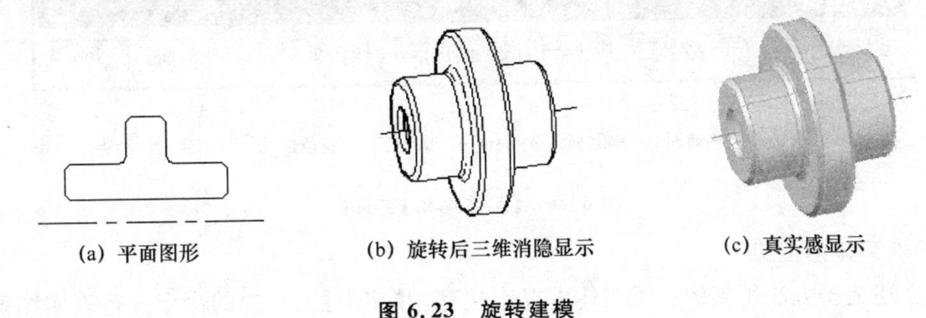

(a) 平面图形　(b) 旋转后三维消隐显示　(c) 真实感显示

图 6.23 旋转建模

4. 扫 掠

单击【建模】工具栏的【扫掠】命令或选择下拉菜单【绘图】/【建模】/【扫掠】命令，可以将开放或闭合的平面曲线(轮廓)沿开放或闭合的二维或三维路径扫掠成三维实体，如图 6.24 所示。

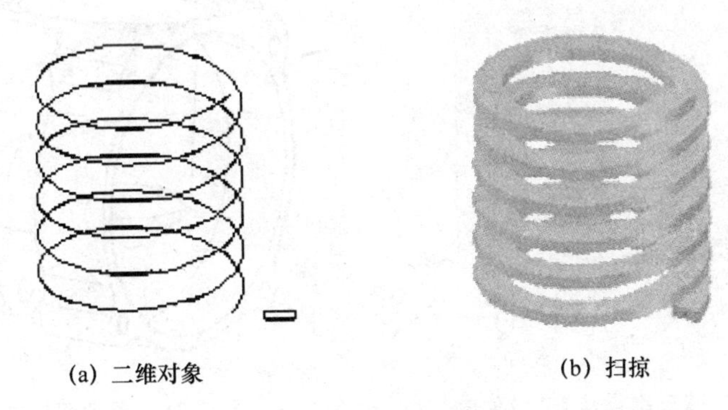

(a) 二维对象　(b) 扫掠

图 6.24 扫掠建模

5. 放 样

单击【建模】工具栏的【放样】命令或选择下拉菜单【绘图】/【建模】/【放样】命令，可以将两个或多个作为截面的曲线之间进行转换过渡，放样成三维形体或曲面，如图 6.25 所示。

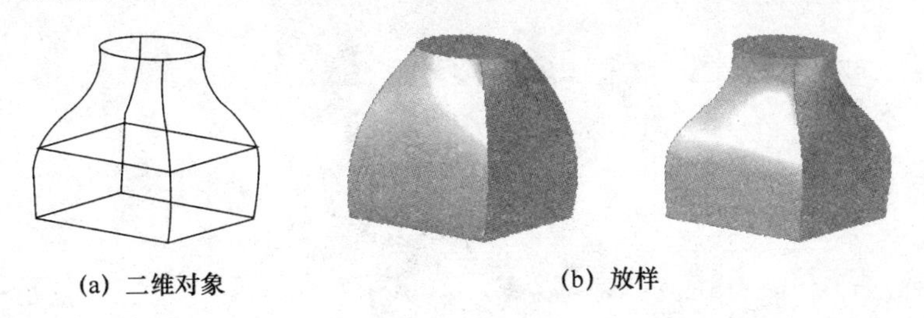

(a) 二维对象　(b) 放样

图 6.25 放样建模

6. 复杂实体的生成

复杂实体可以通过图 6.26 所示的【并集】、【交集】、【差集】布尔运算等实体编辑命令和图 6.27 所示的在下拉菜单【修改】/【三维操作】二级菜单所显示的命令来进行建模。图 6.28 为一复杂形体的三维实体。

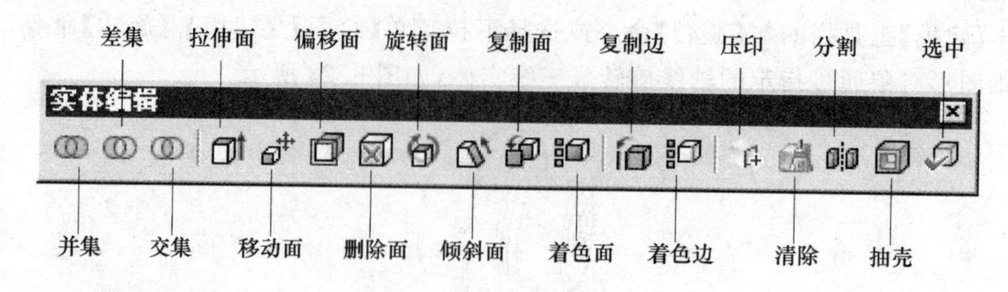

图 6.26 【实体编辑】工具栏

7. 三维实体的渲染

通过上述造型方法得到的三维实体可以直接利用【渲染】工具栏的命令进行真实图形处理。【隐藏】命令可以消除模型中的隐藏线，显示模型中的可见表面。【渲染】命令可以按当前的观察方式，应用材质、光源以及进行平滑着色处理等对模型进行真实感处理，如图 6.29 所示。

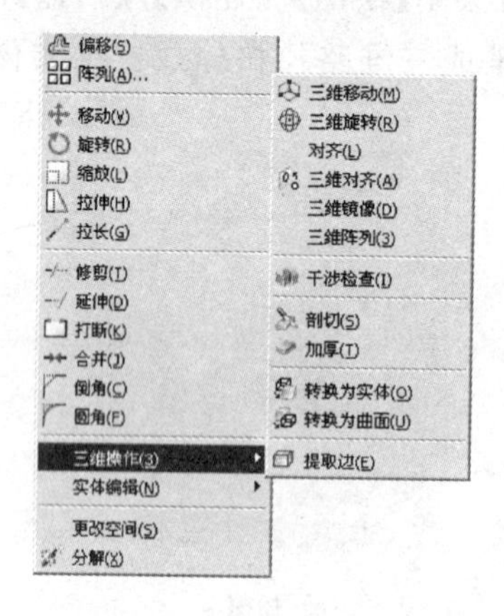

图 6.27 【三维操作】二级菜单

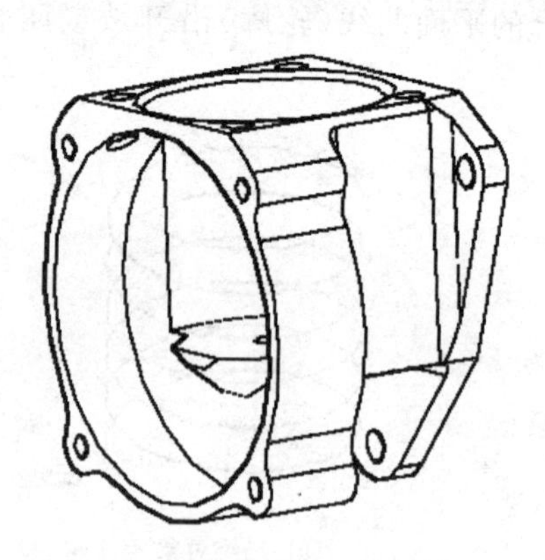

图 6.28 复杂实体模型

图 6.29 真实感效果

第七章　机件常用的表达方法

在生产实际中，对于结构和形状复杂的机件，仅采用前面所讲的三视图，就难以将它们的内、外部形状表达清楚。为了完整、清晰、简便地表达各种机件的形状，国家标准《技术制图》(GB/T 17452—1998)的图样画法中规定了绘制机械图样的表达方法。本章将介绍视图、剖视图和断面图的一些简化画法。

7.1　视　　图

视图主要用于表达机件外部结构形状。它分为：基本视图、向视图、局部视图和斜视图。在视图中一般只画机件的可见部分，必要时才画出虚线表示其不可见部分。

7.1.1　基本视图(Principal View)

1. 基本视图的形成

机件向基本投影面投射所得视图称为基本视图。根据国家标准《技术制图》的规定，用正六面体的六个面作为基本投影面(如图 7.1 所示)，把机件放置在该正六面体中间，然后用正投影的方法向六个基本投影面分别进行投影，就得到了该机件的六个基本视图。六个基本视图中，除了前面已介绍的主视图、俯视图和左视图外，还有：由右向左投射所得的右视图(Right View)；由下向上投射所得的仰视图(Bottom View)；由后向前投射所得的后视图(Rear View)。六个基本投影面展开的方法如图 7.2 所示。

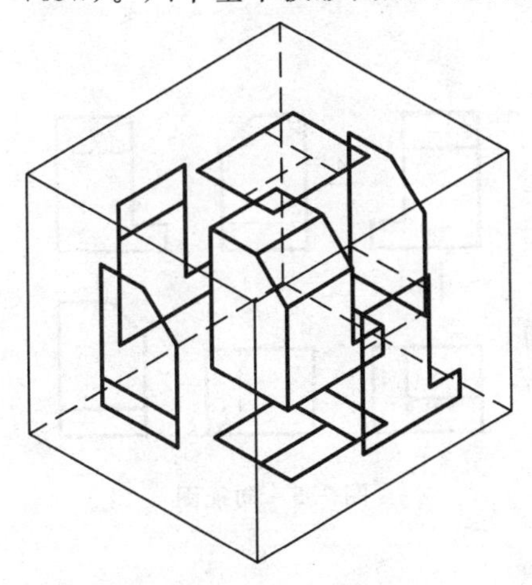

图 7.1　基本视图的形成

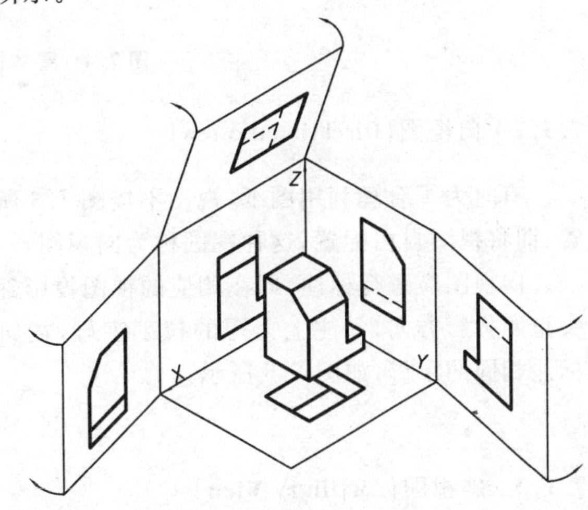

图 7.2　基本视图的展开方法

2. 六个基本视图的配置及投影规律

六个基本视图的配置位置如图 7.3 所示。在同一张图样上，按图 7.3 配置时，一律不标注视图的名称。

六个基本视图之间仍符合“长对正、高平齐、宽相等”的投影规律，即：

主、俯、仰、后四个视图等长；

主、左、右、后四个视图等高；

俯、仰、左、右四个视图等宽。

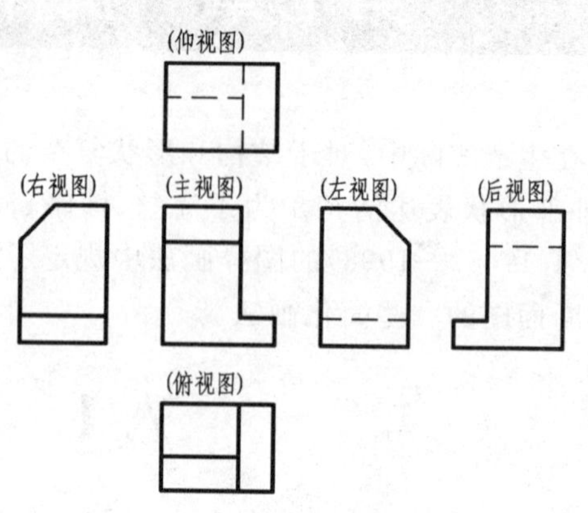

图 7.3 基本视图的配置

3. 基本视图的应用

在表达机件的形状时，不是任何机件都需要画出六个基本视图，应根据机件的外部结构形状的复杂程度选用必要的基本视图。如图 7.4 所示的机件，为了表达左、右凸缘的形状，采用了主视图、左视图和右视图三个基本视图，并省略了一些不必要的虚线。

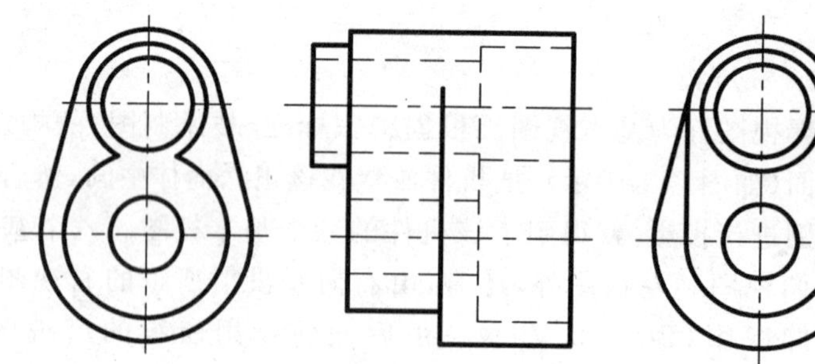

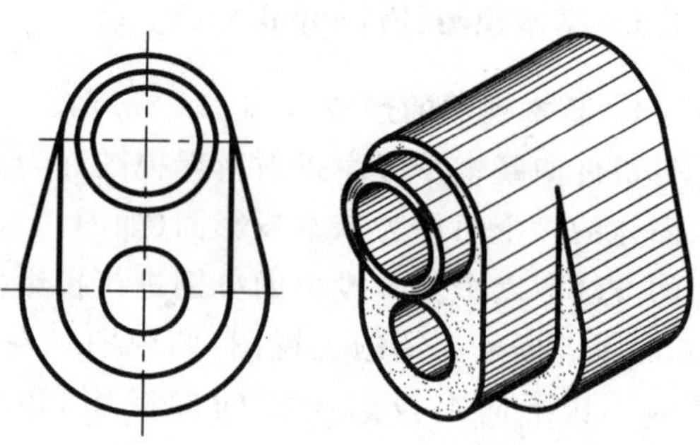

图 7.4 基本视图应用示例

7.1.2 向视图(Directional View)

有时为了合理利用图纸，视图不按图 7.3 所示的位置配置，而将视图自由配置，这种视图称为向视图。

向视图应进行标注，即在相应的视图投影部位附近画箭头指明投影方向，并注上大写的拉丁字母，在向视图的上方标注相同的字母，如图 7.5 所示。

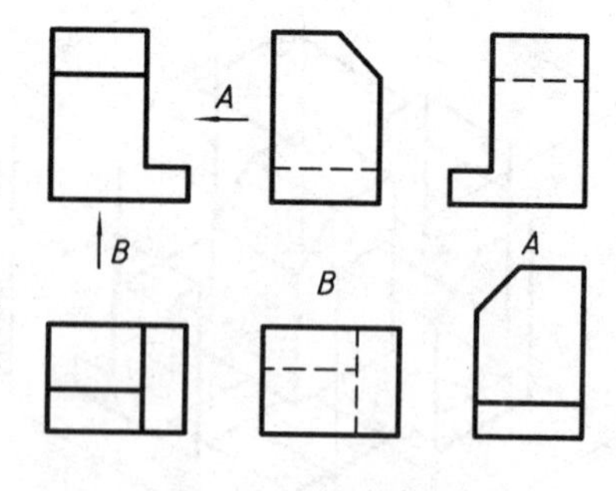

图 7.5 向视图

7.1.3 斜视图(Auxiliary View)

当机件上有不平行于基本投影面的倾斜结构时，则该部分的真实形状在基本视图上无法表达清楚，如图 7.6(a)所示。为此，可设置一个平行于倾斜结构的投影面的垂直面(图 7.6(b)中为正垂面 P)作为新投影面，将倾斜结构向该投影面投射，即可得到反映实形的视图。这种将机件向不平行于任何基本投影面的平面投射所得的视图称为斜视图。

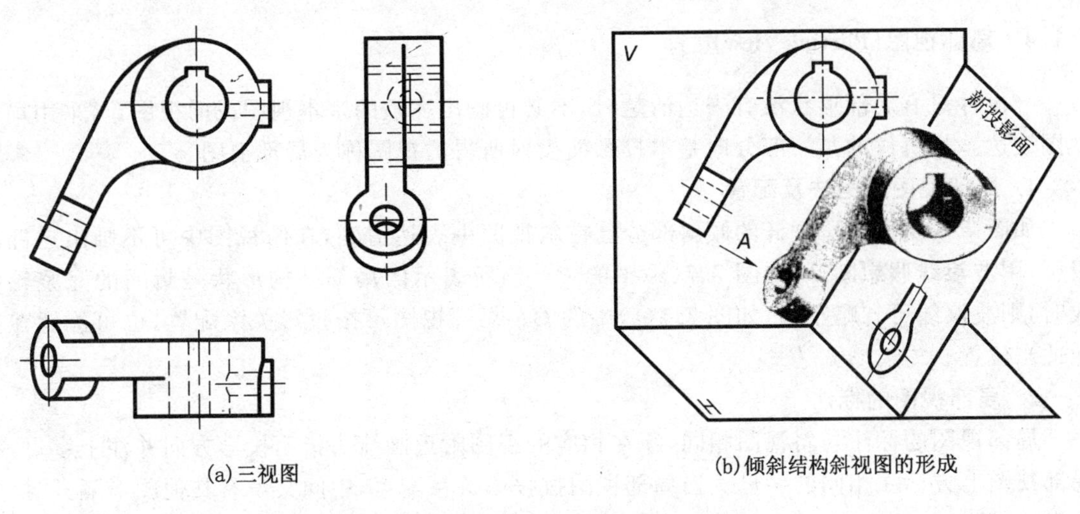

(a)三视图　(b)倾斜结构斜视图的形成

图 7.6　压紧杆的三视图及斜视图的形成

1. 斜视图的画法及配置

由于斜视图主要用来表达机件上的倾斜部分的实形，故其余部分不必画出，其断裂边界用波浪线表示，成为一个局部的斜视图。但当所表达的结构形状是完整且外轮廓线又成封闭时，波浪线可省略不画。斜视图一般按投影关系配置，必要时也可配置在其他适当位置。在不致引起误解时，允许将图形旋转，但要注意标注。

2. 斜视图的标注

画斜视图时必须标注。应在相应视图的投影部位附近沿垂直于倾斜面的方向画出箭头表明投影方向并注上大写拉丁字母，在斜视图的上方标注相同的字母(注意：字母一律水平书写)，如图 7.7(a)中的 A。经过旋转的斜视图，必须加旋转符号，其箭头方向为旋转方向，字母应靠近旋转符号的箭头端，如图 7.7(b)中的 A。也允许将旋转角度标注在字母之后。

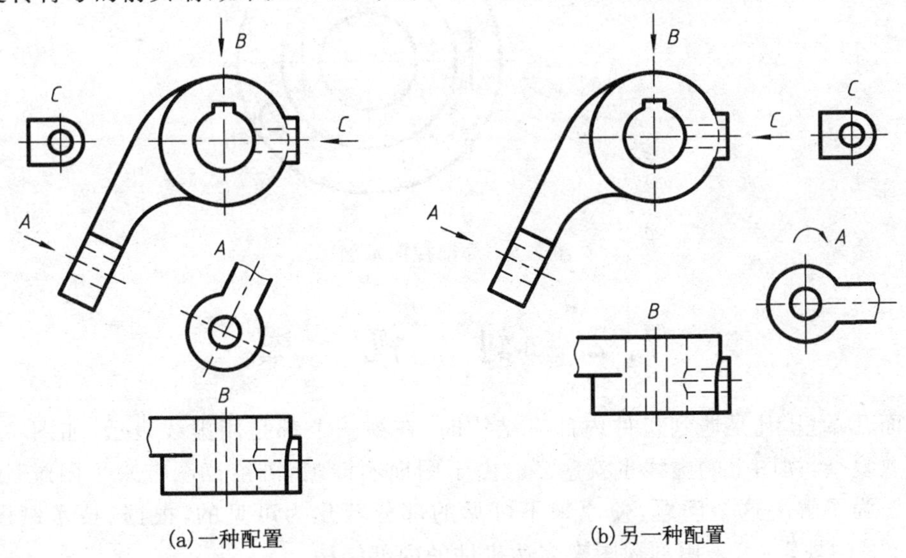

(a)一种配置　(b)另一种配置

图 7.7　斜视图和局部视图的配置

7.1.4 局部视图(Partial View)

当机件只有局部形状没有表达清楚时,不必再画出完整的基本视图或向视图,可采用局部视图表达。将机件的某一部分向基本投影面投射所得的视图称为局部视图。

1. 局部视图的画法及配置

如图 7.6 所示的压紧杆的倾斜部分已在斜视图中表达清楚,在俯视图中可不画出这部分投影,用波浪线假想断开,如图 7.7(a)中的 *B*。当所表示的局部结构形状是封闭的完整轮廓线时,则波浪线可省略不画,如图 7.7(a)中的 *C*。局部视图可按投影关系配置,也可配置在其他适当位置。

2. 局部视图的标注

局部视图的标注与斜视图相同,须在相应的视图附近画箭头指明投影方向并注上字母,在局部视图上方标注相同的字母。当局部视图按投影关系配置,中间又没有其他图形隔开时,则可省略标注,如图 7.7(a)中的 *C* 所示。

图 7.8 为局部视图示例。

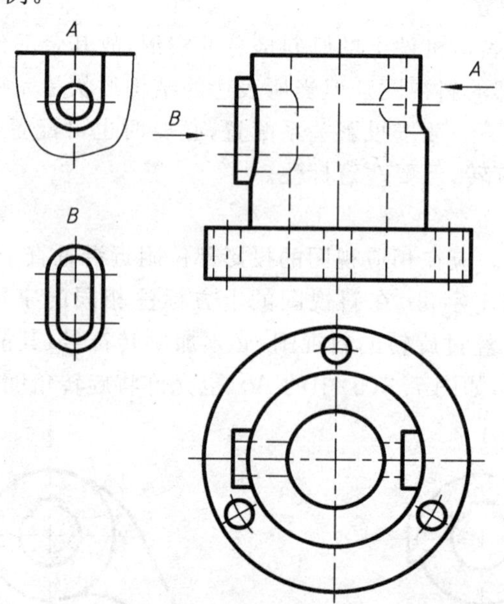

图 7.8 局部视图示例

7.2 剖 视 图

在前面几章里,凡是遇到机件内部有结构时,在视图上都是用虚线表示,如图 7.9 所示。内部结构愈复杂,视图上的虚线也就愈多。由于图面不清晰,既给读图带来了困难,又不利于标注尺寸。为了解决这个问题,使原来不可见的部分转化为可见的,根据《技术制图》GB/T 17452—1998 的规定,可采用剖视图来表达机件的内部结构。

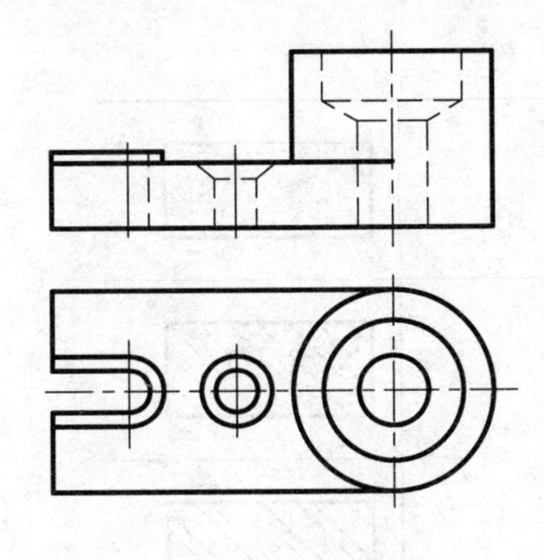

图 7.9　机件的视图

7.2.1　剖视图的概念

1. 定　义

(1) 剖切面(Putting Plane)：剖切被表达机件的假想平面。

(2) 剖视图(Section)：假想用剖切面剖开机件，将处在观察者和剖切面之间的部分移去，而将其余部分向投影面投射所得的图形称为剖视图，简称为剖视，如图 7.10 所示。

(3) 剖面区域(Section Area)：剖切面与机件的接触部分。

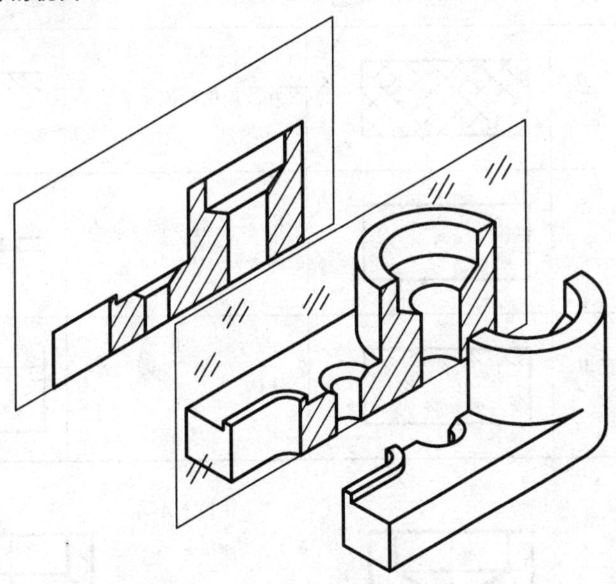

图 7.10　剖视图的形成

2. 剖视图的画法

(1) 确定剖切平面的位置：剖切平面的位置一般用平面剖切机件的方法确定。它通过机件内部孔、槽等结构的对称面或轴线，且使该平面平行或垂直于某一投影面，以便使剖切后的结构的投影反映实形。如图 7.10 所示的剖切面平行于正面。

(2) 画投影轮廓线：当机件剖切后，剖切面处原来不可见的结构变成了可见，即虚线变成了实线，同时向后面投影，剖切面之后的不可见的虚线也变成了实线，应当画出，如图 7.11(a)所示。

(3) 画剖面符号：在机件的剖面区域上应画出剖面符号以区别剖面区域与非剖面区域。国家标准规定了各种材料的剖面符号，如表 7.1 所列。

剖面符号仅表示材料类别，对于材料的名称和代号必须在标题栏中注明。金属材料的剖面符号规定用细实线画成间距相等、方向相同，且与水平方向成 45°的剖面线。同一机件的各个剖面区域，剖面线的方向与间隔均应一致，如图 7.11(b)所示。

表 7.1　剖面符号

材料	符号	材料	符号
金属材料(已有规定符号者除外)		混凝土	
线圈绕组元件		钢筋混凝土	
转子、电枢、变压器和电抗器等的叠钢片		砖	
非金属材料(已有规定符号者除外)		基础周围的泥土	
型砂、填砂、粉末、冶金、砂轮、陶瓷、刀片、硬质合金等		格网(筛网、过滤网等)	
玻璃及供观察用的其他透明材料		液体	

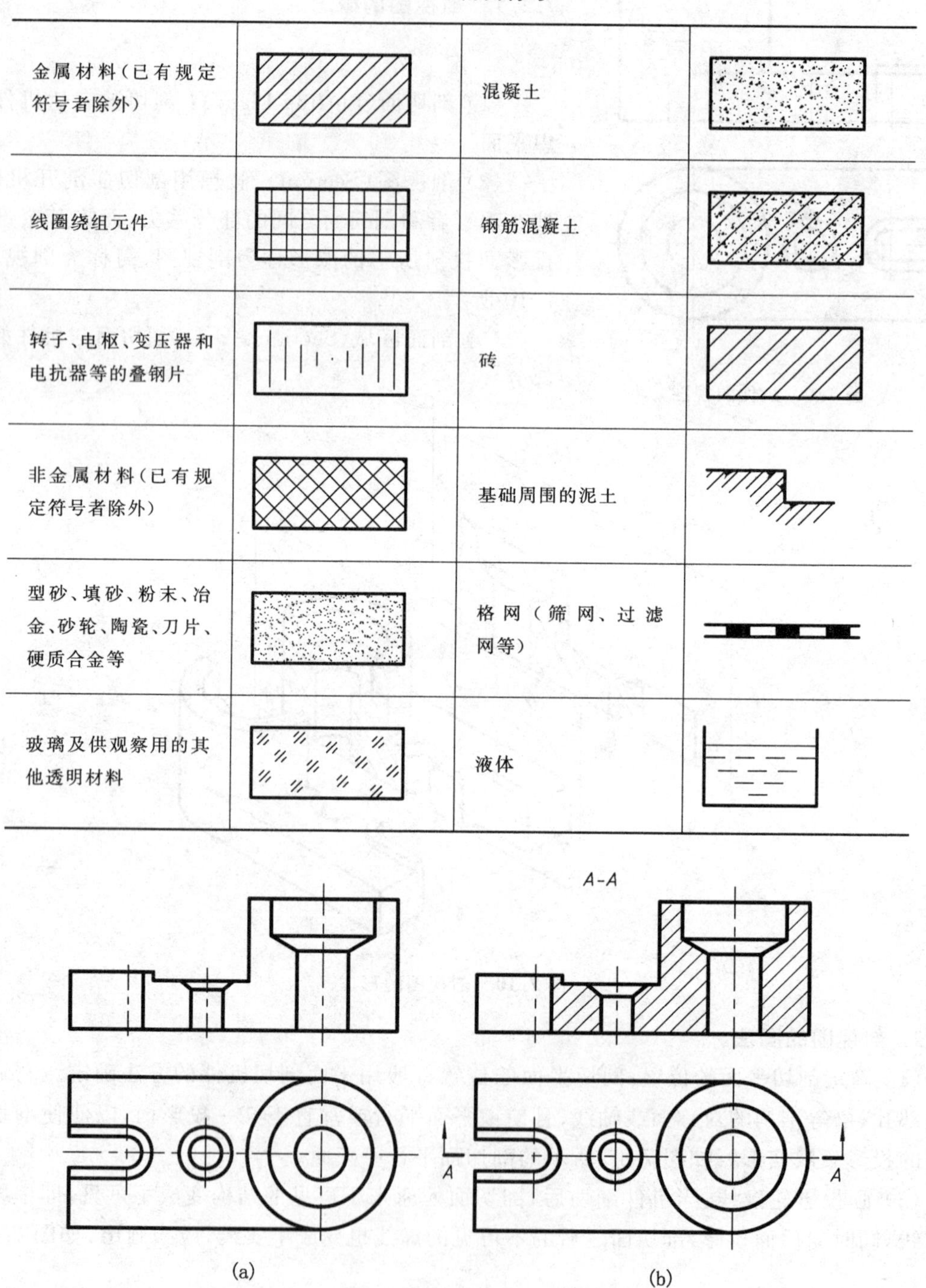

(a)　　　　(b)

图 7.11　剖视图的画法

当剖视图中的主要轮廓线与水平线成 45°或接近 45°时，则剖面线应画成与水平线成 30°或 60°的细实线，其倾斜方向仍应与其他图形上的剖面线一致，如图 7.12 所示。

3. 剖视图的标注

剖视图一般应进行标注，如图 7.11(b)所示。标注内容包括：

- 剖切符号：用以表示剖切的位置，在剖切平面的起止和转折位置，用粗短线画出。
- 箭头：用来表示剖切后的投影方向，该箭头垂直于剖切符号；
- 字母：在剖切面的起讫和转折位置标注相同字母，并在剖视图上方注出“×-×”。

当剖视图按投影关系配置，中间又没有其他图形隔开时，可以省略箭头。

当单一剖切平面通过机件的对称平面或基本对称平面，且剖视图按投影关系配置，中间又没有其他图形隔开时，可省略标注，如图 7.13 所示。

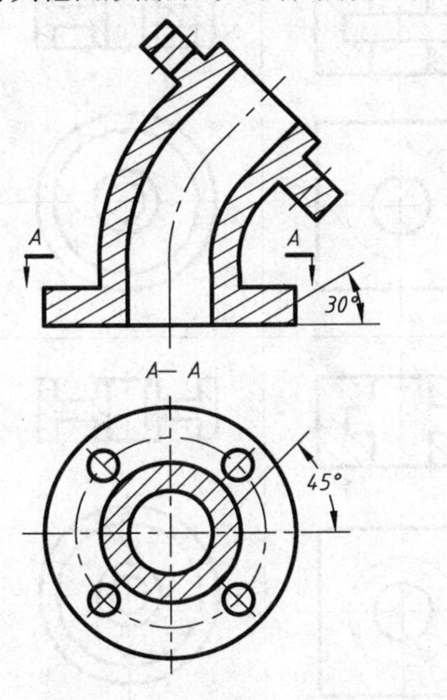

图 7.12 特殊情况下剖面线的画法

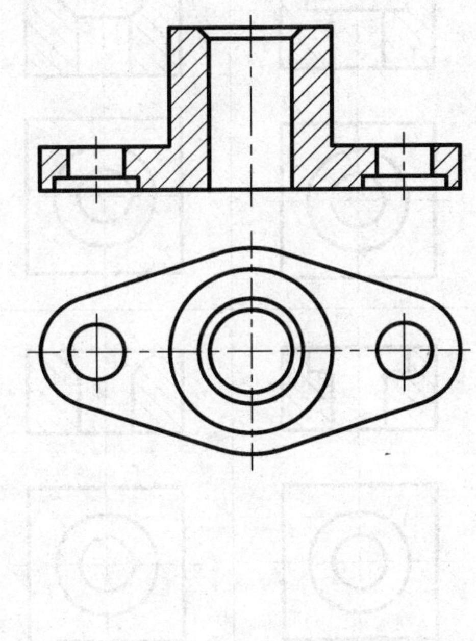

图 7.13 省略标注

4. 画剖视图应注意的问题

(1) 剖视图是假想将机件剖开后画出的，事实上机件并没有被剖开。因此，除剖视图按规定画法绘制外，其他视图仍按完整的机件画出。

(2) 在同一机件上可根据需要多次剖切，每次剖切都应从完整形体考虑，各次剖切互不影响。

(3) 剖切平面的位置选择要得当。首先应考虑通过内部结构的轴线或对称平面以剖出其实形，其次考虑在可能的情况下使剖面通过尽量多的内部结构。

(4) 画剖视图时，应画出剖切面后方的所有可见轮廓线，不能遗漏。表 7.2 给出了几种易漏线的示例。

(5) 在剖视图中，当内部结构已表达清楚时，虚线可省略不画；对没有表达清楚的结构，仍需要画出虚线，如图 7.14 所示。

表 7.2　剖视图中易漏线示例

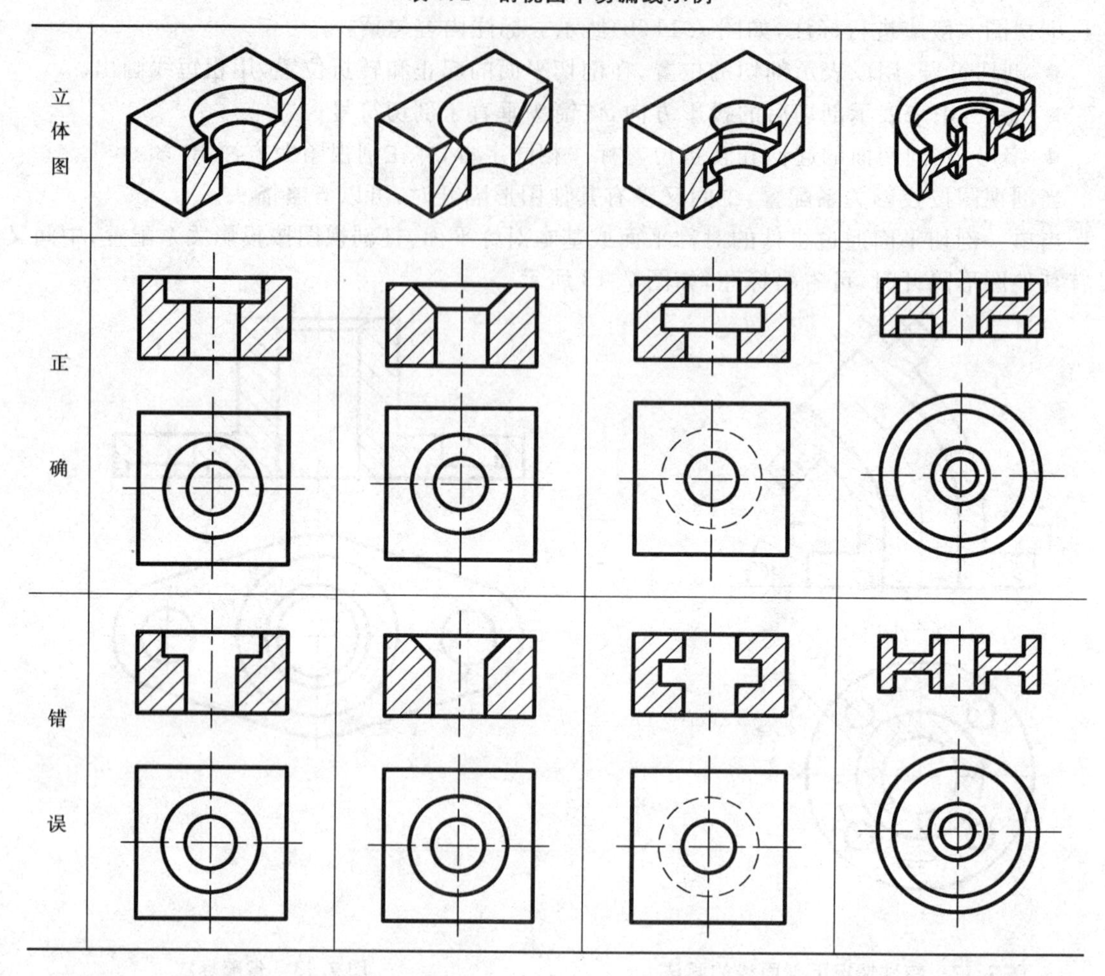

5. 用 AutoCAD 实现剖面区域填充

计算机绘制剖视图时，其剖面区域应填充剖面线，具体操作过程为：

单击【绘图】工具栏【图案填充】命令，系统将弹出【图案填充和渐变色】对话框，如图 7.15所示。

在【类型和图案】选项区，单击【图案】后的按钮，系统弹出图案对话框，用户可从中确定所需要的剖面线图案。也可从【图案】下拉列表中选取所需要的剖面线“ANSI31”。

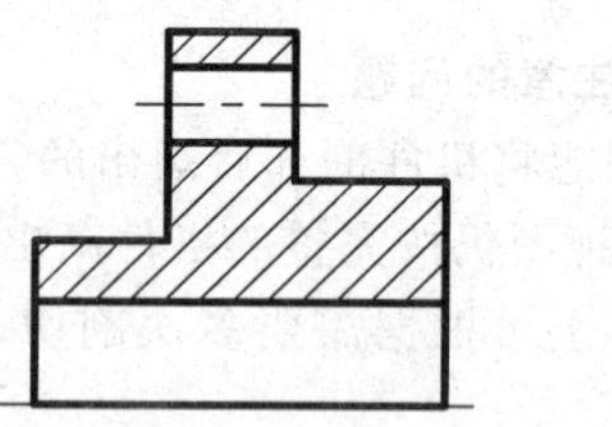
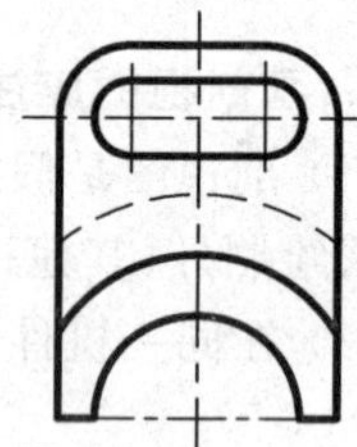

图 7.14　必要的虚线要画出

在【角度和比例】选项区，改变【比例】下拉列表的参数可改变剖面线间距(预定值为 1)；改变【角度】下拉列表的参数可改变剖面线的角度(预定值为 0)。

在【边界】选项区，单击【添加:拾取点】按钮，要求用户在需画剖面线的封闭区域内拾取一个点，以确定填充边界。如果填充边界不封闭，系统会给出图 7.16 所示的提示信息。

在【边界】选项区，单击【添加:选择对象】按钮，以选取对象的方式确定填充区域的边界。

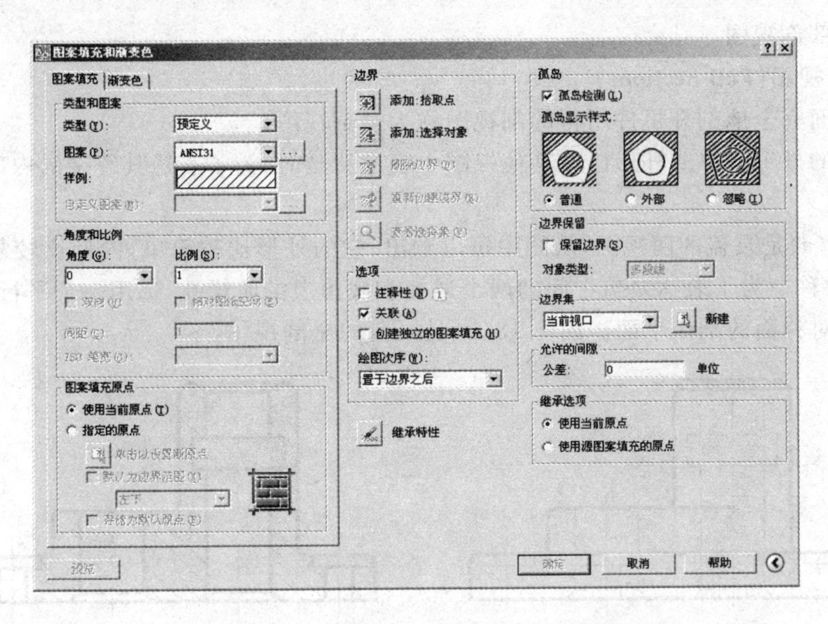

图 7.15 【图案填充和渐变色】对话框

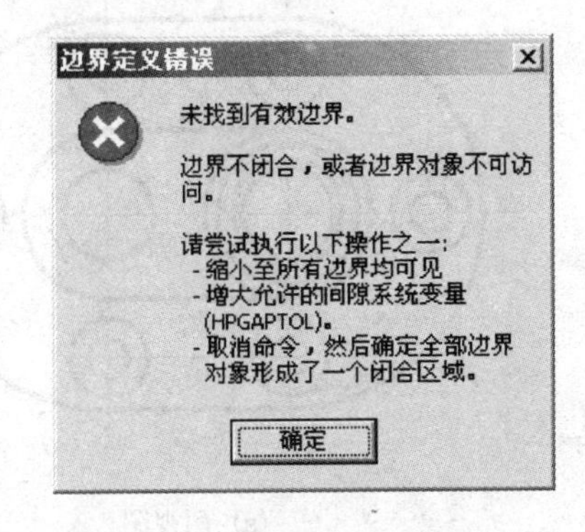

图 7.16 【边界定义错误】提示

例如要完成图 7.17(c)所示剖面区域的填充，应做以下操作：

① 单击【绘图】工具栏【图案填充】命令，打开对话框，如图 7.15 所示。在【类型和图案】选项区，从【图案】下拉列表中选取所需要的剖面线“ANSI31”图案，其余用预定值。

② 在【边界】选项区，单击【添加：拾取点】按钮，返回绘图区，在图 7.17(a)上 1 处点取一点，再在 2 处点取一点，图形显示为图 7.17(b)，然后回车。

③ 在弹出的图 7.15 对话框中，单击 确定 按钮，生成剖面线，如图 7.17(c)所示。

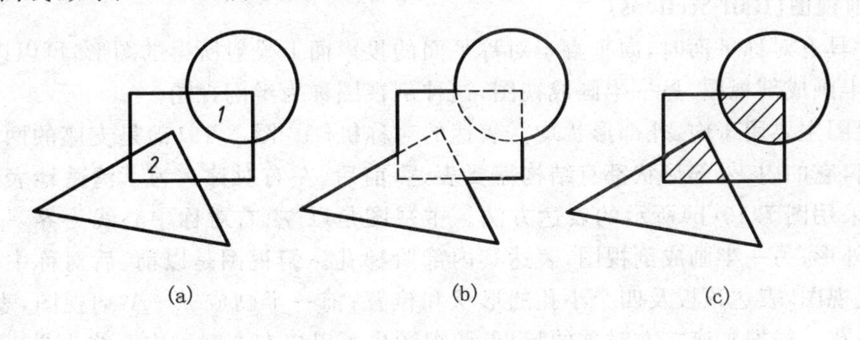

图 7.17 图案填充过程

7.2.2 剖视图的种类

根据机件表达的需要，国家标准(GB/T 17452—1998)规定了三种剖视图，即全剖视图、半剖视图和局部剖视图。

1. 全剖视图(Full Sections)

用剖切面完全地剖开机件所得的剖视图称为全剖视图。

当机件的外形简单或外形已在其他视图中表示清楚时,为了表达其复杂的内部结构,常采用全剖视图。

图 7.18(a)是泵盖的两视图,从图中可以看出,它的外形比较简单,内形比较复杂,前后对称,左右不对称。为了表达泵盖中间的两个通孔和底板上的阶梯孔,选用一个平行于正面且通过泵体前后对称面的剖切平面。图 7.18(b)是泵盖的全剖视图。

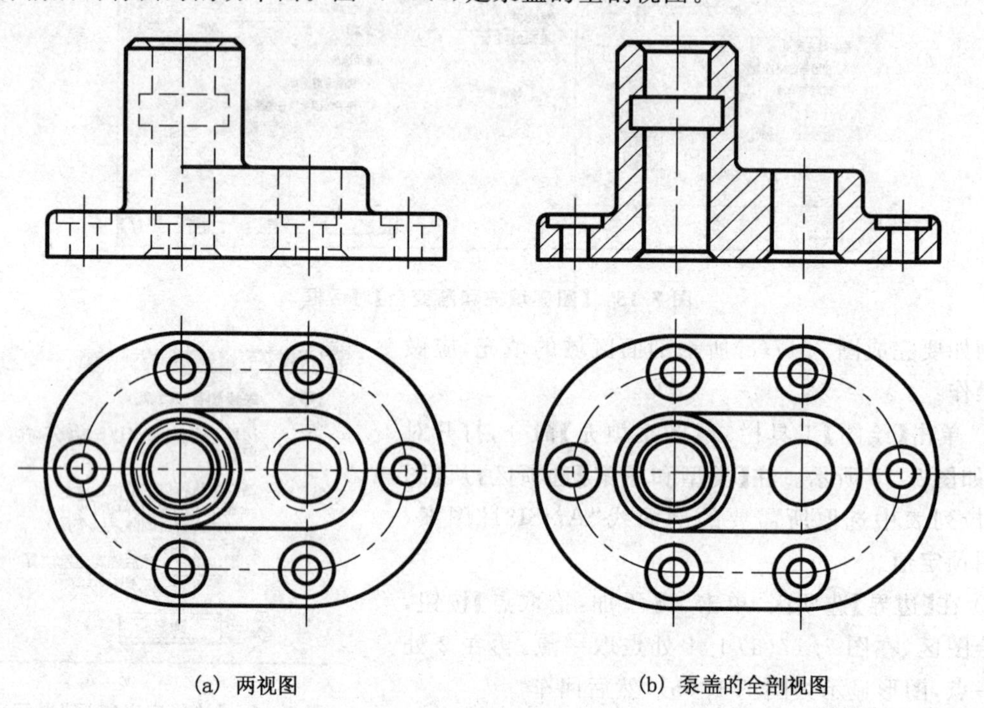

(a) 两视图　　(b) 泵盖的全剖视图

图 7.18 泵盖的剖切方法

2. 半剖视图(Haif Sections)

当机件具有对称平面时,向垂直于对称平面的投影面上投射所得的图形,可以以对称中心线为界,一半画成剖视图,另一半画成视图,这种剖视图称为半剖视图。

半剖视图主要用于内、外部形状均需表达的对称机件。图 7.19(a)是支座的两视图,从图中可以看出,它的内、外部形状都有结构需要表达,前后、左右对称。为了清楚地表达其内、外部形状,可采用图 7.19(b)所示的表达方法。主视图是以左、右对称中心线为界,一半画成视图,表达其外形;另一半画成剖视图,表达其内部阶梯孔。俯视图是以前、后对称中心线为界,后一半画成视图,表达顶板及四个小孔的形状和位置;前一半画成 $A-A$ 剖视图,表达凸台及其上面的小孔。根据支座左右对称的特点,俯视图也可以以左右对称中心线为界,一半画成视图,一半画成剖视图,其表达效果是一样的。

当机件的形状基本对称,且不对称部分已另有视图表达清楚时,也可画成半剖视图,如图 7.20 所示。

如果机件的外形很简单,虽然形状对称,也可采用全部视图,如图 7.21 所示。

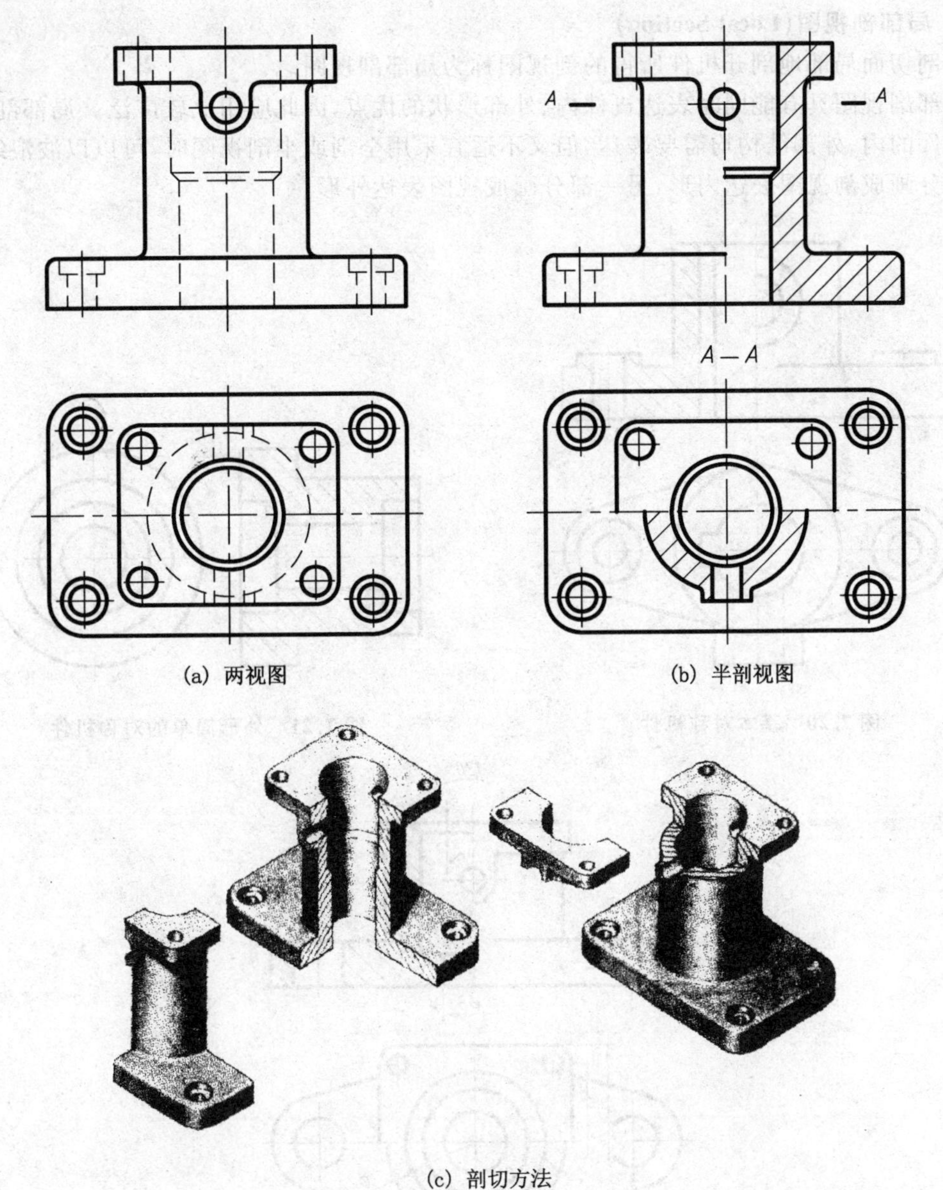

(a) 两视图　(b) 半剖视图

(c) 剖切方法

图 7.19　支座的表达方法

画半剖视图时应注意：

(1) 在半剖视图中，半个外形视图和半个剖视图的分界线应画成点画线，不能画成粗实线。

(2) 在半剖视图中，机件的内部形状已在半个剖视中表达清楚，因此在半个视图部分不必再画出虚线。

(3) 半剖视图的标注方法应与全剖视图相同，如图 7.19(b)所示。

(4) 半剖视图中，标注机件对称结构的尺寸时，其尺寸线应略超过对称中心线，并只在尺寸线的一端画箭头，如图 7.22 所示。

3. 局部剖视图(Local Section)

用剖切面局部地剖开机件所得的剖视图称为局部剖视图。

局部剖视图具有能同时表达机件内、外部形状的优点,因此应用比较广泛。局部剖视图常用于机件的内、外部结构均需要表达,但又不适宜采用全剖或半剖视图时,可以以波浪线为界,将一部分画成剖视图表达内形,另一部分画成视图表达外形。

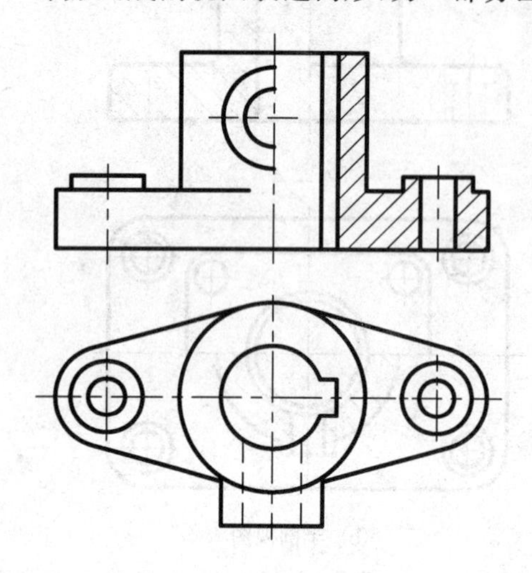

图 7.20 基本对称机件

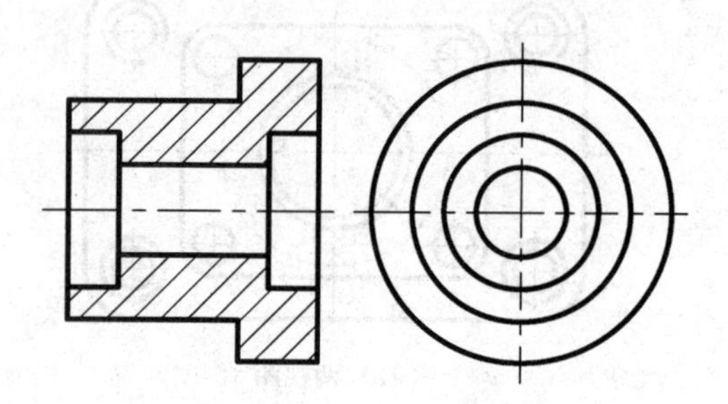

图 7.21 外形简单的对称机件

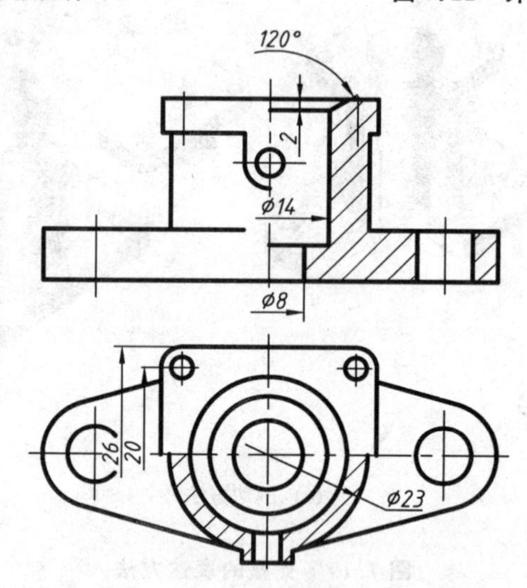

图 7.22 半剖视图中的尺寸标注

图 7.23(a)为箱体的两视图。从图中可以看出,其主体是一内空的长方体,底板上有四个安装孔,顶部有一凸缘,左下有一轴承孔。它的上下和左右均不对称。为了使箱体的内部和外部都表达清楚,采用全剖视图和半剖视图均不适宜,因而采用了局部剖视图,如图 7.23(b)所示。其主视图上的两处局部剖视图,分别表达了上部凸缘内孔和箱体的内部结构以及底板上的安装孔;俯视图上的局部剖视图则表达了小圆柱凸台上的通孔。

对于实体机件上的孔、槽、缺口等局部的内部形状,可采用图 7.24 所示的局部剖视图来表达。当图形的对称中心线处有机件的轮廓线时,不宜采用半剖视图,可采用局部剖视图,如图 7.25 所示。

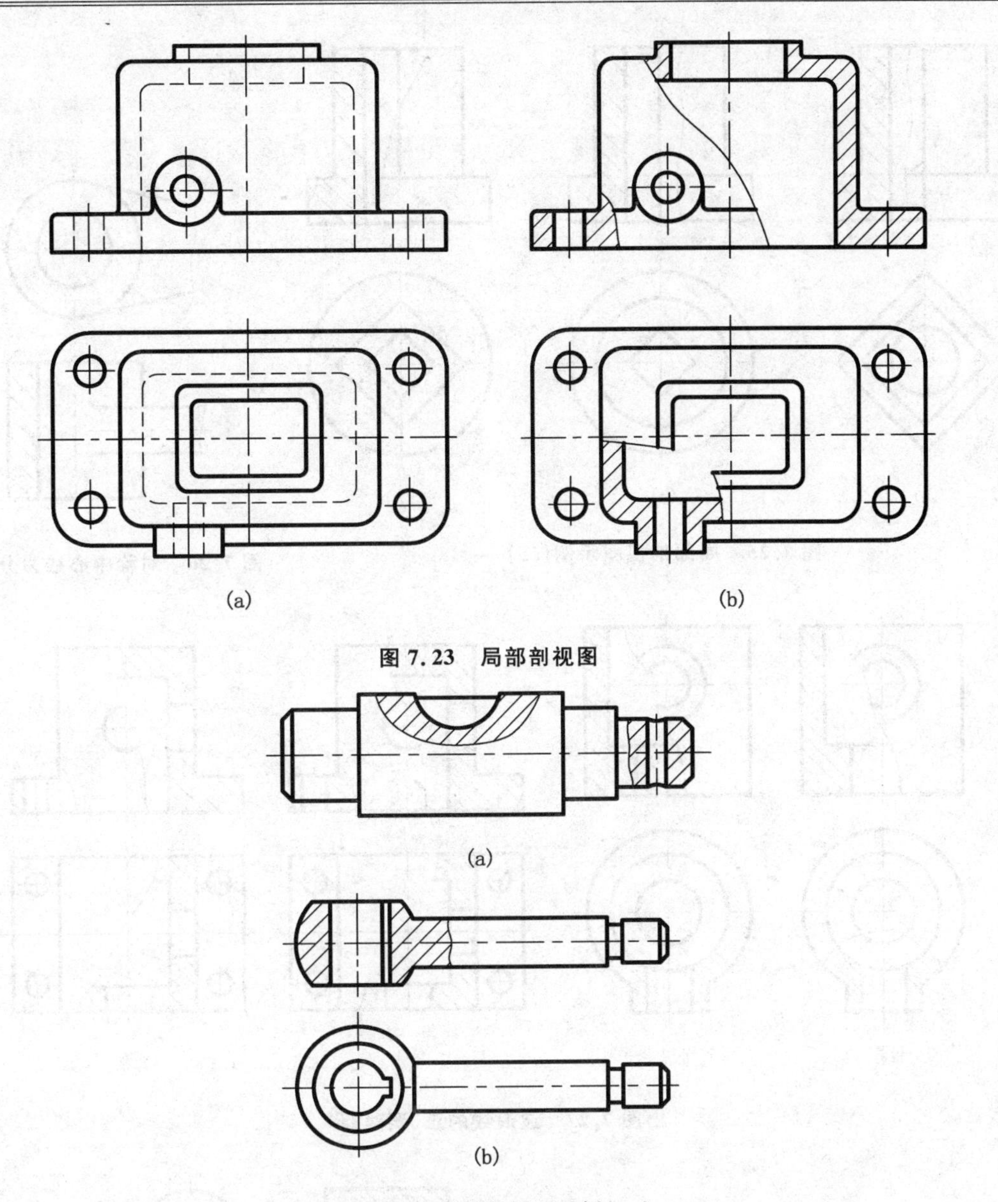

图 7.23　局部剖视图

图 7.24　局部剖视图示例(一)

当被剖结构为回转体时，允许将该结构的中心线作为局部剖视与视图的分界线，如图7.26所示。

在局部剖视图上也可用双折线代替波浪线。当单一剖切平面的剖切位置明显时，局部剖视图可省略标注，如上述几个局部剖视图都不需标注。

画局部剖视图时应注意：

(1) 波浪线应画在机件的实体部分，不能超出视图中被剖切部分的轮廓线，如图 7.27 所示。

(2) 波浪线不能与视图中的轮廓线重合，也不能画在其延长线上，如图 7.28 所示。

(3) 局部剖视图是一种比较灵活的表达方法，如运用得当，可使图形简明、清晰。但在同一个视图中，局部剖视的数量不宜过多，以免使图形过于破碎。

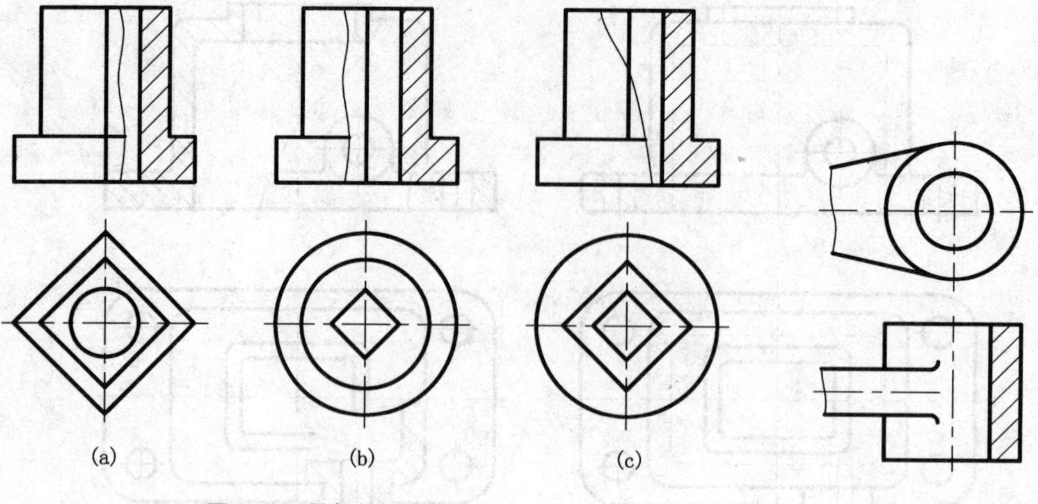

图 7.25 局部剖视图示例(二)

图 7.26 对称中心线为分界线

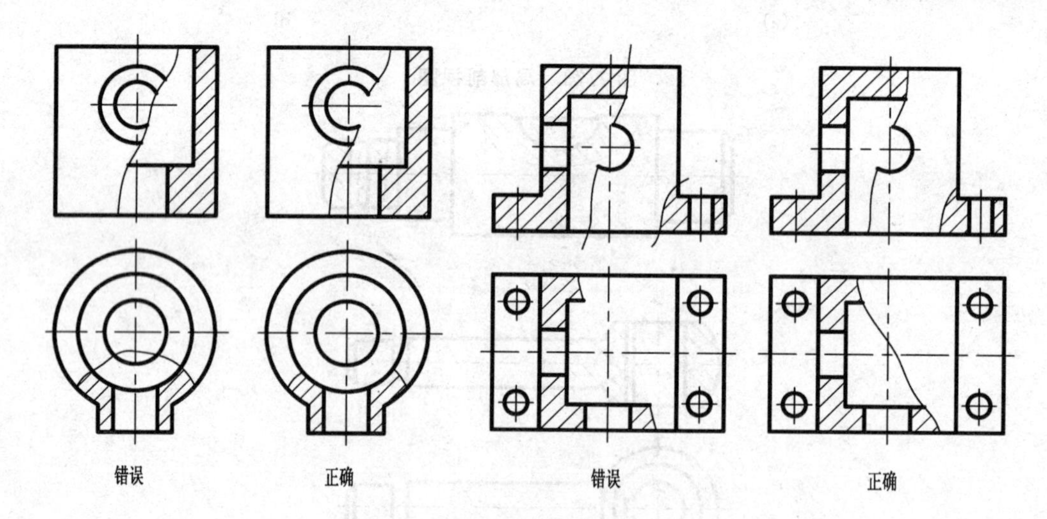

图 7.27 波浪线的正、误对照

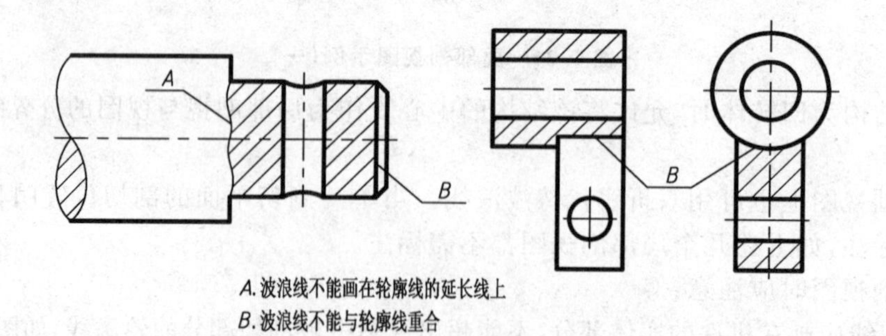

图 7.28 波浪线的错误画法

7.2.3　剖切面的种类及常用的剖切方法

国家标准(GB/T 17452—1998)规定:剖切面是剖切被表达机件的假想平面或曲面。同时规定:根据机件的结构特点,可选择单一的剖切平面、几个平行的剖切平面、几个相交的剖切平面剖开机件。由于机件的内部结构形状不同,表达它们的形状所采用的剖切方法也不一样,无论采用哪种剖切面剖开机件,均可画成全剖视图、半剖视图或局部剖视图。

1. 用单一剖切面剖切

为表达机件的内部结构,可用平面剖切,也可用柱面剖切,本书只介绍平面剖切。

(1) 用平行于某一基本投影面的平面剖切:前面所介绍的全剖视图、半剖视图和局部剖视图均为采用该剖切方法获得的剖视图。

(2) 用不平行于任何基本投影面平面剖切:当机件上倾斜部分的内部结构形状需要表达时,与斜视图一样,可以先选择一个与该倾斜部分平行的辅助投影面。然后用一个平行于该投影面的平面剖切机件,并将剖切平面与辅助投影面之间的部分向辅助投影面进行投射,如图7.29中的 $B-B$ 剖视即为采用这种剖切方法得到的全剖视图。

采用这种剖切方法画出的剖视图最好按投影关系配置,使之与原视图保持直接的投影关系,如图7.29(a)所示。必要时可以移到其他位置,如图7.29(b)所示。在不致引起误解时,允许将图形旋转放正,其标注形式如图7.29(c)所示。图中所标字母一律水平书写。

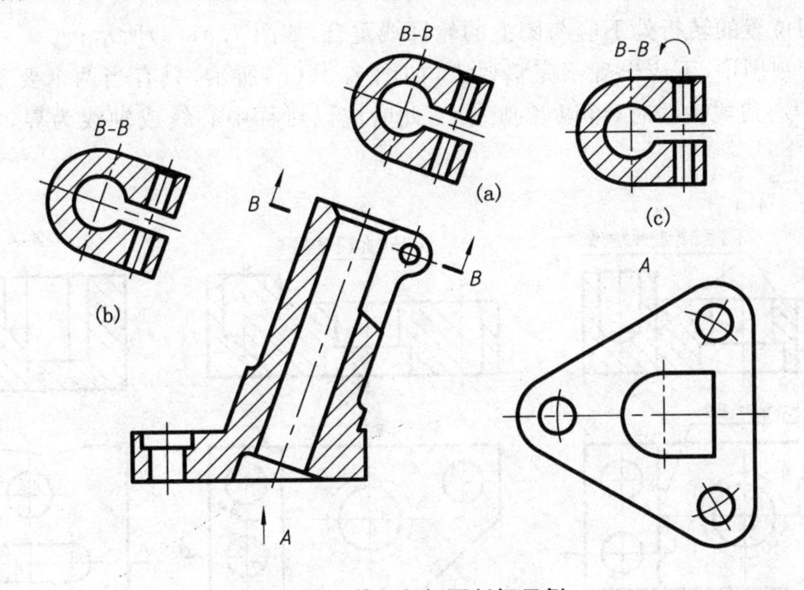

图7.29　单一剖切面剖切示例

2. 用几个互相平行的剖切平面剖切

当机件上有较多的内部结构形状,而它们的轴线不在同一平面内,且按层次分布相互不重叠,这时可用几个互相平行的剖切平面剖切。

图7.30(a)所示的机件有较多的孔,且轴线不在同一平面内,若采用局部剖视图,则图形会很零碎,采用几个互相平行的剖切平面剖切,可获得较好的效果,如图7.30(b)中的 $A-A$ 剖视即为采用这种剖切方法得到的全剖视图。

采用这种剖切方法画出的剖视图必须标注。各剖切平面相互连接而不重叠,其转折符号成直角且应对齐，如图 7.30(b)所示。当转折处位置有限又不会引起误解时，允许只画转折符号，省略标注字母。

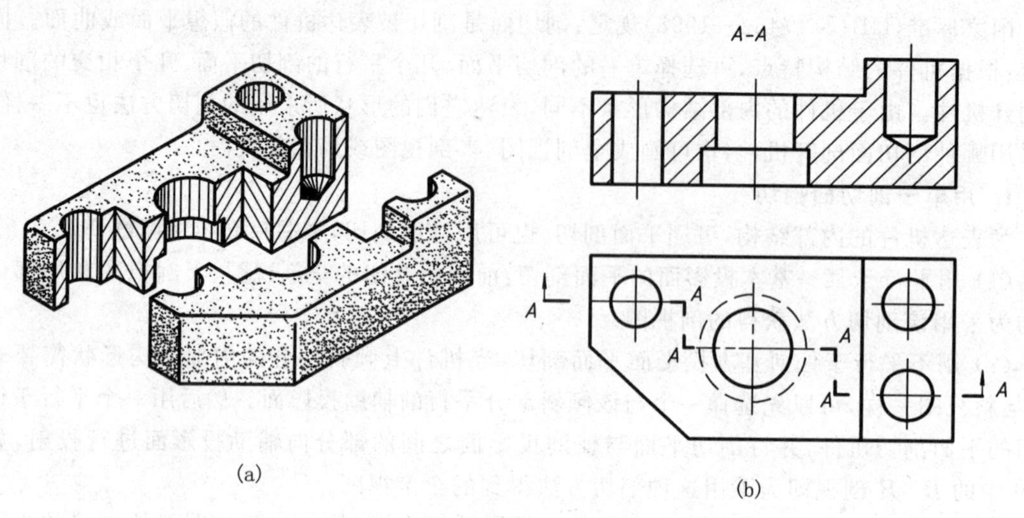

图 7.30 平行剖切、平面剖切示例

画图时应注意：

(1) 不应画出两剖切平面转折处的分界线，如图 7.31(a)所示；

(2) 剖切位置的转折处不应与图上的轮廓线重合，如图 7.31(a)所示；

(3) 在剖视图中，不应出现不完整要素，如图 7.31(b)所示，只有当两个要素在图形上具有公共对称中心线或轴线时，可以各画一半，此时应以对称中心线或轴线为界，如图 7.31(c)所示。

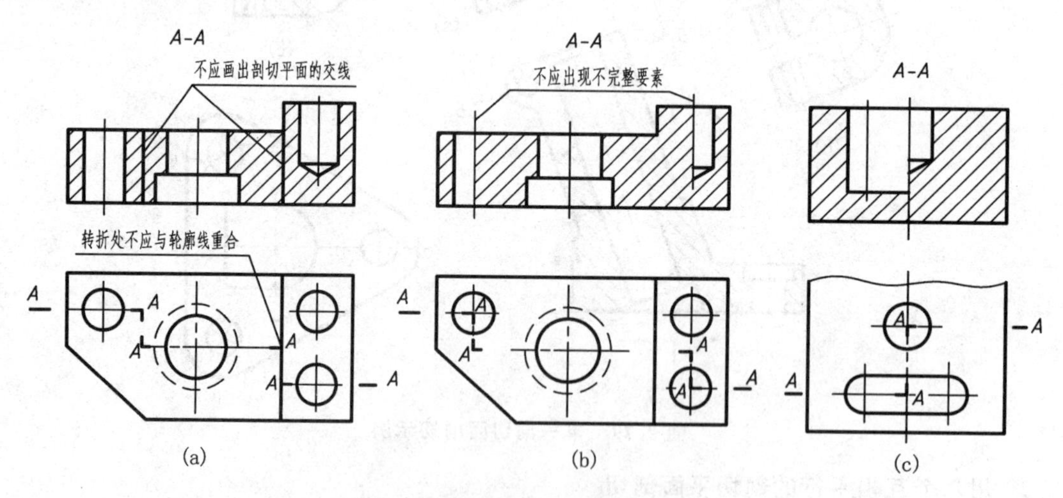

图 7.31 平行剖切、平面剖切注意点

3. 几个相交的剖切平面剖切(交线垂直于某一投影面)

(1) 用两个相交的剖切平面剖切：当机件在整体上具有回转轴时，为了表达其内部结构，可用两个相交的剖切平面剖开，如图 7.32 中的 $A-A$ 剖视即为采用这种剖切方法得到的全剖视图。

采用这种剖切面画剖视图时，首先把由倾斜平面剖开的结构连同有关部分旋转到与选定的基本投影面平行，然后再进行投影，使剖视图既反映实形又便于画图。而处在剖切平面之后的其他结构一般仍按原来位置投影。

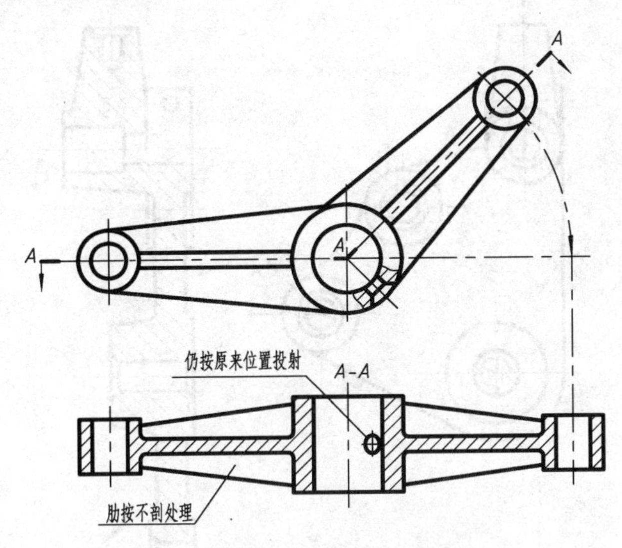

图 7.32　相交剖切平面剖切示例(一)

当剖切后产生不完整要素时,应将此部分按不剖绘制,如图 7.33 所示。

采用这种画法必须进行标注:在剖切平面的起讫和转折处,应画出剖切符号,标上同一字母,并在起讫处画出箭头表示投影方向。在相应的剖视图的上方用同一字母标注出视图的名称"×-×"。当转折处位置有限又不致引起误解时,允许只画转折符号,省略标注字母。

(2) 用组合的剖切平面剖切:当机件的内部结构形状较复杂,用前述的几种剖切面不能表达完全时,可采用组合的剖切平面剖切机件,这些剖切平面可以平行或倾斜于某一投影面,但它们必须同时垂直于另一投影面,倾斜剖切平面剖切到的部分应先旋转后再投射,如图 7.34 所示。采用这种画法时,可结合展开画法,此时应标注"×-×展开",如图 7.35 所示。

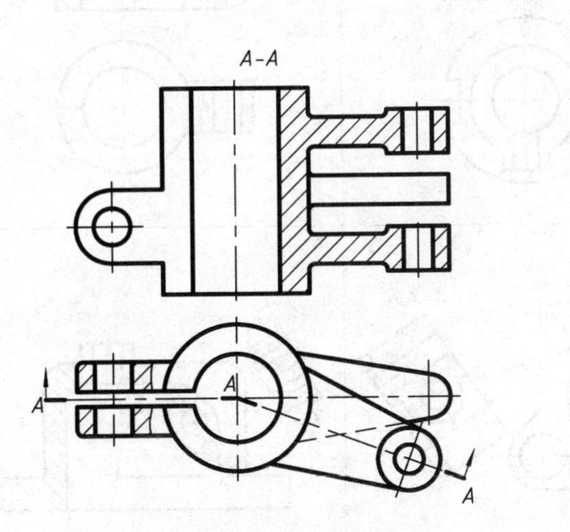

图 7.33　不完整要素的处理

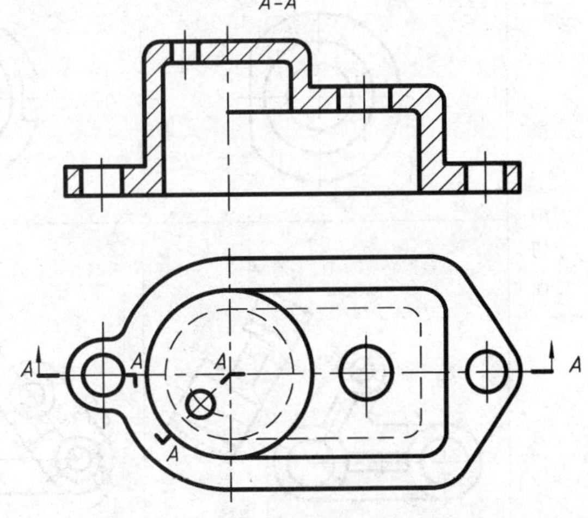

图 7.34　相交剖切平面剖切示例(二)

在实际应用中,选用何种剖切方法,应根据机件的结构形状和表达的需要来确定。表 7.3 列出了机件采用不同剖切方法获得的剖视图的图例,供读者参考。

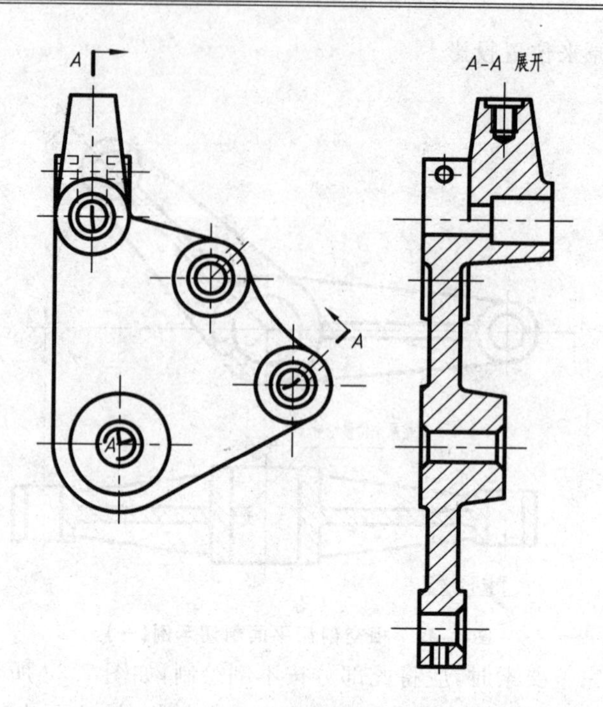

图 7.35　相交剖切平面剖切示例(三)

表 7.3　不同剖切方法获得的剖视图示例

	全剖视图	半剖视图	局部剖视图
单一剖切面			
	A-A A A	A-A A A	C-C C C

续表 7.3

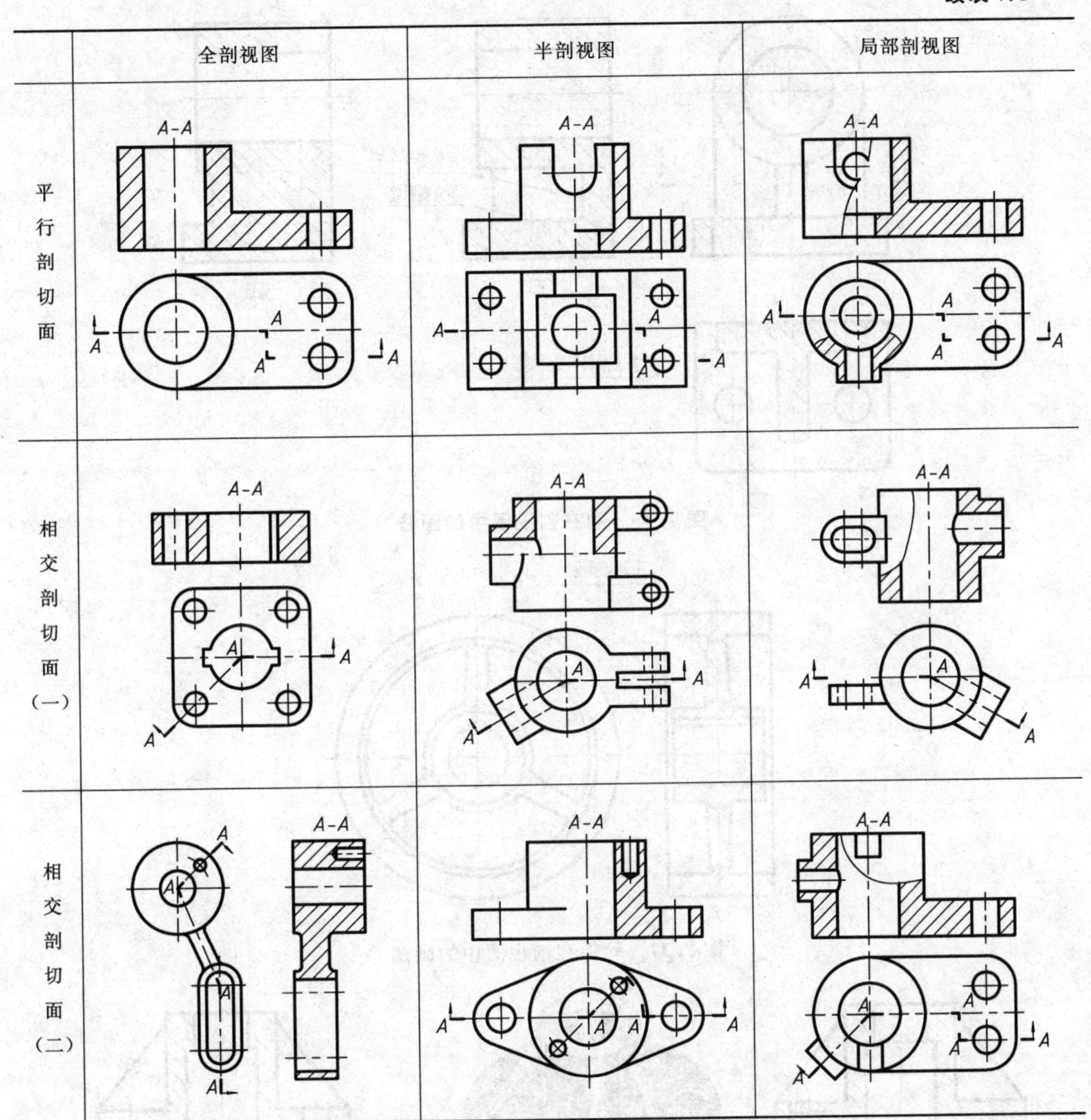

7.2.4 剖视图中的规定画法

1. 肋和轮辐在剖视图中的画法

对于机件上的肋（起支撑和加固作用的薄板）、轮辐及薄壁等结构，若按纵向剖切（剖切面垂直于肋和薄壁的厚度方向或通过轮辐的轴线剖切），这些结构在剖视图上都不画剖面符号，而用粗实线将它与其邻接部分分开，如图 7.36、图 7.37 所示。

按其他方向剖切肋、轮辐及薄壁等结构时，要在剖视图上画出剖面线。

2. 回转体上均匀分布的肋、孔、轮辐等结构在剖视图中的画法

在剖视图中，若机件上呈辐射状均匀分布的肋、孔、轮辐等结构不处于剖切平面上时，可假想使其旋转到剖切平面的位置，再按剖开后的形状画出，如图 7.37、图 7.38 所示。在图 7.38(a)和(b)的主视图中，小孔采用了简化画法，即只画出一个孔的投影，其余的孔只画中心线。

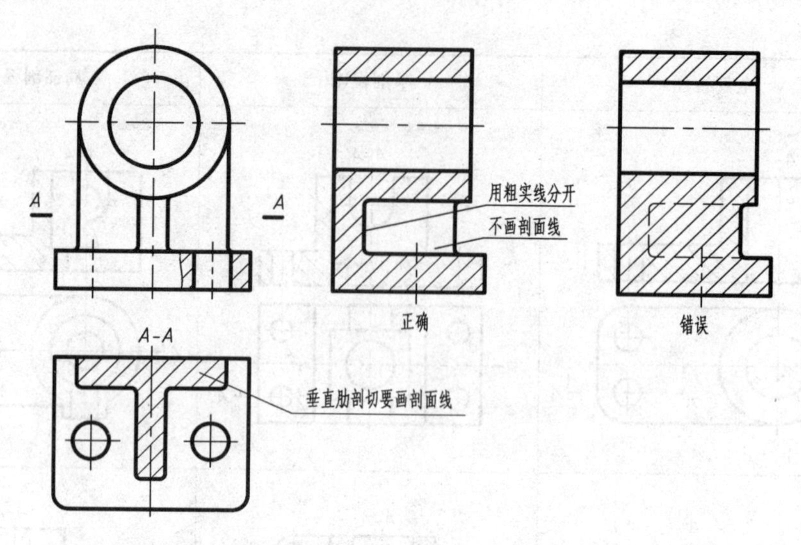

图 7.36 肋在剖视图中的画法

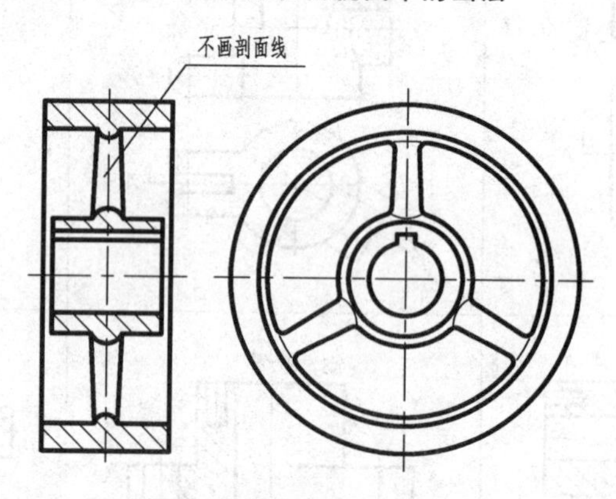

图 7.37 轮辐在剖视图中的画法

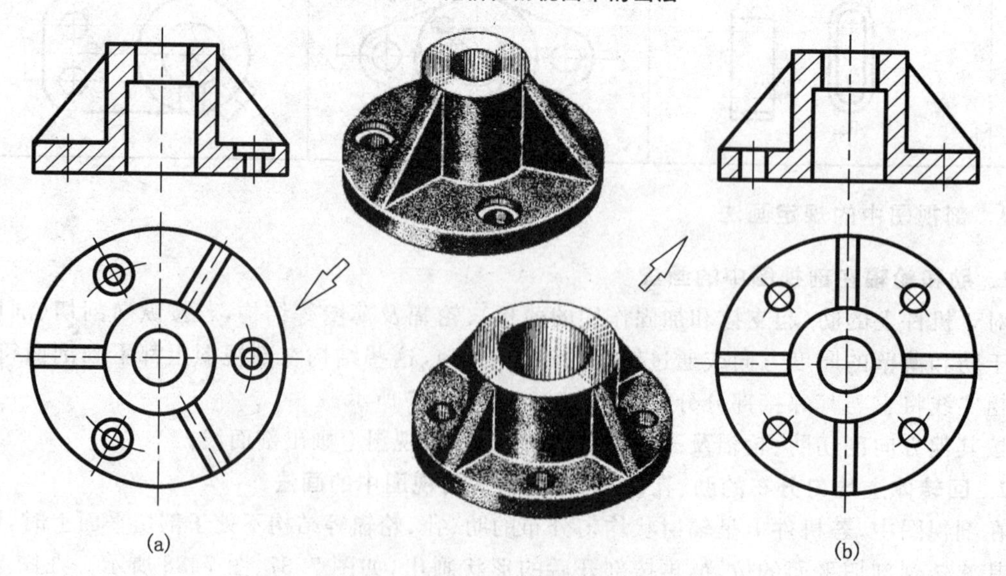

图 7.38 均匀分布的肋板和孔的画法

7.2.5 剖视图在特殊情况下的标注

(1) 用几个剖切平面分别剖开机件,得到的剖视图为相同的图形时,可按图 7.39 的形式标注。

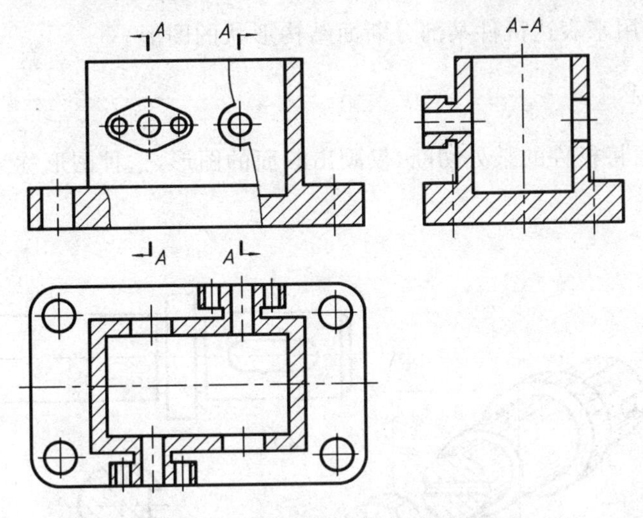

图 7.39　剖视图图形相同时的标注

(2) 用一个公共剖切平面剖开机件,按不同方向投射得到的两个剖视图,可按图 7.40 的形式标注。

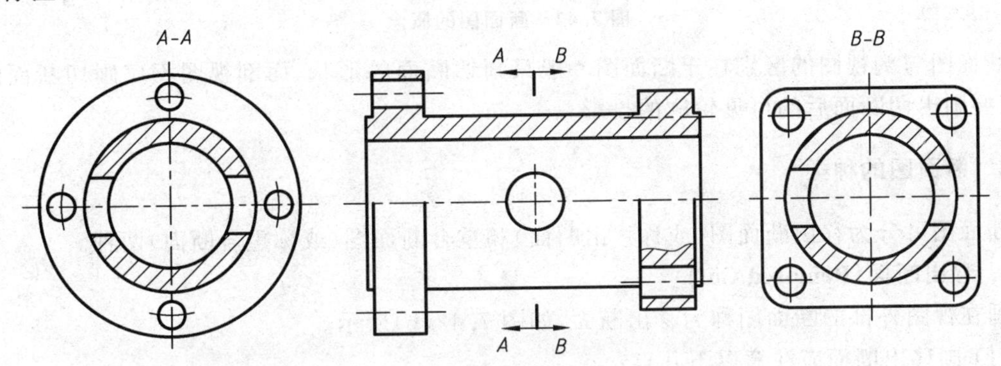

图 7.40　公共剖切面剖得两个剖视图

(3) 可将几个对称图形各取一半(或四分之一)合并成一个图形,此时应标清楚剖切位置、投射方向及字母,并在剖视图附近标出相应的剖视图名称"×-×",如图 7.41 所示。

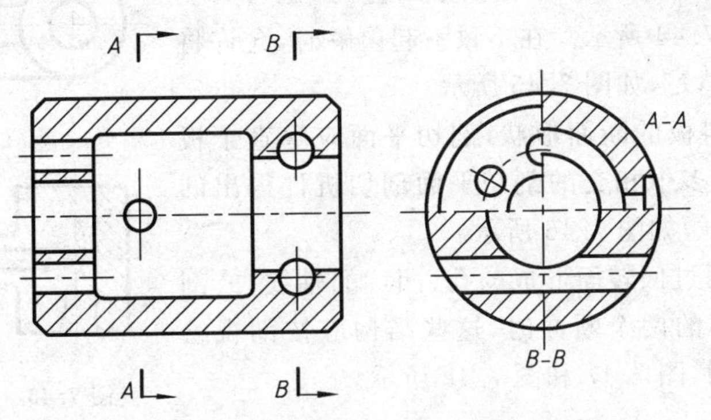

图 7.41　合并剖视图的标注

7.3 断 面 图

断面图(Cut)是用来表达机件某部分断面结构形状的图形。

7.3.1 断面图的概念

假想用剖切平面将机件的某处切断,仅画出断面的图形,这种图形称为断面图,简称断面,如图 7.42 所示。

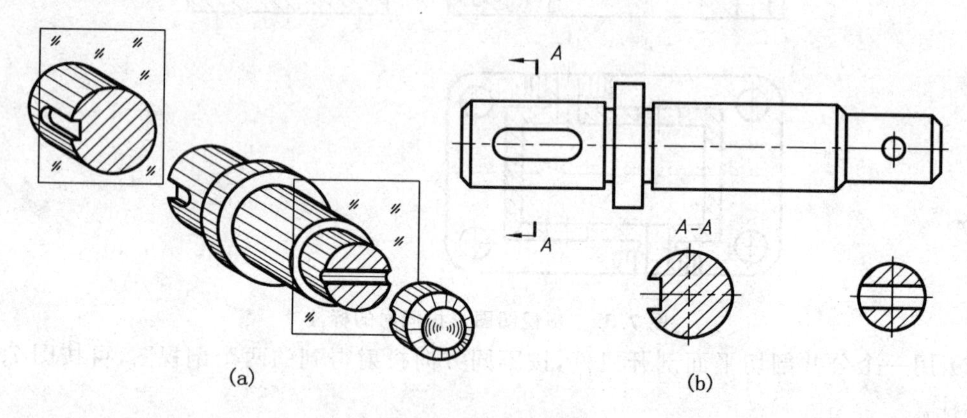

图 7.42 断面图的概念

断面图与剖视图的区别在于断面图一般只画切断面的形状,而剖视图不仅画切断面的形状,还要画出切断面后的可见轮廓的投影。

7.3.2 断面图的种类

断面图可分为移出断面图(或称移出断面)和重合断面图(或称重合断面)两种。

1. 移出断面(Removed Cut)

画在视图外部的断面图称为移出断面,如图 7.42(b)所示。

(1) 画移出断面应注意以下几点:

● 移出断面的轮廓线用粗实线绘制。

● 移出断面应配置在剖切线的延长线上或其他适当的位置,如图 7.42、图 7.43 所示。断面图形对称时,也可画在视图的中断处,如图 7.44 所示。在不致引起误解时,允许将图形旋转,但要标注清楚,如图 7.45 所示。

● 为了表示倾斜板的断面形状,剖切平面应垂直于板的轮廓线。由两个或多个相交的剖切平面剖切机件得出的移出剖面,中间应断开,如图 7.46 所示。

● 当剖切平面通过回转面形成的孔、凹坑的轴线,或剖切后会出现完全分离的两个断面时,这些结构应按剖视绘制,如图 7.42(b)右图、图 7.47 和图 7.48 所示。

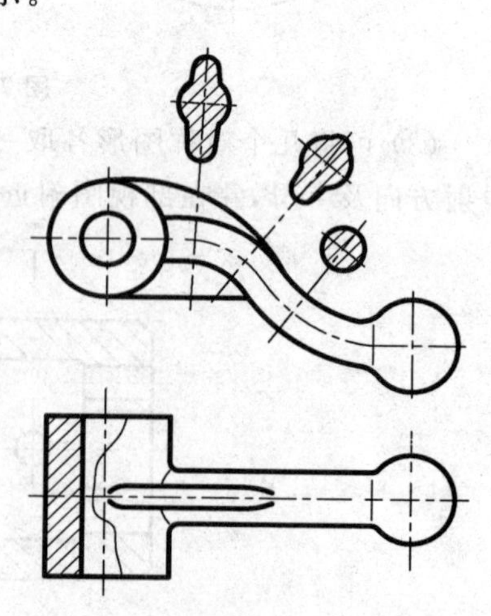

图 7.43 移出断面示例(一)

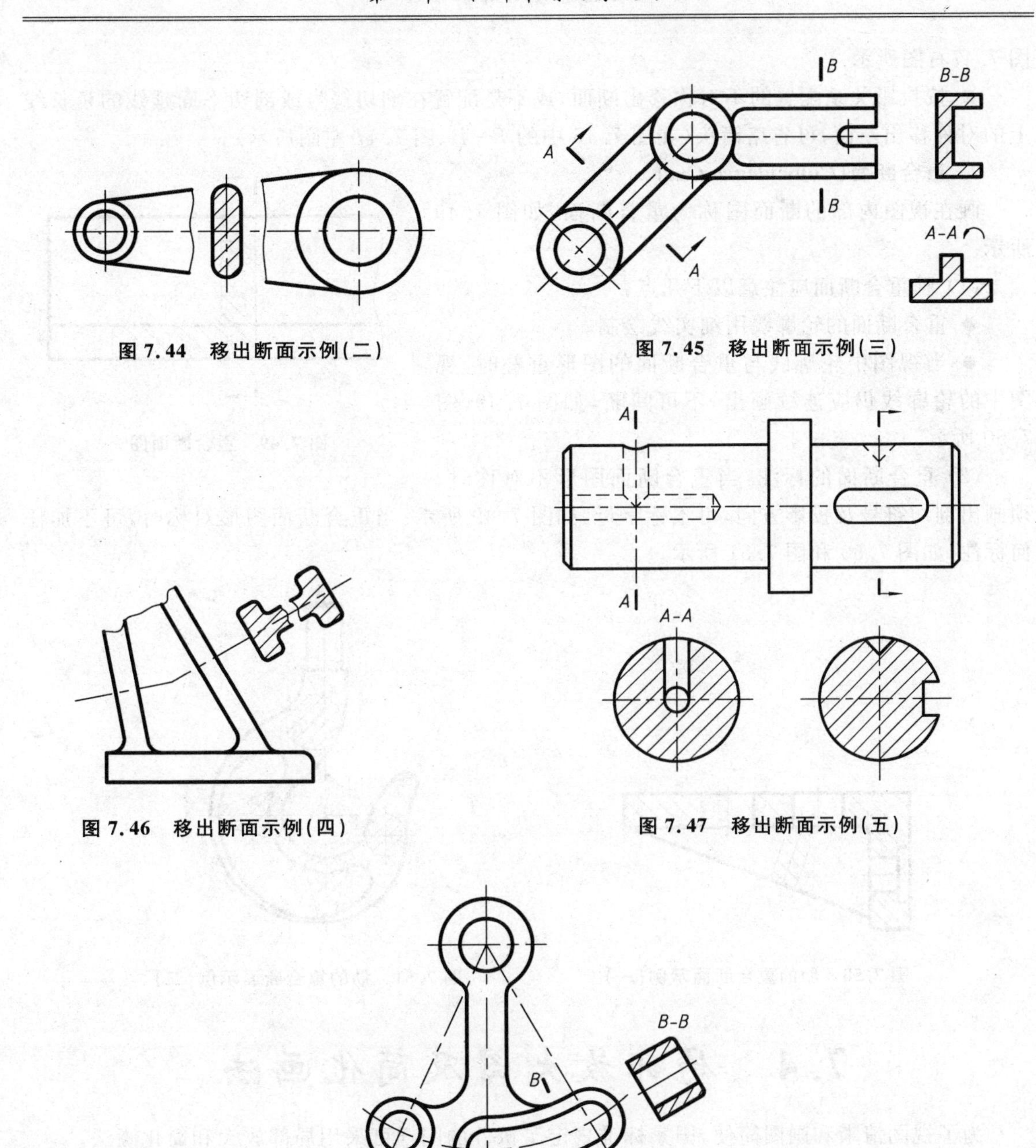

图 7.44　移出断面示例(二)

图 7.45　移出断面示例(三)

图 7.46　移出断面示例(四)

图 7.47　移出断面示例(五)

图 7.48　移出断面示例(六)

(2) 移出断面的标注：移出断面一般用剖切符号表示剖切位置，用箭头指明投射方向，并注上字母。在断面图的上方，用同样的字母标出断面图的名称"×-×"，如图 7.42 中的 $A-A$。

以下情况可部分或全部省略标注：

● 配置在剖切符号或剖切平面迹线的延长线上的对称移出断面，(如图 7.42 右图、图 7.43)以及配置在视图中断处的对称移出断面(如图 7.44)，均可不作任何标注；

● 配置在剖切符号或剖切平面迹线的延长线上的不对称移出断面，可省略字母(如

图 7.47右图所示)；

● 按投影关系配置的不对称移出断面,或不是配置在剖切符号或剖切平面延线的延长线上的对称移出断面,可省略箭头(如图 7.45 中的 $B-B$、图 7.47 左图所示)。

2. 重合断面(Coincidence Cut)

画在视图内部的断面图称为重合断面,如图 7.49 所示。

(1) 画重合断面应注意以下几点:

● 重合断面的轮廓线用细实线绘制。

● 当视图中轮廓线与重合断面的图形重叠时,视图中的轮廓线仍应连续画出,不可间断,如图 7.49、图 7.50 所示。

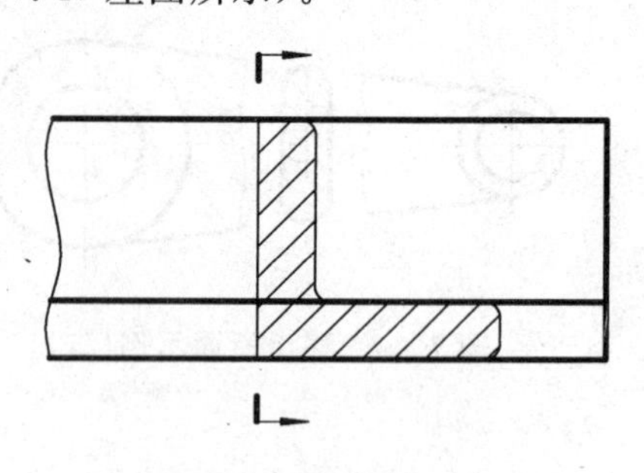

图 7.49 重合断面图

(2) 重合断面的标注:当重合断面图形不对称时,须画出剖切符号及投影方向,可不标字母,如图 7.49 所示;当重合断面图形对称时,可不加任何标注,如图 7.50 和图 7.51 所示。

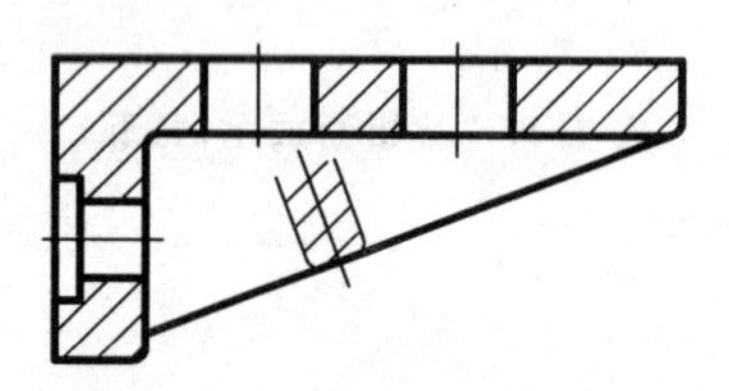

图 7.50 肋的重合断面示例(一)

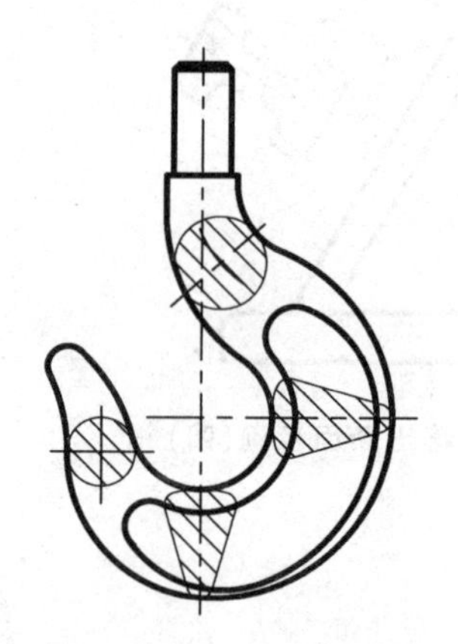

图 7.51 肋的重合断面示例(二)

7.4 局部放大图及简化画法

为了视图清晰和画图简便,国家标准规定了机件的图样可采用局部放大和简化画法。

7.4.1 局部放大图(Drawing of Partial Enlaryement)

将机件的部分结构,用大于原图形采用的比例画出的图形,称为局部放大图,如图 7.52 所示。

局部放大图可画成视图、剖视图、断面图,它与被放大部分的表达方式无关。局部放大图应尽量配置在被放大部位的附近,并用波浪线画出界限。

绘制局部放大图时,应在原图上用细实线圈出被放大的部位。当机件上仅一处被放大时,在局部放大图的上方只需注明所采用的比例(图 7.53);若几处被放大时,须用罗马数字依次标明被放大部位,并在局部放大图的上方标注出相应的罗马数字和所采用的比例(图 7.52);若同一机件上不同部位图形相同或对称时,只需画出一个局部放大图(图 7.53)。

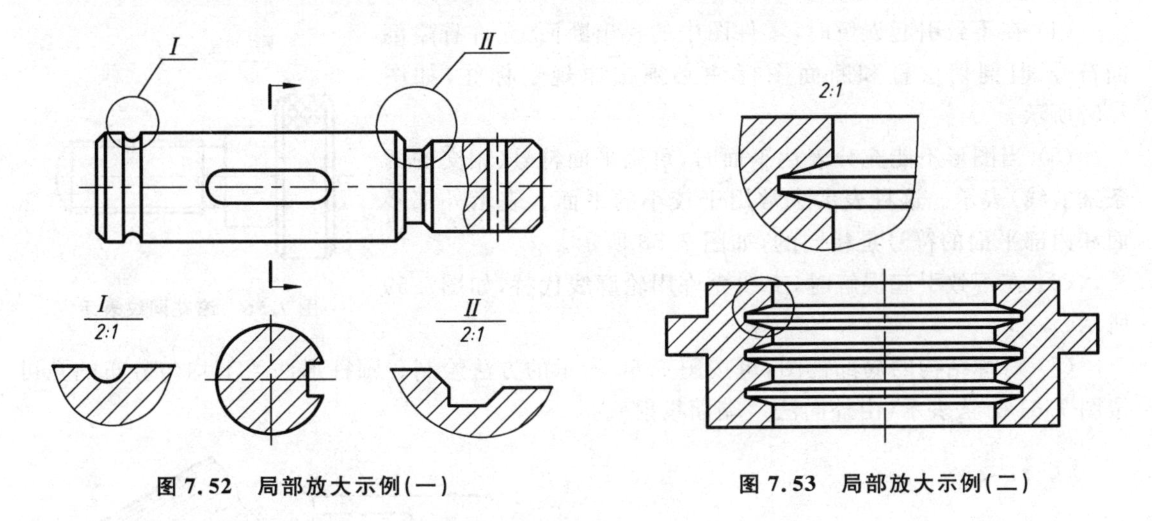

图 7.52 局部放大示例(一)

图 7.53 局部放大示例(二)

7.4.2 简化画法(Simplified Representation)

为了简化作图,国家标准规定了若干简化画法,下面择要介绍常用的几种:

(1) 当机件上具有若干相同结构(如齿、槽等),并按一定规律分布时,只需画出几个完整的结构,其余用细实线连接,但须在图中注明该结构的总数,如图 7.54 所示。

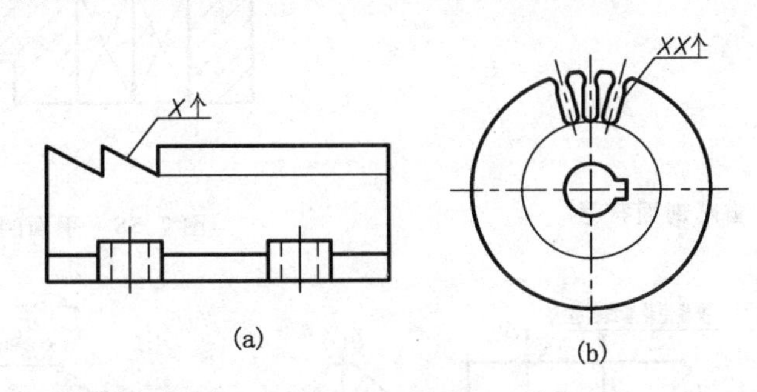

图 7.54 相同要素的简化画法(一)

(2) 若干直径相同且成规律分布的孔(圆孔、螺孔等),可以只画一个或几个,其余用点画线表示中心位置,注明孔的总数,如图 7.55 所示。

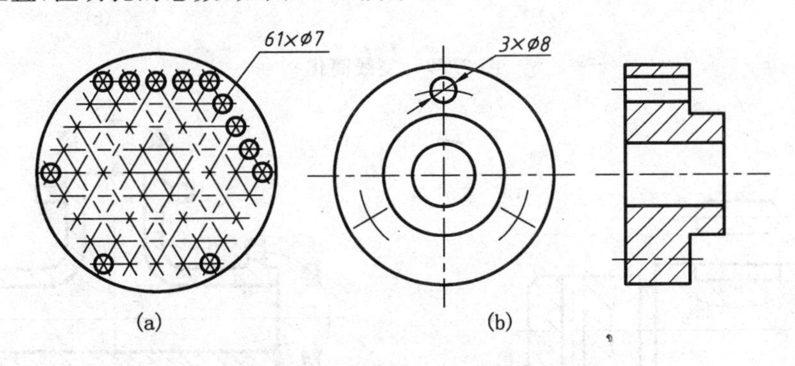

图 7.55 相同要素的简化画法(二)

(3) 机件上的滚花部分、网状物或编织物,可在轮廓线附近用细实线示意画出,并在零件图上技术要求栏中注明这些结构的具体要求,如图 7.56 所示。

(4) 在不致引起误解时,零件图中的移出断面,允许省略剖面符号,但剖切位置和断面图标注必须按原规定标注,如图7.57所示。

(5) 当图形不能充分表达平面时,可用平面符号(相交的两条细实线)表示。这种表示法常用于较小的平面。表示外部平面和内部平面的符号是相同的,如图7.58所示。

(6) 在不致引起误解时,交线允许用轮廓线代替,如图7.59所示。

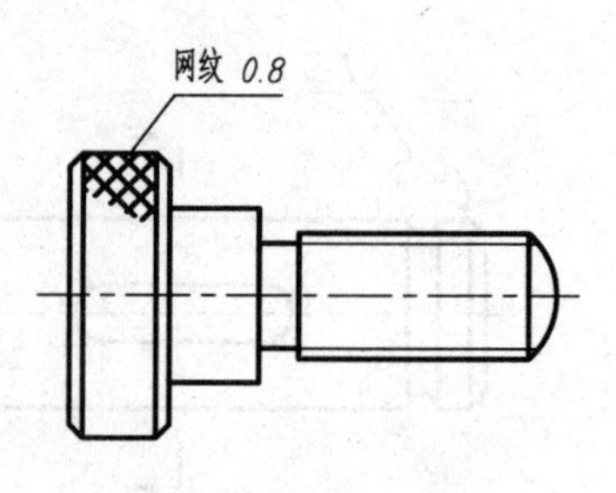

图7.56 滚花网纹表示

(7) 对称结构的局部视图,可按图7.60所示的方法绘制。圆柱形法兰上均匀分布的孔可按图7.61方法表示(由外向法兰端面投射)。

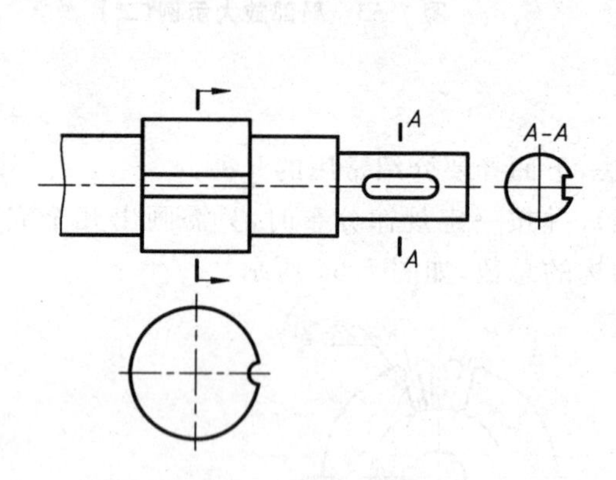

图7.57 省略剖面符号

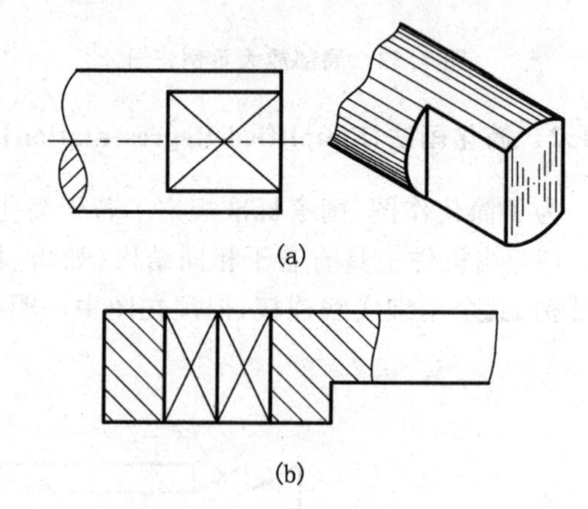

图7.58 平面的简化画法

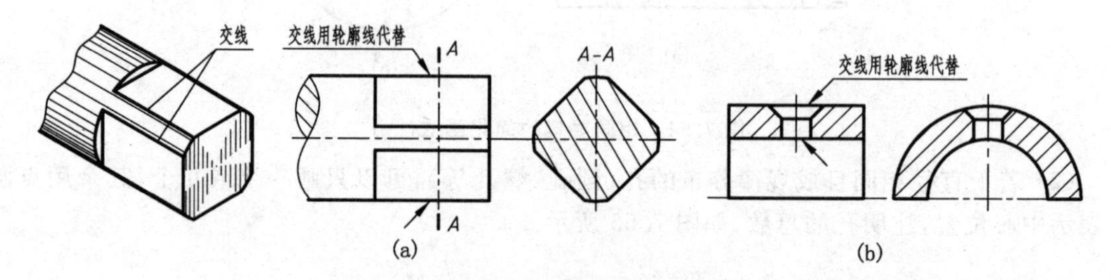

图7.59 交线简化

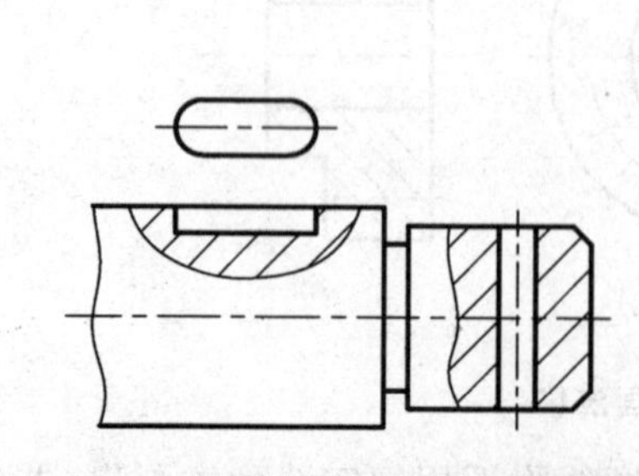

图7.60 交线简化及对称结构的局部视图

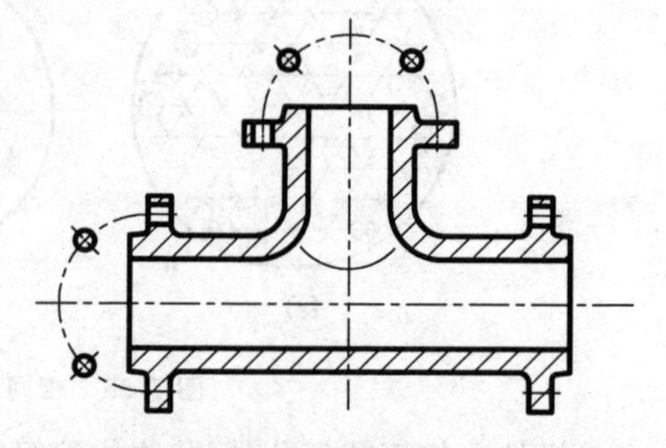

图7.61 圆柱形法兰上孔的简化画法

(8) 在不致引起误解时，对于对称机件的视图可画一半或四分之一，并在对称中心线的两端画出两条与其垂直的平行细实线，如图 7.62 所示。

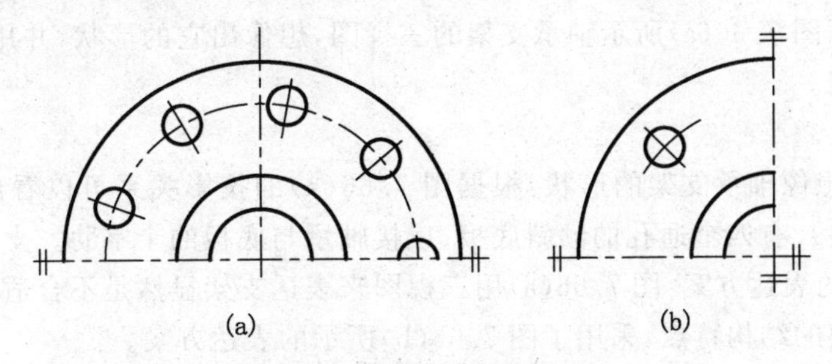

图 7.62　对称机件的简化画法

(9) 较长的机件(如轴、杆等)，当其沿长度方向的形状一致或按一定规律变化时，可断开后缩短绘制，但要标注实际尺寸，如图 7.63 所示。

(10) 与投影面倾斜角小于或等于 30°的圆或圆弧，其投影可用圆或圆弧代替投影的椭圆，如图 7.64 所示。

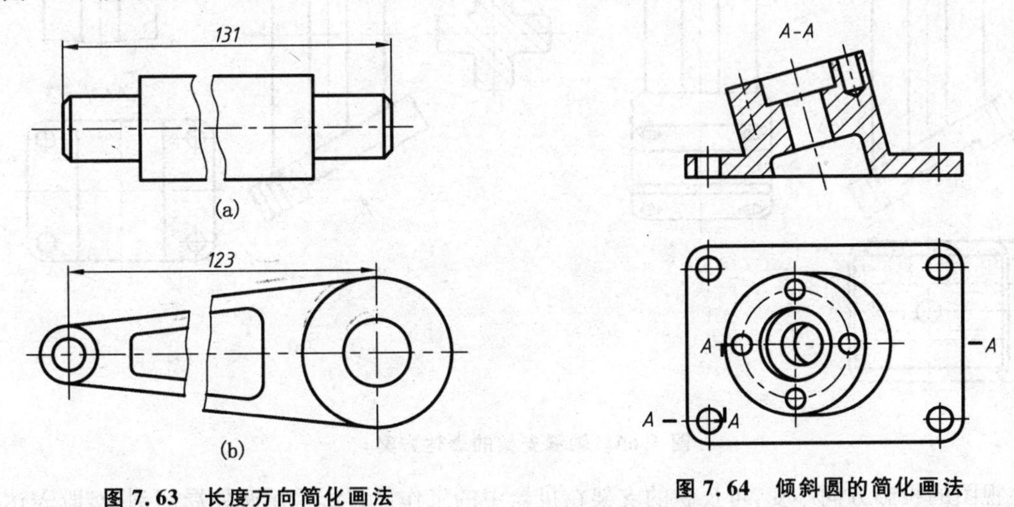

图 7.63　长度方向简化画法

图 7.64　倾斜圆的简化画法

(11) 机件上斜度不大的结构，如在一个视图中已表达清楚时，其他视图可按小端画出，如图 7.65 所示。

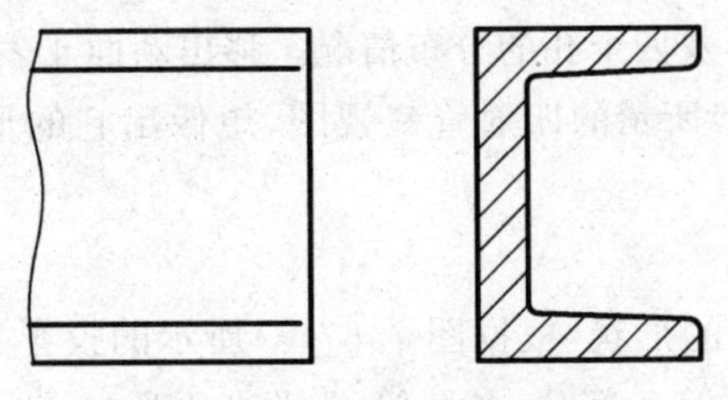

图 7.65　小斜度的简化画法

7.5　表达方法综合应用举例

前面介绍了机件常用的各种表达方法。对于每一个机件，都有多种表达方案。当表达一个机件时，应根据机件的具体结构形状具体分析，通过方案比较，逐步优化，筛选出最佳表达方案。确定表达方案的原则是:在正确、完整、清晰地表达机件各部分结构形状的前提下,力求视图数量恰当,绘图简单,看图方便。

例 7.1 根据图 7.66(a)所示轴承支架的三视图,想像出它的形状,并用适当的表达形式重新画出轴承支架。

分析与作图:

● 由三视图想像轴承支架的形状:根据图 7.66(a)的投影关系可以看出,支架共分三部分:轴承(空心圆柱)、有四个通孔的倾斜底板、连接轴承与底板的十字肋。支架前后对称。

● 选择适当的表达方案:图 7.66(a)用三视图来表达支架显然是不合适的,需重新考虑表达方案。根据支架的结构特点,采用了图 7.66(b)所示的表达方案。

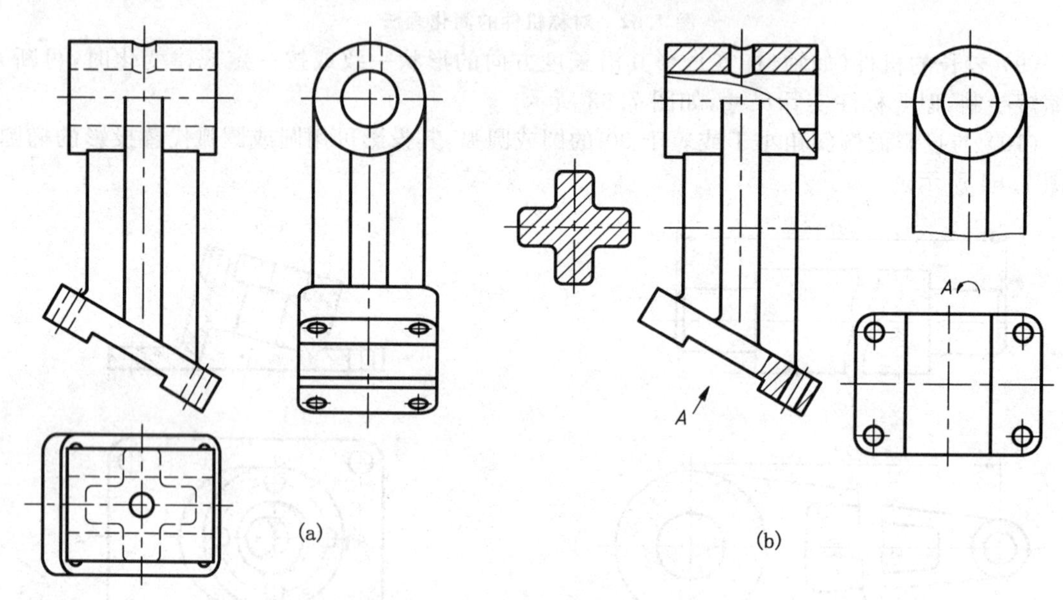

图 7.66 轴承支架的表达方案

主视图的投影方向不变,可反映的支架在机器中的工作位置。采用两处局部剖视,既表达了肋、轴承和底板的外部结构形状及相互位置关系,又表达了轴承孔、加油孔以及底板上四个小孔的形状。左视图为局部视图,它表达了轴承圆柱与十字形肋的连接关系和相对位置。倾斜底板采用 A 向斜视图,表达其实形及四个孔的分布情况。移出断面 4 表达十字肋的断面实形。

例 7.2 根据图 7.67(a)所示的四通管三视图,想像出它的形状,并用适当的表达方法重新画出四通管。

分析与作图:

● 由三视图想像四通管的形状:根据图 7.67(a)所示的投影关系可以看出,该机件可分为直立圆筒、侧垂圆筒和斜置圆筒三部分,各圆筒端部法兰盘的形状共有三种。四通管上下、前后、左右均不对称。

● 选择适当的表达方案:根据四通管的结构特点,采用了如图 7.67(b)所示的表达方案。

为表达内部三孔连通关系及相对位置,主视图采用了两个相交的剖切平面剖切得到 $A-A$ 全剖视图;为了补充表达三个圆筒的位置关系,俯视图采用两个互相平行的剖切平面剖切后得到 $B-B$ 全剖视图,同时表达了底部法兰盘的形状及孔的分布情况;C、D 为局部视图,分别表达了顶端、左端法兰盘的形状及其小孔的位置；斜置圆筒端部法兰盘的形状及其小孔是通过斜视图 E 予以表达的。

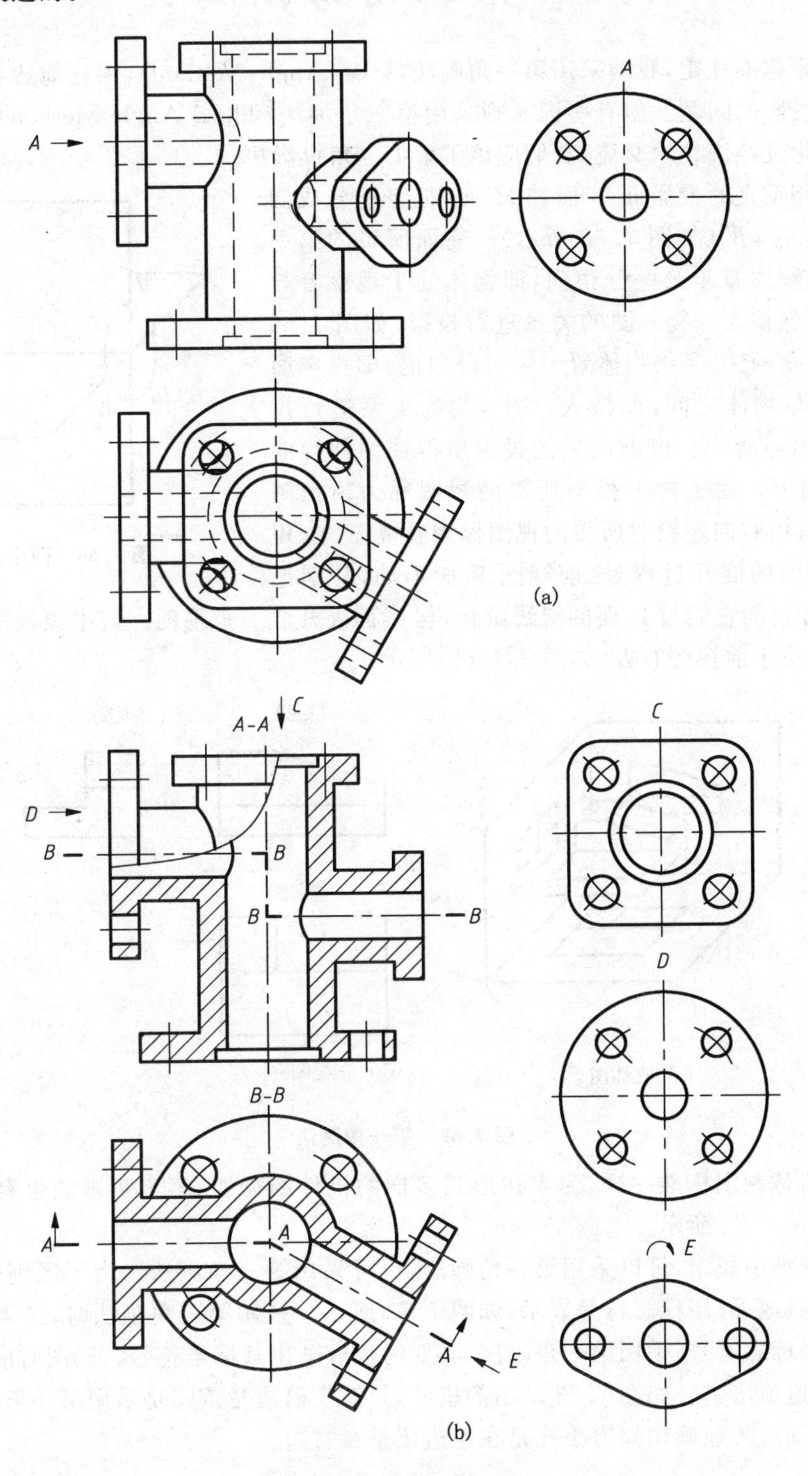

图 7.67　四通管的表达方案

7.6 第三角画法简介

根据国家标准规定，我国采用第一角画法(First Angle Method)，因此前述各章均以第一分角来阐述投影的问题。但有些国家则采用第三角画法(Third Angle Method)，为了更好地进行对外文化及经济技术交流，我们应该了解第三角投影法。

两个互相垂直的投影面 V 面和 H 面，把空间分成四个分角Ⅰ、Ⅱ、Ⅲ、Ⅳ(如图 7.68 所示)。前面所讲的第一角画法，是将物体置于第一分角内，即物体处于观察者与投影面之间，保持人—物—图的关系进行投影，如图 7.69 所示；而第三角画法，是将物体置于第三分角内，即投影面处于观察者与物体之间，保持人—图—物的关系进行投影，如图7.70(a)所示。由前向后的投射所得视图称为前视图(在 V 面上)，由上向下投射所得的视图称为顶视图(在 H 面上)，由右向左投射所得的视图称为右视图(在 W 面上)。投影面的展开过程是：前视图 V 面不动，分别把 H 面、W 面各自绕它们与 V 面的交线旋转，与 V 面展开成一个平面。其中顶视图位于前视图上方，右视图位于前视图右方，如图 7.70(b)所示。

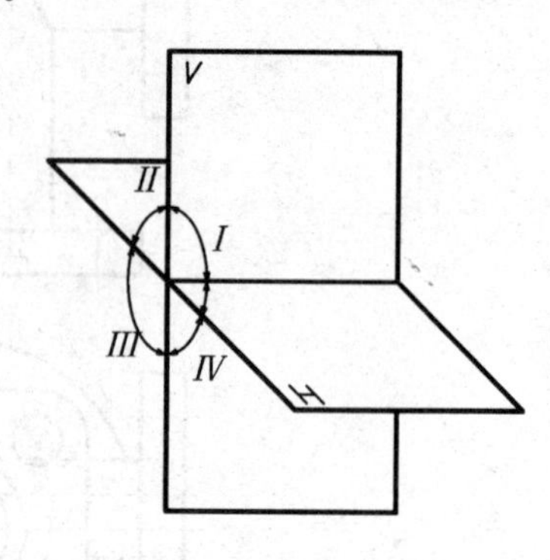

图 7.68 四个分角

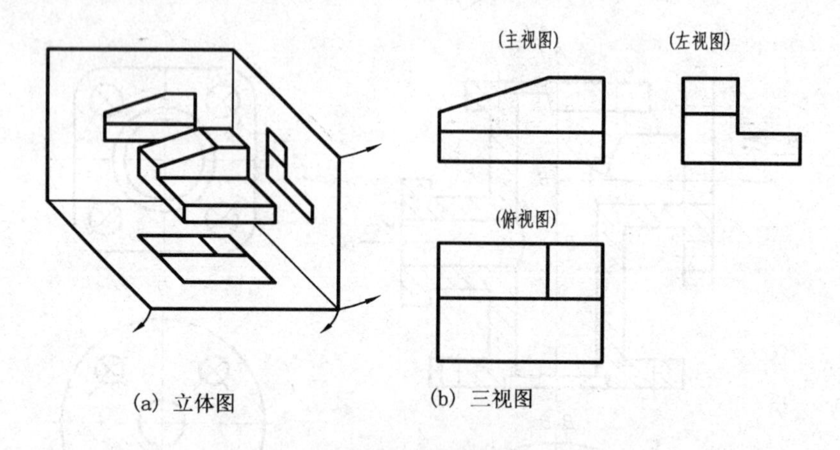

(a) 立体图 (b) 三视图

图 7.69 第一角画法

同我国机械制图标准一样，为表达形式多样的机件的需要，第三角画法也有六个基本视图，其配置如图 7.71 所示。

在国际标准中规定，可以采用第一角画法，也可采用第三角画法。为了区别两种画法，规定在标题栏内(或外)用标志符号表示，如图 7.72 所示。采用第三角画法时，必须在图样中画出第三角画法标志符号；采用第一角画法，必要时也应画出其标志符号。读图时应首先对此加以注意，方可避免出错。如图 7.73 示出的机件，只有在搞清楚该图是采用第一角画法，还是采用第三角画法时，才能确切知道小孔是在左边还是在右边。

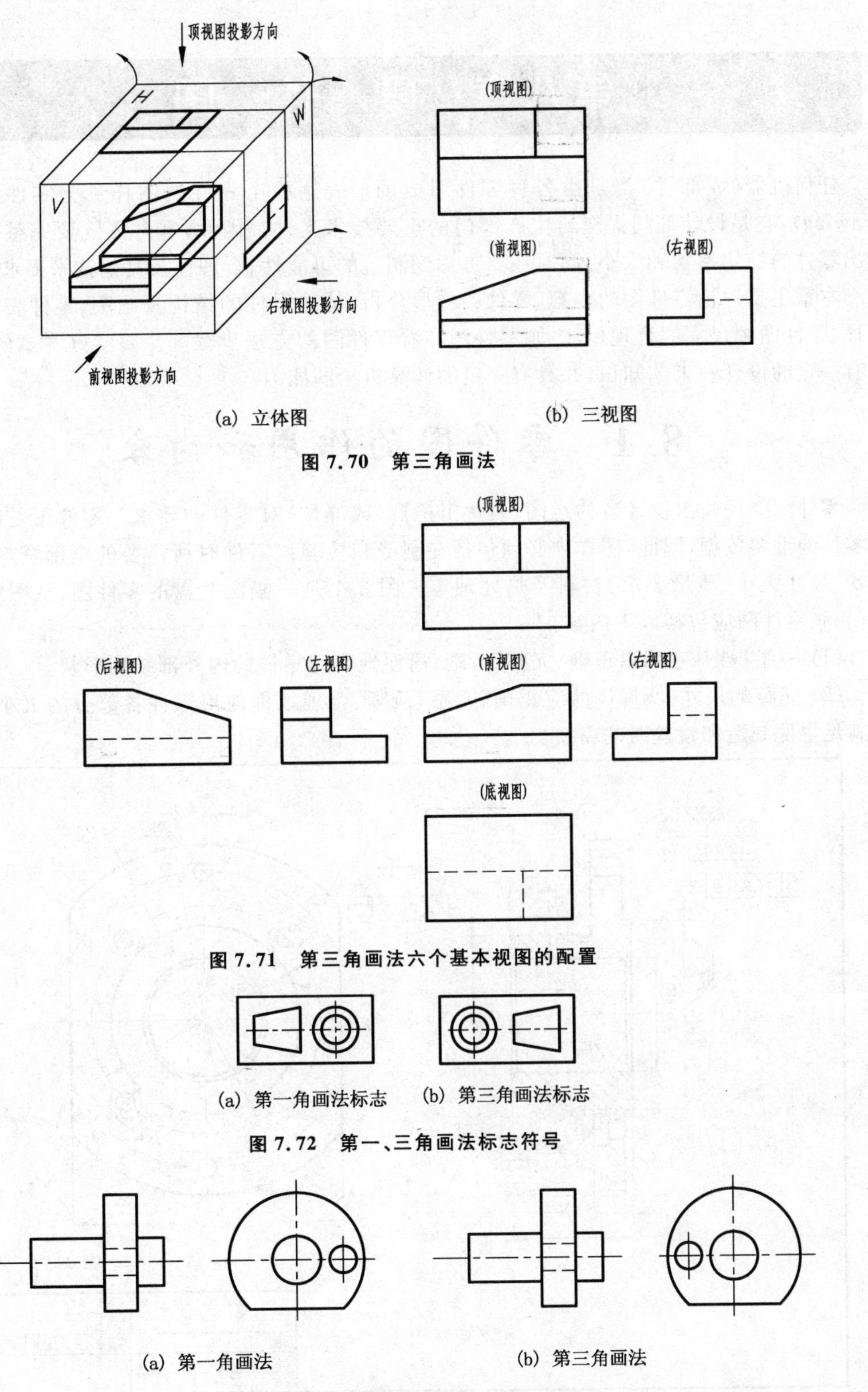

图 7.70　第三角画法

图 7.71　第三角画法六个基本视图的配置

图 7.72　第一、三角画法标志符号

图 7.73　机件在第一、三角中的画法

第八章　零　件　图

任何机器(或部件)都是由各种零件组成的。表达一个零件的图样称为零件图(Detail Drawing),它是设计部门提交给生产部门的重要技术文件。因此,零件图既要完整清晰地表达出零件的结构形状和大小,同时还要考虑到制造的可能性、合理性及其他技术要求。

本章主要讨论零件图的内容、零件的构形分析、特殊零件的结构及画法、零件表达方案的选择、零件图中尺寸的合理标注、画零件图和看零件图的方法步骤等。要学好本章的内容,应具有一定的设计和工艺知识,并具有一定的计算机绘图能力。

8.1　零件图的作用和内容

零件图要反映出设计者的意图,表达出机器(或部件)对零件的要求。零件图是制造和检验零件的重要依据,因此,图样中必须包括在制造和检验该零件时所需要的全部资料,如结构形状、尺寸大小、质量要求、材料及热处理等。图 8.1 是一幅法兰盘的零件图,从图中可以看出,一张零件图应包括以下内容:

(1) 一组视图:它用以正确、完整、清晰、简便地表达零件的内外部结构形状。

(2) 完整的尺寸:所标尺寸应正确、完整、清晰、合理地标注出零件各部分的大小和位置,以满足零件制造和检验时的需要。

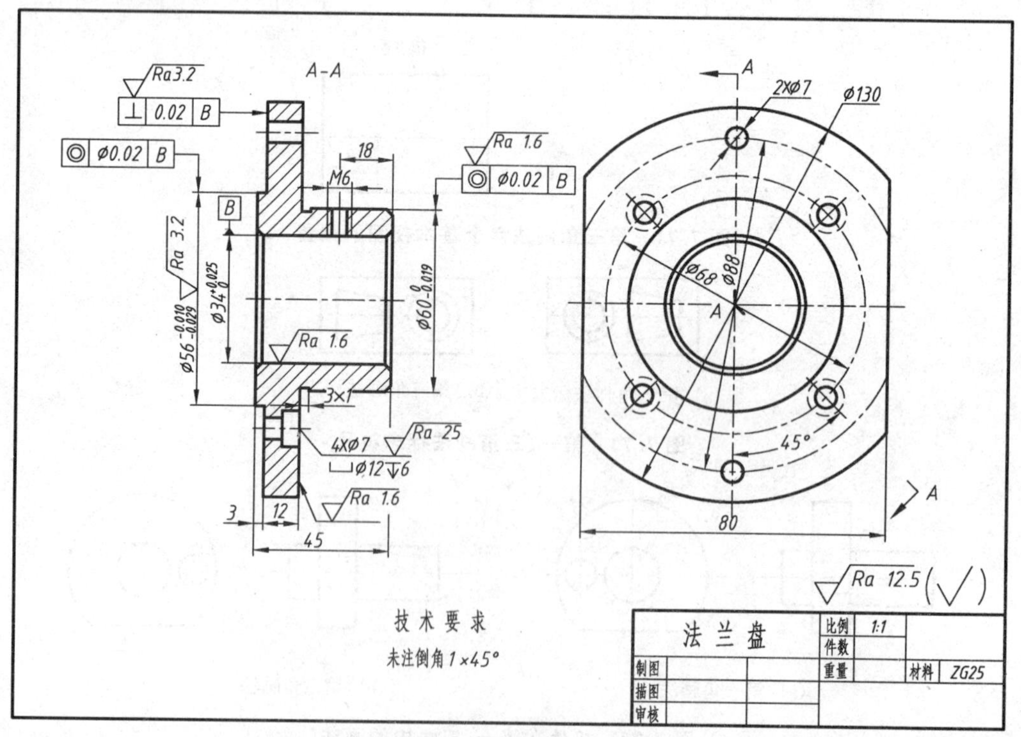

图 8.1　法兰盘零件图

(3) 技术要求:用规定的符号、数字、字母和文字注解,简明、准确地表达出零件在制造、检验、装配时应达到的一些技术要求,如表面粗糙度、尺寸公差、形状和位置公差、表面处理和材料热处理的要求等。

(4) 标题栏:在标题栏内应填写零件的名称、材料、图号、比例,以及图样的责任人签字和日期等。

8.2 零件的构形分析与设计

零件的结构形状,是由它在机器中的功能要求、工艺要求、装配要求及使用要求决定的,而在具体零件的结构设计过程中,这些因素有时会相互矛盾,设计者在全面考虑多个要求的同时,更应协调其主次关系,从而确定零件的合理形状。我们把确定零件合理结构形状的过程称为零件的构形。零件的构形分析就是从设计要求和工艺要求出发,对零件的不同结构逐一分析其功用。

8.2.1 设计要求决定零件的主体构形

零件是组成机器(或部件)的基本单元。在机器(或部件)中每个零件可以起到支撑、容纳、传动、连接、定位、密封和防松等一项或几项功能,这是决定零件主体构形的依据。

图 8.2 所示的齿轮油泵,其主要零件有:泵体,左、右端盖,传动齿轮轴、齿轮轴和密封零件等组成,其功能为:泵体——容纳;左、右端盖——支撑;齿轮——传动;垫片——密封;销——

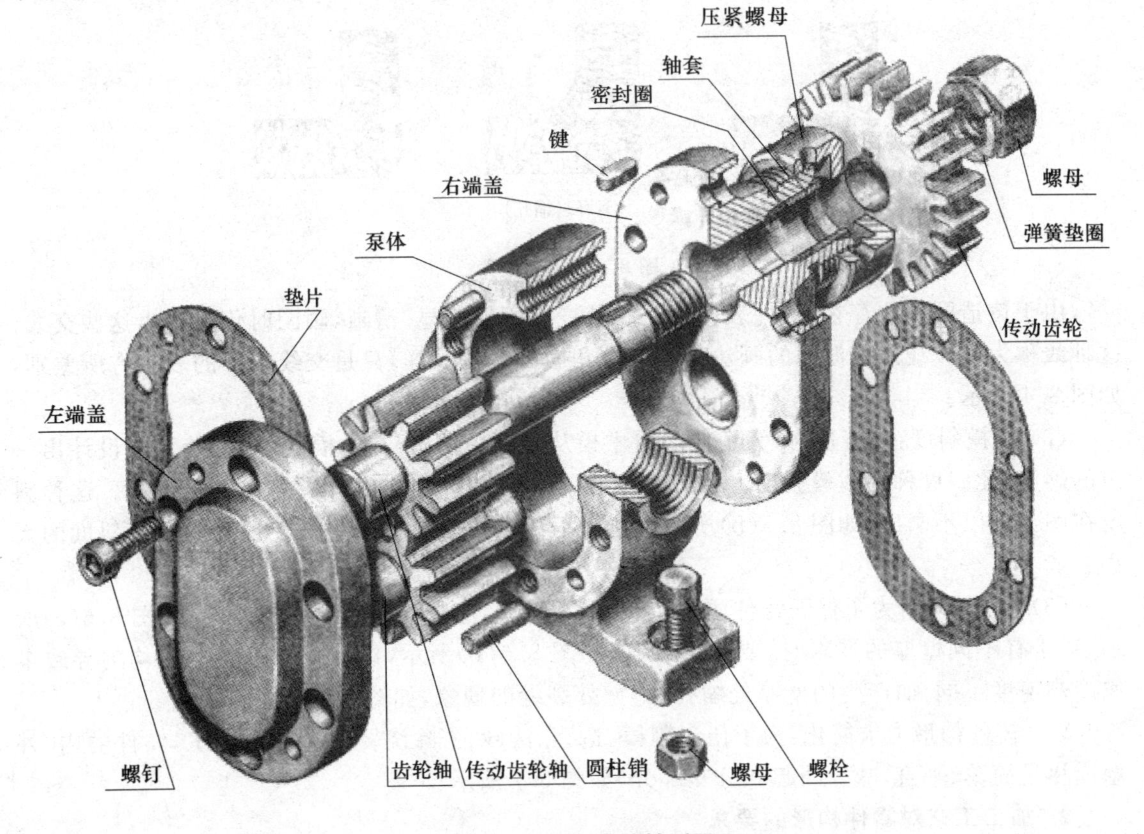

图 8.2 齿轮油泵的轴测图

定位;键、螺栓、螺母——连接。

传动齿轮轴的主体构形分析如下:

主要功用:在左、右端盖的支撑下,由泵体外的传动齿轮通过键将扭矩传递给该轴,轴上齿轮与另一齿轮在泵体内作啮合运动,利用啮合空间的变化来提高油压。

主体构形:该轴本身有一齿轮,为了使左、右端盖支撑轴,在齿轮两端各做一段光轴,为了固定外部齿轮的轴向位置,增加一轴肩,并在安装齿轮的轴段上加工一键槽,为了防止外部齿轮轴向脱落,在轴端加工螺纹,用螺母、垫圈将齿轮固定。

8.2.2 工艺要求补充零件的局部构形

为了使零件的毛坯制造、加工、测量以及装配和调整工作能进行得更顺利、更方便,应设计出铸造圆角、拔模斜度、倒角、倒圆等结构,为此补充了零件的局部构形。

若零件上局部构形不合理,往往会使制造工艺复杂化,甚至造成废品。因此,应充分考虑到工艺构形的合理性。

1. 铸造工艺对零件构形的要求

(1) 铸造圆角:在铸造零件时,为防止砂型落砂及铸件在冷却收缩时产生缩孔或裂纹,在铸件各表面相交处都应做成圆角而不做成尖角,如图 8.3 所示。圆角半径一般取壁厚的 0.2~0.4倍。同一铸件上圆角半径的种类应尽可能少,小的铸造圆角一般在技术要求中集中注写,而不标在视图中。

不好(裂纹)

不好(缩孔)

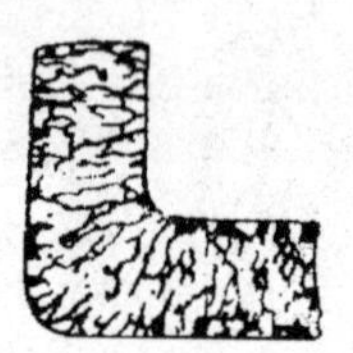

好

图 8.3 铸造圆角

由于铸造圆角的存在,铸件表面的交线就变得不够明显、清晰,画图时仍应画出这些交线,这种线称为过渡线。过渡线的画法与没有圆角时的画法一样,只是交线端部的表示有所差别,如图 8.4 所示。

(2) 拔模斜度:在铸造时,为了便于将木模从砂型中取出,在木模的内、外壁上应设计出一定的斜度,此斜度称为拔模斜度。在铸件上也有相应的拔模斜度,如图 8.5(a)所示。这种斜度在图上可以不画出,如图 8.5(b)所示,必要时,可在技术要求中用文字说明。拔模斜度的大小一般为 1°~3°。

(3) 壁厚均匀:为了保证铸件质量,在构形设计中,应尽量使铸件壁厚均匀,如图 8.6(a)所示,对于有不同壁厚的要求时,要逐渐过渡,如图 8.6(b)所示,以防止由于壁厚不均匀导致金属冷却速度不同,而产生的壁厚处缩孔,薄壁处裂缝的现象,如图 8.6(c)所示。

(4) 铸件构形力求简化:为了便于制模、造型、清砂、去除浇冒口和机械加工,铸件的内、外壁应尽量简单、平直,减少凸起和分支部分,如图 8.7 所示。

2. 加工工艺对零件构形的要求

(1) 倒角和倒圆:为了便于装配和操作安全,常在轴端和孔口加工出高度不大的锥台,这

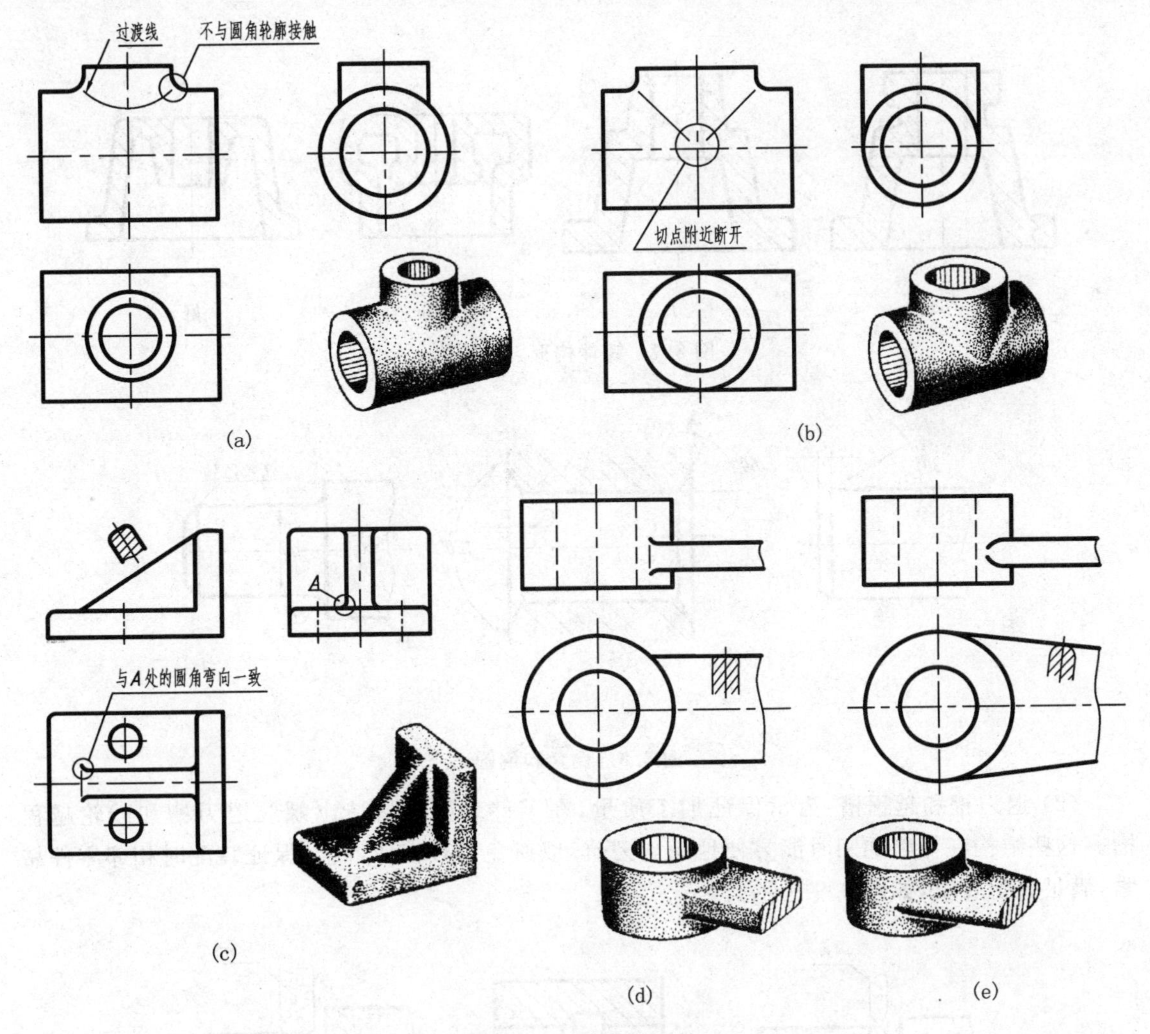

图 8.4 过渡线的画法

称为倒角，如图 8.8 所示。倒角一般为 45°，也可为 30°或 60°。

在阶梯轴（或孔）中，直径不等的两段交接处，可加工成环面过渡，该过渡称为倒圆，如图 8.8(c) 中的 R，这样可减少转折处的应力集中，提高零件的强度。有关倒角、倒圆的尺寸系列及数值可查阅相关的国家标准。

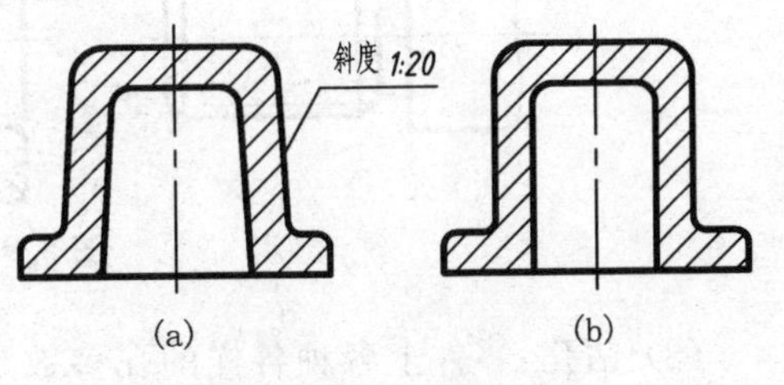

图 8.5 拔模斜度

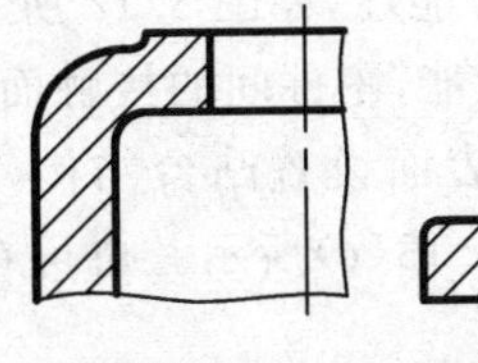
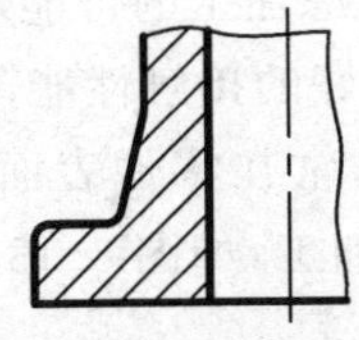
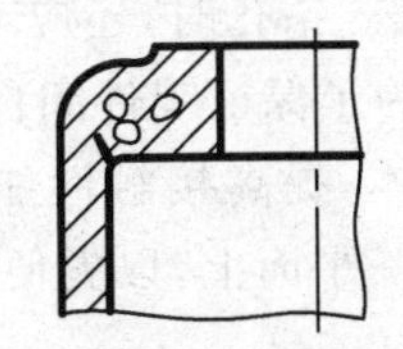
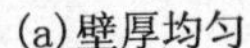

(a)壁厚均匀　(b)逐渐过渡　(c)壁厚不均的缺陷

图 8.6 铸件的壁厚

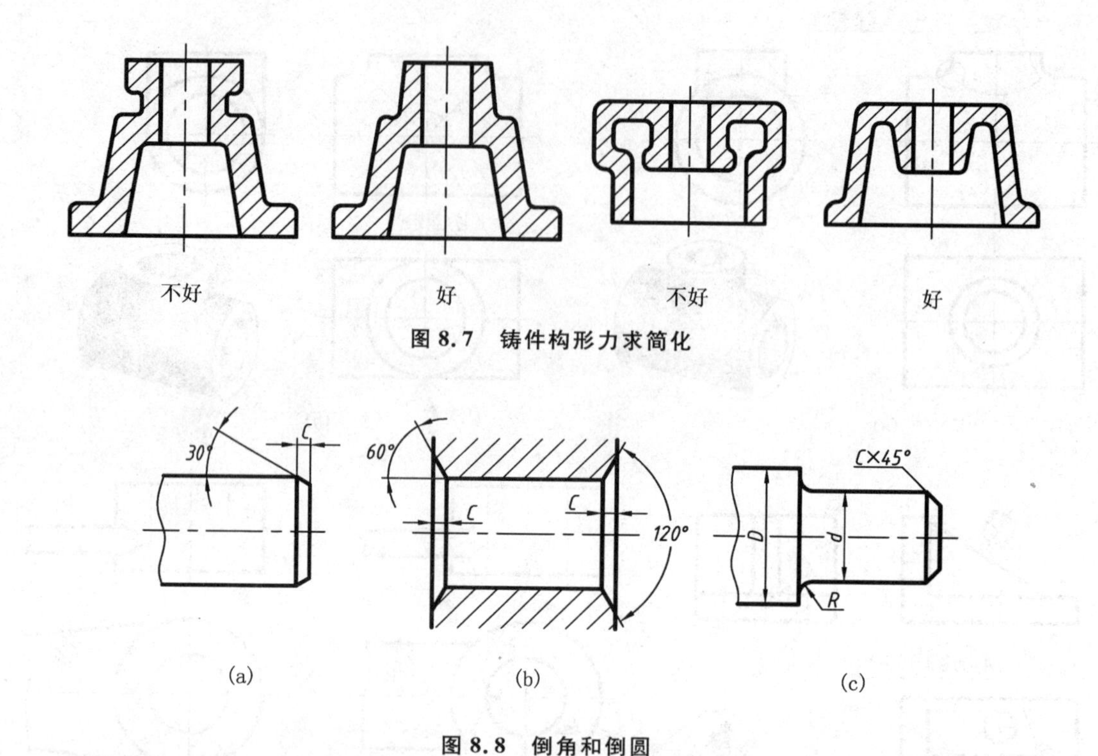

图 8.7 铸件构形力求简化

图 8.8 倒角和倒圆

(2) 退刀槽和越程槽:为了保证加工质量,在零件表面需构造出螺纹退刀槽和砂轮越程槽。这些结构在切削加工时能方便地退出刀具,以避免刀具损坏,同时保证装配时相邻零件靠紧,满足装配要求,如图 8.9 所示。

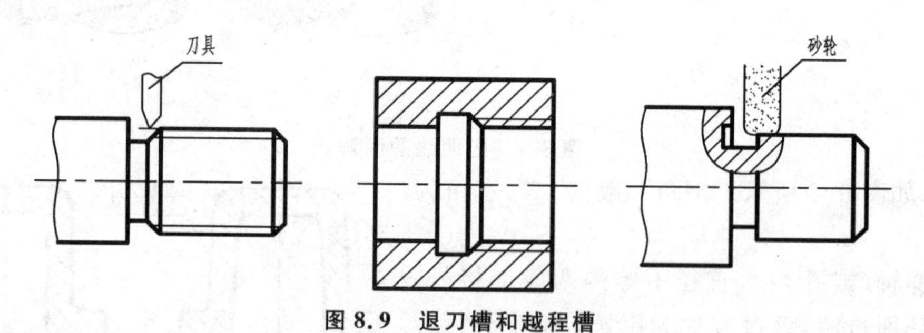

图 8.9 退刀槽和越程槽

(3) 钻孔:零件上各种各样的孔多数是利用钻头加工出来的。钻孔时,开钻表面和钻透表面应与钻头轴线垂直(如图 8.10 所示),以保证钻孔准确定位,避免钻头折断。图 8.11 表示用钻头加工阶梯孔的过程。钻孔时,还应考虑加工的可能性,如图 8.12 所示。

(4) 凸台与沉孔:为了保证零件间良好的接触性能,零件间的接触面都应进行加工。为了减少加工面积,降低成本,提高接触性能,常在零件表面设置凸台结构,如图 8.13(a)、(b)所示,凸台最好设计在同一平面上,以方便加工,如图 8.13(c)所示。也可在零件表面加工沉孔,如图 8.14 所示。

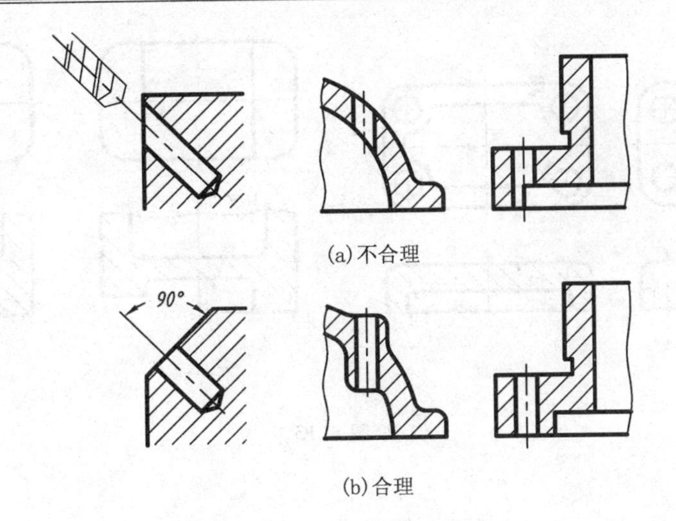

(a)不合理

(b)合理

图 8.10　钻孔的合理结构

图 8.11　阶梯孔的形成

不正确　　正确

图 8.12　考虑加工的可能性

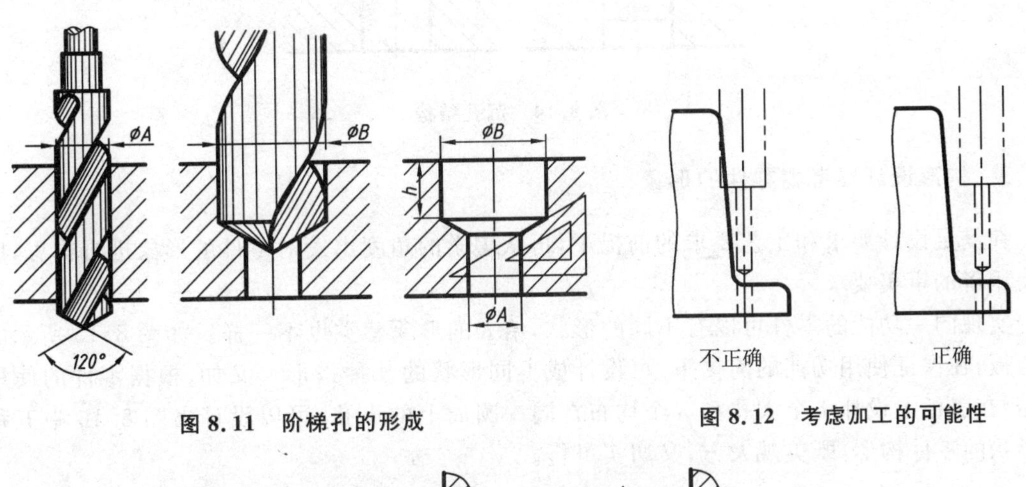

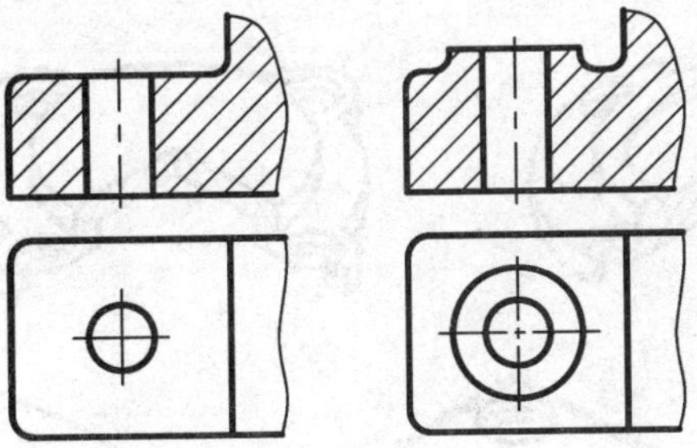

不合理　　合理

图 8.13　凸台结构

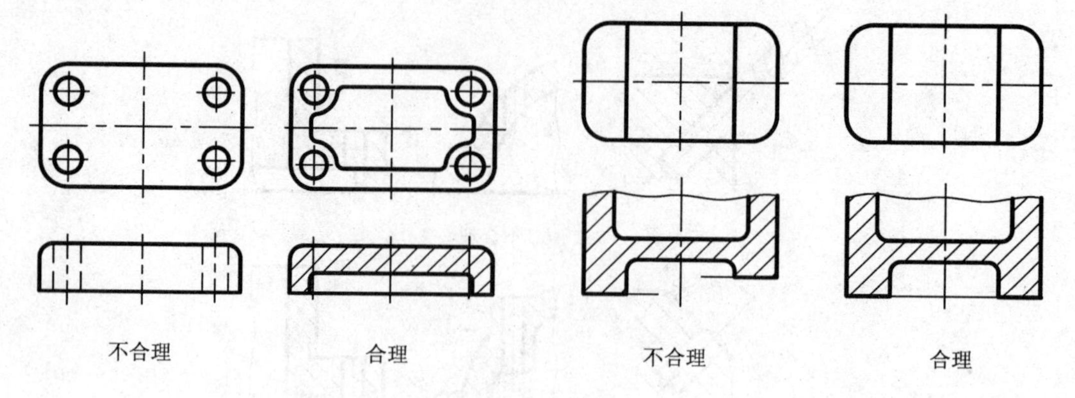

续图 8.13

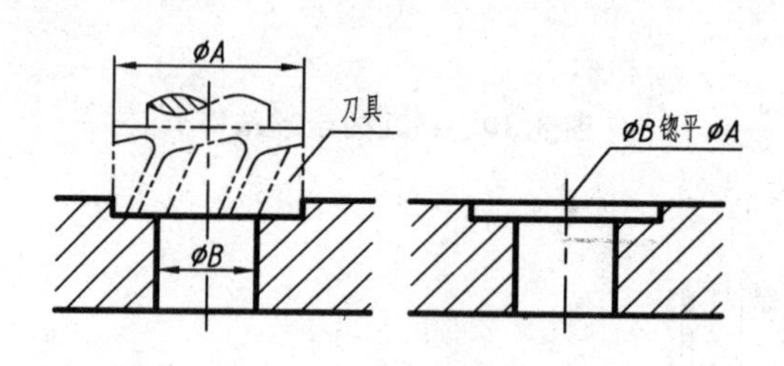

图 8.14 沉孔结构

8.2.3 构形设计要考虑零件的形象

在满足设计要求和工艺要求的前提下,再从美学的角度出发对零件的形象进行构思,以满足使用者的审美要求。

实现同一功能的零件可以有不同的形状,给人的形象感觉也不一样。如图 8.15 所示的四孔盖板,在保证使用功能的前提下,可设计成不同形状的几种构形。又如,根据零件的使用要求,要在盖板上设计 1 个大孔和 3 个均布在同一圆周上的小孔,可以设计出图 8.16 中五种不同形状的零件构形,既美观大方,又切实可行。

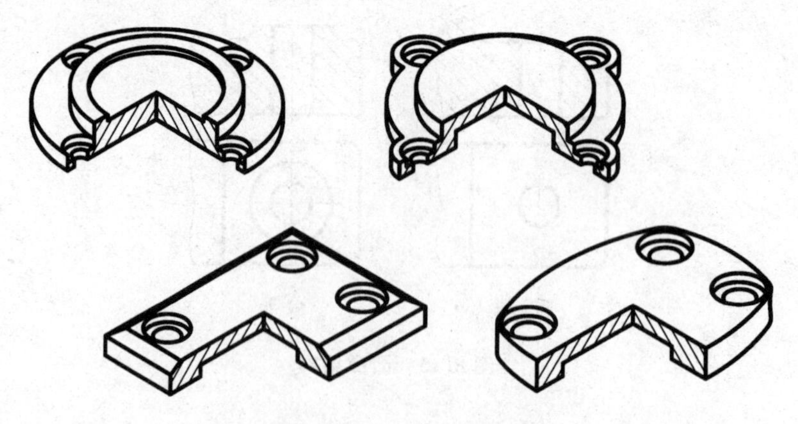

图 8.15 四孔盖板的构形方案

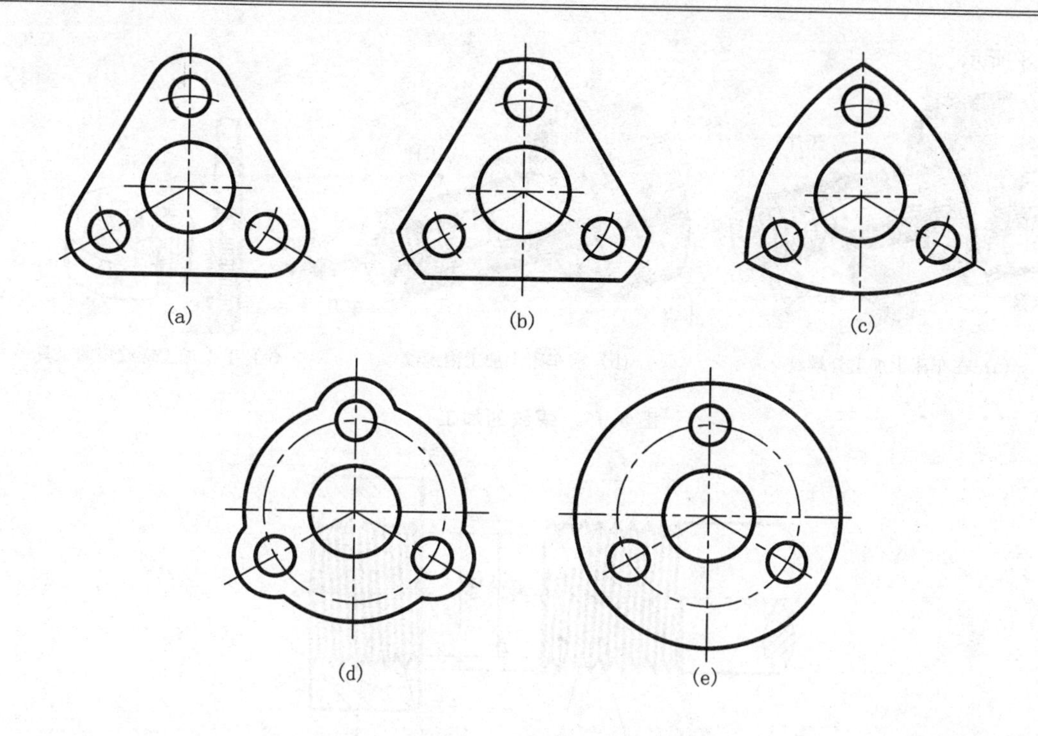

图 8.16　三孔盖板的构形方案

8.3　特殊零件的结构、画法及标记

在机器中有些零件会广泛、大量地频繁使用，如螺钉、螺栓、螺柱、螺母、垫圈、键、销、齿轮、滚动轴承和弹簧等，这些常用的零件称为常用件。为了设计、制造和使用方便，它们的结构形状、尺寸、画法和标记有的已完全标准化了，有的某些部分标准化了。完全标准化的称为标准件。根据标准件的代号和标记，可以从相应的国家标准中查出全部尺寸。标准件可集中大量生产，大大降低成本。齿轮只有其轮齿的结构是标准的，其他部分的结构、尺寸，国家不作统一规定。由于这些常用零件的结构、画法等较普通零件特殊，在这一节里我们将专门予以讨论。滚动轴承、弹簧的表示及在装配图中的画法，将在下一章里讨论。

8.3.1　螺纹的结构及表示

许多零件上都有螺纹（Thread），这是一种特殊结构，其画法、尺寸和标记多已标准化。标准化了的螺纹是标准结构要素。

1. 螺纹的形成

在车床上车削螺纹，是常见的形成螺纹的一种方法。图 8.17 所示为加工外螺纹和内螺纹的过程。在零件外表面加工的螺纹，称为外螺纹（External Thread），在零件孔腔内表面加工的螺纹，称为内螺纹（Internal Thread）。

螺纹凸起的顶端称为螺纹的牙顶；沟槽的底部称为螺纹的牙底。对于外螺纹来说，通过牙顶的假想圆柱面的直径为螺纹的大径，通过牙底的假想圆柱面的直经为螺纹的小径；内螺纹则相反。螺纹中径是通过牙型上沟槽和凸起宽度相等的假想圆柱面的直径。螺纹各部分名称如

图 8.18 所示。

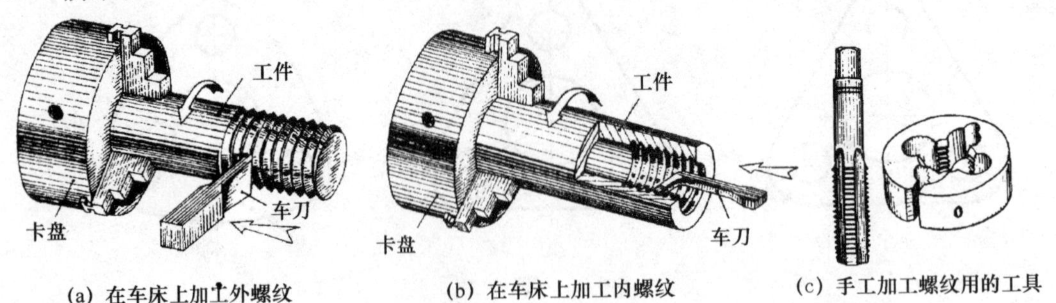

(a) 在车床上加工外螺纹　　(b) 在车床上加工内螺纹　　(c) 手工加工螺纹用的工具

图 8.17　螺纹的加工

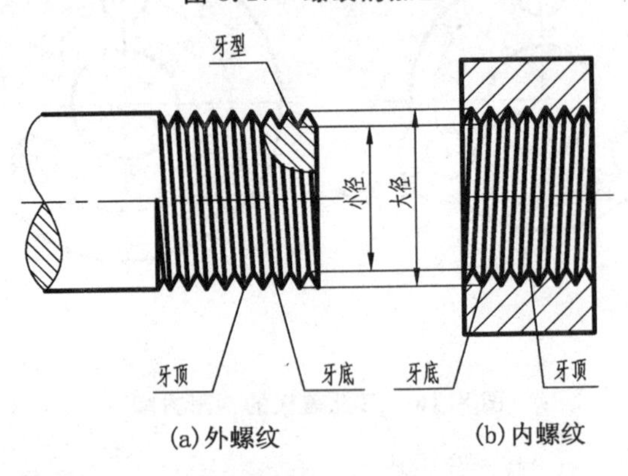

(a)外螺纹　　(b)内螺纹

图 8.18　螺纹各部分名称

2. 螺纹的要素

单个螺纹无使用意义，只有内、外螺纹旋合到一起，形成一对螺纹副，才能起到应有的连接作用，而内、外螺纹旋合的条件必须是具有相同的螺纹要素。

(1) 螺纹牙型(Thread Profile)：在通过螺纹轴线的剖面上，螺纹的轮廓形状称为螺纹牙型。牙型有三角型、梯形、锯齿形和方形等。

(2) 公称直径(Nominal Diameter)：即螺纹的大径，它是代表螺纹尺寸的直径。

(3) 线数(头数)：螺纹有单线和多线之分，沿一条螺旋线形成的螺纹为单线螺纹(Single Thread)，沿两条或两条以上在轴向等距分布的螺旋线形成的螺纹为多线螺纹(Multiple Thread)，如图 8.19 所示。

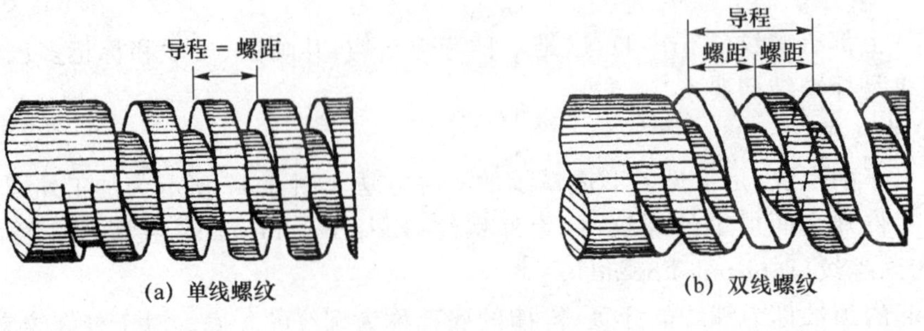

(a) 单线螺纹　　(b) 双线螺纹

图 8.19　螺纹线数、螺距和导程

(4) 螺距(Pitch)和导程(Lead):在螺纹中径线上相邻两牙对应两点间的轴向距离称为螺距;同一条螺旋线上相邻两牙对应两点间的轴向距离称为导程,如图 8.19 所示。对于单线螺纹:导程=螺距;对于多线螺纹:导程=螺距×线数。

(5) 旋向:螺纹分左旋(Lift-hand Thread)和右旋(Right-hand Thread)两种,如图 8.20 所示。当内外螺纹旋合时,顺时针方向旋入者为右旋,逆时针方向旋入者为左旋。

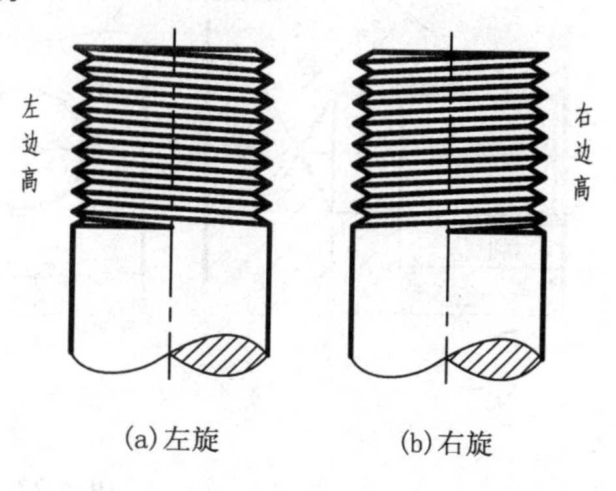

图 8.20　螺纹的旋向

国家标准对螺纹的牙型、大径、螺距作了统一规定。凡是牙型、公称直径和螺距均符合国标规定的螺纹,称为标准螺纹(如普通螺纹、梯形螺纹、锯齿形螺纹等);牙型符合国标规定,公称直径和螺距不符合国标的螺纹,称为特殊螺纹;牙型不符合国标规定的螺纹,称为非标准螺纹(如方形螺纹)。

3. 螺纹的规定画法(GB/T 4459.1—1995)

(1) 外螺纹的画法:在平行于螺纹轴线的投影面上的视图,螺纹的大径用粗实线绘制;小径用细实线绘制,并应画入倒角区,通常小径画成大径的 0.85 倍,但大径较大或画细牙螺纹时,小径数值应查国家标准;螺纹终止线用粗实线表示。在垂直于螺纹轴线的投影面上的视图,螺纹的大径用粗实线画整圆,小径用细实线画约 3/4 个圆表示,轴端的倒角圆省略不画,如图 8.21(a)所示。当需要表示螺纹收尾时,螺尾处用与轴线成 30°的细实线绘制,如图 8.21(b)所示。

在水管、油管、煤气管等管道中,常使用管螺纹连接。管螺纹的画法如图 8.21(c)所示。

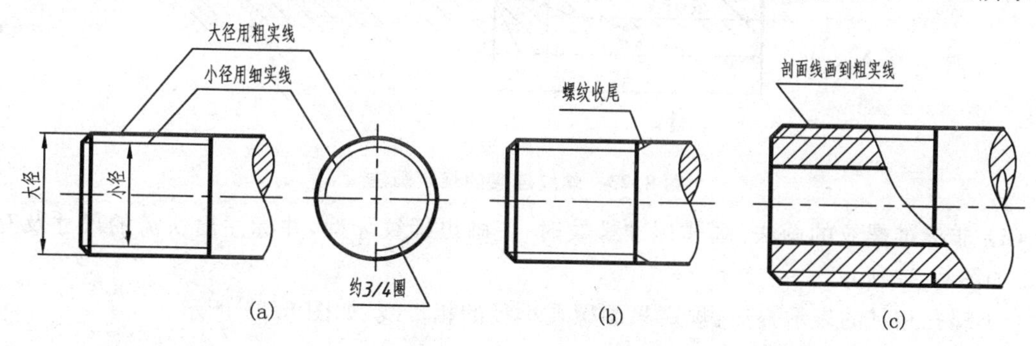

图 8.21　外螺纹的表示法

(2) 内螺纹的画法:在平行于螺纹轴线的投影面上的视图,一般画成全剖视图,螺纹的大径用细实线绘制;小径用粗实线绘制且不画入倒角区,小径尺寸计算同外螺纹。在绘制不通螺孔时,应画出螺纹终止线(粗实线)和钻孔深度线。钻孔深度=螺孔深度+0.5×螺纹大径;钻孔直径=螺纹小径;钻顶角=120°。剖面线要画到粗实线。在垂直于螺纹轴线的投影面上的视图,螺纹的小径用粗实线画整圆,大径用细实线画约 3/4 个圆表示,倒角圆省略不画,如图 8.22(a)所示。

当螺纹不可见时,所有的图线均用虚线画出,如图 8.22(b)所示。

当内螺纹为通孔时，其画法如图 8.22(c)所示。

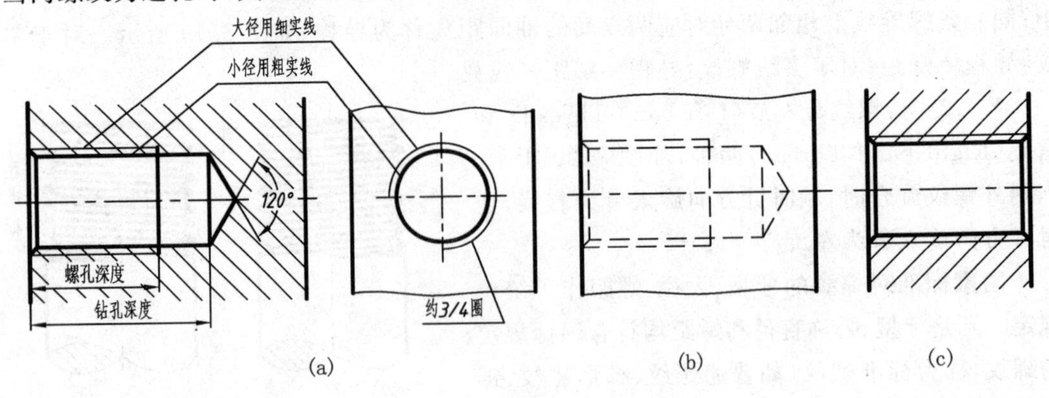

图 8.22 内螺纹的表示法

(3) 内外螺纹旋合的画法：内外螺纹旋合时，常采用全剖视图画出，其旋合部分按外螺纹画，其余部分按各自的规定画法表示。标准画法规定：当沿外螺纹的轴线剖开时，螺杆作为实心零件按不剖绘制。表示螺纹大、小径的粗、细实线应分别对齐，如图 8.23 所示。

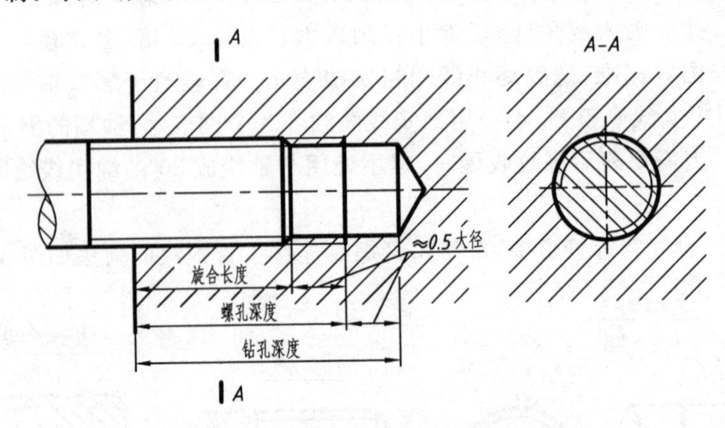

图 8.23 螺纹连接的规定画法

(4) 非标准螺纹的画法：画非标准螺纹时，应画出螺纹牙型，并标注出所需的尺寸及有关要求，如图 8.24 所示。

(5) 螺孔相贯的表示方法：规定只画螺孔小径的相贯线，如图 8.25 所示。

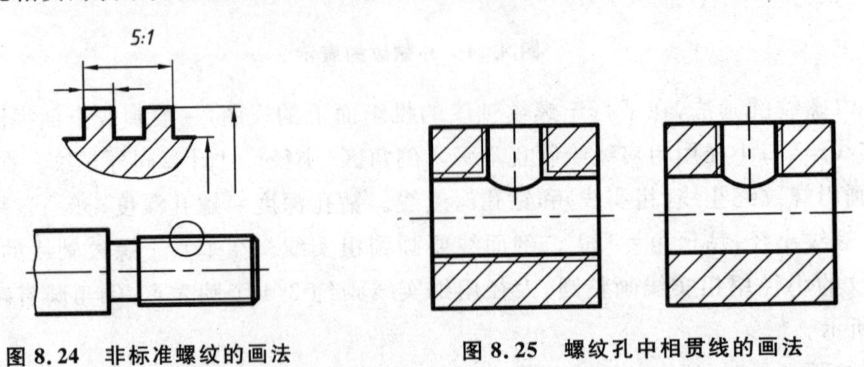

图 8.24 非标准螺纹的画法

图 8.25 螺纹孔中相贯线的画法

4. 常见螺纹的分类及标注

(1) 螺纹的分类:螺纹按用途可分为连接螺纹和传动螺纹两类,前者起连接作用,后者用于传递动力和运动。常见螺纹的分类如下:

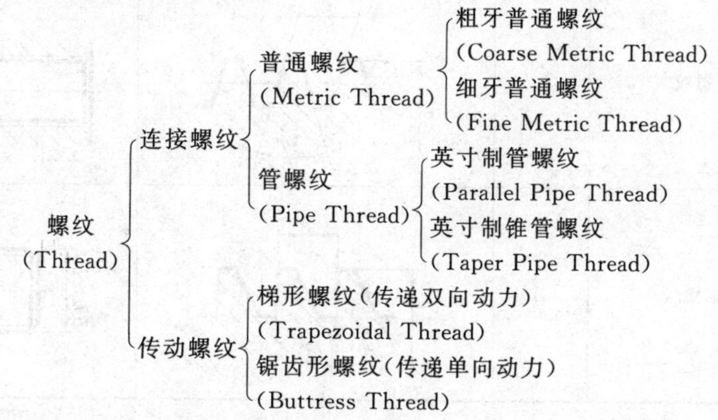

(2) 标准螺纹的规定标注:螺纹按国标规定的画法画出后,为便于加工,还应对螺纹进行必要的标注。表 8.1 为常见标准螺纹的类别、牙型、特征代号及标注示例。

表 8.1　常见标准螺纹的类别、特征代号、牙型及标注示例

	螺纹类别		特征代号	牙型示意图	标注示例
连接螺纹	普通螺纹		M	p, d, 60°	M20×2-5g6g-S-LH M20-6H M20×2-6H/6g-LH 螺纹副
	非螺纹密封的管螺纹		G	p, d, 55°	G1/2A
	用螺纹密封的管螺纹	圆锥外螺纹	R	p, d, θ, 55°	Rc1/2 Rp1½
		圆锥内螺纹	R_C		
		圆柱内螺纹	R_P		

续表 8.1

	螺纹类别	特征代号	牙型示意图	标注示例
传动螺纹	梯形螺纹	T_r	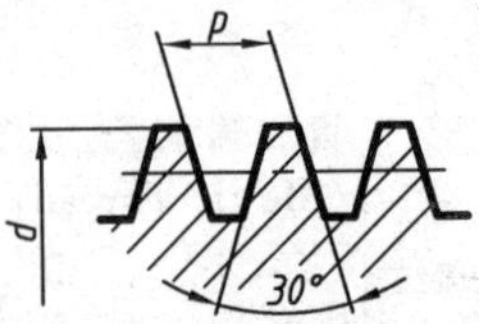	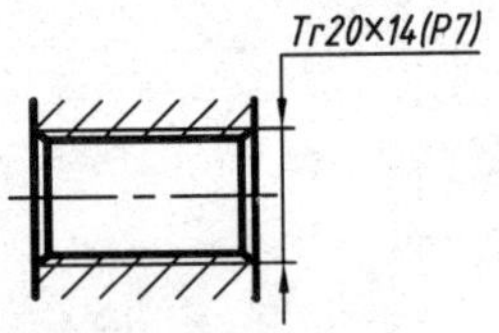 Tr20×14(P7)
	锯齿形螺纹	B	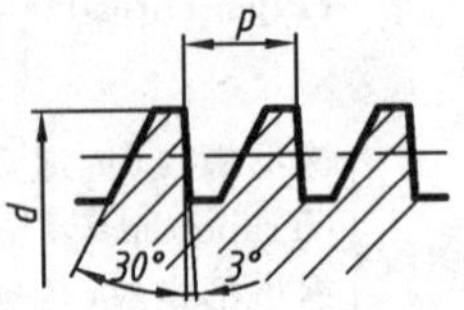	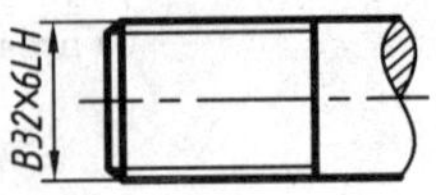 B32×6LH

下面介绍几种常见螺纹的标注方法。

(a) 普通螺纹标记

普通螺纹的完整标记有螺纹特征代号、尺寸代号、公差带代号及其他有必要做进一步说明的个别信息。其完整的标注格式为：

螺纹特征代号	尺寸代号	—	螺纹公差带代号	—	旋合长度代号	—	旋向代号

① 螺纹特征代号　用字母 M 表示。

② 尺寸代号　单线螺纹的尺寸代号为“公称直径×螺距”，单位为 mm，粗牙普通螺纹不标注螺距。螺纹的直径、螺距可查附表 1.1。

多线螺纹的尺寸代号为“公称直径×Ph 导程 P 螺距”，单位为 mm。如果要进一步表明螺纹的线数，可在后面增加括号，如使用英语进行说明(如双线为 two starts；三线为 three starts)。

③ 螺纹公差带代号　包括中径公差带代号和顶径公差带代号。中径公差带代号在前，顶径公差带代号在后。各公差带代号由公差等级数字和公差带位置的字母组成，内螺纹用大写字母，外螺纹用小写字母，如 5H、6g。当中径和顶径公差带相同时只注一个代号，例如 M10－7g。对于公称直径大于或等于 1.6 mm 的 6H 或 6g 公差带可以省略不标注，例如 M10－6g可标注为 M10。表示螺纹副时，内螺纹公差带代号在前，外螺纹公差带代号在后，中间用“/”分开，如 7H/6g。

④ 旋合长度代号　普通螺纹旋合长度分短、中、长三种旋合长度，分别用代号 S、N、L 表示。当旋合长度为中等时，可省略“N”。

⑤ 旋向代号　对左旋螺纹，应在旋合长度代号之后标注“LH”代号。右旋螺纹不标注旋向代号。

标记示例：公称直径为 6 mm、螺距为 0.75 mm 的左旋细牙普通螺纹，中、顶径公差带代号分别为 5h、6h，短旋合长度。其标记为：M6×0.75－5h6h－S－LH。

(b) 管螺纹标记

圆柱管螺纹的标记有螺纹特征代号、尺寸代号和公差等级代号组成。

① 螺纹特征代号用字母 G 表示。

② 尺寸代号：是指管子的孔径，不是螺纹的大径，以英寸为单位。各部分尺寸可查附表1.2。

③ 公差等级代号：对外螺纹分别用A、B两级进行标记；对内螺纹，不标记公差等级代号。

当螺纹为左旋时，应在外螺纹的公差等级代号或内螺纹的尺寸代号之后加注“LH”。右旋螺纹旋向省略。管螺纹标注一律注在引出线上，引出线应从大径处引出。

表示螺纹副时，仅需标注外螺纹的标记代号。

标记示例：尺寸代号为3的A级左旋非螺纹密封管螺纹外螺纹的标记为：G3A－LH。

(c) 梯形螺纹、锯齿形螺纹标记

梯形螺纹和锯齿形螺纹的完整标记有螺纹特征代号、尺寸代号、旋向代号、公差带代号和旋合长度代号等组成。其完整的标注格式为：

螺纹特征代号	尺寸代号	旋向代号	－	螺纹公差带代号	－	旋合长度代号

① 梯形螺纹的特征代号为Tr，锯齿形螺纹的特征代号为B。

② 尺寸代号　单线螺纹的尺寸代号为“公称直径×螺距”，多线螺纹的尺寸代号为“公称直径×导程(P螺距)”，单位均为mm。

③ 螺纹公差带代号　只标注中径的公差带代号。

标注示例：公称直径为40 mm、螺距为7 mm的双线左旋梯形螺纹，中径公差带代号为8e，中等旋合长度。其标记为：Tr40×14(P7) LH－8e。

表8.2　常用螺纹紧固件标记示例

名称及视图	六角头螺栓 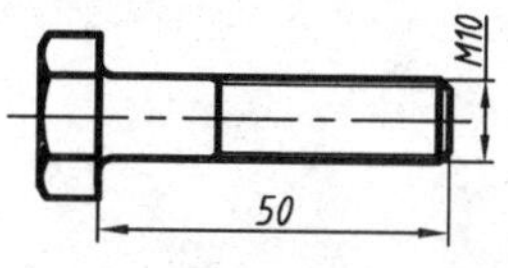	双头螺柱(B型) 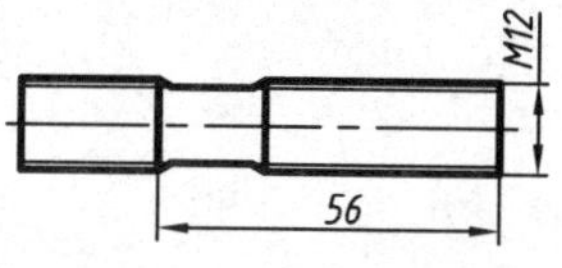	内六角圆柱头螺钉 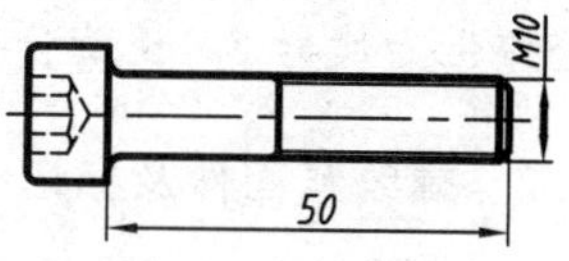
标示记例	螺栓 GB/T 5782 *M*10×50	螺柱 GB/T 899 *M*12×45	螺钉 GB/T 70.1 *M*10×50
名称及视图	开槽沉头螺钉 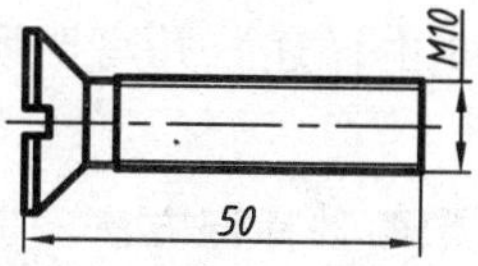	开槽圆柱头螺钉 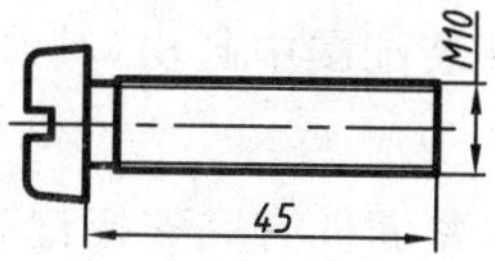	开槽锥端紧定螺钉 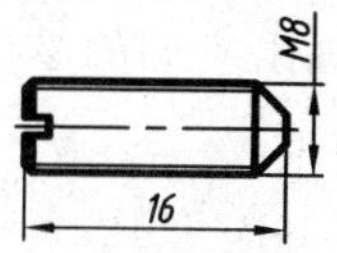
标示记例	螺钉 GB/T 68 *M*10×50	螺钉 GB/T 65 *M*10×45	螺钉 GB/T 71 *M*8×20
名称及视图	1型六角螺母 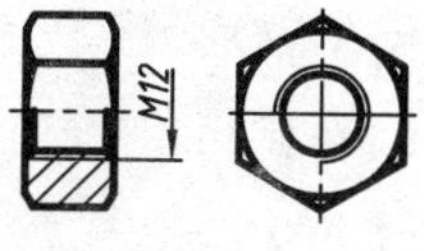	平垫圈 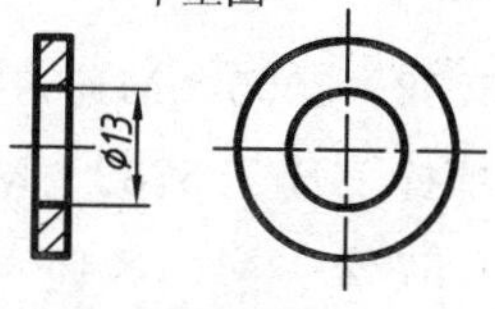	弹簧垫圈 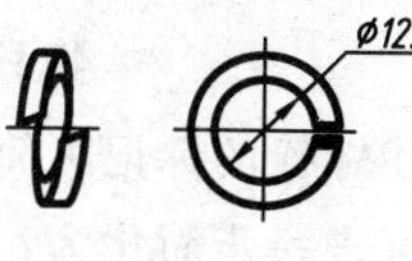
标示记例	螺母 GB/T 6170 *M*12	垫圈 GB/T 97.1 12	垫圈 GB/T 93 12

具体的标注规则：

特征代号见表8.1；公称直径并不表示管螺纹的大径，而是约等于管子的孔径，且以英寸制为单位，标注时不标写单位；中径公差等级只是对特征代号为G的非螺纹密封的管螺纹而言，其中径公差等级有两种，分别用A、B表示，其他管螺纹不标；右旋螺纹的旋向省略，左旋螺纹加"LH"。管螺纹标注一律注在引出线上，不能以尺寸方式标注，引出线应从大径处引出。

(c) 梯形螺纹、锯齿形螺纹

梯形螺纹、锯齿形螺纹标注格式为：

螺纹代号 − 中径公差带代号 − 旋合长度代号

具体的标注规则：

① 螺纹代号部分：

单线格式：　特征代号　公称直径×螺　距　旋　向

多线格式：　特征代号　公称直径×导程(P螺距)　旋　向

梯形螺纹的特征代号为Tr，锯齿形螺纹的特征代号为B；公称直径为螺纹的大径；左旋螺纹加旋向代号"LH"，右旋螺纹的旋向省略。

② 中径公差带代号与普通螺纹的标注方法相同。

③ 按公称直径和螺距大小，旋合长度分为中、长两种，分别用N和L表示，当为中等旋合长度时，N可省略。

标注示例：$Tr40\times14(P7)LH-8e-L$

表示公称直径为40 mm，导程为14 mm，螺距为7 mm的双线左旋梯形螺纹(外螺纹)，中径公差带为代号$8e$，长旋合长度。

8.3.2 螺纹紧固件及标记

螺栓(Bolt)、螺柱(Stud)、螺钉(Screw)、螺母(Nut)、垫圈(Washer)等统称为螺纹紧固件(Threaded Fastener)。它们是标准件，起连接、紧固作用，其结构形状如图8.26所示。这些零件的结构和尺寸已全部标准化，并由专门工厂进行批量生产。在机械设计中，选用这些标准件时，不必画出它们的零件图，只需在装配图中画出(其画法在9.3中详述)，并写明所用标准件的标记即可。

根据GB/T 1237—2000规定，紧固件有完整标记和简化标记两种标记方法。完整标记形式如下：

如六角头螺栓公称直径$d=M10$，公称长度45，性能等级10.9级，产品等级为A级，表面氧化。其完整标记为：

螺栓 GB/T 5782－2000－M10×45－10.9－A－O

上述螺栓的标记可简化为：　螺栓 GB/T 5782　M10×45

还可进一步简化为：　GB/T 5782　M10×45

表8.2为常用螺纹紧固件的标记示例，附录二中的附表2.1～2.10为螺纹紧固件的结构及各部分尺寸。

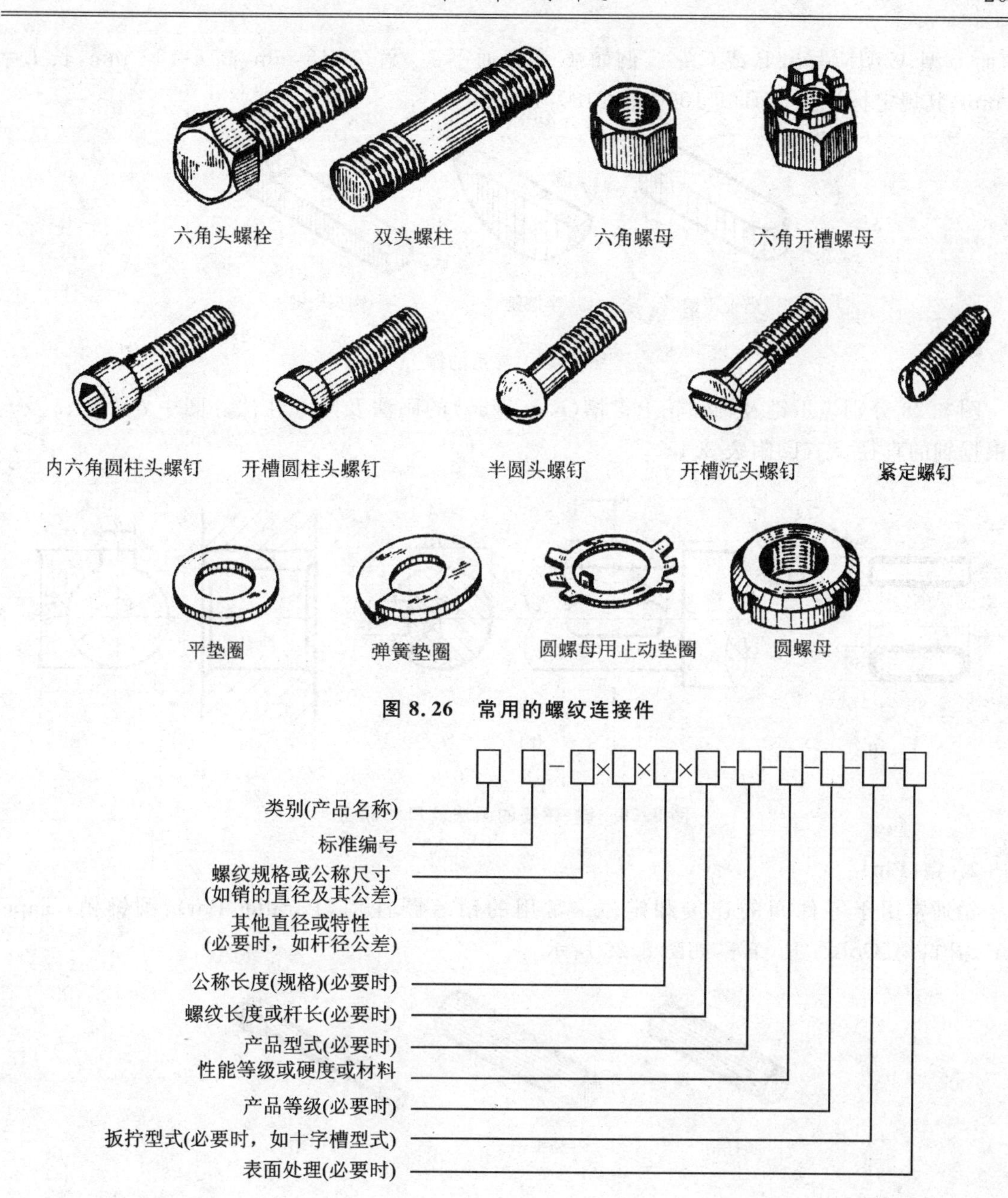

图 8.26　常用的螺纹连接件

8.3.3　键、销及标记

键和销的结构、尺寸都已标准化，是标准件。

1. 键(Key)

键通常用来连接轴和装在轴上的转动零件(如齿轮、皮带轮等)，起传递扭矩的作用。常用的键有普通平键(Parallel Key)、半圆键(Woodruff Key)和钩头楔键(Taper Key)等，如图8.27所示，其中普通平键最常见。

附表 3.1 和 3.2 分别为普通平键和半圆键的类型及有关尺寸。

普通平键的形式有 A、B、C 三种，其形状和尺寸见附表 3.1。在标记时，A 型平键省略 A

字，而B型、C型应写出B或C字。例如：C型普通平键，宽 $b=18$ mm，高 $h=11$ mm，长 $L=56$ mm，其规定标记为：GB/T 1096 键 C18×11×56。

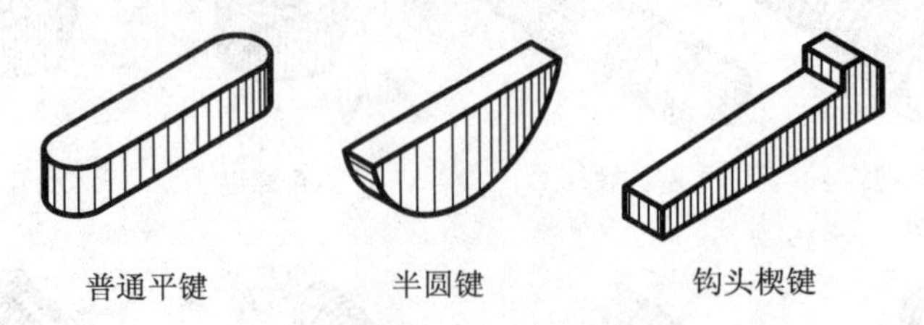

图 8.27　常用的键

图8.28分别表示键及轴和轮上键槽(Key Way)的画法及尺寸注法。图中 b、h、L、t 及 t_1 应根据轴的直径 d 查阅附表3.1。

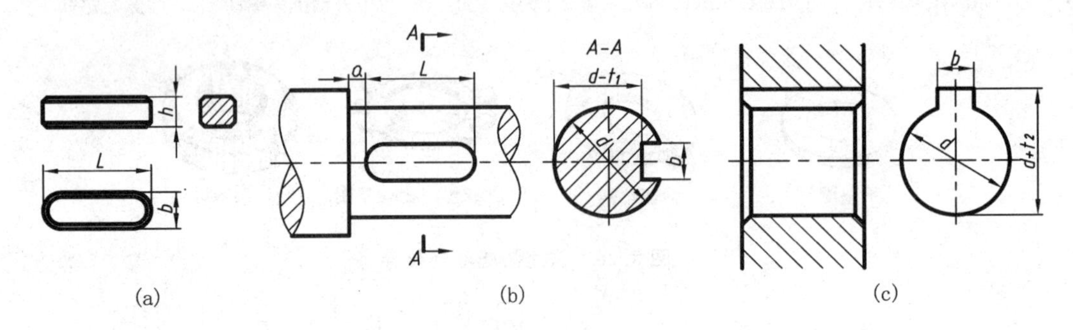

图 8.28　键、键槽的画法及尺寸标注

2. 销(Pin)

销通常用于零件间的连接和定位。常用的销有圆柱销(Parallel Pin)、圆锥销(Taper Pin)、开口销(Cotter Pin)等，如图8.29所示。

图 8.29　常用的销

附表3.3为常用销的类型及规格尺寸。

标记示例：公称直径 $d=8$ mm，长度 $l=30$ mm，材料为35钢，热处理硬度为28～38HRC，表面氧化处理的A型圆柱销的标记为：销 GB/T 119.1 8×30。

8.3.4　齿轮的构形及表示

齿轮(Gear)是传动零件，它广泛应用于机械传动中。齿轮不仅能传递动力，还可以改变转速和转动方向。

根据两轴线的相对位置不同，齿轮可分为三大类(图8.30)：

圆柱齿轮(Cylindrical Gear):它用于两平行轴间的传动;

圆锥齿轮(Bevel Gear):它用于两相交轴间的传动;

蜗轮蜗杆(Worm Wormgear):它用于两交叉轴间的传动。

下面主要介绍常用的圆柱和圆锥齿轮的基本构形参数和规定画法。

(a) 圆柱齿轮

(b) 圆锥齿轮

(c) 蜗轮蜗杆

图 8.30　常见的传动齿轮

1. 圆柱齿轮

圆柱齿轮的轮齿有直齿、斜齿和人字齿三种,轮齿参数国家已标准化、系列化。由于直齿圆柱齿轮应用较广,下面着重介绍直齿圆柱齿轮的基本参数和规定画法。

(1) 直齿圆柱齿轮的基本参数(图 8.31):

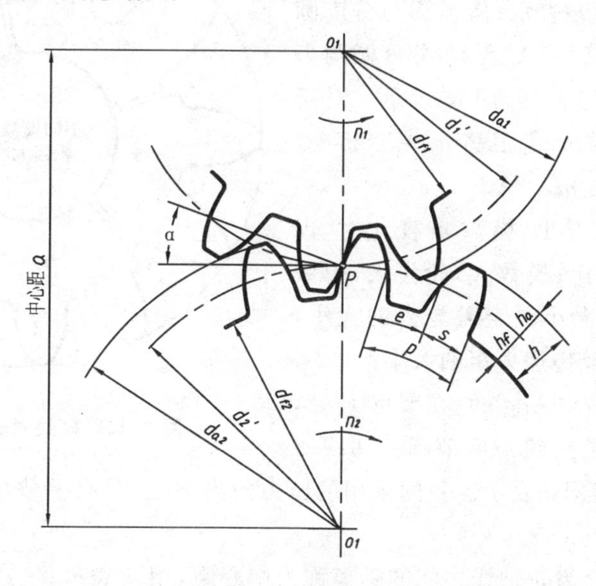

图 8.31　直齿圆柱齿轮各部分名称及尺寸代号

① 齿数(Number of Teeth):为齿轮的轮齿个数,用 Z 表示。

② 齿顶圆(Tip Circle):通过轮齿顶部的的圆称为齿顶圆,其直径用 d_a 表示。

③ 齿根圆(Root Circle):通过轮齿根部的的圆称为齿根圆,其直径用 d_f 表示。

④ 分度圆(Reference Circle)和节圆(Pitch Circle):加工齿轮时,用来分齿的圆称为分度圆,其直径用 d 表示。当一对标准齿轮正确安装时,两个齿轮的分度圆是相切的,此时分度圆也称为节圆,其直径用 d' 表示,切点 P 叫节点。

⑤ 齿距(Circular Pitch)、齿厚(Tooth Thickness)、槽宽(Slot Width):在分度圆上,相邻两齿对应两点间的弧长称为齿距,用 p 表示;轮齿的弧长称为齿厚,用 s 表示;轮齿之间的弧长称为槽宽,用 e 表示。对于标准齿轮:$s=e, p=s+e$。

⑥ 模数(Module):根据以上讨论,可知分度圆周长 $\pi \cdot d = p \cdot Z$,这样 $d = (p/\pi)Z$,令 $p/\pi=m$,则 $d = mz$。这里 m 就是齿轮的模数。模数 m 是设计、制造齿轮的重要参数。不同模数的齿轮,要用不同模数的刀具来加工制造。为了便于设计和加工,国家标准规定了模数 m 的系列值,见表 8.3 所列。

表 8.3 标准模数系列(GB/T 1357—1987) (mm)

第一系列	1 1.25 1.5 2 2.5 3 4 5 6 8 10 12 16 20 25 32 40 50
第二系列	1.75 2.25 2.75 (3.25) 3.5 (3.75) 4.5 5.5 (6.5) 7 9 (11) 14 18 22 28 36 45
注:选用模数应优先选用第一系列;其次选用第二系列;括号内的模数可能不用。本表未摘录小于 1 的模数	

⑦ 齿高(Tooth Depth)、齿顶高(Addendum)、齿根高(Dedendum):齿顶圆与齿根圆的径向距离称为齿高,用 h 表示;齿顶圆与分度圆的径向距离称为齿顶高,用 h_a 表示;分度圆与齿根圆的径向距离称为齿根高,用 h_f 表示。对于标准齿轮,齿顶高 $h_a=m$,齿根高 $h_f=1.25\ m$,齿高 $h=h_a+h_f=2.25\ m$。

从图 8.32 中可以看出,模数 m 变化时,齿高 h 和齿距 p 随之变化;模数大,轮齿大,模数小,轮齿小,故模数的大小决定着轮齿的大小,也决定着齿轮的强度及传递力矩的大小。

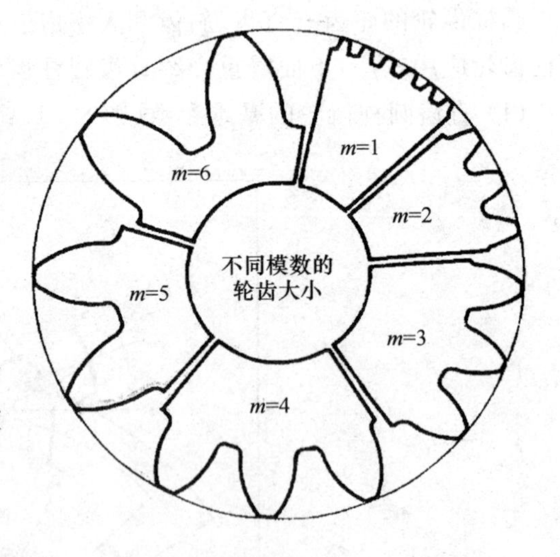

图 8.32 模数对轮齿大小的影响

⑧ 压力角(Pressure Angle):在节点 P 处,相啮合两齿廓曲线的公法线与两节圆公切线所夹的锐角称为压力角,用 α 表示。我国采用的压力角为 20°。只有模数与压力角都相等的齿轮才能相互啮合。

⑨ 中心距:两啮合齿轮轴线之间的距离称为中心距,用 a 表示。

在设计齿轮时,先要确定齿数和模数,其他各部分尺寸都可由齿数和模数计算出来。标准直齿圆柱齿轮各基本尺寸的计算公式,由表 8.4 所列。

表 8.4　标准直齿圆柱齿轮基本结构参数及计算公式

名　称	代　号	计算公式	说　明
齿　数	Z	根据设计要求或测绘而定	Z、m 是齿轮的基本参数，设计计算时，先确定 Z、m 参数，然后得出其他各部分尺寸
模　数	m	根据强度设计或测绘而得	
分度圆直径	d	$d=mZ$	—
齿顶圆直径	d_a	$d_a=d+2h_a=m(Z+2)$	国标规定：齿顶高 $h_a=m$
齿根圆直径	d_f	$d_f=d-2h_f=m(Z-2.5)$	国标规定：齿根高 $h_f=1.25\ \mathrm{m}$
中心距	a	$a=(d_1+d_2)/2=m(Z_1+Z_2)/2$	d_1、d_2 和 Z_1、Z_2 分别为两齿轮的分度圆直径和齿数

(2) 圆柱齿轮的规定画法：

① 单个圆柱齿轮的画法：在表示外形的两个视图中，齿顶圆和齿顶线用粗实线绘制；分度圆和分度线用细点画线绘制；齿根圆和齿根线用细实线绘制，也可省略不画，如图 8.33(a)所示。

齿轮的非圆视图一般采用半剖或全剖视图，这时，轮齿按不剖处理，齿根线用粗实线绘制，如图 8.33(b)所示。

若为斜齿或人字齿，需在非圆视图的外形部分用三条与齿线方向一致的细实线表示齿向，如图 8.33(c)所示。

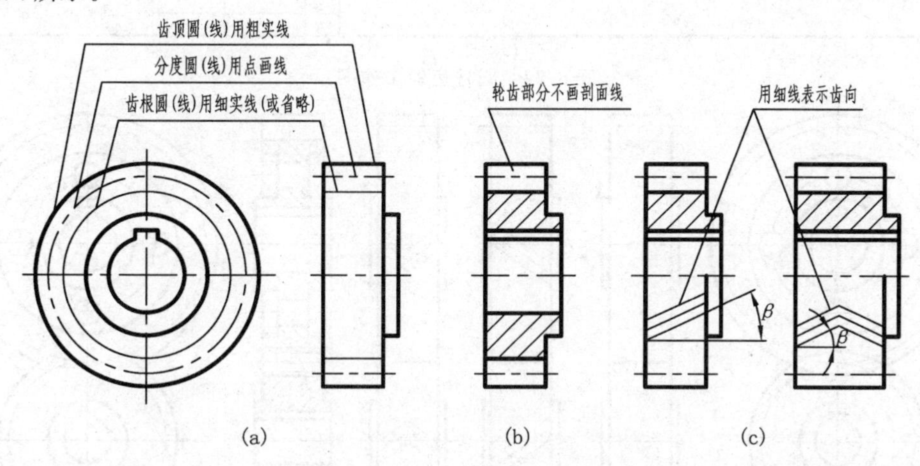

图 8.33　单个圆柱齿轮的画法

图 8.34 给出了圆柱齿轮的工作图。图中除具有一般零件工作图的内容外，齿顶圆直径、分度圆直径及有关齿轮的基本尺寸必须直接注出，齿根圆直径规定不注。在图样右上角的参数表中，注写模数、齿数等基本参数。

② 圆柱齿轮啮合的画法：两个相互啮合的圆柱齿轮，在圆视图中，齿顶圆均用粗实线绘制，如图 8.35(a)所示(啮合区内也可省略，如图 8.35(d)所示)；两相切的分度圆用细点画线画出；两齿根圆用细实线画出，也可省略不画。在反映外形的非圆视图中，啮合区内的齿顶线不需画出，节线用粗实线绘制，如图 8.35(b)所示；若取剖视，则如图 8.35(c)所示，此时要注意啮合区的画法：两齿轮的分度线重合为一条线，画成点画线；两齿轮的齿根线均画成粗实线；一个齿轮的齿顶线画成粗实线，另一个齿轮(一般为从动轮)的齿顶线画成虚线(也可省略不画)，其投影关系如图 8.36 所示。

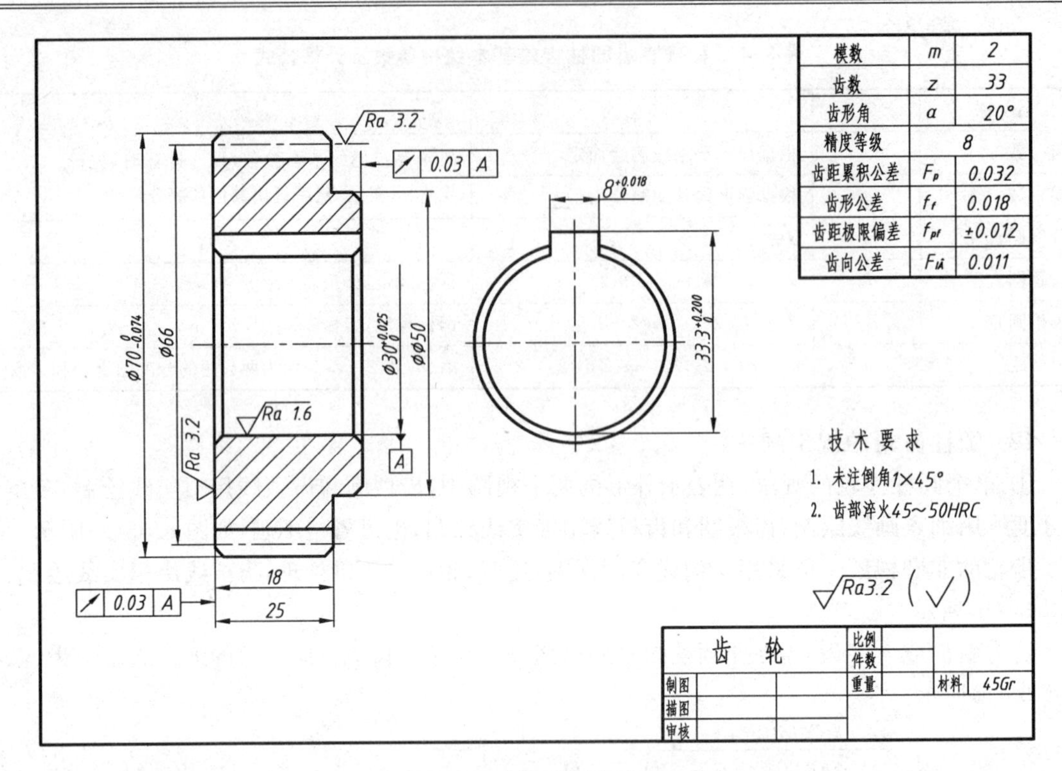

图 8.34 圆柱齿轮工作图

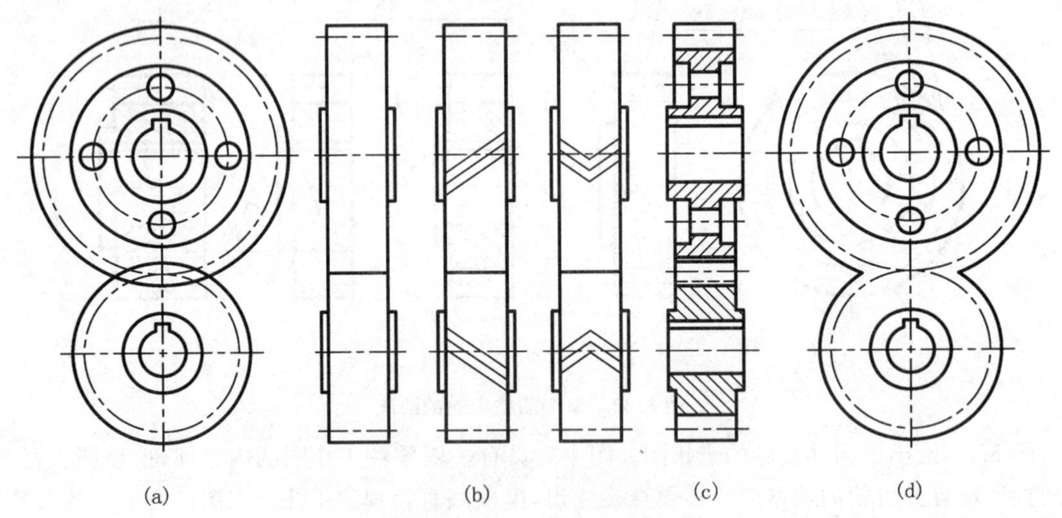

图 8.35 圆柱齿轮啮合的画法

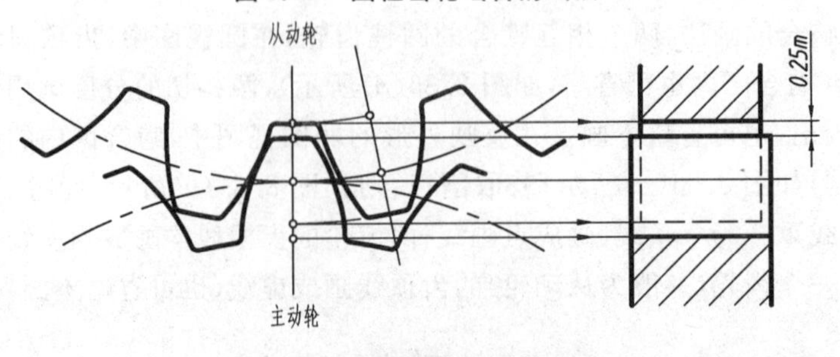

图 8.36 齿轮啮合投影的画法

2. 圆锥齿轮

圆锥齿轮的轮齿分为直齿、斜齿、螺旋齿和人字齿。由于直齿圆锥齿轮应用较广，下面主要介绍直齿圆锥齿轮的基本参数和规定画法。

(1) 直齿圆锥齿轮的基本参数：圆锥齿轮的轮齿是在锥面上加工的，因而一端大，另一端小。为了计算和制造方便，规定根据大端模数 m 来计算和决定其他各基本尺寸。圆锥齿轮的各部分名称及代号如图 8.37 所示。标准圆锥齿轮各基本尺寸的计算公式见表 8.5 所列。

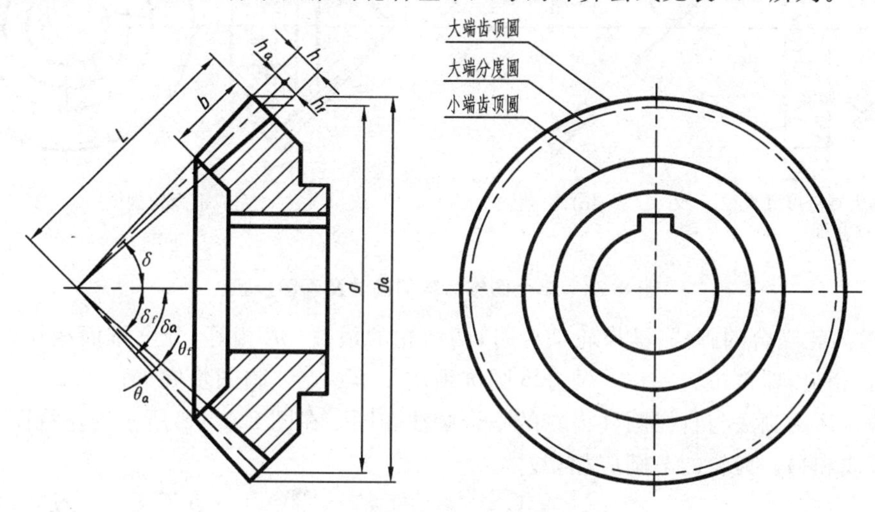

图 8.37　圆锥齿轮各部分名称、代号

表 8.5　标准直齿圆锥齿轮基本结构参数及计算公式

名　称	代号	计算公式	说　　明
齿　数	Z	根据设计要求或测绘而定，当 $\delta_1 + \delta_2 = 90°$ 时，$\delta_1 = 90° - \delta_2$	Z、δ、m 是直齿圆锥齿轮的基本参数，设计计算时，先确定 Z、δ、m，然后得出其他各部分尺寸
分度(节)锥角	δ		
模　数	m	根据强度设计或测绘而得	
分度圆直径	d	$d = mZ$	大端模数是标准
齿顶圆直径	d_a	$d_a = d + 2h_a\cos\delta = m(Z + 2\cos\delta)$	国家标准规定：齿顶高 $h_a = m$
齿根圆直径	d_f	$d_f = d - 2h_f\cos\delta = m(Z - 2.4\cos\delta)$	国家标准规定：齿根高 $h_f = 1.2\,m$
分度圆锥母线长	L	$L = d/2\sin\delta = mZ/2\sin\delta$	啮合计算：$L = \sqrt{(d_1/2)^2 + (d_2/2)^2} = m/2\sqrt{Z_1^2 + Z_2^2}$
齿顶角	θ_a	$\tan\theta_a = h_a/L = 2\sin\delta/Z$	—
齿根角	θ_f	$\tan\theta_f = h_f/L = 2.4\sin\delta/Z$	—
顶锥角	δ_a	$\delta_a = \delta + \theta_a$	$\theta_a = \arctan(2\sin\delta/Z)$
根锥角	δ_f	$\delta_a = \delta - \theta_f$	$\theta_f = \arctan(2.4\sin\delta/Z)$
齿　宽	b	$b \leqslant L/3$	参考取值

(2) 圆锥齿轮的规定画法：

① 单个圆锥齿轮的画法：圆锥齿轮一般采用两个基本视图或一个基本视图和一个局部视图表示，如图 8.38(c)所示。圆锥齿轮的主视图常作剖视，此时，轮齿按不剖处理，用粗实线画出齿

顶线和齿根线，用点画线画出分度线。在反映圆的左视图中，用点画线画出大端分度圆，用粗实线画出大端和小端的齿顶圆，大、小端齿根圆及小端分度圆不必画出。画图步骤如图 8.38 所示。

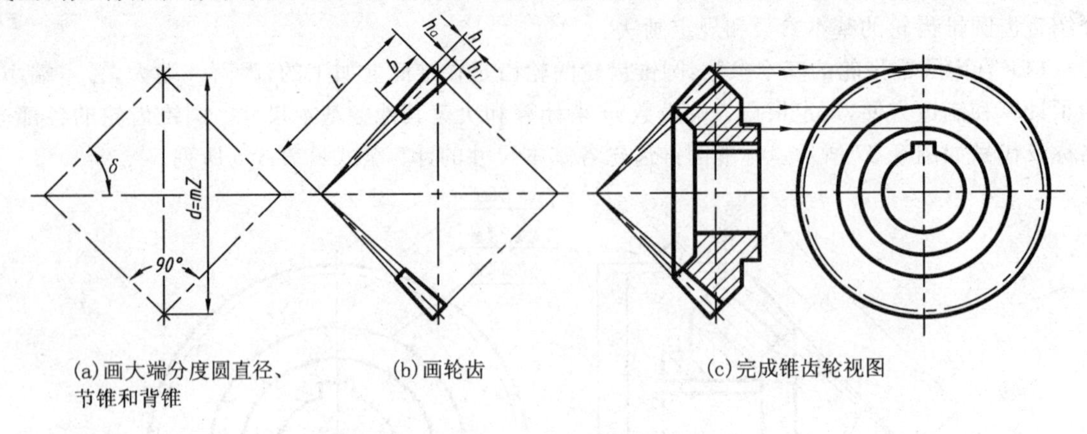

(a)画大端分度圆直径、节锥和背锥　(b)画轮齿　(c)完成锥齿轮视图

图 8.38　单个圆锥齿轮的画法及画图步骤

② 圆锥齿轮啮合的画法：锥齿轮啮合时，两齿轮的模数(m)相等，分度锥面相切。常见情况是：轴线垂直相交，即 $\delta_1+\delta_2=90°$，两分度圆锥顶点交于一点。画图步骤如图 8.39 所示，齿轮轮齿部分和啮合区的画法与直齿圆柱齿轮的啮合画法相同。在图 8.39(c)所示的左视图中，要注意一齿轮的节线和另一齿轮的节圆应相切。

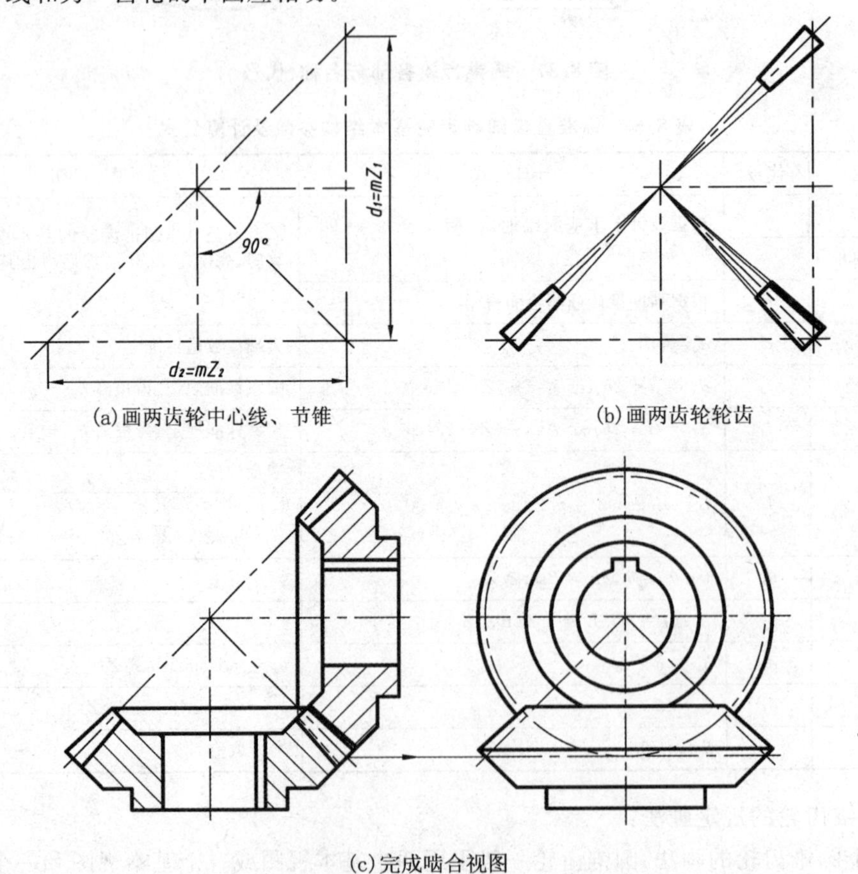

(a)画两齿轮中心线、节锥　(b)画两齿轮轮齿

(c)完成啮合视图

图 8.39　圆锥齿轮啮合的画法及画图步骤

8.4 零件的视图选择及尺寸标注

由于零件的功能各不相同,因此零件的结构也各不相同,其结构形状和大小可用一组视图和一组尺寸来表达,这是零件图的主体部分。对于零件,不管是视图选择,还是标注尺寸,都应认真地进行形体分析和构形分析。

8.4.1 零件表达方案的选择

零件的结构千变万化,用怎样的一组视图表达该零件,将直接影响画图的复杂程度和读图的方便性。选择表达方案总的原则是:在正确、完整、清晰地表达各部分结构形状的前提下,力求画图简便。为此,在选择零件表达方案时,必须认真选择主视图,同时选配好其他视图。

1. 主视图的选择

主视图是一组视图的核心。在表达零件时,应该先确定主视图,然后再确定其他视图。选择主视图应考虑以下两个方面的问题:

(1) 主视图的位置:主视图的位置应符合零件的工作位置和加工位置。

① 符合零件的工作位置(或自然安放位置):零件在机器上都有一定的工作位置,在选择主视图时,应尽量与零件的工作位置(或自然安放位置)一致。图 8.40(a)为连杆的工作情况,图 8.40(b)和(c)作为主视图来比较,显然图 8.40(b)是按工作位置画出来的,这样读图比较形象,也便于安装。

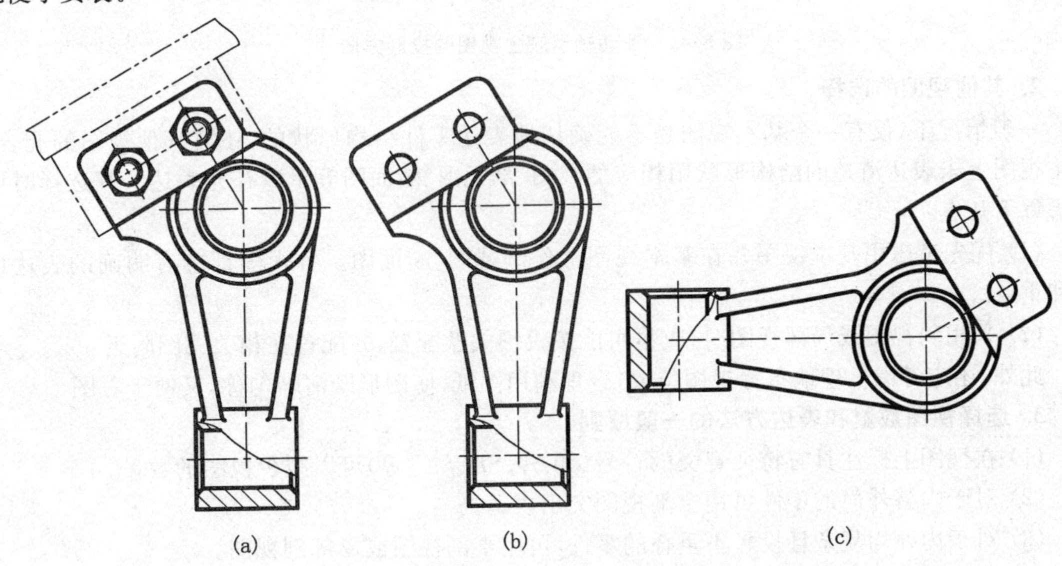

图 8.40 按工作位置选择主视图

② 尽量符合零件的加工位置:选择主视图时应考虑零件在加工过程中所处的位置,这样便于工人加工时看图操作。如轴、套、轮、盘等回转体零件主要是在车床上加工,故主视图应按轴线水平放置。

对于机器中的某些运动零件或工作位置倾斜的零件,其主视图的位置视画图的方便来选择。还有些零件(如箱体等),需要经过几道工序才能加工完成,而每道工序的加工位置又各不相同。

对于这类零件，主视图的位置应按工作位置(或自然安放位置)选择。

(2) 主视图的投影方向：主视图的投影方向应该能反映出零件主要部分的构形特征以及各结构之间的相互位置关系，使人一看到主视图，就能大体了解零件的基本形状和构形特点。如图8.41所示的滑动轴承座，以 A 向和 B 向作为投影方向画出的主视图来比较，显然 A 向能充分反映其构形特征，此图为主视图比较好。

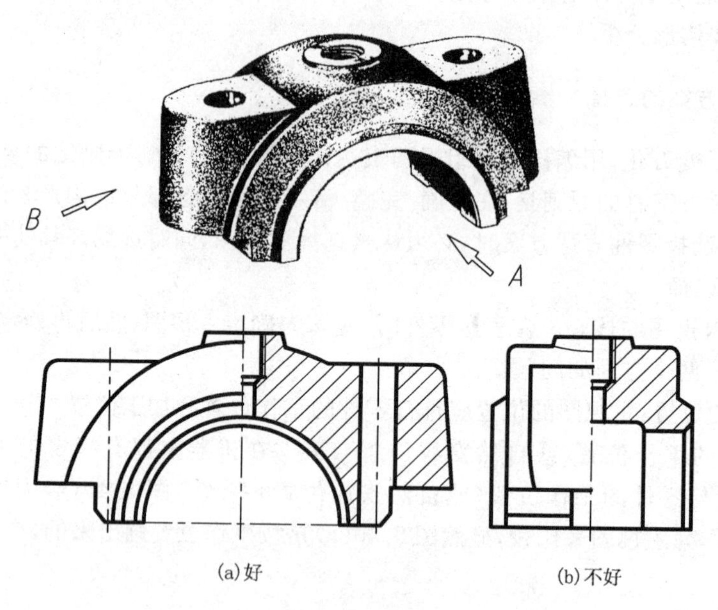

图8.41 滑动轴承座主视图的投影方向

2. 其他视图的选择

一般情况下，仅有一个基本视图是不能确切地表达零件结构形状的，还需其他视图的配合，把主视图上未表达清楚的结构形状用相应的视图、剖视图、断面图等予以补充表达。其选择时可考虑以下几点：

(1) 优先考虑用基本视图并在基本视图上作剖视图、断面图。各视图都应有明确的表达目的和重点。

(2) 采用斜视图或局部视图时，应尽可能按投影关系配置，并配置在相关视图附近。

此外，还应考虑合理地布置视图位置，合理利用图纸，使图形既清晰匀称，又便于看图。

3. 选择视图数量和表达方法的一般原则

(1) 在视图上标注具有特征意义的符号(如 $S\phi$、SR、ϕ、□等)可以减少视图的数量。

(2) 对于内繁外简的零件可用全剖视图突出表达。

(3) 对于内外均复杂且投影不重叠的零件，可用半剖视图或局部剖视图。

(4) 对内外投影重叠，在一个视图中不能内外兼顾时，可用剖视图(表达内形)和视图(表达外形)分别表达。

(5) 一些局部视图、局部剖视图等，若处于同一投影方向时，应集中于一个视图中来表达。

(6) 如果零件上某处局部结构形状没有表达完全，且不会造成看图困难时，可用虚线表达，以减少视图。但对于影响图形和尺寸清晰的虚线及不必要的虚线不能画出。

4. 表达方案比较

当零件的结构形状比较复杂时，表达方案一般不只一个。应本着表达零件要正确、完整、清晰、简便的原则,在多种方案中进行比较,从中选择一个较优的表达方案。

试比较支架(图 8.42)的表达方案。

方案一:图 8.42(a)共用了三个基本视图(剖视),主视图主要表达支架的外部结构形状,俯、左视图表达内部结构形状,同时补充表达了外部形状。虽然做到了正确、完整、清晰,但主、左视图有重复。

方案二:图 8.42(b)共用了两个基本视图(剖视)和一个局部视图,视图采用了局部剖视。局部视图 A 表达了右侧立板的形状,主视图中的局部剖代替了方案一中的左视图以及俯视图中的虚线。因此,和方案一比较,方案二除做到了正确、完整、清晰外,还做到了简便,是一个较好的表达方案。

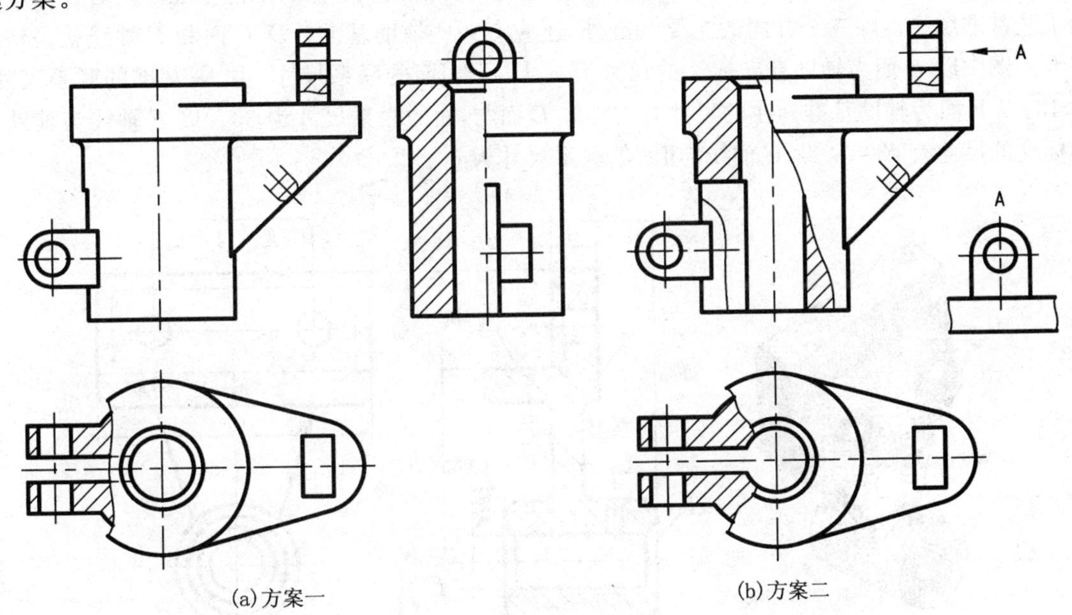

图 8.42　表达方案比较

8.4.2　零件图中尺寸的合理标注

零件图上的尺寸标注除了要做到正确、完整、清晰外,还应做到合理。所谓合理,就是所标注的尺寸应满足设计要求和工艺要求,也就是既满足零件在机器中能很好地承担工作的要求,又能满足零件的制造、加工、测量和检验的要求。因此,设计人员要对零件的作用、加工制造工艺及各种加工设备有所了解,以便合理标注尺寸。

1. 合理选择尺寸基准

标注尺寸的起始位置称为尺寸基准。标注尺寸时,应首先选择尺寸基准。尺寸基准选择是否合理直接关系到零件尺寸标注得是否合理,而尺寸标注的合理与否,又直接影响到零件的加工质量。

零件在长、宽、高三个方向上应各有一个主要基准。常将零件的对称面、主要轴线和重要平面(如主要加工面、安装面等)作为主要基准。考虑到加工、测量、检验的方便,往往在一个方向上再增加几个基准,称为辅助基准。主要基准和辅助基准之间应有尺寸联系。

尺寸基准可分为设计基准和工艺基准两类。

(1) 设计基准:根据零件的构形和设计要求而选定的基准叫做设计基准。基准一般是选择机器或部件中确定零件位置的面和线。

(2) 工艺基准:为保证加工精度和方便加工与测量而选定的基准叫做工艺基准。一般是在加工过程中用做零件定位的和加工及测量起点的一些面、线和点。

标注尺寸时,最好能把设计基准和工艺基准统一起来,这样,既能满足设计要求,又能满足工艺要求。当二者不能统一时,应选择设计基准为主要基准。

图 8.43 所示的轴承挂架,其工作状况是:两个对称的挂架固定在机架上,用以支撑转轴。为保证两挂架的 $\phi 20$ 孔轴线在同一直线上,用安装面Ⅰ、Ⅱ和对称面Ⅲ来定位。因此Ⅰ、Ⅱ、Ⅲ三个平面是轴承挂架的设计基准。从加工考虑,Ⅰ、Ⅱ面又是加工 D 面和 $\phi 20$ 孔的工艺基准。这时设计基准和工艺基准统一。除三个方向的主要基准外,还应有一些辅助基准。D、E 面和 F 轴线就是辅助基准。图中以 D 面为辅助基准标注的尺寸有 5,D 面与Ⅰ面的联系尺寸(主、辅基准的联系尺寸)为 13;以 E 面为辅助基准标注的尺寸有 12、48,E 面与Ⅰ面的联系尺寸为 30。以 F 轴线为辅助基准标注的尺寸有 $\phi 20\,^{+0.024}_{0}$,F 轴线与Ⅱ面的联系尺寸为 60。

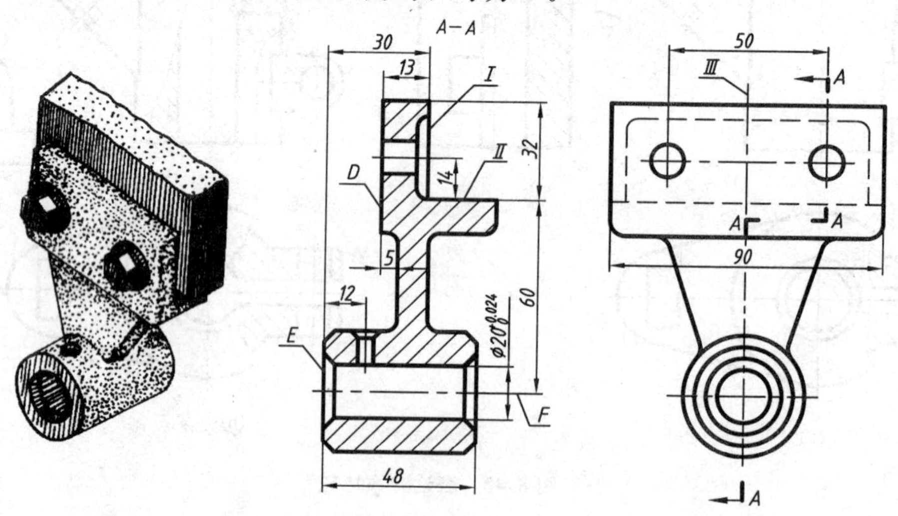

图 8.43 设计基准和工艺基准示例

2. 标注尺寸的形式

根据需求不同,标注尺寸的形式可分为三种:

(1) 链状法:链状法是把同一方向的尺寸逐段首尾相接地注写成链状,如图 8.44 所示。其优点是,每段加工误差只影响其本身,不受其他段误差的影响;缺点是,任意两段或更多段的尺寸误差等于这几段误差之和。在机械制造中,链状法常用于标注孔中心之间的距离、阶梯状零件中尺寸要求十分精确的各段以及用组合刀具加工的零件等。

(2) 坐标法:坐标法是把同一方向的尺寸均从同一基准注起,如图 8.45 所示。其优点是,能保证每一尺寸的精确性;缺点是,两相邻尺寸间的那段误差,取决于两相邻尺寸的误差之和。坐标法常用于标注从一个基准定出一组精确尺寸的零件。

(3) 综合法:综合法标注尺寸是链状法和坐标法的综合。它具有上述两种方法的优点,实际中应用最多,如图 8.46 所示。

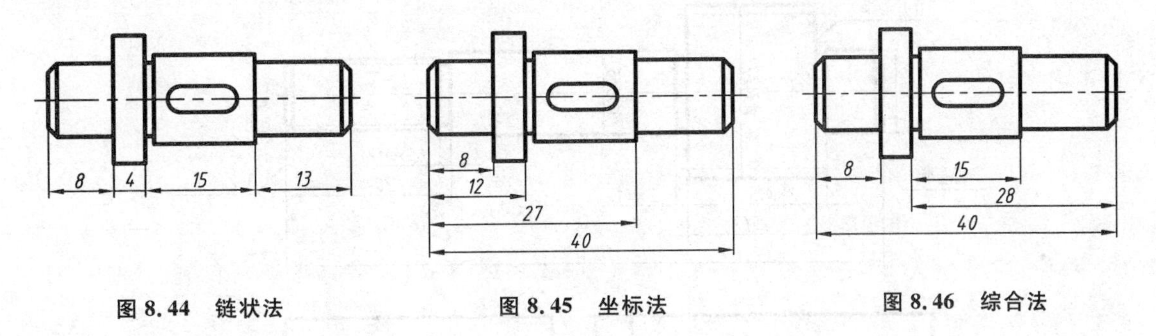

图 8.44　链状法　　图 8.45　坐标法　　图 8.46　综合法

3. 合理标注尺寸的一些原则

(1) 考虑设计要求：

① 零件上的重要(设计)尺寸要直接标注出来，一般指以下几种尺寸：

(a) 直接影响机器传动精度的尺寸，如齿轮的中心距等。

(b) 直接影响机器性能的尺寸，如齿轮泵主动轴的中心高等。

(c) 保证零件相互配合的尺寸，如轴与孔的配合尺寸等。

(d) 决定零件安装位置的尺寸，如螺栓孔的中心距、孔的分布圆直径等。

② 联系尺寸的基准和标注应一致：在相互连接的各零件间总有一个或几个相关表面，联系尺寸就是保证这些相关表面的定形、定位一致的尺寸。如齿轮油泵泵体和泵盖的端面就是相关表面，其尺寸 R_1 与 R_2、L_1 与 L_2、a_1 与 a_2 等联系尺寸均应一致，如图 8.47 所示。

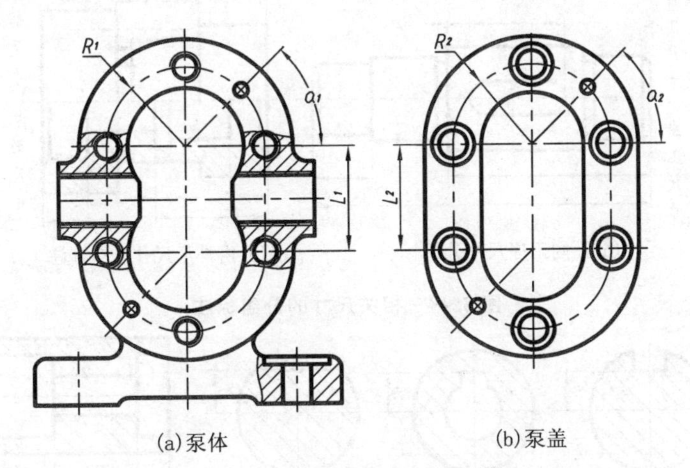

(a)泵体　　(b)泵盖

图 8.47　相关尺寸标注应一致

(2) 考虑工艺要求：

① 按加工顺序标注尺寸：按加工顺序标注尺寸，应符合加工过程，便于加工测量。图 8.48 所示的齿轮轴，只有长度尺寸 25*f*7 是主要尺寸，要直接注出，其余都按加工顺序标注。

② 相关尺寸分组标注：一个零件，往往需要经过几道加工工序才能完成。为方便加工者看图，最好将相关的尺寸分组标注。图 8.49 为不同工序的尺寸和内外形尺寸分组标注的示例。

(3) 标注尺寸要便于测量：标注尺寸应考虑测量的方便，尽量做到使用普通量具就能测量。图 8.50(a)所示图例中尺寸不便测量，需采用专用量具测量。因此，这类尺寸应按图 8.50(b)所示进行标注。

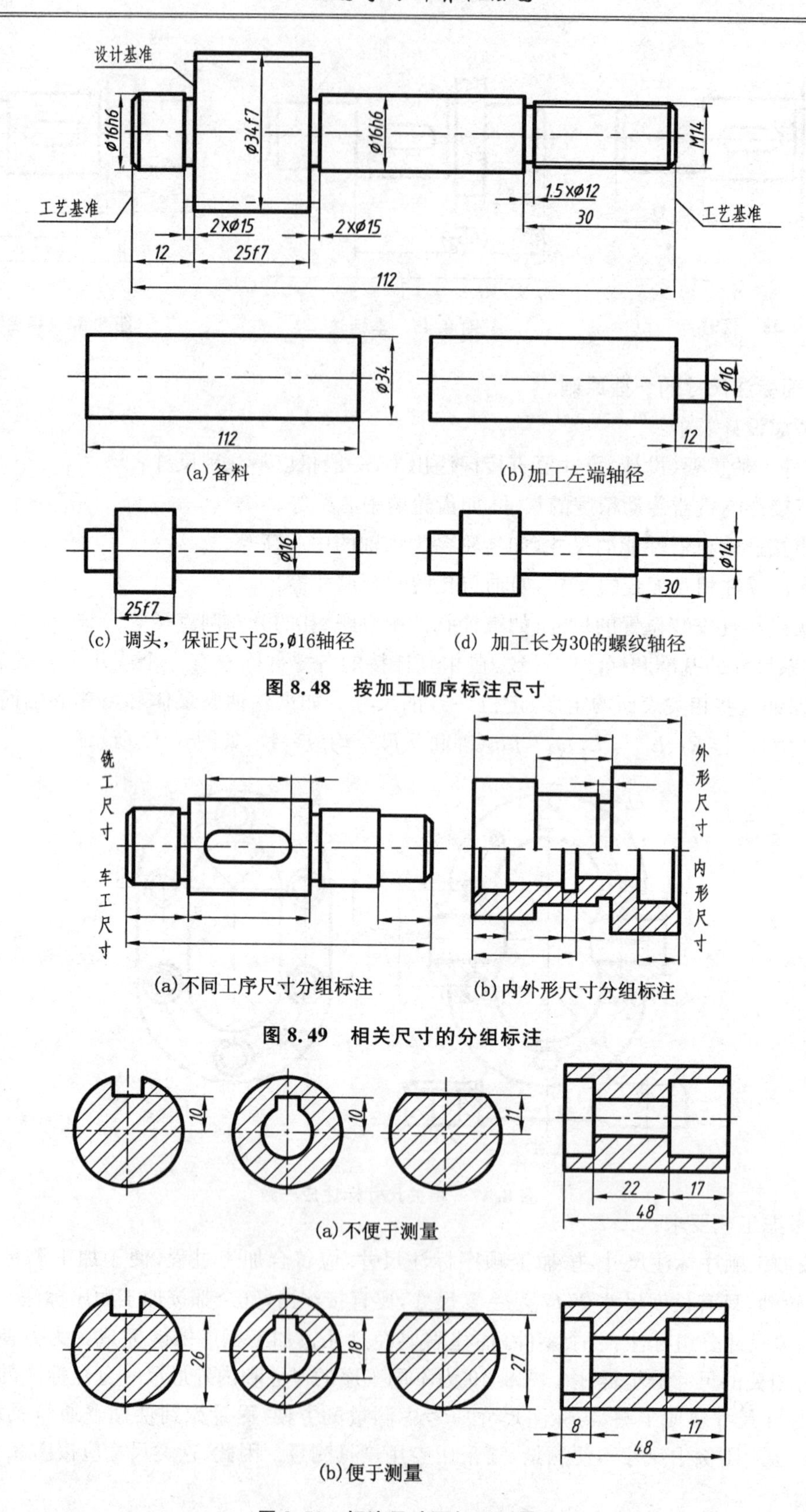

图 8.48 按加工顺序标注尺寸

图 8.49 相关尺寸的分组标注

图 8.50 标注尺寸要便于测量

(4) 避免出现封闭的尺寸链：封闭尺寸链是由头尾相接，绕成一整圈的一组尺寸。每个尺寸可看成是链中的一环，如图 8.51(a)所示。这种尺寸标注会出现误差积累，而且可能恰好积累在某一重要的尺寸上，从而导致零件成次品或废品。因此，实际标注尺寸时，应在尺寸链中选一个不重要的环不注尺寸，将其他各环尺寸误差积累到该环中，此环称为开口环，如图 8.51(b)所示。有时，为了作为设计和加工时的参考，也注成封闭尺寸链，这时，应根据需要把某一环的尺寸用括号括起来，作为参考尺寸，如图 8.51(c)所示。

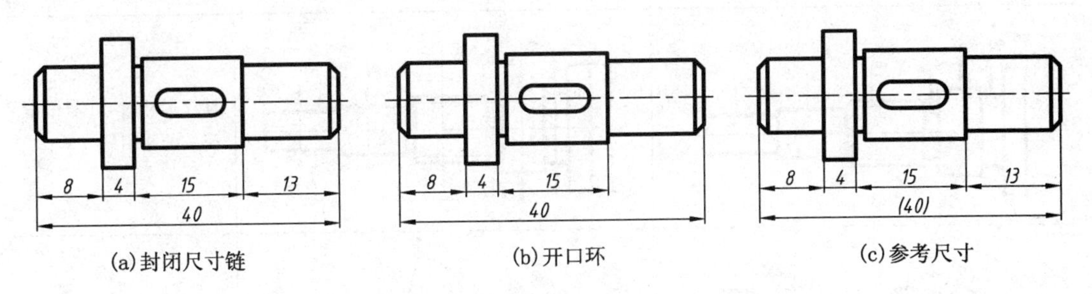

(a)封闭尺寸链　(b)开口环　(c)参考尺寸

图 8.51　尺寸链

(5) 简化注法及常用孔的注法：实际应用中，为提高设计绘图效率及图样的清晰度，在不致引起误解的情况下，国家标准 GB/T 16675.2—1996 规定了若干简化画法，本书摘要列于表 8.6 中。

表 8.6　常用简化注法

简　化　后	简　化　前	说　　明
□25	25 25	标注正方形结构尺寸时，可在正方形边长尺寸数字前加注“□”符号 □——正方形
C2　2×C1	2×45°　1×45°　1×45°	在不致引起误解时，零件图中的倒角可以省略不画，其尺寸也可简化 *C*——45°倒角
ϕ80　8×ϕ8EQS　ϕ32　ϕ64　或　ϕ32,ϕ64,ϕ80　8×ϕ8	8-ϕ8 EQS　ϕ32　ϕ64　ϕ80	标注尺寸时，可采用不带箭头的指引线；一组同心圆，也可用共同的尺寸线和箭头 EQS——均布

续表 8.6

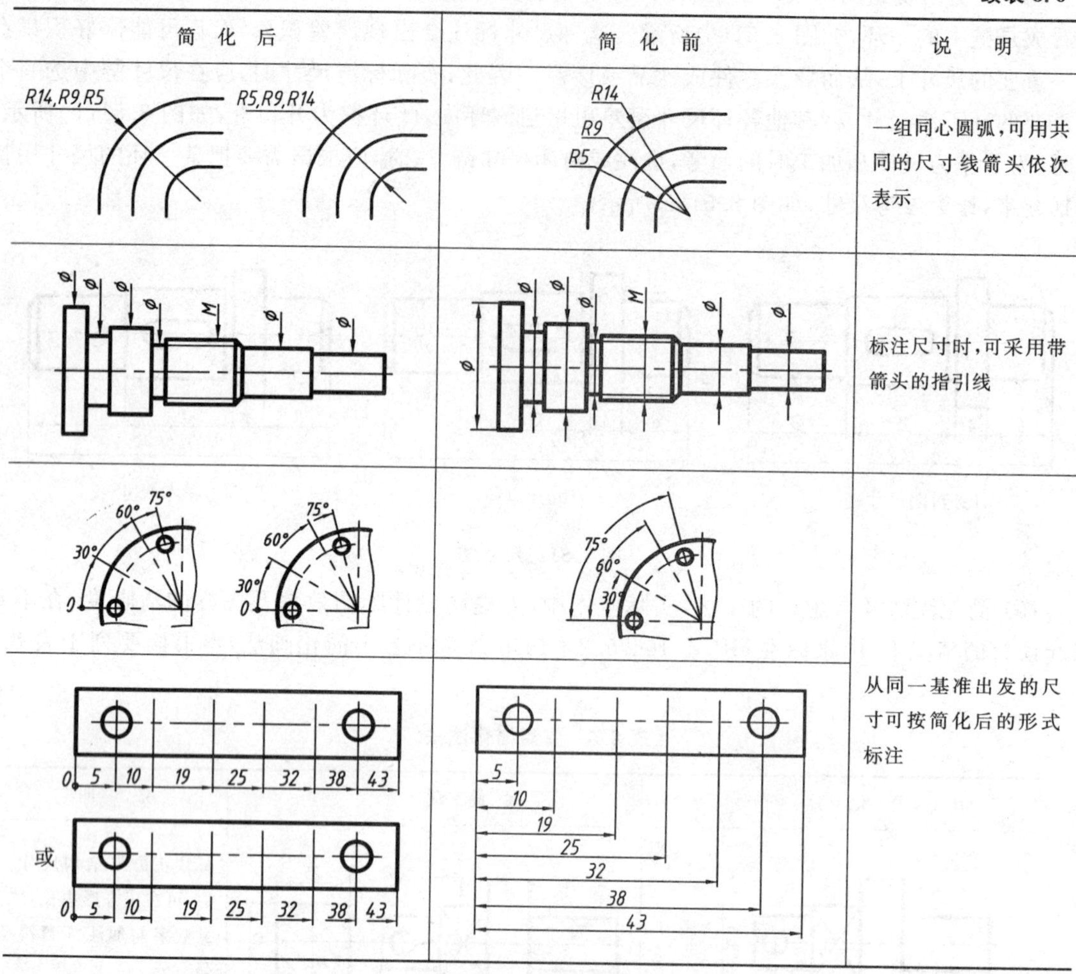

简化后	简化前	说明
R14,R9,R5　R5,R9,R14	R14　R9　R5	一组同心圆弧，可用共同的尺寸线箭头依次表示
φ φ φ φ M φ φ	φ φ φ M φ φ φ	标注尺寸时，可采用带箭头的指引线
75° 60° 30° 0　75° 60° 30° 0	75° 60° 30°	从同一基准出发的尺寸可按简化后的形式标注
0 5 10 19 25 32 38 43 或 0 5 10 19 25 32 38 43	5 10 19 25 32 38 43	

零件上经常出现光孔、螺纹孔等结构，图样中标注尺寸时，尽可能使用符号和缩写词，这些孔可用表 8.7 所列的方法标注。

表 8.7　常用孔的注法

标注示例	说明
4×Ø6 ↧10　或　4×Ø6 ↧10	4×ϕ6 表示 4 个 ϕ6 的孔，符号“↧”表示“深度”，↧10 表示孔深度为 10
6×Ø7 ⌵Ø13×90°　或　6×Ø7 ⌵Ø13×90°	符号“⌵”表示“埋头孔(孔口作出倒圆锥台坡的孔)”，此处，锥台大头直径 13，锥台面顶角 90°

续表 8.7

标注示例	说明
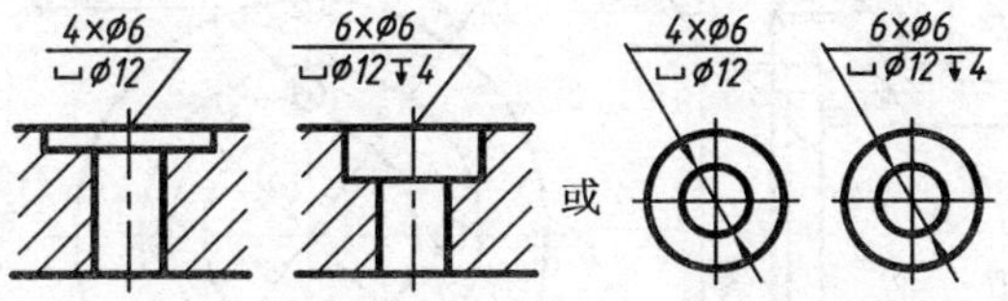 4×Ø6 ⌴Ø12　6×Ø6 ⌴Ø12↧4　或　4×Ø6 ⌴Ø12　6×Ø6 ⌴Ø12↧4	符号“⌴”表示“沉孔(更大一些的圆柱孔)或锪平(孔端刮出一圆平面)”,此处,沉孔直径 12,沉孔深 4;标注时若无深度后跟,则表示刮出一指定直径的圆平面即可
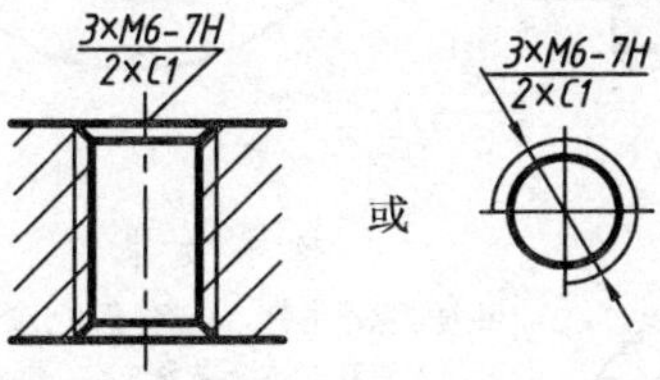 3×M6-7H 2×C1　或　3×M6-7H 2×C1	3 个 $M6—7H$ 螺纹通孔,两端孔口有 1×45°倒角
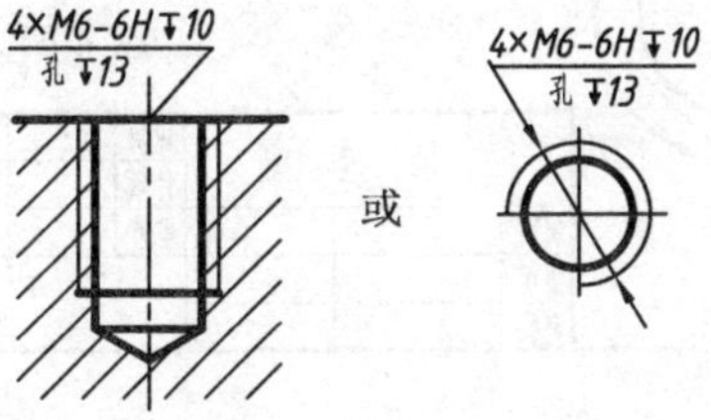 4×M6-6H↧10 孔↧13　或　4×M6-6H↧10 孔↧13	4 个 $M6—6H$ 螺纹盲孔,螺纹部分深 10,钻孔深 13

8.4.3　典型零件图例分析

由于零件在机器中的作用各不相同,因此它们的结构形状也就多种多样。为了便于研究,根据零件的形状和结构特点,大致可将它们分为以下四类。

1. 轴套类零件

(1) 结构分析:轴套类零件包括各种轴和空心套。这类零件一般由若干段共轴线的回转体组合而成,其径向尺寸较小,轴向尺寸较大。根据设计、加工、安装等要求,常有螺纹、键槽、销孔、退刀槽、中心孔、油槽、倒角等局部结构,如图 8.52 所示。

(2) 表达方案分析:

① 轴套类零件其工作位置一般为水平放置,加工(车床上)位置也是水平放置,因此,这类零件应按轴线水平放置确定主视图。用一个基本视图标上尺寸 ϕ,可以把各段轴的形状和相对位置表达清楚。

② 用断面图、局部视图、局部剖视或局部放大图等表达轴上的局部结构。

③ 空心轴套因存在内部结构,可用全剖视或半剖视图表达。

④ 径向较长而断面相同,或长度有规律变化的轴可用折断画法。

(3) 尺寸标注分析:

① 这类零件宽度和高度的主要基准是回转轴线,长度方向的主要基准常根据设计要求选择某一轴肩。

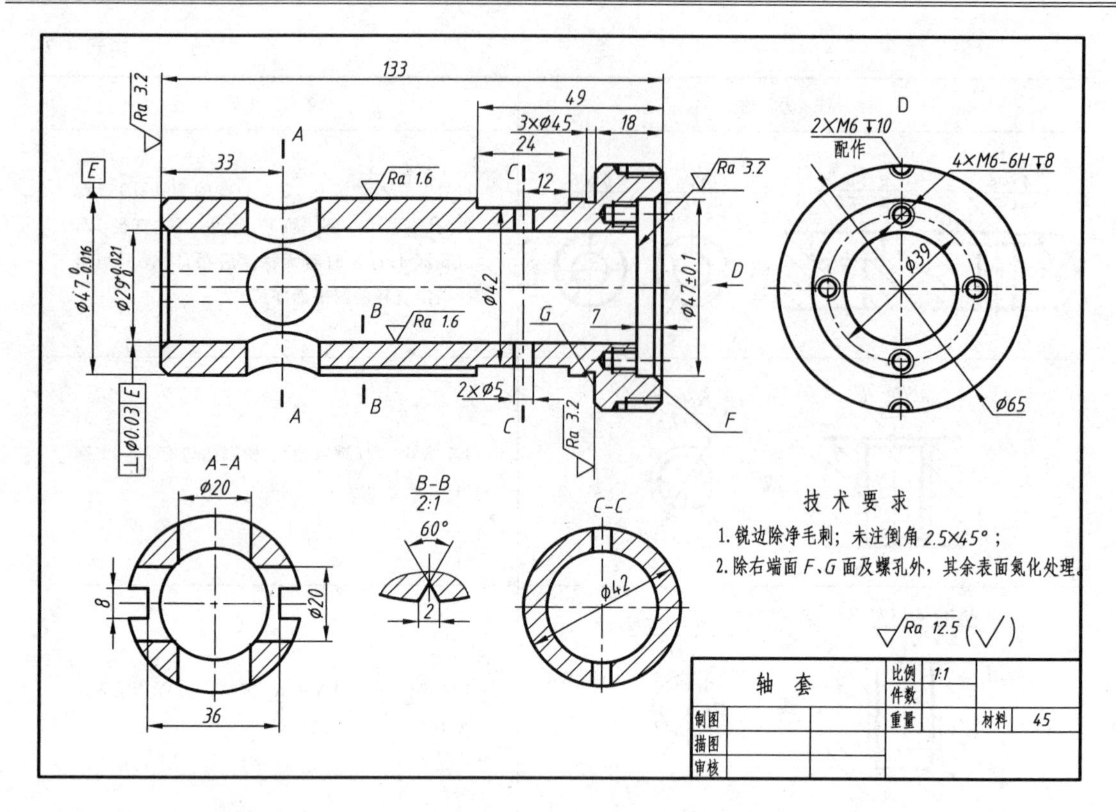

图 8.52 轴套零件图

② 重要尺寸应直接注出，其余尺寸可按加工顺序标注。

③ 不同工序的加工尺寸，内外结构的形状尺寸应分开标注。

④ 对于零件上的标准结构，如键槽、退刀槽、越程槽、倒角等应查阅设计手册按标准尺寸标注。

2. 轮盘类零件

(1) 结构分析：轮盘类零件包括圆轮和盘盖。这类零件厚度方向的尺寸比其他两个方向的尺寸小，如齿轮、皮带轮、手轮、端盖和法兰盘等。零件上常有键槽、凸台、退刀槽、均匀分布的小孔、肋和轮辐等结构，如图 8.53 所示。

(2) 表达方案分析：

① 对于回转体或大部分结构为回转体的轮盘类零件，主要是在车床上加工，应按加工位置选主视图，即轴线水平放置；对于非回转体的盘盖，可按工作位置确定主视图。

② 该类零件一般需要两个基本视图，如主视图采用全剖或半剖视图，以表达内外部结构形状，左视图表达端面形状及其上分布的孔的位置。

③ 常采用单一剖切面或几个相交的剖切平面等剖切方法表达其内部结构。

④ 对于肋、轮辐可用移出断面或重合断面表达。

(3) 尺寸标注分析：

① 这类零件常以回转体的轴线、主要形体的对称面或经过加工的较大的结合面作为主要基准。

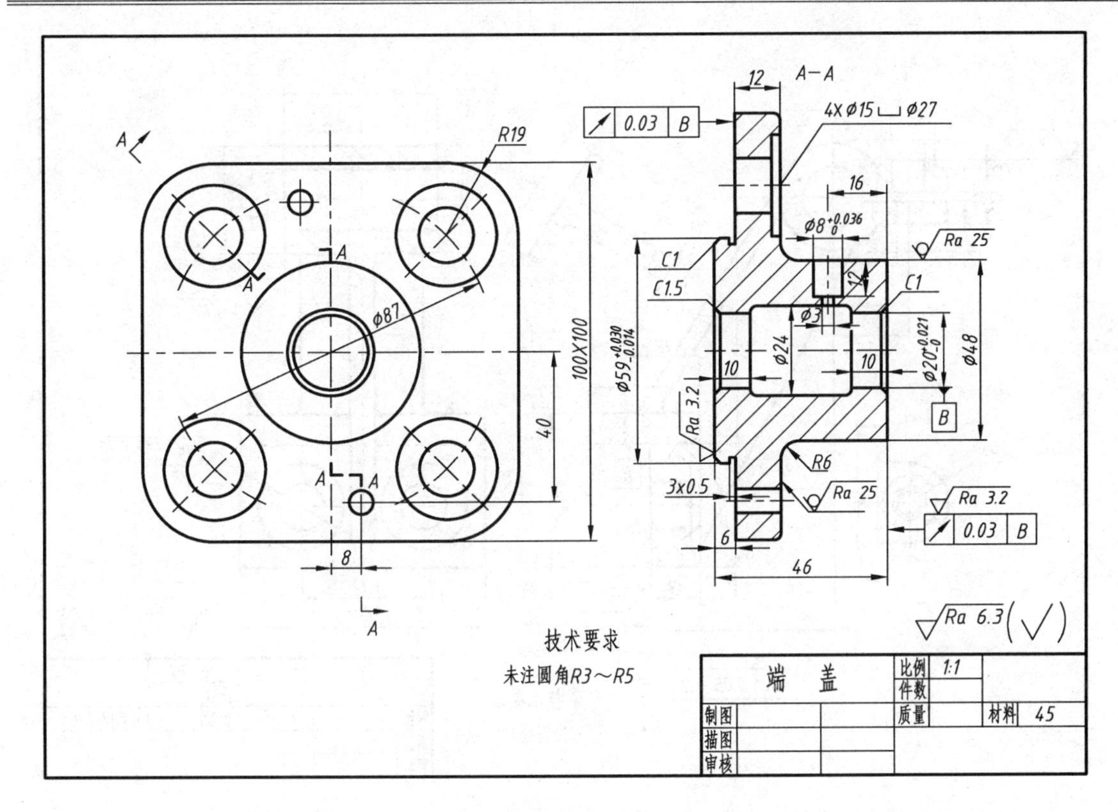

图 8.53　端盖零件图

② 这类零件上常有定位尺寸，如均布小孔的定位圆直径、销孔的定位尺寸等，标注时不能丢掉。

③ 相邻零件间的联系尺寸的基准和标注应一致。

3. 叉架类零件

叉架类零件包括拔叉、连杆、拉杆等叉杆类和支架类零件。前者主要用在运动机构上，功能为操纵、连接等；后者主要起支撑作用。这类零件形式多样，结构复杂。其主体结构按功能不同分为三部分：工作部分、安装固定部分和连接部分。连接部分常有倾斜结构和不同截面形状的肋或实心杆件。叉架类零件上具有铸造圆角、拔模斜度、凸台、凹坑等常见结构，如图 8.54 所示。

（1）表达方案分析：

① 这类零件一般都是铸件或锻件毛坯，毛坯形状较为复杂，须经多道工序加工。主视图一般按形状特征和工作位置确定。

② 一般需要两个以上的基本视图表达叉架类零件，常采用斜视图、局部视图、剖视图和断面图等来表达。

（2）尺寸标注分析：

① 长、宽、高三个方向的主要基准一般选较大孔的中心线、轴线、对称平面和较大的加工平面。

② 定位尺寸较多，要注意保证主要部分的定位精度。一般要标出各孔的中心距，或孔中心到平面的距离，或平面到平面的距离。

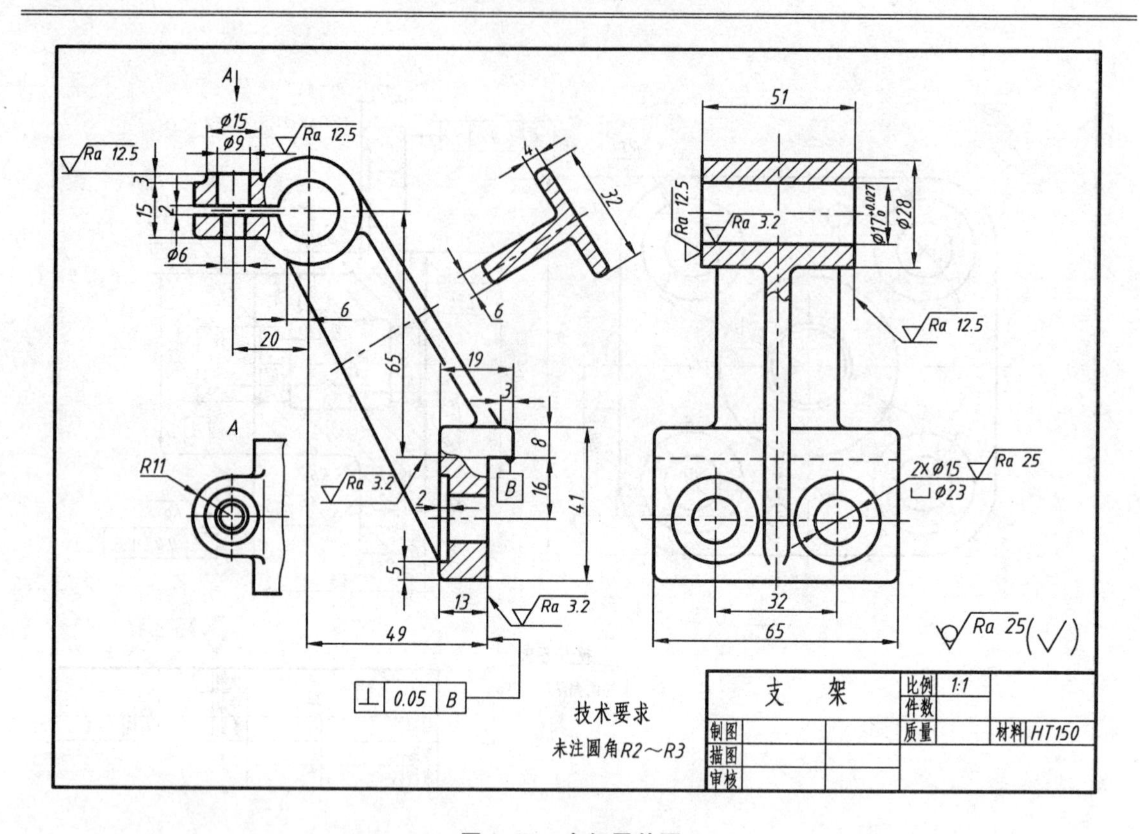

图 8.54 支架零件图

③ 定形尺寸一般都采用形体分析法标注，以便于制模。

4. 箱体类零件

(1) 结构分析：箱体类零件在机器或部件上起支撑、容纳、定位其他零件的作用。这类零件的结构比较复杂，一般多为铸件，具有铸造圆角、拔模斜度、凸缘、凹坑、肋等常见结构，如图8.55所示。

(2) 表达方案分析：

① 箱体类零件加工工序复杂，因此主视图一般按形状特征和工作位置确定。

② 一般需要三个以上的基本视图。视图中应处理好内外结构表达问题。

③ 箱体上局部的凸缘等结构，在基本视图不能表达清楚时，可采用局部视图、斜视图等加以表达。

(3) 尺寸标注分析：

① 长、宽、高三个方向的主要基准可采用较大孔的中心线、轴线、对称平面和较大的加工平面。

② 定位尺寸多，各孔中心之间的距离一定要直接标注。

③ 定形尺寸可采用形体分析法标注，便于制模。

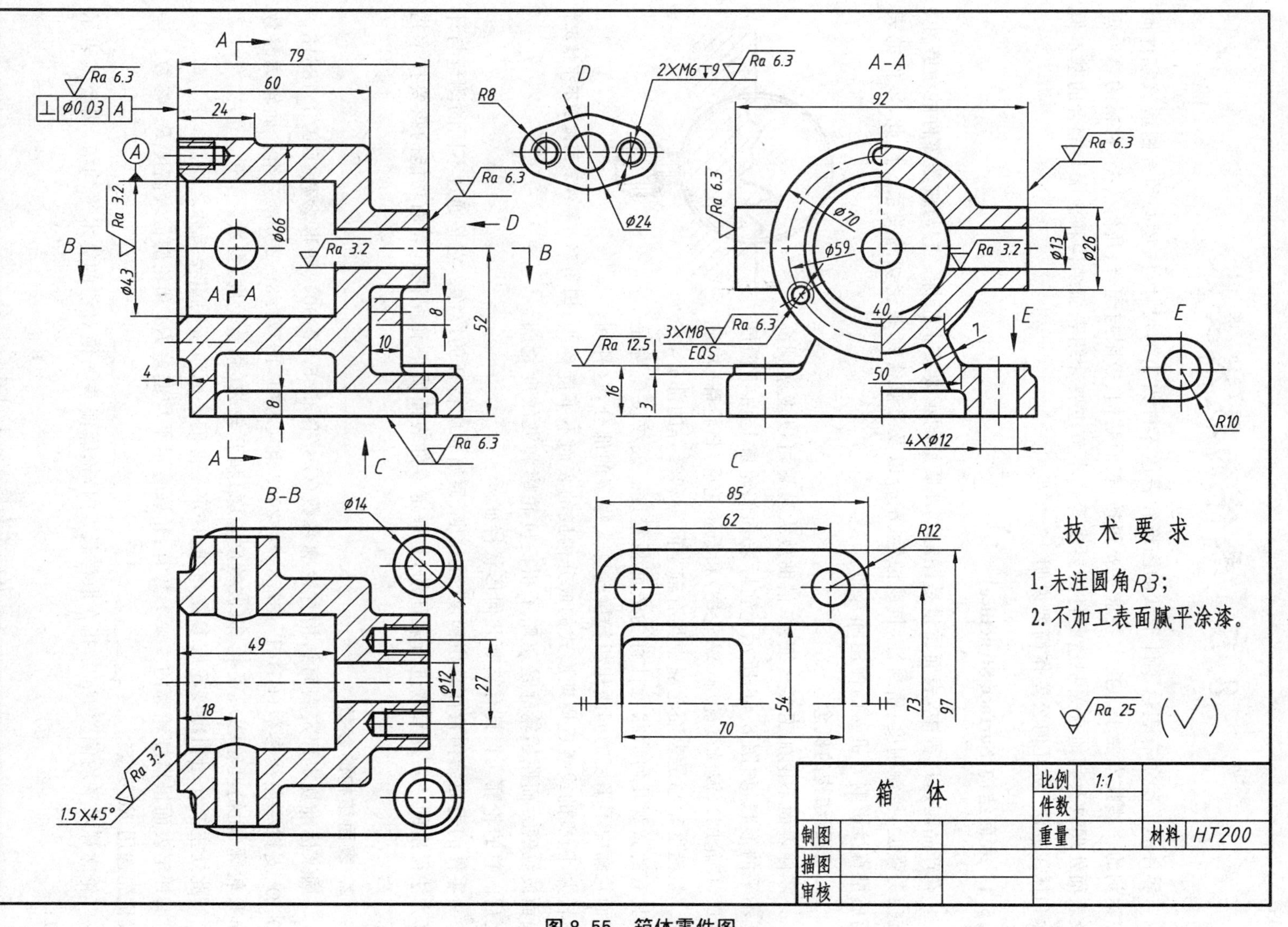
A-A
B-B
D
E
C
技 术 要 求
1. 未注圆角R3;
2. 不加工表面腻平涂漆。
箱　体
比例 1:1
件数
重量
材料 HT200
制图
描图
审核

图 8.55　箱体零件图

8.5 零件的技术要求

零件图上除了有表达零件形状的图形和表达零件大小的尺寸外，还必须有制造该零件时应达到的一些技术要求。技术要求主要包括：表面结构、极限与配合、几何公差，材料的热处理及表面处理以及其他有关制造零件的要求等。本节主要介绍表面结构和极限与配合的基本概念和标注方法，对几何公差作简要说明。

8.5.1 表面结构(Surface Structure)

在产品制造过程中，表面质量是评定零件质量的重要技术指标。它与机器零件的耐磨性、抗疲劳强度、接触刚度、密封性、抗腐蚀性、配合以及外观等都有密切的关系。因此，零件的表面质量直接影响着机器的使用和寿命。

1. 表面结构的概念

零件表面不论加工多么细致，借助放大装置可以观察到高低不平的形状，如图 8.56 所示。实际表面的轮廓是由粗糙度轮廓(R 轮廓)、波纹度轮廓(W 轮廓)和原始轮廓(P 轮廓)构成的。粗糙度轮廓是表面轮廓中具有较小间距和峰谷的部分，它所具有的微观几何形状特性称为表面粗糙度。波纹度轮廓是表面轮廓中不平度的间距比粗糙度轮廓大得多的部分，这种间距较大、随机的或接近周期形式的成分构成的表面不平度称为表面波纹度。而原始轮廓是忽略了粗糙度轮廓和波纹度轮廓之后的总的轮廓。它具有宏观几何形状特征。

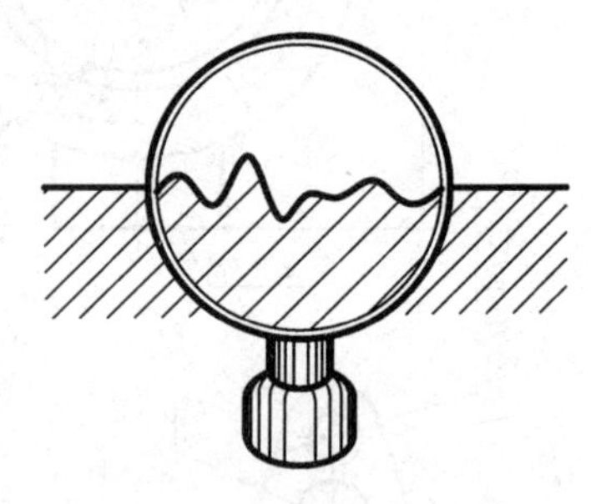

图 8.56 零件表面微观不平情况

零件的表面结构特征是粗糙度、波纹度、原始轮廓特征的统称。它是通过不同的测量与计算方法得出的一系列参数进行表征的，是评定零件表面质量和保证其表面功能的重要技术指标。

2. 表面结构的参数

国家标准规定评定表面结构有轮廓参数(GB/T 3505—2000)、图形参数(GB/T 18618—2002)、支撑率曲线参数(GB/T 18778.2—2003 和 GB/T 18778.3—2006)三组。而轮廓参数分 R 轮廓(粗糙度轮廓)、W 轮廓(波纹度轮廓)和 P 轮廓(原始轮廓)参数。

此处主要介绍粗糙度轮廓参数，它是评定零件的表面质量的重要指标之一。

评定表面粗糙度轮廓的主要参数有：轮廓算术平均偏差 Ra 和轮廓最大高度 Rz 参数。一般优先选用 Ra 参数。

轮廓算术平均偏差 Ra 是指在取样长 l 内，轮廓偏差 z 绝对值的算术平均值，用公式表示为：

$$Ra = \frac{1}{l}\int_{0}^{l} |\ y(x)\ |\ \mathrm{d}x$$

轮廓最大高度 Rz 是指在取样长 l 内，轮廓峰顶线和轮廓谷底线之间的距离，如图 8.57 所示。

国家标准“表面粗糙度参数及其数值”中规定了 Ra 的数值，见表 8.8。

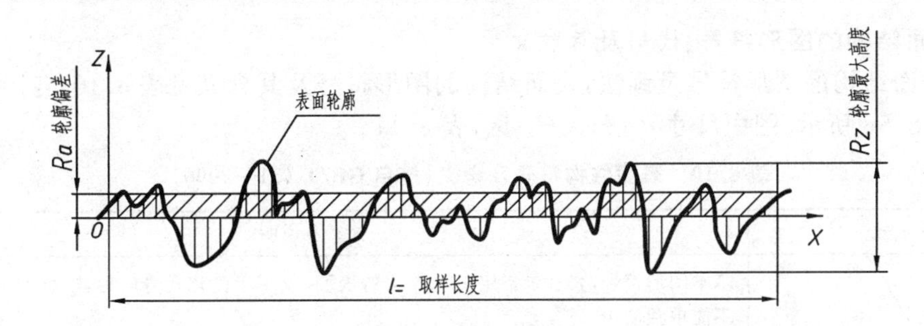

图 8.57　表面粗糙度轮廓参数

表 8.8　**Ra** 的数值　　单元：μm

优先系列	0.012，0.025，0.050，0.100，0.20，0.40，0.80，1.60，3.2，6.3，12.5，25，50，100
补充系列	0.008，0.016，0.032，0.063，0.125，0.25，0.50，1.00，2.00，4.0，8.0，16.0，32，63
	0.010，0.020，0.040，0.080，0.160，0.32，0.63，1.25，2.5，5.0，10.0，20，40，80

表 8.9 列出了 *Ra* 优先系列数值及相应的加工方法。

表 8.9　**Ra 的数值及相应的加工方法**

加工方法	Ra的数值（第一系列）(μm)													
	0.012	0.025	0.050	0.100	0.20	0.40	0.80	1.60	3.2	6.3	12.5	25	50	100
砂模铸造										—	—	—	—	—
压力铸造						—	—	—	—	—				
热　轧										—	—	—	—	—
刨　削						—	—	—	—	—	—	—		
钻　孔							—	—	—	—	—	—		
镗　孔						—	—	—	—	—	—			
铰　孔				—	—	—	—	—	—	—	—			
铰　铣						—	—	—	—	—	—	—		
端　铣						—	—	—	—	—				
车外圆						—	—	—	—	—	—	—		
车端面							—	—	—	—	—	—		
磨外圆		—	—	—	—	—	—	—	—					
磨端面		—	—	—	—	—	—	—	—	—				
研磨抛光	—	—	—	—	—	—	—	—						

3. 表面结构参数的选用

在选择零件表面结构参数时，应该既能满足零件表面的功能要求，又要考虑经济合理性。通常，可参照生产中的实例，用类比的方法来选用。一般选用原则如下：

(1) 在满足功用的前提下，尽量选用较大的表面结构参数值，以降低生产成本。

(2) 在同一零件上，工作表面结构参数值应小于非工作表面结构参数值；配合表面结构参数值应小于非配合表面结构参数值；若配合性质相同，则尺寸小的表面结构参数值要小于尺寸大的表面结构参数值；有相对运动的表面结构参数值要小于无相对运动的表面结构参数值。相接触的密封表面结构参数值要小于非密封表面结构参数值。

4. 表面结构的图形符号、代号及其意义

(1) 表面结构的图形符号及画法：表面结构的图形符号及其含义见表 8.10；各图形符号的画法，如图 8.58 所示，图中尺寸 d'、H_1、H_2 见，表 8.11。

表 8.10　表面结构符号及含义（摘自 GB/T 131—2006）

符　号	含义及说明
	基本图形符号，表示未指定工艺方法的表面，仅用于简化代号的标注，没有补充说明时不能单独使用
	扩展图形符号，表示指定表面是用去除材料的方法获得。如通过机械加工的车、铣、钻、磨、剪切、抛光、腐蚀、电火花加工、气割等方法获得的表面
	扩展图形符号，表示指定表面是用不去除材料的方法获得。如：铸、锻、冲压变形、热轧、冷轧、粉末冶金等。或者是用于保持原供应状况的表面（包括保持上道工序的状况）
	完整图形符号，在上述三个符号的长边上均可另加一横线，用于标注表面结构特征的补充信息

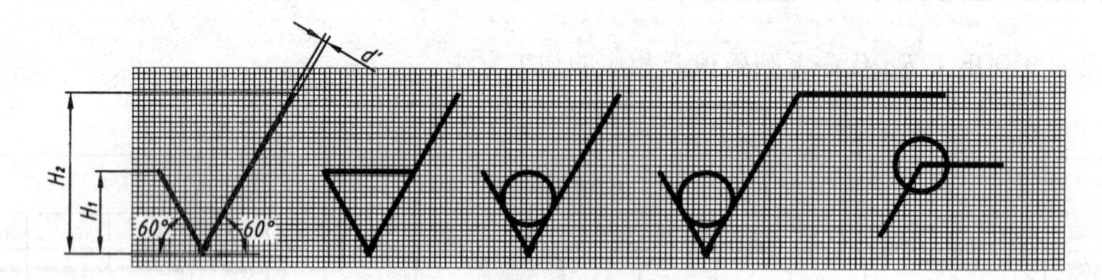

图 8.58　表面结构图形符号的比例

表 8.11　表面结构图形符号的尺寸　　单位：mm

轮廓线的线宽 b	0.35	0.5	0.7	1	1.4	2	2.8
数字与字母的高度 h	2.5	3.5	5	7	10	14	20
符号的线宽 d' 数字与字母的笔划宽度 d	0.25	0.35	0.5	0.7	1	1.4	2
高度 H_1	3.5	5	7	10	14	20	28
高度 H_2	8	11	15	21	30	42	60

(2) 表面结构代号：在表面结构符号中，按功能要求加注一项或几项有关规定后，称表面结构代号。

表面结构代号由完整图形符号、参数代号（如 Ra）和参数值组成。在图样中标注时，将表面结构参数代号及其后的参数值注写在图形符号长边的横线下方，为了避免误解，在参数代号和极限值之间应插入空格，如 Ra 3.2。

国家标准规定了参数的单向极限和双向极限的标注方法。

参数的单向极限：当只标注参数代号和一个参数值时，默认为参数的上限值；若为参数的单向下限值时，参数代号前应加 L，如：L Ra 3.2。

参数的双向极限：在完整符号中表示双向极限应标注极限代号。上限值在上方，参数代号前加 U；下限值在下方，参数代号前加 L。如果同一参数具有双向极限要求，在不引起歧义的情况下，可以不加 U、L。

表 8.12 是表面结构代号及意义示例。

表 8.12 表面结构代号及意义

符 号	意 义
Rz 0.4	表示不允许去除材料,单向上限值,默认传输带,R 轮廓,粗糙度的最大高度 0.4 μm,评定长度为 5 个取样长度(默认),“16%规则”(默认)
Rz max 0.2	表示去除材料,单向上限值,默认传输带,R 轮廓,粗糙度的最大高度 0.2 μm,评定长度为 5 个取样长度(默认),“最大规则”
Ra 3.2	表示去除材料,单向上限值,默认传输带,R 轮廓,算术平均偏差 3.2 μm,评定长度为 5 个取样长度(默认),“16%规则”(默认)
0.008-0.8/Ra 3.2	表示去除材料,单向上限值,传输带 0.008～0.8 mm,R 轮廓,算术平均偏差 3.2 μm,评定长度为 5 个取样长度(默认),“16%规则”(默认)
U Ra max 3.2 L Ra 0.8	表示任意加工方法,双向极限值,极限值均使用默认传输带,R 轮廓,上限值:算术平均偏差 3.2 μm,评定长度为 5 个取样长度(默认),“最大规则”,下限值:算术平均偏差 0.8 μm评定长度为 5 个取样长度(默认),“16%规则”(默认)

必要时表面结构代号应标注补充要求,如传输带、取样长度、加工工艺、表面纹理及方向、加工余量等,各部分标注位置如图 8.59 所示。

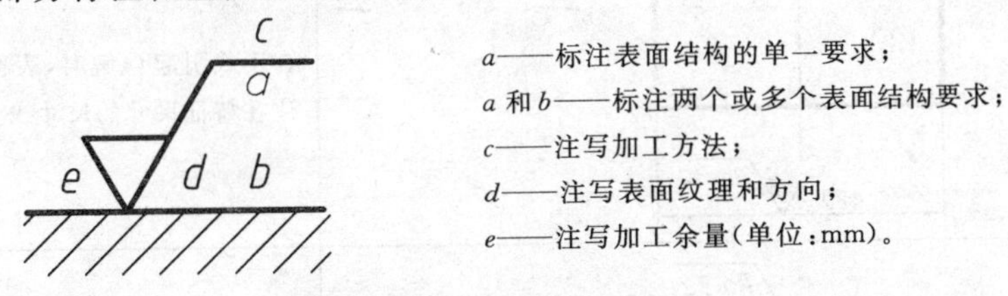

图 8.59 表面粗糙度标注说明

5. 表面结构要求在图样上的标注方法

(1) 表面结构要求对每一表面一般只标注一次,并尽可能标注在相应的尺寸及其公差的同一视图上。除非另有说明,所标注的表面结构要求是对完工零件表面的要求。

(2) 表面结构要求的注写和读取方向与尺寸的注写和读取方向一致。应注在可见轮廓线、尺寸线、尺寸界线或其延长线上,符号的尖端必须从材料外指向并接触表面。

表面结构要求的标注示例如表 8.13 所列。

表 8.13 表面粗糙度标注方法示例

图 例	说 明
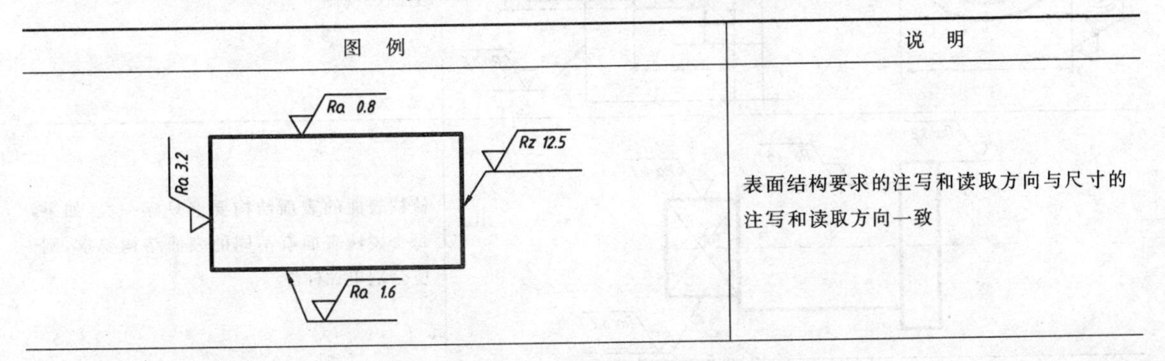	表面结构要求的注写和读取方向与尺寸的注写和读取方向一致

续表 8.13

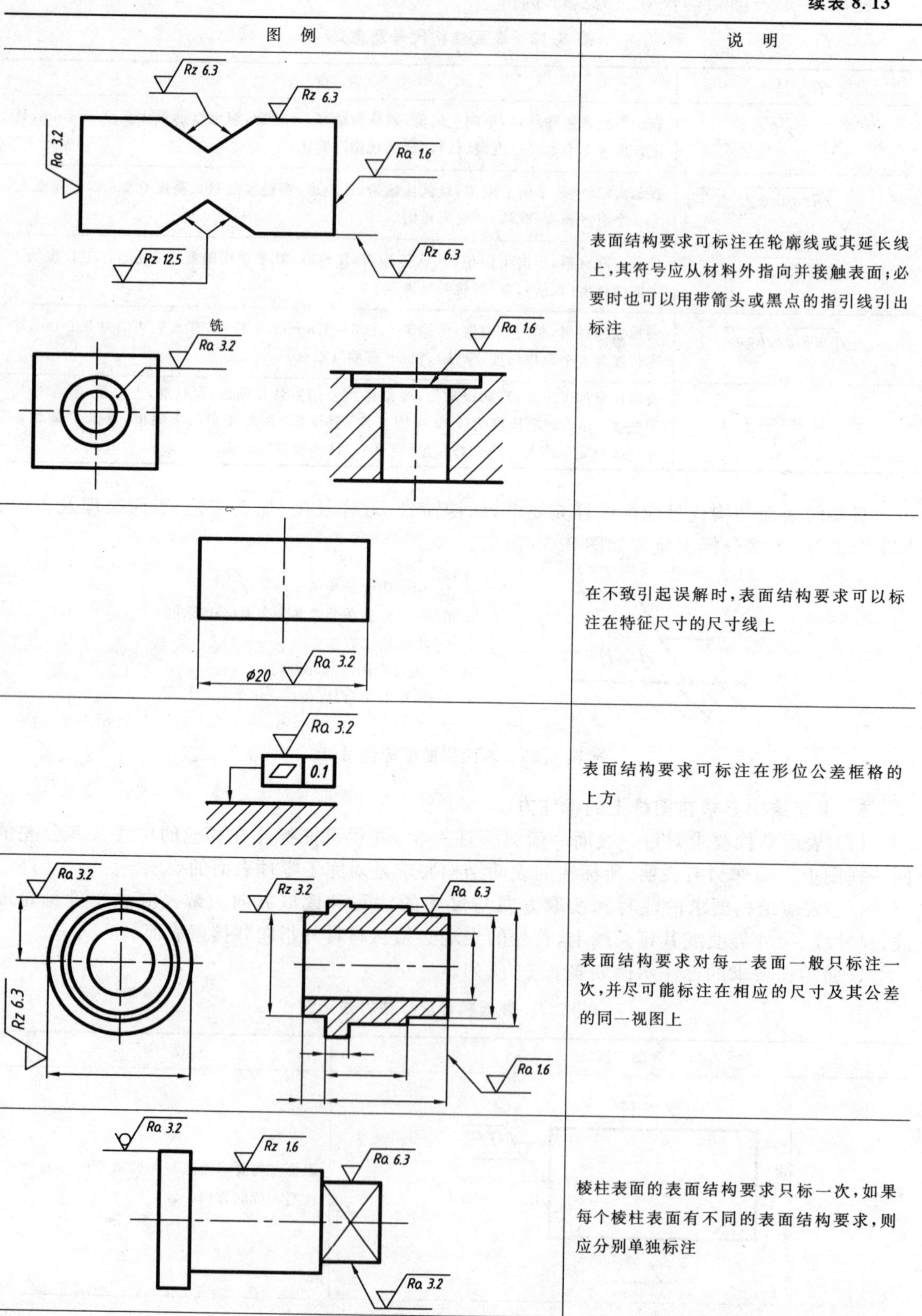

图例	说明
	表面结构要求可标注在轮廓线或其延长线上，其符号应从材料外指向并接触表面；必要时也可以用带箭头或黑点的指引线引出标注
	在不致引起误解时，表面结构要求可以标注在特征尺寸的尺寸线上
	表面结构要求可标注在形位公差框格的上方
	表面结构要求对每一表面一般只标注一次，并尽可能标注在相应的尺寸及其公差的同一视图上
	棱柱表面的表面结构要求只标一次，如果每个棱柱表面有不同的表面结构要求，则应分别单独标注

续表 8.13

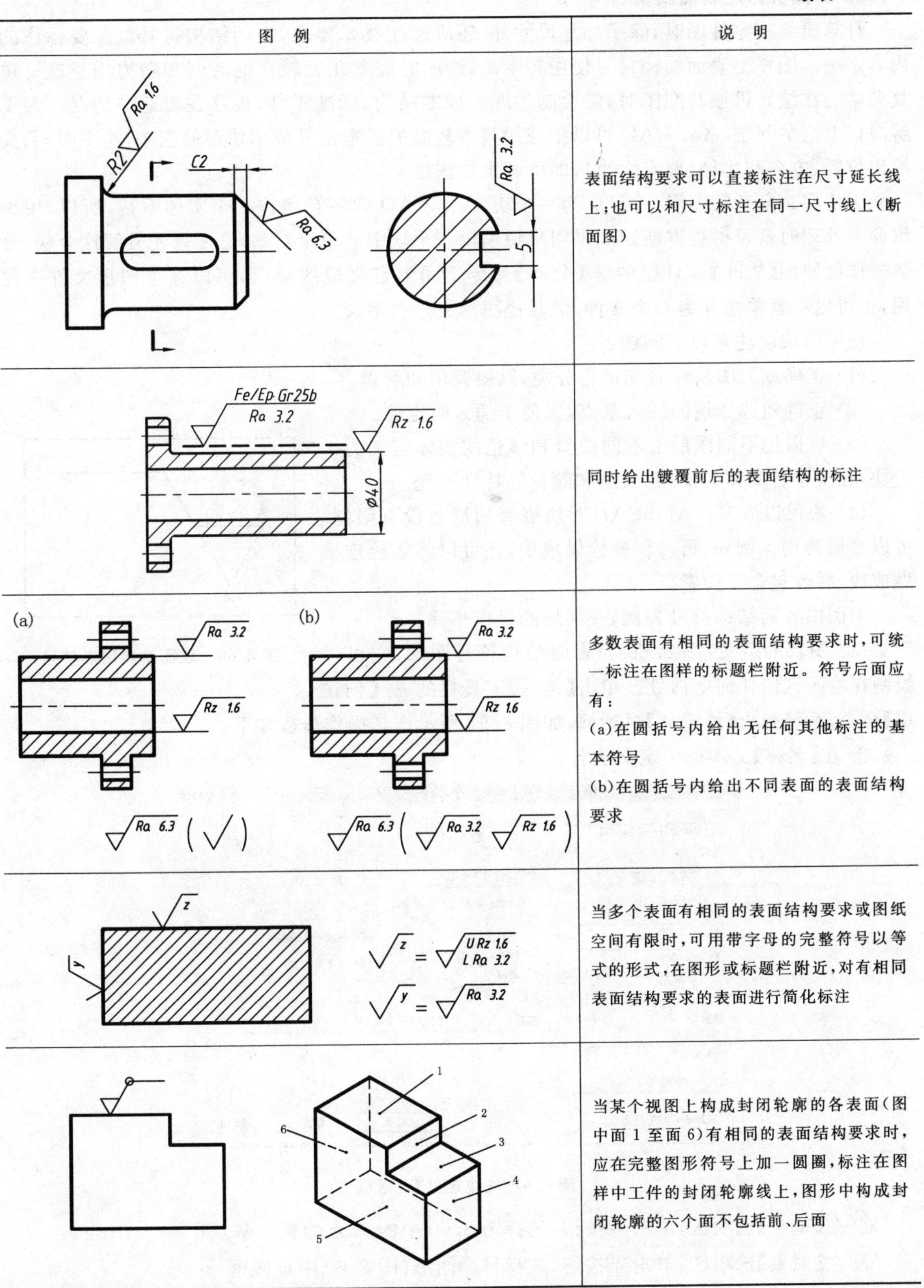

图例	说明
	表面结构要求可以直接标注在尺寸延长线上；也可以和尺寸标注在同一尺寸线上(断面图)
	同时给出镀覆前后的表面结构的标注
	多数表面有相同的表面结构要求时，可统一标注在图样的标题栏附近。符号后面应有： (a)在圆括号内给出无任何其他标注的基本符号 (b)在圆括号内给出不同表面的表面结构要求
	当多个表面有相同的表面结构要求或图纸空间有限时，可用带字母的完整符号以等式的形式，在图形或标题栏附近，对有相同表面结构要求的表面进行简化标注
	当某个视图上构成封闭轮廓的各表面(图中面 1 至面 6)有相同的表面结构要求时，应在完整图形符号上加一圆圈，标注在图样中工件的封闭轮廓线上，图形中构成封闭轮廓的六个面不包括前、后面

6. 计算机标注表面结构符号

计算机绘制零件图时,除了标注尺寸外,还应标注技术要求,表面结构符号就是要标注的内容之一。图样上表面结构符号使用频率高,绘图时需要花费较多的时间和精力用于这一重复劳动。在绘制机械装配图时,需绘制的许多标准结构、标准零件,也存在着这一情况。为了解决以上这些问题,AutoCAD 可以把使用频率较高的图形定义成图块存储起来,需要时,只要给出位置、方向和比例(确定大小),即可画出该图形。

无论多么复杂的图形,一旦成为一个块,AutoCAD 就将它当作一个实体看待,所以,用编辑命令处理时就显得更方便。如果用户想编辑一个块中的单个对象,必须首先分解这个块,分解操作可使用【修改】工具栏的【分解】命令把图形定义成图块后,可以在本图形文件中使用,也可以将其单独存为一个文件,供其他图形文件引用。

使用图块应注意以下问题:

(1) 正确地为图块命名和进行分类,以便调用和管理。

(2) 正确地选择块的插入基点,以便于插入时定位。

(3) 可以把不同图层上不同线型和颜色的实体定义为一个块,在块中各实体的图层、线型和颜色等特性不变。

(4) 块可以嵌套。AutoCAD 对块嵌套的层数没有限制,可以多层调用。例如,可以将螺栓做成块,还可以将螺栓连接做成块,后者包含了前者。

下面以表面结构符号为例,介绍块的操作步骤。

(1) 图块的定义:图 8.60 为表面结构符号图形,它可以绘制在绘图区的任何空白处。单击【绘图】工具栏的【创建块】命令,系统弹出【块定义】对话框,如图 8.61 所示。其操作步骤如下:

A

图 8.60 表面结构图形符号

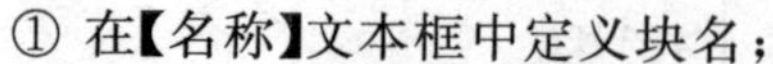

① 在【名称】文本框中定义块名;

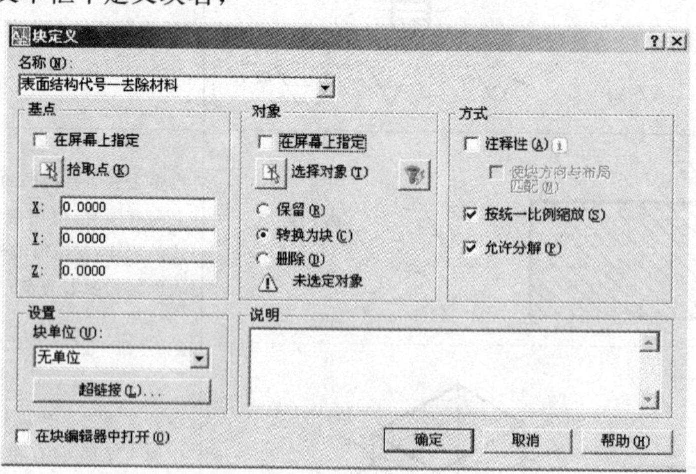

图 8.61 【块定义】对话框

② 在【基点】选项区,单击按钮,选择图 8.60 中的 A 点为插入基点;

③ 在【对象】选项区,单击按钮,选择目标图形(图 8.60 中虚线框);

④ 单击 确定 按钮即可完成图块建立。

此时，表面结构符号图块仅仅存储在建立图块的那个图形文件中，以后也只能在该图形文件中调用该图块，如果要在其他文件中调用该图块，则必须使用“WBLOCK”命令，定义图块并写入磁盘文件，具体操作为：

命令：wblock ↙

系统将显示图 8.62 所示的【写块】对话框；单击【目标】选项区中【文件名和路径】下拉列表后的 ... 按钮，系统显示图 8.63 所示的【浏览图形文件】对话框，在对话框中输入图块文件名，选择 保存(S) 按钮，关闭对话框。系统返回【写块】对话框选择“基点”和“图形对象”就可以完成图块的创建。

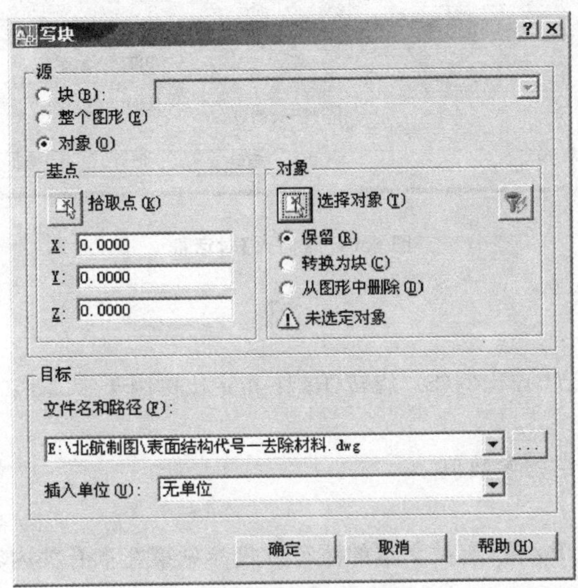

图 8.62 【写块】对话框

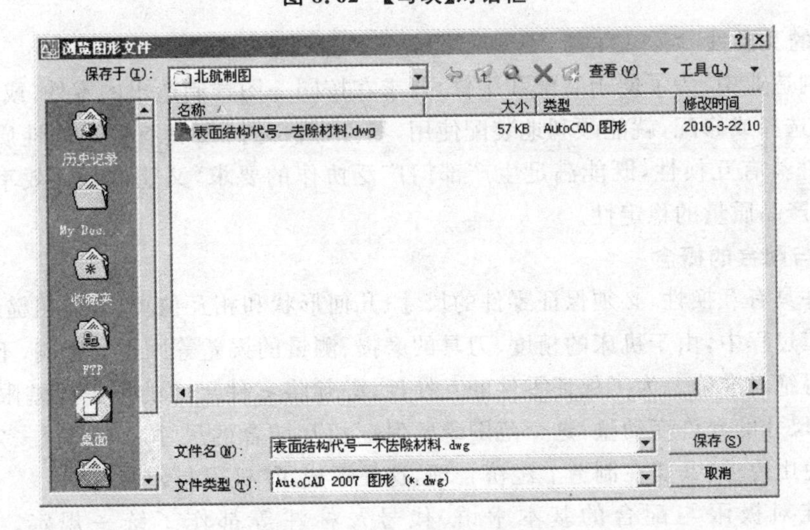

图 8.63 【浏览图形文件】对话框

(2) 图块的插入

在【绘图】工具栏中，单击【插入块】命令，打开【插入】对话框，如图 8.64 所示。根据需要从【名称】下拉列表框中选取已创建的内部图块的名称；单击【浏览】按钮可从【浏览图形文件】对话框中选择创建的外部图块。在插入块的同时可以改变该块的大小、位置和方向。图中的【分解】选项可确定插入的块是否分解。

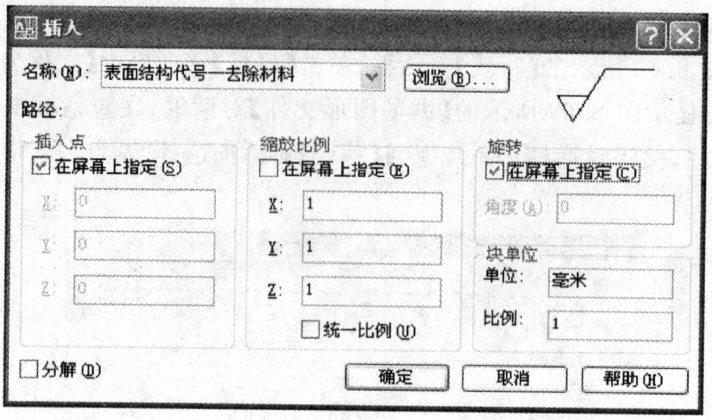

图 8.64　【插入】对话框

此时命令窗口显示：

命令：_insert

指定插入点或[基点(B)/比例(S)/旋转(R)]：指定比例因子 <1>：　（输入插入点或选项）

指定旋转角度 <0>：↙　（指定块的旋转角度）

(3) 标注表面表面结构参数值

命令：dtext ↙

在规定的位置标上 *Ra* 值（有关文本的注写方式参见第 2 章有关内容）。

8.5.2　极限与配合

1. 零件的互换性

在机器制造业中，为了便于装配和维修，要求在按同一图样制造出的零件（或部件）中任取一件，而不经选择或修配，就能顺利地装配使用，零件（或部件）所具有的这种性质称为零件的互换性。零件具有互换性，既能满足生产部门广泛协作的要求，又能进行高效率的专业化生产，还能保证产品质量的稳定性。

2. 极限与配合的概念

为使零件具有互换性，必须保证零件的尺寸、几何形状和相互位置、表面粗糙度的一致性。在零件的加工过程中，由于机床的精度、刀具的磨损、测量的误差等因素的影响，不可能把零件的尺寸加工得绝对准确。为了保证零件的互换性，必须将零件尺寸的加工误差限制在一定范围内，规定出尺寸的允许变动量，这个范围既要保证相互结合的尺寸之间形成一定的关系，以满足不同的使用要求，又要在制造上经济合理，这便形成了“极限与配合”。

国家标准对极限与配合的基本术语、代号及标注等都作了统一规定。详见 GB/T 1800.1—2009，GB/T 1800.2—2009，GB/T 1801—2009。

3. 有关极限的术语和定义

图 8.65 为公称尺寸、偏差、公差之间关系的示意图。

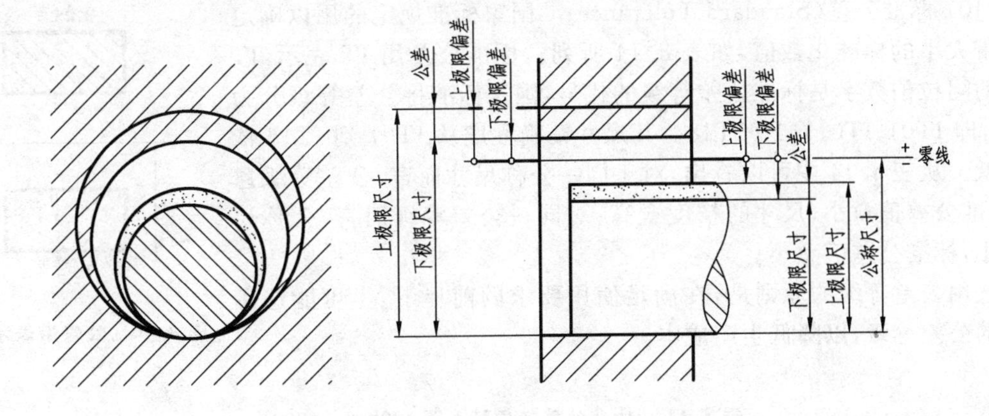

图 8.65　尺寸、偏差、公差之间的关系

(1) 轴(Shaft)　通常指工件的圆柱形外尺寸要素(由一定大小的线性尺寸或角度尺寸确定的几何形状),也包括非圆柱形外表面(由两平行平面或切面形成的被包容面)。

(2) 孔(Hole)　通常指工件的圆柱形内尺寸要素,也包括非圆柱形内尺寸要素(由两平行平面或切面形成的包容面)。

(3) 公称尺寸(Nominal Size)　由图样规范确定的理想形状要素的尺寸。

(4)实际(组成)要素(Real(integral)Facture)　由接近实际(组成)要素所限定的工件实际表面的组成要素部分。

(5) 极限尺寸(Limits of Size)　尺寸要素允许的尺寸的两个极端。尺寸要素允许的最大尺寸称为上极限尺寸,尺寸要素允许的最小尺寸称为下极限尺寸。

(6) 零线(Zero Line)　表示公称尺寸的一条直线,以其为基准确定偏差和公差。通常,零线沿水平方向绘制,正偏差位于其上,负偏差位于其下,如图 8.65 所示。

(7) 偏差(Deviation)　它为某一尺寸减去其公称尺寸所得的代数差。尺寸偏差有上极限偏差、下极限偏差。

上极限偏差=上极限尺寸-公称尺寸

下极限偏差=下极限尺寸-公称尺寸

轴的上、下极限偏差代号分别用小写字母 es 和 ei 表示;孔的上、下极限偏差代号分别用大写字母 ES 和 EI 表示。

(8) 尺寸公差(Size Tolerance)(简称公差)　为允许尺寸的变动量。

公差=上极限尺寸-下极限尺寸

或:　　公差=上极限偏差-下极限偏差

因为上极限尺寸总是大于下极限尺寸,所以尺寸公差一定为正值。

(9) 尺寸公差带(Tolerance Zone)(简称公差带)　在图 8.65 中,由代表上极限偏差和下极限偏差或上极限尺寸和下极限尺寸的两条直线之间所限定的一个区域。它是由公差大小和其相对零线位置来确定的。为方便起见,一般只画出孔和轴的上、下极限偏差围成的方框简图,称为公差带图,如图 8.66 所示。在公差带图中,零线是表示公称尺寸的一条直线。

(10) 标准公差(Standard Tolerance) 国家标准规定的用以确定公差带大小的标准化数值,如表 8.14 所列。标准公差用 IT 表示,IT 后面的阿拉伯数字是标准公差等级的代号,国家标准将公差等级分为 20 级,即 IT01、IT0、IT1…IT18。其尺寸精确程度从 IT01 到 IT18 依次降低。从表 8.14 中可以看出,对于同一公称尺寸而言,公差等级愈高,标准公差值愈小,尺寸的精度愈高;对同一公差等级而言,公称尺寸愈小,标准公差值愈小。

选用公差等级的原则是,在满足使用要求的前提下,尽可能选用较低的公差等级,以降低生产成本。

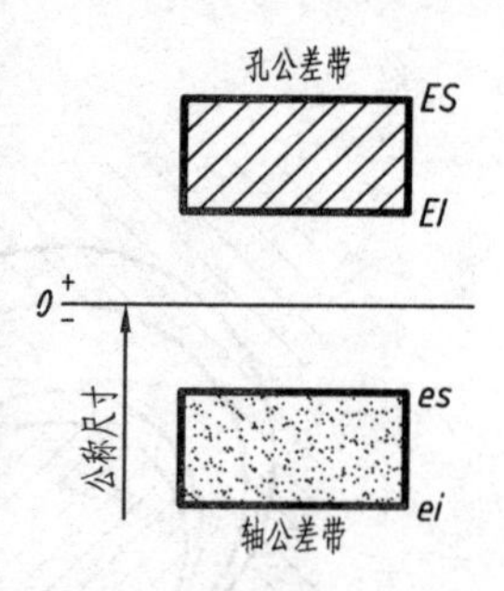

图 8.66 公差带表示法

表 8.14 标准公差数值(GB/T 1800.1—2009)

公称尺寸(mm)		标准公差等级																			
		IT01	IT0	IT1	IT2	IT3	IT4	IT5	IT6	IT7	IT8	IT9	IT10	IT11	IT12	IT13	IT14	IT15	IT16	IT17	IT18
大于	至	μm													mm						
—	3	0.3	0.5	0.8	1.2	2	3	4	6	10	14	25	40	60	0.1	0.14	0.25	0.4	0.6	1	1.4
3	6	0.4	0.6	1	1.5	2.5	4	5	8	12	18	30	48	75	0.12	0.18	0.3	0.48	0.75	1.2	1.8
6	10	0.4	0.6	1	1.5	2.5	4	6	9	15	22	36	58	90	0.15	0.22	0.36	0.58	0.9	1.5	2.2
10	18	0.5	0.8	1.2	2	3	5	8	11	18	27	43	70	110	0.18	0.27	0.43	0.7	1.1	1.8	2.7
18	30	0.6	1	1.5	2.5	4	6	9	13	21	33	52	84	130	0.21	0.33	0.52	0.84	1.3	2.1	3.3
30	50	0.6	1	1.5	2.5	4	7	11	16	25	39	62	100	160	0.25	0.39	0.62	1	1.6	2.5	3.9
50	80	0.8	1.2	2	3	5	8	13	19	30	46	74	120	190	0.3	0.46	0.74	1.2	1.9	3	4.6
80	120	1	1.5	2.5	4	6	10	15	22	35	54	87	140	220	0.35	0.54	0.87	1.4	2.2	3.5	5.4
120	180	1.2	2	3.5	5	8	12	18	25	40	63	100	160	250	0.4	0.63	1	1.6	2.5	4	6.3
180	250	2	3	4.5	7	10	14	20	29	46	72	115	185	290	0.46	0.72	1.15	1.85	2.9	4.6	7.2
250	315	2.5	4	6	8	12	16	23	32	52	81	130	210	320	0.52	0.81	1.3	2.1	3.2	5.2	8.1
315	400	3	5	7	9	13	18	25	36	57	89	140	230	360	0.57	0.89	1.4	2.3	3.6	5.7	8.9
400	500	4	6	8	10	15	20	27	40	63	97	155	250	400	0.63	0.97	1.55	2.5	4	6.3	9.7

(11) 基本偏差(Fundamental Deviation) 标准公差可确定公差带的大小,而基本偏差则可以确定公差带的位置。基本偏差是国家标准规定的用以确定公差带相对于零线位置的那个极限偏差。它可以是上极限偏差或下极限偏差,一般指靠近零线的那个偏差。当公差带在零线上方时,基本偏差为下极限偏差;反之,则为上极限偏差,如图 8.67 所示。

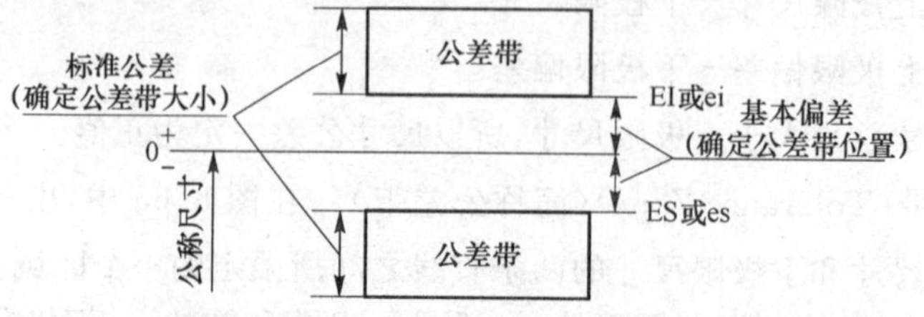

图 8.67 公差带大小及位置

基本偏差系列见图 8.68。孔和轴各有 28 个，其代号用拉丁字母表示，大写为孔，小写为轴。图中可以看出，孔的基本偏差 $A \sim H$ 为下极限偏差，$J \sim ZC$ 为上极限偏差；轴的基本偏差 $a \sim h$ 为上极限偏差，$j \sim zc$ 为下极限偏差；JS 和 js 的公差带对称分布于零线两边，孔和轴的上、下极限偏差分别都是 $+\mathrm{IT}/2$、$-\mathrm{IT}/2$。基本偏差系列只给出公差带靠近零线的一端，而另一端则取决于所选标准公差的大小。其计算式为：

孔：$ES = EI + \mathrm{IT}$ 或 $EI = ES - \mathrm{IT}$

轴：$es = ei + \mathrm{IT}$ 或 $ei = es - \mathrm{IT}$

国家标准 GB/T 1800.1—2009 和 GB/T 1800.2—2009 给出了轴与孔的基本偏差数值和极限偏差数值，见附表 4.1～4.4。

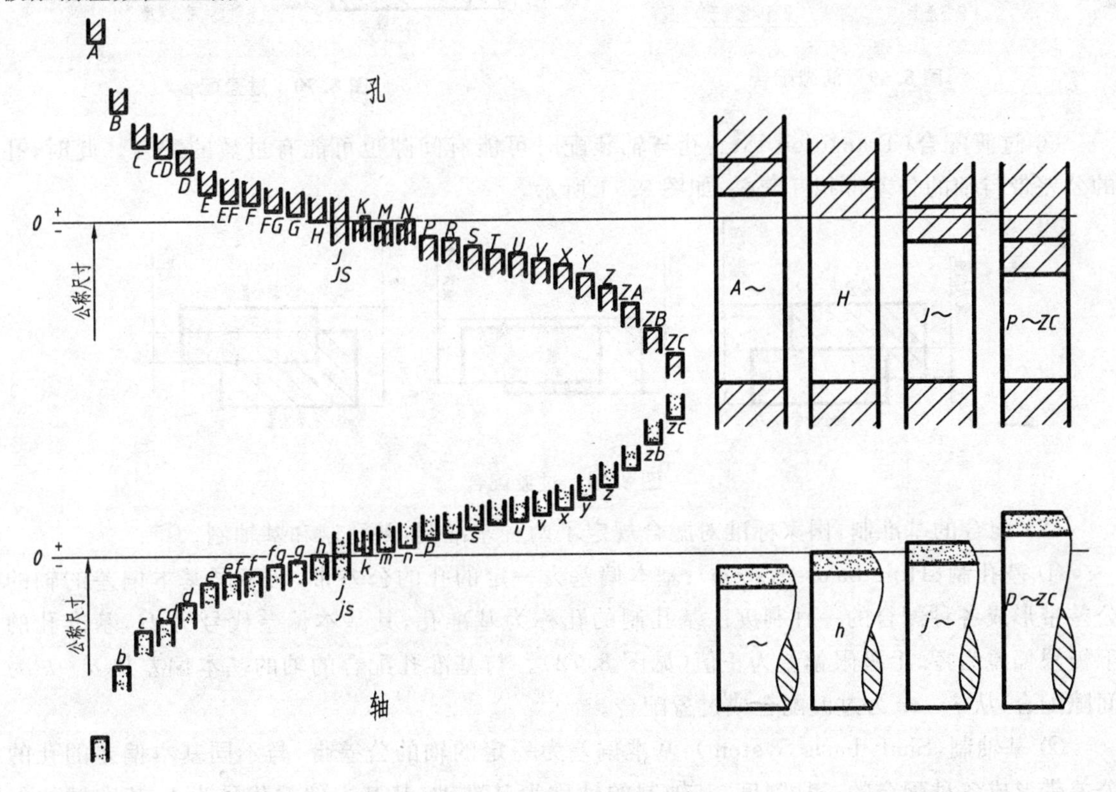

图 8.68　基本偏差系列

孔和轴的公差带代号由基本偏差代号与公差等级代号组成。

例如：$\phi 50H8$、$\phi 50f7$。其含义为：$\phi 50$——孔、轴的公称尺寸；$H8$——孔的公差带代号；$f7$——轴的公差带代号；H——孔的基本偏差代号；f——轴的基本偏差代号；8、7——公差等级代号。

4. 配　合

公称尺寸相同的、相互结合的孔和轴公差带之间的关系，称为配合(Fit)。孔和轴两者公差带之间的关系确定了孔、轴装配后的配合性质。

(1) 配合种类：在机器中，由于零件的作用和工作情况不同，故相结其合两零件装配后其松紧程度要求也不一样。国家标准规定配合分为三类，即间隙配合、过盈配合和过渡配合。

① 间隙配合(Clearance Fit):为孔与轴装配时有间隙(包括最小间隙等于零)的配合。此时,孔的公差带完全位于轴的公差带之上,如图 8.69 所示。

② 过盈配合(Interference Fit):为孔与轴装配时有过盈(包括最小过盈等于零)的配合。此时,孔的公差带完全位于轴的公差带之下,如图 8.70 所示。

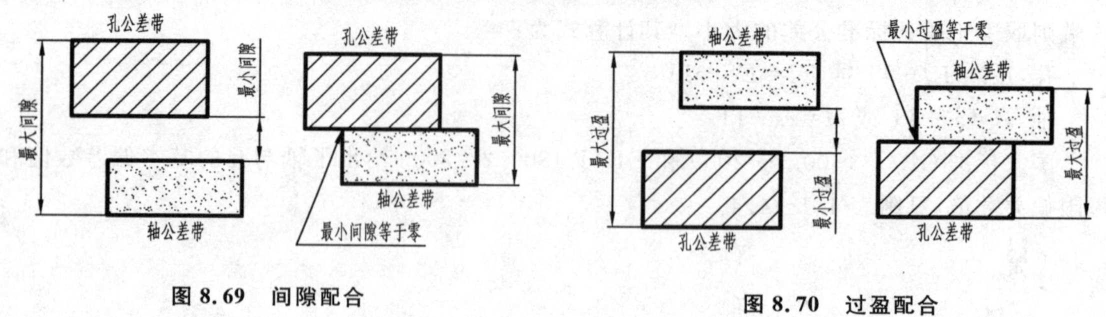

图 8.69 间隙配合

图 8.70 过盈配合

③ 过渡配合(Transition Fit):孔与轴装配时可能有间隙也可能有过盈的配合。此时,孔的公差带与轴的公差带相互交叠,如图 8.71 所示。

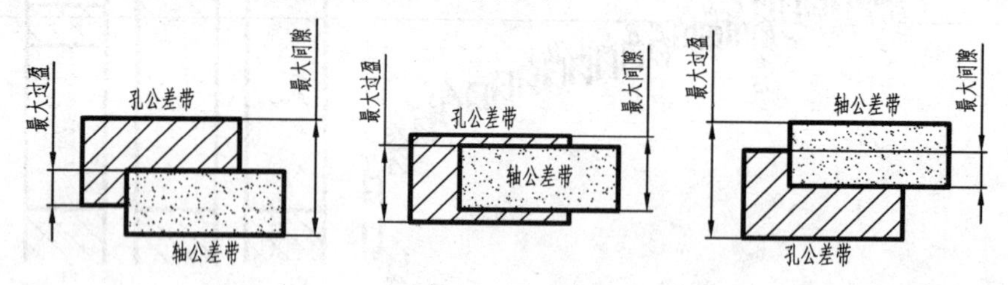

图 8.71 过渡配合

(2) 配合的基准制:国家标准对配合规定了两种基准制:基孔制和基轴制。

① 基孔制(Hole-basis System):基本偏差为一定的孔的公差带,与不同基本偏差的轴的公差带形成各种配合的一种制度。基孔制的孔称为基准孔,其基本偏差代号为 H,基准孔的下极限偏差为零,上极限偏差为正值(见图 8.72)。与基准孔配合的轴的基本偏差从 $a \sim h$ 为间隙配合,从 $j \sim zc$ 为过渡配合或过盈配合。

② 基轴制(Shaft-basis System):基本偏差为一定的轴的公差带,与不同基本偏差的孔的公差带形成各种配合的一种制度,基轴制的轴称为基准轴,其基本偏差代号为 h,基准轴的上极限偏差为零,下极限偏差为负值(见图 8.73)。与基准轴配合的孔的基本偏差从 $A \sim H$ 为间隙配合,从 $J \sim ZC$ 为过渡配合或过盈配合。

③ 基准制的选择:在生产中,一般情况下优先选用基孔制配合。因为加工相同公差等级的孔或轴时,孔的加工比轴要困难,使用的刀具和量具数量、规格也要多。有时,由于结构的要求需要采用基轴制,如在同一直径的一段轴上装有几个零件出现多种配合,就必须采用基轴制。再如,由于滚动轴承为标准件,与其内圈配合的轴颈须用基孔制,而与其外圈配合的孔应采用基轴制配合。

④ 常用配合和优先配合(摘自 GB/T 1801—2009):在部件设计过程中,当孔与轴(或包容面与被包容面)配合时,首先应确定配合类型。

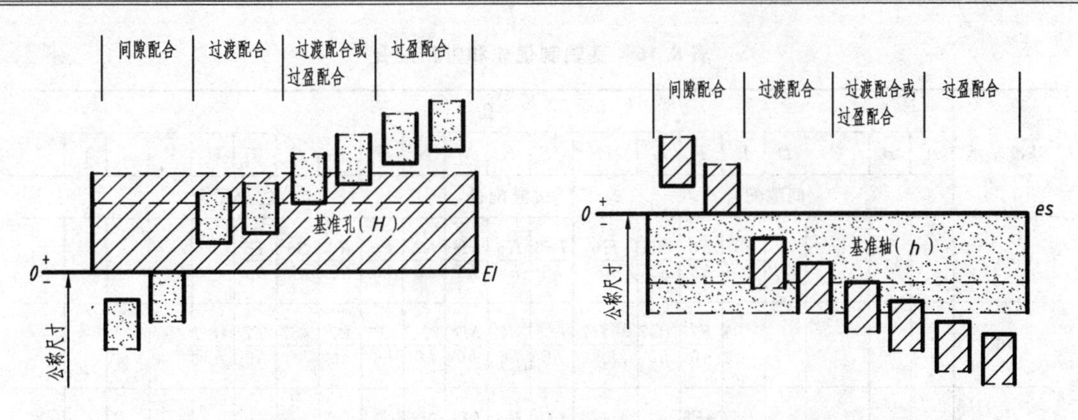

图 8.72 基孔制配合　　**图 8.73 基轴制配合**

国家标准根据产品生产使用的需要，规定了优先和常用的配合，表 8.15 和表 8.16 列出了公称尺寸至 500 mm 的基孔制和基轴制的优先和常用配合。

表 8.15 基孔制优先和常用配合

基准孔	轴																				
	a	*b*	*c*	*d*	*e*	*f*	*g*	*h*	*js*	*k*	*m*	*n*	*p*	*r*	*s*	*t*	*u*	*v*	*x*	*y*	*z*
	间隙配合								过渡配合			过盈配合									
*H*6						$\frac{H6}{f5}$	$\frac{H6}{g5}$	$\frac{H6}{h5}$	$\frac{H6}{js5}$	$\frac{H6}{k5}$	$\frac{H6}{m5}$	$\frac{H6}{n5}$	$\frac{H6}{p5}$	$\frac{H6}{r5}$	$\frac{H6}{s5}$	$\frac{H6}{t5}$					
*H*7						$\frac{H7}{f6}$	$*\frac{H7}{g6}$	$*\frac{H7}{h6}$	$\frac{H7}{js6}$	$*\frac{H7}{k6}$	$\frac{H7}{m6}$	$*\frac{H7}{n6}$	$*\frac{H7}{p6}$	$\frac{H7}{r6}$	$*\frac{H7}{s6}$	$\frac{H7}{t6}$	$*\frac{H7}{u6}$	$\frac{H7}{v6}$	$\frac{H7}{x6}$	$\frac{H7}{y6}$	$\frac{H7}{z6}$
*H*8					$\frac{H8}{e7}$	$*\frac{H8}{f7}$	$\frac{H8}{g7}$	$*\frac{H8}{h7}$	$\frac{H8}{js7}$	$\frac{H8}{k7}$	$\frac{H8}{m7}$	$\frac{H8}{n7}$	$\frac{H8}{p7}$	$\frac{H8}{r7}$	$\frac{H8}{s7}$	$\frac{H8}{t7}$	$\frac{H8}{u7}$				
				$\frac{H8}{d8}$	$\frac{H8}{e8}$	$\frac{H8}{f8}$		$\frac{H8}{h8}$													
*H*9			$\frac{H9}{c9}$	$*\frac{H9}{d9}$	$\frac{H9}{e9}$	$\frac{H9}{f9}$		$\frac{H9}{h9}$													
*H*10			$\frac{H10}{c10}$	$\frac{H10}{d10}$				$\frac{H10}{h10}$													
*H*11	$\frac{H11}{a11}$	$\frac{H11}{b11}$	$*\frac{H11}{c11}$	$\frac{H11}{d11}$				$*\frac{H11}{h11}$													
*H*12		$\frac{H12}{b12}$						$\frac{H12}{h12}$													

注：① $\frac{H6}{n5}$、$\frac{H7}{p6}$在公称尺寸小于或等于 3 mm 和$\frac{H8}{r7}$在小于或等于 100 mm 时，为过渡配合。

② 标注 * 的配合为优先配合。

表 8.16　基轴制优先和常用配合

基准轴承	孔																				
	A	B	C	D	E	F	G	H	JS	K	M	N	P	R	S	T	U	V	X	Y	Z
	间隙配合								过渡配合				过盈配合								
$h5$						$\frac{F6}{h5}$	$\frac{G6}{h5}$	$\frac{H6}{h5}$	$\frac{JS6}{h5}$	$\frac{K6}{h5}$	$\frac{M6}{h5}$	$\frac{N6}{h5}$	$\frac{P6}{h5}$	$\frac{R6}{h5}$	$\frac{S6}{h5}$	$\frac{T6}{h5}$					
$h6$						$\frac{F7}{h6}$	$\frac{*G7}{h6}$	$\frac{*H7}{h6}$	$\frac{JS7}{h6}$	$\frac{*K7}{h6}$	$\frac{M7}{h6}$	$\frac{*N7}{h6}$	$\frac{*P7}{h6}$	$\frac{R7}{h6}$	$\frac{*S7}{h6}$	$\frac{T7}{h6}$	$\frac{*U7}{h6}$				
$h7$					$\frac{E8}{h7}$	$\frac{*F8}{h7}$		$\frac{*H8}{h7}$	$\frac{JS8}{h7}$	$\frac{K8}{h7}$	$\frac{M8}{h7}$	$\frac{N8}{h7}$									
$h8$				$\frac{D8}{h8}$	$\frac{E8}{h8}$	$\frac{F8}{h8}$		$\frac{H8}{h8}$													
$h9$				$\frac{*D9}{h9}$	$\frac{E9}{h9}$	$\frac{F9}{h9}$		$\frac{H9}{h9}$													
$h10$				$\frac{D10}{h10}$				$\frac{H10}{h10}$													
$h11$	$\frac{A11}{h11}$	$\frac{B11}{b11}$	$\frac{*C11}{h11}$	$\frac{D11}{h11}$				$\frac{*H11}{h11}$													
$h12$		$\frac{B12}{b12}$						$\frac{H12}{h12}$													

注：标注 * 的配合为优先配合。

5. 极限与配合的标注

(1) 在零件图中的标注：国家标准规定，需标注公差的尺寸用公称尺寸后面注出公差带代号或(和)对应的偏差数值。具体标注方法有以下几种：

① 公称尺寸后面注出公差带代号，如图 8.74(a)所示。

② 公称尺寸后面注出上、下极限偏差数值，如图 8.74(b)所示。

③ 公称尺寸后同时注出公差带代号和对应的上、下极限偏差数值，此时偏差数值应加上圆括号，如图 8.74(c)所示。

标注偏差时应注意：偏差的数值应比公称尺寸的数值小一号，并使下极限偏差与公称尺寸在同一底线上。当上极限偏差或下极限偏差为零时，用数字"0"标出，并与另一偏差的小数点前的个位对齐。当上、下极限偏差值相同、符号相反时，则在公称尺寸和偏差值之间注上"±"符号，且两者数字高度相同。

(2) 在装配图中的标注：国家标准规定，配合用相同的公称尺寸后面标配合代号。配合代号由两个相互配合的孔和轴的公差带代号组成，写成分数形式，分子为孔公差带代号，分母为轴公差带代号。如图 8.75 所示，图中 $\phi50\ \frac{H7}{k6}$的含义为：公称尺寸 $\phi50$，基孔制配合；基准孔的基本偏差代号为 H，公差等级为 7 级；与其配合的轴的基本偏差代号为 k，公差等级为 6 级，两者为过渡配合。

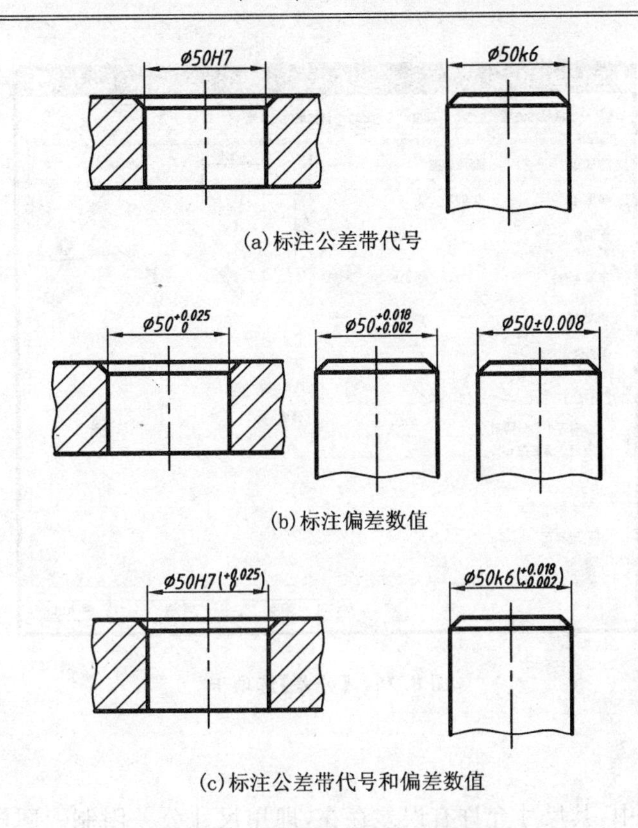

(a)标注公差带代号

(b)标注偏差数值

(c)标注公差带代号和偏差数值

图 8.74 零件图中尺寸公差的注写

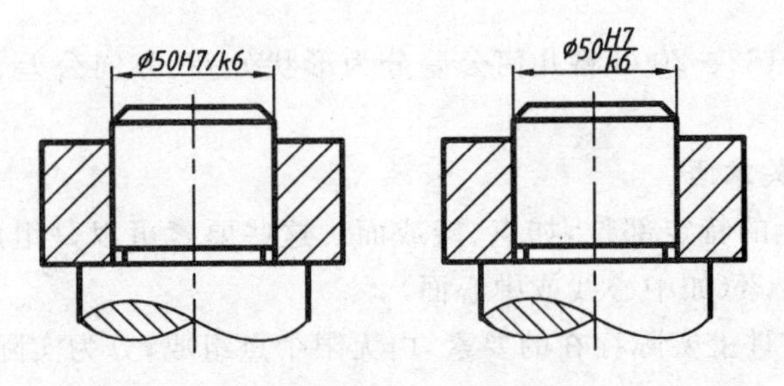

图 8.75 装配图中配合尺寸的注写

(3) 计算机标注尺寸公差:在零件图上,对于有配合的表面,在公称尺寸后应标注尺寸公差。具体操作方法为:单击【标注】工具栏中的【标注样式】命令,打开【标注样式管理器】对话框。单击 替代(O)... 【替代】按钮,打开【替代当前样式】对话框,选择【公差】选项卡,打开图 8.76 所示的对话框。

在【公差格式】选项区,【方式】下拉列表设置公差类型,包括“对称”、“极限偏差”、“极限尺寸”、“基本尺寸”等公差标注形式;【精度】下拉列表设置公差精度;【上偏差】文本框设置上偏差;【下偏差】文本框设置下偏差;【高度比例】文本框设置公差文字与主标注文字的高度比例因子;【垂直位置】下拉列表设置公差文字的定位方式。【消零】复选框设置消除无用零的方式。另外,也可以使用 A【多行文字】命令直接书写尺寸公差或者利用【标注】工具栏的【编辑标注】命令编辑尺寸。此时,尺寸公差的字高应比尺寸数字的字高小一号。

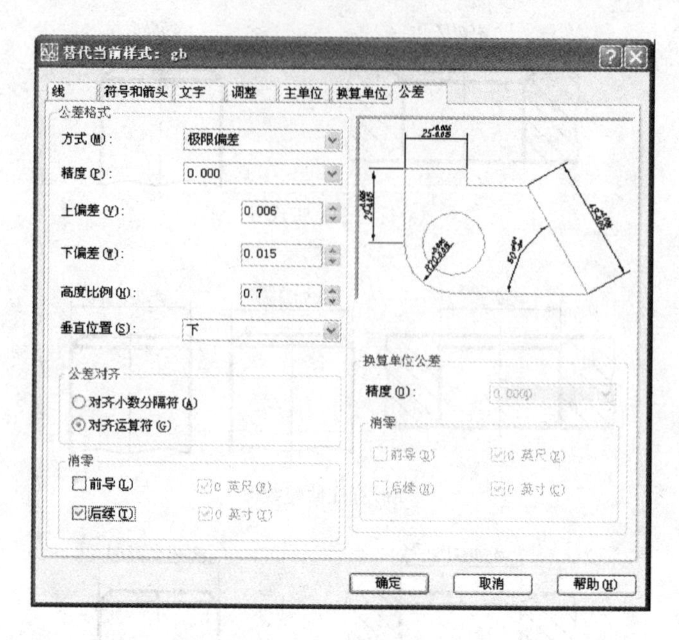

图 8.76 【公差】选项卡

8.5.3 几何公差

零件在加工过程中，其尺寸允许有误差存在，即用尺寸公差限制。同样，零件的几何表面也允许有误差存在，即用几何公差(Geometry Tolerance) 限制，以满足使用要求和装配时的互换性。

国家标准 GB/T 1182—2008 将几何公差分为形状公差、方向公差、位置公差及跳动公差四类。

1. 几何公差的有关术语

(1) 要素　工件上的特定部位，如点、线或面。这些要素可以是组成要素(如圆柱体的外表面)，也可以是导出要素(如中心线或中心面)。

(2) 实际要素　零件上实际存在的要素，由无限个点组成，分为实际轮廓要素和实际中心要素。

(3) 提取要素　按规定方法，从实际要素提取的有限数目的点所形成的近似替代。

(4) 被测要素　给出了几何公差要求的要素。

(5) 基准要素　用来确定被测要素方向或(和)位置或(和)跳动的要素。

(6) 单一要素　仅对要素本身给出几何公差的要素。

(7) 关联要素　对其他要素有功能要求(方向、位置、跳动)的要素。

(8) 形状公差　单一实际要素的形状所允许的变动全量.

(9) 方向公差　关联实际要素对基准在方向上允许的变动全量。

(10) 位置公差　关联实际要素对基准在位置上允许的变动全量。

(11) 跳动公差　关联实际要素绕基准回转一周或连续回转所允许的最大跳动量。

2. 几何公差的几何特征和符号

几何公差的形状公差有六项几何特征，方向公差有五项几何特征，位置公差有六项几何特征，跳动公差有两项几何特征。每项几何特征都规定了专用符号，如表 8.17 所例。

3. 几何公差的公差带

几何公差的公差带由一个或几个理想的几何线或面所限定的、用线性公差值表示其大小的区域。根据公差的几何特征及其标注方法，公差带的主要形状有：圆内的区域、两同心圆之间的区域、两等距直线之间的区域、两等距平面之间的区域、圆柱面内的区域、两同轴圆柱面之间的区域、圆球面内的区域等。

表 8.17　形位公差的项目和符号

分类	项目	符号	有无基准	分类	项目	符号	有无基准
形状公差	直线度	—	无	位置公差	位置度	⌖	有或无
	平面度	⏥			同轴度（用于中心线）	◎	有
	圆度	○			同轴度（用于轴线）	◎	
	圆柱度	⌭			对称度	⌯	
	线轮廓度	⌒			线轮廓度	⌒	
	面轮廓度	⌓			面轮廓度	⌓	
方向公差	平行度	//	有	跳动公差	圆跳动	↗	
	垂直度	⊥			全跳动	⌰	
	倾斜度	∠					
	线轮廓度	⌒					
	面轮廓度	⌓					

4. 几何公差的标注方法

图样上几何公差应含公差框格、被测要素和基准要素（有基准要求时）三部分内容，用细实线绘制。

(1) 公差框格

几何公差由两个或多个矩形框格组成，公差要求注写在框格内，如图 8.77(a)所示。各格由左至右标注以下内容：第一格为几何特征符号。第二格为公差值，以线性尺寸单位表示的量值，如果公差带为圆形或圆柱形，公差值前应加注符号“Φ”；如果公差带为圆球形，公差值前应加注符号“SΦ”。第三格及以后格为基准代号的字母和有关符号。

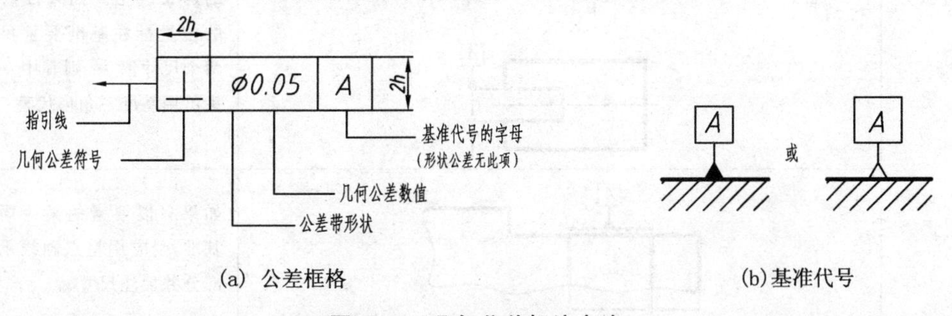

(a) 公差框格　　(b)基准代号

图 8.77　几何公差标注方法

(2) 被测要素的标注

用带箭头的指引线将框格与被测要素相连,按表 8.18 所示方式标注。

表 8.18 被测要素的标注

内容	图例	说明
指引线与被测要素连接方法	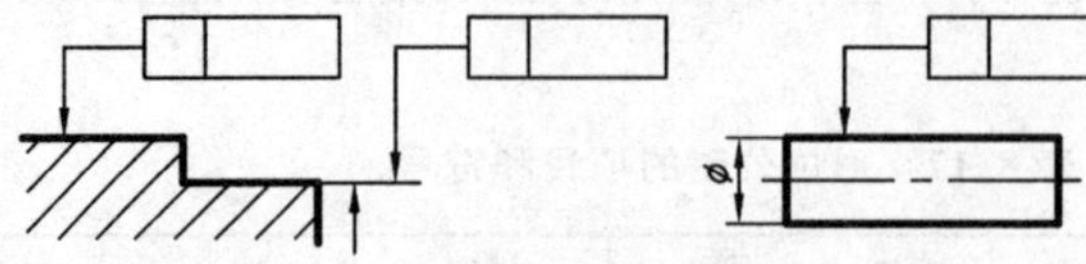	当公差涉及轮廓线或轮廓面时,箭头垂直指向被测要素轮廓线或其延长线,但必须与相应尺寸线明显地错开
	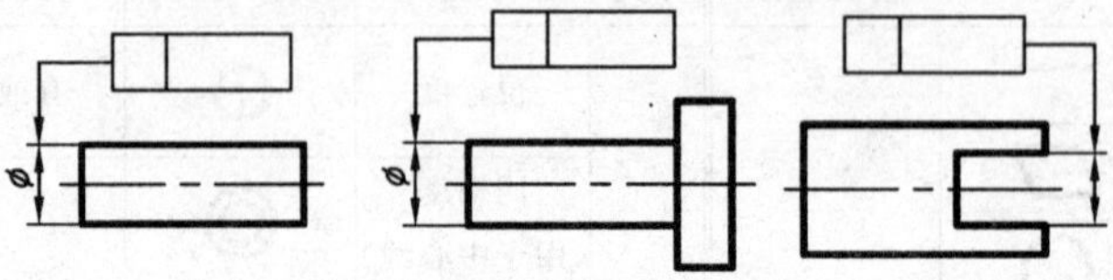	当公差带涉及中心线、中心面或中心点时,箭头应位于尺寸线的延长线上
	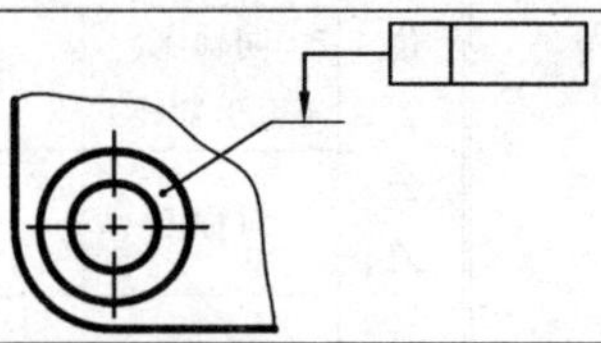	被测要素也可用带黑点的引出线引出,箭头指向引出线的水平线

(3) 基准要素的标注

与被测要素相关的基准用大写字母表示。字母标注在框格内,用细实线与一个涂黑的或空白的三角形相连以表示基准,如图 8.77(b)所示。涂黑或空白的基准三角形含义相同。

基准要素的标注如表 8.19 所列。

表 8.19 基准要素的标注

内容	图例	说明
基准与基准要素连接方法	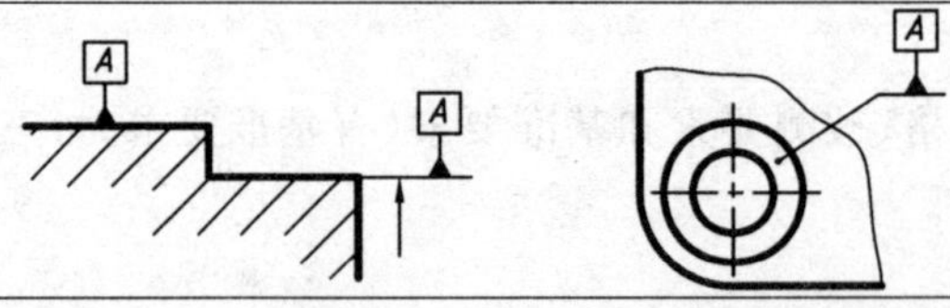 A A	当基准要素是轮廓线或轮廓面时,基准三角形放置在要素的轮廓线或其延长线上,并与尺寸线明显错开。基准三角形也可放置在该轮廓面引出线的水平线上
	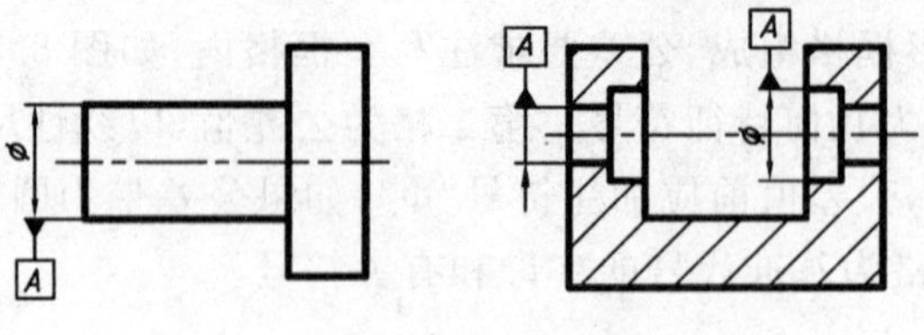 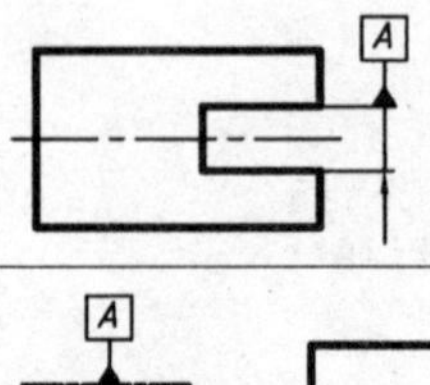 A A A	当基准是尺寸要素确定的轴线、中心平面或中心点时,基准三角形应放置在该尺寸线的延长线上。如果没有足够的位置标注基准要素尺寸的两个尺寸箭头,则其中一个箭头可用基准三角形代替
	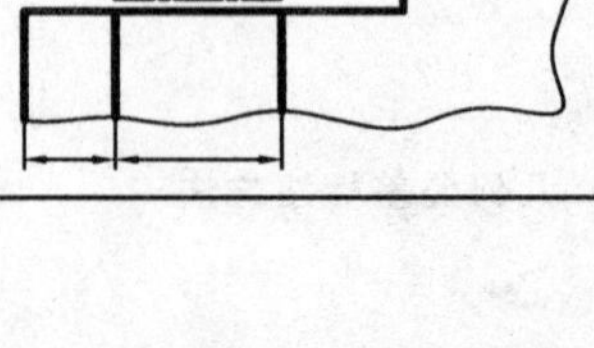 A	如果只以要素的某一局部作基准,则应用粗点画线示出该部分并加注尺寸

5. 形位公差标注示例

图 8.78 中的几何公差的含义为：

(1) ϕ25k6 轴线对 ϕ20k6 和 ϕ17k6 轴线的同轴度误差不大于 ϕ0.025。

(2) ϕ33 右端面对 ϕ25k6 轴线的垂直度误差不大于 0.04。

(3) 键槽对 ϕ25k6 轴线的对称度误差不大于 0.01。

(4) ϕ25k6 的圆柱度误差不大于 0.01。

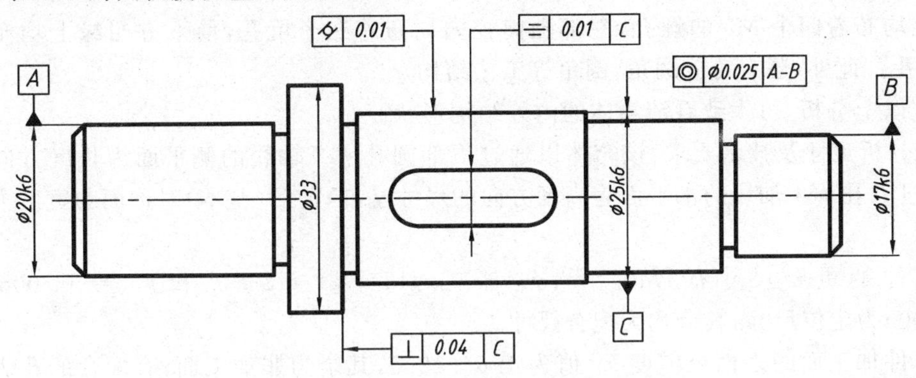

图 8.78　几何公差标注示例

8.6　读零件图

在生产实际中，经常会遇到读零件图的情况。如设计零件或对零件进行技术改造时，要参照原有的或同类机器中零件的图样进行研究及改进，制造零件时也要首先看懂图样，根据图样为零件拟订合理的制造工艺方案。因此，作为工程技术人员必须具备阅读零件图的能力。

8.6.1　读零件图的方法步骤

(1) 概括了解：首先从标题栏中了解零件的名称、材料、比例等，大致了解该零件属哪一类性质，在机器中的作用，还要根据装配图了解该零件与其他零件的相对位置。

(2) 分析视图、想像形状：根据视图布局，首先找出主视图，确定各视图间的相互关系，这包括剖切方法、剖切位置、剖切目的以及彼此间的投影关系，然后运用形体分析法和线面分析法，逐一看懂零件各部分的形状以及它们之间的相对位置。

读图一般顺序是：先整体后局部，先主体后细节，先外形后内形，最后综合起来想像出零件的整体结构形状。

(3) 分析尺寸及技术要求：找出三个方向的主要尺寸基准，分析重要的设计尺寸，根据公差带代号及尺寸公差，了解其配合性质。弄清定形尺寸、定位尺寸及总体尺寸。

看技术要求，主要是分析表面粗糙度、尺寸公差、形位公差和热处理等。

8.6.2　读图举例

现以图 8.79 为例，说明看零件图的方法步骤。

(1) 概括了解：从标题栏中可知零件为箱体，材料为 HT200(灰铸铁)，比例为 1∶2，具有一般箱体零件的支撑、容纳作用。

(2) 分析视图、想像形状：该箱体采用了两个基本视图和两个局部视图来表达。主视图是根据箱体的形状特征及工作位置来确定的。用全剖的主视图和局部剖的左视图分别表示它的内部结构和外部形状；局部视图 A 表示箱体的底部端面形状及其上螺孔分布情况；局部视图 B 表示孔 $\phi18$ 的凸缘的端面形状及螺孔的分布情况。

通过形体分析可以看出，该箱体由两部分组成：主体部分为倒 U 型壳体，右部为圆筒。左端凸缘上均布着四个 $M9$ 的螺孔，右部圆筒径向均布着三个沉孔，前下方凸缘上均布着四个 $M4$ 的螺孔。此外，还有铸造圆角，倒角等工艺结构。

通过以上分析，可大致看清箱体的内外结构形状。

(3) 分析尺寸及技术要求：该箱体以通过下部圆孔 $\phi18$ 轴线的侧平面为长度方向的尺寸基准；通过大孔 $\phi64$ 轴线的水平面为高度方向的尺寸基准；前后(基本)对称面为宽度方向的尺寸基准。

该零件的重要尺寸有：$\phi40^{+0.025}_{0}$、$\phi64^{+0.030}_{0}$、$\phi12^{+0.018}_{0}$、$\phi18^{+0.018}_{0}$ 和 $\phi35\pm0.005$，其中：$\phi35\pm0.005$为定位尺寸，其余均为配合尺寸。

该零件加工面的表面粗糙度 R_a 值为 1.6～12.5，其余为非加工面，有配合的孔表面质量要求较高，加工时予以保证。

(4) 综合考虑：把以上各项内容综合起来，就能得出箱体的总体概念。

读图过程是一个将学过的知识综合应用的过程，只有经过不断的实践，才能熟练地掌握读图的基本方法。

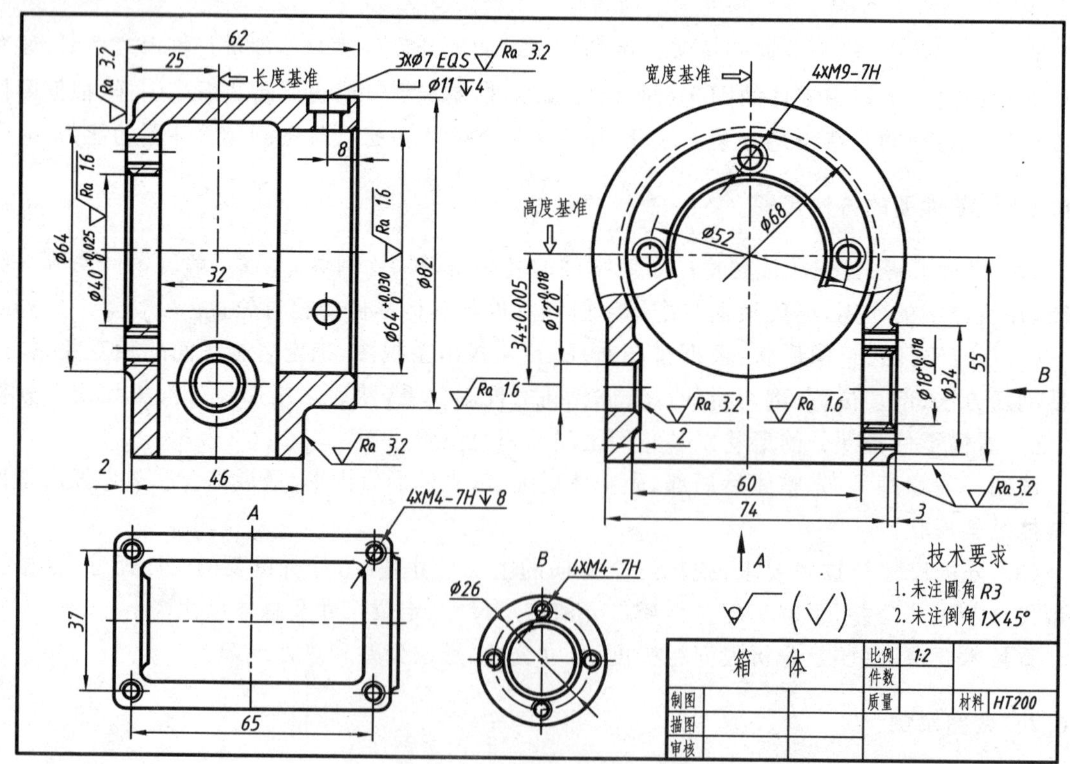

图 8.79 读零件图示例

8.7　零件测绘

根据已有的零件画出零件图的过程称为测绘零件。在生产过程中，当维修机器需更换某一零件而无备件和图样时，当现有机器或部件需要仿制时，都需要对零件进行测绘。作为一名工程技术人员，掌握测绘技能是很必要的。

8.7.1　测量工具及测量方法

1. 测量工具

测量尺寸常用的工具有钢尺、内卡钳和外卡钳。若测量较精确的尺寸时，则用游标卡尺、千分尺或其他精密量具。图 8.80 为几种常用的测量工具。

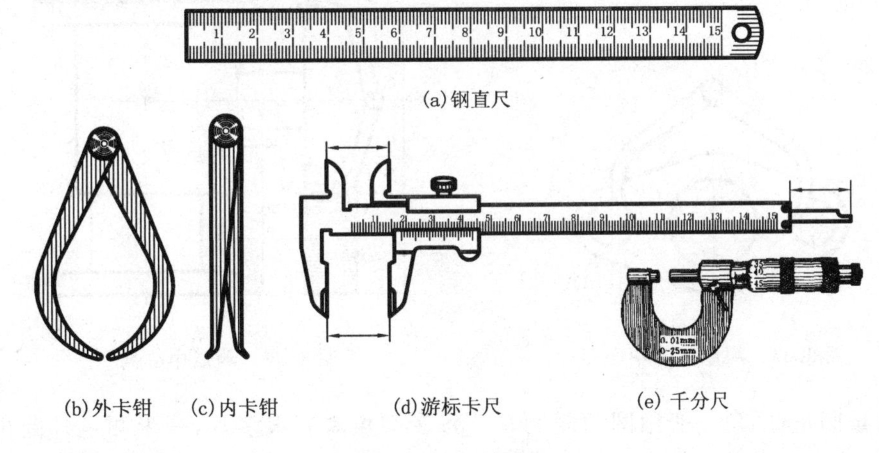

(a)钢直尺

(b)外卡钳　(c)内卡钳　(d)游标卡尺　(e)千分尺

图 8.80　常用量具

2. 测量方法

(1) 测量线性尺寸：一般可用直尺或游标尺卡直接量得尺寸的大小，如图 8.81(a)所示。

(2) 测量回转面的直径：一般可用卡钳、游标卡尺或千分尺测量，如图 8.81(b)(c)所示。

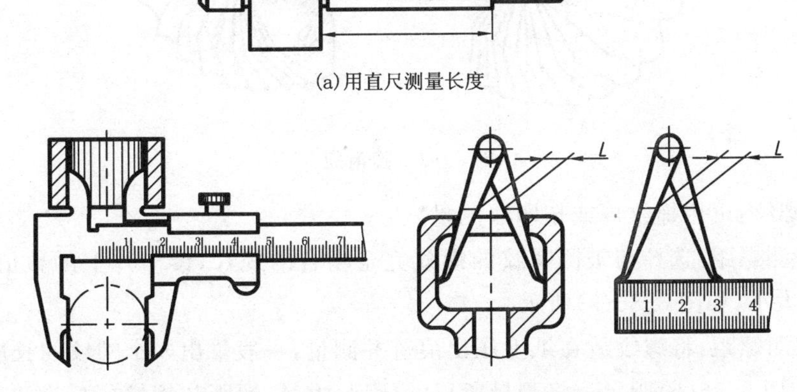

(a)用直尺测量长度

(b)用游标卡尺测量内、外径　(c)用卡钳测量内孔直径

图 8.81　测量长度、直径的方法

(3) 测量壁厚：一般可用直尺测量，有时需用卡钳和直尺配合测量，如图 8.82 所示。

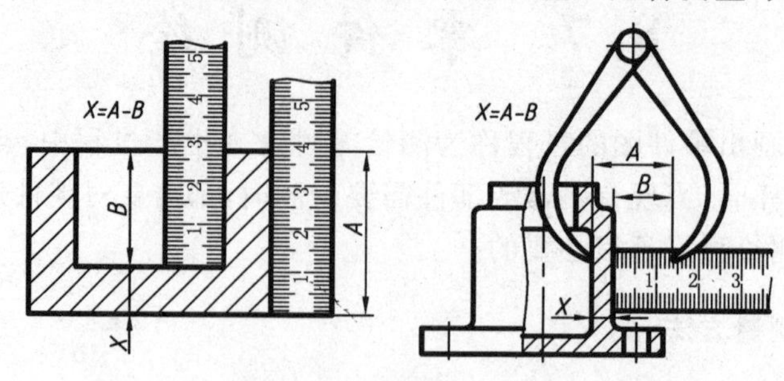

图 8.82 测量壁厚的方法

(4) 测量孔的中心距、中心高：可用游标卡尺、卡钳或直尺测量，如图 8.83、8.84 所示。

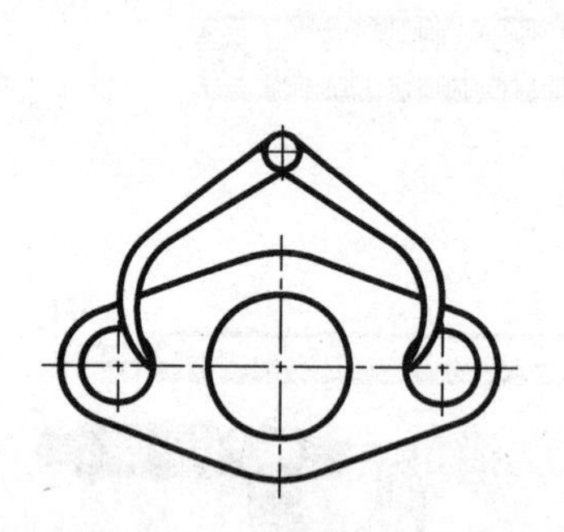

图 8.83 测量孔的中心距

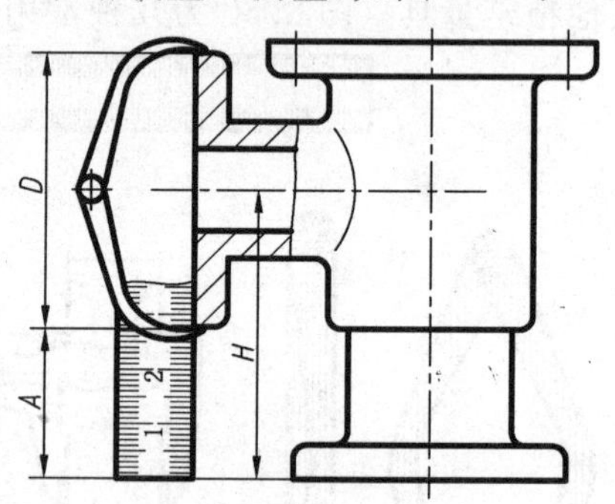

图 8.84 测量中心高

(5) 测量圆角：圆角一般用圆角规测量。每套圆角规有很多片，一半测量外圆角，一半测量内圆角，每片上均刻有圆角半径的大小。测量时，只要在圆角规中找出与被测部分完全吻合的一片，读取片上的数值可知圆角半径的大小，如图 8.85 所示。

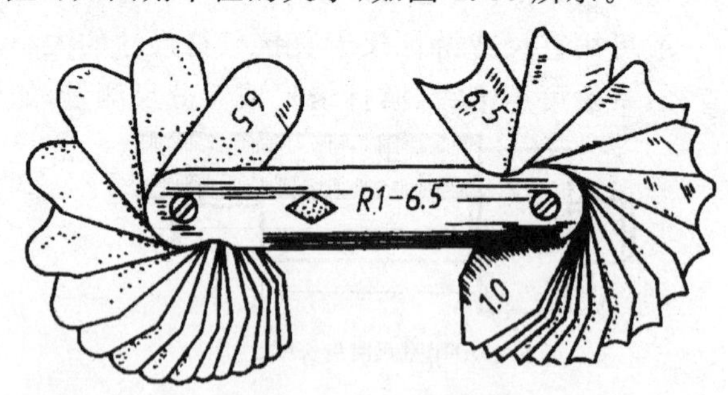

图 8.85 圆角规

(6) 测量螺纹：可用螺纹规或拓印法测量。

① 螺纹规测螺距：选择与被测螺纹的螺蚊完全吻合的规片，读出片上的数值即可知螺纹牙型和螺距的大小，如图 8.86(a)所示。

② 拓印法测螺距：将螺纹放在纸上压出痕迹并测量，一般量出 n 个螺纹的长度，再除以 n，即得螺距值，如图 8.86(b)所示。将测量所得的牙型、大径、螺距与螺纹的标准进行核对，选取与之相近的标准螺距值。

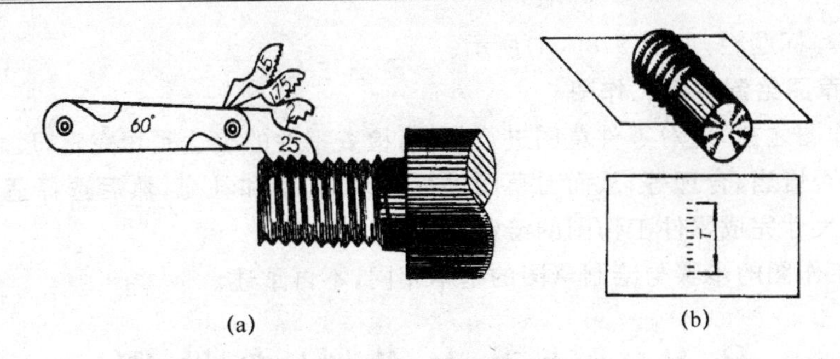

图 8.86　测量螺距 P

(7) 测量齿轮：测量齿轮，主要是确定齿数 Z 和模数 m，然后根据公式计算出各有关尺寸。齿数 Z 可直接数出，模数 m 需按以下方法确定：当齿轮的齿数为偶数时，可直接用游标卡尺量出齿顶圆直径 d_a；当齿数为奇数时，可由 $2e+D$ 计算出 d_a，如图 8.87 所示。根据公式 $m=d_a/(z+2)$ 计算出模数 m，由表 8.3 选取与其相近的标准模数。

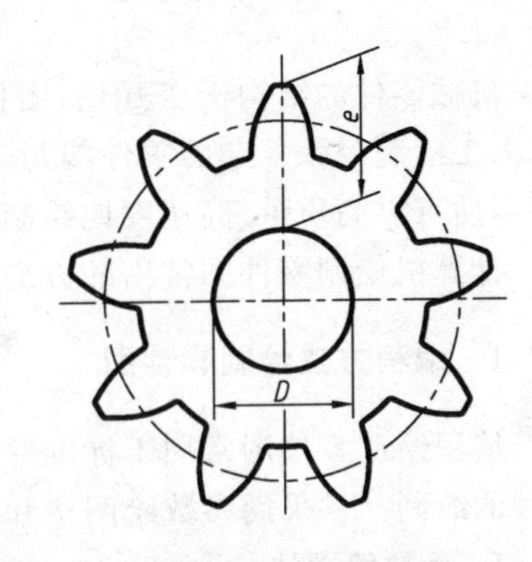

图 8.87　测奇数齿齿轮的齿轮顶圆直径

8.7.2　零件测绘的方法步骤

1. 分析零件，确定表达方案

了解被测零件的名称及在机器(或部件)中的位置、作用、零件的材料及制造方法等，对被测零件进行形体分析、结构分析和工艺分析。

根据零件的形体特征、工作位置或加工位置确定主视图，再按零件的内外结构特点选用必要的其他视图，各视图的表达方法都应有一定的目的。视图表达方案要求：正确、完整、清晰和简练。

2. 绘制零件草图

在现场经常需要绘制草图。如在机器测绘、讨论设计方案、技术交流、现场参观时，由于受到现场条件或时间限制，以草图来绘制，就会显得方便快捷。草图必须具有正规图所包含的全部内容。

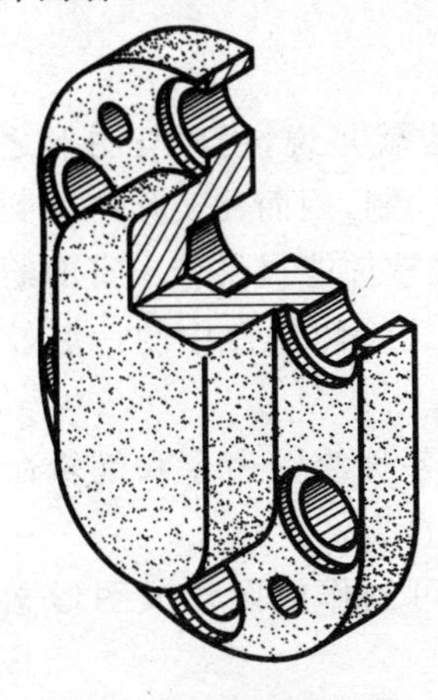

图 8.88　泵盖轴测图

对草图的要求：目测尺寸要准，视图正确，表达完整，尺寸齐全，图线清晰，字体工整，图面整洁，技术要求合理，有图框和标题栏等。

现以图 8.88 所示泵盖为例，将绘制零件草图的步骤介绍如下：

(1) 画出各视图的中心线、定位线，如图 8.89(a)所示，注意视图间留出标注尺寸空间，并留出标题栏的位置。

(2) 根据确定的表达方案，详细画出零件的外部及内部的结构形状，如图 8.89(b)所示。

(3) 选择尺寸基准，画尺寸界线、尺寸线及箭头。经过仔细校核后，将全部轮廓线描深，如图 8.89(c)所示。

(4) 逐一测量尺寸，填写尺寸数字。对于标准结构，如螺纹、倒角、倒圆、退刀槽、中心孔等，测量后应查表取标准值。确定并填写各项技术要求，填写标题栏，如图 8.89(d)所示。

3. 由零件草图绘制零件工作图

画零件工作图之前，应对零件草图进行复核，检查零件的表达是否完整，尺寸有无遗漏、重复，相关尺寸是否恰当、合理等，从而对草图进行修改、调整和补充，然后选择适当的比例和图幅，按草图所注尺寸完成零件工作图的绘制。

绘制零件工作图的步骤与绘制草图的基本相同，不再重述。

8.8 计算机绘制零件图

机械零件的结构千变万化，图样上不仅要画出零件的所有结构，还要标注尺寸及技术要求，人工绘制一张复杂的零件图，其工作量及劳动强度都是相当大的。只要掌握了绘图技能与技巧，便可以高质量、高速度地绘制出复杂的零件图。

计算机绘制零件图常用的方法有以下几种。

8.8.1 编程方法绘制零件图

编程绘制零件图常用于标准件、常用件和规范零件以及形状相同或相近、尺寸不同的系列零件的绘制。常采用参数绘图法和子图形拼合法。

1. 参数绘图法

在工程中，有些零件或组件的结构、形状是一定的或有规律变化的，整个零件的形状只受几个特征参数的影响。在设计此类零件或组件时，只要按功能要求确定了这几个参数，其他决定零件或组件的尺寸都是这几个参数的函数，自然也就随之确定了(如螺纹连接件等)。绘图时，只要事先编好程序，用时输入几个参数，系统就自动画出全部图形。

2. 子图形拼合法

有些机器零件是由若干种结构、形状确定，但大小不确定的图形元素无规律地组合而成的(如轴套类零件)。绘制此类零件图样的方法是根据特征参数，将这些图形元素分别编制成子图形程序，绘图时调用这些程序，其大小、方向、位置均由特征参数来控制，通过多次调用“子图形”拼成整个零件的图形，故此法称为子图形拼合法。显然此法是建立在参数绘图法基础上的。

8.8.2 交互方法绘制零件图

这种绘图方式是用户根据需要能够控制、干预正在显示的图形，也就是说，用户与图形之间的对话是实时的。这种绘图方法简单易学，且使用于各类零件图的绘制，因而在实际中得到广泛应用。此种方法也是利用计算机绘制零件图的基本方法。交互式软件能提供较丰富的绘图与编程功能，目前广泛使用的 AutoCAD 绘图软件，就是众多交互式绘图软件中的一名姣姣者。

使用 AutoCAD 软件绘制零件图，除了熟练使用第二章所介绍的各种绘图命令和编辑命令外，还应注意以下几点：

(1) 对于多次重复使用的图形、符号，如标题栏、表面粗糙度等，可制作成图块或图形文件，以提高绘图效率。

(2) 绘图中使用的线型、字体、标注等要符合国家标准规定。

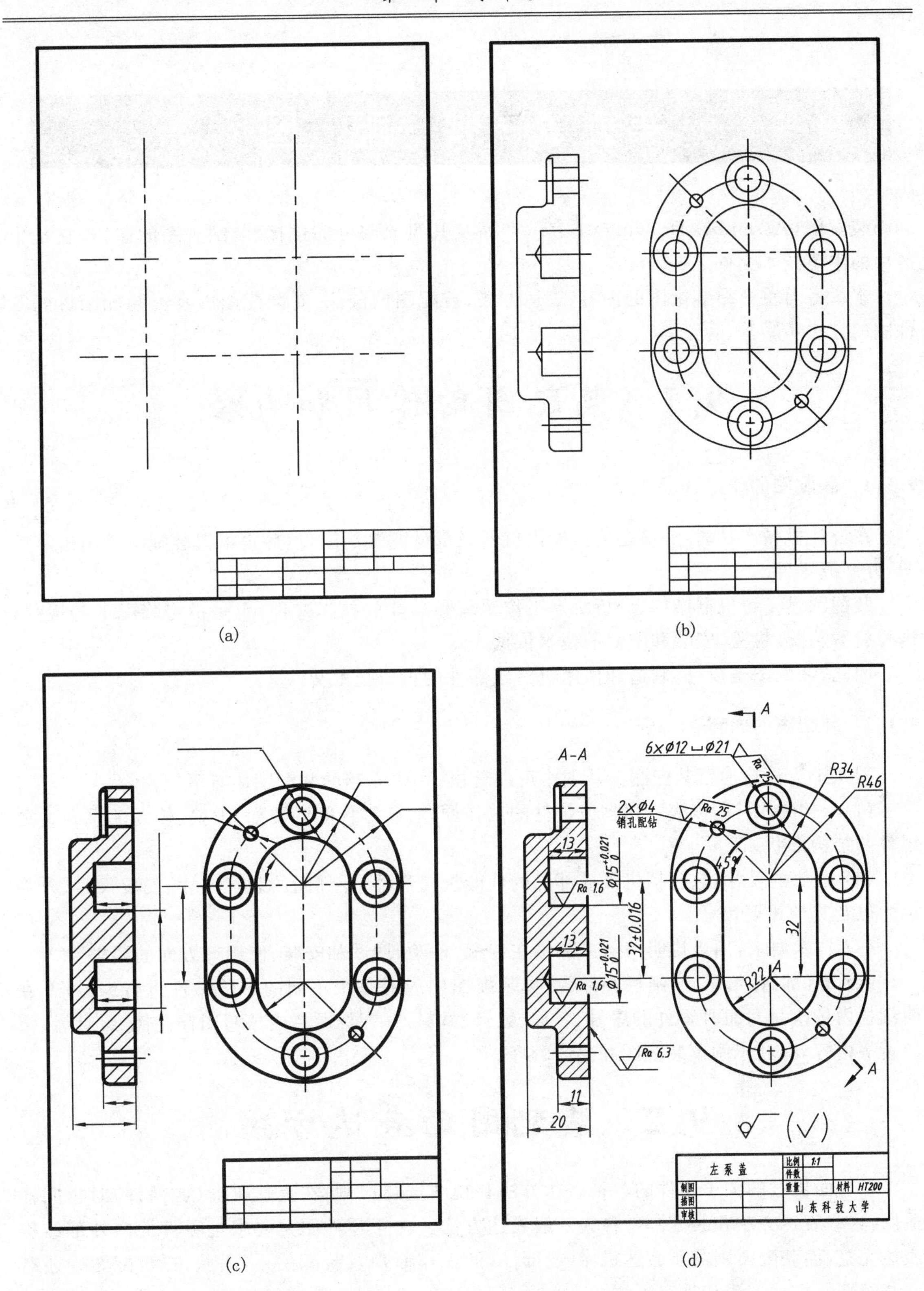

图 8.89　零件草图画图步骤

第九章 装 配 图

装配图(Assembly Drawing)是表示产品及其组成部分的连接、装配关系的图样,它是生产中的主要技术文件之一。

本章将着重介绍装配图的内容、表达方法、装配图的画法、看装配图以及由装配图拆画零件图的方法步骤等。

9.1 装配图的作用和内容

9.1.1 装配图的作用

在设计机械产品时,一般是先绘制出机器或部件的装配图,然后再根据装配图拆画出零件图,并制成零件。

装配图是了解机器结构、分析机器工作原理和功能的技术文件,也是指定装配工艺规程,进行机器装配、检验、安装和维修的技术依据。

因此,装配图是设计、制造和使用机器或部件的重要技术文件。

9.1.2 装配图的内容

图 9.1 为齿轮油泵装配图。从图中可以看出,一张完整的装配图应有下列内容:

(1) 一组视图:用以表达机器或部件的工作原理,各零件间的装配、连接、传动关系和主要零件的结构形状。

(2) 必要的尺寸:它包括机器或部件的性能规格尺寸,零件间的装配尺寸、安装尺寸、外形尺寸以及其他重要尺寸。

(3) 技术要求:用以说明机器或部件在装配、检验、调试和安装、使用等方面的要求。

(4) 零(部)件编号、明细栏和标题栏:装配图中应对每个不同的零(部)件进行编号,并在明细栏内依次填写每种零件的序号、名称、数量、材料,并在标题栏内填写图样比例、设计者、审核者等内容,有利于阅读装配图和生产管理。

9.2 装配图的表达方法

在前面讲过的关于零件的各种表达方法和视图选择原则,在表达机器(或部件)时也同样适用,这些表达方法在装配图中称为一般表达方法。由于零件图是要求把零件的内外部结构表达完整,而装配图则需要表达机器(或部件)的工作原理及装配关系,因此,在装配图中还有一些特殊的表达方法和规定画法。

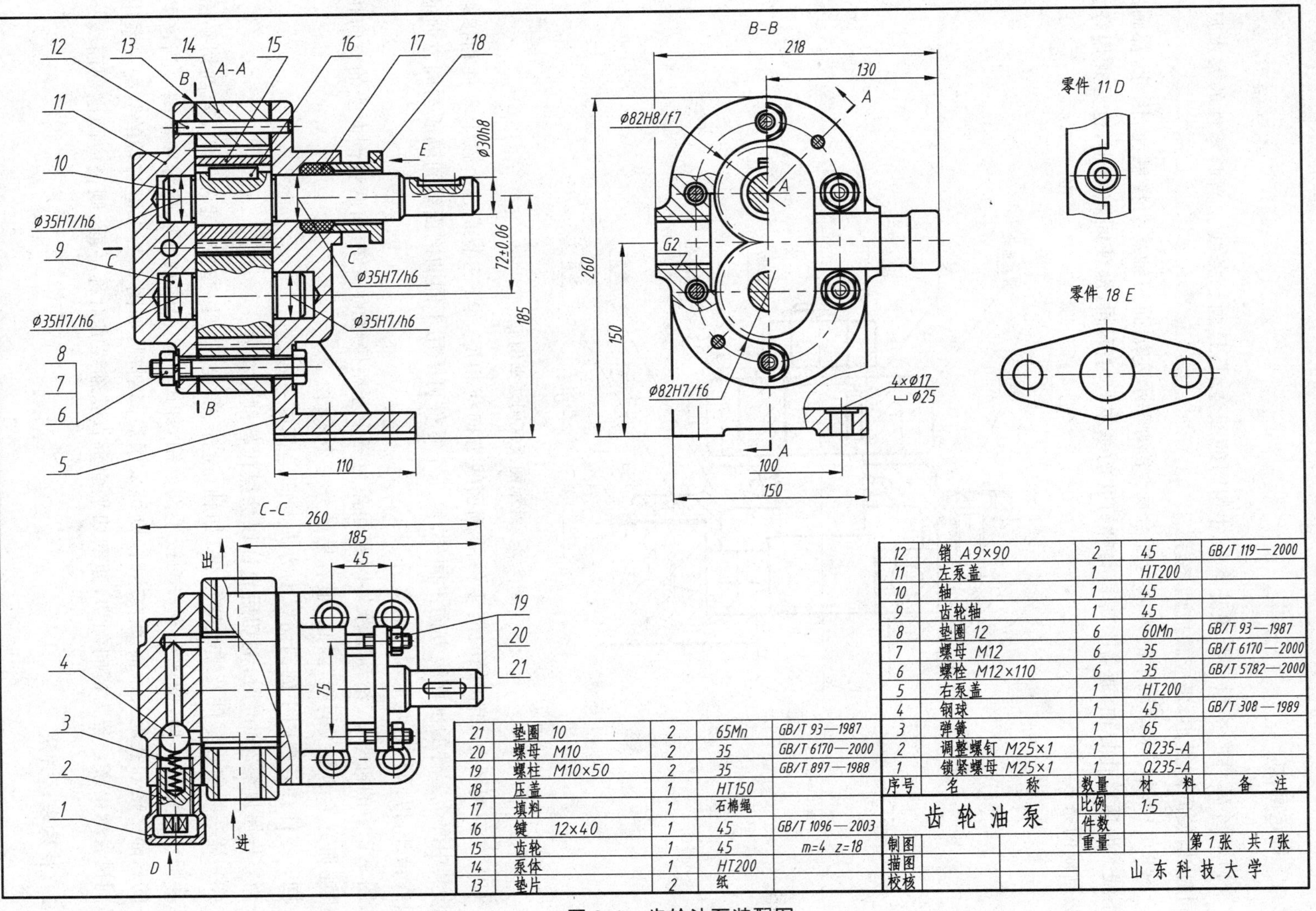
A-A
B-B
C-C
零件 11 D
零件 18 E
218
130
260
150
100
110
185
45
75
72±0.06
Ø30h8
Ø82H8/f7
Ø82H7/f6
Ø35H7/h6
4×Ø17
⌴Ø25
G2
进
出
12 销 A9×90 2 45 GB/T 119—2000
11 左泵盖 1 HT200
10 轴 1 45
9 齿轮轴 1 45
8 垫圈 12 6 60Mn GB/T 93—1987
7 螺母 M12 6 35 GB/T 6170—2000
6 螺栓 M12×110 6 35 GB/T 5782—2000
5 右泵盖 1 HT200
4 钢球 1 45 GB/T 308—1989
3 弹簧 1 65
2 调整螺钉 M25×1 1 Q235-A
1 锁紧螺母 M25×1 1 Q235-A
序号 名称 数量 材料 备注
齿轮油泵
比例 1:5
件数
重量
第1张 共1张
制图
描图
校核
山东科技大学
21 垫圈 10 2 65Mn GB/T 93—1987
20 螺母 M10 2 35 GB/T 6170—2000
19 螺柱 M10×50 2 35 GB/T 897—1988
18 压盖 1 HT150
17 填料 1 石棉绳
16 键 12×40 1 45 GB/T 1096—2003
15 齿轮 1 45 m=4 z=18
14 泵体 1 HT200
13 垫片 2 纸

图 9.1 齿轮油泵装配图

9.2.1 规定画法

(1) 两个零件的接触表面或基本尺寸相同的配合面，只画一条线。当两零件的基本尺寸不同时，即使间隙很小，仍应画成两条线。

图 9.2 中轴与滚动轴承的内圈为配合面，滚动轴承左端面与轴肩为接触面，因此，都画成一条线。而通盖孔与轴、通盖上螺钉与螺钉孔的基本尺寸不同，即使间隙很小，也必须用夸大画法画成两条线。

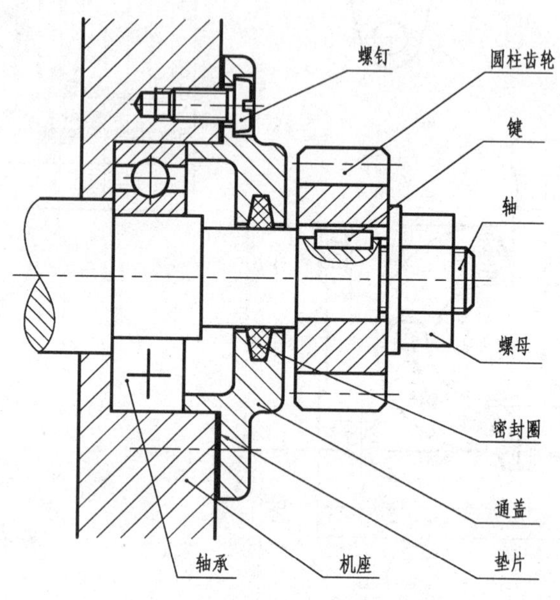

图 9.2 装配图规定画法举例

(2) 在剖视图中，相接触的两零件的剖面线方向应相反。当三个或三个以上零件相接触时，除其中两个零件的剖面线方向不同外，第三个零件可采用不同的剖面线间隔或与同方向的剖面线错开，以示与另两个零件的区分。

图 9.2 中的机座孔、滚动轴承外圈及通盖为三个互相接触的零件，前两者剖面线的方向相同，机座加宽了剖面线间隔，因此，很容易区分三个零件。

同一零件在各视图中的剖面线的方向与间隔都应一致。

当零件厚度≤2 mm 时，剖切后允许以涂黑代替剖面符号。

(3) 对一些实心零件及螺纹紧固件，如轴、连杆、螺栓、螺母、垫圈、键和销等，若剖切平面通过其轴线或对称平面，则这些零件均按不剖绘制，如图 9.2 中的轴、键、螺母和垫圈。当这类零件的局部结构和装配关系需要表达时，则可采用局部剖视，如图 9.2 中键与轴的装配关系用局部剖视表示出来。若为横向剖切，即剖切平面垂直其轴线或对称平面，则仍应画出剖面线。

9.2.2 特殊表达方法

1. 沿结合面剖切或拆卸画法

在装配图中，当一个或几个零件遮住了需要表达的某些结构和装配关系时，可假想沿某些零件的结合面剖切，或假想将某些零件拆卸后绘制。若采用沿结合面剖切的表达方法，零件的结合面不画剖面线，被剖断的零件应画剖面线，在剖切位置处加注剖切符号和字母，并在相应的剖视图上方注写“×-×”。图 9.1 所示齿轮油泵装配图中的左视图（$B-B$ 剖视图）是沿泵体和垫片的结合面剖切后画出的半剖视图。若采用拆卸画法，则在相应的视图上方注出“拆去××等”。

2. 假想画法

(1) 在装配图中，为了表达运动零件的极限位置，可先在一个极限位置上画出该零件，再在另一个极限位置上用双点画线画出其轮廓。图 9.3 画出了摇杆的另一极限位置。

(2) 在装配图中，为了表示与本部件有装配关系但又不属于本部件的相邻零、部件时，可采用双点画线画出相邻件的轮廓。图 9.3 中用双点画线表示与箱体相邻的零件轮廓，它不属于本装配体中的零件。

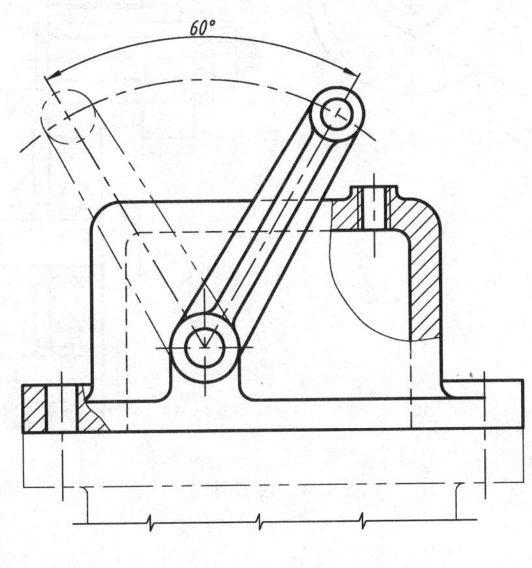

图 9.3 假想画法

3. 单独表示某个零件

在装配图中，当某个零件的结构形状没有表达清楚，而影响到对装配关系和工作原理的理解时，可单独画出该零件的视图，然后在所画视图的上方注出该零件的视图名称，在相应视图附近用箭头指明投影方向，并注上同样的字母。图 9.1 分别画出了零件 11 和零件 18 的局部视图 D 和 E。

4. 夸大画法

一些薄垫片、细丝弹簧、零件间很小的间隙以及锥度较小的锥销、锥孔等，若按绘图比例根据实际尺寸正常绘出就很不明显，在装配图中，允许将它们适当夸大画出。图 9.1 所示齿轮泵体与泵盖间的垫片，就是采用了夸大画法。

5. 展开画法

在画传动系统的装配图时，为了在表示装配关系的同时能表示出传动关系，常按传动顺序用多个通过各轴心首尾相接的剖切平面进行剖切，并将所得剖面顺序摊平在一个平面上绘出，如图 9.4 所示。用此法画图时，必须在所得展开图上方标出“×-×展开”字样。

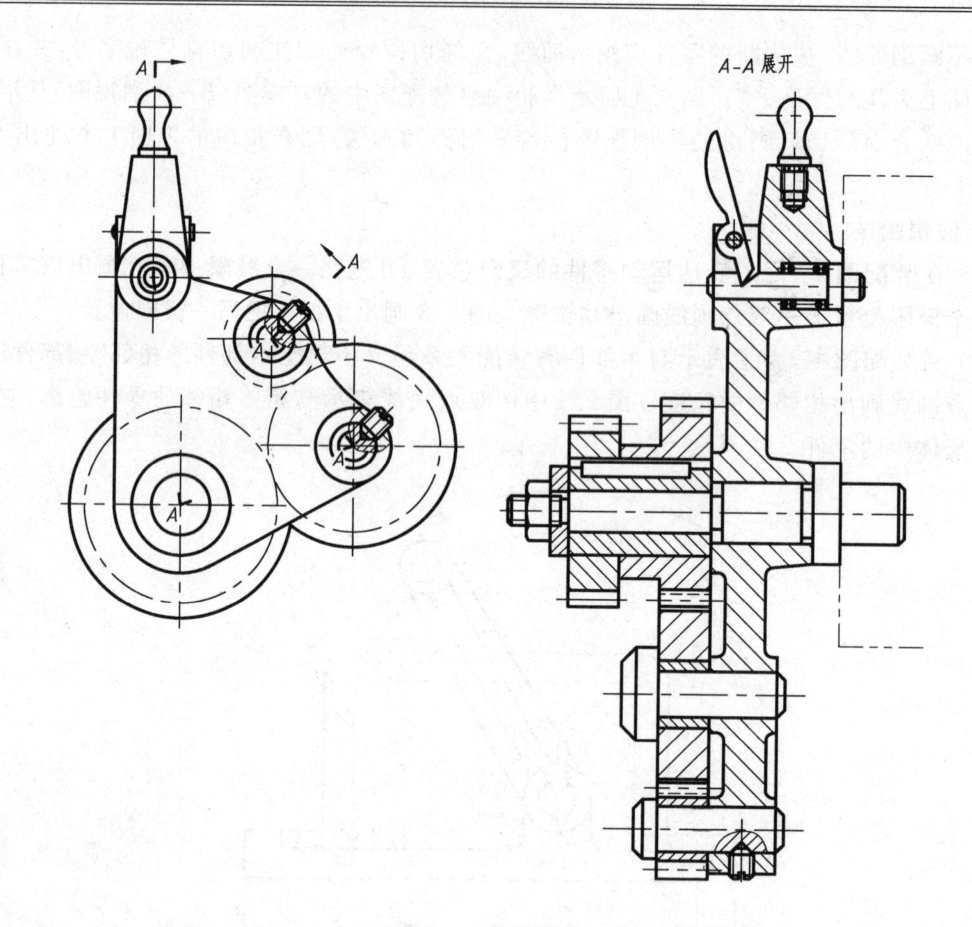

图 9.4 展开画法

9.2.3 简化画法

(1) 对于装配图中若干相同的螺纹连接组件和其他组件,只要详细地画出一组或几组,其余只需用细点画线表示其中心位置,如图 9.5 所示。

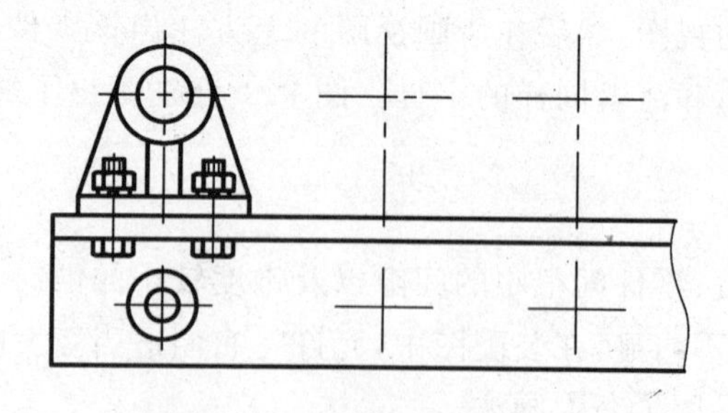

图 9.5 相同组件的简化画法

(2) 在装配图上,零件的细小工艺结构,如倒角、圆角、退刀槽等可不画出。

9.3　常见装配结构的画法

在装配结构中，经常会遇到诸如螺栓连接、螺柱连接、螺钉连接、键连接、销连接以及弹簧等结构，对于这些结构所涉及到的零件，都是标准件和常用件，其结构和尺寸国家对其都已标准化，选用时一般不需画出它们的零件图，但在装配图中必须画出，且绘制频率很高。因此，应掌握这些常见装配结构的画法。

9.3.1　螺纹紧固件连接画法

螺纹紧固件的种类虽然很多，但就其连接形式，不外乎有螺栓连接、螺柱连接和螺钉连接三种。为了便于画图，常将螺纹紧固件及被连接件按比例画法绘制，即连接图中各部分的尺寸与螺纹公称直径 d 成一定的比例。现分别介绍如下：

1. 螺栓连接(Bolt Joint)

螺栓用来连接两个不太厚并能钻成通孔的零件，如图 9.6 所示。将螺栓穿入两个零件的光孔，套上垫圈，然后旋紧螺母。垫圈的作用是防止损伤零件表面，并能增加支撑面积，使其受力均匀。图 9.3 所示的齿轮油泵，就是利用两组螺栓连接将其安装在机器上的。

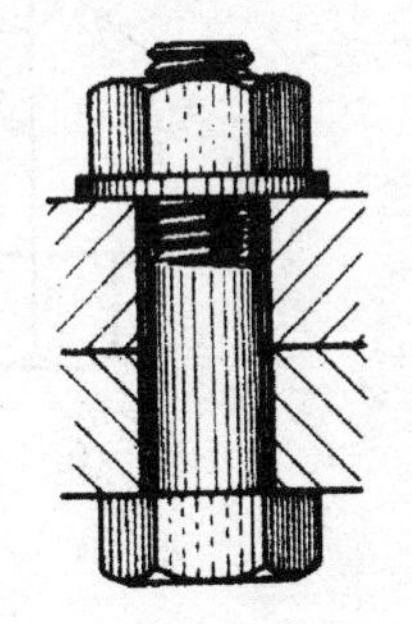

图 9.6　螺栓连接

图 9.7 为螺栓、螺母、垫圈的比例画法，其中螺栓的公称长度 l 可由下式求出：

$$l = \delta_1 + \delta_2 + h + m + a$$

式中：δ_1、δ_2 为两被连接板的厚度，h 为垫圈厚度，m 为螺母厚度，a 为螺栓伸出螺母的长度，一般可取 $0.3d$ 左右。计算出的 l 值应在螺栓附表中选取与其相近的标准值。

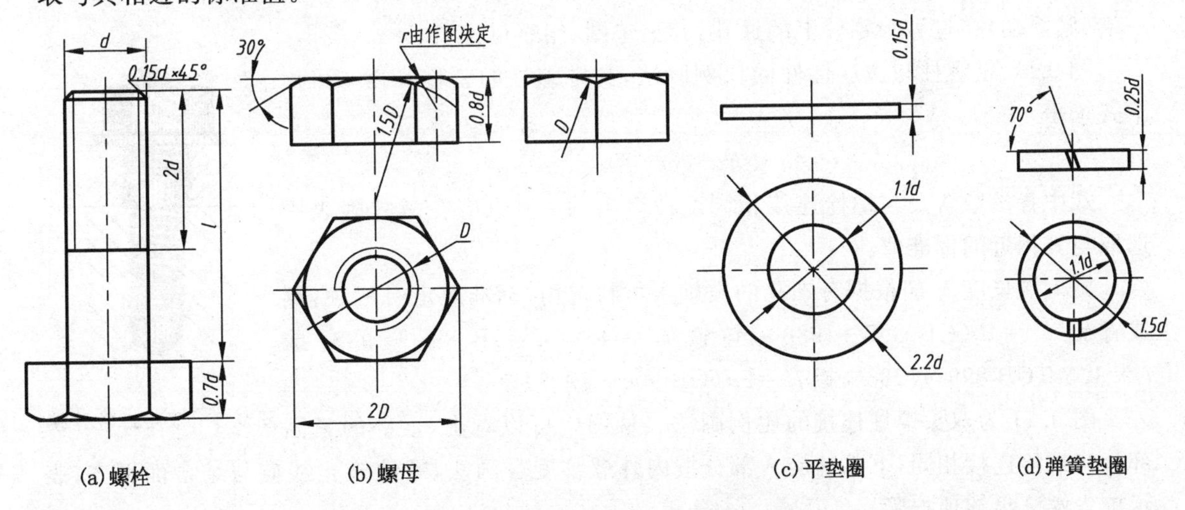

图 9.7　螺栓、螺母、垫圈的比例画法

图 9.8(a)、(b)为螺栓连接前和连接后的图形。在装配图中，也可采用图 9.8(c)所示的简化画法。

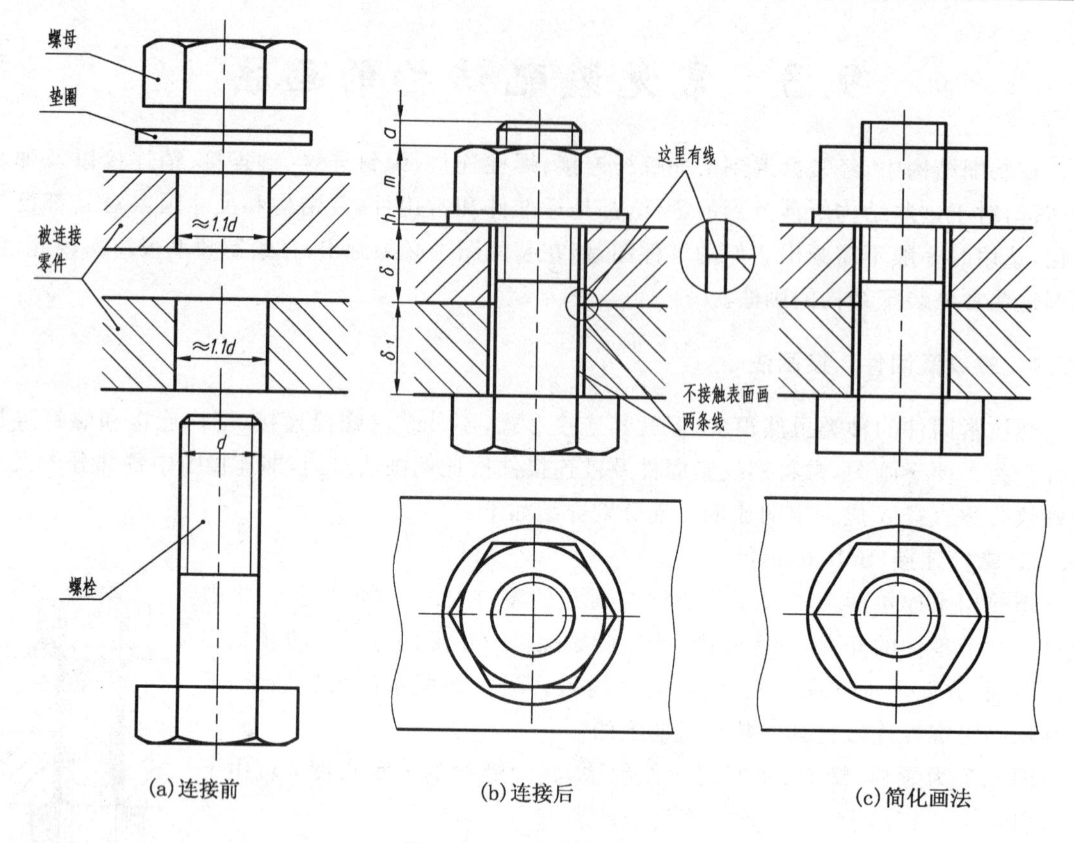

(a)连接前 (b)连接后 (c)简化画法

图 9.8 螺栓连接的画法

2. 螺柱连接(Stud Joint)

当两个被连接的零件其中一个较厚,或因结构的限制不适宜用螺栓连接时,常采用双头螺柱连接,如图 9.9 所示。双头螺栓的两端都有螺纹,一端(旋入端)旋入较厚零件的螺孔中,另一端(紧固端)穿过另一零件上的通孔,套上垫圈,用螺母拧紧。

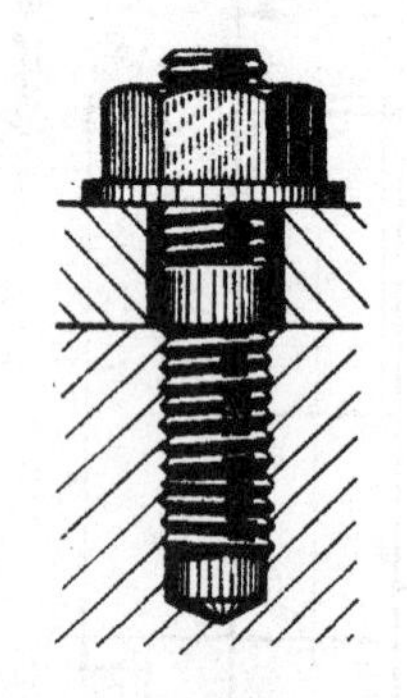
图 9.9 双头螺柱连接

图 9.10 是螺柱与被连接件的比例画法,其中螺柱的公称长度 l 可由下式求出:

$$l = \delta + h + m + a$$

式中各参数含义与螺栓连接相同。计算出的 l 值也应在螺柱附表中选取与其相近的标准值。

旋入端长度 l_1 应根据有螺孔的被旋入材料选用,标准规定有三种:钢或青铜 $l_1 = d$(GB 897—1988),铸铁 $l_1 = 1.25d$(GB 898—1988)或 $l_1 = 1.5d$(GB 899—1988),铝 $l_1 = 2d$(GB 900—1988)。

图 9.11 为双头螺柱连接的比例画法。从图中可以看出,上部的紧固部分与螺栓连接相同,下部的旋入部分按内外螺纹旋合画法,螺纹终止线应与结合面平齐,表示旋入端已足够地拧紧。

3. 螺钉连接(Screw Joint)

螺钉的种类很多,按其用途可分为连接螺钉和紧定螺钉。

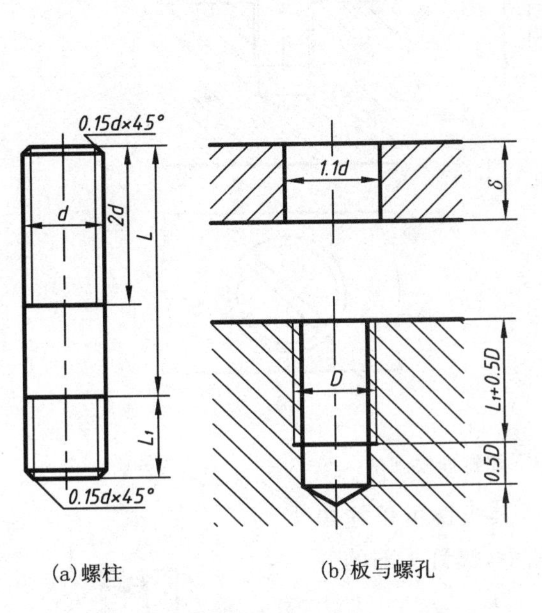

(a)螺柱 (b)板与螺孔

图 9.10 螺柱与被连接件的比例画法

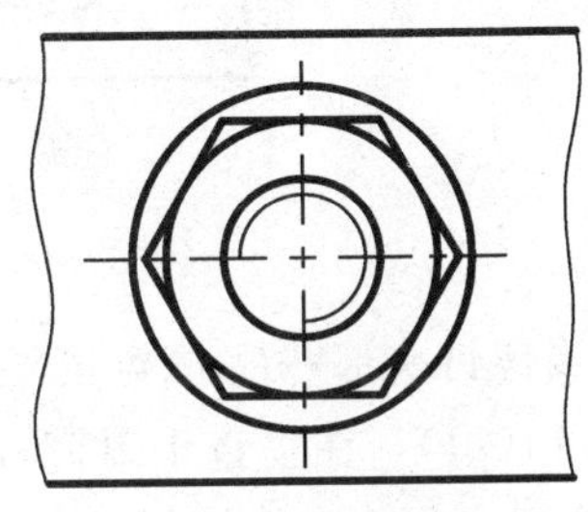

图 9.11 螺柱连接的画法

(1) 连接螺钉:连接螺钉用于连接不经常拆卸,并且受力不大的零件,如图 9.12 所示。图 9.2 中通盖与机座就是用螺钉连接的。螺钉连接的形式与双头螺柱连接相似,它是依靠螺钉头部把两被连接零件压紧。

螺钉头部有许多形式,图 9.13 是两种常用螺钉头部的比例画法。图 9.14 是螺钉连接的画法。

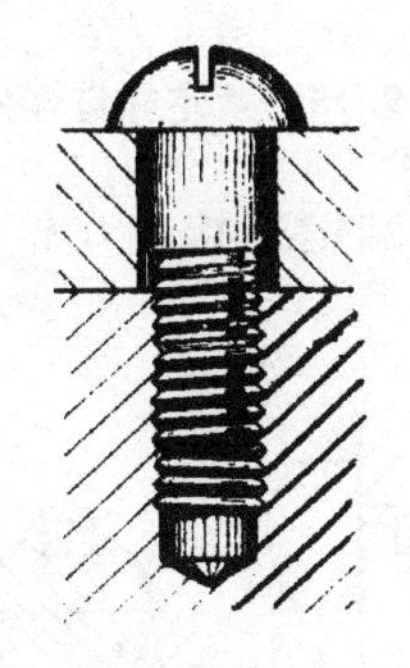

图 9.12 螺钉连接

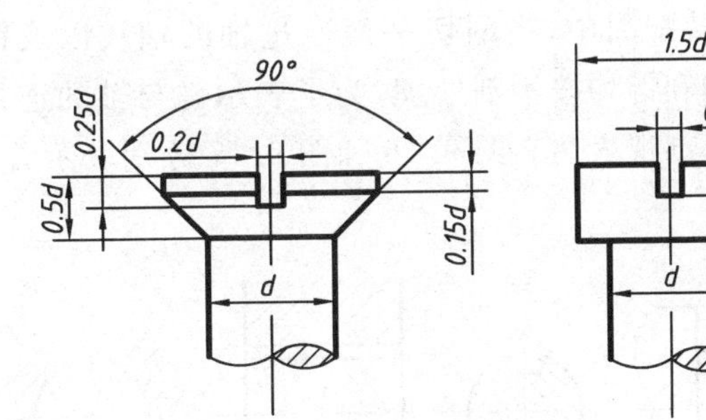

图 9.13 螺钉头部的比例画法

画螺钉连接图时,应注意以下几点:

- 螺钉的有效长度 l 应按下式计算:

  $l=\delta+l_1$(l_1 根据被旋入零件的材料而定,见双头螺柱)

- 为了使螺钉头能压紧被连接零件,螺钉的螺纹终止线应高出螺孔的端面(如图 9.14(a))或在螺杆的全长上都有螺纹,如图 9.14(b)所示。

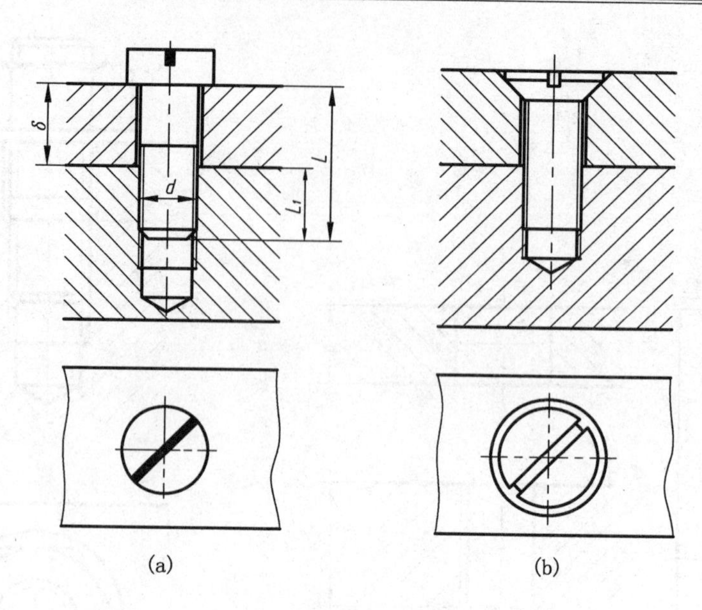

图 9.14　螺钉连接画法

● 当螺钉头部一字槽宽度≤2 mm 时,其投影可以涂黑(如图 9.14(a))。在垂直于螺钉轴线的视图中,螺钉头部的一字槽应绘制成与中心线倾斜 45°的位置。

(2) 紧定螺钉:紧定螺钉用来固定两个零件的相对位置,使它们不产生相对运动。图 9.15 为紧定螺钉连接的例子。

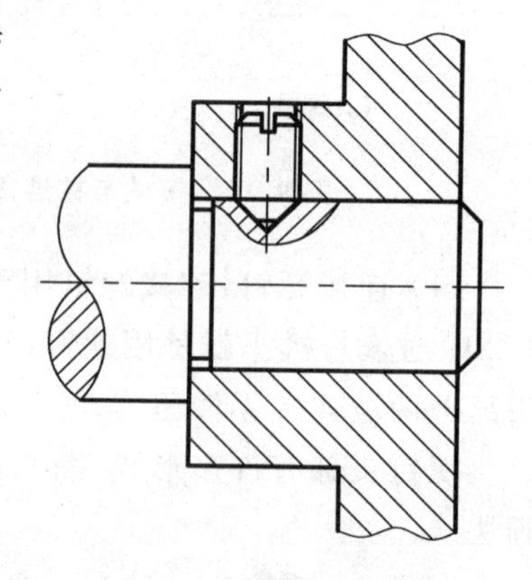

图 9.15　紧定螺钉连接

9.3.2　键连接画法

键是用来连接轴及轴上的传动件,如齿轮、皮带轮等,起传递扭矩的作用。

在键连接装配图中,当剖切平面通过轴的轴线以及键的对称平面时,轴和键均按不剖处理,为了表示键与轴的连接关系,可采用局部剖视表达。图 9.16 和图 9.17 分别表示普通平键和半圆键连接轴与轮的连接画法。

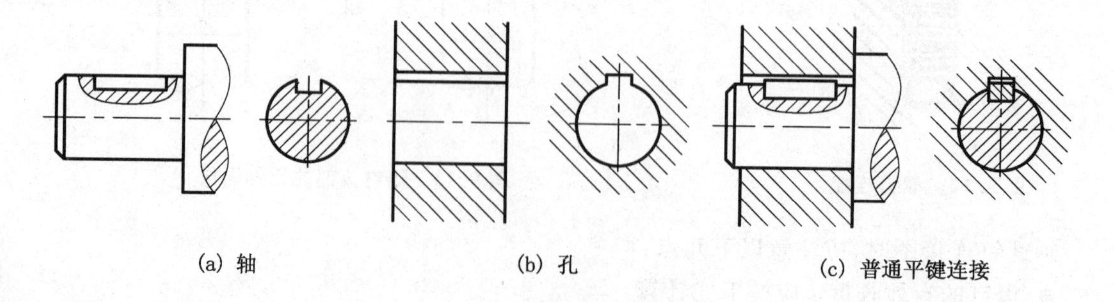

图 9.16　普通平键连接画法

画图时应注意，在装配图中，普通平键和半圆键的两个侧面是工作面，键与键槽侧面应不留间隙，画一条线；而键的顶面是非工作面，它与轮毂的键槽顶面之间应留有间隙，画两条线。当剖切平面垂直于轴线时，键应画剖面线。

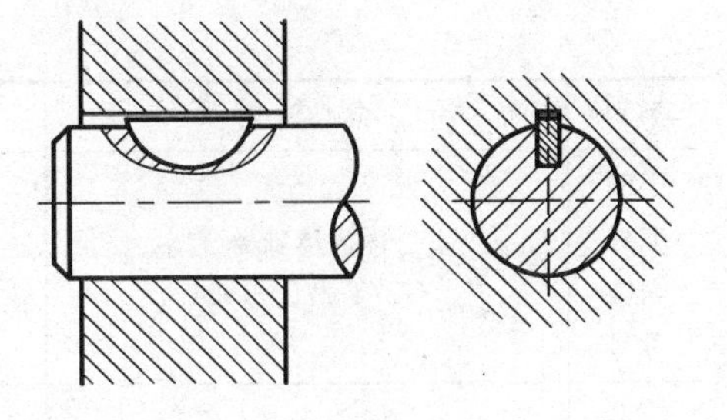

图 9.17 半圆键连接画法

9.3.3 销连接画法

销连接用于零件之间的连接或定位。

图 9.18 为销连接的画法。在连接图中，当剖切平面通过销孔轴线剖切时，销按不剖处理。由于用销连接或定位的两个零件上的销孔是在装配时一起加工的，因此，在零件图中销孔的尺寸应当注明“配作”。

圆锥销是以小端直径 d 作为标准，因此，圆锥销孔应标小端尺寸。

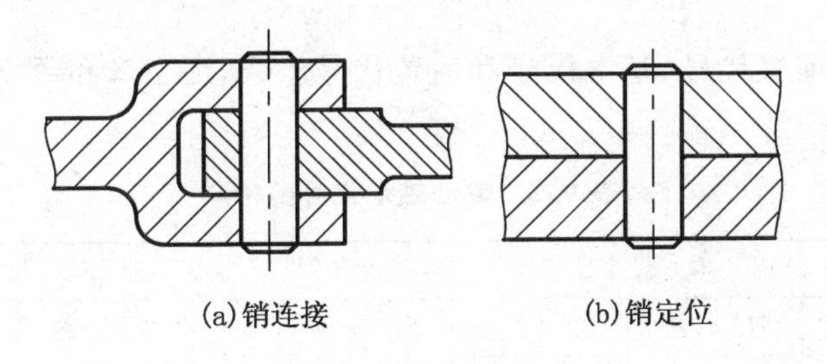

(a)销连接　(b)销定位

图 9.18 销连接

9.3.4 滚动轴承在装配图中的画法及代号

1. 滚动轴承的种类

滚动轴承(Rolling-element Bearing)是一种支撑旋转轴的组件。它由内、外圈、滚动体、保持架及其他附加件组成。具有结构紧凑、摩擦阻力小等优点，已被广泛应用于机器或部件中。表 9.1 是几种常用滚动轴承的种类。滚动轴承是标准件，因此在画图时不必画出它的零件图，只在装配图中，根据外径 D、内径 d、宽度 B 等实际尺寸按国标规定的画法绘制。

表 9.1 常用滚动轴承的类型

类别	向心轴承	角接触轴承	推力轴承
结构型式和代号	6000	3000	51000

续表 9.1

类别	向心轴承	角接触轴承	推力轴承
类型名称和标准号	深沟球轴承 GB/T 276—1994	圆锥滚子轴承 GB/T 297—1994	推力球轴承 GB/T 301—1995
应用范围	用于承受径向载荷	用于承受径向和轴向载荷,但以径向为主	用于承受轴向载荷

2. 滚动轴承的代号

滚动轴承的种类很多,为了便于选用,国家标准规定用代号表示滚动轴承。代号能表示出滚动轴承的结构、尺寸、公差等级和技术性能等特性。GB/T 272—1993 规定了轴承代号的表示方法。

滚动轴承代号由前置代号、基本代号和后置代号组成,用字母和数字等表示。轴承代号的构成如表 9.2 所列。

表 9.2 滚动轴承代号的构成

<table>
<tr><td>前置代号</td><td colspan="5">基本代号</td><td colspan="8">后置代号</td></tr>
<tr><td rowspan="3">轴承分部件代号</td><td>五</td><td>四</td><td>三</td><td>二</td><td>一</td><td rowspan="3">内部结构代号</td><td rowspan="3">密封与防尘结构代号</td><td rowspan="3">保持架及其材料代号</td><td rowspan="3">特殊轴承材料代号</td><td rowspan="3">公差等级代号</td><td rowspan="3">游隙代号</td><td rowspan="3">多轴承配置代号</td><td rowspan="3">其他代号</td></tr>
<tr><td rowspan="2">类型代号</td><td colspan="2">尺寸系列代号</td><td colspan="2" rowspan="2">内径代号</td></tr>
<tr><td>宽度系列代号</td><td>直径系列代号</td></tr>
</table>

注:基本代号下面的一至五表示代号自右向左的位置序数。

(1) 前置代号:轴承的前置代号用于表示轴承的分部件,用字母表示。如 L 表示可分离轴承的可分离套圈,K 表示轴承的滚动体与保持架组件等。

(2) 基本代号:

(a) 基本代号右起第一、二位数字表示轴承内径。当代号数字分别是 00、01、02、03 时,其轴承内径分别是 10、12、15、17,单位:mm;当代号数字为 04～99 时,轴承内径为:代号数字×5;对于内径小于 10 mm 和大于 500 mm 的轴承,内径表示方法另有规定,可参看 GB/T 272—1993。

(b) 基本代号右起第三位数字表示轴承的直径系列,即在结构、内径相同时,有各种不同的外径,如图 9.19 所示。

(c) 基本代号右起第四位数字表示轴承的宽度系列。当宽度系列为 0 系列(正常系列)时,多数轴承可不标出宽度系列代号 0,但对于调心滚子轴承和圆锥滚子轴承,宽度系列代号 0 应标出。

(d) 基本代号右起第五位表示轴承类型。多数轴承用数字表示,圆柱滚子轴承和滚针轴承等用字母表示。

(3) 后置代号:轴承的后置代号是用字母和数字等表示轴承的结构、公差及材料的特殊要求等。

关于代号的其他规定,可查阅有关手册。

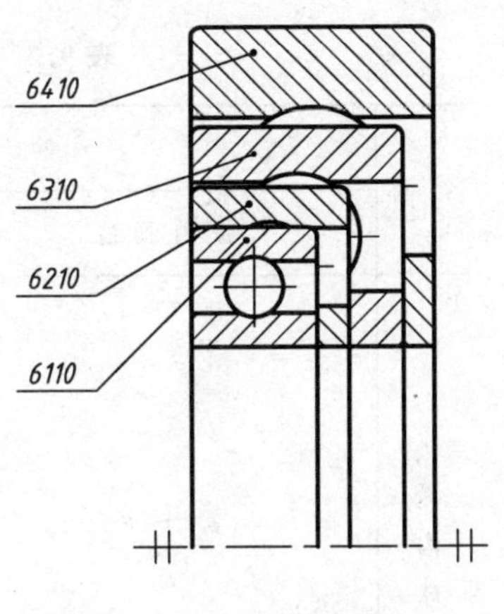

图 9.19　直径系列的对比

3. 滚动轴承的标记示例

(1) 轴承 6208,其中:

6——类型代号,表示深沟球轴承;

2——尺寸系列代号,表示 02 系列(0 省略);

08——内径代号,表示公称内径为 8×5=40 mm。

(2) 轴承 51203,其中:

5——类型代号,表示推力球轴承;

12——尺寸系列代号,表示 12 系列;

03——内径代号,表示公称内径为 17 mm。

4. 滚动轴承在装配图中的画法

在装配图中表示轴承时,可采用规定画法,也可采用简化画法中的通用画法或特征画法。用规定画法绘制时,只绘出轴承的一侧,另一侧按通用画法绘制。表 9.3 为几种常用滚动轴承的画法。其中外径 D、内径 d、宽度 B 或 T 等为实际尺寸,由滚动轴承标准中查出(参阅附表 5.1、5.2、5.3)。

9.3.5　弹簧的表示及在装配图中的画法

弹簧(Spring)的用途很广,主要用于减震,夹紧、储存能量和测力等。

弹簧的种类很多,常见的有螺旋弹簧、蜗卷弹簧、板弹簧等,如图 9.20 所示。根据受力情况不同,螺旋弹簧又分为压缩弹簧、拉伸弹簧和扭转弹簧三种。下面重点介绍圆柱螺旋压缩弹簧的表示方法及在装配图中的画法。

1. 圆柱螺旋压缩弹簧的各部分名称和尺寸关系

参看图 9.20 压缩弹簧和图 9.21(a)。为了使螺旋压缩弹簧工作时受力均匀、平稳,弹簧两端需并紧磨平。工作时,并紧磨平部分基本上不产生弹力,仅起支撑或固定作用,称为支撑圈。两端支撑圈总数常用 1.5 圈、2 圈和 2.5 圈三种形式。除支撑圈外,中间那些保持相等节距,产生弹力的圈称为有效圈。有效圈数与支撑圈数之和称为总圈数。弹簧参数已标准化,设计时选用即可。下面给出与画图有关的几个参数:

(1) 簧丝直径 d——制造弹簧的钢丝直径,按标准选取。

(2) 弹簧中径 D——弹簧的平均直径,按标准选取;

　　弹簧内径 D_1——弹簧的最小直径,$D_1=D-d$;

　　弹簧外径 D_2——弹簧的最大直径,$D_2=D+d$。

(3) 有效圈数 n、支撑圈数 n_2 和总圈数 n_1 : $n_1=n+n_2$ 有效圈数按标准选取。

(4) 节距 t——两相邻有效圈截面中心线的轴向距离,按标准选取。

(5) 自由高度 H_0——弹簧无负荷时的高度 $H_0= nt +2d$,计算后取标准中近似值。

(6) 展开长度 L——坯料的长度 $L\approx n_1 \sqrt{(\pi D)^2+t^2}$。

表 9.3 常用滚动轴承的画法(GB/T 4459.7—1998)

名 称	简 化 画 法		规 定 画 法
	通用画法	特征画法	
深沟球轴承		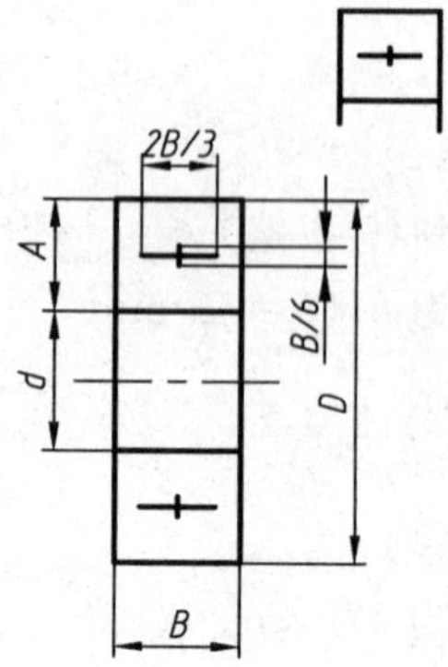	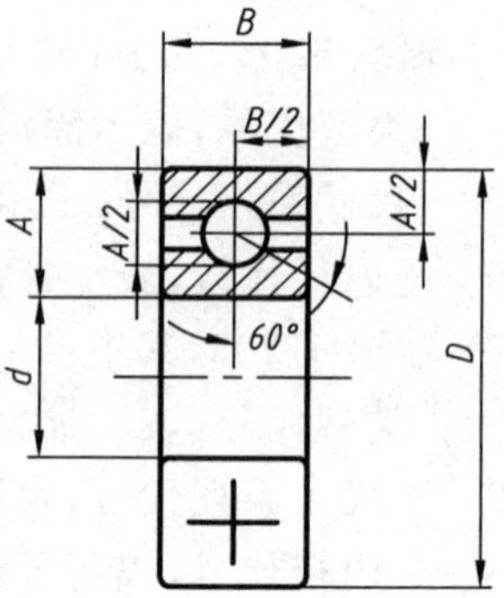
圆锥滚子轴承	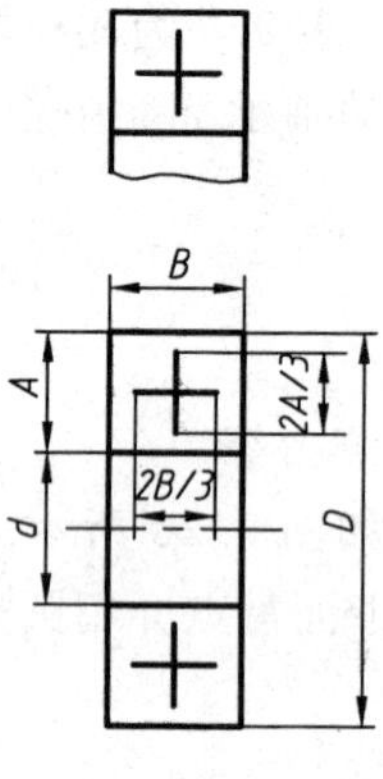	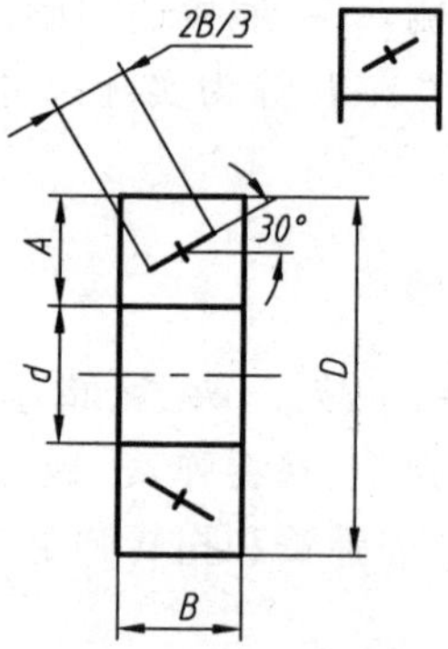	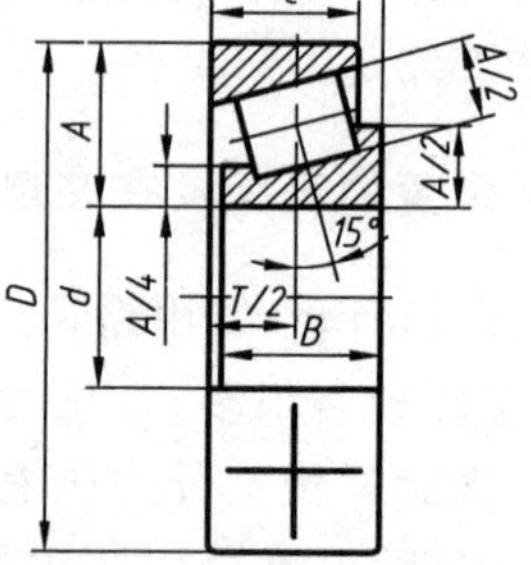
推力球轴承		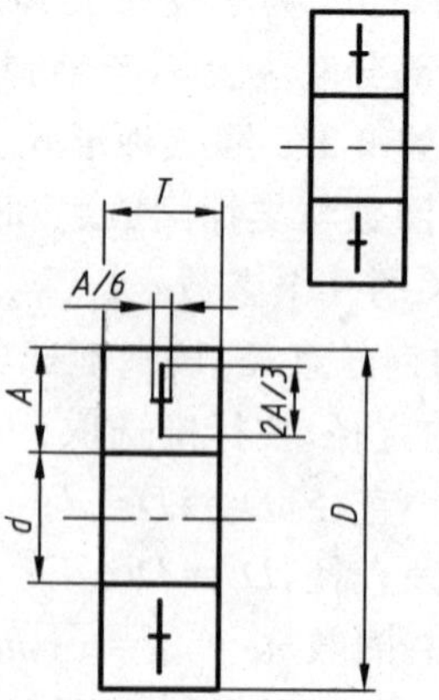	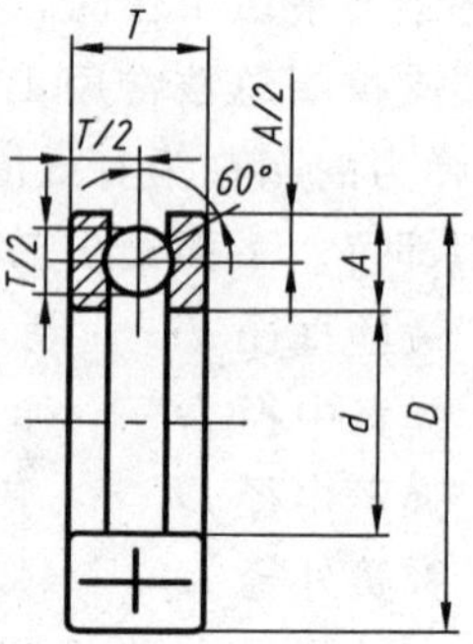

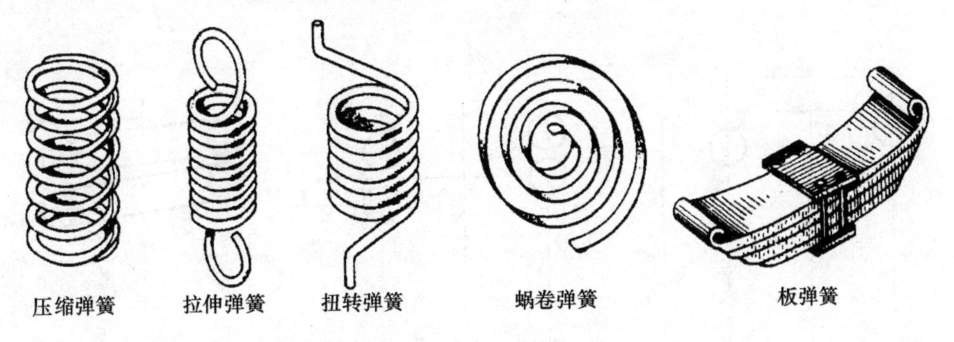

图 9.20　常用弹簧的种类

2. 圆柱螺旋压缩弹簧的规定画法

(1) 在平行于螺旋弹簧轴线的投影面的视图中，其各圈的轮廓线画成直线，以代替螺旋线，如图 9.21 所示。

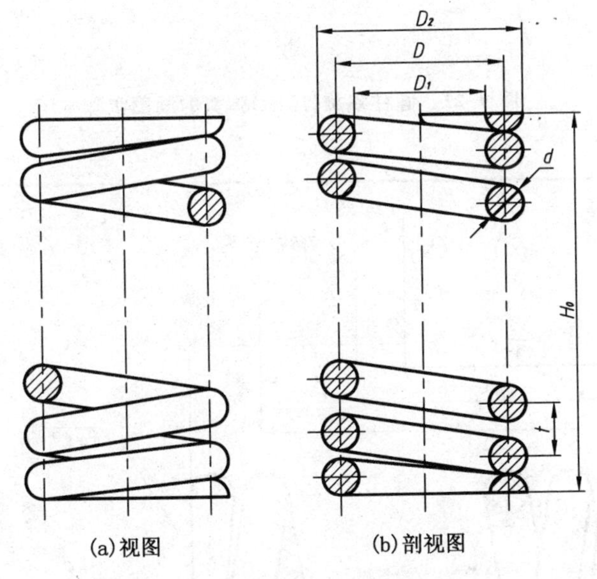

图 9.21　圆柱螺旋压缩弹簧的画法

(2) 有效圈数在 4 圈以上的螺旋弹簧，其中间部分可以省略，并允许适当缩短图形的长度。

(3) 螺旋弹簧均可画成右旋。左旋螺旋弹簧不论画成左旋或右旋，在图上均要加注。

(4) 螺旋压缩弹簧，如果要求两端并紧、磨平时，不论支撑圈数多少、末端贴紧情况如何，均按支撑圈数 2.5，上、下磨平圈数各为 1.25 的形式画出。支撑圈数在技术要求中另加说明。

图 9.22 为圆柱螺旋弹簧的画图步骤。

图 9.23 为弹簧的工作图。

3. 弹簧在装配图中的规定画法

(1) 在装配图中，被弹簧挡住的结构一般不画，可见部分应画至弹簧外轮廓线或画至簧丝剖面的中心线处，如图 9.24(a)所示。

(2) 在装配图中，当弹簧被剖切时，若簧丝直径≤2 mm 时，断面可用涂黑表示，如图 9.24(b)所示；当簧丝直径≤1 mm 时，可采用示意画法，如图 9.24(c)所示。

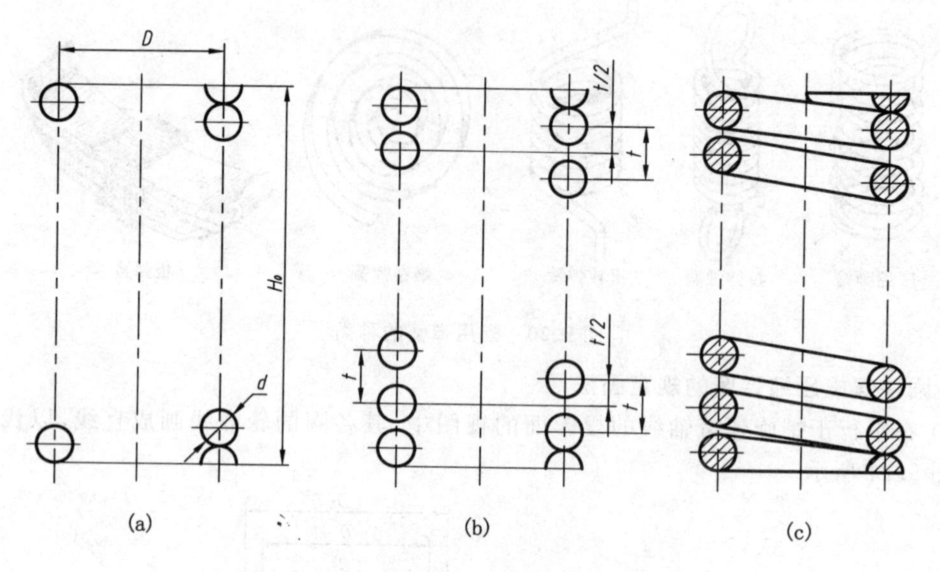

图 9.22 圆柱螺旋(压缩)弹簧的画图步骤

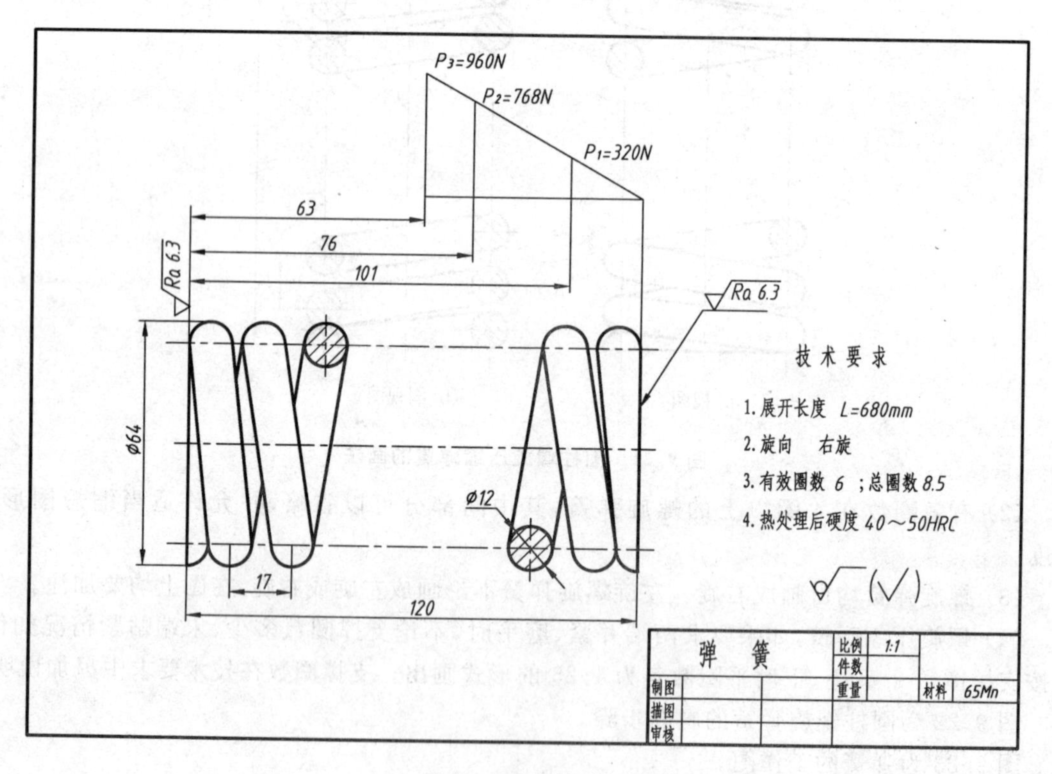

图 9.23 弹簧的零件工作图

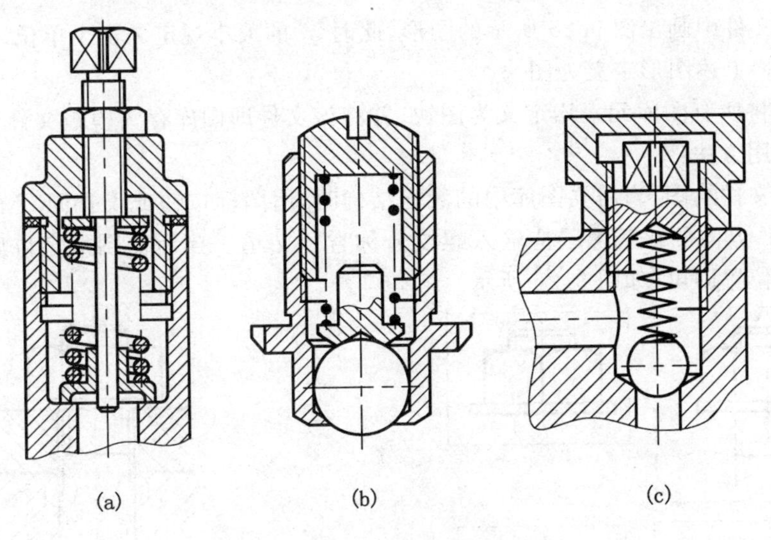

图 9.24　弹簧在装配图中的画法

9.4　常见装配件图库的建立

9.4.1　图库的用途

在绘图过程中，有时会多次使用某些形状相同但尺寸不同的图形，如果每一次都重新绘制一遍，必然浪费很多时间。假使我们把经常用到的这些图形预先绘制好，并将其存放于图库之中，需要时提取出来，那么绘图工作方式会大大简化，绘图时间也会大大缩短。在画装配图时，对于绘制常见装配结构，尤其显现出它的优越性。

若使图形参数化，则各图形的大小和形状可根据需要而改变，要达到这一要求，需要多方面的知识，包括建立图形块、设置参数变量、建立数据文件、用一种高级语言编程绘制图形、制作对话框（或菜单）技术等。由于目前我们所学的知识有限，下面仅介绍两种图库的建立和使用方法。

9.4.2　图库的建立方法

1. 利用“块”建立工程图库

图库中每个图形称为图库元素，每个图库元素均可用制作“块”的方法来完成。在第八章中已经介绍了块的基本概念和建块、存块和插入块的操作。现以螺栓连接为例，介绍利用“块”建立工程图库的方法。

绘制螺栓连接图时，通常螺栓、螺母、垫圈各部分的尺寸是由螺纹的公称直径 d 进行比例折算后，按比例画法绘制的。而螺栓的公称长度 L 与两被连接板的厚度 δ_1 和 δ_2 有关，是两个变量，不能与 d 构成比例关系，故不能将螺栓连接做成一个图块，只能将其分成几部分后分别做成图块，如图 9.25 所示。

建立图库的具体操作步骤如下：

(1) 新建一个图形文件。

(2) 在新文件中画出图 9.25 所示的图形,此时,d 的大小规定为 1 个单位。

(3) 分别将上述图形定义为图块。

按此方法将所有图库元素均定义为图块,并将该文件即图库存为模板文件(dwt 文件)。

图库的使用方法:

打开模板文件绘图,当需要图库中的装配结构时,用图标按钮或 INSERT 命令插入图块。操作时,X 和 Y 方向的比例因子应输入螺纹公称直径 d 值。当所需图形定位后,将相应的线段延长到规定位置即可(如图 9.26 所示)。

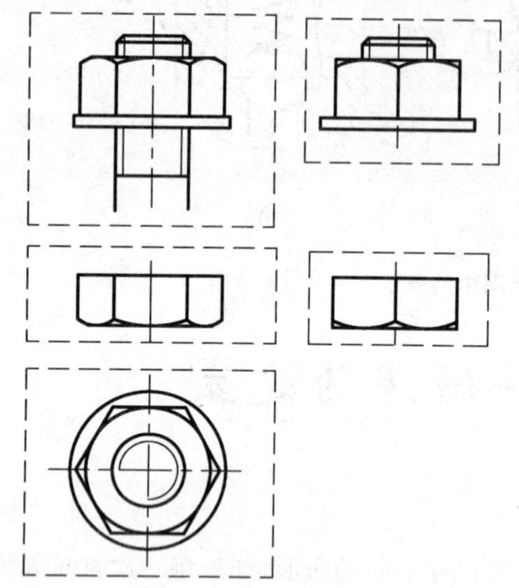

图 9.25 建立图块

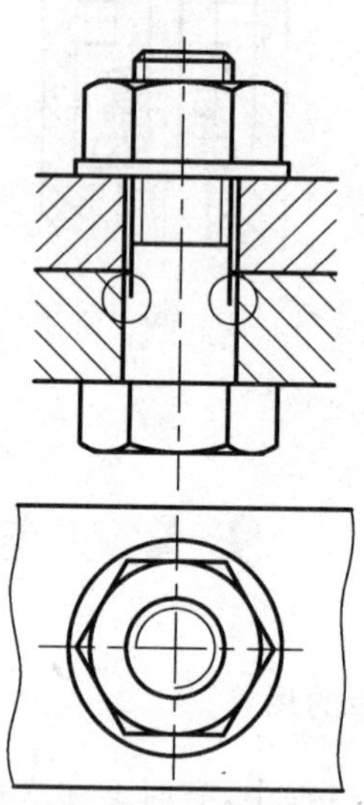

图 9.26 调用块作图

2. 用参数化编程的方法建立工程图库

参数化编程是用来建立大规模工程图库的一种有效方法,此时,图库中的每一种零件均对应着一个参数化的绘图程序,调用库中某零件图形的过程,实质上就是运行相应的绘图程序,赋于一组参数,生成新的图形及结构信息的过程。

例如,绘制螺栓连接图时,通常将螺栓、螺母、垫圈尺寸通过螺纹的公称直径 d 进行比例折算,按比例画法绘制,连接板的厚度 δ 是可变的。因此,编程时可将 d、δ 作为螺栓连接图的原始参数,调用程序绘图时只需输入 d 和 δ,即可绘出螺栓连接图。

9.5 部件测绘

当需要对原有机器进行技术改造或仿造时,往往要对有关机器的一部分或整体进行测绘,这种方法称为部件测绘。测绘过程可分为以下几步:

1. 了解、分析、测绘对象

如图 9.27 所示的球阀,在测绘前,应认真分析测绘对象,要了解其目的用途、工作原理、结构特点及零件间的装配关系和连接关系。

2. 画装配示意图

装配示意图是用来记录装配体上各个零件的位置和装配关系、工作原理、传动系统的简

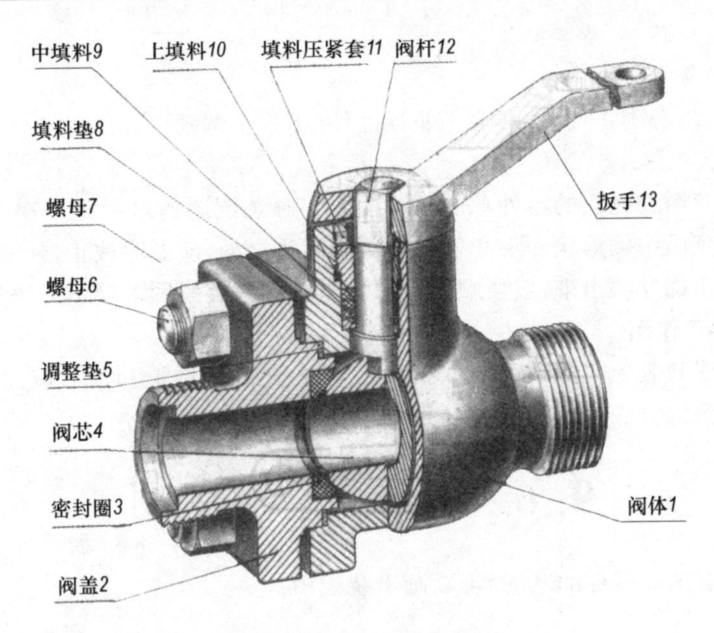

图 9.27　球阀的装配轴测图

图，它是装配机器和画装配图的依据。图中每个零件只画大致轮廓或用单线表示。画装配示意图时应先画主要零件的轮廓，然后按拆卸顺序把其他零件逐个画出，并将各零件编上序号或写出零件的名称。图 9.28 所示为球阀的装配示意图。

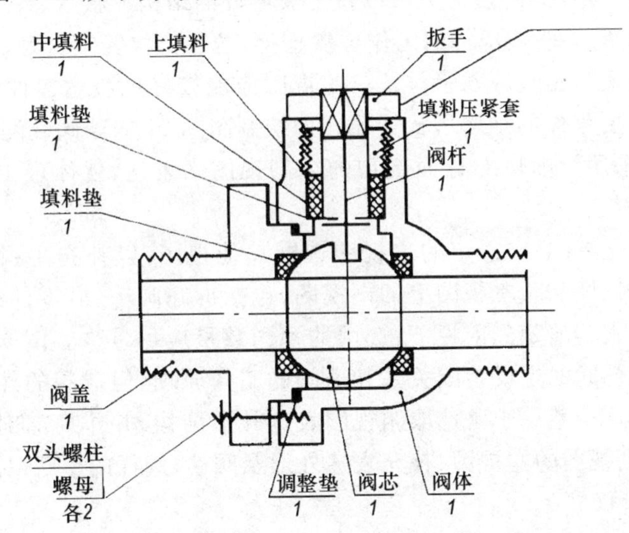

图 9.28　球阀装配示意图

3. 拆卸装配体

拆卸前应先测量一些重要的装配尺寸（如零件间的相对位置尺寸、运动零件的极限尺寸、装配间隙等），以校核图样和组装装配体。拆卸时对不可拆卸的过盈配合的零件尽量不拆，以免影响装配性能和精度。对于难拆卸的零件要使用相应的工具，防止将零件损坏。拆卸中要注意保护零件的加工面和配合面。对于标准件在测量公称尺寸后应查阅有关标准，写出规定标记和数量。机器或部件拆卸后要妥善保管全部零件，以免生锈或丢失。

注意：必须经分析、了解装配体后再行拆卸。

4. 画零件草图

对于标准件，不必画零件草图；对于非标准件，则应全部画出。

5. 画装配图

根据装配示意图和测绘的零件草图画装配图。画装配图的过程是一次检验、校对零件草图的过程。零件草图中的形状和尺寸如有错误和不妥之处，应及时改正，使零件之间的装配关系能在装配图上正确反映出来，以便顺利地拆画零件图。装配图的绘制方法见 9.6 节。

6. 拆画零件工作图

根据零件草图和装配图拆画每个零件的工作图，此时的图形和尺寸应比较正确可靠。由装配图拆画零件图的方法见 9.10 节。

9.6 装配图的绘制

根据装配示意图和零件的草图，可以画出装配图。

9.6.1 画装配图的方法步骤

1. 拟定表达方案

表达方案包括如何选择主视图、确定视图的数量和表达方法，使选择的表达方案能清楚地表达部件的工作原理、零件间的装配关系以及主要零件的结构形状等。

(1) 主视图的选择：一般按部件的工作位置选择，若工作位置倾斜时，可将其摆正，使主要装配干线或主要安装面呈铅垂或水平位置。主视图应能较好地表达部件的工作原理、零件间的主要装配关系及主要零件的结构形状特征。如绘制图 9.27 的球阀装配图，应选箭头方向为主视图的投影方向，采用沿前后对称面剖切的全剖视图来表达，就体现了上述主视图的选择原则。

(2) 其他视图的选择：根据选定的主视图选配其他视图，以补充主视图未表达清楚的内容。应尽可能用基本视图和基本视图上的剖视图（包括拆卸画法、沿零件结合面剖切画法等）来表达有关内容。在表达清楚的前提下，选用的视图数量应尽量少。图 9.27 中，选取的主视图能清楚地反映各零件间的主要装配关系和球阀的工作原理，但球阀的外形结构以及其他一些装配关系还没有表达清楚。于是选取俯视图表达外形结构，并作局部剖视反映手柄与定位凸块的关系；选取半剖视图的左视图，补充表达外形及阀芯、阀杆的形状以及装配关系。

2. 画装配图的步骤

确定了部件的表达方案后，根据选择的视图及部件的大小复杂程度，选取适当的比例并安排各视图的位置，从而选定图幅，即可着手画图。在安排各视图的位置时，要注意留有编写零部件序号、明细栏以及注写尺寸和技术要求的位置。

画图时，应先画出各视图的主要轴线（装配干线）、对称中心线和作图基线（某些零件的基面或端面）。由主视图开始，几个视图配合进行。画剖视图时，以装配干线为准，由内向外逐个画出各个零件，也可由外向里画，视作图方便而定。图 9.29 示出了绘制球阀装配图底稿的画图步骤：

(1) 画出各视图的主要轴线、对称中心线及作图基线，如图 9.29(a)所示。

(2) 画主要零件阀体的轮廓线,三个视图要联系起来画,如图 9.29(b)所示。

(3) 根据阀盖和阀体的相对位置,画出阀盖的三视图,如图 9.29(c)所示。

(4) 画出其他零件,再画出板手的极限位置,如图 9.29(d)所示。

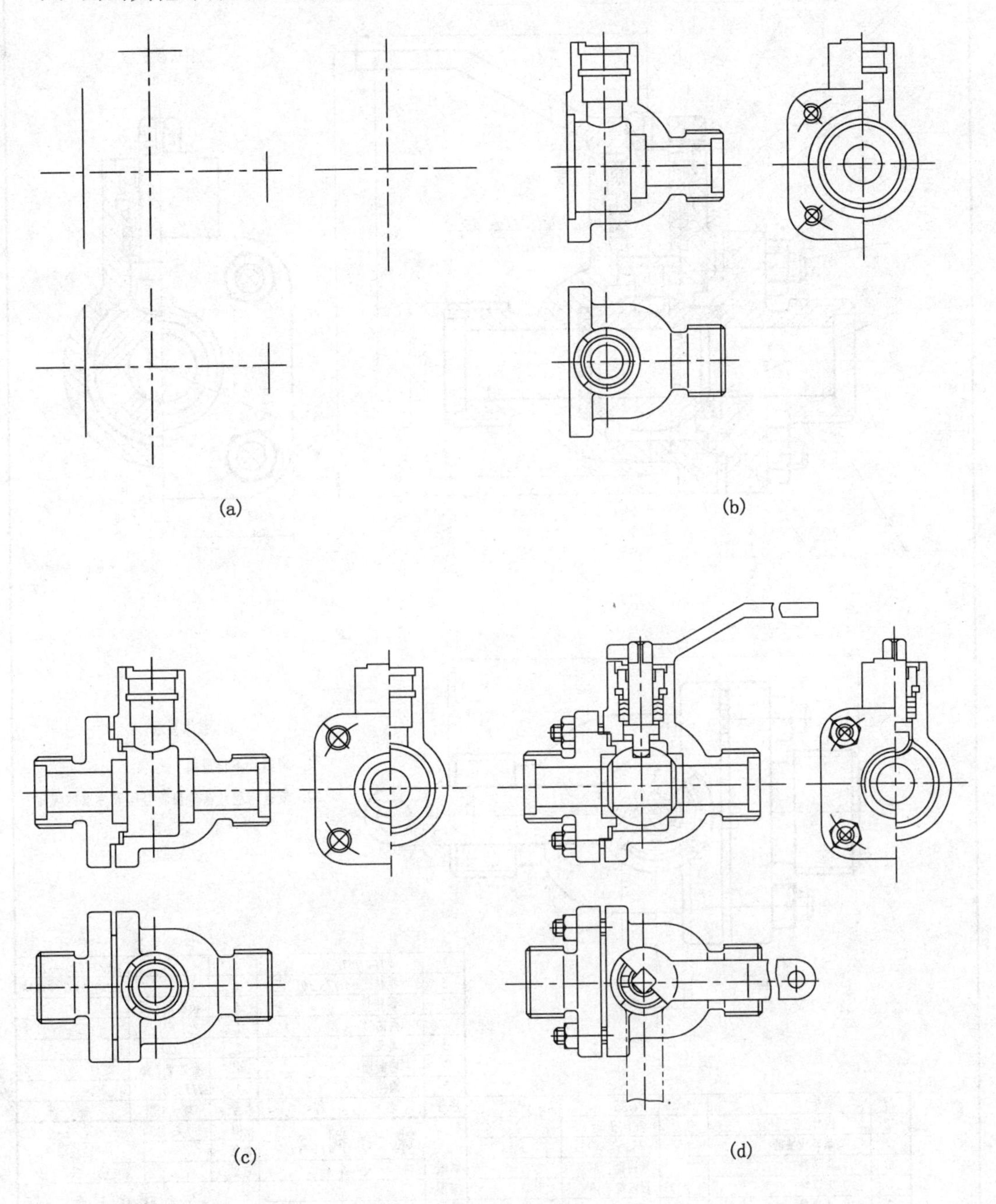

图 9.29 画装配图底稿的步骤

底稿完成后,需经校核、线条加深、画剖面线、注尺寸,最后编写零、部件序号,填写明细栏、标题栏并签署姓名。完成后的球阀装配图,如图 9.30 所示。

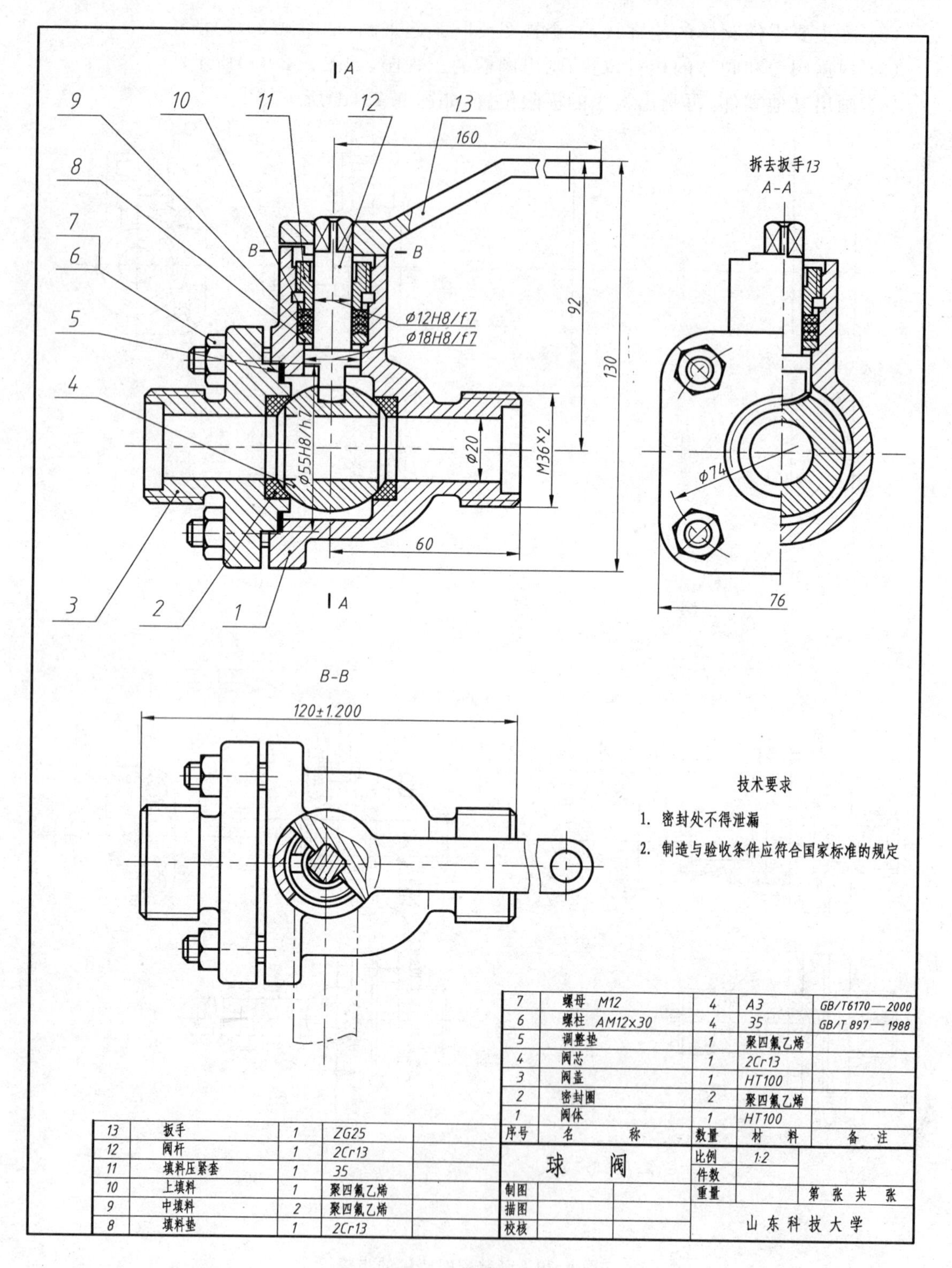
A
9
10
11
12
13
8
7
6
5
4
3
2
1
160
B
B
Ø12H8/f7
Ø18H8/f7
Ø55H8/h7
Ø20
M36×2
92
130
60
A
拆去扳手13
A-A
Ø74
76
B-B
120±1.200
技术要求
1. 密封处不得泄漏
2. 制造与验收条件应符合国家标准的规定
7 螺母 M12 4 A3 GB/T6170—2000
6 螺柱 AM12×30 4 35 GB/T 897—1988
5 调整垫 1 聚四氟乙烯
4 阀芯 1 2Cr13
3 阀盖 1 HT100
2 密封圈 2 聚四氟乙烯
1 阀体 1 HT100
序号 名称 数量 材料 备注
13 扳手 1 ZG25
12 阀杆 1 2Cr13
11 填料压紧套 1 35
10 上填料 1 聚四氟乙烯
9 中填料 2 聚四氟乙烯
8 填料垫 1 2Cr13
球阀
比例 1:2
件数
重量
第 张 共 张
制图
描图
校核
山东科技大学

图 9.30 球阀装配图

9.6.2 计算机绘制装配图

计算机绘制装配图是计算机绘图中的难点之一。这不仅是由于装配图的信息量大，而且机械产品有其多样性和复杂性。

用计算机绘制装配图常用方法有以下几种。

1. 交互式绘制装配图

利用现有的交互式绘图软件，可完全按手工绘制装配图的方式，直接在屏幕上绘制出装配图。这种方法工作量大，生成的图是“死图”，尺寸变化后图形的可重复利用程度低。但是，其方法简单实用，操作者不必有很高的软件水平，对支撑软件的要求也较低，目前仍被广泛采用。

在用交互方式绘制装配图时，应注意充分利用 CAD 软件的某些特殊功能来提高绘图效率。例如，可以利用 AutoCAD 中“块”的功能，把装配图中重复出现的局部结构定义成“块”，再把此“块”插入到图中相应的位置，从而减少重复性工作。

2. 由子图形拼组而成

这种方法是采用 9.4 节介绍的方法，建立参数化的二维零件图库及标准件库(即子图形库)，然后根据装配体的结构特点建立装配模型，对所需零件进行赋值，按要求的定位关系拼画成装配图。例如图 9.31 所示的组装图可以调用图 9.32 中的子图形画出，图中 1、2、3、4、5 为各子图形的定位点。虽然这种方法绘制装配图实现难度相对较大，但在系列化产品设计中仍常常采用，且具有较好的发展前景。

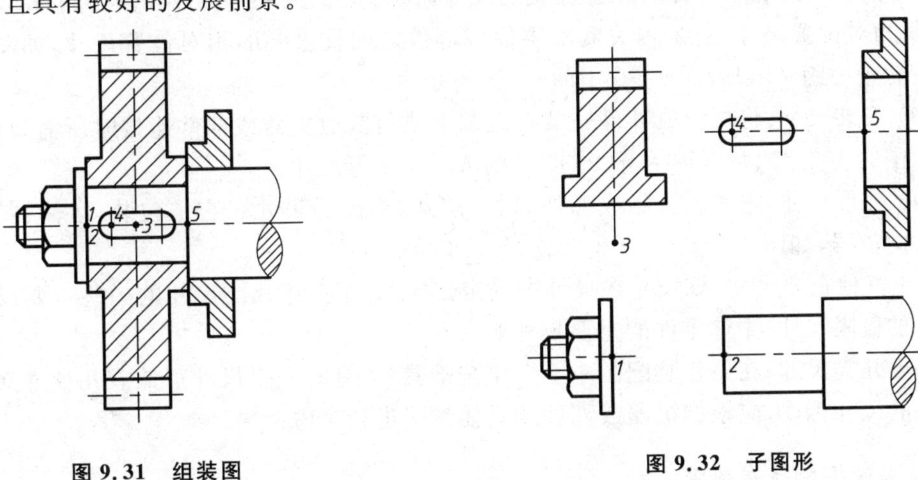

图 9.31 组装图

图 9.32 子图形

3. 由零件图拼画成装配图

这种画装配图的方法是建立在完成零件图的基础之上。参与装配的零件可分为标准件和非标准件，对于非标准件应有已完成的规范的零件图；对于标准件不需画零件图，应建立标准件图库，供画图时随时调用。

零件在装配图中的表达方法与零件图不尽相同，在拼画装配图前，应先对零件图作以下修改：

(1) 统一各零件的表达比例。

(2) 删去零件图上标注的尺寸。

(3) 在每张零件图的若干视图中取出一个或几个需要表达装配的视图，根据需要改变表达方法，如半剖改为全剖，全剖改为局部剖表达等。对被遮挡的部分作裁剪处理。

(4) 将上述处理后的各零件图存为图形块，并确定定位点。也可将上述处理后的零件图存为图形文件，存盘前使用 BASE 命令确定文件并作为块插入时的定位点。

通过以上对零件图的处理，便可按照装配图的绘制方法用计算机拼画出装配图。

以上介绍了几种绘制装配图的方法。在作图时，应根据实际工作的需要，本着经济、合理及满足实用要求的原则来确定。

9.7 装配图的尺寸标注和技术要求

9.7.1 装配图的尺寸标注

装配图和零件图在生产中所起的作用不同，因此，对尺寸标注的要求也不同。装配图中只需标出与机器或部件的性能规格、装配、检验、安装和运输有关的尺寸。一般说来，装配图上应标注以下几类尺寸：

(1) 规格尺寸：表示机器或部件规格的尺寸。该尺寸由设计确定，是用户了解和选用机器或部件的依据，如图 9.30 中球阀进出液体的管径尺寸 $\phi20$。

(2) 装配尺寸：用来保证部件的工作精度和性能要求的尺寸。它包括下列两种：

① 配合尺寸：表示零件间配合性质的尺寸，如图 9.30 中的 $\phi12H8/f7$、$\phi55H8/h7$ 等。

② 相对位置尺寸：它是相关联的零件或部件之间较重要的相对位置尺寸，如图 9.1 中的 185、齿轮中心距 72 以及图 9.30 中的 60 等尺寸。

(3) 安装尺寸：将机器或部件安装在地基上或与其他机器或部件连接时所需要的尺寸，如图 9.1 中的 100、45、$4\times\phi17$ 和图 9.30 中的 $M36\times2$ 等尺寸。

(4) 外形尺寸：它表示机器或部件总长、总宽、总高的尺寸。它是包装、运输、安装和设计厂房时的依据，如图 9.30 中的 120 ± 1.200、76 和 130。

(5) 其他重要尺寸：该尺寸在设计中确定，又不属于上述几类尺寸的一些重要尺寸。如运动零件的极限尺寸、主体零件的重要尺寸等。

以上几类尺寸，在一张装配图中不一定全部具备，有时一个尺寸可兼有几种意义，因此，装配图上的尺寸标注，应根据机器或部件的具体情况进行考虑。

9.7.2 装配图的技术要求

在装配图上，对无法在图形中表达的技术要求，可以用文字条例说明。一般有如下的内容：

(1) 有关产品性能、安装、使用和维护等方面的要求。

(2) 有关试验与检验的方法及要求。

(3) 有关装配时的加工、间隙、密封和润滑等方面的要求等。

9.8 装配图的零(部)件序号及明细栏

为方便读图，组织生产和管理图样，在装配图上必须对每种零(部)件编注序号，并在标题栏上方的明细栏中或另附的明细表内，填写它们的名称、数量和材料等内容。

9.8.1 编号的方法及规定

(1) 序号编写的形式由圆点、指引线、水平线(或圆)及数字组成，如图 9.33(a)所示。指引线和水平线(或圆)均为细实线，数字写在水平线上方(或圆内)，数字高度应比图中尺寸数字高度大一号或两号，指引线应从所指零件的可见轮廓内引出，并在末端画一圆点，当所指部分不宜画圆点(如薄零件或涂黑的剖面)时，可在指引线末端画一箭头以代替圆点，如图 9.33(b)所示。

(2) 指引线应尽量分布均匀，彼此不能相交，当通过剖面线区域时，须避免与剖面线平行。指引线不应画成水平或垂直线，必要时可画成折线，但只能折一次，如图 9.33(c)所示。

(3) 装配关系清楚的零件组，如螺纹连接组件等，可以采用公共指引线，如图 9.30(d)所示。

(4) 对同一标准部件，如滚动轴承、油杯、电动机等只编一个序号。

(5) 编写图样中的序号时，应按水平方向或垂直方向排列整齐，可顺时针方向或逆时针方向依次编号，如图 9.30 所示。

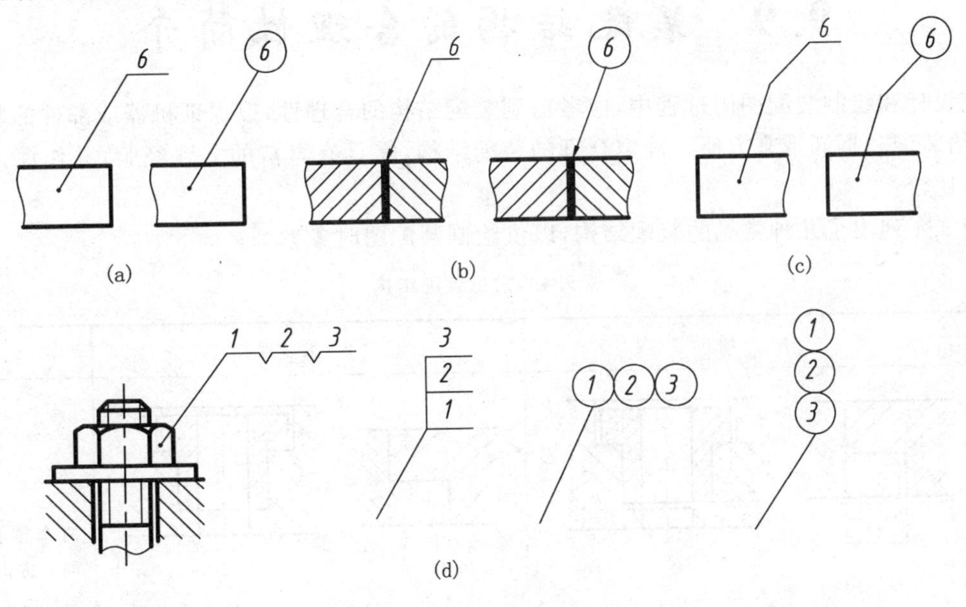

图 9.33 序号指引线画法

9.8.2 明细栏

明细栏(Item Block)是机器或部件中全部零(部)件的详细目录。

明细栏应画在标题栏上方，若位置不够，可分段画在标题栏的左方。明细栏的左、右外框线画粗实线，内框线画细实线。零(部)件序号编写顺序是从下往上填写，以便在增加零件时，可继续向上画格。明细栏中的编号必须与装配图中零(部)件的编号一一对应。在特殊情况下，装配图中也可以不画明细栏，而单独编写在另一张图纸上，一般称为明细表。

为学生作图方便，明细栏可采用图 9.34 所示的格式。

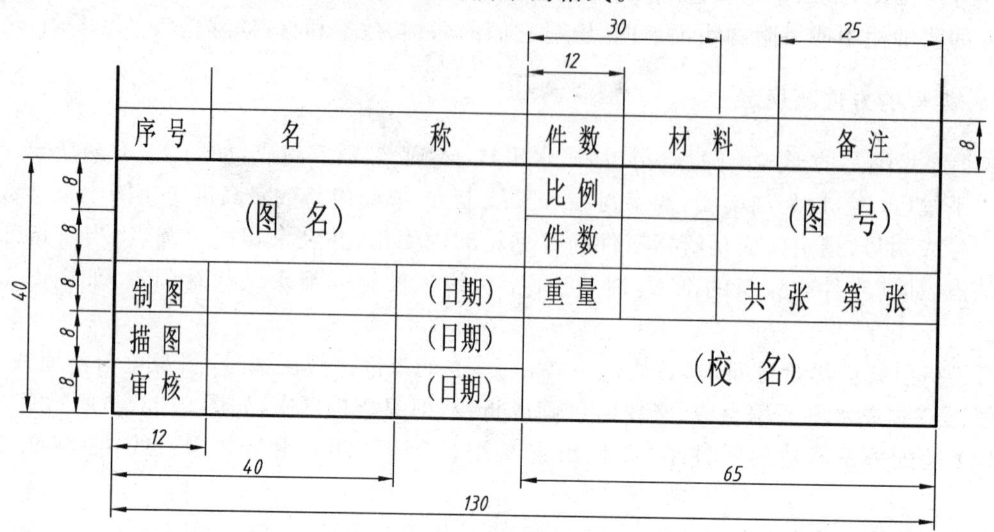

图 9.34 装配图中标题栏和明细表

9.9 装配结构的合理性简介

在设计和绘制装配图的过程中，应考虑到装配结构的合理性，以保证机器或部件的装配质量，并给装配和拆卸带来方便。确定合理的装配结构，需具有丰富的实践经验，并作深入细致的分析比较。

表 9.4 列出了几种常见的装配结构，以供绘制装配图时参考。

表 9.4 常见装配结构

合 理	不 合 理	说 明
A2 A1 A2 A1 φB φC φA		两个零件在同一方向上，只能有一对接触面

续表 9.4

	合 理	不 合 理	说 明
接触面与配合面的结构	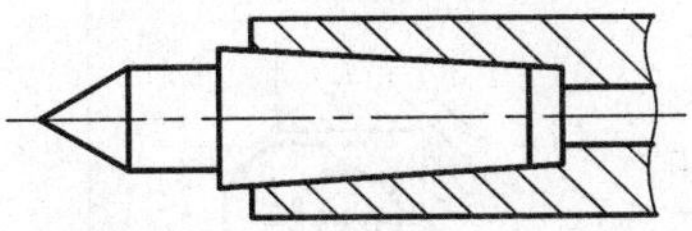	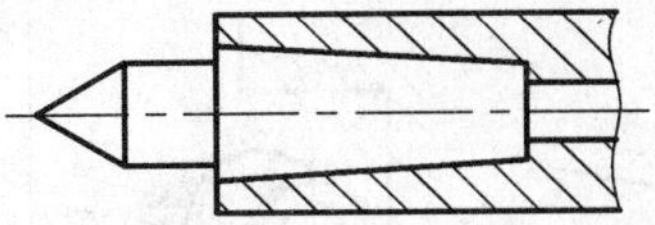	两锥面配合时，锥体顶部与锥孔底部之间应留有空隙
	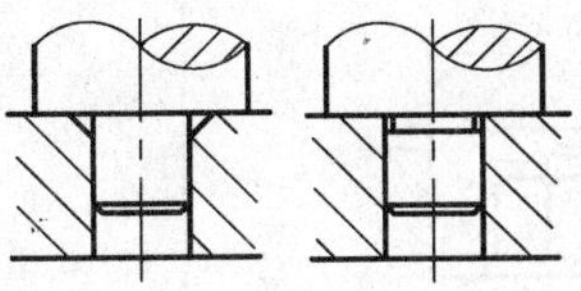	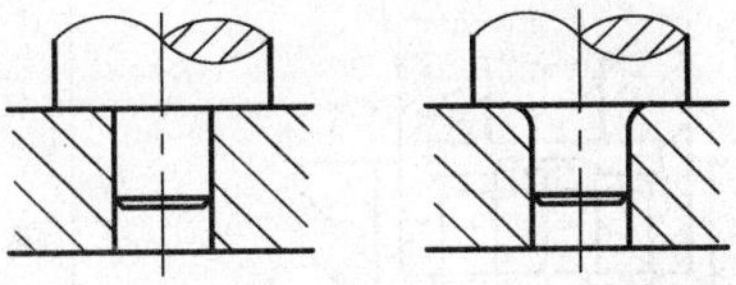	两配合零件接触面的转角处应做出倒角、倒圆或凹槽，不应都作成尖角或相同的圆角
	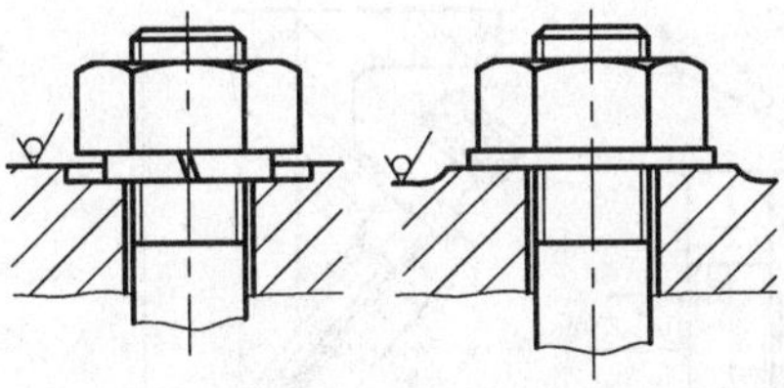	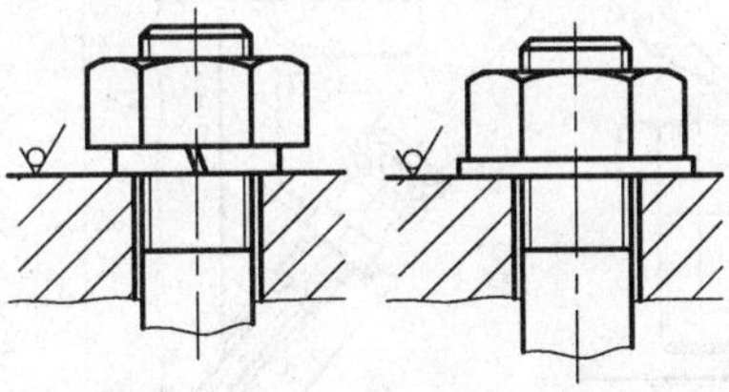	在被连接件上做出沉孔或凸台，以保证良好的接触性能
	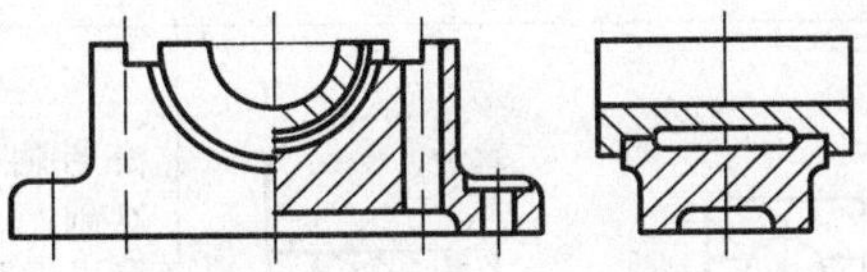	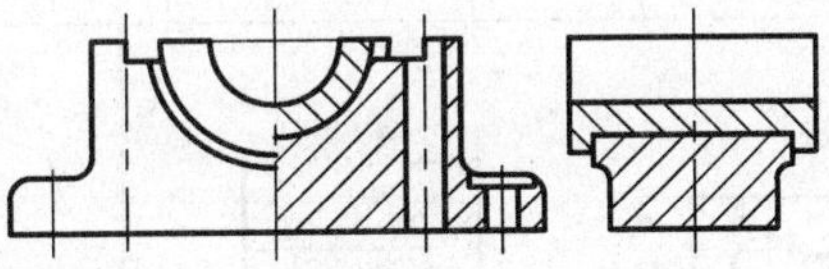	合理减少加工面积，既可降低制造成本，又可改善接触状况
装拆方便结构	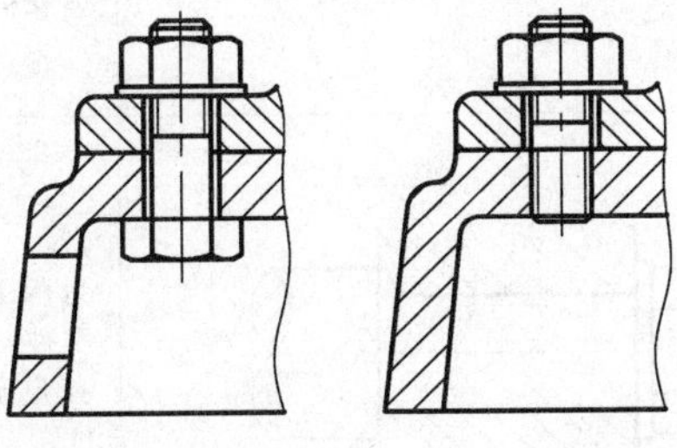	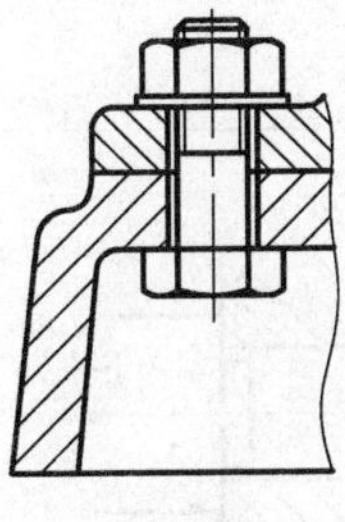	加手孔或使用双头螺柱，方能拧紧被连接件

续表 9.4

	合 理	不 合 理	说 明
装拆方便结构	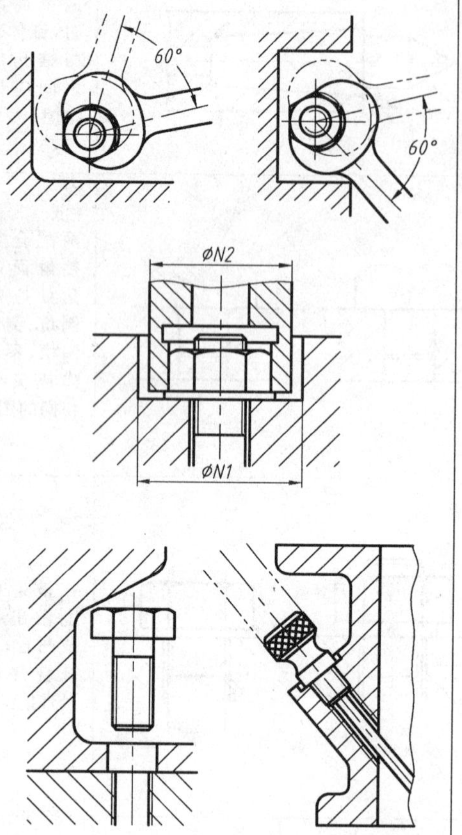 60° 60° ØN2 ØN1	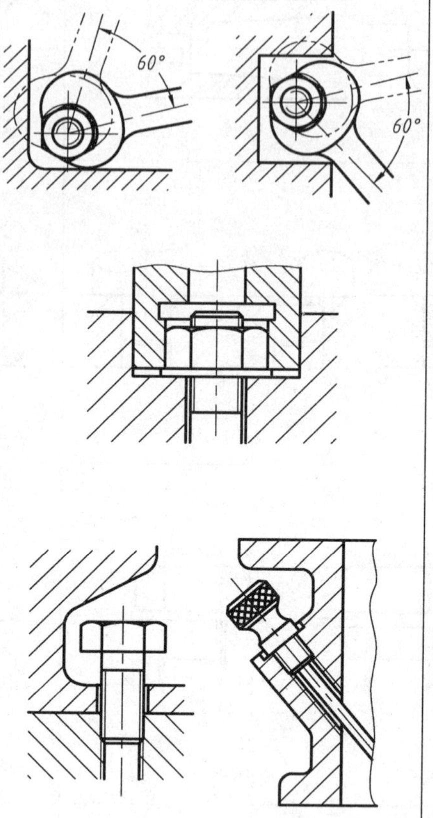 60° 60°	为了便于装拆，必须留出扳手的活动空间以及装拆螺钉、量杆的空间
	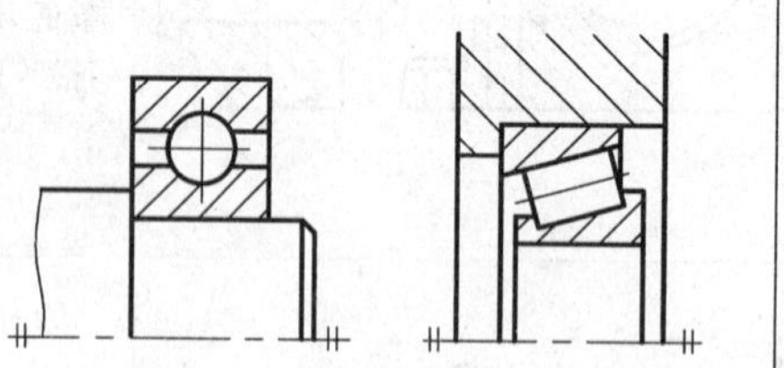	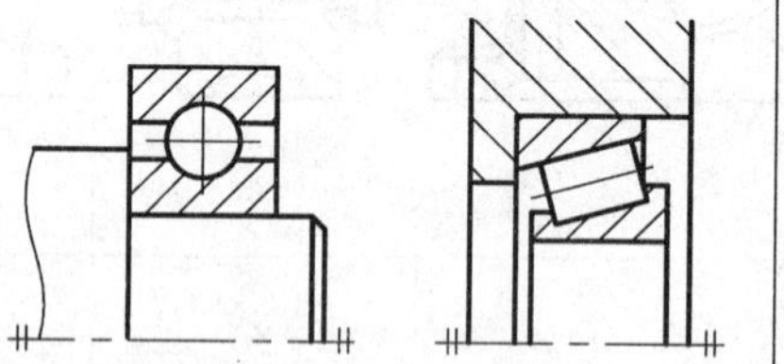	滚动轴承在以轴肩或孔肩定位时，其高度应小于轴承内圈或外圈的厚度，以便拆卸
螺纹连接结构	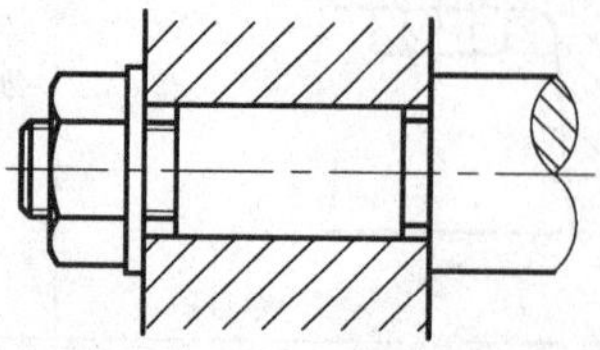	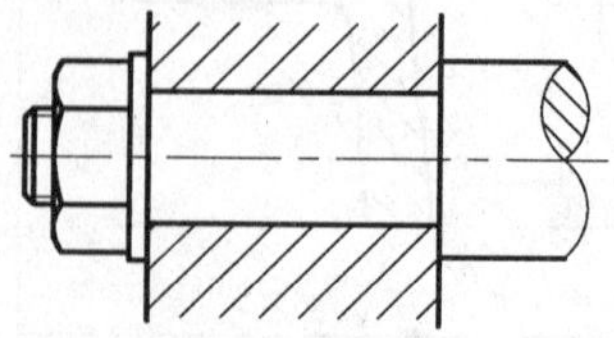	为保证拧紧零件，螺纹应有足够的长度

续表 9.4

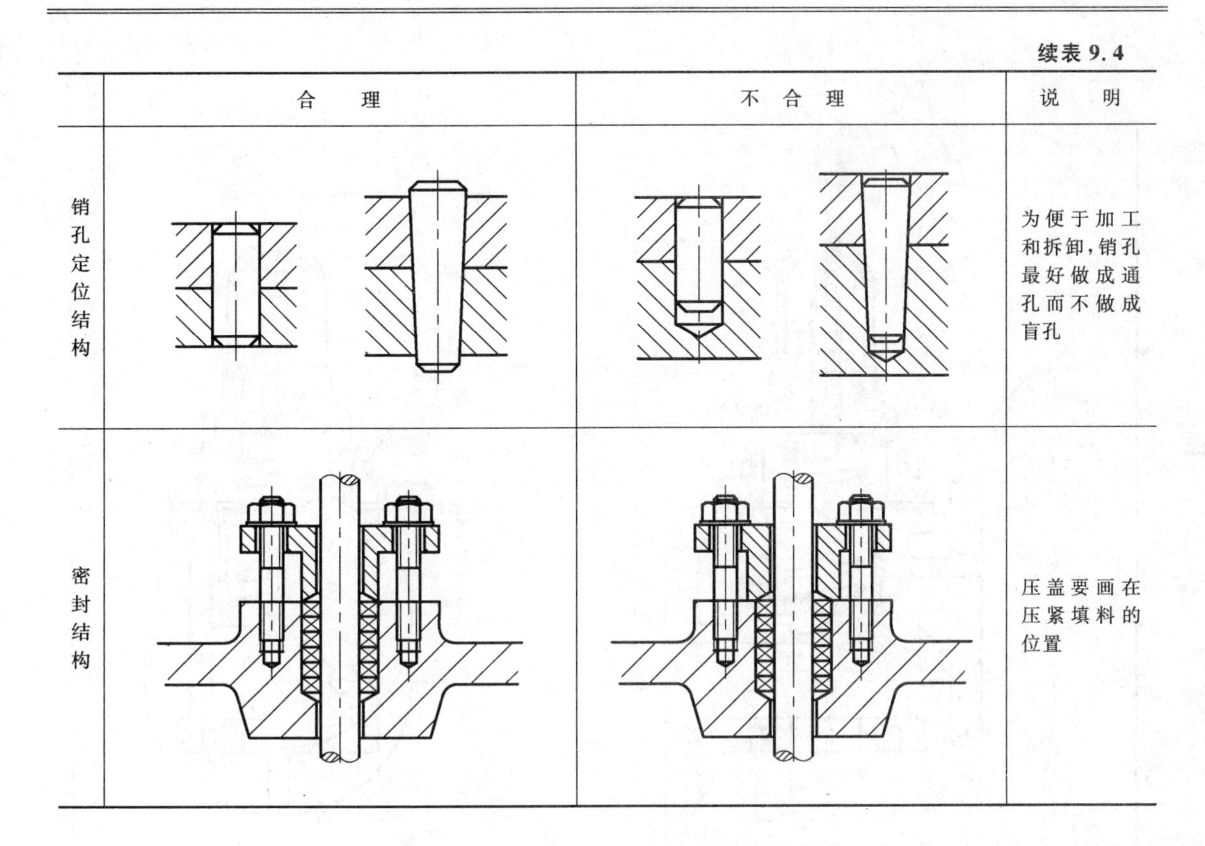

	合 理	不 合 理	说 明
销孔定位结构			为便于加工和拆卸，销孔最好做成通孔而不做成盲孔
密封结构			压盖要画在压紧填料的位置

9.10 读装配图和拆画零件图

在工业生产中，从机器的设计到制造、使用、维修和进行技术交流等，都要用到装配图。因此，工程技术人员要掌握看装配图的方法。

9.10.1 读装配图的基本要求

（1）了解装配体的名称、用途、性能及工作原理和传动关系。

（2）弄清零件间的装配关系、连接方式和相对位置。

（3）分析各零件的结构形状和作用。

9.10.2 读装配图的方法和步骤

下面以图 9.35 所示的安全阀装配图为例，说明读装配图的方法步骤。

1. 概括了解并分析视图

首先看标题栏和明细栏，从中得到该部件的概略情况。由标题栏可知，该部件名为“安全阀”，它是流体管路中起安全保护作用的一种装置。由明细栏可知，安全阀有 13 种零件，其中 5 种为标准件，结构不甚复杂。

分析视图与视图之间的关系，对于剖视图、断面图，应弄清剖切平面的位置和投影方向；对于局部视图和斜视图，应找到箭头所指的投影部位和投影方向。还应分析每个视图的表达意图和重点。

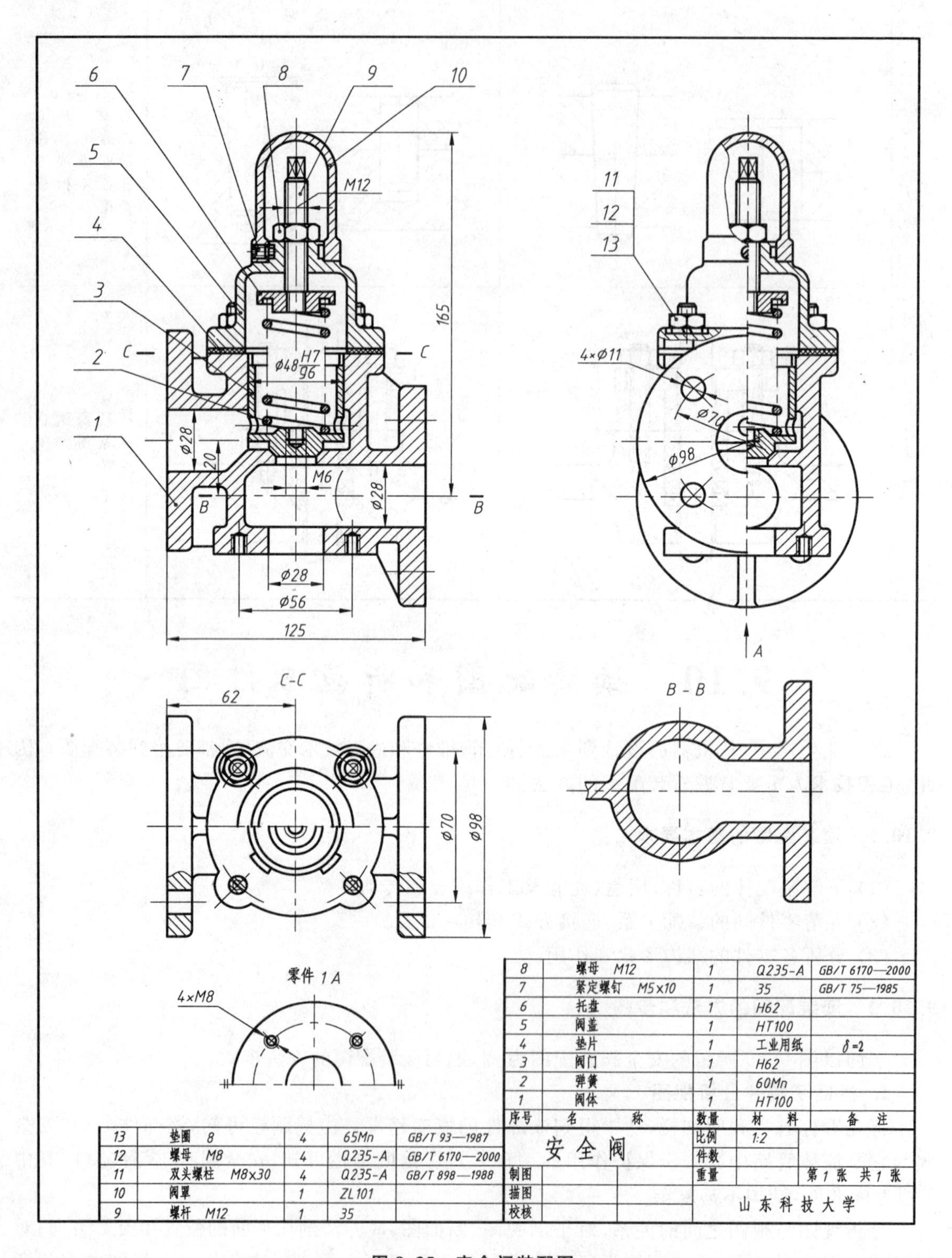
6
7
8
9
10
5
4
3
2
1
M12
165
C
C
φ48 H7/g6
φ28
20
M6
φ28
B
B
φ28
φ56
125
11
12
13
4×φ11
φ70
φ98
A
C-C
62
φ70
φ98
B - B
零件 1 A
4×M8
8 螺母 M12 1 Q235-A GB/T 6170—2000
7 紧定螺钉 M5×10 1 35 GB/T 75—1985
6 托盘 1 H62
5 阀盖 1 HT100
4 垫片 1 工业用纸 δ=2
3 阀门 1 H62
2 弹簧 1 60Mn
1 阀体 1 HT100
序号 名 称 数量 材 料 备 注
13 垫圈 8 4 65Mn GB/T 93—1987
12 螺母 M8 4 Q235-A GB/T 6170—2000
11 双头螺柱 M8×30 4 Q235-A GB/T 898—1988
10 阀罩 1 ZL101
9 螺杆 M12 1 35
安全阀
比例 1:2
件数
重量
第 1 张 共 1 张
制图
描图
校核
山东科技大学

图 9.35 安全阀装配图

安全阀选用了三个基本视图，$B-B$ 移出断面和局部视图 A 来表达单个零件。其中，主视图为全剖视图，剖切平面通过部件的前后对称面，着重表达工作原理和装配连接关系；左视图基本上为半剖，补充表达主要零件的内外结构形状；俯视图采用沿阀体和阀盖结合面剖切画法，为半剖视图，表达了阀体的顶面形状及内部结构，为了表达流体入口断面形状，采用了 $B-B$ 断面图。局部视图 A 是为了表达阀体底部凸缘的形状及螺孔的分布情况。

在分析视图时，还要结合明细表找出每个零件的位置及大致的投影范围，为下面的深入分析作准备。

2. 分析工作原理和装配连接关系

这是看装配图的重要环节。在概括了解的基础上，从反映工作原理和装配关系比较明显的视图(一般为主视图)入手，仔细分析装配干线上每个零件的作用和零件之间的配合要求、连接、定位方式。再进一步搞清运动零件和非运动零件的相对运动关系，结合与本部件有关的专业知识，便不难弄懂部件的工作原理和装配关系。

安全阀的主视图是反映工作原理和装配关系最集中的视图。阀体 1 是安全阀的主体零件，其中 $\phi48H7/g6$ 孔轴线是装配干线，其他零件都沿此线装配。阀门 3 由弹簧 2 压在阀体中间通孔上。阀盖 5 由四组螺柱紧固件与阀体相连接。弹簧的压力由螺杆 9 推动托盘 6 来调整。在正常情况下，流体从阀体的右孔流入、下孔流出。当系统的压力超出允许的压力时，阀门被流体顶起，部分流体由中间通孔经左孔流回油箱或排出，从而使管路中压力迅速下降而起到过压安全保护作用。当管路中压力恢复正常时，阀门又在弹簧的作用下重新关闭。

阀体 1 与阀门 3 的 $\phi48H7/g6$ 是基孔制间隙配合，保证了两零件的相对运动。阀罩 10 靠紧定螺钉 7 与阀盖 5 连接与定位。旋动螺母 8 可固定螺杆 9，防止松动。为了防止流体泄漏，阀体和阀盖的结合面间装有垫片 4 加以密封。

3. 分析零件的结构形状

分析零件，看懂每一零件的作用和结构，有助于对工作原理和装配关系的深入理解，同时为拆画零件图打下基础。从装配图上区分不同零件，可通过看零件的序号和明细表、对投影关系、根据剖面线的方向或间隔距离来实现。

下面通过安全阀中的两个主要零件阀体 1 和阀门 3 来分析其结构形状。

将阀体 1 的主、俯、左三个视图联系起来，可知阀体为四通管式的壳体，中部圆柱形空腔被分隔成上下两半，上下两部分空腔以带锥面的通孔相通。上半部分圆柱形空腔 $\phi48H7$ 是阀门 3 的配合面，为减少加工面积，也便于装拆，设置有 4 条凹槽(见俯视图)。为了与管路连接，左右两侧都有法兰盘，其上面四个通孔的分布通过左视图予以表达。上下两个圆盘凸缘上均匀分布着 4 个 $M8$ 的螺孔(见俯视图和局部视图 A)。为了提高强度，左、右法兰盘与中部主体之间各有两块肋连接。

阀门 3 的升降，使安全阀处于工作状态或非工作状态。从图中可以看出，阀门主体是个空心圆柱体，外圆尺寸 $\phi48g6$ 是阀体上相应空腔的配合面。内部空腔能容纳弹簧 2。$M6$ 的螺孔能使阀门装拆方便。阀门下端两个圆柱形通孔能使阀门上部和下部的压力得到平衡，使之迅速复位。

4. 分析尺寸

分析装配图上所注的尺寸，有助于进一步了解部件的规格、零件间的装配要求、外形大小及部件的安装方法。图 9.35 中所注尺寸的意义，这里不再赘述。

5. 总结归纳

实际看图时，上述步骤是相互联系交叉进行的，每一步又有侧重点，所以在经过分析研究之后，还必须进行总结归纳，综合分析整个部件的结构特点和设计意图，明确拆装顺序及安装方法。

9.10.3 由装配图拆画零件图

根据装配图画出零件图是一项重要的生产准备工作。它是在彻底读懂装配图的基础上进行的。由于在装配图上某些零件的结构形状，并不一定表达完全，此时就需要根据零件的作用和装配关系来设计，使所画的零件图符合设计和工艺要求。由装配图拆画零件图的具体步骤如下：

1. 分离零件、补画结构

(1) 读懂装配图，分析所拆零件的作用，并从诸零件中分离出来。

(2) 分析、想像该零件的结构形状，并补齐投影。

(3) 对装配图中未表达清楚的结构进行再设计。

(4) 分析该零件的加工工艺，补充规定省略和简化了的工艺结构。

2. 确定表达方案

零件图和装配图的表达出发点不同，所以拆画零件图时选择的表达方案不一定照搬装配图的表达，而应对零件的结构特点进行分析，重新考虑表达方案。一般情况下，箱体类零件主视图所选择的位置可与装配图一致，即按工作位置选取主视图；对轴套类零件，一般按加工位置选取主视图。

3. 对零件图上尺寸的处理

(1) 注出装配图上已标注的尺寸：装配图上已注出的尺寸，应直接移注到有关的零件图上。对于配合尺寸、某些相对位置尺寸要查表注出偏差数值。有些尺寸在明细表上查得后注出，如弹簧、垫片厚度等。

(2) 注出装配图上未标注的尺寸：有些尺寸通过计算可以确定，如齿轮分度圆直径等尺寸；零件上的标准结构，如螺纹、倒角、退刀槽等尺寸，需查有关的标准方法方能注出；其他未标注尺寸可按装配图的比例直接量取。

4. 确定技术要求

技术要求包括表面粗糙度、形状和位置公差以及一些热处理和表面处理等技术要求。一般可以参考同类型产品的图样加以确定。

5. 举　例

读懂图 9.36 控制阀装配图，并拆画阀体 13 的零件图。

(1) 概括了解：控制阀是安装在管路中控制流体流量的一种装置。由标题栏和明细栏可以看出，该部件由 15 个零件组成，其中标准件有 3 件。采用三个基本视图和两个局部视图来表达。主视图采用全剖，集中表达了工作原理和零件间的装配连接关系。俯视图采用拆卸画法，左视图用以表达其外形，两者都着重表达主要零件的结构形状。局部视图 A 补充表达了零件 1(手轮)的形状，局部视图 B 主要表达零件 10(锁母)的形状。

(2) 分析工作原理和装配关系：控制阀在管路中的状态有两种：关闭和开启，图示为关闭

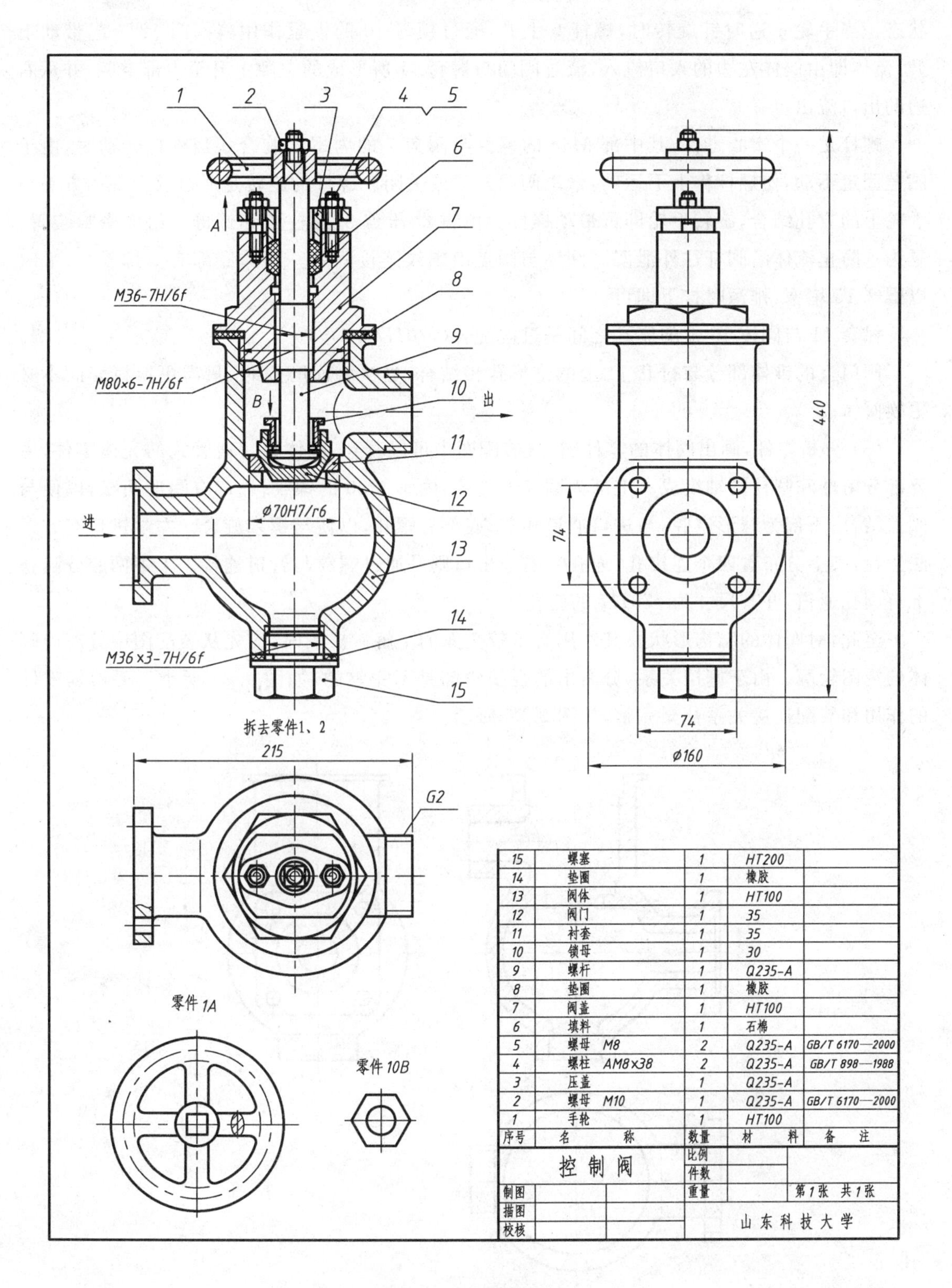
1
2
3
4
5
6
7
8
9
10
11
12
13
14
15
A
B
M36-7H/6f
M80×6-7H/6f
φ70H7/r6
M36×3-7H/6f
进
出
440
74
74
φ160
拆去零件1、2
215
G2
零件1A
零件10B
15 螺塞 1 HT200
14 垫圈 1 橡胶
13 阀体 1 HT100
12 阀门 1 35
11 衬套 1 35
10 锁母 1 30
9 螺杆 1 Q235-A
8 垫圈 1 橡胶
7 阀盖 1 HT100
6 填料 1 石棉
5 螺母 M8 2 Q235-A GB/T 6170—2000
4 螺柱 AM8×38 2 Q235-A GB/T 898—1988
3 压盖 1 Q235-A
2 螺母 M10 1 Q235-A GB/T 6170—2000
1 手轮 1 HT100
序号 名称 数量 材料 备注
控制阀
比例
件数
重量
第1张 共1张
制图
描图
校核
山东科技大学

图 9.36　控制阀装配图

状态。当手轮 1 逆时针旋转时，螺杆 9 上升，通过锁母 10 的锁紧作用将阀门 12 一起带动上升，流体即由阀体左边的入口流入，流过阀门与衬套 11 所形成的空隙上升至上部空腔，并从右边的出口流出。

螺杆是一个实心零件，其中部 $M36$ 的螺纹与阀盖 7 的内螺纹旋合。当螺杆转动时，由于阀盖固定不动，使螺杆作上下运动，带动阀门开启或关闭。螺杆的旋转是通过它上部的方头与手轮上的方孔结合，旋转手轮即可带动螺杆。填料 6、压盖 3、螺柱 4 和螺母 5 组成密封装置，是为了防止流体沿阀杆往外泄漏。阀体与阀盖由螺纹连接固定。阀体底部有一排放孔，平时以螺塞 15 堵塞，排污时拧下即可。

衬套 11 与阀体 13 上的座孔之间是过盈配合($\phi70H7/r6$)。

阀门上的锥体部分与衬套 11 上的锥形孔相结合，当接触面磨损时，只需更换衬套而不必更换阀体。

(3) 分析零件，画出阀体的零件图：从装配图中可以看到，阀体是三通管式的壳体零件，主要部分由球和圆柱同轴组成。上部为圆柱形空腔，内车 $M80$ 的螺纹；端部有圆形凸缘，以便与阀盖结合；下部为球形空腔，与进口通道相贯；底部有螺孔，以便与螺塞旋合。左端进口有方形法兰盘，其上分布着四个连接孔(通孔)；右边出口则是通过螺纹与管道连接。上下两腔分隔壁上有圆孔通道，并有尺寸为 $\phi70H7$ 的座孔。

至此，对阀体的结构形状及其作用有了较全面的了解。拆图时，应先从装配图中分离出阀体的视图轮廓。由于遮挡关系，分离出的视图轮廓是不完整的，如图 9.37 所示。要根据零件的作用和装配连接关系补充完整，如图 9.38 所示。

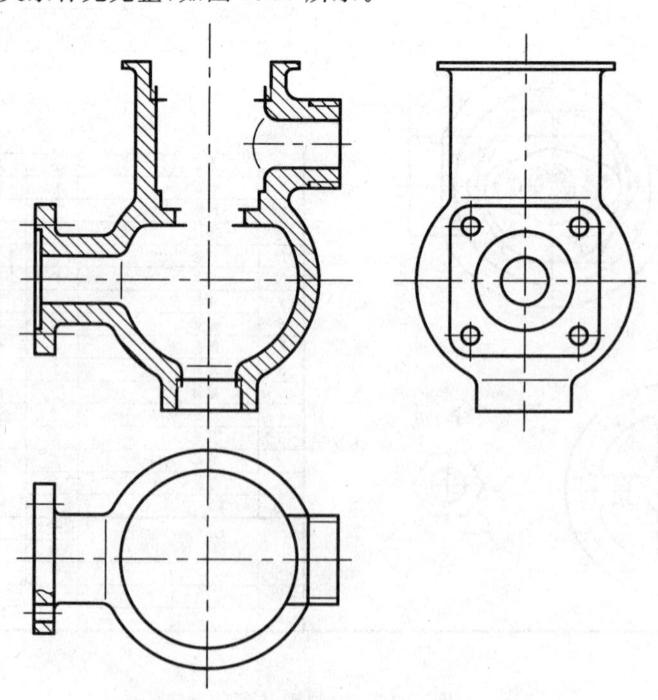

图 9.37 从装配图中分离出零件的视图

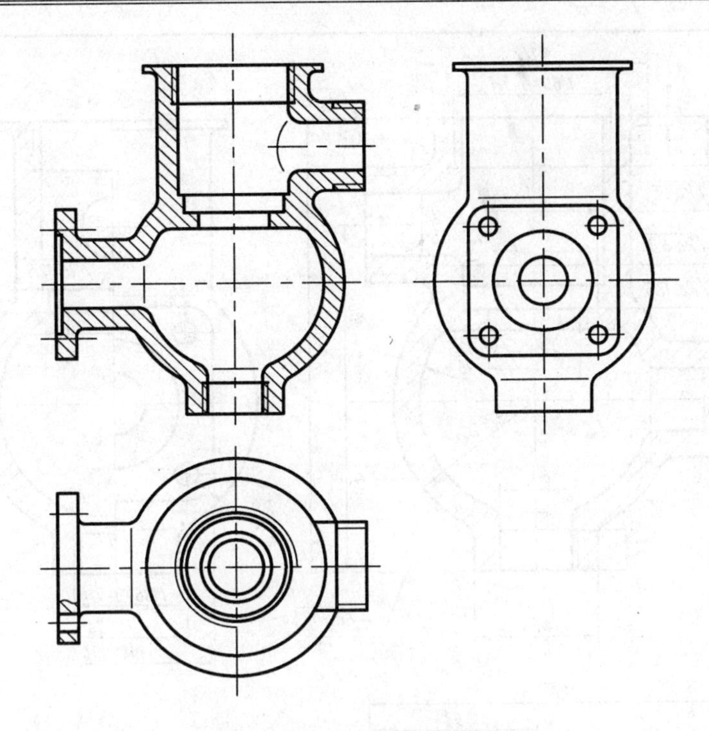

图 9.38 补充完整零件图

根据前述方法，在所画图形上标上尺寸，注出技术要求。

拆画出的阀体零件图如图 9.39 所示。

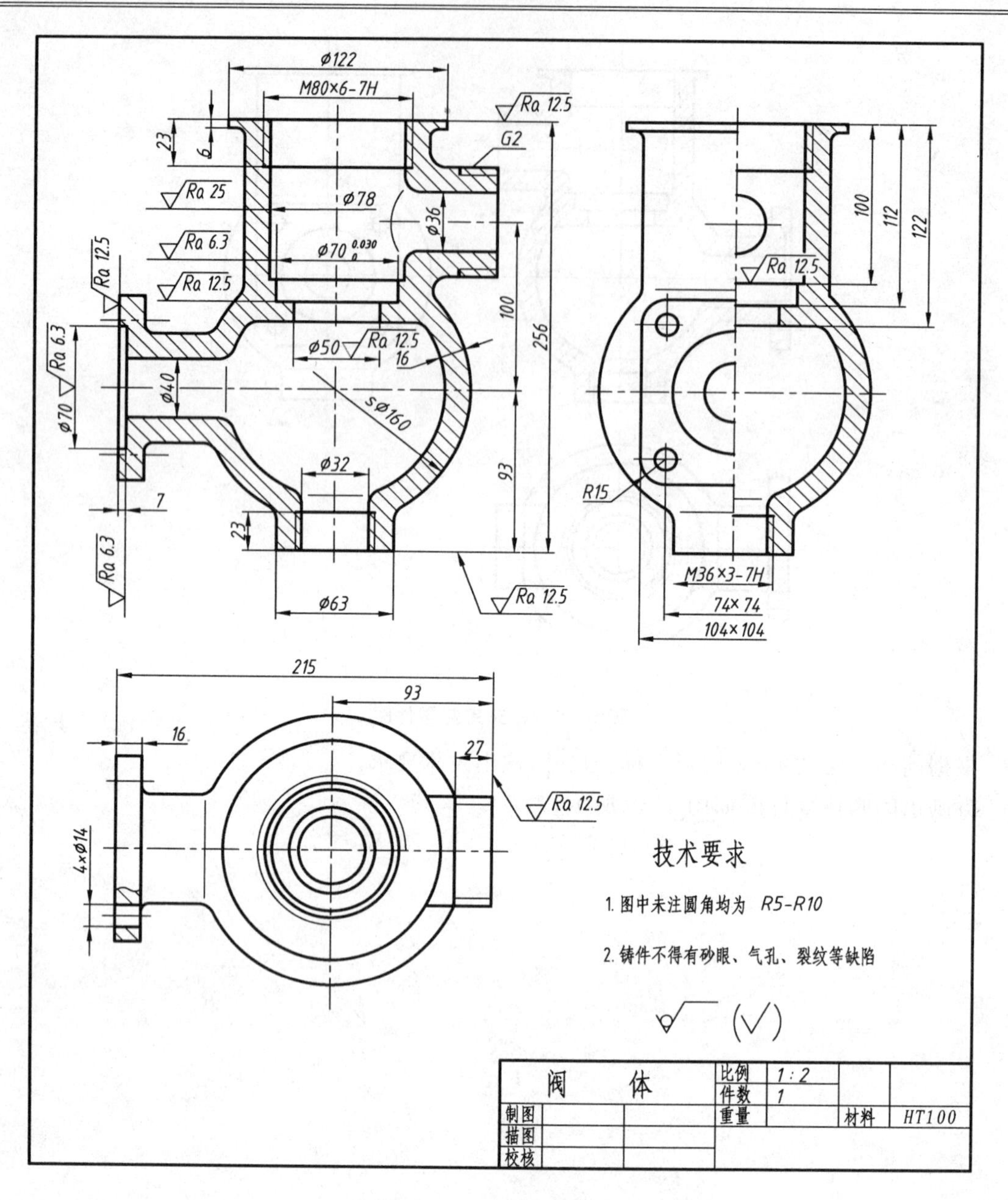
Ø122
M80×6-7H
Ra 12.5
G2
23
6
Ra 25
Ø78
Ø36
Ra 6.3
Ø70 0.030 0
Ra 12.5
Ra 12.5
Ra 6.3
Ø50
Ra 12.5
16
100
256
Ø40
Ø70
SØ160
Ø32
93
7
23
Ra 6.3
Ø63
Ra 12.5
100
112
122
Ra 12.5
R15
M36×3-7H
74×74
104×104
215
93
16
27
Ra 12.5
4×Ø14
技术要求
1. 图中未注圆角均为 R5-R10
2. 铸件不得有砂眼、气孔、裂纹等缺陷
阀 体
比例
1:2
件数
1
重量
材料
HT100
制图
描图
校核

图 9.39 阀体的零件图

附　　录

附录一　螺　　纹

附表 1.1　普通螺纹的直径与螺距(摘自 GB/T 193—2003)　　单位:mm

<table>
<tr><th colspan="3">公称直径 d,D</th><th colspan="2">螺　距　P</th><th colspan="3">公称直径 d,D</th><th colspan="2">螺　距　P</th></tr>
<tr><th>第一系列</th><th>第二系列</th><th>第三系列</th><th>粗　牙</th><th>细　牙</th><th>第一系列</th><th>第二系列</th><th>第三系列</th><th>粗　牙</th><th>细　牙</th></tr>
<tr><td>3</td><td></td><td></td><td>0.5</td><td rowspan="2">0.35</td><td>72</td><td></td><td></td><td></td><td>6,4,3,1.5,(1)</td></tr>
<tr><td></td><td>3.5</td><td></td><td>(0.6)</td><td></td><td></td><td>75</td><td></td><td>(4),(3),2,1.5</td></tr>
<tr><td>4</td><td></td><td></td><td>0.7</td><td rowspan="4">0.5</td><td></td><td>76</td><td></td><td></td><td>6,4,3,2,1.5,(1)</td></tr>
<tr><td></td><td>4.5</td><td></td><td>(0.75)</td><td></td><td></td><td>(78)</td><td></td><td>2</td></tr>
<tr><td>5</td><td></td><td></td><td>0.8</td><td>80</td><td></td><td></td><td></td><td>6,4,3,2,1.5,(1)</td></tr>
<tr><td></td><td></td><td>5.5</td><td></td><td></td><td></td><td>(82)</td><td></td><td>2</td></tr>
<tr><td>6</td><td></td><td>7</td><td>1</td><td>0.75,(0.5)</td><td>90</td><td>85</td><td></td><td></td><td rowspan="7">6,4,3,2,(1.5)</td></tr>
<tr><td>8</td><td></td><td></td><td>1.25</td><td rowspan="2">1,0.75,(0.5)</td><td>100</td><td>95</td><td></td><td></td></tr>
<tr><td></td><td></td><td>9</td><td>(1.25)</td><td>110</td><td>105</td><td></td><td></td></tr>
<tr><td>10</td><td></td><td></td><td>1.5</td><td>1.25,1,0.75,(0.5)</td><td>125</td><td>115</td><td></td><td></td></tr>
<tr><td></td><td></td><td>11</td><td>(1.5)</td><td>1,0.75,(0.5)</td><td></td><td>120</td><td></td><td></td></tr>
<tr><td>12</td><td></td><td></td><td>1.75</td><td>1.5,1.25,1,(0.75),(0.5)</td><td></td><td>130</td><td>135</td><td></td></tr>
<tr><td></td><td>14</td><td></td><td>2</td><td>1.5,(1.25),1,(0.75),(0.5)</td><td>140</td><td>150</td><td>145</td><td></td></tr>
<tr><td></td><td></td><td>15</td><td></td><td>1.5,(1)</td><td></td><td></td><td>155</td><td></td><td rowspan="5">6,4,3,(2)</td></tr>
<tr><td>16</td><td></td><td></td><td>2</td><td>1.5,1,(0.75),(0.5)</td><td>160</td><td>170</td><td>165</td><td></td></tr>
<tr><td></td><td></td><td>17</td><td></td><td>1.5,(1)</td><td>180</td><td></td><td>175</td><td></td></tr>
<tr><td>20</td><td>18</td><td></td><td rowspan="2">2.5</td><td rowspan="2">2,1.5,1,(0.75),(0.5)</td><td></td><td>190</td><td>185</td><td></td></tr>
<tr><td></td><td>22</td><td></td><td>200</td><td></td><td>195</td><td></td></tr>
<tr><td>24</td><td></td><td></td><td>3</td><td>2,1.5,1,(0.75)</td><td></td><td></td><td>205</td><td></td><td rowspan="6">6,4,3</td></tr>
<tr><td></td><td></td><td>25</td><td></td><td>2,1.5,(1)</td><td></td><td>210</td><td>215</td><td></td></tr>
<tr><td></td><td></td><td>(26)</td><td></td><td>1.5</td><td>220</td><td></td><td>225</td><td></td></tr>
<tr><td></td><td>27</td><td></td><td>3</td><td>2,1.5,1,(0.75)</td><td></td><td></td><td>230</td><td></td></tr>
<tr><td></td><td></td><td>(28)</td><td></td><td>2,1.5,1</td><td></td><td>240</td><td>235</td><td></td></tr>
<tr><td>30</td><td></td><td></td><td>3.5</td><td>(3),2,1.5,1,(0.75)</td><td>250</td><td></td><td>245</td><td></td></tr>
</table>

续附表 1.1

公称直径 d,D			螺距 P		公称直径 d,D			螺距 P	
第一系列	第二系列	第三系列	粗牙	细牙	第一系列	第二系列	第三系列	粗牙	细牙
		(32)		2,1.5			255		6,4,(3)
	33		3.5	(3),2,1.5,(1),(0.75)		260	265		
		35		(1.5)			270		
36			4	3,2,1.5,(1)			275		
		(38)		1.5	280		285		
	39		4	3,2,1.5,(1)			290		
		40		(3),(2),1.5		300	295		
42	45		4.5	(4),3,2,1.5,(1)			310		6,4
48			5		320		330		
		50		(3),(2),1.5		340	350		
	52		5	(4),2,1.5,(1)	360		370		
		55		(4),3,2,1.5	400	380	390		
56			5.5	4,3,2,1.5,(1)		420	410		6
		58		(4),(3),2,1.5		440	430		
	60		(5.5)	4,3,2,1.5,(1)	450	460	470		
		62		(4),(3),2,1.5		480	490		
64			6	4,3,2,1.5,(1)	500	520	510		
		65		(4),(3),2,1.5	550	540	530		
	68		6	4,3,2,1.5,(1)		560	570		
		70		(6),(4),(3),2,1.5	600	580	590		

注：1. 优先选用第一系列，其次是第二系列，第三系列尽可能不用。

2. $M14\times1.25$ 仅用于火花塞；$M35\times1.5$ 仅用于滚动轴承锁紧螺母。

3. 括号内的螺距应尽可能不用。

附表 1.2 非螺纹密封的管螺纹(摘自 GB/T 7307—2001) 单位:mm

尺寸代号	每 25.4 mm 内的牙数 n	螺 距 P	基本尺寸	
			大径 D、d	小径 D_1、d_1
1/8	28	0.907	9.728	8.566
1/4	19	1.337	13.157	11.445
3/8	19	1.337	16.662	14.950
1/2	14	1.814	20.955	18.631
5/8	14	1.814	22.911	20.587
3/4	14	1.814	26.441	24.117
7/8	14	1.814	30.201	27.877
1	11	2.309	33.249	30.291
1 1/8	11	2.309	37.897	34.939
1 1/4	11	2.309	41.910	38.952
1 1/2	11	2.309	47.803	44.845
1 3/4	11	2.309	53.746	50.788
2	11	2.309	59.614	56.656
2 1/4	11	2.309	65.710	62.752
2 1/2	11	2.309	75.184	72.226
2 3/4	11	2.309	81.534	78.576
3	11	2.309	87.884	84.926
3 1/2	11	2.309	98.851	97.372
4	11	2.309	111.551	110.072
1/2	11	2.309	124.251	122.772

附录二　螺纹紧固件

附表 2.1　螺　栓

六角头螺栓—C 级(摘自 GB/T 5780—2000)　六角头螺栓—A 和 B 级(摘自 GB/T 5782—2000)

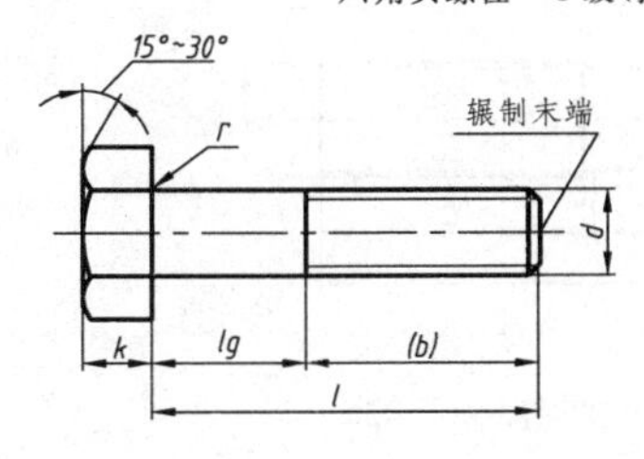

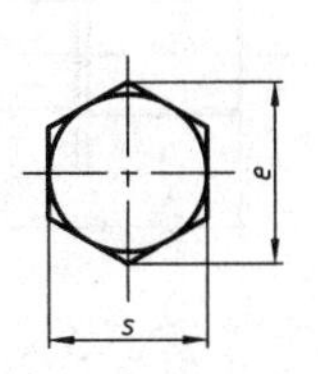

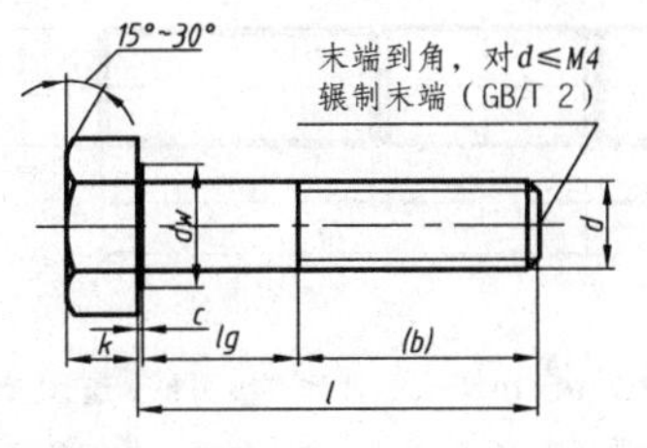

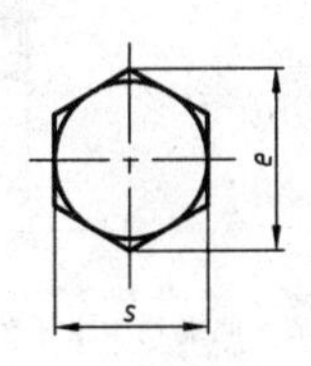

标记示例

螺纹规格 $d=M12$、公称长度 $l=80$ mm、性能等级为 8.8 级，表面氧化、A 级的六角头螺栓

螺栓　GB/T 5782　$M12\times80$

单位：mm

螺纹规格 d			$M3$	$M4$	$M5$	$M6$	$M8$	$M10$	$M12$	$M16$	$M20$	$M24$	$M30$	$M36$	$M42$
b 参考	$l\leqslant125$		12	14	16	18	22	26	30	38	46	54	66	—	—
	$125<l\leqslant200$		18	20	22	24	28	32	36	44	52	60	72	84	96
	$l>200$		31	33	35	37	41	45	49	57	65	73	85	97	109
c			0.4	0.4	0.5	0.5	0.6	0.6	0.6	0.8	0.8	0.8	0.8	0.8	1
d_W	产品等级	A	4.57	5.88	6.88	8.88	11.63	14.63	16.63	22.49	28.19	33.61	—	—	—
		B、C	4.45	5.74	6.74	8.74	11.47	14.47	16.47	22	27.7	33.25	42.75	51.11	59.95
e	产品等级	A	6.01	7.66	8.79	11.05	14.38	17.77	20.03	26.75	33.53	39.98	—	—	—
		B、C	5.88	7.50	8.63	10.89	14.20	17.59	19.85	26.17	32.95	39.55	50.85	60.79	72.02
k	公称		2	2.8	3.5	4	5.3	6.4	7.5	10	12.5	15	18.7	22.5	26
r			0.1	0.2	0.2	0.25	0.4	0.4	0.6	0.6	0.8	0.8	1	1	1.2
s	公称		5.5	7	8	10	13	16	18	24	30	36	46	55	65
l(商品规格范围)			20～30	25～40	25～50	30～60	40～80	45～100	50～120	65～160	80～200	90～240	110～300	140～360	160～440
l 系列			12,16,20,25,30,35,40,45,50,55,60,65,70,80,90,100,110,120,130 140,150,160,180,200,220,240,260,280,300,320,340,360,380,400,420,440,460,480,500												

注：1. A 级用于 $d\leqslant24$ 和 $l\leqslant10\,d$ 或 $\leqslant150$ 的螺栓；

　　B 级用于 $d>24$ 和 $l>10\,d$ 或 >150 的螺栓。

2. 螺纹规格 d 范围：GB/T 5780 为 $M5\sim M64$；　GB/T 5782 为 $M1.6\sim M64$。

3. 公称长度范围：GB/T 5780 为 25～500；　GB/T 5782 为 12～500。

附表 2.2 螺柱 （摘自 GB/T 897—1988～GB/T 900—1988）

双头螺柱——$b_m=1d$(GB/T 897—1988)

双头螺柱——$b_m=1.25d$(GB/T 898—1988)

双头螺柱——$b_m=1.5d$(GB/T 899—1988)

双头螺柱——$b_m=2d$(GB/T 900—1988)

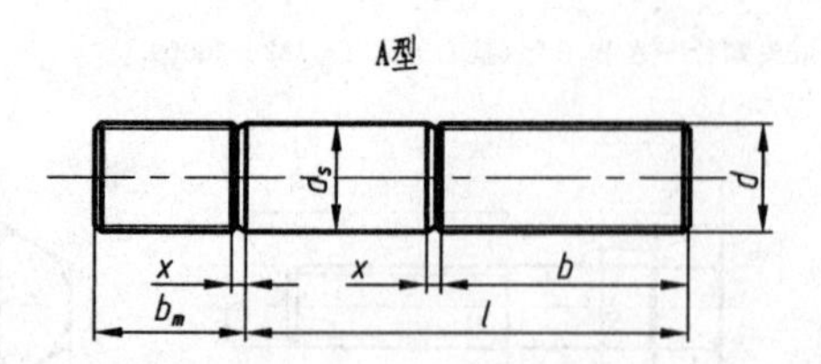

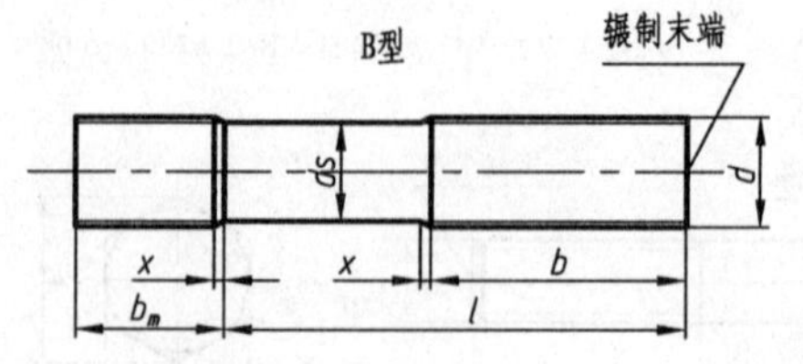

标记示例

两端均为粗牙普通螺纹、$d=10$、$l=50$、性能等级为 4.8 级、B 型、$b_m=1d$ 的双头螺柱：螺柱 GB/T 897 M10×50

旋入机体一端为粗牙普通螺纹、旋螺母一端为螺距 1 的细牙普通螺纹、$d=10$、$l=50$、性能等级为 4.8 级、A 型、$b_m=1d$ 的双头螺柱：螺柱 GB/T 897 AM10－M10×1×50

单位：mm

螺纹规格		M5	M6	M8	M10	M12	M16	M20	M24	M30	M36	M42
b_m（公称）	GB/T 897	5	6	8	10	12	16	20	24	30	36	42
	GB/T 898	6	8	10	12	15	20	25	30	38	45	52
	GB/T 899	8	10	12	15	18	24	30	36	45	54	65
	GB/T 900	10	12	16	20	24	32	40	48	60	72	84
d_S(max)		5	6	8	10	12	16	20	24	30	36	42
x(max)		2.5P										
$\frac{l}{b}$		16～22/10	20～22/10	20～22/12	25～28/14	25～30/16	30～38/20	35～40/25	45～50/30	60～65/40	65～75/45	65～80/50
		25～50/16	25～30/14	25～30/16	30～38/16	32～40/20	40～55/30	45～65/35	55～75/45	70～90/50	80～110/60	85～110/70
			32～75/18	32～90/22	40～120/26	45～120/30	60～120/38	70～120/46	80～120/54	95～120/60	120/78	120/90
					130/32	130～180/36	130～200/44	130～200/52	130～200/60	130～200/72	130～200/84	130～200/96
										210～250/85	210～300/91	210～300/109
l 系列		16,(18),20,(22),25,(28),30,(32),35,(38),40,45,50,(55),60,(65),70,(75),80,(85),90,(95),100,110,120,130,140,150,160,170,180,190,200,210,220,230,240,250,260,280,300										

注：P 是粗牙螺纹的螺距。

附表 2.3 内六角圆柱头螺钉(摘自 GB/T 70.1—2000)

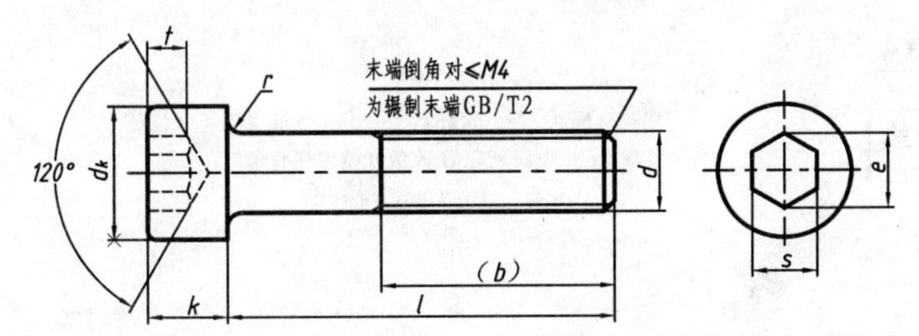

标记示例

螺纹规格 d=M5、公称长度 l=20、性能等级为8.8级、表面氧化的内六角圆柱头螺钉：

螺钉 GB/T 70.1 M5×20

单位：mm

螺纹规格 d	M3	M4	M5	M6	M8	M10	M12	M14	M16	M20
P(螺距)	0.5	0.7	0.8	1	1.25	1.5	1.75	2	2	2.5
b 参考	18	20	22	24	28	32	36	40	44	52
d_k	5.5	7	8.5	10	13	16	18	21	24	30
k	3	4	5	6	8	10	12	14	16	20
t	1.3	2	2.5	3	4	5	6	7	8	10
s	2.5	3	4	5	6	8	10	12	14	17
e	2.87	3.44	4.58	5.72	6.86	9.15	11.43	13.72	16.00	19.44
r	0.1	0.2	0.2	0.25	0.4	0.4	0.6	0.6	0.6	0.8
公称长度 l	5~30	6~40	8~50	10~60	12~80	16~100	20~120	25~140	25~160	30~200
l≤表中数值时，制出全螺纹	20	25	25	30	35	40	45	55	55	65
l 系列	2.5,3,4,5,6,8,10,12,16,20,25,30,35,40,45,50,55,60,65,70,80,90,100,110,120,130,140,150,160,180,200,220,240,260,280,300									

注：螺纹规格 d=M1.6~M64。

附表 2.4 开槽沉头螺钉(摘自 GB/T 68—2000)

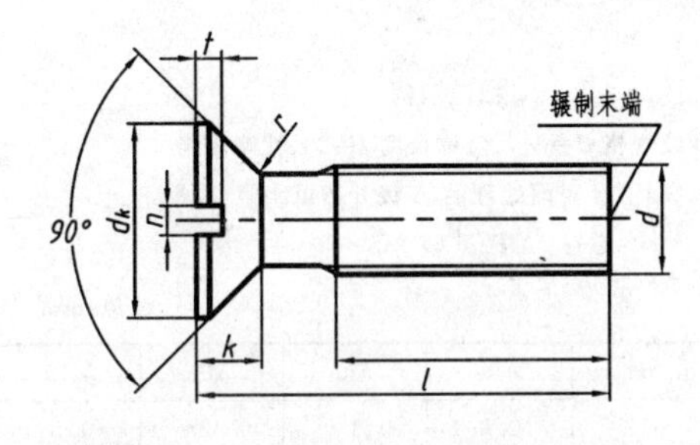

标记示例

螺纹规格 d=M5、公称长度 l=20、性能等级为4.8级，不经表面处理的A级开槽沉头螺钉：

螺钉 GB/T 68 M5×20

单位：mm

螺纹规格 d	M1.6	M2	M2.5	M3	M4	M5	M6	M8	M10
P(螺距)	0.35	0.4	0.45	0.5	0.7	0.8	1	1.25	1.5
b	25	25	25	25	38	38	38	38	38
d_k	3.6	4.4	5.5	6.3	9.4	10.4	12.6	17.3	20
k	1	1.2	1.5	1.65	2.7	2.7	3.3	4.65	5
n	0.4	0.5	0.6	0.8	1.2	1.2	1.6	2	2.5
r	0.4	0.5	0.6	0.8	1	1.3	1.5	2	2.5
t	0.5	0.6	0.75	0.85	1.3	1.4	1.6	2.3	2.6
公称长度 l	2.5~16	3~20	4~25	5~30	6~40	8~50	8~60	10~80	12~80
l 系列	2.5,3,4,5,6,8,10,12,(14),16,20,25,30,35,40,45,50,(55),60,(65),70,(75),80								

注：1. 括号内的规格尽可能不采用。

2. M1.6~M3 的螺钉、公称长度 l≤30 的，制出全螺纹；

M4~M10 的螺钉、公称长度 l≤45 的，制出全螺纹。

附表 2.5　开槽圆柱头螺钉(摘自 GB/T 65—2000)

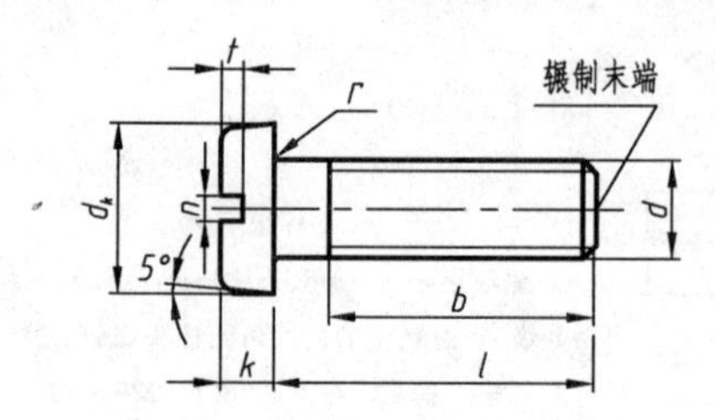

标记示例

螺纹规格 d=M5、公称长度 l=20、性能等级为 4.8 级、不经表面氧化的 A 级开槽圆柱头螺钉：

螺钉　GB/T 65　M5×20

单位：mm

螺纹规格 d	M4	M5	M6	M8	M10
P(螺距)	0.7	0.8	1	1.25	1.5
b	38	38	38	38	38
d_k	7	8.5	10	13	16
k	2.6	3.3	3.9	5	6
n	1.2	1.2	1.6	2	2.5
r	0.2	0.2	0.25	0.4	0.4
t	1.1	1.3	1.6	2	2.4
公称长度 l	5～40	6～50	8～60	10～90	12～80
l 系列	5,6,8,10,12,(14),16,20,25,30,35,40,45,50,(55),60,(65),70,(75),80				

注：1. 公称长度 l≤40 的螺钉，制出全螺纹。

2. 括号内的规格尽可能不采用。

3. 螺纹规格 d=M1.6～M10；公称长度 l=2～80。

附表 2.6　开槽盘头螺钉(摘自 GB/T 67—2000)

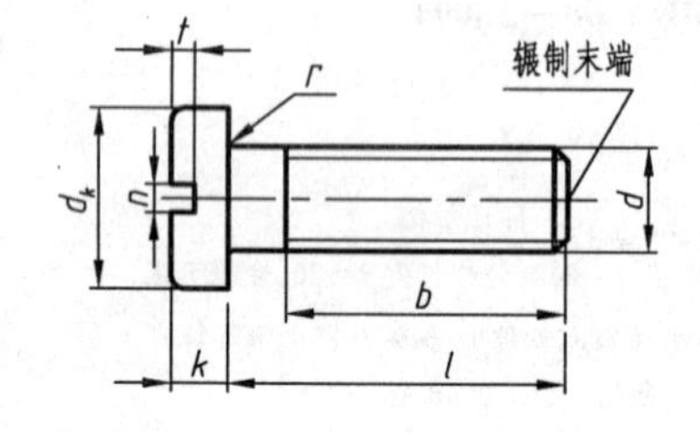

标记示例

螺纹规格 d=M5、公称长度 l=20、性能等级为 4.8 级，不经表面处理的 A 级开槽沉头螺钉：

螺钉　GB/T 67 M5×20

单位：mm

螺纹规格 d	M1.6	M2	M2.5	M3	M4	M5	M6	M8	M10
P(螺距)	0.35	0.4	0.45	0.5	0.7	0.8	1	1.25	1.5
b	25	25	25	25	38	38	38	38	38
d_k	3.2	4	5	5.6	8	9.5	12	16	20
k	1	1.3	1.5	1.8	2.4	3	3.6	4.8	6
n	0.4	0.5	0.6	0.8	1.2	1.2	1.6	2	2.5
r	0.1	0.1	0.1	0.1	0.2	0.2	0.25	0.4	0.4
t	0.35	0.5	0.6	0.7	1	1.2	1.4	1.9	2.4
公称长度 l	2～16	2.5～20	3～25	4～30	5～40	6～50	8～60	10～80	12～80
l 系列	2,2.5,3,4,5,6,8,10,12,(14),16,20,25,30,35,40,45,50,(55),60,(65),70,(75),80								

注：1. 括号内的规格尽可能不采用。

2. M1.6～M3 的螺钉，公称长度 l≤30 的，制出全螺纹；

M4～M10 的螺钉，公称长度 l≤40 的，制出全螺纹。

附表 2.7　紧定螺钉

开槽锥端紧定螺钉（摘自 GB/T 71—1985）

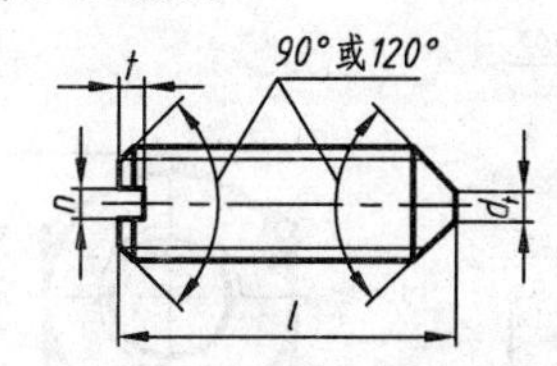

开槽平端紧定螺钉（摘自 GB/T 73—1985）

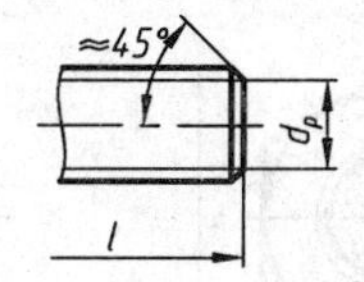

开槽长圆柱端紧定螺钉（摘自 GB/T 75—1985）

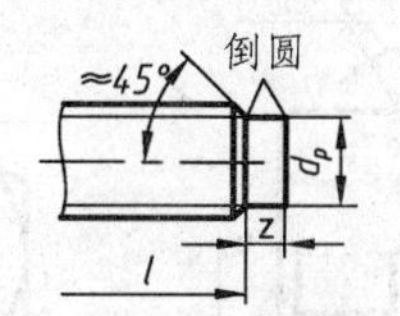

标记示例

螺纹规格 $d=M5$、公称长度 $l=12$、性能等级为 14H 级、表面氧化的开槽长圆柱端紧定螺钉：

螺钉　GB/T 75　M5×12

单位：mm

螺纹规格 d		M1.6	M2	M2.5	M3	M4	M5	M6	M8	M10	M12
P(螺距)		0.35	0.4	0.45	0.5	0.7	0.8	1	1.25	1.5	1.75
n		0.25	0.25	0.4	0.4	0.6	0.8	1	1.2	1.6	2
t		0.74	0.84	0.95	1.05	1.42	1.63	2	2.5	3	3.6
d_t		0.16	0.2	0.25	0.3	0.4	0.5	1.5	2	2.5	3
d_p		0.8	1	1.5	2	2.5	3.5	4	5.5	7	8.5
z		1.05	1.25	1.5	1.75	2.25	2.75	3.25	4.3	5.3	6.3
l	GB/T 71—1985	2～8	3～10	3～12	4～16	6～20	8～25	8～30	10～40	12～50	14～60
	GB/T 73—1985	2～8	2～10	2.5～12	3～16	4～20	5～25	6～30	8～40	10～50	12～60
	GB/T 75—1985	2.5～8	3～10	4～12	5～16	6～20	8～25	10～30	10～40	12～50	14～60
l 系列		2,2.5,3,4,5,6,8,10,12,(14),16,20,25,30,35,40,45,50,(55),60									

注：1. l 为公称长度。

2. 括号内的规格尽可能不采用。

附表 2.8 螺 母

六角螺母—C级（摘自 GB/T 40—2000）　　1型六角螺母—A和B级（摘自 GB/T 6170—2000）　　六角薄螺母（摘自 GB/T 6172.1—2000）

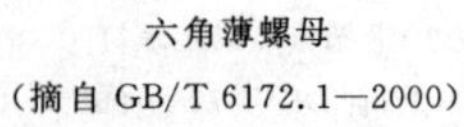

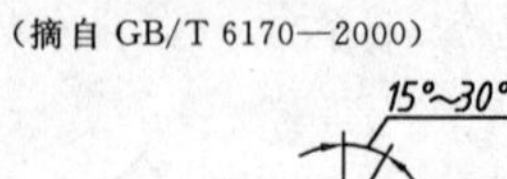

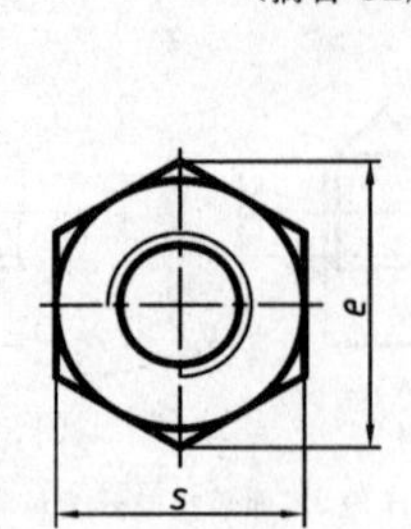

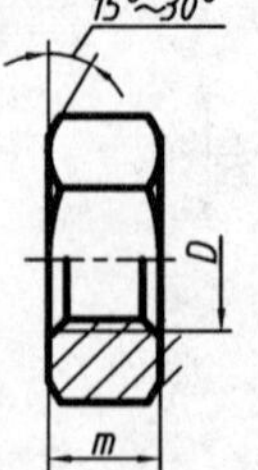

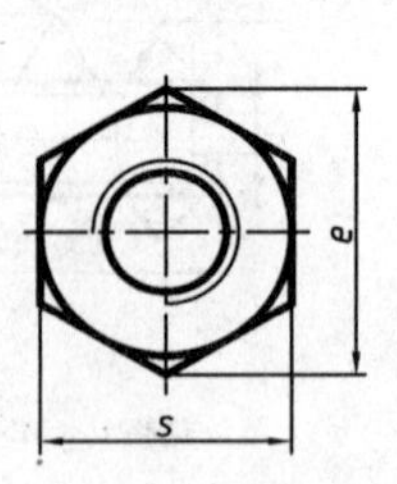

标记示例

螺纹规格 $D=M12$、性能等级为 5 级、不经表面处理、C 级的六角螺母：

螺母 GB/T 41 $M12$

螺纹规格 $D=M12$、性能等级为 8 级、不经表面处理、A 级的 1 型六角螺母：

螺母 GB/T 6170 $M12$

单位：mm

	螺纹规格 D	M3	M4	M5	M6	M8	M10	M12	M16	M20	M24	M30	M36	M42
e	GB/T 41			8.63	10.89	14.20	17.59	19.85	26.17	32.95	39.55	50.85	60.79	72.02
	GB/T 6170	6.01	7.66	8.79	11.05	14.38	17.77	20.03	26.75	32.95	39.55	50.85	60.79	72.02
	GB/T 6172.1	6.01	7.66	8.79	11.05	14.38	17.77	20.03	26.75	32.95	39.55	50.85	60.79	72.02
s	GB/T 41			8	10	13	16	18	24	30	36	46	55	65
	GB/T 6170	5.5	7	8	10	13	16	18	24	30	36	46	55	65
	GB/T 6172.1	5.5	7	8	10	13	16	18	24	30	36	46	55	65
m	GB/T 41			5.6	6.1	7.9	9.5	12.2	15.9	18.7	22.3	26.4	31.5	34.9
	GB/T 6170	2.4	3.2	4.7	5.2	6.8	8.4	10.8	14.8	18	21.5	25.6	31	34
	GB/T 6172.1	1.8	2.2	2.7	3.2	4	5	6	8	10	12	15	18	21

注：A 级用于 $D\leqslant 16$；B 级用于 $D>16$。

附表 2.9　垫　圈

小垫圈——A 级(GB/T 848—2002)

平垫圈——A 级(GB/T 97.1—2002)

平垫圈　倒角型——A 级(GB/T 97.2—2002)

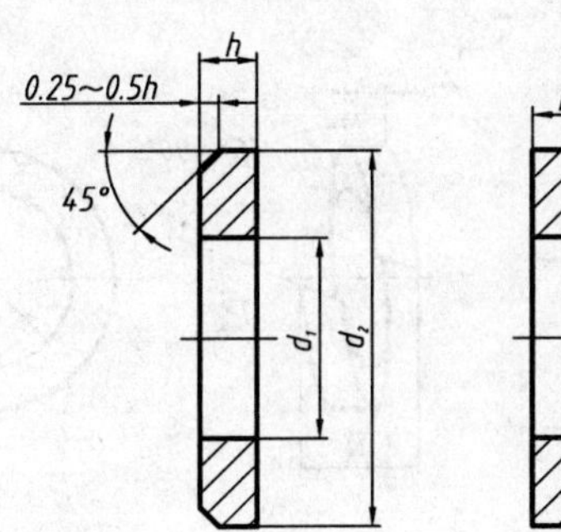

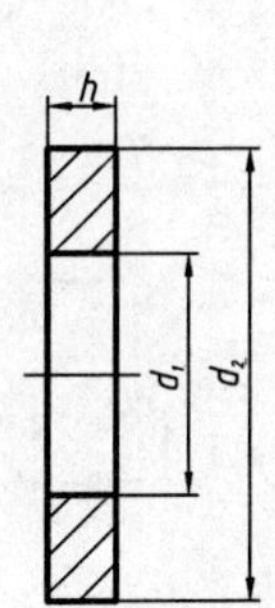

标记示例

标准系列、规格 8、性能等级为 140HV 级、不经表面处理的平垫圈：垫圈　GB/T 97.1　8

单位：mm

公称尺寸（螺纹规格 d）		1.6	2	2.5	3	4	5	6	8	10	12	14	16	20	24	30	36
d_1	GB/T 848	1.7	2.2	2.7	3.2	4.3	5.3	6.4	8.4	10.5	13	15	17	21	25	31	37
	GB/T 97.1	1.7	2.2	2.7	3.2	4.3	5.3	6.4	8.4	10.5	13	15	17	21	25	31	37
	GB/T 97.2						5.3	6.4	8.4	10.5	13	15	17	21	25	31	37
d_2	GB/T 848	3.5	4.5	5	6	8	9	11	15	18	20	24	28	34	39	50	60
	GB/T 97.1	4	5	6	7	9	10	12	16	20	24	28	30	37	44	56	66
	GB/T 97.2						10	12	16	20	24	28	30	37	44	56	66
h	GB/T 848	0.3	0.3	0.5	0.5	0.5	1	1.6	1.6	1.6	2	2.5	2.5	3	4	4	5
	GB/T 97.1	0.3	0.3	0.5	0.5	0.8	1	1.6	1.6	2	2.5	2.5	3	3	4	4	5
	GB/T 97.2						1	1.6	1.6	2	2.5	2.5	3	3	4	4	5

附表 2.10 标准型弹簧垫圈(摘自 GB/T 93—1987)

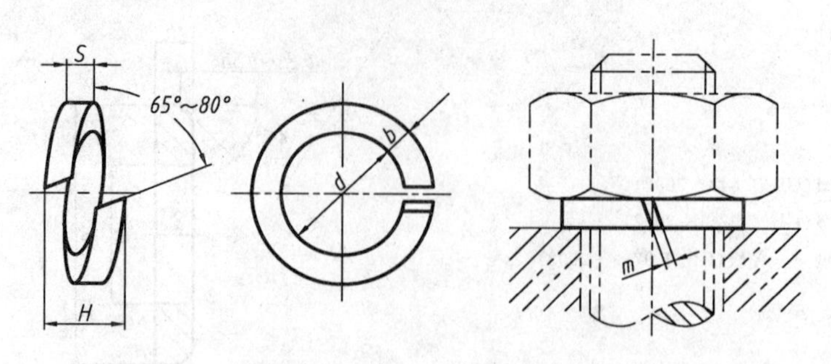

标记示例

规格 16、材料为 65 Mn、表面氧化的标准型弹簧垫圈:垫圈 GB/T 93 16

单位:mm

规格(螺纹大径)		3	4	5	6	9	10	12	(14)	16	(18)	20	(22)	24	(27)	30
	d	3.1	4.1	5.1	6.1	8.1	10.2	12.2	14.2	16.2	18.2	20.2	22.5	24.5	27.5	30.5
H	GB/T 93	1.6	2.2	2.6	3.2	4.2	5.2	6.2	7.2	8.2	9	10	11	12	13.6	15
	GB/T 859	1.2	1.6	2.2	2.6	3.2	4	5	6	6.4	7.2	8	9	10	11	12
S(*b*)	GB/T 93	0.8	1.1	1.3	1.6	2.1	2.6	3.1	3.6	4.1	4.5	5	5.5	6	6.8	7.5
S	GB/T 859	0.6	0.8	1.1	1.3	1.6	2	2.5	3	3.2	3.6	4	4.5	5	5.5	6
$m \leqslant$	GB/T 93	0.4	0.55	0.65	0.8	1.05	1.3	1.55	1.8	2.05	2.25	2.5	2.75	3	3.4	3.75
	GB/T 859	0.3	0.4	0.55	0.65	0.8	1	1.25	1.5	1.6	1.8	2	2.25	2.5	2.75	3
b	GB/T 859	1	1.2	1.5	2	2.5	3	3.5	4	4.5	5	5.5	6	7	8	9

注:1. 括号内的规格尽可能不采用。

2. *m* 应大于零。

附录三　键、销

附表 3.1　普通平键及键槽(摘自 GB/T 1095—2003、GB/T 1096—2003)

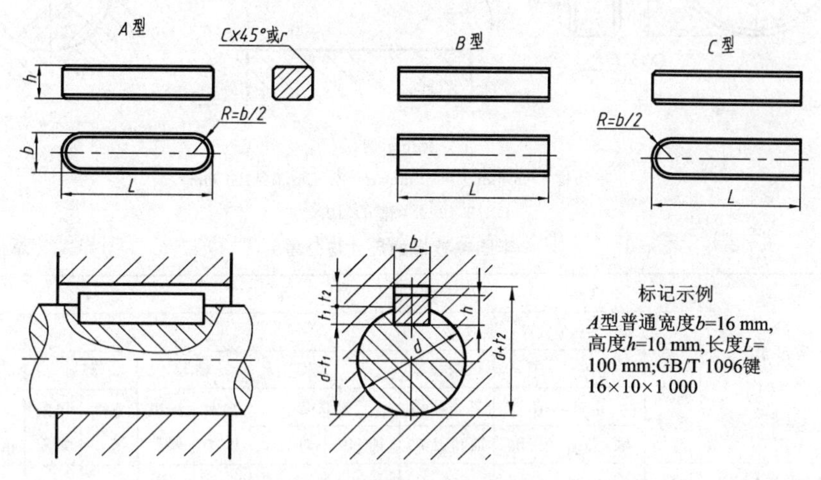

普通平键键槽的尺寸与公差　　　　单位:mm

键尺寸 b×h	键槽											
	宽度 b						深度				半径 r	
	基本尺寸	极限偏差					轴 t_1		毂 t_2			
		正常联结		紧密联结	松联结		基本尺寸	极限偏差	基本尺寸	极限偏差		
		轴 N9	毂 JS9	轴和毂 P9	轴 H9	毂 D10					min	max
2×2	2	−0.004 −0.029	±0.012 5	−0.006 −0.031	+0.025 0	+0.060 +0.020	1.2	+0.1 0	1.0	+0.1 0	0.08	0.16
3×3	3						1.8		1.4			
4×4	4	0 −0.030	±0.015	−0.012 −0.042	+0.030 0	+0.078 +0.030	2.5		1.8			
5×5	5						3.0		2.3		0.16	0.25
6×6	6						3.5		2.8			
8×7	8	0 −0.036	±0.018	−0.015 −0.051	+0.036 0	+0.098 +0.040	4.0	+0.2 0	3.3	+0.2 0		
10×8	10						5.0		3.3		0.25	0.40
12×8	12	0 −0.043	±0.021 5	−0.018 −0.061	+0.043 0	+0.120 +0.050	5.0		3.3			
14×9	14						5.5		4.3			
16×10	16						6.0		4.4			
18×11	18						7.0		4.9			
20×12	20	0 −0.052	±0.026	−0.022 −0.074	+0.052 0	+0.149 +0.065	7.5		5.4		0.40	0.60
22×14	22						9.0		5.4			
25×14	25						9.0		6.4			
28×16	28						10.0		7.4			
32×18	32	0 −0.062	±0.031	−0.026 −0.088	+0.062 0	+0.180 +0.080	11.0		8.4			
36×20	36						12.0		9.4		0.70	1.00
40×22	40						13.0		10.4			
45×25	45						15.0		11.4			
50×28	50						17.0	+0.3 0	12.4	+0.3 0		
56×32	56	0 −0.074	±0.037	−0.032 −0.106	+0.074 0	+0.220 +0.110	20.0		12.4		1.20	1.60
63×32	63						20.0		12.4			
70×36	70						22.0		14.4			
80×40	80						25.0		15.4			
90×45	90	0 −0.087	±0.043 5	−0.037 −0.124	+0.087 0	+0.260 +0.120	28.0		17.4		2.00	2.50
100×50	100						31.0		19.5			

附表 3.2 半圆键及键槽(摘自 GB/T 1098—2003、GB/T 1099-1—2003)

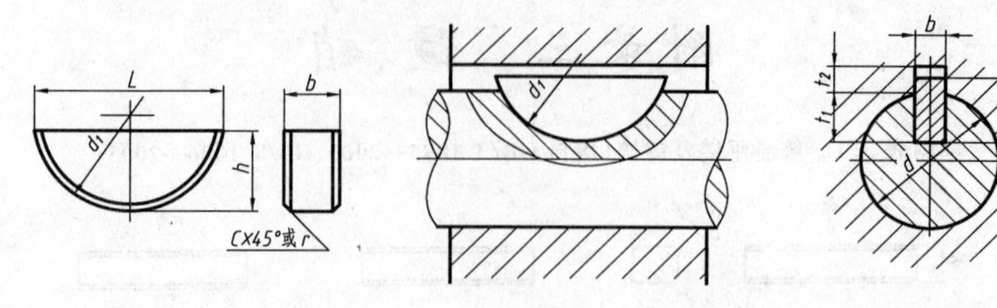

标记示例

半圆键 b=6 mm,h=10 mm,d=25 mm,L=100 mm

GB/T 1099.1 键 6×10×25

半圆键镀槽的尺寸与公差

单位:mm

键尺寸 $b\times h$	键槽											
	宽度 b						深度				半径 r	
	基本尺寸	极限偏差					轴 t_s		毂 t_i			
		正常联结		紧密联结	松联结		基本尺寸	极限偏差	基本尺寸	极限偏差		
		轴 N9	毂 JS9	轴和毂 P9	轴 H9	毂 D10					min	max
1×1.4×4 1×1.1×4	1						1.0		0.6			
1.5×2.6×7 1.5×2.1×7	1.5						2.0		0.8			
2×2.6×7 2×2.1×7	2						1.8	−0.1 0	1.0			
2×3.7×10 2×3×10	2	0.004 −0.029	±0.0125	−0.006 −0.031	±0.025 0	+0.060 +0.020	2.9		1.0		0.16	0.08
3×5×13 3×4×13	2.5						2.7		1.2			
3×6.5×16 3×5.2×16	3						3.8		1.4			
4×6.5×16 4×5.2×16	3						5.3		1.4	+0.1 0		
4×7.5×19 4×6×19	4						5.0	+0.2 0	1.4			
5×6.5×16 5×5.2×19	4						6.0		1.8			
5×7.5×19 5×8×10	5						4.0		1.8			
3×9×22 6×7.2×22	5	0 −0.030	±0.015	−0.012 −0.042	±0.030 0	+0.028 +0.030	5.5		2.3		0.25	0.16
6×10×25 6×8×25	5						7.0		2.3			
8×11×28 6×8.6×28	6						6.5		2.3			
10×13×32 10×10.4×32	6						7.5	+0.3 0	2.8			
1×1.4×4 1×1.1×4	8	0 0.036	±0.018	−0.015 −0.051	±0.035 0	+0.098 +0.040	8.0		5.3	+0.2 0	0.40	0.25
1×1.4×4 1×1.1×4	10						10		5.3			

附表 3.3 销

图柱销(摘自 GB/T 119.1—2000)　　图锥销(摘自 GB/T 117—2000)　　开口销(摘自 GB/T 91—2000)

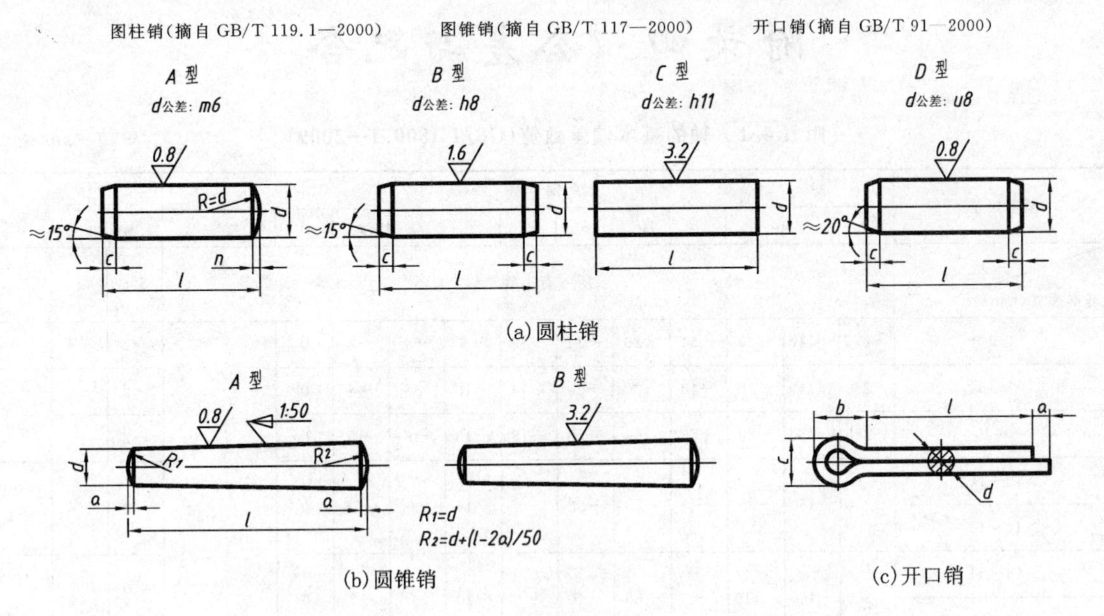

(a)圆柱销

(b)圆锥销

(c)开口销

标记示例

公称直径 10 mm、长 50 mm 的 A 型圆柱销:销　GB/T 119.1 6m10×50

公称直径 10 mm、长 60 mm 的 A 型圆锥销:销　GB/T 117　10×60

公称直径 5 mm、长 50 mm 的开口销:销　GB/T 91　10×50

单位:mm

名　称	公称直径 d	1	1.2	1.5	2	2.5	3	4	5	6	8	10	12
圆柱销 (GB/T 119.1—2000)	n≈	0.12	0.16	0.20	0.25	0.30	0.40	0.50	0.63	0.80	1.0	1.2	1.6
	c≈	0.20	0.25	0.30	0.35	0.40	0.50	0.63	0.80	1.2	1.6	2	2.5
圆锥销 (GB/T 117—2000)	a≈	0.12	0.16	0.20	0.25	0.30	0.40	0.50	0.63	0.80	1	1.2	1.6
开口销 (GB/T 91—2000)	d(公称)	0.6	0.8	1	1.2	1.6	2	2.5	3.2	4	5	6.3	8
	c	1	1.4	1.8	2	2.8	3.6	4.6	5.8	7.4	9.2	11.8	15
	b≈	2	2.4	3	3	3.2	4	5	6.4	8	10	12.6	16
	a	1.6	1.6	1.6	2.5	2.5	2.5	2.5	4	4	4	4	4
	l(商品规格范围公称长度)	4～12	5～16	6～0	8～6	8～2	10～40	12～50	14～65	18～80	22～100	30～120	40～160
l 系列	2,3,4,5,6,8,10,12,14,16,18,20,22,24,26,28,30,32,35,40,45,50,55,60,65,70,75,80,85,90,95,100,120												

附录四 公差与配合

附表 4.1 轴的基本偏差数值(GB/T 1800.1—2009) 单位:μm

基本偏差	上偏差 (*es*)												*j*		
	*a**	*b**	*c*	*cd*	*d*	*e*	*ef*	*f*	*fg*	*g*	*h*	*js***			
公差等级 / 基本尺寸(mm)	所有等级												5,6	7	8
≤3	−270	−140	−60	−34	−20	−14	−10	−6	−4	−2	0		−2	−4	−6
>3~6	−270	−140	−70	−46	−30	−20	−14	−10	−6	−4	0		−2	−4	—
>6~10	−280	−150	−80	−56	−40	−25	−18	−13	−8	−5	0		−2	−5	—
>10~14	−290	−150	−95	—	−50	−32	—	−16	—	−16	0		−3	−6	—
>14~18															
>18~24	−300	−160	−110	—	−65	−40	—	−20	—	−7	0		−4	−8	—
>24~30															
>30~40	−310	−170	−120	—	−80	−50	—	−25	—	−9	0		−5	−10	—
>40~50	−320	−180	−130												
>50~65	−340	−190	−140	—	−100	−60	—	−30	—	−10	0		−7	−12	—
>65~80	−360	−200	−150												
>80~100	−380	−220	−170	—	−120	−72	—	−36	—	−12	0	偏差=±$\frac{IT}{2}$	−9	−15	—
>100~120	−410	−240	−180												
>120~140	−460	−260	−200												
>140~160	−520	−280	−210	—	−145	−85	—	−43	—	−14	0		−11	−18	—
>160~180	−530	−310	−230												
>180~200	−660	−340	−240												
>200~225	−740	−380	−260	—	−170	−100	—	−50	—	−15	0		−13	−21	—
>225~250	−820	−420	−280												
>250~280	−920	−480	−300	—	−190	−110	—	−56	—	−17	0		−16	−26	—
>280~315	−1050	−540	−330												
>315~355	−1200	−600	−360	—	−210	−125	—	−62	—	−18	0		−18	−28	—
>355~400	−1350	−680	−400												

注：* 基本尺寸小于 1 mm 时,各级的 *a* 和 *b* 均不采用。

** *js* 的数值,对 IT7 至 IT11,若 IT 的数值(μm)为奇数,则取 $js=\pm\frac{IT-1}{2}$。

续附表 4.1

下偏差（*ei*）															
k		*m*	*n*	*p*	*r*	*s*	*t*	*u*	*v*	*x*	*y*	*z*	*za*	*zb*	*zc*
4～7	≤3 >7	所有等级													
0	0	+2	+4	+6	+10	+14	—	+18	—	+20	—	+26	+32	+40	+60
+1	0	+4	+8	+12	+15	+19	—	+23	—	+28	—	+35	+42	+50	+80
+1	0	+6	+10	+15	+19	+23	—	+28	—	+34	—	+42	+52	+67	+97
+1	0	+7	+12	+18	+23	+28	—	+33	—	+40	—	+50	+64	+90	+130
									+39	+45	—	+60	+77	+108	+150
+2	0	+8	+15	+22	+28	+35	—	+41	+47	+54	+63	+73	+98	+136	188
							+41	+48	+55	+64	+75	+88	+118	+160	+218
+2	0	+9	+17	+26	+34	+43	+48	+60	+68	+80	+94	+112	+148	+200	274
							+54	+70	+81	+97	+114	+136	+180	+242	+325
+2	0	+11	+20	+32	+41	+53	+66	+87	+102	+122	+144	+172	+226	+300	+405
					+43	+59	+75	+102	+120	+146	+174	+210	+274	+360	+480
+3	0	+13	+23	+37	+51	+71	+91	+124	+146	+178	+214	+258	+335	+445	+585
					+54	+79	+104	+144	+172	+210	+254	+310	+400	+525	+690
+3	0	+15	+27	+43	+63	+92	+122	+170	+202	+248	+300	+365	+470	+620	+800
					+65	+100	+134	+190	+228	+280	+340	+415	+535	+700	+900
					+68	+108	+146	+210	+252	+310	+380	+465	+600	+780	+1000
+4	0	+17	+31	+50	+77	+122	+166	+236	+248	+350	+425	+520	+670	+880	+1150
					+80	+130	+180	+258	+310	+385	+470	+575	+740	+960	+1250
					+84	+140	+196	+284	+340	+425	+520	+640	+820	+1050	+1350
+4	0	+20	+34	+56	+94	+158	+218	+315	+385	+475	+580	+710	+920	+1200	+1550
					+98	+170	+240	+350	+425	+525	+650	+790	+1000	+1300	+1700
+4	0	+21	+37	+62	+108	+190	+268	+390	+475	+590	+730	+900	+1150	+1500	+1900
					+114	+208	+294	+435	+530	+660	+820	+1000	+1300	+1650	+2100

附表 4.2 孔的基本偏差数值(摘自 GB/T 1800.1—2009)

单位：μm

基本偏差	下偏差 EI												上偏差 ES								
	A*	B*	C	CD	D	E	EF	F	FG	G	H	JS**	J			K		M		N*	
公差等级 / 基本尺寸(mm)	所有等级												6	7	8	≤8	>8	≤8	>8	≤8	>8
≤3	+270	+140	+60	+34	+20	+14	+10	+6	+4	+2	0	偏差 = $\pm\frac{IT}{2}$	+2	+4	+6	0	0	−2	−2	−4	−4
>3～6	+270	+140	+70	+46	+30	+20	+14	+10	+6	+4	0		+5	+6	+10	−1+Δ	—	−4+Δ	−4	−8+Δ	0
>6～10	+280	+150	+80	+56	+40	+25	+18	+13	+8	+5	0		+5	+8	+12	−1+Δ	—	−6+Δ	−6	−10+Δ	0
>10～14	+290	+150	+95	—	+50	+32	—	+16	—	+6	0		+6	+10	+15	−1+Δ	—	−7+Δ	−7	−12+Δ	0
>14～18																					
>18～24	+300	+160	+110	—	+65	+40	—	+20	—	+7	0		+8	+12	+20	−2+Δ	—	−8+Δ	−8	−15+Δ	0
>24～30																					
>30～40	+310	+170	+120	—	+80	+50	—	+25	—	+9	0		+10	+14	+24	−2+Δ	—	−9+Δ	−9	−17+Δ	0
>40～50	+320	+180	+130																		
>50～65	+340	+190	+140	—	+100	+60	—	+30	—	+10	0		+13	+18	+28	−2+Δ	—	−11+Δ	−11	−20+Δ	0
>65～80	+360	+200	+150																		
>80～100	+380	+220	+170	—	+120	+72	—	+36	—	+12	0		+16	+22	+34	−3+Δ	—	−13+Δ	−13	−23+Δ	0
>100～120	+410	+240	+180																		
>120～140	+460	+260	+200	—	+145	+85	—	+43	—	+14	0		+18	+26	+41	−3+Δ	—	−15+Δ	−15	−27+Δ	0
>140～160	+520	+280	+210																		
>160～180	+580	+310	+230																		
>180～200	+600	+340	+240	—	+170	+100	—	+50	—	+15	0		+22	+30	+47	−4+Δ	—	−17+Δ	−17	−31+Δ	0
>200～225	+740	+380	+260																		
>225～250	+820	+420	+280																		
>250～280	+920	+480	+300	—	+190	+110	—	+56	—	+17	0		+25	+36	+55	−4+Δ	—	20+Δ	20	−34+Δ	0
>280～315	+1050	+540	+330																		
>315～355	+1200	+600	+360	—	+210	+125	—	+62	—	+18	0		+29	+39	+60	−4+Δ	—	−21+Δ	−21	−37+Δ	0
>355～400	+1350	+680	+400																		

注：* 基本尺寸小于 1 mm 时，各级的 A 和 B 及大于 8 级的 N 均不采用。

** JS 的数值，对 IT7 至 IT11，若 IT 的数值(μm)为奇数，则 $JS=\pm\frac{IT-1}{2}$。

续附表 4.2

基本偏差	上偏差 ES													Δ					
	P～ZC	P	R	S	T	U	V	X	Y	Z	ZA	ZB	ZC						
公差等级 / 基本尺寸(mm)	≤7	>7												3	4	5	6	7	8
≤3	在>7级的相应数值上增加一个Δ值	−6	−10	−14	—	−18	—	−20	—	−26	−32	−40	−60	0					
>3～6		−12	−15	−19	—	−23	—	−28	—	−35	−42	−50	−80	1	1.5	1	3	4	6
>6～10		−15	−19	−23	—	−28	—	−34	—	−42	−52	−67	−97	1	1.5	2	3	6	7
>10～14		−8	−23	−28	—	−33	—	−40	—	−50	−64	−90	−130	1	2	3	3	7	9
>14～18							−39	−45	—	−60	−77	−108	−150						
>18～24		−22	−28	−35	—	−41	−47	−54	−63	−73	−98	−136	−188	1.5	2	3	4	8	12
>24～30					−41	−48	−55	−64	−75	−88	−118	−160	−218						
>30～40		−26	−34	−43	−48	−60	−68	−80	−94	−112	−148	−200	−274	1.5	3	4	5	9	14
>40～50					−54	−70	−81	−97	−114	−136	−180	−242	−325						
>50～65		−32	−41	−53	−66	−87	−102	−122	−144	−172	−226	−300	−405	2	3	5	6	11	16
>65～80			−43	−59	−75	−102	−120	−146	−174	−210	−274	−360	−480						
>80～100		−37	−51	−71	−91	−124	−146	−178	−214	−258	−335	−445	−585	2	4	5	7	13	19
>100～120			−54	−79	−104	−144	−172	−210	−254	−310	−400	−525	−690						
>120～140		−43	−63	−92	−122	−170	−202	−248	−300	−365	−470	−620	−800	3	4	6	7	15	23
>140～160			−65	−100	−134	−190	−228	−280	−340	−415	−535	−700	−900						
>160～180			−68	−108	−146	−210	−252	−310	−380	−465	−600	−780	−1000						
>180～200		−50	−77	−122	−166	−236	−284	−350	−425	−520	−670	−880	−1150	3	4	6	9	17	26
>200～225			−80	−130	−180	−258	−310	−385	−470	−575	−740	−960	−1250						
>225～250			−84	−140	−196	−284	−340	−425	−520	−640	−820	−1050	−1350						
>250～280		−56	−94	−158	−218	−315	−385	−475	−580	−710	−920	−1200	−1550	4	4	7	9	20	29
>280～315			−98	−170	−240	−350	−425	−525	−650	−790	−1000	−1300	−1700						
>315～355		−62	−108	−190	−268	−390	−470	−590	−730	−900	−1150	−1500	−1900	4	5	7	11	21	32
>355～400			−114	−208	−294	−435	−530	−660	−820	−1000	−1300	−1650	−2100						

附表 4.3 常用及优先轴公差带

基本尺寸(mm)		常用及优先公差带												
		a	*b*		*c*			*d*				*e*		
大于	至	11	11	12	9	10	⑪	8	⑨	10	11	7	8	9
—	3	−270 −330	−140 −200	−140 −240	−60 −85	−60 −100	−60 −120	−20 −34	−20 −45	−20 −60	−20 −80	−14 −24	−14 −28	−14 −39
3	6	−270 −345	−140 −215	−140 −260	−70 −100	−70 −118	−70 −145	−30 −48	−30 −60	−30 −78	−30 −105	−20 −32	−20 −38	−20 −50
6	10	−280 −370	−150 −240	−150 −300	−80 −116	−80 −138	−80 −170	−40 −62	−40 −76	−40 −98	−40 −130	−25 −40	−25 −47	−25 −61
10	14	−290 −400	−150 −260	−150 −330	−95 −138	−95 −165	−95 −205	−50 −77	−50 −93	−50 −120	−50 −160	−32 −50	−32 −59	−32 −75
14	18													
18	24	−300 −430	−160 −290	−160 −370	−110 −162	−110 −194	−110 −240	−65 −98	−65 −117	−65 −149	−65 −195	−40 −61	−40 −73	−40 −92
24	30													
30	40	−310 −470	−170 −330	−170 −420	−170 −182	−120 −220	−120 −280	−80 −119	−80 −142	−80 −180	−80 −240	−50 −75	−50 −89	−50 −112
40	50	−320 −480	−180 −340	−180 −430	−130 −192	−130 −230	−130 −290							
50	65	−340 −530	−190 −380	−190 −490	−140 −214	−140 −260	−140 −330	−100 −146	−100 −174	−100 −220	−100 −290	−60 −90	−60 −106	−60 −134
65	80	−360 −550	−200 −390	−200 −500	−150 −224	−150 −270	−150 −340							
80	100	−380 −600	−220 −440	−220 −570	−170 −257	−170 −310	−170 −390	−120 −174	−120 −207	−120 −260	−120 −340	−72 −107	−72 −126	−72 −159
100	120	−410 −630	−240 −460	−240 −590	−180 −267	−180 −320	−180 −400							
120	140	−460 −710	−260 −510	−260 −660	−200 −300	−200 −360	−200 −450	−145 −208	−145 −245	−145 −305	−145 −395	−85 −125	−85 −148	−85 −185
140	160	−520 −770	−280 −530	−280 −680	−210 −310	−210 −370	−210 −460							
160	180	−580 −830	−310 −560	−310 −710	−230 −330	−230 −390	−230 −480							
180	200	−660 −950	−340 −630	−340 −800	−240 −355	−240 −425	−240 −530	−170 −242	−170 −285	−170 −355	−170 −460	−100 −146	−100 −172	−100 −215
200	225	−740 −1 030	−380 −670	−380 −840	−260 −375	−260 −445	−260 −550							
225	250	−820 −1 110	−420 −710	−420 −880	−280 −395	−280 −465	−280 −570							
250	280	−920 −1 240	−480 −800	−480 −1 000	−300 −430	−300 −510	−300 −620	−190 −271	−190 −320	−190 −400	−190 −510	−190 −162	−110 −191	−110 −240
280	315	−1 050 −1 370	−540 −860	−540 −1 060	−330 −460	−330 −540	−330 −650							
315	355	−1 200 −1 560	−600 −960	−600 −1 170	−360 −500	−360 −590	−360 −720	−210 −299	−210 −350	−210 −440	−210 −570	−125 −182	−125 −214	−125 −265
355	400	−1 350 −1 710	−680 −1 040	−680 −1 250	−400 −540	−400 −630	−400 −760							
400	450	−1 500 −1 900	−760 −1 160	−760 −1 390	−440 −595	−440 −690	−440 −840	−230 −327	−230 −385	−230 −480	−230 −630	−135 −198	−135 −232	−135 −290
450	500	−1 650 −2 050	−840 −1 240	−840 −1 470	−480 −635	−480 −730	−480 −880							

注：基本尺寸小于 1 mm 时，各级的 *a* 和 *b* 均不采用。

极限偏差(摘自 GB/T 1800.2—2009) 单位:μm

(带圈者为优先公差带)

f					*g*			*h*							
5	6	⑦	8	9	5	⑥	7	5	⑥	⑦	8	⑨	10	⑪	12
−6 10	−6 −12	−6 −16	−6 −20	−6 −31	−2 −6	−2 −8	−2 −12	0 −4	0 −6	0 −10	0 −14	0 −25	0 −40	0 −60	0 −100
−10 −15	−10 −18	−10 −22	−10 −28	−10 −40	−4 −9	−4 −12	−4 −16	0 −5	0 −8	0 −12	0 −18	0 −30	0 −48	0 −75	0 −120
−13 −19	−13 −22	−13 −28	−13 −35	−13 −49	−5 −11	−5 −14	−5 −20	0 −6	0 −9	0 −15	0 −22	0 −36	0 −58	0 −90	0 −150
−16 −24	−16 −27	−16 −34	−16 −43	−16 −59	−6 −14	−6 −17	−6 −24	0 −8	0 −11	0 −18	0 −27	0 −43	0 −70	0 −110	0 −180
−20 −29	−20 −33	−20 −41	−20 −53	−20 −72	−7 −16	−7 −20	−7 −28	0 −9	0 −13	0 −21	0 −33	0 −52	0 −84	0 −130	0 −210
−25 −36	−25 −41	−25 −50	−25 −64	−25 −87	−9 −20	−9 −25	−9 −34	0 −11	0 −16	0 −25	0 −39	0 −62	0 −100	0 −160	0 −250
−30 −43	−30 −49	−30 −60	−30 −76	−30 −104	−10 −23	−10 −29	−10 −40	0 −13	0 −19	0 −30	0 −46	0 −74	0 −120	0 −190	0 −300
−36 −51	−36 −58	−36 −71	−36 −90	−36 −123	−12 −27	−12 −34	−12 −47	0 −15	0 −22	0 −35	0 −54	0 −87	0 −140	0 −220	0 −350
−43 −61	−43 −68	−43 −83	−43 −106	−43 −143	−14 −32	−14 −39	−14 −54	0 −18	0 −25	0 −40	0 −63	0 −100	0 −160	0 −250	0 −400
−50 −70	−50 −79	−50 −96	−50 −122	−50 −165	−15 −35	−15 −44	−15 −61	0 −20	0 −29	0 −46	0 −72	0 −115	0 −185	0 −290	0 −460
−56 −79	−56 −88	−56 −108	−56 −137	−56 −186	−17 −40	−17 −49	−17 −69	0 −23	0 −32	0 −52	0 −81	0 −130	0 −210	0 −320	0 −520
−62 −87	−62 −98	−62 −119	−62 −151	−62 −202	−18 −43	−18 −54	−18 −75	0 −25	0 −36	0 −57	0 −89	0 −140	0 −230	0 −360	0 −570
−68 −95	−68 −108	−68 −131	−68 −165	−68 −223	−20 −47	−20 −60	−20 −83	0 −27	0 −40	0 −63	0 −97	0 −155	0 −250	0 −400	0 −630

续附表 4.3

基本尺寸(mm)		常用及优先公差带														
		js			*k*			*m*			*n*			*p*		
大于	至	5	6	7	5	⑥	7	5	6	7	5	⑥	7	5	⑥	7
—	3	±2	±3	±5	+4 0	+6 0	+10 0	+6 +2	+8 +2	+12 +2	+8 +4	+10 +4	+14 +4	+10 +6	+12 +6	+16 +6
3	6	±2.5	±4	±6	+6 +1	+9 +1	+13 +1	+9 +4	+12 +4	+16 +4	+13 +8	+16 +8	+20 +8	+17 +12	+20 +12	+24 +12
6	10	±3	±4.5	±7	+7 +1	+10 +1	+16 +1	+12 +6	+15 +6	+21 +6	+16 +10	+19 +10	+25 +10	+21 +15	+24 +15	+30 +15
10	14	±4	±5.5	±9	+9 +1	+12 +1	+19 +1	+15 +7	+18 +7	+25 +7	+20 +12	+23 +12	+30 +12	+26 +18	+29 +18	+36 +18
14	18															
18	24	±4.5	±6.5	±10	+11 +2	+15 +2	+23 +2	+17 +8	+21 +8	+29 +8	+24 +15	+28 +15	+36 +15	+31 +22	+35 +22	+43 +22
24	30															
30	40	±5.5	±8	±12	+13 +2	+18 +2	+27 +2	+20 +9	+25 +9	+34 +9	+28 +17	+33 +17	+42 +17	+37 +26	+42 +26	+51 +26
40	50															
50	65	±6.5	±9.5	±15	+15 +2	+21 +2	+32 +2	+24 +11	+30 +11	+41 +11	+33 +20	+39 +20	+50 +20	+45 +32	+51 +32	+62 +32
65	80															
80	100	±7.5	±11	±17	+18 +3	+25 +3	+38 +3	+28 +13	+35 +13	+48 +13	+38 +23	+45 +23	+58 +23	+52 +37	+59 +37	+72 +37
100	120															
120	140	±9	±12.5	±20	+21 +3	+28 +3	+43 +3	+33 +15	+40 +15	+55 +15	+45 +27	+52 +27	+67 +27	+61 +43	+68 +43	+83 +43
140	160															
160	180															
180	200	±10	±14.5	±23	+24 +4	+33 +4	+50 +4	+37 +17	+46 +17	+63 +17	+54 +31	+60 +31	+77 +31	+70 +50	+79 +50	+96 +50
200	225															
225	250															
250	280	±11.5	±16	±26	+27 +4	+36 +4	+56 +4	+43 +20	+52 +20	+72 +20	+57 +34	+66 +34	+86 +34	+79 +56	+88 +56	+108 +56
280	315															
315	355	±12.5	±18	±28	+29 +4	+40 +4	+61 +4	+46 +21	+57 +21	+78 +21	+62 +37	+73 +37	+94 +37	+87 +62	+98 +62	+119 +62
355	400															
400	450	±13.5	±20	±31	+32 +5	+45 +5	+68 +5	+50 +23	+63 +23	+86 +23	+67 +40	+80 +40	+103 +40	+95 +68	+108 +68	+131 +68
450	500															

续附表 4.3

（带圈者为优先公差带）

r			s			t			u		v	x	y	z
5	6	7	5	⑥	7	5	6	7	⑥	7	6	6	6	6
+14 +10	+16 +10	+20 +10	+18 +14	+20 +14	+24 +14	—	—	—	+24 +18	+28 +18	—	+26 +20	—	+32 +26
+20 +15	+23 +15	+27 +15	+24 +19	+27 +19	+31 +19	—	—	—	+31 +23	+35 +23	—	+36 +28	—	+43 +35
+25 +19	+28 +19	+34 +19	+29 +23	+32 +23	+38 +23	—	—	—	+37 +28	+43 +28	—	+43 +34	—	+51 +42
+31 +23	+34 +23	+41 +23	+36 +28	+39 +28	+46 +28	—	—	—	+44 +33	+51 +33	—	+51 +40	—	+61 +50
						—	—	—			+50 +39	+56 +45	—	+71 +60
+37 +28	+41 +28	+49 +28	+44 +35	+48 +35	+56 +35	—	—	—	+54 +41	+62 +41	+60 +47	+67 +54	+76 +63	+86 +73
						+50 +41	+54 +41	+62 +41	+61 +43	+69 +48	+68 +55	+77 +64	+88 +75	+101 +88
+45 +34	+50 +34	+59 +34	+54 +43	+59 +43	+68 +43	+59 +48	+64 +48	+73 +48	+76 +60	+85 +60	+84 +68	+96 +80	+110 +94	+128 +112
						+65 +54	+70 +54	+79 +54	+86 +70	+95 +70	+97 +81	+113 +97	+130 +114	+152 +136
+54 +41	+60 +41	+71 +41	+66 +53	+72 +53	+83 +53	+79 +66	+85 +66	+96 +66	+106 +87	+117 +87	+121 102	+141 +122	+163 +144	+191 +172
+56 +43	+62 +43	+73 +43	+72 +59	+78 +59	+89 +59	+88 +75	+94 +75	+105 +75	+121 +102	+132 +102	+139 +120	+165 +146	+193 +174	+229 +210
+66 +51	+73 +51	+86 +51	+86 +71	+93 +71	+106 +71	+106 +91	+113 +91	+126 +91	+146 +124	+159 +124	+168 +146	+200 +178	+236 +214	+280 +258
+69 +54	+76 +54	+89 +54	+94 +79	+101 +79	+114 +79	+110 +104	+120 +104	+139 +104	+166 +144	+179 144	+194 +172	+232 +210	+276 +254	+332 +310
+81 +63	+88 +63	+103 +63	+110 +92	+117 +92	+132 +92	+140 +122	+147 +122	+162 +122	+195 +170	+210 +170	+227 +202	+273 +248	+325 +300	+390 +365
+83 +65	+90 +65	+105 +65	+118 +100	+125 +100	+140 +100	+152 +134	+159 +134	+174 +134	+215 +190	+230 +190	+253 +228	+305 +280	+365 +340	+440 +415
+86 +68	+93 +68	+108 +68	+126 +108	+133 +108	+148 +108	+164 +146	+171 +146	+186 +146	+235 +210	+250 +210	+277 +252	+335 +310	+405 +380	+490 +465
+97 +77	+106 +77	+123 +77	+142 +122	+151 +122	+168 +122	+186 +166	+195 +166	+212 +166	+265 +236	+282 +236	+313 +284	+379 +350	+454 +425	+549 +520
+100 +80	+109 +80	+126 +80	+150 +130	+159 +130	+176 +130	+200 +180	+209 +180	+226 +180	+287 +258	+304 +258	+339 +310	+414 +385	+499 +470	+604 +575
+104 +84	+113 +84	+130 +84	+160 +140	+169 +140	+186 +140	+216 +196	+242 +196	+242 +196	+313 +284	+330 +284	+369 +340	+454 +425	+549 +520	+669 +640
+117 +94	+126 +94	+146 +94	+181 +158	+290 +158	+210 +158	+241 +218	+250 +218	+270 +218	+347 +315	+367 +315	+417 +385	+507 +475	+612 +580	+742 +710
+121 +98	+130 +98	+150 +98	+193 +170	+202 +170	+222 +170	+263 +240	+272 +240	+292 +240	+382 +350	+402 +350	+457 +425	+557 +525	+682 +650	+322 +790
+133 +108	+144 +108	+165 +108	+215 +190	+226 +190	+247 +190	+293 +268	+304 +268	+325 +268	+426 +390	+447 +390	+511 +475	+626 +590	+766 +730	+936 +900
+139 +114	+150 +114	+171 +114	+233 +208	+244 +208	+265 +208	+319 +294	+330 +294	+351 +294	+471 +435	+492 +435	+566 +530	+696 +660	+856 +820	+1 036 +1 000
+153 +126	+166 +126	+189 +126	+259 +232	+272 +232	+295 +232	+357 +330	+370 +330	+393 +330	+530 +490	+553 +490	+635 +595	+780 +740	+960 +920	+1 140 +1 100
+159 +132	+172 +132	+195 +132	+279 +252	+292 +252	+315 +252	+387 +360	+400 +360	+423 +360	+580 +540	+603 +540	+700 +660	+860 +820	+1 040 +1 000	+1 290 +1 250

（带圈者为优先公差带）

附表 4.4 常用及优先孔公差带

基本尺寸(mm)		常用及优先公差带													
		A	*B*		*C*	*D*				*E*		*F*			
大于	至	11	11	12	⑪	8	⑨	10	11	8	9	6	7	⑧	9
—	3	+330 +270	+200 +140	+240 +140	+120 +60	+34 +20	+45 +20	+60 +20	+80 +20	+28 +14	+39 +14	+12 +6	+16 +6	+20 +6	+31 +6
3	6	+345 +270	+215 +140	+260 +140	+145 +70	+48 +30	+60 +30	+78 +30	+105 +30	+38 +20	+50 +20	+18 +10	+22 +10	+28 +10	+40 +10
6	10	+370 +280	+240 +150	+300 +150	+170 +80	+62 +40	+76 +40	+98 +40	+130 +40	+47 +25	+61 +25	+22 +13	+28 +13	+35 +13	+49 +13
10 14	14 18	+400 +290	+260 +150	+330 +150	+205 +95	+77 +50	+93 +50	+120 +50	+160 +50	+59 +32	+75 +32	+27 +16	+34 +16	+43 +16	+59 +16
18 24	24 30	+430 +300	+290 +160	+370 +160	+240 +110	+98 +65	+117 +65	+149 +65	+195 +65	+73 +40	+92 +40	+33 +20	+41 +20	+53 +20	+72 +20
30	40	+470 +310	+330 +170	+420 +170	+280 +120	+119 +80	+142 +80	+180 +80	+240 +80	+89 +50	+112 +50	+41 +25	+50 +25	+64 +25	+87 +25
40	50	+480 +320	+340 +180	+430 +180	+290 +130										
50	65	+530 +340	+380 +190	+490 +190	+330 +140	+146 +100	+170 +100	+220 +100	+290 +100	+106 +60	+134 +60	+49 +30	+60 +30	+76 +30	+104 +30
65	80	+550 +360	+390 +200	+500 +200	+340 +150										
80	100	+600 +380	+440 +220	+570 +220	+390 +170	+174 +120	+207 +120	+260 +120	+340 +120	+126 +72	+159 +72	+58 +36	+71 +36	+90 +36	+123 +36
100	120	+630 +410	+460 +240	+590 +240	+400 +180										
120	140	+710 +460	+510 +260	+660 +260	+450 +200	+208 +145	+245 +145	+305 +145	+395 +145	+148 +85	+185 +85	+68 +43	+83 +43	+106 +43	+143 +43
140	160	+770 +520	+530 +280	+680 +280	+460 +210										
160	180	+830 +580	+560 +310	+710 +310	+480 +230										
180	200	+950 +660	+630 +340	+800 +340	+530 +240	+242 +170	+285 +170	+355 +170	+460 +170	+172 +100	+215 +100	+79 +50	+96 +50	+122 +50	+165 +50
200	225	+1 030 +740	+670 +380	+840 +380	+550 +260										
225	250	+1 110 +820	+710 +420	+880 +420	+570 +280										
250	280	+1 240 +920	+800 +480	+1 000 +480	+620 +300	+271 +190	+320 +190	+400 +190	+510 +190	+191 +110	+240 +110	+88 +56	+108 +56	+137 +56	+186 +56
280	315	+1 370 +1 050	+860 +540	+1 060 +540	+650 +330										
315	355	+1 560 +1 200	+960 +600	+1 170 +600	+720 +360	+299 +210	+350 +210	+440 +210	+570 +210	+214 +125	+265 +125	+98 +62	+119 +62	+151 +62	+202 +62
355	400	+1 710 +1 350	+1 040 +680	+1 250 +680	+760 +400										
400	450	+1 900 +1 500	+1 160 +760	+1 390 +760	+840 +440	+327 +230	+385 +230	+480 +230	+630 +230	+232 +135	+290 +135	+108 +68	+131 +68	+165 +68	+223 +68
450	500	+2 050 +1 650	+1 240 +840	+1 470 +840	+880 +480										

注：基本尺寸小于 1 mm 时，各级的 *A* 和 *B* 均不采用。

极限偏差(摘自 GB/T 1800.2—2009) 单位:μm

(带圈者为优先公差带)

G		H							JS			K			M		
6	⑦	6	⑦	⑧	⑨	10	⑪	12	6	7	8	6	⑦	8	6	7	8
+8 +2	+12 +2	+6 0	+10 0	+14 0	+25 0	+40 0	+60 0	+100 0	±3	±5	±7	0 −6	0 −10	0 −14	−2 −8	−2 −12	−2 −16
+12 +4	+16 +4	+8 0	+12 0	+18 0	+30 0	+48 0	+75 0	+120 0	±4	±6	±9	+2 −6	+3 −9	+5 −13	−1 −9	0 −12	+2 −16
+14 +5	+20 +5	+9 0	+15 0	+22 0	+36 0	+58 0	+90 0	+150 0	±4.5	±7	±11	+2 −7	+5 −10	+6 −16	−3 −12	0 −15	+1 −21
+17 +6	+24 +6	+11 0	+18 0	+27 0	+43 0	+70 0	+110 0	+180 0	±5.5	±9	±13	+2 −9	+6 −12	+8 −19	−4 −15	0 −18	+2 −25
+20 +7	+28 +7	+13 0	+21 0	+33 0	+52 0	+84 0	+130 0	+210 0	±6.5	±10	±16	+2 −11	+6 −15	+10 −23	−4 −17	0 −21	+4 −29
+25 +9	+34 +9	+16 0	+25 0	+39 0	+62 0	+100 0	+160 0	+250 0	±8	±12	±19	+3 −13	+7 −18	+12 −27	−4 −20	0 −25	+5 −34
+29 +10	+40 +10	+19 0	+30 0	+46 0	+74 0	+120 0	+190 0	+300 0	±9.5	±15	±23	+4 −15	+9 −21	+14 −32	−5 −24	0 −30	+5 −41
+34 +12	+47 +12	+22 0	+35 0	+54 0	+87 0	+140 0	+220 0	+350 0	±11	±17	±27	+4 −18	+10 −25	+16 −38	−6 −28	0 −35	+6 −48
+39 +14	+54 +14	+25 0	+40 0	+63 0	+100 0	+160 0	+250 0	+400 0	±12.5	±20	±31	+4 −21	+12 −28	+20 −43	−8 −33	0 −40	+8 −55
+44 +15	+61 +15	+29 0	+46 0	+72 0	+115 0	+185 0	+290 0	+460 0	±14.5	±23	±36	+5 −24	+13 −33	+22 −50	−8 −37	0 −46	+9 −63
+49 +17	+69 +17	+32 0	+52 0	+81 0	+130 0	+210 0	+320 0	+520 0	±16	±26	±40	+5 −27	+16 −36	+25 −56	−9 −41	0 −52	+9 −72
+54 +18	+75 +18	+36 0	+57 0	+89 0	+140 0	+230 0	+360 0	+570 0	±18	±28	±44	+7 −29	+17 −40	+28 −61	−10 −46	0 −57	+11 −78
+60 +20	+83 +20	+40 0	+63 0	+97 0	+155 0	+250 0	+400 0	+630 0	±20	±31	±48	+8 −32	+18 −45	+29 −68	−10 −50	0 −63	+11 −86

续附表 4.4

基本尺寸(mm)		常用及优先公差带(带圈者为优先公差带)											
		N			*P*		*R*		*S*		*T*		*U*
大于	至	6	⑦	8	6	⑦	6	7	6	⑦	6	7	⑦
—	3	−4 −10	−4 −14	−4 −18	−6 −12	−6 −16	−10 −16	−10 −20	−14 −20	−14 −24	—	—	−18 −28
3	6	−5 −13	−4 −16	−2 −20	−9 −17	−8 −20	−12 −20	−11 −23	−16 −24	−15 −27	—	—	−19 −31
6	10	−7 −16	−4 −19	−3 −25	−12 −21	−9 −24	−16 −25	−13 −28	−20 −29	−17 −32	—	—	−22 −37
10 14	14 18	−9 −20	−5 −23	−3 −30	−15 −26	−11 −29	−20 −31	−16 −34	−25 −36	−21 −39	—	—	−26 −44
18	24	−11 −24	−7 −28	−3 −36	−18 −31	−14 −35	−24 −37	−20 −41	−31 −44	−27 −48	—	—	−33 −54
24	30										−37 −50	−33 −54	−40 −61
30	40	−12 −28	−8 −33	−3 −42	−21 −37	−17 −42	−29 −45	−25 −50	−38 −54	−34 −59	−43 −59	−39 −64	−51 −76
40	50										−49 −65	−45 −70	−61 −86
50	65	−14 −33	−9 −39	−4 −50	−26 −45	−21 −51	−35 −54	−30 −60	−47 −66	−42 −72	−60 −79	−55 −85	−76 −106
65	80						−37 −56	−32 −62	−53 −72	−48 −78	−69 −88	−64 −94	−91 −121
80	100	−16 −38	−10 −45	−4 −58	−30 −52	−24 −59	−44 −66	−38 −73	−64 −86	−58 −93	−84 −106	−78 −113	−111 −146
100	120						−47 −69	−41 −76	−72 −94	−66 −101	−97 −119	−91 −126	−131 −166
120	140	−20 −45	−12 −52	−4 −67	−36 −61	−28 −68	−56 −81	−48 −88	−85 −110	−77 −117	−115 −140	−107 −147	−155 −195
140	160						−58 −83	−50 −90	−93 −118	−85 −125	−127 −152	−119 −159	−175 −215
160	180						−61 −86	−53 −93	−101 −126	−93 −133	−139 −164	−131 −171	−195 −235
180	200	−22 −51	−14 −60	−5 −77	−41 −70	−33 −79	−68 −97	−60 −106	−113 −142	−105 −151	−157 −186	−149 −195	−219 −265
200	225						−71 −100	−63 −109	−121 −150	−113 −159	−171 −200	−163 −209	−241 −287
225	250						−75 −104	−67 −113	−131 −160	−123 −169	−187 −216	−179 −225	−267 −313
250	280	−25 −57	−14 −66	−5 −86	−47 −79	−36 −88	−85 −117	−74 −126	−149 −181	−138 −190	−209 −241	−198 −250	−295 −347
280	315						−89 −121	−78 −130	−161 −193	−150 −202	−231 −263	−220 −272	−330 −382
315	355	−26 −62	−16 −73	−5 −94	−51 −87	−41 −98	−97 −133	−87 −144	−179 −215	−169 −226	−257 −293	−247 −304	−369 −426
355	400						−103 −139	−93 −150	−197 −233	−187 −244	−283 −319	−273 −330	−414 −471
400	450	−27 −67	−17 −80	−6 −103	−55 −95	−45 −108	−113 −153	−103 −166	−219 −259	−209 −272	−317 −357	−307 −370	−467 −530
450	500						−119 −159	−109 −172	−239 −279	−229 −292	−347 −387	−337 −400	−517 −580

附录五　滚动轴承

附表 5.1　深沟球轴承(摘自 GB/T 276—1994)

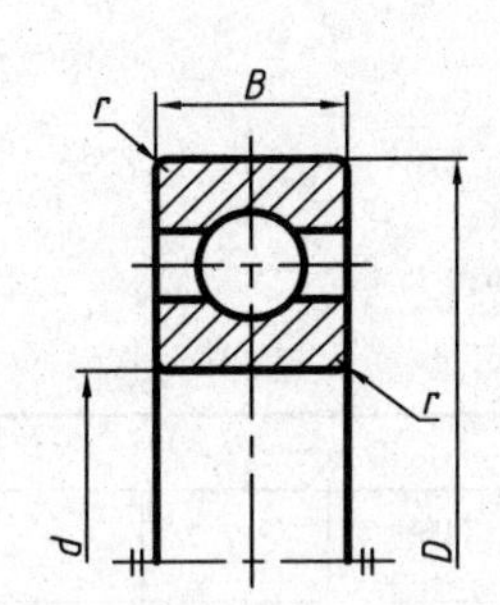

标记示例:滚动轴承 6210(GB/T 276—1994)

轴承代号	尺寸 (mm)			
	d	D	B	$r_{s,min}$
02 系列				
6200	10	30	9	0.6
6201	12	32	10	0.6
6202	15	35	11	0.6
6203	17	40	12	0.6
6204	20	47	14	1
6205	25	52	15	1
6206	30	62	16	1
6207	35	72	17	1.1
6208	40	80	18	1.1
6209	45	85	19	1.1
6210	50	90	20	1.1
6211	55	100	21	1.5
6212	60	110	22	1.5
6213	65	120	23	1.5
6214	70	125	24	1.5
6215	75	130	25	1.5
6216	80	140	26	2
6217	85	150	28	2
6218	90	160	30	2
6219	95	170	32	2.1
6220	100	180	34	2.1

轴承代号	尺寸 (mm)			
	d	D	B	$r_{s,min}$
03 系列				
6300	10	35	11	0.6
6301	12	37	12	1
6302	15	42	13	1
6303	17	47	14	1
6304	20	52	15	1.1
6305	25	62	17	1.1
6306	30	72	19	1.1
6307	35	80	21	1.5
6308	40	90	23	1.5
6309	45	100	25	1.5
6310	50	110	27	2
6311	55	120	29	2
6312	60	130	31	2.1
6313	65	140	33	2.1
6314	70	150	35	2.1
6315	75	160	37	2.1
6316	80	170	39	2.1
6317	85	180	41	3
6318	90	190	43	3
6319	95	200	45	3
6320	100	215	47	3
04 系列				
6403	17	62	17	1.1
6404	20	72	19	1.1
6405	25	80	21	1.5
6406	30	90	23	1.5
6407	35	100	25	1.5
6408	40	110	27	2
6409	45	120	29	2
6410	50	130	31	2.1
6411	55	140	33	2.1
6412	60	150	35	2.1
6413	65	160	37	2.1
6414	70	180	42	3
6415	75	190	45	3
6416	80	200	48	3
6417	85	210	52	4
6418	90	225	54	4
6419	100	250	58	4
6420				

表中:d——轴承公称内径;D——轴承公称外径;B——轴承公称宽度;r——内、外圈公称倒角尺寸的单向最小尺寸。

附表 5.2　圆锥滚子轴承(摘自 GB/T 297—1994)

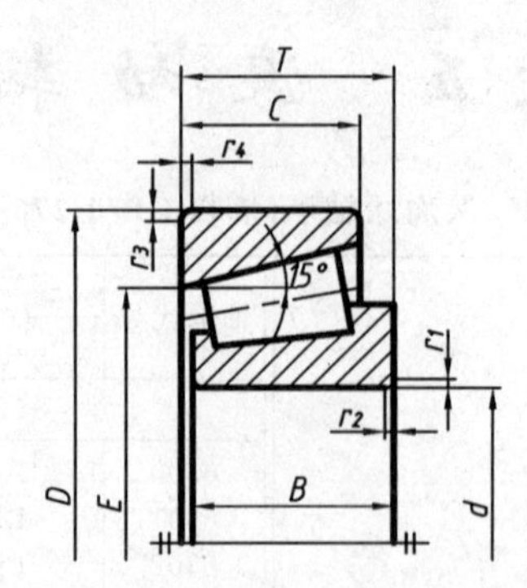

标记示例:滚动轴承 30312(GB/T 297—1994)

标准外形

轴承代号	尺　寸　(mm)							
	d	D	B	C	T	$r_{1s,min}$ $r_{2s,min}$	$r_{3s,min}$ $r_{4s,min}$	a
02 系列								
30203	17	40	12	11	13.25	1	1	12°57′10″
30204	20	47	14	12	15.25	1	1	12°57′10″
30205	25	52	15	13	16.25	1	1	14°02′10″
30206	30	62	16	14	17.25	1	1	14°02′10″
30207	35	72	17	15	18.25	1.5	1.5	14°02′10″
30208	40	80	18	16	19.75	1.5	1.5	14°02′10″
30209	45	85	19	16	20.75	1.5	1.5	15°06′34″
30210	50	90	20	17	21.75	1.5	1.5	15°38′32″
30211	55	100	21	18	22.75	2	1.5	15°06′94″
30212	60	110	22	19	23.75	2	1.5	15°06′34″
30213	65	120	23	20	24.75	2	1.5	15°06′34″
30214	70	125	24	21	26.25	2	1.5	15°38′32″
30215	75	130	25	22	27.25	2	1.5	16°10′20″
30216	80	140	26	22	28.25	2.5	2	15°38′32″
30217	85	150	28	24	30.5	2.5	2	15°38′32″
30218	90	160	30	26	32.5	2.5	2	15°38′32″
30219	95	170	32	27	34.5	3	2.5	15°38′32″
30220	100	180	34	29	37	3	2.5	15°38′32″
03 系列								
30302	15	42	13	11	14.25	1	1	10°45′29″
30303	17	47	14	12	15.25	1	1	10°45′29″
30304	20	52	15	13	16.25	1.5	1.5	11°18′36″
30305	25	62	17	15	18.25	1.5	1.5	11°18′36″
30306	30	72	19	16	20.75	1.5	1.5	11°51′35″
30307	35	80	21	18	22.75	2	1.5	11°51′35″
30308	40	90	23	20	25.25	2	1.5	12°57′10″
30309	45	100	25	22	27.25	2	1.5	12°57′10″
30310	50	110	27	23	29.25	2.5	2	12°57′10″
30311	55	120	29	25	31.5	2.5	2	12°57′10″
30312	60	130	31	26	33.5	3	2.5	12°57′10″
30313	65	140	33	28	36	3	2.5	12°57′10″
30314	70	150	35	30	38	3	2.5	12°57′10″
30315	75	160	37	31	40	3	2.5	12°57′10″
30316	80	170	39	33	42.5	3	2.5	12°57′10″
30317	85	180	41	34	44.5	4	3	12°57′10″
30318	90	190	43	36	46.5	4	3	12°57′10″
30319	95	200	45	38	49.5	4	3	12°57′10″
30320	100	215	47	39	51.5	4	3	12°57′10″

附表 5.3　推力球轴承(摘自 GB/T 301—1995)

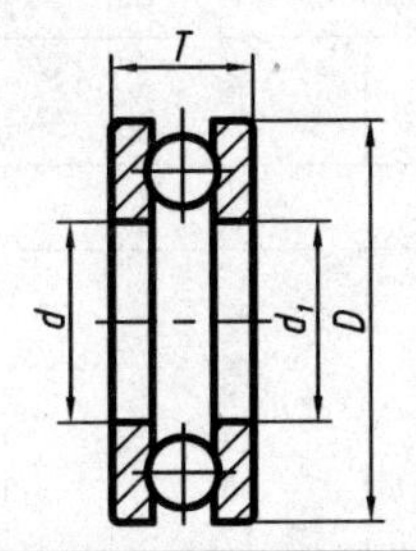

51000 型

标准外形

标记示例:滚动轴承 51214(GB/T 301—1995)

轴承代号	尺　寸　(mm)						
51000 型	d	d_1	D	T	B	r_s min	r_{1s} min
12、22 系列							
51200	10	12	26	11	—	0.6	—
51201	12	14	28	11	—	0.6	—
51202	15	17	32	12	5	0.6	0.3
51203	17	19	35	12	—	0.6	—
51204	20	22	40	14	6	0.6	0.3
51205	25	27	47	15	7	0.6	0.3
51206	30	32	52	16	7	0.6	0.3
51207	35	37	62	18	8	1	0.3
51208	40	42	68	19	9	1	0.6
51209	45	47	73	20	9	1	0.6
51210	50	52	78	22	9	1	0.6
51211	55	57	90	25	10	1	0.6
51212	60	62	95	26	10	1	0.6
51213	65	67	100	27	10	1	0.1
51214	70	72	105	27	10	1	1
51215	75	77	110	27	10	1	1
51216	80	82	115	28	10	1	1
51217	85	88	125	31	12	1	1
51218	90	93	135	35	14	1.1	1
51220	100	103	150	38	15	1.1	1
13、23 系列							
51304	20	22	47	18	—	1	—
51305	25	27	52	18	8	1	0.3
51306	30	32	60	21	9	1	0.3
51307	35	37	68	24	10	1	0.3
51308	40	42	78	26	12	1	0.6
51309	45	47	85	28	12	1	0.6
51310	50	52	95	31	14	1.1	0.6
51311	55	57	105	35	15	1.1	0.6
51312	60	62	110	35	15	1.1	0.6
51313	65	67	115	36	15	1.1	0.6
51314	70	72	125	40	16	1.1	1
51315	75	77	135	44	18	1.5	1
51316	80	82	140	44	18	1.5	1
51317	85	88	150	49	19	1.5	1
51318	90	93	155	52	19	1.5	1
51320	100	103	170	55	21	1.5	1

续附表 5.3

轴承代号	尺寸 (mm)						
51000 型	d	d_1	D	T	B	r_s min	r_{1s} min
14、24 系列							
51405	25	27	60	24	11	1	0.6
51406	30	32	70	28	12	1	0.6
51407	35	37	80	32	14	1.1	0.6
51408	40	42	90	36	15	1.1	0.6
51409	45	47	100	39	17	1.1	0.6
51410	50	52	110	43	18	1.5	0.6
51411	55	57	120	48	20	1.5	0.6
51412	60	62	130	51	21	1.5	0.6
51413	65	68	140	56	23	2	1
51414	70	73	150	60	24	2	1
51415	75	78	160	65	26	2	1
51417	85	88	180	72	29	2.1	1.1
51418	90	93	190	77	30	2.1	1.1
51420	100	103	210	85	33	3	1.1

参考文献

(1) 刘朝儒等编.机械制图[M].北京:高等教育出版社,2001
(2) 大连理工大学工程画教研室编.画法几何学[M].北京:高等教育出版社,1993
(3) 大连理工大学工程画教研室编.机械制图[M].北京:高等教育出版社,1993
(4) 华中理工大学等院校编.画法几何及机械制图[M].北京:高等教育出版社,1995
(5) 蒋寿伟等编.现代工程制图学[M].北京:高等教育出版社,1999
(6) 谭建荣等编.图学基础教程[M].北京:高等教育出版社,1999
(7) 何铭新、钱可强主编.机械制图[M].北京:高等教育出版社,1997
(8) 王颖等编.现代工程制图[M].北京:北京航空航天大学出版社,2002
(9) 范波涛,张慧主编.画法几何学[M].北京:机械工业出版社,1998
(10) 李绍珍,陈桂英主编.机械制图[M].北京:机械工业出版社,1998
(11) 王明珠主编.工程制图及计算机绘图[M].北京:国防工业出版社,1998
(12) 亓丰珉主编.机械制图教程[M].济南:山东科学技术出版社,1999
(13) 杨德星等编. AutoCAD 2008 电气设计完全自学手册. 北京:机械工业出版社, 2008
(14) 赵大兴主编. 工程制图. 北京:高等教育出版社,2009
(15) 焦永和等编. 工程制图. 北京:高等教育出版社,2009
(16) 王颖等编. 计算机绘图精讲多练. 北京:高等教育出版社,2010